KB156627

제주학연구센터 제주학총서 46

일제강점기
제주 지명
문화 사전

오창명

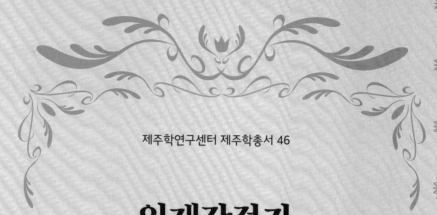

한그루

오창명

제주특별자치도 서귀포시에서 태어남.

제주대학교 국어국문학과를 졸업하고, 단국대학교 대학원 국어국문학과에서 석사과정과 박사과정을 이수하여 문학박사 학위를 받음.

국어사를 전공한 뒤에 제주 방언과 제주 방언사, 제주 지명과 제주 지명사, 제주 역사와 문화, 제주 문화사 등에 관심을 가지고 연구를 하고 있음.

제26회 탐라문화상을 수상함. 현재 제주국제대학교 유아교육과 교수

주요 저서

『제주어사전』(1995, 공저), 『제주시 옛 지명』(1996, 공저), 『제주도 오름과 마을 이름』(1998, 제주대학교출판부), 『역주 탐라지』(공저, 2001, 푸른역사), 『제주도 마을 이름 연구』(2002, 제주대학교 탐라문화연구소), 『한라산의 구비전승·지명·풍수』(2006, 공저, 한라산생태문화연구소), 『제주도 오롬 이름의 종합적 연구』(2007, 제주대학교출판부), 『제주도 마을 이름의 종합적 연구 Ⅰ : 행정명사·제주시 편』(2007, 제주대학교출판부), 『제주도 마을 이름의 종합적 연구 Ⅱ : 서귀포시 편·색인』(2007, 제주대학교출판부), 『개정증보 제주어사전』(2009, 공저), 『18세기 제주박물지: 남환박물』(공저, 2009, 푸른역사), 『탐라순력도 탐색』(2014, 제주발전연구원).

일제강점기

제주 지명 문화 사전

2020년 11월 20일 초판 1쇄 발행

지은이 오창명 | **펴낸이** 김영훈 | **편집** 김지희 | **디자인** 나무늘보, 부건영, 이지은 | **펴낸곳** 한그루
출판등록 제651-2008-000003호. | **주소** 63220 제주도 제주시 복지로1길 21(도남동)
전화 064 723 7580 | **전송** 064 753 7580 | **전자우편** onetreebook@daum.net | **누리방** onetreebook.com

ISBN 979-11-90482-33-2   91980

값 45,000원

일제강점기

제주 지명
문화 사전

일제강점기

제주 지명 문화 사전

서문

서문

이 사전은 '일제강점기 제주 지명 문화 사전'이다.

'일제강점기'는 보통 1910년 8월 국권 강탈로 대한제국이 멸망한 뒤부터 1945년 8월 15일 광복까지 일제 강점 하의 식민 통치 시기인 35년여간의 시기나 시대를 이르는 역사 용어 가운데 하나이다.

이 시기에 우리나라 사람이나 일본 사람, 미국 사람에 의해 쓰이거나 간행된 문헌이나 논문, 지도, 지형도 등에 쓰인 제주 지명을 목록화하고, 그 지명이 오늘날 어디를 이르는지, 오늘날은 어떻게 쓰이는지 등을 보이고, 지명과 관련된 문화적인 설명을 덧붙여, '지명 문화 사전'이라 이름을 붙였다.

이 시기에 쓰인 문헌이라고 하더라도 조선시대 문헌을 거의 베낀 것이라 할 수 있는 『탐라지(耽羅誌)』(金斗奉 編, 済州島実蹟研究社編輯部, 1933), 『조선환여승람(朝鮮寰輿勝覽)』(1936) 속의 「탐라지(耽羅誌)」, 그리고 『신증동국여지승람(新增東國輿地勝覽)』의 활자본 등은 대상에서 제외하였다.

그렇지만 일제강점기 이전인 20세기 초 제주 관련 문헌인 『濟州嶋現況一般』의 「濟州嶋事情」(1906), 『濟州嶋旅行日誌』(1909) 등은 당시 지명 이해에 도

움을 주는 것이라서 대상에 포함시켰다.

　이 시기의 문자는 주로 '한자(漢字)'와 '일본어 가나'를 이용하고, 많지는 않지만 '한글'과 '로마자'로 쓴 것들도 있다.

　문헌으로 대표적인 것은 『조선지지자료(朝鮮地誌資料)』(1911), 『한국수산지(韓國水産誌)』제3집(朝鮮總督府 農商工部, 1911), 「지방행정구역일람(地方行政區域一覽)」(朝鮮總督府, 1912~1935), 『조선지지자료(朝鮮地誌資料)』(朝鮮総督府 臨時土地調査局, 1919), 『제주도의 지질(濟州島ノ地質)』(朝鮮 地質調査要報, 第10卷ノ1, 朝鮮總督府 地質調査所, 1931), 『조선연안수로지(朝鮮沿岸水路誌)』第1卷(水路部, 1933), 『제주도실기(濟州島實記)』(金斗奉, 済州実跡研究社, 1934), 이은상의 『耽羅紀行: 漢拏山』(1937), 다카하시 노보루(高橋昇)의 『조선반도의 농법과 농민(朝鮮半島の農法と農民)』의 「濟州島紀行」(1939) 등이 있다.

　논문은 주로 제주도 지질이나 지형에 대한 논의에서 제주 지명이 확인되고 있다. 오구라 신페이[小倉進平]의 「濟州島方言」(1913), 나카무라 신타로[中村新太郎]의 「濟州火山島雜記」(1925), 하라구치 쿠만(原口九萬)의 「濟州島アルカリ岩石(豫報其一)」(1929), 「済州島の火山岩に就いて」(1929), 「済州島のアルカリ岩石(豫報其二)」(1929), 「濟州島アルカリ岩石(豫報其三)」(1929), 「濟州島火山岩(豫報其四)」(1929), 「濟州島遊記(一)」(1929), 「濟州火山島」(1930), 「濟州島の地質」(1931) 등이 있다.

　지도나 지형도로 대표적인 것은 일본 육군 참모본부가 아시아 침략의 준비 작업으로, 삼각 측량에 의하여 만든 『조선5만분지1지형도(朝鮮五萬分之一地形圖)』(1918~1919), 『조선5만분지1지형도(朝鮮五萬分之一地形圖)』(수정판, 1943), 그리고 미 육군 측지대에서 『조선5만분지1지형도(朝鮮五萬分之一地形圖)』(1918)를 모본으로 하여 로마자 표기를 추가하여 만든 5만분의 1 지형도 등이 있다. 미 육군의 지도는 「KOREA 1:50,000」(A.M.S. L751)이라 하여 1948년에 만들어진 것이지만, 일제강점기 지형도를 모본으로 한 것이므로, 이 사전에 포함시켰다. 다만 당시 제주도 부분은 6416Ⅱ, 6415Ⅰ, 6414Ⅰ, 6414

Ⅱ, 6414 Ⅲ, 6514 Ⅰ, 6514 Ⅱ, 6514 Ⅲ, 6413 Ⅰ, 6413 Ⅳ, 6513 Ⅰ, 6513 Ⅳ 등으로 나누었는데, 1948년에 만든 것은 6416 Ⅱ(횡간도 포함), 6415 Ⅰ(추자군도) 등 2종뿐이고, 그 나머지는 그 뒤에 만든 것이기 때문에 이 사전에는 포함시키지 않았다.

한편 1914년 3월 1일부터 면(面)과 동리(洞里)의 통폐합 때 그린「제주군지도(1914)」,「대정군지도(1914)」,「정의군지도(1914)」등에도 몇 개 지명의 한자 표기와 로마자 표기를 확인할 수 있다.

일제강점기

제주 지명 문화 사전

일러두기

일러
두기

한글 표기

일제강점기 제주 지명을 당시 한글로 쓰는 데는 특별한 규칙이나 원칙이 없었다. 1933년 10월 29일 한글날에 조선어학회가 「한글맞춤법통일안」을 만들어 발표하고, 몇 번의 수정을 거쳐서 이것을 우리나라 정부에서 공식적으로 채택한 것은 1948년의 일이다. 그러므로 1933년 이전이나 그 뒤 1945년까지 지명을 한글로 쓴 것은 거의 관습에 따랐다고 할 수 있다.

그러므로 현대국어에서 쓰지 않는 'ᄋ(ㆍ)'의 발음 [ɐ] 또는 [ɔ]를 제대로 쓴 것도 있고, 이것을 '오'나 '어'로 쓴 것도 있다. 그러므로 현대국어 '마루'[旨]에 대응하는 제주 방언은 지명에 따라, 그리고 쓰는 사람에 따라 'ᄆᆞ르·ᄆᆞ를·ᄆᆞ루', '모르·모를·모루·모를', '머르·머를·머루·머룰', '마르·마를·마루·마룰' 등 다양하게 표기되었다.

그리고 현대 표준어에서 단모음 '배'[船·腹·梨]로 실현되는 말이 현대 제주 방언에서는 단모음 '베'로 말해지지만, 쓰는 사람에 따라서 단모음 '베' 또는 단모음 '배'로 쓰기도 하고, 그 이전 형태인 이중모음 '비'로 쓰기도 했다. 이들은 모두 [pɛ]로 발음된 것이다.

"내에 바닷물이 드나들거나 바닷가에 바닷물이 드나드는 곳"을 이르는 고유어는 현대 제주 방언이나 옛말에서 모두 '개'로 말해졌지만, '기'와 같이 이중모음 [ɐi] 또는 [ɔi]인 것처럼 쓴 경우가 많다. 그러나 이 '기'는 단모음 [kɛ] 또는 [kö]로 발음되었다.

오구라 신페이(小倉進平)는 『朝鮮語方言の硏究 下』(1944:14)에서 "ㅣ는 今日朝鮮大部分の地にありては, ㅐと同一發音の[ɛ]となるが,濟州島には特殊の音を保存する.(ㅣ는 오늘날 조선 대부분의 땅에 있어서, ㅐ와 동일한 발음 [ɛ]로 말해지는데, 제주도에는 특수한 소리가 보존되고 있다.)"라고 하여, '애'로 발음할 때는 [ɛ]로 나타내고, '이'로 발음할 때는 [ö]로 나타냈다. 그래서 당시 '매(鷹)'는 제주에서 [mɛ]로 발음되고, 성산과 대정, 서귀에서는 [mö]로 발음된다고 했다. 그리고 '배'(船)는 제주와 서귀, 대정에서 [pö]로 발음되고, 제주와 성산에서 [pɛ]로 발음된다고 보고했다.《『朝鮮語方言の硏究 下』「濟州島方言」(1944:461)》

한편 표준어 '뫼'나 '산(山)', '봉(峰)' 등에 대응하는 제주 방언이나 지명은 사람에 따라서 '오롬'으로 쓴 경우도 있고, '오름'으로 쓴 경우도 있다. 특히 고유 지명의 경우에는 보수성이 강하여 [○○오롬]으로 전했을 것으로 추정되고, 그 발음을 비교적 온전하게 적었다면 '○○오롬'으로 적었을 것인데, '○○오름'으로 적은 것도 많기 때문에 그 발음을 온전하게 적은 것으로 보이지 않는 것들도 눈에 많이 띤다.

일제강점기에 일본인 언어학자 오구라 신페이(小倉進平)가 제주도에 와서 제주 방언 조사를 한 뒤에, 서너 편의 제주 방언 논문을 쓰기도 하고, 그것을 『朝鮮語方言の硏究 上·下』(1944)에 반영해놓았다. 이들 논문과 사전을 보면, 당시 제주, 성산, 서귀, 대정 등에서 '오롬'(o-rom)이라 했다고 기록했다. 그러나 한글로 기록한 사람들은 '오름'으로도 쓴 것으로 보아, 당시에 '오롬'과 '오름'이 교체되어 쓰였거나, 실제로 대부분 [오롬]으로 발음했는데도 [오름]으

11

로 써 버린 것도 있을 것으로 추정된다.

한자 표기

이 지명 문화 사전은 일제강점기에 제주도 지명을 한글, 또는 한자, 한자 차용 표기, 일본어 가나, 로마자 등으로 나타낸 것들을 모아서, 간단하게 사전(事典)식으로 해설한 것이다.

극히 일부는 제주 출신의 사람들이 쓴 것이 있지만, 대부분 제주 이외의 출신자들이 쓴 것이 많다. 그리고 대부분 1918년과 1919년에 간행된『조선 5만분지1지형도(朝鮮五萬分之一地形圖)』가운데 제주도 지역 지도에서 확인되는 한자 또는 한자 차용 표기가 중심으로 되어 있다.

그러다 보니 당시 제주도 사람들이 불렀던 지명이 한글이나 한자, 또는 가나, 로마자 등을 이용하여 제대로 쓴 것인지 의문인 것이 매우 많다.

제주특별자치도 제주시 조천읍 교래리 산간에는 여러 오름들이 있다. 그런데 일제강점기 1대 5만 지형도에는 이 오름들을 쓰는 과정에서 다음과 같이 한자와 일본어 가나를 섞어서 나타냈다. '城板岳 ソンノルオルム', '沙羅岳 サラオルム', '土赤岳 フプルクンオルム' 등이 그것이다. '성널오름'이 한자로는 城板岳(성판악)으로 쓰여 있고, 일본어 가나로는 ソンノルオルム(손노루오름/손노루오루무)으로 쓰여 있다. 이 두 표기의 비교에서, 우리말 '성널오름〉성널오름'을 일본어 가나로 ソンノルオルム(손노루오름/손노루오루무)이라 한 것은 당시 민간에서 '성널오름'이라 했다는 것을 여실히 보여주는 것으로 중요한 것이다.

그리고 '흑붉은오름〉흑붉은오름'은 한자로 土赤岳(토적악)이라 쓰고, 일본어 가나로 フプルクンオルム(후뿌루쿤오름/후뿌루쿤오루무)로 쓴 것도 마찬가지이다. 土赤岳(토적악)은 본디 이름이 아니라 '흑붉은오름〉흑붉은오름'을

한자를 빌려 표기한 것에 불과하다는 것을 여실히 보여주는 것이다.

또한 土赤岳(토적악)은 일제강점기 1대 20만 지형도에 土赤山(토적산)으로 표기되었으니, 이때 岳(악)과 山(산)의 의미는 전혀 차이가 없는 것이라고 할 수 있다.

한편 일제강점기 1대 5만 지형도를 보면, 제주 지명과 위치가 잘못 표기한 것이 꽤 많이 눈에 띈다. 가령 일제강점기 1대 5만 지형도와 1대 20만 지형도에 511m의 오름에 敏岳山(민악산)이라 표기해 놓았는데, 이곳은 오늘날 '영아리오롬(물영아리오롬/水靈岳·水靈山)'에 해당한다. 그러므로 이곳에 오롬 이름을 한자를 빌려 표기한다면 水靈岳(수령악)이나 水靈山(수령산) 정도를 써 놓아야 한다. 그리고 敏岳山(민악산: 민오롬)은 墨旨(묵지) 아래쪽 456m의 오롬에 표기해 놓아야 한다.

또한 표고 736m의 오롬에 拒文岳(거문악: 검은오롬)으로 표기해놓았는데, 이곳은 '물찻오롬'이기 때문에 '물찻오롬'의 한자 차용 표기인 水城岳(수성악) 정도를 써 놓아야 한다. 그리고 拒文岳(거문악)은 그 동쪽, 곧 赤岳峰(적악봉: 붉은오롬) 동쪽 오롬에 표기해 놓아야 한다.

이들 제주도 지명은 지도 또는 지형도 위에 표기해 놓으면 비교적 정확하지만, 단순히 글로 나타냈을 때는 어디에 있는, 어떤 지명을 쓴 것인지 파악하기 어렵다. 그리고 한자나 일본어 가나로 써 놓아, 본디 제주 지명의 음상을 제대로 파악하기 어려운 것들도 있다.

1914년에 일본이 만든 「濟州郡地圖」(1914)를 보면, 제주시 한경면 고산 1리 바닷가에 ウーレイ島(우레이도)로 표기한 섬이 있는데, 오늘날의 '눈섬'[臥島]을 이른 것으로 보이는데, 왜 ウーレイ島(우레이도)라 했는지 확실하지 않다.

『조선연안수로지(朝鮮沿岸水路誌)』(1933)를 보면, 木密岳(목밀악: 남짓은오롬)을 連末峰(연말봉)이라 했는데, 連末峰(연말봉)은 무슨 말을 써 놓은 것인지 알기가 어렵다. 또한 『조선연안수로지(朝鮮沿岸水路誌)』(1933)를 보면, 소섬(우

도) 남서쪽 끝에 '入鼻(ィリハナ)'가 있다고 했다. 일본어 가나 ィリハナ는 '이리하나'를 쓴 것으로 보이는데, 우리말 지명이나 제주 방언 지명을 쓴 것으로 보이지 않는다. 단지 한자 표기 入鼻(입비)의 일본어 한자음을 훈독으로 쓴 것에 불과하다. 그래서 '들어간 코' 정도의 뜻을 반영한 표기라 할 수 있다. 이러한 뜻과 한자 '入鼻(입비)'를 비교하여 고려할 때, '入鼻(입비)'는 우리말 '들코'나 '든코', 또는 '들코지' 또는 '든코지' 정도의 음성형을 쓴 것으로 추정할 수 있다. 이렇게 추정하고 보면, 우도 천진항 서북쪽 바닷가에 있는 '들렁코지>들엉코지[드렁코지]'를 상정할 수 있을 뿐이다. '들엉코지[드렁코지]'는 옛 지도에 斗嚴串(두엄곶) 또는 出干串(출간곶)으로 표기되어 있다.

이상에서와 같이, 이 사전에서 목록화한 지명은 때로 비교적 온전한 음성형을 반영한 것도 있고, 때로는 엉뚱한 음성형을 반영한 것도 있을 수 있다는 것을 염두에 둬야 한다.

한자와 일본어, 로마자 표기를 잘 모르거나 읽지 못하는 사람들을 위해 가능하면 표제어의 뒤에 ( ) 안에 현대 한자음, 일본어 가나 음, 로마자 음을 밝혀 놓았다. 그러므로 그 한자음이나 일본어 가나 음, 로마자 음은 필자가 밝혀놓은 것임을 명심하기 바란다.

木密岳(목밀악)…….

入鼻(입비)…….

ソンノルオルム(손노루오롬/손노루오름/손노루오루무)…….

ウーレィ島(우레이도)…….

한자어 표제어 뒤〔 〕안에 있는 것은 그 표기의 본디 소리를 추정하여 해독한 소리를 넣었다. 본디 소리 또는 해독한 소리 사이에 '〉'은 언어 변화를 나타낸 것이다. 곧 '흑붉은오롬〉흑붉은오름'은 본디 소리가 '흑붉은오롬'에 가까웠다는 것을 나타내고, '흑붉은오롬' 또는 '흑붉은오름'은 소리가 변하여 현대 제주 방언에서 주로 말해진다는 것을 뜻한다. '흙'[土]의 제주 방언은 단일어에서 '흑' 또는 '흑'으로 말해지고, 일부 합성어에서는 '흙〉홀'(예: 홀탐) 또는 '흘'(예: 흘탐)로 말해진다.

>木密岳(목밀악)〔남짓은오롬〕: …….
>
>城板岳(성판악)〔성널오롬〕: …….
>
>土赤岳(토적악)〔흑붉은오롬〉흑붉은오롬〕: …….

일본어 가나 표기

일제강점기 제주 지명을 일본어 가나로 쓴 것은 대개 일본 학자나 일본 사람들이었다. 그러므로 고유어 제주 지명이나 한자식(한자 차용 표기 또는 한자 표기) 제주 지명을 일본어식, 또는 일본어식 한자음으로 읽은 뒤에, 그것을 일본어 가나로 쓴 경우가 대부분이다.

가령 일제강점기 1대 5만「한라산」(제주도북부 8호, 1918) 지형도를 보면, 한자로 下栗岳(하율악)이라 쓰고 일본어 가나로 ハーパムアク(하빠무아쿠: 하밤악)로 써 놓았다. 그러므로 ハーパムアク(하빠무아쿠)는 下栗岳(하율악)을 '하밤악'으로 이해하고 일본어식으로 쓴 것이라 할 수 있다. 그러나 '下栗岳(하율악)'은 당시, 그리고 지금 민간에서 전하는 제주 지명 '알바메기오롬(알빠베기오롬)'을 한자를 빌려 나타낸 것이기 때문에 일본어 가나 ハーパムアク(하빠무아쿠)는 당시 제주 지명을 제대로 나타낸 것이라 할 수 없다.

한편 일제강점기 1대 5만「한라산」(제주도북부 8호, 1918) 지형도를 보면, 한자로 城板岳(성판악)으로 쓰고 일본어 가나로 ソンノルオルム(손노루오롬/손노루오르무)로 써 놓았다. 그러므로 ソンノルオルム(손노루오롬/손노루오르무)은 당시, 그리고 지금 민간에서 전하는 제주 지명 '성널오롬〉성널오름'을 일본

어식으로 쓴 것이라 할 수 있다. 그리고 城板岳(성판악)은 바로 '성널오롬〉성
널오름'을 한자를 빌려 표기한 것에 불과한 것이다.

로마자 표기

일제강점기 제주 지명을 로마자로 쓴 경우는 대개 일본 학자나 일본 사
람들이었다. 곧 고유어 제주 지명이나 한자식(한자 차용 표기 또는 한자 표기) 제
주 지명을 일본어식으로 받아들이거나 이해하여 읽은 뒤에, 그것을 당시 일
본어에서 썼던 로마자로 쓴 경우가 대부분이다.

일제강점기에 일본에서는 헵번식(ヘボン式/Hepburn) 로마자 표기법
(romanization)과 표준식 로마자 표기법, 일본식 로마자 표기법, 훈령식 로마자
표기법 등을 썼다.

헵번식 표기법에서는, 장음의 경우 부호 '¯'을 글자 위에 써서 ā, ī, ū, ē, ō
와 같이 표기했다. 표준식 표기법에서는, 장음의 경우 부호 'ˆ'을 글자 위에
써서 â, î, û, ê, ô 등과 같이 표기했다. 일본식 표기법에서는 장음의 경우 부호
'¯'과 'ˆ'을 글자 위에 써서 ā, ī, ū, ē, ō와 â, î, û, ê, ô 등과 같이 표기했다. 훈령
식 표기법에서는 장음의 경우 부호 '¯'을 글자 위에 써서 ā, ī, ū, ē, ō와 같이 표
기했다.

미군정기(美軍政期)에는 미군이 일제가 만든 지형도 원판을 넘겨받아서,
일제강점기 1대 5만 우리나라 지형도를 매큔-라이샤워 표기법(McCune-
Reischauer Romanization)을 반영하여 1940년대 말에서 1950년대 초반에 재간행
하였다. 지도에 따라서는 일본어식 로마자 표기법을 아울러 반영하여 간행
한 것도 있다. 이 표기법은 된소리 표기에 아스트로피(')를, 모음 '어'를 ŏ로,
'으'를 ŭ로, '여'는 'yŏ' 등과 같이 반달점(breve)을 반영하고, '쉬'를 'shwi'로 썼
다. 한편 일부 자료는 국제음성부호 ɛ, ɐ, ɔ, , ö, ʃ, ʤ 등을 이용해서 쓴 것도

있다. 곧 '측오롬'은 한자를 빌려 葛岳(갈악)으로 쓰고, 국제음성부호를 빌려 ʧʼorom(축오롬)으로 썼다.

기타

이 사전에 수록한 제주 지명 목록은 일제강점기 논문이나 문헌, 지도 등에 쓰인 것을 기준으로 했다. 그러므로 이들 목록이 모두 당시 제주 사람들이 불렀던 지명이라고 할 수 없다.

한글로 쓰여 있다고 해서 당시 제주 사람들이 불렀던 지명을 온전하게, 또는 제대로 썼다고 할 수 없는 것이 아주 많다.

가령 분명하게 된소리로 발음하여 [모찌오롬] 또는 [몬찌오롬]으로 말했던 것을 '모지오롬' 또는 '모지오름'과 같이 썼다면 제주 지명을 온전하게 쓴 것이라 할 수 없다.

더욱이 한자로 바뀐 漢拏山(한라산)은 민간에서 [할락싼] 또는 [할로산]이라고 말해졌다면 '한락산' 또는 '한로산'으로 써야 하고, [할로영산]이라고 말해졌다면 '한로영산' 등으로 써야 할 텐데, 이렇게 써 놓은 자료는 없다.

민간에서 [거문노롬]이나 [칠로롬]으로 말해지는 것을 '거문오롬'이나 '검은오롬', '칠오롬' 등으로 쓴 것도 사실은 온전하게 써 낸 것이라 할 수 없다. 부득이하게 이러한 것을 형태를 밝혀 적는 규칙을 적용해서 쓴다면 각각 '검은오롬', '칠오롬' 등으로 쓸 수밖에 없을 텐데, 그러한 것을 제대로 지켜 쓴 경우도 거의 없다.

제주 지명을 한글로 쓰는 데도 온전하게 써 내지 못한 것이 많은데, 그것을 한자를 빌려 쓰는 경우나 일본어 가나, 로마자를 빌려 쓰는 경우에는 당연히 본디 제주 지명을 온전하게 써 낼 수가 없다.

곧 '성널오롬' 또는 '성널오름'으로 말했던 것을 한자를 빌려 城板岳(성판악)으로 썼다면 城板岳(성판악)도 본디 제주 지명을 온전하게 쓴 것이라 할 수 없다.

그리고 '성널오롬'이나 '성널오름'을 일본어 가나 ソンノルオルム(손노루오름/손노루오르무)으로 쓴 것도 당연히 정상적인 제주 지명이라고 할 수 없다.

또한 '성널오름'을 로마자 SŎNGNŎL-ORŬM(성널오름)으로 쓴 것도 정상적인 제주 지명이라고 할 수 없다.

한편 제주 지명을 듣고, 본디 소리와 형태가 무엇이었을 것이라고 추정한 것들도 있는데, 이러한 것은 당연히 본디 제주 지명이라고 할 수 없다.

그리고 이미 없어진 글자인 'ᄋᆡ'나 합용병서 'ᄲ' 등을 활용해서 쓴 제주 지명도 당시 발음을 제대로 쓴 것이라 할 수가 없다.

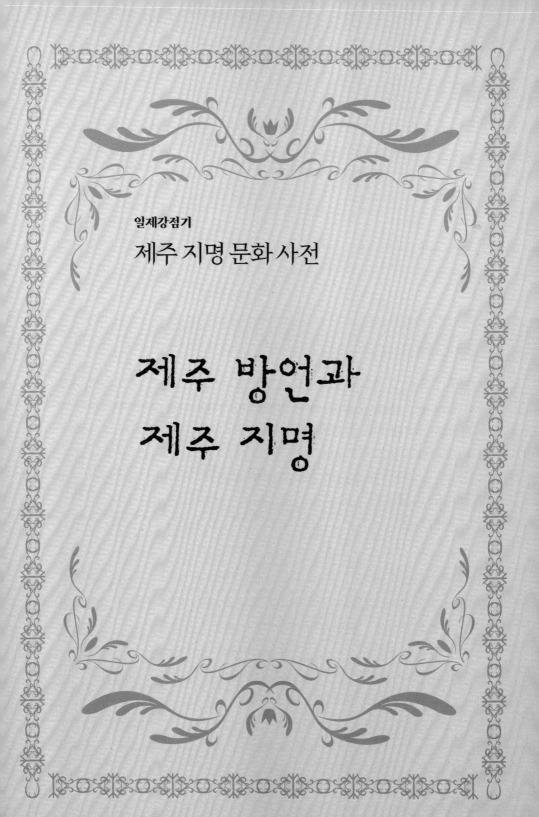

일제강점기
제주 지명 문화 사전

제주 방언과
제주 지명

제주 방언과
제주 지명

　제주 방언은 일제강점기 이전부터 제주의 고로(古老)들이 써 왔거나 지금까지 쓰고 있는 말을 뜻하고, 제주 지명도 마찬가지이다. 제주 방언이나 제주 지명은 기원적으로 순우리말(고유어)이 절대적으로 많을 것이나, 일찍부터 한자와 한자 문화를 받아들이고 그것을 활용하거나 반영하여 쓰면서 점차 줄어들고 있다. 그와 반면에 한자를 빌려 쓰는 과정에서 한자화된 방언 또는 지명, 한자식으로 바뀐 방언이나 지명이 많아지고 있다.

　제주 방언에 '동승' 또는 '동싱', '동슝'이라는 말이 있다. 이 말은 한자어 '동생(同生)'에 대응하는 제주 방언이다. 한자어 '동생(同生)'의 중세 국어 한자음은 '동싱'으로 쓰였다. 1518년에 간행된『번역소학(飜譯小學)』을 보면, 한자어 '제자(弟子)'에 대응하는 번역어로 '아ᅀᅳ와 동싱의 ᄌ식ᄃᆞᆯ'이 쓰였는데, '아ᅀᅳ'는 고유어이고, '동싱'과 'ᄌ식'은 당시 한자음으로 쓴 것으로, 각각 현대 제주 방언 '아시', '동싱·동승', 'ᄌ식·ᄌ슥' 등에 이어진다.

　한자어 동생(同生)은 "같은 부모에게서 태어난 사이거나 일가친척 가운데 항렬이 같은 사이에서 손윗사람이 손아랫사람을 이르거나 부르는 말"로도 쓰인다. 이외의 뜻으로는 "항렬이 같은 사이에서, 손윗사람이 혼인한 손아랫사람을 이름 대신 부르는 말"이나 "남남끼리의 사이에서 나이가 많은 사람이 나이가 적은 사람을 정답게 이르거나 부르는 말"로도 쓰인다.

전자의 뜻으로 쓰는 '동승' 또는 '동싱', '동슝' 등은 한자어의 변음이므로, 기원적으로 한자어에 속한다. 후자의 뜻으로 쓰는 '동생(同生)'에 대응하는 제주 방언은 일반적으로 '아시'가 쓰인다. 제주 방언 '아시'는 중세 국어 '앗'과 '아ᅀ'의 변음으로 실현된 것이다. 곧 후자의 뜻으로 쓰는 '동생'은 기원적으로 한자어이지만, '동생'의 뜻으로 쓰인 중세 국어 '앗'과 '아ᅀ', 제주 방언 '아시'는 순우리말(고유어)이다.

제주 지명의 경우에도, 이른 시기에는 순우리말(고유어)로 쓰인 것이 일반적이었다. 하지만 한자 또는 한자어가 들어오면서, 그것을 중국식으로 활용하여 쓰거나 우리말식으로 활용하여 쓰는 과정에서 변질 또는 왜곡되는 경우가 많아졌다.

제주시 애월읍 어음리 산간에 '새별오롬>새별오름'으로 부르는 오롬이 있다. 이 오롬 이름은 고려시대에는 한자를 빌려 曉星吾音(효성오음) 또는 曉星五音(효성오음)으로 썼다. 한자 曉(효)는 '새벽'을 뜻하는 한자어이다. '새벽'에 대응하는 옛말은 '새배' 또는 '새박' 등으로 실현되었는데, 이 고유어 첫 음절인 '새'를 쓰기 위하여 한자 曉(효)를 빌려 썼다. 한자 星(성)은 '별'을 뜻하는 한자어이다. '별'에 대응하는 현대 제주 방언은 '벨'이나 '빌' 등으로 말해지지만, 고려시대에는 고유어 '별'과 많이 다르지 않았을 것으로 추정된다. 우리말 '별'을 나타내기 위해, '별'을 뜻하는 한자 星(성)을 빌려 쓴 것이다. 우리말이자 제주 방언인 '오롬>오름'을 나타내기 위하여 한자를 빌려 吾音(오음) 또는 五音(오음)으로 쓴 것은 우리말 '오롬>오름'을 가능한 한 소리 나는 대로 쓰려고 한 것이다.

그런데 1530년에 간행된 『신증동국여지승람』 권38 '제주목, 산천' 조 기사에서는 曉星吾音(효성오음)이나 曉星五音(효성오음)을 曉別岳(효별악)으로 쓰고, 이원진의 『탐라지』(1653) '제주목, 산천' 조 기사에서는 曉星岳(효성악)으로 쓴 것을 확인할 수 있다. 한자 別(별)의 현재 제주 방언은 주로 '벨'로 말해지지만, 중세국어 시기의 한자음 '별'과 크게 다르지 않았다고 할 수 있다. 그래서 '새별'의 '별'을 나타내기 위해 '별'의 음을 가지고 있는 '別(별)'을 빌려 쓴 것이다. 또한 우리말 '오롬>오름'을 나타내기 위해 吾音(오음) 또는 五音(오음)으로 썼던 것을 한자 嶽(악)의 약자인 岳(악)으로 나타냈다. 岳(악)의 오늘날 훈은 주로 '큰 산' 또는 '높은 산'을 나타내지만, '우뚝 솟은 뫼(산)'를 뜻하는 말로 빌려 썼다고 할 수 있다.

선조 10년(1577)에 과거시험에 합격하고, 제주목사로 있던 아버지 임진(林晉)을 뵙기 위해 제주도에 왔던 임제(林悌)가 써서 남긴 『남명소승(南溟小乘)』(1577~1578)과 선조 34년(1601)에 제주 안무어사(按撫御史)로 임명을 받아 제주에 왔던 김상헌(金尙憲)이 써서 남긴 『남사록(南槎錄)』(1601~1602)을 보면, 당시 「지지(地誌)」를 인용한 내용이 있다.

곧 제주도에서는 岳(악)을 吾老音(오로음)이라고 한다는 것이다. 최세진이 지은 한자 학습서인 『훈몽자회(訓蒙字會)』(1527)를 보면, 한자 嶽(악)은 또한 岳(악)으로도 쓴다고 하고, '묏부리'를 뜻한다고 했다. '묏부리'는 산등성이나 산봉우리에서 가장 높은 꼭대기를 이르는 말이다. 이 '묏부리'를 제주도에서는 吾老音(오로음)이라 한다고 했으니, 당시 제주도에서는 '오롬' 정도로 불렀던 것을 한자를 빌려 吾老音(오로음)으로 쓴 것이라 할 수 있다.

한편 '새별오롬>새별오름'은 1899년의 「제주지도」에서 新星峯(신성봉)으로 표기하고, 일제강점기 1대 5만 지형도에서는 '新星岳(신성악) セピルオルム'으로 표기하고, 이 오롬 주변의 묘비에서는 晨星岳(신성악)으로도 썼으니, 후대에 우리말 '새'를 쓰기 위래 한자 新(신)이나 晨(신)을 빌려 쓰기도 했다는 것을 알 수 있다.

또한 '오롬>오름'을 나타내기 위해 한자 吾音(오음), 五音(오음), 岳(악) 등으로 썼을 뿐만 아니라, 峯(봉)이나 山(산)으로도 썼다는 것을 알 수 있다.

이런 여러 예를 고려해 볼 때, 제주 방언에서 우리말 '오롬〉오름'의 뜻이나 한자 차용 표기 岳(악), 峰·峯(봉), 山(산) 등의 뜻에는 차이가 없었다는 것을 알 수 있다.

또한 일본어 가나 표기 セピルオルム(세삐루오롬), 그리고 이 오롬 주변의 묘비에서 확인되는 鳥飛岳(조비악)으로 쓴 것을 고려할 때 '새별오롬〉새별오름'을 '새빌오롬〉새빌오름'이라고도 했다는 것을 알 수 있다.

결국 '새별오롬' 또는 '새별오름', '새빌오롬〉새빌오름' 등은 모두 순우리말이거나 순우리말의 변음을 반영한 것이라 할 수 있고, 한자 표기 曉星吾音(효성오음), 曉星五音(효성오음), 曉別岳(효별악), 曉星岳(효성악), 新星峯(신성봉), 新星岳(신성악), 晨星岳(신성악), 鳥飛岳(조비악) 등은 모두 순우리말 또는 순우리말의 변음을 한자를 빌려 나타낸 것이라고 할 수 있다. 그러므로 이들 한자 차용 표기를 오늘날 한자음으로 읽고 나타낸 것, 곧 '효성오음, 효별악, 효성악, 신성봉, 신성악, 조비악' 등은 정상적인 오롬 이름이 아니라는 것을 알 수 있다. 곧 한자 차용 표기로 된 오롬 이름은 정상적인 제주 오롬 이름이 아니라는 것이다.

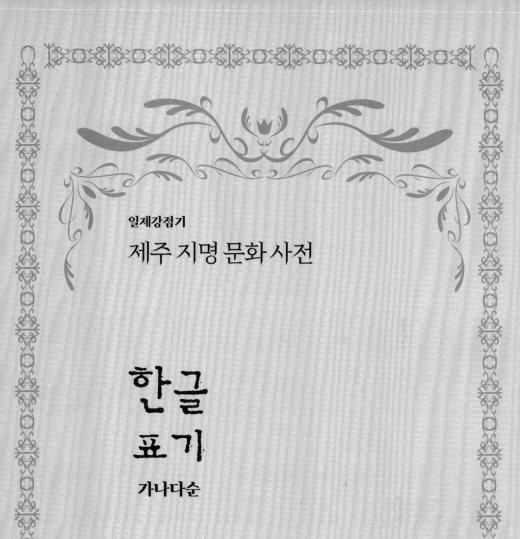

일제강점기

제주 지명 문화 사전

한글
표기

가나다순

굴막 제주특별자치도 제주시 구좌읍 동복리의 옛 이름 'ᄀᆞᆺ막'의 변음.

漢字の音にもわらず又其の訓讀にもわらず, 全く他の名稱を以て呼ぶもの.……東福里 굴막('邊幕'テアルトイツテ居ル). 《朝鮮及滿洲』 제70호(1913) 「濟州島方言」 '六.地名'(小倉進平)》.

기 "강이나 내[川]의 하류나, 바닷가 일대에 뭍 쪽으로 패 들어가서 바닷물이 드나드는 곳"을 뜻하는 '개[浦]'와 같은 것으로 쓴 제주 방언. 제주 방언이나 제주 지명에서는 '○기' 또는 '○○기'로 쓰였는데, 현대 제주 방언 '개' 또는 '게'에 대응하는 표기로 추정됨.

地名の後にある普通名詞.……기(浦). 海岸にある地名で, 明月浦(명월기: 濟州郡), 板浦(늘기: 濟州郡), 瓮浦(독기: 濟州郡)等はこれでわる.《朝鮮及滿洲』 제70호(1913) 「濟州島方言」 '六.地名'(小倉進平)》.

기므리 제주특별자치도 제주시 구좌읍 세화리 바닷가에 있는 '갯머리(갯마리)'의 변음.

漢字の音にもわらず又其の訓讀にもわらず, 全く他の名稱を以て呼ぶもの.……細花里 기므리(浦頭ノ義テアルトイツテ居ル) 《朝鮮及滿洲』 제70호(1913) 「濟州島方言」 '六.地名'(小倉進平)》.

기으름 제주특별자치도 제주시 오라2동 연미마을 남쪽에 있는 '민오롬'을 민간에서 풍수설에 따른 'ㄱ오롬(>개오롬)'으로 인식하여 'ㄱ으름'으로 나타낸 것 가운데 하나. 1960년대 지형도부터 2015년 지형도까지 '민오름'으로 쓰여 있음. ⇒ 敏岳(민악).

戌岳·ㄱ으름(吾羅里) 《朝鮮地誌資料》(1911) 全羅南道 濟州郡 中面, 山名〉.

가구미기 제주특별자치도 구좌읍 하도리의 옛 개[浦口] 이름. '가구미기'는 하도리에 있었던 한 개로, '가구미개>가구메개' 정도로 부른 것으로 보이는데, 지금 어디에 해당하는지 확실하지 않음. '벨방개·한개·한개창'을 달리 이른 것인지 확실하지 않음.

가구미기(下道里) 《朝鮮地誌資料》(1911) 全羅南道 濟州郡 舊左面, 浦口名〉.

가마오름 한라산(漢拏山)의 이칭(異稱) 표기 가운데 하나인 釜岳(부악)의 한자 차용 표기로 이해하기도 함.

그러나 釜岳(부악)은 '두믜오롬'의 한자 차용 표기 가운데 하나. 또 釜岳이라고도 함은 '가마오롬'이 아니라 '검'의 神聖義를 말한 것이러니 《耽羅紀行: 漢拏山》(李殷相, 1937)〉. 頭無岳이고 圓山이고 釜岳, 곳 가마오롬이고 통히 '아이누'語 로는 神山이란 ㅆㅡㅅ이 되어서 漢拏山이라 치는 것이나 단 한 가지, 이 山을 神靈으로 생각한 것에서 생겨난 이름임을 짐작할 수 잇습니다. 《濟州島의 文化史觀 9》(1938) 六堂學人, 每日新報 昭和十二年 九月 二十七日〉.

가사오롬 제주특별자치도 서귀포시 표선면 토산리와 세화리 경계에 있는 '가시오롬'의 변음 '가세오롬'을 이른 것. 1960년대 지형도부터 2015년 지형도까지 '가세오름'으로 쓰여 있음. 표고 203.6m.

袈裟峰·가사오롬(細花里) 《朝鮮地誌資料》(1911) 全羅南道 旌義郡 東中面, 山谷名〉.

가시남을 제주특별자치도 제주시 아라동 영평상동의 옛 이름. '가시나물'에 대응하는 말.

漢字의 音에도わらず 又其의 訓讀에도わらず, 全く 他의 名稱을 以て 呼ぶもの……寧坪里 가시남을('樫ノ樹'ノ意). 《朝鮮及滿洲》 제70호(1913) 「濟州島方言」 '六.地名'(小倉進平)〉.

가시아기들 제주특별자치도 서귀포시 안덕면 감산리의 들 이름.

　가시아기들(柑山里)《朝鮮地誌資料》(1911) 全羅南道 大靜郡 中面, 野坪名〉.

가하도 제주특별자치도 서귀포시 대정읍 '가파도'를 '가하도'로 나타낸 것 가
운데 하나. ⇒ 加波島(가파도).

　加波島 クッパトウ (가하도 クーハートー)《韓國水産誌》제3집(1911)「濟州島」大靜郡 右面〉.

갈밭 제주특별자치도 제주시 오라2동 '개미목' 북쪽에 있는 '갈대밭'을 이르
는 지명. '갈대'의 옛말은 'ᄀᆞᆯ' 또는 'ᄀᆞᆳ대'로 실현되었고, 제주 방언은 'ᄀᆞ대'
로 말해지고 있음. '갈밭'은 'ᄀᆞᆯ밧' 또는 'ᄀᆞ대왓'의 잘못으로 추정됨.

　밀림을 벗어나면서부터 '갈밭'이라 부르는 十里草原이 눈앞에 展開된다《耽羅紀行: 漢挐山》(李
殷相, 1937)〉. 雲霞 나르는 갈밭草原이 끝나는 고개ㅅ머리가 바로 蟻項이라 쓰고 '개목'이라
부르는 '개암이목'이다《耽羅紀行: 漢挐山》(李殷相, 1937)〉. '갈밭' 밑으로 돌아 빠저 '한내'와 合流
하는 것이오 이 鳶頭峰下의 分水點은 '막은다리'라 일컫는다《耽羅紀行: 漢挐山》(李殷相, 1937)〉.

강럭골드르 제주특별자치도 제주시 조천읍 북촌리의 들 이름.

　강럭골드르(北村里)《朝鮮地誌資料》(1911) 全羅南道 濟州郡 新左面, 野坪名〉.

개남술 제주특별자치도 조천읍 교래리에 있는 숲 이름. '개남술'이라고 하는
데, '개남'은 '개낭'이라고도 함. '개남(개낭)'은 '누리장나무'를 이르는 제주
방언임.

　개남술(橋來里)《朝鮮地誌資料》(1911) 全羅南道 濟州郡 新左面, 野坪名〉.

개목 제주특별자치도 제주시 오라2동 남쪽, 족은연두봉(표고 1496.2m) 북쪽의
'게염지목(개미목)'의 변음. ⇒ 蟻項(의항).

　雲霞 나르는 갈밭草原이 끝나는 고개ㅅ머리가 바로 蟻項이라 쓰고 '개목'이라 부르는 '개
암이목'이다《耽羅紀行: 漢挐山》(李殷相, 1937)〉.

개암이목 제주특별자치도 제주시 오라2동 남쪽, 족은연두봉(표고 1496.2m) 북
쪽의 '게염지목(개미목)'의 변음. '개암이목'은 일제강점기 1대 5만 지형도
의 '蟻項 ケアミモク'의 표기에서 일본어 가나 표기인 'ケアミモク'을 우리

말로 읽은 것으로, 본디 지명이라 할 수 없음. ⇒ 蟻項(의항).

雲霞 나르는 갈밭草原이 끝나는 고개ㅅ머리가 바로 蟻項이라 쓰고 '개목'이라 부르는 '개 암이목'이다 《耽羅紀行: 漢拏山』(李殷相, 1937)》.

거믄질 제주특별자치도 서귀포시 안덕면 사계리의 옛 이름 '거문질'에 해당 하는 말.

漢字の音にもわらず又其の訓讀にもわらず, 全く他の名稱を以て呼ぶもの.……沙溪里 거 믄질('黑砂'ノ義) 《朝鮮及滿洲』 제70호(1913) 「濟州島方言' '六.地名'(小倉進平)》.

거시닉오롬 제주특별자치도 조천읍 와흘리에 있는 오롬 이름. 1960년대 지 형도부터 1990년대 지형도까지 '기시네오름'으로 쓰고, 2000년대 지형도 부터 2015년 지형도까지 '가시네오름'으로 잘못 쓰여 있음. 표고 236.7m.

거시닉오롬(臥屹里) 《朝鮮地誌資料』(1911) 全羅南道 濟州郡 新左面, 山名》.

검성리 제주특별자치도 제주시 애월읍 '금성리(錦城里)'의 일본어 발음을 나 타낸 것 가운데 하나. ⇒ 錦城里(금성리).

錦城里(검성리 コムソンリー) 《韓國水産誌』 제3집(1911) 「濟州島』 濟州郡 新右面》.

검오롬 제주특별자치도 제주시 연동 남쪽에 있는 '검은오롬'의 다른 이름. 오 늘날 지형도에는 '검은오름'으로 쓰여 있음. 표고 438.8m.

山下의 좁은 길이 끝나자 放牧하는 草原을 지나고 '노루오름'이니 '검오름'이니 하는 조고 막씩한 峰岡을 끼고 돌아 북으로 海邊의 城內를 向하야 걸음을 바삐 한다 《耽羅紀行: 漢拏 山』(李殷相, 1937)》.

고닉리 제주특별자치도 제주시 애월읍 '고내리'의 옛 한자음 표기. ⇒ 高內里 (고내리).

高內里(고닉리 コナェーリー) 《韓國水産誌』 제3집(1911) 「濟州島』 濟州郡 新右面》.

고산리 제주특별차지도 제주시 한경면 고산리. ⇒ 高山里(고산리).

高山里(고산리 コーサンリー) 《韓國水産誌』 제3집(1911) 「濟州島』 濟州郡 舊右面》.

고포 제주특별자치도 제주시 조천읍 '신흥리'의 옛 이름 가운데 하나인 '옛

개'를 한자 차용 표기로 쓴 古浦(고포)의 한자음. ⇒ **新興里(신흥리)**.

古浦(고포 コポ) 《韓國水産誌》제3집(1911)「濟州島」濟州郡 新左面〉.

곳 표준어 '숲'이나 '수풀'에 대응하는 제주 방언.

곳바구지 제주특별자치도 서귀포시 안덕면 덕수리 '곳바구리'의 변음을 나타낸 것 가운데 하나.

곳바구지(德修里) 《朝鮮地誌資料》(1911) 全羅南道 大靜郡 中面, 池名〉.

공고물 제주특별자치도 조천읍 북촌리에 있는 물 이름이자, 들 이름.

공고물(北村里) 《朝鮮地誌資料》(1911) 全羅南道 濟州郡 新左面, 野坪名〉.

곽문리 제주특별자치도 제주시 애월읍 '곽지리'를 다르게 나타낸 것 가운데 하나.

郭文里(곽문리 クアクムンリー) 《韓國水産誌》제3집(1911)「濟州島」濟州郡 新右面〉.

관젼밧들 제주특별자치도 서귀포시 안덕면 서광리의 들 이름. '관전밧드르'를 나타낸 것.

관젼밧들(西廣里) 《朝鮮地誌資料》(1911) 全羅南道 大靜郡 中面, 野坪名〉.

구엄리 제주특별자치도 제주시 애월읍 구엄리. ⇒ **舊嚴里(구엄리)**.

舊嚴里(구엄리 クーオムリー) 《韓國水産誌》제3집(1911)「濟州島」濟州郡 新右面〉.

굴치 제주특별자치도 제주시 아라1동 남쪽 '세미양오롬' 가까이에 있는 지명이자, 옛 마을 이름.

아츰 이슬을 아까이 밟으면서 三義讓岳이라 부르는 山을 왼편으로 끼고 돌아 들어가다 '굴치'라는 山村을 樹林 사이에 보게 된다 《耽羅紀行: 漢拏山》(李殷相, 1937)〉.

궤 제주특별자치도 제주시 구좌읍 한동리의 옛 이름.

漢字の音にもわらず又其の訓讀にもわらず, 全く他の名稱を以て呼ぶもの.……. 漢東里 궤('窟ノ義テアルトイッテ居ル). 《朝鮮及滿洲》제70호(1913)「濟州島方言」'六.地名'(小倉進平)〉.

귀덕리 제주특별자치도 제주시 애월읍 귀덕리.

歸德里(귀덕리 クウートクリー) 《韓國水産誌》제3집(1911)「濟州島」濟州郡 舊右面〉.

금령리 제주특별자치도 제주시 구좌읍 '김녕리'의 한자 표기 '金寧里(김녕리)'

를 '금령리'로 잘못 읽어서 나타낸 것 가운데 하나. ⇒ 金寧里(김녕리).

金寧里(금령리 クムリヨンイー)《韓國水産誌』제3집(1911)「濟州島」濟州郡 舊左面〉.

금룽리 제주특별자치도 제주시 한림읍 '금능리'를 '금룽리'로 나타낸 것 가운
데 하나.

金陵里(금룽리 クルンリー)《韓國水産誌』제3집(1911)「濟州島」濟州郡 舊右面〉.

퀼파트 1.조선시대에 서양식 지도에 '제주도'를 Quelpaert(퀠파트)로 표기했음.
2.제주특별자치도 서귀포시 대정읍 바다에 있는 '가파도'의 서양식 표기
가운데 하나.

이 섬의 이름을 '퀼파트(Quelpart)'라 한 것은 곧 加波島를 指稱한 것이요《耽羅紀行: 漢拏山』
(李殷相, 1937)〉.

나리머리직 제주특별자치도 제주시 추자면 묵리에 있는 재 이름.

津津頭峙·나리머리직(黙里) 《『朝鮮地誌資料』(1911) 全羅南道 莞島郡 楸子面, 峙名〉.

난미 제주특별자치도 서귀포시 성산읍 난산리의 옛 이름 '난메(난미)'에 대응하는 말.

地名の後にある普通名詞.⋯⋯미又は미(山). 水山里(물미: 濟州), 臥山里(눈미: 濟州), 蘭山里(난미: 旌義)の如きはこれでわる.〈『朝鮮及滿洲』第70호(1913)「濟州島方言」六.地名'(小倉進平)〉.

남도산 제주특별자치도 서귀포시 표선면 토산2리의 '남토산'을 '남도산'으로 나타낸 것 가운데 하나.

南兎山(남도산 ナムトサン) 《『韓國水産誌』제3집(1911)「濟州島」旌義郡 東中面〉.

너부못 제주특별자치도 서귀포시 남원읍 남원1리 '넙은못'의 변음.

廣池·너부못(西衣里) 《『朝鮮地誌資料』(1911) 全羅南道 旌義郡 西中面, 野坪名〉.

너분들 제주특별자치도 서귀포시 호근동에 있는 '넙은드르'에 대응하는 말. 오늘날 민간에서는 '난드르'로 말해지고 있음.

地名の後にある普通名詞.⋯⋯들(坪). 村の義でわる. 長坪(진들: 濟州郡). 廣分坪(너분들:

旌義郡)の如きはこれでわる. 《朝鮮及滿洲》 제70호(1913) 「濟州島方言」 '六.地名' (小倉進平)〉.

넙거리오롬 제주특별자치도 조천읍 교래리에 있는 오롬 이름. 이 오롬은 예로부터 '넙거리' 또는 '넙거리오롬'으로 불러왔음. 2000년대 지형도부터 2015년 지형도까지 '넙거리오름'으로 쓰여 있음. 표고 810.4m.

넙거리오롬(橋來里) 《朝鮮地誌資料》(1911) 全羅南道 濟州郡 新左面, 山名〉.

노루섬 제주특별자치도 서귀포시 서귀포 바다에 있는 '문섬'을 일제강점기 1대 5만 지형도(1918)에 '鹿島 ノクソム'으로 표기했는데, 이것을 '노루섬'으로 이해하고 쓴 것.

西으로 멀리 있는 섬은 '범섬'(虎島), 浦口 앞에 놓인 섬은 '새섬'(鳥島), 고 넘어 있는 섬은 '노루섬'(鹿島), 왼편 東으로 떨어져 있는 섬은 '숲섬'(森島)! 《耽羅紀行: 漢拏山》(李殷相, 1937)〉.

노루오롬 제주특별자치도 제주시 연동 남쪽에 있는 '노루손이오롬'의 다른 이름. 오늘날 지형도에는 '노루손이오름'으로 쓰여 있음. 표고 617.4m.

山下의 좁은 길이 끝나자 放牧하는 草原을 지나고 '노루오름'이니 '검오름'이니 하는 조고막씩한 峰岡을 끼고 돌아 북으로 海邊의 城內를 向하야 걸음을 바삐 한다 《耽羅紀行: 漢拏山》(李殷相, 1937)〉.

노리오롬 제주특별자치도 조천읍 대흘리에 있는 오롬 이름. 이 오롬은 일찍부터 '노리오롬'으로 부르고, 한자를 빌려 '獐岳(장악)'으로 표기하였음.

이 오롬에 '노리'(노루의 제주 방언)가 많았다는 데서 붙인 것임. 지금은 에코랜드 테마파크에 포함되어 있음. 표고 424.3m. 노리오롬(大屹里) 《朝鮮地誌資料》(1911) 全羅南道 濟州郡 新左面, 山名〉.

놉새리오롬 제주특별자치도 조천읍 교래리에 있는 오롬 이름. 이 오롬은 예로부터 '놉새리오롬' 또는 '늡세리오롬' 등으로 부르는데, '놉새리'의 뜻은 확실하지 않음. 2000년대 지형도부터 2015년 지형도까지 '융서리오름'으로 잘못 쓰여 있음. 표고 489.2m.

놉새리오롬(橋來里) 《朝鮮地誌資料》(1911) 全羅南道 濟州郡 新左面, 山名〉.

눈미 제주특별자치도 제주시 조천읍 와산리의 옛 이름 '눈메'에 대응하는 말. 오늘날 민간에서는 주로 '눈미'로 전하고 있음.

地名の後にある普通名詞.……미又は미(山). 水山里(물미: 濟州), 臥山里(눈미: 濟州), 蘭山里(난미: 旌義)の如きはこれでわる. 《朝鮮及滿洲》 제70호(1913) 「濟州島方言」 '六.地名'(小倉進平)》.

늘기 제주특별자치도 제주시 한경면 판포리 바닷가에 있는 '널개'에 대응하는 말.

地名の後にある普通名詞.……기(浦). 海岸にある地名で, 明月浦(명월기: 濟州郡), 板浦(늘기: 濟州郡), 瓮浦(독기: 濟州郡)等はこれでわる. 《朝鮮及滿洲》 제70호(1913) 「濟州島方言」 '六.地名'(小倉進平)》.

늘기오롬 제주특별자치도 제주시 한경면 판포리에 있는 '널개오롬'의 변음.

訓にて又は音を訓とを合せて讀めるもの. 翰林里-한숨풀(濟州). 板乙浦岳-늘기오롬(제주). 《朝鮮及滿洲》 제70호(1913) 「濟州島方言」 '六.地名'(小倉進平)》.

딕평리 제주특별자치도 서귀포시 안덕면 大坪里(대평리)를 당시 한자음으로 쓴 것. ⇒ 大坪里(대평리).

大坪里(딕평리 テューピョンリー)《『韓國水産誌』제3집(1911)「濟州島」大靜郡 中面》.

다락굿 제주특별자치도 제주시 아라동 월평동의 옛 이름 '다라굿'을 쓴 말.

訓にて又は音を訓とを合せて讀めるもの. 月坪里－다락굿(濟州). 衣貴里－옷쒸(旌義).

《『朝鮮及滿洲』제70호(1913)「濟州島方言」'六.地名'(小倉進平)》.

달라미 제주특별자치도 서귀포시 신효동에 있는 '드라미'의 변음을 나타낸 것 가운데 하나. 민간에서는 '드라미'라 전하고 있음. 그러나 1960년대 지형도부터 1990년대 지형도까지 '月羅岳(월라악), 서포제동산'으로 쓰고, 2000년대 지형도부터 2015년 지형도까지 '월라봉(月羅峰), 포제동산'으로 쓰여 있음. 표고 153.7m(포제동산). 표고 117.8m(월라봉). ⇒ 月羅山(월라산).

月羅山·달라미(新孝)《『朝鮮地誌資料』(1911) 全羅南道 旌義郡 右面, 山谷名》.

당기 제주특별자치도 서귀포시 표선면 표선리 바닷가에 있는 개 이름 '당캐'를 달리 나타낸 것 가운데 하나. 민간에서는 '당캐'로 말해지고 한자를 빌려 쓸 때는 堂浦(당포) 또는 唐浦(당포) 등으로 써 왔는데, 그 가까이에 당(堂)이 있어서 '당캐'라 한 것이어서, '당나라'하고는 아무런 관련이 없음. 1960년대 지형도부터 2000년대 지형도까지 '당포'로 쓰고, 2000년대 지형도부터 2015년 지형도까지 '당캐'와 '표선 포구/표선항'으로 쓰여 있음. ⇒ 堂浦(당포).

堂浦·당기(表善里)《朝鮮地誌資料》(1911) 全羅南道 旌義郡 東中面, 浦口名〉.

도그내 제주특별자치도 제주시 내도동과 외도동 사이를 흘러서 바다로 흘러 들어가는 내 이름. 한자로는 주로 都近川(도근천)으로 표기하였음. ⇒ 都近川(도근천).

지금 이곳 사람들은 都近川을 '도그내'라고 부르거니와 이는 조금도 介疑할 것 없는 '독내'일 것이다. 〈耽羅紀行: 漢拏山》(李殷相, 1937)〉.

도두리 제주특별자치도 제주시 도두동의 옛 이름. ⇒ 道頭里(도두리).

道頭里(도두리 トートウリー)《韓國水産誌》제3집(1911)「濟州島」濟州郡 中面〉.

도슌리 제주특별자치도 서귀포시 도순동의 옛 이름 '도순리(道順里)'의 한자 음을 달리 나타낸 것 가운데 하나. ⇒ 道順里(도순리).

道順里(도슌리 トーシユンリー)《韓國水産誌》제3집(1911)「濟州島」大靜郡 左面〉.

도원리 제주특별자치도 서귀포시 대정읍 '도원리'를 이름. ⇒ 桃源里(도원리).

桃源里(도원리 トーウォンリー)《韓國水産誌》제3집(1911)「濟州島」大靜郡 右面〉.

독기 제주특별자치도 제주시 한림읍 옹포리 바닷가에 있는 '독개'에 대응하는 말.

地名の後にある普通名詞……기(浦). 海岸にある地名で, 明月浦(명월기: 濟州郡), 板浦(늘기: 濟州郡), 瓮浦(독기: 濟州郡)等はこれでわる. 《朝鮮及滿洲》제70호(1913)「濟州島方言」'六.地名'(小倉進平)〉.

독개 제주특별자치도 제주시 한림읍 옹포리 바닷가 일대의 '개' 이름이자, 이 개 일대에 형성되어 있는 동네 이름. 오늘날은 甕浦(옹포) 또는 甕浦里(옹포리)라 하고 있음. ⇒ 甕浦(옹포).

翰林港……甕浦라 쓰고 '독개'라 부르는 마을을 지나며 月溪寺 옛터를 바라보려하였으나

《耽羅紀行: 漢挐山』(李殷相, 1937)》.

독내 제주특별자치도 제주시 내도동과 외도동 사이를 흘러서 바다로 흘러 들어가는 '도그내'의 다른 이름.

지금 이곳 사람들은 都近川을 '도그내'라고 부르거니와 이는 조금도 介疑할 것 없는 '독내'일 것이다. 《耽羅紀行: 漢挐山』(李殷相, 1937)》.

돈드르 제주특별자치도 서귀포시 남원읍 하례2리 '돈드르'를 이름. 이 가까이에서 내가 지나면서, 돌아서 형성된 드르라는 데서 '돈드르'라 한 것이므로 '돈[錢]'과는 관련이 없음. ⇒ 錢野(전야).

錢野·돈드르(上禮里) 《朝鮮地誌資料』(1911) 全羅南道 旌義郡 西中面, 野坪名》.

돌나라 제주도의 본디 이름이라는 육당 최남선의 설.

古書에 적힌 耽羅라는 것과 澹羅, 뚜ㅗ 涉羅라는 것과……濟州를 돌나라라는 뚜ㅡㅅ으로, 涉羅라고 햇스리라고 생각할 理由가 만습니다. 《濟州島의 文化史觀 9』(1938) 六堂學人, 每日新報 昭和十二年 九月 二十七日》.

돌리못 제주특별자치도 조천읍 함덕리에 있는 못 이름.

돌리못(咸德里) 《朝鮮地誌資料』(1911) 全羅南道 濟州郡 新左面, 川池名》.

돌오롬들 제주특별자치도 서귀포시 안덕면 광평리 '돌오롬' 앞에 펼쳐진 들판 이름.

돌오롬들(廣坪里) 《朝鮮地誌資料』(1911) 全羅南道 大靜郡 中面, 野坪名》.

돌호기들 제주특별자치도 서귀포시 안덕면 감산리 '돌혹이[돌호기]' 일대에 형성된 들판 이름.

돌호기들(柑山里) 《朝鮮地誌資料』(1911) 全羅南道 大靜郡 中面, 野坪名》.

돔배오롬 제주특별자치도 조천읍 교래리에 있는 '돔베오롬'을 달리 나타낸 것 가운데 하나. 이 오롬은 예로부터 '돔베오롬'으로 불러왔음. '돔베'는 '도마'의 제주 방언으로, '돔베'와 같다는 데서 붙인 것임. '돔베'는 사람에 따라서 '돔배'로 쓰기도 했음.

돔배오롬(橋來里) 《朝鮮地誌資料』(1911) 全羅南道 濟州郡 新左面, 山名》.

동북리 제주특별자치도 제주시 구좌읍 '동복리(東福里)'의 변음을 나타낸 것 가운데 하나. ⇒ 東福里(동복리).

東福里(동북리 トンポクイー) 《韓國水産誌》 제3집(1911) 「濟州島」 濟州郡 舊左面〉.

됴근곳못 제주특별자치도 서귀포시 대정읍 보성리 '둑은곳못(족은곳못)'을 나타낸 것 가운데 하나.

됴근곳못(保城里) 《朝鮮地誌資料》(1911) 全羅南道 大靜郡 右面, 池名〉.

두모리 제주특별자치도 제주시 한경면 두모리. ⇒ 頭毛里(두모리).

頭毛里(두모리 トウモリー) 《韓國水産誌》 제3집(1911) 「濟州島」 濟州郡 舊右面〉.

두무오름 한라산(漢拏山)의 본디 이름 가운데 하나.

두무오름이라 함은 이러한 神語를 나타낸 이름으로 볼 수 잇습니다. 《濟州島의 文化史觀 9」

(1938) 六堂學人, 每日新報 昭和十二年 九月 二十七日〉.

뒤병티 제주특별자치도 서귀포시 표선면 토산리에 있는 '뒤병디(뒷벵디)'를 달리 나타낸 것 가운데 하나.

後坪·뒤병티(兎山里) 《朝鮮地誌資料》(1911) 全羅南道 旌義郡 東中面, 野坪名〉.

드르 "편평하고 넓게 트인 땅"을 뜻하는 제주 방언.

들 "편평하고 넓게 트인 땅"을 뜻하는 말로, 제주 방언이나 제주 지명에서는 '○들', '○○들' 또는 '○드르', '○○드르'로 말해지고 있음.

地名の後にある普通名詞……들(坪). 村の義でゐる. 長坪(진들: 濟州郡). 廣分坪(너분들: 旌義郡)の如きはこれでゐる. 《朝鮮及滿洲》 제70호(1913) 「濟州島方言」 '六.地名'(小倉進平)〉.

들믹기들 제주특별자치도 서귀포시 대정읍 상모리 '들멕이(들메기)'에 있는 들판 이름을 달리 나타낸 것 가운데 하나.

들믹기들(上摹里) 《朝鮮地誌資料》(1911) 全羅南道 大靜郡 右面, 野坪名〉.

뒷기 제주특별자치도 제주시 조천읍 북촌리의 옛 이름 '뒷개'에 대응하는 말.

訓にて又は音を訓とを合せて讀めるもの. 北浦-뒷기(濟州). 曉別岳-싀별오롬(濟州). 《朝鮮及滿洲》 제70호(1913) 「濟州島方言」 '六.地名'(小倉進平)〉.

령실 제주특별자치도 서귀포시 하원동 산간, 한라산 백록담 서남쪽에 있는 골짜기인 '영실'의 한자 차용 표기 가운데 하나인 靈室(영실)을 '령실'로 읽은 것.

여기가 바로 靈室이라 부르는 곳인데 '령실'이라는 '실'은 洞谷의 朝鮮語이요, '室'은 漢字의 音譯인 듯하다 《耽羅紀行: 漢拏山』(李殷相, 1937)》.

료간포 제주특별자치도 제주시 한경면 신창리 포구를 이름. 2000년대 지형도부터 2015년 지형도까지 '신창리 포구/신창항'으로 쓰여 있음. '논케' 아래쪽에 있다는 데서, 일본식으로 표현한 것인 듯함.

료간포(順昌里) 《朝鮮地誌資料』(1911) 全羅南道 大靜郡 右面, 浦口名》.

룡담리 제주특별자치도 제주시 용담동의 옛 이름 '龍潭里(용담리)'의 당시 한자음 표기. ⇒ 龍潭里(용담리).

龍潭里(룡담리 リョンタムリー) 《韓國水産誌』 제3집(1911) 「濟州島」 濟州郡 中面》.

룡수리 제주특별자치도 제주시 한경면 '龍水里(용수리)'의 당시 한자음 표기. ⇒ 龍水里(용수리).

龍水里(룡수리 リョンスリー) 《韓國水産誌』 제3집(1911) 「濟州島」 濟州郡 舊右面》.

룰물 제주특별자치도 조천읍 교래리에 있는 물 이름이자, 들 이름.

룰물(橋來里) 《朝鮮地誌資料』(1911) 全羅南道 濟州郡 新左面, 川池名》.

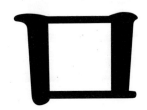

ᄆ르 "땅이 비탈지고 조금 높은 곳" 또는 "등성이를 이루는 산 따위의 꼭대기"
를 이르는 '마루'에 대응하는 제주 방언.

ᄆ를 "땅이 비탈지고 조금 높은 곳" 또는 "등성이를 이루는 산 따위의 꼭대기"
를 이르는 '마루(旨)'에 대응하는 제주 방언. 제주 지명에서는 '○ᄆ르·○ᄆ
를·○ᄆ루·○ᄆ룰' 등으로 말해지는데, 'ᄆ르·ᄆ를'이 줄어서 'ᄆ를'로도 말해
지고 있음.

> 地名の後にある普通名詞……ᄆ를. 濟州郡の邑名に楮旨里といふ所があつて普通には之を
> 싹ᄆ를といつて居る. 卽ち旨はᄆ를に當るものでわる.……而して前條に述べた미又は미とい
> ふ言葉も此のᄆ를と關係わるのと思はれれる. 《『朝鮮及滿洲』第70호(1913) 「濟州島方言」 '六.地
> 名'(小倉進平)》.

ᄆ시리기 제주특별자치도 서귀포시 대정읍 가파도 북쪽에 있는 '모시리개'의
변음을 나타낸 것 가운데 하나. '모시리'는 '모살'의 변음 가운데 하나임.

> ᄆ시리기(加波島) 《『朝鮮地誌資料』(1911) 全羅南道 大靜郡 右面, 浦口名》.

미 표준에 '뫼[山]'에 대응하는 제주 방언. '뫼'는 민간에서 '메' 또는 '미'로 말

해져서, '○메' 또는 '○○메' 따위로 말해지고 있음.

地名の後にある普通名詞.…….미又は미(山). 水山里(물미: 濟州), 臥山里(눈미: 濟州), 蘭山里(난미: 旌義)の如きはこれでわる.〈朝鮮及滿洲』第70호(1913)「濟州島方言」「六.地名」(小倉進平)〉.

마라도 제주특별자치도 서귀포시 대정읍 마라도.

麻羅島(마라도 マラト)〈韓國水産誌』第3집(1911)「濟州島』大靜郡 右面〉.⇒ 馬羅島(마라도).

막울 한라산 백록담 남쪽 봉우리 아래쪽(남쪽) 비탈 일대의 이름.

이 外壁은 俗稱 '막울'이라 하니 이것은 '막아 둘린 울타리'라는 뜻이오, 그 아래 널려 있는 亂石地臺는 '움텅밭'이라 부른다〈耽羅紀行: 漢拏山』(李殷相, 1937)〉.

막은다리 제주특별자치도 제주시 오라2동 남쪽, 한라산 백록담 북쪽 '삼각봉'(표고 1697.2m) 서북쪽 낭떠러지 일대의 이름.

'갈밭' 밑으로 돌아 빠저 '한내'와 合流하는 것이오 이 鳶頭峰下의 分水點은 '막은다리'라 일컫는다〈耽羅紀行: 漢拏山』(李殷相, 1937)〉. 右便으로 千尋蒼崖가 行人의 굽힌 허리를 펴게 하는 곳을 俗에 이르되 '안막은다리'라 하니 저 鳶頭峰下의 '막은다리'라 함과 아울러 그 位置의 內外를 表示함이다〈耽羅紀行: 漢拏山』(李殷相, 1937)〉.

말찻 제주특별자치도 조천읍 교래리에 있는 오롬 이름. 이 오롬은 예로부터 '말찻' 또는 '말찻오롬'으로 부르고 한자를 빌려 '言城岳(언성악)' 또는 '馬乙左叱岳(마을좌질악)', '斗城峰(두성봉)' 등으로 표기하였음. 2000년대 지형도부터 2015년 지형도까지 '말찻오름'으로 쓰여 있음. 표고 649.9m.

말찻(橋來里)〈朝鮮地誌資料』(1911) 全羅南道 濟州郡 新左面, 山名〉.

메 표준어 '뫼'에 대응하는 제주 방언.

먼남ᄆ르 제주특별자치도 조천읍 와흘리에 있는 마루 이름. '먼남'은 '먼나무'의 제주 방언임.

먼남ᄆ르(臥屹里)〈朝鮮地誌資料』(1911) 全羅南道 濟州郡 新左面, 野坪名〉.

멍굴 제주특별자치도 제주시에 있는 삼성혈의 고유 이름. 이를 한자를 빌려 쓴 것이 慕興穴(모흥혈) 임.

開闢의 三姓穴跡-俗稱 '명굴'에 對한 臆測……現在 濟州住民은 老小男女없이 이 三姓穴을 '명굴'이라고 부르는 것을 絶對로 參考할 필요가 있으려니와 《耽羅紀行: 漢拏山』(李殷相, 1937)》.

명월기 제주특별자치도 제주시 명월성 앞 바다에 있던 明月浦(명월포)의 제주 지명 '명월개'에 대응하는 말.

地名の後にある普通名詞…….기(浦). 海岸にある地名で, 明月浦(명월기: 濟州郡), 板浦(늘기: 濟州郡), 瓮浦(독기: 濟州郡)等はこれでゐる. 《朝鮮及滿洲』 제70호(1913)「濟州島方言」 '六.地名'(小倉進平)》.

모살물들 제주특별자치도 서귀포시 안덕면 광평리 '모살물' 일대에 형성되어 있는 들판 이름.

모살물들(廣坪里) 《朝鮮地誌資料』(1911) 全羅南道 大靜郡 中面, 野坪名》.

모새밭¹ 제주특별자치도 제주시 애월읍 곽지리와 금성리 경계 바닷가 일대의 모래밭의 다른 이름 가운데 하나.

海邊으로 '모새밭'을 끼고 달리다가 다시 歸德里라는 곳을 지나면서부터는 밭 사이로 들어선다 《耽羅紀行: 漢拏山』(李殷相, 1937)》.

모새밭² 한라산 백록담 남쪽 '방에오롬(표고 1699.6m)' 남쪽에 있는 밭 이름. 민간에서는 '모새왓'으로 부르고 있음. '모새'는 '모래'를 이르는 방언 가운데 하나로, 이 일대에 '모래'가 깔려 있다는 데서 붙인 것임.

방아오름의 樹林이 지나면서 山間所川을 만나는데 이 냇물을 건너 서면 '모새밭'이라 부르는 곳이 나선다 《耽羅紀行: 漢拏山』(李殷相, 1937)》. '모새밭'이라 함은 沙漠이라는 뜻이지마는 실상은 一分沙地, 一分草原, 七分岩層의 廣漠한 地臺다 《耽羅紀行: 漢拏山』(李殷相, 1937)》.

모슬포 제주특별자치도 서귀포시 대정읍 하모리 포구이자, 이 일대의 동네 이름. ⇒ 摹瑟浦(모슬포).

毛瑟浦 モスリッポ (모슬포 モスルポ) 《韓國水産誌』 제3집(1911)「濟州島」 大靜郡 右面》.

모실개 1.제주특별자치도 제주시 애월읍 곽지리와 금성리 경계 바닷가 일대의 모래밭 앞에 있는 개(浦) 이름.

郭支里와 歸德里 사이에 있는 海邊에 '沙浦'라 쓰고 '모실개'라 부르는 곳이 있음을 보면 《耽羅紀行: 漢拏山』(李殷相, 1937)》.

2.제주특별자치도 서귀포시 대정읍 하모리 바닷가 모슬포항에 있었던 개 이름.

이 摹瑟岳 그 아래 열려 大海에 俯臨한 摹瑟浦, 대개 이 摹瑟이란 이름은 '沙'의 뜻임. 勝覽 에는 漢字를 毛字로 적었거니와 摹瑟이건 毛瑟이건 조선말의 '모실'임은 毋論인데 《耽羅 紀行: 漢拏山』(李殷相, 1937)》.

못뱅디 제주특별자치도 제주시 애월읍 고성리 산간, '노로오롬(노루오롬)'과 '붉은오롬' 사이에 있는 들판 이름. 가까이에 큰 못이 있음.

앞으로 돌아오르는 '오롬'은 圓峰인데, 俗은 이를 '못뱅디'라 부르니, '못'은 池의 뜻이오, '뱅 디'는 野原의 方言이다 《耽羅紀行: 漢拏山』(李殷相, 1937)》.

무근구엉밧들 제주특별자치도 서귀포시 안덕면 감산리 '묵은구룽밧' 일대에 있는 들판 이름.

무근구엉밧들(柑山里) 《朝鮮地誌資料』(1911) 全羅南道 大靜郡 中面, 野坪名》.

무주에 제주특별자치도 제주시 구좌읍 월정리의 옛 이름 '무주개〉무주애'의 변음.

漢字の音にもわらず又其の訓讀にもわらず, 全く他の名稱を以て呼ぶもの.……月汀里 무 주에('武州'テアルトイツテ居ル) 《朝鮮及滿洲』第70호(1913)「濟州島方言」六.地名'(小倉進平)》.

문뎌귀들 제주특별자치도 서귀포시 안덕면 상천리 '문덕궤' 일대에 있는 들 판 이름. 지금 '문덕궤'는 골프장 안에 들어갔음.

문뎌귀들(上川里) 《朝鮮地誌資料』(1911) 全羅南道 大靜郡 中面, 野坪名》.

물너비병듸 제주특별자치도 서귀포시 표선면 세화리 '물너비뱅디'를 달리 나 타낸 것 가운데 하나.

물너비병듸 水月坪·물너비병듸(細花里) 《朝鮮地誌資料』(1911) 全羅南道 旌義郡 東中面, 野坪名》.

물다슨못 제주특별자치도 서귀포시 남원읍 남원2리에 있는 '물듯은못'을 달리 나타낸 것 가운데 하나.

水溫池·물다슨못(西衣里)《朝鮮地誌資料』(1911) 全羅南道 旌義郡 西中面, 池名》.

물미오롬 제주특별자치도 제주시 애월읍 수산리에 있는 '물메오롬'에 대응하는 말. 오늘날 민간에서는 주로 '물메오롬'으로 말해지고 있음.

地名の後にある普通名詞.……오롬(岳). 山の小さいものをひふ. '上るもの'といふ義でわらう. 葛岳(축오롬: 濟州), 水山岳(물미오롬: 濟州)の如きはこれでわる.《朝鮮及滿洲』第70호(1913)「濟州島方言」'六.地名'(小倉進平)》.

물미 1.제주특별자치도 제주시 애월읍 수산리의 옛 이름 '물메'의 변음.

訓にて又は音を訓とを合せて讀めるもの. 水山－물미(濟州). 泥浦－흘기(濟州).《朝鮮及滿洲』第70호(1913)「濟州島方言」'六.地名'(小倉進平)》.

2.제주특별자치도 서귀포시 성산읍 수산1리의 옛 이름.

地名の後にある普通名詞.……미又は믜(山). 水山里(물미: 濟州), 臥山里(눈믜: 濟州), 蘭山里(난믜: 旌義)の如きはこれでわる.《朝鮮及滿洲』第70호(1913)「濟州島方言」'六.地名'(小倉進平)》.

물오롬 제주특별자치도 서귀포시 남원읍 신례리 산간에 있는 오롬.⇒**水岳(수악)**.

水岳·물오롬(漢南里)《朝鮮地誌資料』(1911) 全羅南道 旌義郡 西中面, 山谷名》.

물찻 제주특별자치도 조천읍 교래리에 있는 오롬 이름. 이 오롬은 예로부터 '물찻' 또는 '말물오롬'으로 부르고 한자를 빌려 '水城岳(수성악)' 또는 '水城峰(수성봉)', '勿左叱岳(물좌질악)' 등으로 표기하였음. 정상에 물이 고여 있고, 동쪽과 남쪽이 성벽을 쌓은 듯이 가파르게 이루어져 있는 오롬이라는 데서 붙인 것임. 1960년대 지형도부터 1990년대 지형도까지 '거문오롬'으로 잘못 표기되고, 2000년대 지형도에는 '물찻오롬(거문오롬)'으로 쓰고, 2015년 지형도에는 '물찻오롬'으로 쓰여 있음. 표고 718.5m.

물찻(橋來里)《朝鮮地誌資料』(1911) 全羅南道 濟州郡 新左面, 山名》.

미 표준에 '뫼'[山]에 대응하는 제주 방언. 제주 지명에서는 '○미' 또는 '○○미' 따위로 말해지고 있음.

地名の後にある普通名詞.…….미又は민(山). 水山里(물미: 濟州), 臥山里(눈미: 濟州), 蘭山里(난미: 旌義)の如きはこれでわる.〈『朝鮮及滿洲』제70호(1913)「濟州島方言」‘六.地名’〈小倉進平〉〉.

미오롬 제주특별자치도 서귀포시 표선면 세화리와 표선면 경계에 있는 ‘매오롬’의 변음을 나타낸 것 가운데 하나. ‘매[鷹]’의 옛 말은 ‘매’이고, ‘매’에 대응하는 제주 방언은 ‘소로기·똥소로기(솔개의 옛말은 ‘쇼로기〉쇠로기’임.)’로 말해짐.
⇒鷹岳(응악).

鷹岳·미오롬(表善里)〈『朝鮮地誌資料』(1911) 全羅南道 旌義郡 東中面, 山谷名〉

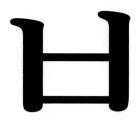

붉늪 한라산 백록담(白鹿潭)의 원 이름이라고 하는, 이은상의 주장.

白鹿潭이란 것은 곧 그대로 '붉늪'이니, 다시 이것을 漢字로 말한다면 '光明池'라고 할 것이다 《耽羅紀行: 漢拏山』(李殷相, 1937)》.

붉ㅅ기 제주특별자치도 서귀포시 표선면 표선리 표선백사장 일대의 원 이름이라고 하는, 이은상의 주장. 이것은 태흥리의 옛 이름 '펼개[펄깨]'와 혼동한 것으로 보임.

表善里라는 곳도 '白濱'이라는 一名이 있음을 보아 이곳 亦是 '붉ㅅ기'라 부르던 곳인 줄을 짐작하겠다. 《耽羅紀行: 漢拏山』(李殷相, 1937)》.

비링이 제주특별자치도 제주시 한림읍 금능리의 옛 이름 '베렝이'의 변음.

漢字の音にもわらず又其の訓讀にもわらず, 全く他の名稱を以て呼ぶもの.……今陵里 비링이(古名 '盃令浦' ノ音). 《朝鮮及滿洲』 제70호(1913) 「濟州島方言」 '六.地名'(小倉進平)》.

바들폭포(--瀑布) 제주특별자치도 서귀포시 중문동 천제연폭포를 일컬었던 말 가운데 하나.

塞達川下流에 생긴 天帝淵이라는 瀑布와 바들瀑布, 곳 瀑布 밋헤 생긴 늪힘니다. 《濟州島

의 文化史觀 7』(1938) 六堂學人, 每日新報 昭和十二年 九月 二十三日〉

바람지 제주특별자치도 제주시 추자면 예초리에 있는 재 이름.

'재'(嶺)의 옛말은 '재'임. 風峙·바람지(禮草)〈『朝鮮地誌資料』(1911) 全羅南道 莞島郡 楸子面, 峙名〉.

발이드르 제주특별자치도 제주시 조천읍 신촌리 '바리드르'를 나타낸 것 가운데 하나.

발이드르(新村里)〈『朝鮮地誌資料』(1911) 全羅南道 濟州郡 新左面, 野坪名〉.

밤박골 제주특별자치도 서귀포시 강정동 '밤밧골'의 변음을 나타낸 것 가운데 하나. '밤밧'은 '밤나무밭'의 제주 방언임.

밤박골(江汀里)〈『朝鮮地誌資料』(1911) 全羅南道 大靜郡 左面, 山名〉.

방두포 제주특별자치도 서귀포시 성산읍 신양리 '방덧개'의 한자 차용 표기인 防頭浦(방두포)의 한자음. ⇒ 防頭浦(방두포).

方頭浦(방두포 パントーポ)〈『韓國水産誌』 제3집(1911) 「濟州島」 旌義郡 左面〉.

방아오름 한라산 백록담 남쪽에 있는 오롬 이름으로, 민간에서는 '방에오롬(표고 1699.6m)'이라 부르고, 오늘날 지형도에는 '방애오름'으로 쓰여 있음.

'막울' 밑 '움텅밭'을 겨우 지나 앞으로 바라보는 곳에 다시 올라가는 언덕이 있으니 이것은 '방아오름'이라 부른다. 〈『耽羅紀行: 漢拏山』(李殷相, 1937)〉. 濟州島에서 무슨 峰 이라 무슨 岳이라 쓴 것은 다 全部 '오름'이라고 부르는 것이 다른 데서는 들을 수 없는 이곳 特殊한 言語임을 興味 있게 생각하면서 우리는 이 '방아오름'을 오른다. 〈『耽羅紀行: 漢拏山』(李殷相, 1937)〉.

배암굴 제주특별자치도 제주시 구좌읍 김녕리에 있는 '베염굴'의 다른 이름.

내가 보기에는 窟의 形狀이 8字形으로 카브를 이루어 배암같이 되었으므로 '배암굴'이라 부르던 것인데 〈『耽羅紀行: 漢拏山』(李殷相, 1937)〉.

버들리못 제주특별자치도 제주시 조천읍 대흘리에 있는 '버들못'의 변음을 나타낸 것 가운데 하나.

버들리못(大屹里)〈『朝鮮地誌資料』(1911) 全羅南道 濟州郡 新左面, 川池名〉.

번닉 제주특별자치도 서귀포시 안덕면 화순리를 흐르는 '창곳내'의 옛 이름 가운데 하나인 '번내'에 대응하는 말.

漢字の音にもわらず又其の訓讀にもわらず, 全く他の名稱を以て呼ぶもの.……和順里 번닉('汎川'トイツ川ガアル爲ダトイツテ居ル) 《朝鮮及滿洲』제70호(1913)「濟州島方言」'六.地名'〈小倉進平〉.

범섬 제주특별자치도 서귀포시 법환동 바다에 있는 섬 이름. ⇒ **虎島(호도)**.

범섬이 두렷하다 《濟州島實記』(金斗奉, 1934)〉. 西으로 멀리 있는 섬은 '범섬'(虎島), 浦口 앞에 놓인 섬은 '새섬'(鳥島), 고 넘어 있는 섬은 '노루섬'(鹿島), 왼편 東으로 떨어져 있는 섬은 '숲섬'(森島)! 《耽羅紀行: 漢拏山』(李殷相, 1937)〉.

법구산전 제주특별자치도 조천읍 교래리에 있는 산전 이름.

법구산전(橋來里) 《朝鮮地誌資料』(1911) 全羅南道 濟州郡 新左面, 野坪名〉.

별방리 제주특별자치도 제주시 구좌읍 하도리(下道里)의 옛 이름 가운데 하나. 1530년에 김녕리에 있던 김녕방호소(金寧防護所)를 이곳으로 옮겨서 별방방호소(別防防護所)라 한 데서, 이 방호소 일대의 마을도 별방(別防) 또는 별방리(別防里)라 했음. 민간에서는 '벨방'이라고도 함. ⇒ **別防里(별방리)**.

別防里(별방리 ピョルポンリー) 《韓國水産誌』제3집(1911)「濟州島」濟州郡 舊左面〉.

보미므르 제주특별자치도 조천읍 북촌리에 있는 마루 이름.

보미므르(北村里) 《朝鮮地誌資料』(1911) 全羅南道 濟州郡 新左面, 野坪名〉.

보미솔들 제주특별자치도 서귀포시 상예동 '보미솔' 일대에 형성된 들판 이름.

보미솔들(上猊里) 《朝鮮地誌資料』(1911) 全羅南道 大靜郡 左面, 野坪名〉.

보미솟닉 제주특별자치도 서귀포시 표선면 세화리를 흐르는 '보미솟내'의 변음.

寶美川·보미솟닉(加時里) 《朝鮮地誌資料』(1911) 全羅南道 旌義郡 東中面, 川名〉.

보한리 제주특별자치도 서귀포시 표선면 태흥리의 옛 이름. ⇒ **保閑里(보한리)**.

保閑里(보한리 ポハンリー) 《韓國水産誌』제3집(1911)「濟州島」旌義郡 西中面〉.

봅환리 제주특별자치도 서귀포시 법환동의 옛 이름 '법환리'의 변음을 나타낸 것 가운데 하나. ⇒ **法還里(법환리)**.

法還里 ボアン (봅환리 ボブアンリー) 《韓國水産誌』제3집(1911)「濟州島」旌義郡 右面〉.

부등기 제주특별자치도 서귀포시 남원읍 한남리의 옛 이름 '부등개'에 대응
하는 말.

漢字の音にもわらず又其の訓讀にもわらず, 全く他の名稱を以て呼ぶもの.……漢南里 부
등기(?) 《朝鮮及滿洲》 제70호(1913) 「濟州島方言」 '六.地名'(小倉進平)》.

북종리 제주특별자치도 제주시 조천읍 '북촌리'의 한자 표기 北村里(북촌리)
를 '북종리'로 나타낸 것 가운데 하나. ⇒ 北村里(북촌리).

北村里(북종리 プクチョンリー) 《韓國水産誌》 제3집(1911) 「濟州島」 濟州郡 新左面》.

불ㅅ개 제주특별자치도 서귀포시 표선면 태흥2리 일대에 있었던 보한리(保
閑里)의 원 이름이라고 하는, 이은상의 주장.

保閑里라는 조고마한 마을은……漢字로는 保閑里라 쓰면서 俗稱에는 '불ㅅ개'라 부르는
것이 어떻게나 分明한 消息이냐 《耽羅紀行: 漢拏山》(李殷相, 1937)》.

비양도 제주특별자치도 제주시 한림읍 비양리에 있는 본섬 이름. ⇒飛揚島(비양도).

飛揚島(비양도 ピーヤントー) 《韓國水産誌》 제3집(1911) 「濟州島」 濟州郡 舊右面》. 地理河川……
本島西北 狹才里海岸에 비양도(飛揚島)와 大靜面에 沙溪浦 우에 山房山은 上古噴火時에
漢拏山에서 飛來하였다. 《濟州島實記》(金斗奉, 1934)》.

빌닉닉들 제주특별자치도 서귀포시 안덕면 상천리를 흐르는 '빌렛내' 일대
에 형성된 들판 이름.

빌닉닉들(上川里) 《朝鮮地誌資料》(1911) 全羅南道 大靜郡 中面, 野坪名》.

빌닉드르 제주특별자치도 조천읍 북촌리에 있는 들 이름.

빌닉드르(北村里) 《朝鮮地誌資料》(1911) 全羅南道 濟州郡 新左面, 野坪名》.

비남ᄆᆞ르 제주특별자치도 조천읍 북촌리에 있는 마루 이름. '비남'은 '베남(배
나무의 제주 방언)'의 변음이고, '므르'는 '마루'의 제주 방언임.

비남ᄆᆞ르(北村里) 《朝鮮地誌資料》(1911) 全羅南道 濟州郡 新左面, 野坪名》.

비래창기 제주특별자치도 조천읍 조천리에 있는 개[浦口] 이름.

비래창기(朝天里) 《朝鮮地誌資料》(1911) 全羅南道 濟州郡 新左面, 浦口名》.

시당 제주특별자치도 서귀포시 안덕면 덕수리의 옛 이름 '새당(쉐당·쇄당)'의 변음.

漢字の音にもわらず又其の訓讀にもわらず, 全く他の名稱を以て呼ぶもの.……德修里 시당('新堂ノ義テアルトイッテ居ル) 《朝鮮及滿洲』 제70호(1913) 「濟州島方言」 '六. 地名'(小倉進平)》.

시별오롬 제주특별자치도 제주시 애월읍 어음리 산간에 있는 '새별오롬'의 변음.

訓にて又は音を訓とを合せて讀めるもの. 北浦ー뒷コ(濟州). 曉別岳ー시별오롬(濟州).

《朝鮮及滿洲』 제70호(1913) 「濟州島方言」 '六. 地名'(小倉進平)》.

사계리 제주특별자치도 서귀포시 안덕면 산방산 서남쪽에 있는 마을 이름. ⇒沙溪里(사계리).

沙溪里 コモンジリ (사계리 サケェーリー) 《韓國水産誌』 제3집(1911) 「濟州島」 大靜郡 中面》.

사시드로 제주특별자치도 조천읍 북촌리에 있는 들판 이름.

사시드로(北村里) 《朝鮮地誌資料』(1911) 全羅南道 濟州郡 新左面, 野坪名》.

사ㅅ라기 제주특별자치도 조천읍 교래리에 있는 오롬 이름. '사ㅅ라기'는 '가

ㄲ라기'의 변음을 잘못 쓴 듯함.

사ᄉ라기(橋來里) 《朝鮮地誌資料》(1911) 全羅南道 濟州郡 新左面, 山名〉.

삭시왓들 제주특별자치도 서귀포시 안덕면 서광리 '삭시왓' 일대에 있는 들
판 이름. 지금은 대부분 주택지와 과수원으로 변했음.

삭시왓들(西廣里) 《朝鮮地誌資料》(1911) 全羅南道 大靜郡 中面, 野坪名〉.

산 산(山). 둘레의 땅보다 훨씬 높이, 우뚝하게 솟아 있는 땅덩이.

濟州島に於ては陸地(島にては朝鮮本土を斯く云ふ)に於けるが如く山名に山(サン)峯
(ポン)及岳(アク)を附くろも多くは何何オルムと呼び……산 漢拏山(ハルラサン)又は漢
羅山 水路部及土地調査舊圖〈濟州島の地質學的觀察』(1928, 川崎繁太郎)〉.

산굼모리 제주특별자치도 조천읍 교래리에 있는 오롬 이름. 이 오롬은 예로
부터 '산굼부리'로 부르고 한자를 빌려 '山九音浮里岳(산구음부리악)' 또는
'山穴(산혈)' 등으로 표기하였음. '산굼부리'를 '산굼모리'로 발음한 것을 쓴
듯함.

산굼모리(橋來里) 《朝鮮地誌資料》(1911) 全羅南道 濟州郡 新左面, 山名〉.

산시ᄆ르 제주특별자치도 조천읍 함덕리에 있는 마루 이름.

산시ᄆ르(咸德里) 《朝鮮地誌資料》(1911) 全羅南道 濟州郡 新左面, 野坪名〉.

산져포 제주특별자치도 제주시 건입동 '산짓내' 하류에 있었던 '산짓개'를 山
底浦(산저포)로 쓰고 그것을 한자음으로 나타낸 것 가운데 하나. ⇒ **山底浦**
(산저포).

山底浦(산져포 サンチヨポ) 《韓國水産誌』 제3집(1911) 「濟州島」濟州郡 中面〉.

산지 제주특별자치도 제주시 건입동 바닷가 일대에 있는 지명.

漢字の音にもわらず又其の訓讀にもわらず, 全く他の名稱を以て呼ぶもの.……健入里 산
지('山地'又ハ'山底' ノ音). 《朝鮮及滿洲』제70호(1913) 「濟州島方言」 六.地名(小倉進平)〉.

삼반닉 제주특별자치도 서귀포시 서홍동과 호근동 사이를 흘러서 천지연폭
포로 흘러드는 내 이름. 민간에서는 '손밧내[손반내·솜반내]' 또는 '선밧내[선반

내·섬반내' 등으로 부르고 있으나, 한자를 빌려 淵外川(연외천)으로 쓰고 있음.

泉畔川·삼반늬(西歸里)《朝鮮地誌資料》(1911) 全羅南道 旌義郡 右面, 川名〉.

삼양리 제주특별자치도 제주시 삼양동의 옛 이름. ⇒三陽里(삼양리).

三陽里(삼양리 サンヤンリー)《韓國水産誌》제3집(1911)「濟州島」濟州郡 中面〉.

상동남빌늬 제주특별자치도 조천읍 함덕리에 있는 너럭바위 이름.

상동남빌늬(咸德里)《朝鮮地誌資料》(1911) 全羅南道 濟州郡 新左面, 野坪名〉.

상천미 제주특별자치도 서귀포시 성산읍 신풍리의 옛 이름 '웃내깍〉웃내끼'
의 한자 차용 표기 上川尾(상천미)의 한자음 표기 가운데 하나.

漢字の音にもわらず又其の訓讀にもわらず, 全く他の名稱を以て呼ぶもの.……新豐里 상
천미('上川'ノ義テアルトイッテ居ル)《朝鮮及滿洲》제70호(1913)「濟州島方言」'六.地名'(小倉進平)〉.

새섬 제주특별자치도 서귀포시 서귀동 서귀항에 있는 섬 이름. 지금은 새연
교가 놓여 뭍과 연결됨.

西으로 멀리 있는 섬은 '범섬'(虎島), 浦口 앞에 놓인 섬은 '새섬'(鳥島), 고 넘어 있는 섬은
'노루섬'(鹿島), 왼편 東으로 떨어져 있는 섬은 '숲섬'(森島)! 《耽羅紀行: 漢拏山》(李殷相, 1937)〉.

섬나라 제주의 옛 이름 가운데 하나라고 하는 것.

이 說에 의하면 耽, 涉, 儋 等은 모두 다 '섬'(島)이란 말의 音譯字요 羅라고 한 것은 '나
라'(國)란 말의 音譯字이어서 '섬나라', 卽 島國이란 뜻으로 解釋하게 된다《耽羅紀行: 漢拏
山》(李殷相, 1937)〉.

세오름 제주특별자치도 서귀포시 색달동 산간 천백고지 휴게소 일대에 있는
오롬 이름.

바른편으로 三兄弟山이라 쓰고 '세오름'이라 부르는 고을 다다르니 훨씬 平坦해진다《耽
羅紀行: 漢拏山》(李殷相, 1937)〉.

센돌 제주특별자치도 제주시 한림읍 대림리와 수원리 경계에 있는 '선돌'의
변음.

漢字の音にもわらず又其の訓讀にもわらず, 全く他の名稱を以て呼ぶもの.……大林里 센

돌('立石'ノ義テアルトイツテ居ル). 《朝鮮及滿洲》 제70호(1913)「濟州島方言」'六.地名'(小倉進平)〉.

셔귀포 제주특별자치도 서귀포시 서귀포 바닷가에 있는 포구인 서귀포(西歸浦)의 변음을 나타낸 것 가운데 하나. ⇒ **西歸浦(서귀포)**.

西歸浦(셔귀포 ソークイーポ) 《韓國水産誌》 제3집(1911)「濟州島」 旌義郡 左面〉.

성결이기 제주특별자치도 서귀포시 표선면 세화2리에 있는 포구 이름. 2000년대 지형도부터 2015년 지형도까지 '세화 포구'로 쓰여 있음. 민간에서는 주로 '생결이·생거리' 또는 '생결잇개·생거릿개' 등으로 부르고 있음.

生決浦·성결이기(細花里) 《朝鮮地誌資料》(1911) 全羅南道 旌義郡 東中面, 浦口名〉.

성산포 제주특별자치도 서귀포시 성산읍 성산리에 있는 성산포(城山浦)의 변음을 나타낸 것 가운데 하나. ⇒ **城山浦(성산포)**.

城山浦 サクサンポ(성산포 ソンサンポ) 《韓國水産誌》 제3집(1911)「濟州島」 旌義郡 左面〉.

세화리[1] 제주특별자치도 제주시 구좌읍 '세화리(細花里)'의 변음을 나타낸 것 가운데 하나. ⇒ **細花里(세화리)**.

細花里(세화리 セェーホアリー) 《韓國水産誌》 제3집(1911)「濟州島」 濟州郡 舊左面〉.

세화리[2] 제주특별자치도 서귀포시 표선면 세화리(細花里)의 변음을 나타낸 것 가운데 하나. ⇒ **細花里(세화리)**.

細花里(세화리 セェーホアーリー) 《韓國水産誌》 제3집(1911)「濟州島」 旌義郡 東中面〉.

소로기왓들 제주특별자치도 서귀포시 예래동 '소로기왓' 일대에 형성된 들판 이름. '소로기'는 '솔개'의 제주 방언 가운데 하나이고, '소로기왓'은 '소로기(솔개)'가 날아와 자주 앉던 '밧(밭)'이라는 데서 붙인 것임.

소로기왓들(猊來里) 《朝鮮地誌資料》(1911) 全羅南道 大靜郡 左面, 野坪名〉.

손한이ᄆᆞ르 제주특별자치도 조천읍 함덕리에 있는 마루 이름.

손한이ᄆᆞ르(咸德里) 《朝鮮地誌資料》(1911) 全羅南道 濟州郡 新左面, 野坪名〉.

솔늬 제주특별자치도 서귀포시 표선면 토산1리와 토산2리 서쪽을 지나 바다로 흘러가는 '솔내'의 변음을 나타낸 것 가운데 하나. 1960년대 지형도부터 2015년 지형도까지 '송천'으로 쓰여 있음.

松乙川·솔닉(兎山里) 《朝鮮地誌資料》(1911) 全羅南道 旌義郡 東中面, 川名〉.

수군듸只르 제주특별자치도 조천읍 함덕리에 있는 마루 이름.

수군듸只르(咸德里) 《朝鮮地誌資料》(1911) 全羅南道 濟州郡 新左面, 野坪名〉.

숲섬 제주특별자치도 서귀포시 보목동 앞 바다에 있는 섬 이름.

西으로 멀리 있는 섬은 '범섬'(虎島), 浦口 앞에 놓인 섬은 '새섬'(鳥島), 고 넘어 있는 섬은 '노루섬'(鹿島), 왼편 東으로 떨어져 있는 섬은 '숲섬'(森島)! 《耽羅紀行: 漢拏山』(李殷相, 1937)〉.

시흥리 제주특별자치도 서귀포시 성산읍의 한 법정마을. ⇒ 始興里(시흥리).

始興里(시흥리 シーフンリー) 《韓國水産誌』 제3집(1911) 「濟州島」 旌義郡 左面〉.

신산리 제주특별자치도 서귀포시 성산읍의 한 법정마을. ⇒ 新山里(신산리).

新山里(신산리 シンサンリー) 《韓國水産誌』 제3집(1911) 「濟州島」 旌義郡 左面〉.

신엄리 제주특별자치도 제주시 애월읍의 한 법정마을. ⇒ 新嚴里(신엄리).

新嚴里(신엄리 シンオムリー) 《韓國水産誌』 제3집(1911) 「濟州島」 濟州郡 新右面〉.

신잰只르 제주특별자치도 조천읍 북촌리에 있는 마루 이름.

신잰只르(北村里) 《朝鮮地誌資料』(1911) 全羅南道 濟州郡 新左面, 野坪名〉.

신촌리 제주특별자치도 제주시 조천읍의 한 법정마을. ⇒ 新村里(신촌리).

新村里(신촌리 シンチオンリー) 《韓國水産誌』 제3집(1911) 「濟州島」 濟州郡 新左面〉.

솟 표준어 '숲[藪]'이나 '수풀[藪]'에 대응하는 제주 방언 '곳〉곳'의 변음임. 지명에서는 대개 '○곳' 또는 '○○곳' 등과 같이 실현되면서 된소리 '꼿[꼳]'으로 말해짐.

地名の後にある普通名詞.……솟(藪).……之に依て見れば藪の訓は花の訓笑と同一のもので わるといふことが別る. 卽ち昔から樹木の茂つて居る高地を솟といつたらしい. 今でも大橋藪(旌義)を한드리솟, 大藪(旌義)を한솟と稱して居る. 《朝鮮及滿洲』 제70호(1913) 「濟州島方言」「六.地名'(小倉進平)〉.

솟불근못 제주특별자치도 서귀포시 성산읍 신풍리의 '꼿붉은못'의 변음을 나타낸 것 가운데 하나.

花丹池·꽃불근못(新豐里) 《朝鮮地誌資料》(1911) 全羅南道 旌義郡 左面, 池名〉.

싹물 제주특별자치도 제주시 한경면 저지리의 옛 이름 '득물(닥무를)'의 변음.

地名の後にある普通名詞.……물. 濟州郡の邑名に楮旨里といふ所があつて普通には之を 싹물といつて居る. 卽ち旨は물に當るものである. 《朝鮮及滿洲》 第70호(1913) 「濟州島方言」 '六. 地名'(小倉進平)〉.

쏘미 제주특별자치도 서귀포시 남원읍 위미1리의 옛 이름 '뛔미(떼미)'의 변음.

昔時の書方を其の類似音で書きかへて居る.……旌義郡'又美'は普通に쏘미といひ, 元は '爲美'と書いて居た. 然るに'爲'の音が'又'の音に似て居るところから, '又美'と書き, 更に '又'の訓쏘を借り用ひて, 之を쏘미と稱するに至つたらしい. 《朝鮮及滿洲》 第70호(1913) 「濟州 島方言」 '六.地名'(小倉進平)〉.

쌀쏜들 제주특별자치도 서귀포시 안덕면 덕수리의 한 들판 이름. '쌀쏜들'을 '쌀(살: 화살)'을 '쏜(射)' '들(野)'이라는 데서 붙인 것임.

쌀쏜들(德修里) 《朝鮮地誌資料》(1911) 全羅南道 大靜郡 中面, 野坪名〉.

씸똘 제주특별자치도 서귀포시 성산읍 시흥리의 옛 이름 '심돌(심똘)'의 변음.

漢字の音にもわらず又其の訓讀にもわらず, 全く他の名稱を以て呼ぶもの.……始興里 씸 똘('力石'ノ義テアルトイツテ居ル) 《朝鮮及滿洲》 第70호(1913) 「濟州島方言」 '六.地名'(小倉進平)〉.

올오름 제주특별자치도 제주시 해안동 남쪽 산간에 있는 '어스싱이오롬'의
본디 이름이라고 하는, 이은상의 주장. '어스싱이'는 '얼시세미〉어스세미'
의 변음으로 추정되고, 한자어 御乘馬(어승마)와는 관련이 없는 듯함. 오늘
날 지형도에는 '御乘生(어승생)'으로 쓰여 있음. 표고 1,172m.

다만 이 山下의 말이 産出되기 때문에 御乘馬로 進貢한 일이 있어 漢字로 御乘山, 御乘馬
山, 御乘生岳, 御乘馬生岳 等 으로 記錄하여 '올오름'의 原名을 巧妙히도 對譯해 놓은 것이
다 〈『耽羅紀行: 漢拏山』(李殷相, 1937)〉.

익월리 제주특별자치도 제주시 애월읍의 한 법정마을 '애월리(涯月里)'의 변
음을 나타낸 것 가운데 하나. ⇒涯月里(애월리).

涯月里(익월리 ㅔーウォルリー) 〈『韓國水産誌』제3집(1911)「濟州島」濟州郡 新右面〉.

악(岳) 표준어 '뫼'나 '산', '봉' 등에 대응하는 한자음 가운데 하나.

악(岳). 濟州島に於ては陸地(島にては朝鮮本土を斯く云ふ)に於けるが如く山名に山(サ
ン)峯(ポン)及岳(アク)を附くろも多くは何何オルムと呼び……악 松岳(ソンアク) 봉 卵
峯(ランポン) 〈『濟州島の地質學的觀察』(1928, 川崎繁太郎)〉.

안막은다리 제주특별자치도 제주시 오라2동 남쪽, 한라산 백록담 북쪽 '삼각봉(표고 1697.2m)'과 '장구목오롬(표고 1812.6m)' 사이에 있는 낭떠러지 일대의 이름.

右便으로 千尋蒼崖가 行人의 굽힌 허리를 펴게 하는 곳을 俗에 이르되 '안막은다리'라 하니 저 鳶頭峰下의 '막은다리'라 함과 아울러 그 位置의 內外를 表示함이다 〈耽羅紀行: 漢拏山』(李殷相, 1937)〉.

알오롬들 제주특별자치도 서귀포시 대정읍 상모리 알오롬 일대의 들판 이름.

알오롬들(上慕里)〈『朝鮮地誌資料』(1911) 全羅南道 大靜郡 右面, 野坪名〉.

압기 제주특별자치도 서귀포시 남원읍 위미1리 포구인 '앞개'의 변음을 나타낸 것 가운데 하나. 1980년대 지형도부터 2015년 지형도까지 '위미항(爲美港)'으로 쓰고 있음. 그러나 오늘날 지형도에 표기된 '전포천(前浦川)'과 '전포교(前浦橋)'에서 '앞개'의 흔적을 확인할 수 있음.

前浦·압기(爲美里) 泥浦·펄기(保閑里)〈『朝鮮地誌資料』(1911) 全羅南道 旌義郡 西中面, 野坪名〉.

얏왜골왓 제주특별자치도 조천읍 교래리에 있는 밭 이름.

얏왜골왓(橋來里)〈『朝鮮地誌資料』(1911) 全羅南道 濟州郡 新左面, 野坪名〉.

어우롬들 제주특별자치도 서귀포시 안덕면 상천리 '어오롬' 일대의 들판을 다르게 나타낸 것 가운데 하나.

어우롬들(上川里)〈『朝鮮地誌資料』(1911) 全羅南道 大靜郡 中面, 野坪名〉.

얼시목 제주특별자치도 제주시 해안동 산간에 있는 '어스싱이오롬(표고 1172m)' 어귀 일대의 이름. 오늘날의 '어스싱이오롬(어승생오롬)' 가까이에 있는 '어리목'을 이른 듯함. '얼시목'은 '얼음[氷]'과 '쉽(泉/제주 방언 세미)', '목(어귀)'의 합성어가 변한 소리로 추정됨.

우리는 이 急坂을 겨우 나려 '얼시목'이라 부르는 맑은 溪谷을 만나 옷을 벗고 땀을 식히며 淸流에 발을 잠으로 잠깐 歇脚하기로 한다 〈耽羅紀行: 漢拏山』(李殷相, 1937)〉. '얼시목' 淸流에 疲困을 풀고 다시 나려 林間小路를 끼고 오다가 川邊에서 簡單히 療飢한 後에 婦女子의

'물마지'하는 風景을 보면서 우리는 내를 건너 바른편 '얼시심오름' 밑으로 지나간다 《耽羅
紀行: 漢拏山』(李殷相, 1937)〉.

얼시심오름 제주특별자치도 제주시 해안동 산간에 있는 '어스싱이오롬'의 다
른 이름. '얼시심'은 '얼음(氷)'과 '심(泉/제주 방언 세미)'의 합성어가 변한 소리
로 추정됨. '어스싱이'는 '얼시세미〉어스세미'의 변음으로 추정되고, 한자
어 御乘馬(어승마)와는 관련이 없는 듯함. 오늘날 지형도에는 '御乘生(어승
생)'으로 쓰여 있음. 표고 1172m.

'얼시목' 淸流에 疲困을 풀고 다시 나려 林間小路를 끼고 오다가 川邊에서 簡單히 療飢한
後에 婦女子의 '물마지'하는 風景을 보면서 우리는 내를 건너 바른편 '얼시심오름' 밑으로
지나간다 《耽羅紀行: 漢拏山』(李殷相, 1937)〉.

엉밧들 제주특별자치도 서귀포시 안덕면 서광리의 '엉밧' 일대에 있는 들판
이름.

엉밧들(西廣里) 《朝鮮地誌資料』(1911) 全羅南道 大靜郡 中面, 野坪名〉.

여우란ᄆᄅ 제주특별자치도 조천읍 교래리에 있는 마루 이름. '여우난ᄆᄅ'
의 변음을 나타낸 것 가운데 하나.

여우란ᄆᄅ(橋來里) 《朝鮮地誌資料』(1911) 全羅南道 濟州郡 新左面, 野坪名〉.

열온니 제주특별자치도 서귀포시 성산읍 온평리의 옛 이름 '열운이[열루니]'
의 변음.

昔時の書方を其の類似音で書きかへて居る.……「輿地勝覽』旌義郡の地名に'餘乙溫'とひふ
所がわる. 今の'溫平'といふ所に當つて居つて普通に열온니ど言つて居るところから'閱
雲'とも書いて居る.《朝鮮及滿洲』第70호(1913) 「濟州島方言」'六.地名'(小倉進平)〉.

엿쪄리오롬 제주특별자치도 서귀포시 남원읍 신흥리 산간에 있는 '여쩌리오
롬'의 변음을 나타낸 것 가운데 하나. 1960년대 지형도부터 2015년 지형
도까지 '여절악(如節岳)'으로 쓰여 있음. 표고 209.9m.

獅岳·엿쪄리오롬(安坐里) 《朝鮮地誌資料』(1911) 全羅南道 旌義郡 東中面, 山谷名〉.

영락리 제주특별자치도 서귀포시 대정읍의 한 법정마을. ⇒ 永樂里(영락리).

永樂里(영락리 ヨンナクリー) 《韓國水産誌》 제3집(1911) 「濟州島」 大靜郡 右面〉.

영실 제주특별자치도 서귀포시 하원동 산간에 있는 고유 지명 가운데 하나.

그런데 이 俗稱으로 五百將軍이라 하는 靈地를 本名은 무엇이냐 하면 '영실'이라 하고 혹시 漢文으로는 시령 靈, 집 室人字를 씁니다.……靈室을 '아이누'語로 푼다면 곳 늙은바위, 거룩한 바위를 意味하게 됩니다. 〈濟州島의 文化史觀 8〉(1938) 六堂學人, 每日新報 昭和十二年 九月二十四日〉.

예촌 제주특별자치도 서귀포시 남원읍 상례리의 옛 이름.

昔時の書方を其の類似音で書きかへて居る.……「輿地勝覺」旌義郡に'狐兒村'といふ所がわる. 方言狐를 여히 訛つて 예といふところから 狐兒村을 예촌といふふやうやになり, 今は '禮村'と書いて居る. 《朝鮮及滿洲》 제70호(1913) 「濟州島方言」 '六.地名'(小倉進平)〉.

오름 표준어 '뫼'나 '산(山)', '봉(峰)' 등에 대응하는 제주 방언.

地名の後にある普通名詞.……오름(岳). 山の小さいものをひふ. '上るもの'といふ義でわらう. 葛岳(축오롬: 濟州), 水山岳(물미오롬: 濟州)の如きはこれでわる. 《朝鮮及滿洲》 제70호(1913) 「濟州島方言」 '六.地名'(小倉進平). 曉別岳-식별오롬(濟州) 《朝鮮及滿洲》 제70호(1913) 「濟州島方言」 '六.地名'(小倉進平)〉.

오롬색기 제주특별자치도 제주시 구좌읍 덕천리 상동의 옛 이름 '오롬새끼'에 대응하는 말.

漢字の音にもわらず又其の訓讀にもわらず, 全く他の名稱を以て呼ぶもの.……德泉里 오롬색기('小山'ノ義) 《朝鮮及滿洲》 제70호(1913) 「濟州島方言」 '六.地名'(小倉進平)〉.

오르밋테밧 '오름 밑의 밭'을 일본어 가나로 쓴 것.

安昌燮企業の狀態……오르밋테밧(ormit tóipat) 《朝鮮半島の農法と農民》(高橋昇, 1939) 「濟州島紀行」〉.

오름 표준어 '뫼'나 '산(山)', '봉(峰)' 등에 대응하는 제주 방언.

'막울' 밑 '움텅밭'을 겨우 지나 앞으로 바라보는 곳에 다시 올라가는 언덕이 있으니 이것은 '방아오름'이라 부른다. 《耽羅紀行: 漢拏山』(李殷相, 1937)》. 濟州島에서 무슨 峰 이라 무슨 岳이라 쓴 것은 다 全部 '오름'이라고 부르는 것이 다른 데서는 들을 수 없는 이곳 特殊한 言語임을 興味 있게 생각하면서 우리는 이 '방아오름'을 오른다. 《耽羅紀行: 漢拏山』(李殷相, 1937)》. 濟州에서는 平地에서 웃둑하게 슨 山人峰을 '오름'이라고 부르는데, 이것이 總히 火口이 쓰너 저 나온 자리에 屬하는 것입니다. 《濟州島의 文化史觀 1』(1938) 六堂學人, 每日新報》. '오름'이란 것은 濟州에서 漢拏山에서 흑으로 도친 山人峰들을 부르는 이름입니다. 《濟州島의 文化史觀 6』(1938) 六堂學人, 每日新報》.

오죠리 제주특별자치도 서귀포시 성산읍의 한 법정마을 '오조리'의 변음을 나타낸 것 가운데 하나. ⇒ 吾照里(오조리).

吾照里(오죠리 オチョリー) 《韓國水産誌』 第3집(1911) 「濟州島」 旌義郡 左面》.

온평리 제주특별자치도 서귀포시 성산읍의 한 법정마을. ⇒ 溫平里(온평리).

溫平里(온평리 オンビョンリー) 《韓國水産誌』 第3집(1911) 「濟州島」 旌義郡 左面》.

옷쇠 제주특별자치도 서귀포시 표선면 의귀리의 옛 이름 '옷귀'의 변음.

訓にて又は音を訓とを合せて讀めるもの. 月坪里－다락굿(濟州). 衣貴里－옷쇠(旌義). 《朝鮮及滿洲』 第70호(1913) 「濟州島方言」 '六.地名'(小倉進平)》.

옹포리 제주특별자치도 제주시 한림읍의 한 법정마을. ⇒ 甕浦里(옹포리).

甕浦里(옹포리 オンポリー) 《韓國水産誌』 第3집(1911) 「濟州島」 濟州郡 舊右面》.

와강이 제주특별자치도 서귀포시 성산읍 삼달1리의 옛 이름. 민간에서는 주로 '와겡이'로 말해지고 있음.

漢字の音にもわらず又其の訓讀にもわらず, 全く他の名稱を以て呼ぶもの.……三達里 와강이(?) 《朝鮮及滿洲』 第70호(1913) 「濟州島方言」 '六.地名'(小倉進平)》.

왕ᄆ르 제주특별자치도 조천읍 북촌리에 있는 마루 이름.

왕ᄆ르 《朝鮮地誌資料(1911)』 권17, 全羅南道 濟州郡 新左面 北村里, 野坪名》. 왕ᄆ르(北村里) 《朝鮮地誌資料』(1911) 全羅南道 濟州郡 新左面, 野坪名》.

우도 제주특별자치도 제주시 우도면의 본섬.

牛島(우도 ウートー)《韓國水産誌》제3집(1911)「濟州島」濟州郡 舊左面〉.

우링이 제주특별자치도 조천읍 함덕리에 있는 들 이름. 민간에서는 '우렝이'라고 함.

우링이(成德里)《朝鮮地誌資料》(1911) 全羅南道 濟州郡 新左面, 野坪名〉.

우미리 제주특별자치도 서귀포시 남원읍 위미리(爲美里)의 옛 표기 우미리(又美里)의 변음을 나타낸 것 가운데 하나. ⇒ 爲美里(위미리).

又美里 イルクミ(우미리 ウミーリー)《韓國水産誌》제3집(1911)「濟州島」旌義郡 西中面〉.

움텅밭 한라산 백록담과 웃방에오롬(표고 1747m) 사이에 있는 밭 이름으로, 움푹 패 있음. '움텅밧'의 잘못임.

이(한라산 上峯: 필자 주) 外壁은 俗稱 '막울'이라 하니 이것은 '막아 둘린 울타리'라는 뜻이오, 그 아래 널려 있는 亂石地臺는 '움텅밭'이라 부른다《耽羅紀行: 漢拏山』(李殷相, 1937)〉.

원집닉 제주특별자치도 서귀포시 남원읍 남원2리 동쪽을 흘러서 바다로 흘러드는 내 이름. 일제강점기는 물론 1970년대 지형도부터 2015년 지형도까지 '서중천(西中川)'으로 쓰여 있음. '조선시대'에 남원2리 서의동에 '원집'이 있었는데, 그 '원집' 가까이를 흐르는 내라는 데서 부른 것임.

院舍川·원집닉(西衣里)《朝鮮地誌資料』(1911) 全羅南道 旌義郡 西中面, 川名〉.

월딕리 제주특별자치도 제주시 구좌읍 '월정리(月汀里)'의 옛 한자음 표기 가운데 하나. ⇒ 月汀里(월정리).

月汀里(월딕리 ウォルチェーイー)《韓國水産誌》제3집(1911)「濟州島」濟州郡 舊左面〉.

월령리 제주특별자치도 제주시 한림읍의 한 법정마을. ⇒ 月슈里(월령리).

月슈里(월령리 ウォルリヨンリー)《韓國水産誌》제3집(1911)「濟州島」濟州郡 舊右面〉.

웃남못 제주특별자치도 조천읍 와흘리에 있는 못 이름. '웃남'은 '윤노리나무'의 제주 방언으로, '윤남'으로 써야 함.

웃남못(臥屹里)《朝鮮地誌資料』(1911) 全羅南道 濟州郡 新左面, 川池名〉.

으드승으름 제주특별자치도 제주시 오등동에 있는 '오드싱이오롬'의 변음을 나타낸 것 가운데 하나. ⇒ 梧鳳岳(오봉악).

梧鳳岳·으드승으름(梧登里)《朝鮮地誌資料》(1911) 全羅南道 濟州郡 中面, 山名〉.

옥가기들 제주특별자치도 서귀포시 안덕면 감산리의 들판 이름.

옥가기들(柑山里)《朝鮮地誌資料》(1911) 全羅南道 大靜郡 中面, 野坪名〉.

이돈이골들 제주특별자치도 서귀포시 안덕면 광평리 '이돈이오롬〔이도니오롬〕' 가까이에 있는 '이도닛골' 일대의 들판 이름.

이돈이골들(廣坪里)《朝鮮地誌資料》(1911) 全羅南道 大靜郡 中面, 野坪名〉.

이여島(--도) 제주도 남쪽 먼 바다 속에 있다는 '이어도'를 쓴 것.

강남 가건 해남을 보라 / 이여島가 반이옝혼 / 이엿말랑 말아근가라…….《民謠에 나타난 濟州女性》(高橋亨,『朝鮮』212호, 1933)〉.

이허도 제주도 남쪽 먼 바다 속에 있는 '이어도〔이여도〕'를, 일제강점기 한 민요 가사에 쓴 것.

이허도러라 이허도러라……이허도 가면 나 눈물난다…….《別乾坤』제42호, 1931〉.

일과리 제주특별자치도 서귀포시 대정읍의 한 법정마을. ⇒ 日果里(일과리).

日果里(일과리 イルクイリー)《韓國水産誌』제3집(1911)「濟州島」大靜郡 右面〉.

작빈ᄆᄅ 제주특별자치도 조천읍 북촌리에 있는 마루 이름.

작빈ᄆᄅ(北村里) 《『朝鮮地誌資料』(1911) 全羅南道 濟州郡 新左面, 野坪名》.

쟝딩리 제주특별자치도 서귀포시 강정동의 옛 이름 '강정리'의 변음을 나타낸 것 가운데 하나. ⇒ 江江里(강정리).

江汀里(쟝딩리 クンテェーリー) 《『韓國水産誌』 제3집(1911) 「濟州島」 大靜郡 左面》.

쟝울 제주특별자치도 제주시 조천읍 교래리 산간에 있는 오롬 이름. 이 오롬은 예로부터 '쟝오리(물쟝오리)' 또는 '쟝우리(물쟝우리)'라 해 왔는데, '쟝우리'의 변음을 나타낸 것 가운데 하나.

地理河川……山東쟝울(獐兀) 물은 그 水深도 알 수 업고 《『濟州島實記』(金斗奉, 1934)》.

쟝밧 제주특별자치도 제주시 애월읍 장전리의 옛 이름 '쟝밧'의 변음.

訓にて又は音を訓とを合せて讀めるもの. 長田里ー쟝밧(濟州). 大浦ー큰기(大靜). 《『朝鮮及滿洲』 제70호(1913) 「濟州島方言」 '六.地名'(小倉進平)》.

적은鳶頭峰(--연두봉) 제주특별자치도 제주시 오라2동 남쪽, 한라산 백록담 북쪽 '삼각봉' 북쪽에 있는 표고 1496.2m의 봉우리를 이름. 삼각봉 대피소 바로 북쪽에 있는 봉우리를 이름.

앞에 있는 적은 鳶頭峰을 支點으로 하고 左右로 큰 洞谷이 갈렸는데 左는 '한내'의 상류요, 右는 '鳶頭ᄉ골'이라 부르나 〈『耽羅紀行: 漢拏山』(李殷相, 1937)〉. ⇒ 小鳶頭峰(소연두봉).

졔쥬읍 제주특별자치도 제주시에 있던 '제주읍(濟州邑)'의 변음을 나타낸 것 가운데 하나. ⇒ 濟州邑(제주읍).

濟州邑(제쥬읍 チュージューウプ) 〈『韓國水産誌』제3집(1911)「濟州島」濟州郡 中面〉.

죠젼리 제주특별자치도 제주시 조천읍 '조천리(朝天里)'의 변음을 나타낸 것 가운데 하나. ⇒ 朝天里(조천리).

朝天里(죠젼리 チヨヂヨンリー) 〈『韓國水産誌』제3집(1911)「濟州島」濟州郡 新左面〉.

죵달리 제주특별자치도 제주시 구좌면에 있는 한 법정마을인 종달리(終達里) 의 변음을 나타낸 것 가운데 하나. ⇒ 終達里(종달리).

終達里(죵달리 チヨンタリー) 〈『韓國水産誌』제3집(1911)「濟州島」濟州郡 舊左面〉.

주장이ᄆ르 제주특별자치도 조천읍 북촌리에 있는 마루 이름.

주장이ᄆ르(北村里) 〈『朝鮮地誌資料』(1911) 全羅南道 濟州郡 新左面, 野坪名〉.

즁문리 제주특별자치도 서귀포시 중문동의 옛 이름 '중문리(中文里)'의 변음 을 나타낸 것 가운데 하나. ⇒ 中文里(중문리).

中文里(즁문리 チユンムンリー) 〈『韓國水産誌』제3집(1911)「濟州島」大靜郡 左面〉.

진들 제주특별자치도 제주시 조천읍 신촌리 '진드르'의 변음.

地名の後にある普通名詞……들(坪). 村の義である. 長坪(진들: 濟州郡). 廣分坪(너분들: 旌義郡)の如きはこれである. 〈『朝鮮及滿洲』제70호(1913)「濟州島方言」'六.地名'(小倉進平)〉.

진부리들 제주특별자치도 서귀포시 안덕면 서광리의 들판 이름.

진부리들(西廣里) 〈『朝鮮地誌資料』(1911) 全羅南道 大靜郡 中面, 野坪名〉.

지공ᄆ르 제주특별자치도 조천읍 와흘리에 있는 마루 이름.

지공ᄆ르(臥屹里) 〈『朝鮮地誌資料』(1911) 全羅南道 濟州郡 新左面, 野坪名〉.

최무을 제주특별자치도 서귀포시 표선면 표선리의 옛 이름 가운데 하나인 '첫무을'의 변음.

漢字の音にもわらず又其の訓讀にもわらず, 全く他の名稱を以て呼ぶもの.……永南里 최 무을(?) 《朝鮮及滿洲』 제70호(1913) 「濟州島方言」 '六. 地名'(小倉進平)》.

축오롬 제주특별자치도 제주시 봉개동 명도암에 있는 '칠오롬'에 대응하는 말. 오늘날 민간에서는 주로 '칠오롬〔칠로롬〕'으로 전하고 있는데, '축오롬〔추 꼬롬〕'이라 한 것은 '칙오롬〔치꼬롬〕'으로 불렸던 것으로 추정됨.

地名の後にある普通名詞.……오롬(岳). 山の小さいものをひふ. '上るもの'といふ義でわ らう. 葛岳(축오롬: 濟州), 水山岳(물ㅁ오롬: 濟州)の如きはこれでわる. 《朝鮮及滿洲』 제70 호(1913) 「濟州島方言」 '六. 地名'(小倉進平)》.

츄쟈도 제주특별자치도 제주시 추자면의 본섬 '추자도(楸子島)'의 변음을 나 타낸 것 가운데 하나. ⇒ 楸子島(추자도).

楸子島(츄쟈도 チュチアトー) 《韓國水産誌』 제3집(1911) 全羅南道 莞島郡 楸子面》.

큰기 제주특별자치도 서귀포시 대포동 바닷가에 있는 '큰개'에 대응하는 말.
⇒ 大浦(대포).

訓にて又は音を訓とを合せて讀めるもの. 長田里 = 쟝밧(濟州). 大浦 = 큰기(大靜). 〈『朝鮮
及滿洲』제70호(1913) 「濟州島方言」 '六. 地名'(小倉進平)〉.

큰무라 제주시 동 지역의 옛 이름 '大村(대촌)'의 원 이름이라는, 이은상의 주장.
⇒ 大村(대촌).

耽羅誌에 의하면 濟州城內를 일즉이 '大村'이라 하였던 모양이다.……'大村'은 조금도 어긋
날 것 없는 '큰무라'의 漢字譯이라 할 것이다. 〈『耽羅紀行: 漢拏山』(李殷相, 1937)〉.

판관이밋들 제주특별자치도 서귀포시 강정동 산간에 있는 들판 이름. '판관
의 뫼' 일대에 있는 들판을 이름.

판관이밋들(瀛南里) 《朝鮮地誌資料》(1911) 全羅南道 大靜郡 左面, 野坪名〉.

판포리 제주특별자치도 제주시 한경면의 한 법정마을.

板浦里(판포리 パンポリー) 《韓國水産誌》 제3집(1911)「濟州島」濟州郡 舊右面〉.

펄기 제주특별자치도 서귀포시 남원읍 태흥1리의 개 이름이자 옛 이름인 '펄
개[펄깨]'·'펄캐'의 변음.

漢字の音にもわらず又其の訓讀にもわらず, 全く他の名稱を以て呼ぶもの.……保間(*閑
의 오기)里 펄기(?) 《朝鮮及滿洲》 제70호(1913)「濟州島方言」'六.地名'(小倉進平)〉.

평딕리 제주특별자치도 제주시 구좌읍 '평대리(坪岱里)'의 변음을 나타낸 것
가운데 하나. ⇒ 坪岱里(평대리).

坪岱里(평딕리 ピョンテューリー) 《韓國水産誌》 제3집(1911)「濟州島」濟州郡 舊左面〉.

포목리 제주특별자치도 제주시 보목동의 옛 이름 '보목리(甫木里)'의 변음을
나타낸 것 가운데 하나. ⇒ 甫木里(보목리).

甫木里(포목리 ポモクリー) 《韓國水産誌』 제3집(1911)「濟州島」旌義郡 左面〉.

표선리 제주특별자치도 서귀포시 표선면 '표선리(表善里)'의 변음을 나타낸 것 가운데 하나. ⇒ **表善里(표선리).**

表善里(표선리 ピョシヨンリー) 《韓國水産誌』 제3집(1911)「濟州島」旌義郡 東中面〉.

푸어굴들 제주특별자치도 서귀포시 안덕면 화순리 '푸어굴' 일대에 있는 들판 이름.

푸어굴들(和順里) 《朝鮮地誌資料』(1911) 全羅南道 大靜郡 中面, 野坪名〉.

홀기 제주특별자치도 제주시 도두2동 바닷가에 있는 '홀캐〉흘캐'를 쓴 말.

訓にて又は音を訓とを合せて讀めるもの. 水山-물미(濟州). 泥浦-흘기(濟州).《朝鮮及滿

洲》제70호(1913)「濟州島方言」'六.地名'(小倉進平)〉.

하귀리 제주특별자치도 제주시 애월읍의 한 법정마을. ⇒ 下貴里(하귀리).

下貴里(하귀리 ハークイーリー)《韓國水産誌》제3집(1911)「濟州島」濟州郡 新右面〉.

하눌산(--山) 한라산(漢拏山)의 원 이름이라는 이은상의 주장.

나는 漢拏山의 이름을 본시 우리말로 '하늘山'이라 부르던 것으로 解釋코저 하는 것이다

《耽羅紀行: 漢拏山」(李殷相, 1937)〉.

하천미리 제주특별자치도 서귀포시 표선면 '하천리'의 한자 차용 표기 가운데

하나인 下川美里(하천미리)의 변음을 나타낸 것 가운데 하나. ⇒ 下川里(하천리).

下川美里(하천미리 ハーチヨンミリー)《韓國水産誌》제3집(1911)「濟州島」旌義郡 左面〉.

한내 제주특별자치도 제주시 용담동 '용소(용연)'로 흘러드는 내 이름. 한자

로는 大川(대천) 또는 漢川(한천) 등으로 써 왔음. ⇒ 大川(대천).

'한내'를 떠난 지 半時間餘에 '蟻項入口'란 標木이 섰는데 여기가 벌서 1100米 의 高地다

《耽羅紀行: 漢拏山』(李殷相, 1937)〉. 앞에 있는 적은 鳶頭峰을 支點으로 하고 左右로 큰 洞谷이 갈렸는데 左는 '한내'의 상류요, 右는 '鳶頭ㅅ골'이라 부르나 《耽羅紀行: 漢拏山』(李殷相, 1937)〉. '갈밭' 밑으로 돌아 빠져 '한내'와 合流하는 것이오 이 鳶頭峰下의 分水點은 '막은다리'라 일컫는다 《耽羅紀行: 漢拏山』(李殷相, 1937)〉.

한ᄃ리곶 제주특별자치도 서귀포시 성산읍 수산2리 산간에 있는 '한ᄃ릿곶'에 대응하는 말.

地名の後にある普通名詞.……곶(藪).……之に依て見れは藪の訓は花の訓곶と同一のものでわるといふことが別る. 卽ち昔から樹木の茂つて居る高地を곶といつたらしい. 今でも大橋藪(旌義)を한ᄃ리곶, 大藪(旌義)を한곶と稱して居る.《朝鮮及滿洲』第70호(1913)「濟州島方言」'六.地名'(小倉進平)〉.

한덕리 제주특별자치도 제주시 조천읍 '함덕리(咸德里)'의 변음을 나타낸 것 가운데 하나. ⇒ 咸德里(함덕리).

咸德里(한덕리 ハントクリー)《韓國水産誌』제3집(1911)「濟州島」濟州郡 新左面〉.

한독이 제주특별자치도 제주시 용담1동 바닷가에 있는 지명. 예전에는 주로 '한도기'로 말해졌으나, '한데기'를 거쳐 요즘에는 주로 '한두기'라 하고 있음.

漢字の音にもわらず又其の訓讀にもわらず, 全く他の名稱を以て呼ぶもの.……龍潭里 한독이(?).《朝鮮及滿洲』제70호(1913)「濟州島方言」'六.地名'(小倉進平)〉.

한동리 제주특별자치도 제주시 구좌읍의 한 법정마을. ⇒ 漢東里(한동리).

漢東里(한동리 ハントンリー)《韓國水産誌』제3집(1911)「濟州島」濟州郡 舊左面〉.

한바도리 제주특별자치도 제주시 애월읍 고성리 '항바도리〉항바두리'에 대응하는 말. 민간의 고로들은 여전히 '항바도리〉항바두리'라 하고 있으나, 缸波頭里(항파두리)의 현대 한자음에 따라 '항파두리'라 하고 있음.

漢字の音にもわらず又其の訓讀にもわらず, 全く他の名稱を以て呼ぶもの.……古城里 한바도리(「輿地勝覽』ニ'缸波頭古城トアル).《朝鮮及滿洲』제70호(1913)「濟州島方言」'六.地名'(小倉進平)〉.

한숩풀 제주특별자치도 제주시 한림읍 한림리의 옛 이름 '한수풀'에 대응하는 말.

訓にて又は音を訓とを合せて讀めるもの. 翰林里−한숩풀(濟州). 板乙浦岳−늘ㅋ오롬 (제주). 《朝鮮及滿洲』第70호(1913)「濟州島方言」'六.地名'(小倉進平)》.

한곶 제주특별자치도 서귀포시 성산읍 수산2리에 있는 '한곶'에 대응하는 말.

地名の後にある普通名詞.…….곶(藪).…….之に依て見れは藪の訓は花の訓곶と同一のもので わるといふことが別る. 卽ち昔から樹木の茂つて居る高地を곶といつたらしい. 今でも大橋藪(旌義)를 한ᄃ리곶, 大藪(旌義)를 한곶と稱して居る. 《朝鮮及滿洲』第70호(1913) 「濟州島方言」'六.地名'(小倉進平)》.

향원리 제주특별자치도 제주시 구좌읍 '행원리'의 변음을 나타낸 것 가운데 하나. ⇒ 杏源里(행원리).

杏源里(향원리 ヒャンウオンリー) 《韓國水産誌』제3집(1911)「濟州島」濟州郡 舊左面》.

협우리 제주특별자치도 제주시 한림읍 협재리의 한자 표기 가운데 하나인 狹才里(협재리)를 '협우리'로 나타낸 것 가운데 하나. ⇒ 狹才里(협재리).

サブチ(협우리 ヒョブウーリー) 《韓國水産誌』제3집(1911)「濟州島」濟州郡 舊右面》.

호동리 제주특별자치도 서귀포시 효돈동의 옛 이름은 孝敦里(효돈리)를 孝洞里(효동리)로 이해하고 '호동리'로 나타낸 것 가운데 하나. ⇒ 孝敦里(효돈리).

孝洞里(호동리 ヒョトンリー) 《韓國水産誌』제3집(1911)「濟州島」旌義郡 左面》.

화북리 제주특별자치도 제주시 화북동의 옛 이름. ⇒ 禾北里(화북리).

禾北里(화북리 ホアプクリー) 《韓國水産誌』제3집(1911)「濟州島」濟州郡 中面》.

황간도 제주특별자치도 제주시 추자면 횡간도(橫看島)의 변음을 나타낸 것 가운데 하나. ⇒ 橫看島(횡간도).

橫看島(황간도 フアンクントー) 《韓國水産誌』제3집(1911) 全羅南道 莞島郡 甫吉面》.

후릉 제주특별자치도 조천읍 조천리의 못 이름.

후릉(朝天里) 《朝鮮地誌資料』(1911) 全羅南道 濟州郡 新左面, 川池名》.

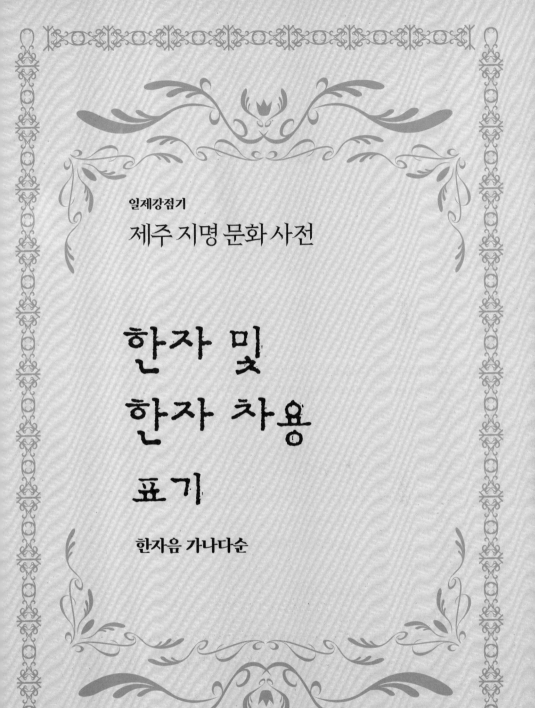

일제강점기

제주 지명 문화 사전

한자 및 한자 차용 표기

한자음 가나다순

加加岳洞(가가악동) **(더데오롬동네)** 제주특별자치도 서귀포시 상예동 '더데오롬' 바로 아래쪽에 있는 동네. 예로부터 민간에서 '더데오롬〉더디오롬'이라 부르는 오롬 바로 남쪽 일대에 형성된 동네라는 데서 '더데오롬동네〉더디오롬동네'라 부르고 한자로 加加岳洞(가가악동)으로 표기해왔음. 1960년대와 1970년대 지형도까지도 '가가악동'으로 표기했는데, 1990년대 지형도부터 오늘날 지형도까지 '加加洞(가가동)'으로 쓰여 있음. 그러나 오롬은 '더더오름'으로 쓰여 있음.

加加岳洞 カカアクトン 《「朝鮮五萬分一地形圖」「大靜及馬羅島」(濟州島南部 9號, 1918)〉. 甘山川……源은 漢拏山이나 하나, 河床이 커지고 살진 물이 흐르기로는 北으로 加加岳洞을 지나면서부터다. 〈『耽羅紀行: 漢拏山』(李殷相, 1937)〉.

加岱山野(가대산야)**(더데오롬드르)** 제주특별자치도 서귀포시 안덕면 상창리 '더데오롬' 서쪽 일대 들판의 한자 차용 표기.

加岱山野(上倉里) 《『朝鮮地誌資料』(1911) 全羅南道 大靜郡 中面, 野坪名〉.

加岱岳(가대악)**(더데오롬)** 제주특별자치도 서귀포시 상예동에 있는 '더데오롬'

의 한자 차용 표기. 2000년대 지형도부터 2015년 지형도까지 '더더오름'으로 쓰여 있음. 표고 218.4m.

加岱岳(上倉里)《朝鮮地誌資料』(1911) 全羅南道 大靜郡 中面, 山谷名》.

加來村(가래촌) 제주특별자치도 서귀포시 도순동과 강정동을 흘러서 바다로 들어가는 '강정천'의 옛 이름의 한자 표기 가운데 하나. 1960~1990년대 지형도에는 '큰내'로 표기되고, 2000년대~2011년 지형도에는 '강정천'으로 표기되고, 2013년~현대 지형도에는 '道順川(도순천)'으로 쓰여 있음.

加來村은 亦是 '굴'의 對稱이겠는데《耽羅紀行: 漢拏山』(李殷相, 1937)》.

加麻(가마) 제주특별자치도 서귀포시 표선면 세화2리의 옛 이름 가마리의 한자 차용 표기.

加麻《濟州嶋現況一般』(1906)》.

加麻里(가마리) 제주특별자치도 서귀포시 표선면 세화2리의 옛 이름 가마리의 한자 차용 표기.

加麻里 カマリ《朝鮮五萬分一地形圖》「表善」(濟州島南部 1號, 1918)》.

加麻伊(가마이) 제주특별자치도 서귀포시 표선면 세화2리의 옛 이름 가마리의 한자 차용 표기.

旌義郡 法還 西歸 甫木 下孝 又美 保閑 加麻伊 兎山 表善 新川 下川 新山 溫坪 古城 城山 吾照 始興 計十七浦《濟州嶋現況一般』(1906)》.

檟木田野(가목전야)〔개남밧드르〕 제주특별자치도 제주시 한경면 순창리(지금 신창리) '개남밧' 일대에 있는 들판의 한자 차용 표기.

檟木田野(順昌里)《朝鮮地誌資料』(1911) 全羅南道 大靜郡 右面, 野坪名》.

可文洞(가문동) 제주특별자치도 제주시 애월읍 하귀리 바닷가에 있는 '감은갯 동네'의 한자 차용 표기.

可文洞 カムンドン《朝鮮五萬分一地形圖》「翰林」(濟州島北部 12號, 1918)》.

加味畓野(가미답야)〔개밀논드르〕 제주특별자치도 서귀포시 대정읍 영락리 '개물논·개밀논·개멀논' 일대 들판 이름의 한자 차용 표기. 민간에서 전하는 '개밀논'을 한자를 빌려 加味畓(가미답)으로 나타낸 것임.

加味畓野(永樂里)《朝鮮地誌資料》(1911) 全羅南道 大靜郡 右面, 野坪名〉.

加味野(가미야)〔개밀논〕 제주특별자치도 서귀포시 대정읍 영락리 '개물논·개밀논·개멀논' 일대 들판 이름의 한자 차용 표기. 민간에서 전하는 '개밀논'을 한자를 빌려 加味畓(가미답)으로 나타낸 것임.

加味野(新坪里)《朝鮮地誌資料》(1911) 全羅南道 大靜郡 右面, 野坪名〉.

袈裟峰(가사봉)〔가세오롬〕 제주특별자치도 서귀포시 표선면 토산리와 세화리 경계에 있는 '가시오롬'의 변음 '가세오롬'의 한자 차용 표기. 1960년대 지형도부터 2015년 지형도까지 '가세오름'으로 쓰여 있음. 표고 203.6m.

袈裟峰·가사오롬(細花里)《朝鮮地誌資料》(1911) 全羅南道 旌義郡 東中面, 山谷名〉.

加時洞(가시동) 제주특별자치도 제주시 영평 상동 '가시나물' 일대에 형성되었던 동네의 한자 차용 표기.

加時洞 カシコル《朝鮮五萬分一地形圖》「漢拏山」(濟州島北部 8號, 1918)〉.

加時里(가시리) 제주특별자치도 서귀포시 표선면 '가시리'의 한자 표기. 예로부터 민간에서 '가시오롬' 위쪽에 형성된 마을이라는 데서 '가시오롬' 또는 '가시오롬ᄆᆞ을'이라 부르고, 한자로 加時岳里(가시악리)라 표기하다가, 岳(악)을 생략하여 加時里(가시리)라 하였음. 조선시대 '가시오롬'은 오늘날 지형도에서 '가세오름'으로 쓰고 있음.

加時里《地方行政區域一覽(1912)》(朝鮮總督府) 旌義郡, 東中面〉. 加時里 カシリ《朝鮮五萬分一地形圖》(濟州嶋北部 4號「城山浦」(1918)〉.

加時木洞(가시목동)〔가시남동·가시남동네〕 제주특별자치도 제주시 구좌읍 송당리 셋송당 동남쪽, 손지오롬[孫子峯] 서북쪽 길가 일대에 형성되었던 동네인 '가시남동'의 한자 차용 표기 가운데 하나. '가시남'은 '가시나무(참나뭇과의 돌가시나무, 북가시나무, 종가시나무, 참가시나무 따위를 통틀어 이르는 말)'를 이르는 제주 방언으로, 이곳에 선연한 '가시나무'가 있던 데서 그렇게 불렀음. 제주4·3 때 폐동된 이후에 재건되지 않았음.

加時木洞 カシナムトン 《朝鮮五萬分一地形圖』(濟州嶋北部 4號「城山浦』(1918)〉. 加時木洞 《朝鮮 20萬分一圖』(1918)「濟州島北部』〉.

加時岳(가시악)〔가시오롬〕 제주특별자치도 서귀포시 대정읍 동일리에 있는 '가시오롬'의 한자 차용 표기 가운데 하나. 표고 109.7m.

加時岳(東日里) 《朝鮮地誌資料』(1911) 全羅南道 大靜郡 右面, 山谷名〉. 加時岳 カシアク 118米 《朝鮮五萬分一地形圖』(濟州島南部 13號「摹瑟浦』(1918)〉. 飛揚島馬羅島線……比較的新シキ時期 二生成セル火山ニシテ 飛揚島, 正月岳, 椿旨岳, 釜岳, 鳥巢岳, 加時岳, 摹瑟峰 等 ナリ 《濟 州島ノ地質』(朝鮮地質調査要報 제10권 1호, 原口九萬, 1931〉.

加仁嶼(가인서)〔가린여〕 제주특별자치도 제주시 추자면 하추자도 예초리 북쪽, '검은가리' 북동쪽 바다에 있는 '가린여〉개린여'의 한자 차용 표기. 오늘날 지형도에는 '개인여'로 쓰여 있음.

加仁嶼 カインヨ 《朝鮮五萬分一地形圖』(濟州嶋北部 9號, 「楸子群島』(1918)〉.

加座洞(가좌동) 제주특별자치도 제주시 한림읍 귀덕리 '가좌위' 일대에 형성된 동네 이름의 한자 차용 표기.

加座洞 カヂャドン 《朝鮮五萬分一地形圖』「翰林』(濟州島北部 12號, 1918)〉.

加波(가파) 제주특별자치도 서귀포시 대정읍 가파리의 한자 표기.

大靜郡 桃源 武陵 日果 加波 上摹 下摹 沙溪 和順 大坪 大浦 江汀 計十一浦 《濟州嶋現況一般』(1906)〉.

加波島(가파도)〔더바섬〕 제주특별자치도 서귀포시 대정읍 가파리의 본섬인 '더바섬'의 한자 차용 표기 가운데 하나. 조선시대에는 加乙波知島(가을파지도), 盖波島(개파도) 또는 蓋波島(개파도), 加坡島(가파도) 등으로 표기하다가, 조선 후기와 일제강점기에 加波島(가파도)로 표기하면서 오늘날까지 이어지고 있음.

加坡島 《韓國水産誌』 제3집(1911) 「濟州島」 지도》. 加波島 クッパトウ (가하도 クーハートー) 《韓國水産誌』 제3집(1911) 「濟州島」 大靜郡 右面》. 加波島 カパトー 20.5米 《朝鮮五萬分一地形圖』 「大靜及馬羅島」(濟州島南部 9號, 1918)》. 加波島 《朝鮮地誌資料』(1919, 朝鮮總督府 臨時土地調査局) 島嶼, 全羅南道 濟州島》. 加波島(가파도) 加波島(カパタウ) 府南串ノ南方1.5浬ニ加波島アリ. 《朝鮮沿岸水路誌 第1卷』(1933) 朝鮮南岸 「濟州島」》. 遮歸島ヨリ加波島(カパタウ)ニ至ル間ノ潮流ハ海岸ニ沿ウテ流レ遮歸島ヨリ……而シテ流速ハ馬羅島(摩蘿島)附近ニ於テ最モ強烈ニシテ 3節内外ニ及ブ. 《朝鮮沿岸水路誌 第1卷』(1933) 朝鮮南岸 「濟州島」》. 毛瑟浦 바다 밖에 寡婦灘 加波島! 《耽羅紀行: 漢拏山』(李殷相, 1937)》.

加波里(가파리) 제주특별자치도 서귀포시 대정읍 가파도를 본섬으로 하는 마을.

加波里 カパリー 《朝鮮五萬分一地形圖』 「大靜及馬羅島」(濟州島南部 9號, 1918)》.

角秀窟(각수굴) 제주특별자치도 서귀포시 호근동 북쪽 '각수바위(각씨바위)'에 있는 굴 이름.

熔岩隧道は有名な金寧窟の外に, 鵝窟, 財岩, 晩早窟, 角秀窟があつて何れも大規模のもので 《地球』 12권 1호(1929) 「濟州島遊記(一)」(原口九萬)》.

角秀山(각수산) 제주특별자치도 서귀포시 호근동 '角秀岩(각수암: 각수바위)'을 달리 쓴 것.

角秀山アルカリ粗面質安山岩 《地球』 11권 2호(1929) 「濟州島アルカリ岩石(豫報其二)」(原口九萬)》.

角秀岩(각수암) 제주특별자치도 서귀포시 호근동 북쪽에 있는 바위 오롬인 '각수바위'의 한자 차용 표기. 민간에서는 주로 '각씨바위'라고 하여 氏岩(씨암) 또는 妻岩(처암) 등으로 써 왔음. 1960년대 지형도부터 1990년대 지형도까지 '각시바위'의 변음 '각수바위'로 표기했으나, 2000년대 지형도부터 오늘날 지형도까지 '학수바위'로 쓰여 있음. 표고 384.5m.

角秀岩 カクスパォ 381米 《朝鮮五萬分一地形圖』 「西歸浦」(濟州島南部 5號, 1918)》. 西歸浦より約一里西北角秀岩(カクスーアン)と稱する小岳がある 《地球』 11권 2호(1929) 「濟州島アルカリ岩石(豫報其二)」(原口九萬)》. 漢拏山……山體ノ大部ハコノ新期ニ噴出シタル玄武岩ニテ藪ハレ

五百將軍, 御乘生岳東方ノ谿谷及角秀岩ニハ風化浸蝕甚シキ 〈濟州島ノ地質』(朝鮮地質調査要報 제10권 1호, 原口九萬, 1931).

各氏田野(각씨전야)〔각씨왓드르〕 제주특별자치도 서귀포시 하예동 '각씨왓' 일대에 있는 들판 이름의 한자 차용 표기. 민간에서는 '각씨왓, 각쑤왓, 각씨왓' 등으로 전하고 있음.

各氏田野(上猊里) 《朝鮮地誌資料』(1911) 全羅南道 大靜郡 左面, 野坪名〉.

肝列峰(간열봉) 제주특별자치도 제주시 연동 남쪽에 있는 '간열이오롬'의 한자 차용 표기. 1980년대 지형도부터 2015년 지형도까지 '광이오롬'으로 쓰여 있음. 표고 266.8m.

肝列峰(蓮洞里) 《朝鮮地誌資料』(1911) 全羅南道 濟州郡 中面, 山名〉.

間城(간성) 제주특별자치도 제주시 일도리와 이도리 일대에 있었던 '셋성'의 한자 차용 표기.

間城(一徒·二徒里) 《朝鮮地誌資料』(1911) 全羅南道 濟州郡 中面, 城名〉.

看月里(간월리) 제주특별자치도 제주시 아라2동 간월동의 옛 이름 '간월리'의 한자 차용 표기. 옛 이름은 '간드락'인데, 이것을 '간득락'으로 이해하고, 看月(간월)로 나타낸 것임.

看月里 カンヲルニー 《朝鮮五萬分一地形圖』「漢拏山』(濟州島北部 8號, 1918)〉.

葛山(갈산)〔칠오롬〕 제주특별자치도 구좌읍 송당리 세미오롬(거슨세미오롬) 남쪽에 있는 오롬의 한자 차용 표기 가운데 하나. 이 오롬의 원래 이름은 '칠오롬'이라 하였음. 이 '칠오롬'을 한자를 빌려 나타낸 것이 葛岳(갈악) 또는 葛山(갈산)임. '칠'은 '츩[葛]'의 변음으로, 이 오롬에 유난히 '칠(츩/葛)'이 많았다는 데서 '칠오롬'이라 한 것임. 표고 303.9m.

葛山(松堂里) 《朝鮮地誌資料』(1911) 全羅南道 濟州郡 舊左面, 山名〉.

渴水馬池(갈수마지) 제주특별자치도 서귀포시 하모리에 있는 '굴메못·굴메물'의 한자 차용 표기. 민간에서는 '걸메물'로도 말해졌는데, 일찍이 메워졌음.

渴水馬池(下慕里)《朝鮮地誌資料》(1911) 全羅南道 大靜郡 右面, 池名〉.

葛岳[1](갈악) 제주특별자치도 제주시 봉개동 명도암에 있는 '칠오롬'의 한자 차용 표기. 오늘날 민간에서는 주로 '칠오롬〔칠로롬〕'으로 전하고 있는데, '축오롬〔추꼬롬〕'이라 한 것은 '칙오롬〔치꼬롬〕'으로 불렸던 것으로 추정됨.

地名の後にある普通名詞.……오롬(岳). 山の小さいものをひふ. '上るもの'といふ義でわらう. 葛岳(축오롬: 濟州), 水山岳(물미오롬: 濟州)の如きはこれでわる.《朝鮮及滿洲》제70호(1913)「濟州島方言」'六. 地名'(小倉進平)〉. 葛岳(갈악) 岳〔o-rom〕【「耽羅志」以岳爲兀音】〔全南〕濟州(郡內「葛岳」を〔tʃʻuk o-rom〕「板乙浦岳」を〔núl-gö o-rom〕といふ)·城山·西歸·大靜(舊旌義郡內の「達山」を〔toŋ o-rom〕水岳を〔mul o-rom〕應巖山を〔mö-pa-ui o-rom〕といふ)《朝鮮語方言の研究 上》(小倉進平, 1944:34)〉.

葛岳[2](갈악)【칠오롬】 제주특별자치도 제주시 구좌읍 송당리 세미오롬(거슨세미오롬) 남쪽에 있는 '칠오롬'의 한자 차용 표기. 예로부터 '칡[葛]'이 많이 자라는 오롬이라는 데서 그렇게 불렸는데, 1960년대 이후에 삼나무 식목으로 지금은 훌쩍 자란 삼나무 숲으로 덮여 있음. '칡[葛]'의 제주 방언은 주로 '끅'이나 '칙'으로 실현되는데, 오롬 이름과 같은 합성어의 어두음에서는 주로 '칠-'로 말해지고 있음.

葛岳 チルオルム 313米《朝鮮五萬分一地形圖》(濟州嶋北部 4號 「城山浦」(1918)〉. 金寧-兎山里線……數多ノ噴石丘カ一直線上二相接シテ聳立セリ, 卽テ大處岳, 鼓岳, 體岳, 外石岳, 內石岳, 泉岳, 葛岳, 民岳, 大石類額岳, 飛雉山. 母地岳ノ諸峰ハ相隣リテ一列二聳立セリ《濟州島ノ地質》(朝鮮地質調査要報 제10권 1호, 原口九萬, 1931〉. 又南麓ノ葛岳, 瀛川岳, 西孝岳, 桀瑞岳ハ本期ノ生成ニク《濟州島ノ地質》(朝鮮地質調査要報 제10권 1호, 原口九萬, 1931).

葛岳[3](갈악) 제주특별자치도 서귀포시 상효동 동상효 서북쪽에 있는 '칠오롬'의 한자 차용 표기. 1960년대 지형도부터 오늘날 지형도까지 '칡오름'으로 쓰여 있음. 민간에서는 '칠오롬' 또는 '끌오롬' 등으로 말해지고 있음. 표고 268.2m.

葛岳 カルオルム 271米 《朝鮮五萬分一地形圖》「西歸浦」(濟州島南部 5號, 1918)〉.

甘發來(감발래) 제주특별자치도 제주시 조천읍 교래리 동쪽, 부소오롬 남쪽에 있었던 동네 이름의 한자 차용 표기.

甘發來 カムパレー 《朝鮮五萬分一地形圖》「漢拏山」(濟州島北部 8號, 1918)〉.

柑山溪(감산계) 제주특별자치도 서귀포시 안덕면 감산리에 있는 계곡의 한자 표기. 이 내는 예로부터 '창곳내'라 부르고 한자를 빌려 倉庫川(창고천)으로 써 왔는데, 요즘 지형도에도 그대로 쓰고 있음. 그러나 감산리에 있는 계곡은 '안덕계곡'이라 하고 있음.

柑山溪(柑山里) 《朝鮮地誌資料》(1911) 全羅南道 大靜郡 中面, 川溪名〉.

柑山里(감산리) 제주특별자치도 서귀포시 안덕면의 한 법정마을.

柑山里 《地方行政區域一覽(1912)》(朝鮮總督府) 大靜郡, 中面〉. 柑山里 カムサンニー 《朝鮮五萬分一地形圖》「大靜及馬羅島」(濟州島南部 9號, 1918)〉.

紺山川(감산천) 제주특별자치도 서귀포시 안덕면 감산리 앞을 흐르는 내 이름. 예로부터 '창곳내'라 부르고 한자를 빌려 倉庫川(창고천)으로 써 왔는데, 요즘 지형도에도 그대로 쓰고 있음. 편의상 '감산'을 흐르는 내라는 데서 '감산내'라고 하여 紺山川(감산천), 甘山川(감산천) 등으로 쓰기도 했음.

水系……北流スルモノハ別刀川, 山池川, 都近川ニシテ 南流スルモノハ川尾川, 松川, 孝敦川, 正房川, 淵外川, 江汀川, 小加來川, 紺山川ナリ 〈濟州島ノ地質」(朝鮮地質調査要報 제10권 1호, 原口九萬, 1931〉. 이 甘山川은 紺山川이라고도 쓰고 地圖에는 倉庫川이라 표시되었는데 俗에 이르기로는 安德川이라 하거니와 〈耽羅紀行: 漢拏山」(李殷相, 1937)〉.

甘山川(감산천) 제주특별자치도 서귀포시 안덕면 감산리 앞을 흐르는 내 이름. 예로부터 '창곳내'라 부르고 한자를 빌려 倉庫川(창고천)으로 써 왔는데, 요즘 지형도에도 그대로 쓰고 있음. 편의상 '감산'을 흐르는 내라는 데서 '감산내'라고 하여 紺山川(감산천), 甘山川(감산천) 등으로 쓰기도 했음. 이 甘山川은 紺山川이라고도 쓰고 地圖에는 倉庫川이라 표시되었는데 俗에 이르기로는

安德川이라 하거니와 〈『耽羅紀行: 漢拏山』(李殷相, 1937)〉. 甘山川(감산천) 川(1)〔nɛ〕…… 〔全南〕 濟州(郡内の山底川·別刀川·大川を夫夫〔san-ʤi-nɛ〕, 〔pe-rin-nɛ〕, 〔han-nɛ〕といふ)·西歸·大靜(郡内の甘山川を〔kam-san-nɛ〕といふ) 〈『朝鮮語方言の研究 上』(小倉進平, 1944:41)〉.

甘水洞(감수동) 제주특별자치도 제주시 삼양2동 바닷가 '가물개(가몰개)' 일대에 형성되었던 '감수동'의 한자 표기. 1960년대 지형도부터 2015년 지형도까지 '가물개'로 쓰여 있음.

甘水洞 カムスードン 〈『朝鮮五萬分一地形圖』「濟州」(濟州島北部 7號, 1918)〉.

甘水野(감수야)〔든물드르〕 제주특별자치도 서귀포시 색달리 '든물' 일대에 형성된 들판 이름.

甘水野(穡達里) 〈『朝鮮地誌資料』(1911) 全羅南道 大靜郡 左面, 野坪名〉.

甘水浦(감수포)〔가물개〕 제주특별자치도 제주시 삼양2동 바닷가 '가물개'의 한자 차용 표기 가운데 하나.

甘水浦(三陽里) 〈『朝鮮地誌資料』(1911) 全羅南道 濟州郡 中面, 浦口名〉.

紺오름(감--) 제주특별자치도 서귀포시 안덕면 창천리에 있는 '감오름'을 한자와 한글을 섞어 쓴 것.

大靜東十里에 잇는 紺오름 가튼 것도 마찬가지 意味를 記錄할 수 잇습니다. 〈「濟州島의 文化史觀 6」(1938) 六堂學人, 每日新報〉.

感恩오름(감은--) 제주특별자치도 제주시 구좌읍 송당리에 있는 '감은이오름'을 한자와 한글을 섞어 쓴 것.

또旌義二十里에는 感恩오름이란 것이 잇는데 아이누語에 神을 '가무이'하 하니 神靈 관계의 峰인 意 짐작할 것이오 〈「濟州島의 文化史觀 6」(1938) 六堂學人, 每日新報〉.

甲先岳(加時里)〔갑선이오름〕 제주특별자치도 서귀포시 표선면 가시리 웃동네 동쪽에 있는 '갑선이오롬'의 한자 차용 표기 가운데 하나. 다른 자료에서는 甲旋岳(갑선악), 甲蟬岳(갑선악) 등으로도 표기되었음. 1960년대 지형도부터 2015년 지형도까지 '갑선이오름'로 쓰여 있음. 표고 182.2m.

甲先岳(加時里)《朝鮮地誌資料》(1911) 全羅南道 旌義郡 東中面, 山谷名〉.

甲旋岳(갑선악)〔갑선이오롬〕 제주특별자치도 서귀포시 표선면 가시리 웃동네 동쪽에 있는 '갑선이오롬'의 한자 차용 표기 가운데 하나. 다른 자료에서는 甲先岳(갑선악), 甲蟬岳(갑선악) 등으로도 표기되었음. 1960년대 지형도부터 2015년 지형도까지 '갑선이오름'로 쓰여 있음. 표고 182.2m.

甲旋岳 カプソンアク 188.2米 《朝鮮五萬分一地形圖』(濟州嶋北部 4號「城山浦」(1918)〉. 金寧-兎山里線……又南方ノ甲旋岳, 長子岳, 卵峰, 兎山岳ハ輝石玄武巖ヨリ成レル噴石丘ニシテ〈濟州島ノ地質』(朝鮮地質調査要報 제10권 1호, 原口九萬, 1931〉.

江南坪(강남평)〔강남뱅디〕 제주특별자치도 제주시 조천읍 북촌리 '강남뱅디'의 한자 차용 표기.

江南坪(北村里)《朝鮮地誌資料》(1911) 全羅南道 濟州郡 新左面, 野坪名〉.

降龍野(강룡야)〔강용이드르〕 제주특별자치도 서귀포시 안덕면 상창리 들판 이름의 한자 차용 표기.

降龍野(上倉里)《朝鮮地誌資料》(1911) 全羅南道 大靜郡 中面, 野坪名〉.

江臨寺(강림사) 제주특별자치도 조천읍 함덕리 '강임개[浦口]'에 있었던 절의 한자 표기.

바른편 바다 쪽으로 犀山岳 밑을 돌아 咸德浦를 지나니 여기도 江臨寺 옛 자취가 있으련마는 廢墟에 남은 古井 一基나 指點할 다름이다. 《耽羅紀行: 漢拏山』(李殷相, 1937)〉.

康任浦(강임포) 제주특별자치도 조천읍 함덕리에 있었던 '강임개[浦口]'의 한자 차용 표기.

康任浦(咸德里)《朝鮮地誌資料》(1911) 全羅南道 濟州郡 新左面, 浦口名〉.

江汀(강정) 제주특별자치도 서귀포시 강정동의 옛 이름.

大靜郡 桃源 武陵 日果 加波 上慕 下慕 沙溪 和順 大坪 大浦 江汀 計十一浦 《濟州嶋現況一般』(1906)〉.

江汀里(강정리) 제주특별자치도 서귀포시 강정동의 옛 이름.

江汀里(장딜리 クンテェーリー) 《『韓國水産誌』제3집(1911) 「濟州島」大靜郡 左面). 江汀里 《『地方行政區域一覽(1912)』(朝鮮總督府) 大靜郡, 左面). 江汀里 カンヂョンニー 《『朝鮮五萬分一地形圖』「大靜及馬羅島」(濟州島南部 9號, 1918)).

江汀川(강정천) 오늘날 '강정천'의 큰 내를 이르는데, 조선시대 고문헌과 고지도 등에 大加來川(대가래천)으로 표기되었음. 1960년대 지형도부터 1990년대 지형도까지 '큰내'로 표기되고, 2000년대 지형도에서 '강정천'으로 표기되고 2010년대 지형도에는 '道順川(도순천)'으로 쓰여 있음.

水系……北流スルモノハ別刀川, 山池川, 都近川ニシテ 南流スルモノハ川尾川, 松川, 孝敦川, 正房川, 淵外川, 江汀川, 小加來川, 紺山川ナリ 《『濟州島ノ地質』(朝鮮地質調査要報 제10권 1호, 原口九萬, 1931). 地理河川……濟州邑前川과 龍淵川과 道近川이요, 中面에 安德川, 左面애 天帝淵, 江汀川, 右面에 洪爐川, 天池淵 等은 山脈과 通하다. 《『濟州島實記』(金斗奉, 1934)》

江河洞(강하동) 제주특별자치도 서귀포시 표선면 세화3리 '강왓디' 일대에 형성된 강하동의 한자 표기. 요즘에는 江華洞(강화동)으로 쓰고 있음.

江河洞 カンハトン 《『朝鮮五萬分一地形圖』「表善」(濟州島南部 1號, 1918)).

蓋南田(개남전)〔개남밧〕 제주특별자치도 서귀포시 표선면 성읍2리 '개오롬' 북쪽 일대에 있는 밭 이름인 '개남밧'의 한자 차용 표기 가운데 하나임. '개남'은 '개낭'이라고도 하는데, '누리장나무(마편초과에 속한 낙엽 활엽 관목)'의 제주 방언으로, 이 일대의 밭에 '개남'이 있다는 데서 그렇게 부른 것임.

蓋南田 ケーナムパッ 《『朝鮮五萬分一地形圖』(濟州嶋北部 4號「城山浦」(1918)).

箇乃池(개내지) 제주특별자치도 서귀포시 성산읍 온평리 산간에 있는 '개내못'의 한자 차용 표기.

쏘 旌義景縣十五里에 '箇乃池'이라는 못이 잇서……이 箇乃는 아이누語에 雷, 쏘 '웃'(上ノ)을 意味하는 '간나'로 解釋하면 퍽 자미잇는 推理를 할 수 잇슴니다. 《『濟州島의 文化史觀 7』(1938) 六堂學人, 每日新報 昭和十二年 九月 二十三日).

開東(개동) 제주특별자치도 제주시 아라2동 '개동'의 한자 차용 표기. 1980년대 지형도부터 2015년 지형도까지 '구산'으로 쓰여 있고, 민간에서는 오늘날 '구산동' 또는 '구산마을', '계동'이라 하고 있음.

開東 ケートン 〈『朝鮮五萬分一地形圖』「漢拏山」(濟州島北部 8號, 1918)〉.

開聞岳(개문악) 제주특별자치도 서귀포시 표선면 성읍2리에 있는 '백약이오름'의 이전 이름 '개역이오름'의 한자 차용 표기 가운데 하나인 開闢岳(개역악)의 오기인 듯함.

特つてゐて薩南の開聞岳で見る様な美しい圓錐山であるが〈『地球』12권 1호(1929)「濟州島遊記(一)」(原口九萬)〉.

蓋民浦串(개민포곶) 제주특별자치도 서귀포시 표선면 세화리와 표선리 경계에 있는 '매오름' 남동쪽의 '개민개코지'의 한자 차용 표기.

座下童串ヨリ鷹峯ノ南東角ナル蓋民浦串ニ至ル6.3浬ノ海岸ハ南西方ニ走リ.〈『朝鮮沿岸水路誌 第1卷』(1933) 朝鮮南岸「濟州島」〉. 蓋民浦串ヨリ2.5浬ノ間海岸ハ西方ニ走リ次デ南西方ニ赴クコト2.5浬ニシテ大鳳顔串ナル平低岩嘴ニ達ス, 角ニ接シ保閑里ノ村アリ.〈『朝鮮沿岸水路誌 第1卷』(1933) 朝鮮南岸「濟州島」〉.

開水谷野(개수곡야) 제주특별자치도 서귀포시 대정읍 보성리 '개수골(궤수골·개수굴·궤수굴)' 일대에 형성된 들판 이름.

開水谷野(保城里)〈『朝鮮地誌資料』(1911) 全羅南道 大靜郡 右面, 野坪名〉.

盖水洞(개수동) 제주특별자치도 제주시 애월읍 하귀리 '개물동네'에 형성된 동네 이름.

盖水洞 ケースードン〈『朝鮮五萬分一地形圖』「翰林」(濟州島北部 12號, 1918)〉.

開水野(개수야) 제주특별자치도 서귀포시 색달동 '게여물(궤에물·궤여물)' 일대에 형성되어 있는 들판 이름의 한자 차용 표기.

開水野(穡達里)〈『朝鮮地誌資料』(1911) 全羅南道 大靜郡 左面, 野坪名〉.

客巷山(객항산) 제주특별자치도 제주시 한림읍 명월리 상동에 있는 '갯거리오름'을 '객거리오름'으로 이해하고 쓴 한자 차용 표기. 1960년대 지형도부터 1990년대 지형도까지 '개구리오름'으로 잘못 표기되었는데, 2000년대 지형도부터 큰 봉우리에 '갯거리오름(표고 254m)', 작은 봉우리에 '선소오름(표고 226m)'으로 쓰여 있음. ⇒ 狗尾岳(구미악).

客巷山(明月·今岳 兩里間在)《朝鮮地誌資料》(1911) 全羅南道 濟州郡 舊右面, 山名〉.

擧頭岩(거두암)〔들렁머리바우〕 제주특별자치도 제주시 한림읍 비양리 바닷가에 있는 '들렁머리'의 한자 차용 표기.

飛楊島……擧頭岩ハ其ノ中央ニ在リ.《朝鮮沿岸水路誌 第1卷》(1933) 朝鮮南岸「濟州島」〉.

巨老洞(거로동) 제주특별자치도 제주시 화북2동 '거로마을'의 한자 표기.

巨老洞 コロドン《朝鮮五萬分一地形圖』「濟州」(濟州島北部 7號, 1918)〉.

巨馬洞(거마동) 제주특별자치도 제주시 아라2동 '걸머리'에 형성되었던 '걸머릿동네'의 한자 차용 표기 가운데 하나. 1960년대와 1970년대 지형도에는 '걸머리'로 쓰여 있고, 1980년대와 1990년대 지형도에는 '금천'으로 쓰여 있고, 2000년대 지형도부터 오늘날 지형도에는 '걸머리'와 '금천'이 아울러 쓰여 있음. 이 마을 입구에 세워져 있는 퐂돌에는 '금천마을 / 금산공원'과 '걸머리 / 알새미'가 아울러 쓰여 있음.

巨馬洞 コマドン《朝鮮五萬分一地形圖』「漢拏山」(濟州島北部 8號, 1918)〉.

巨馬屹(거마흘)〔걸머흘〕 제주특별자치도 서귀포시 상천리 상천2교 동쪽 일대에 있었던 동네의 한자 차용 표기.

上川里 サンンチョンニー 巨馬屹 コルマフル《朝鮮五萬分一地形圖』「大靜及馬羅島」(濟州島南部 9號, 1918)〉.

拒文岳(거문악) 제주특별자치도 제주시 조천읍 교래리와 서귀포시 남원읍 수망리, 표선면 가시리 경계에 있는 '물찻오름'을 잘못 쓴 것. 오늘날 '물찻오름'은 표고가 718.5m이고, 그 동쪽의 '검은오름'은 표고가 489.8m임. ⇒ 巨文岳²(거문악).

拒文岳 コムンアク 736米《朝鮮五萬分一地形圖』「漢拏山」(濟州島北部 8號, 1918)〉. 拒文岳 736米

(濟州島 東中面·西中面·新左面) 《朝鮮地誌資料》(1919, 朝鮮總督府 臨時土地調査局) 山岳ノ名稱所在及眞高(續), 全羅南道 濟州島〉.

巨文岳[1](거문악)〔검은오롬〕 제주특별자치도 제주시 조천읍 선흘2리와 구좌읍 덕천리 경계에 있는 '검은오롬'의 한자 차용 표기 가운데 하나. 이 오롬은 원래 '검은오롬' 또는 '검은이오롬'으로 부르고, 한자를 빌려 '黑岳(흑악)' 또는 '巨門岳·巨文岳·拒文岳(거문악)', '巨門伊岳·巨文伊岳(거문이악)' 등으로 표기하였음. 동쪽 송당리에 있는 '검은오롬'을 '동검은오롬' 또는 '동검은이오롬'이라 하는 것에 견주어, 이 오롬을 '서검은오롬' 또는 '서검은이오롬'이라 하였음. 1960년대 지형도부터 1990년대 지형도까지 '거문오름'으로 쓰여 있다가, 2000년대 지형도부터 2015년 지형도까지 '검은오름'으로 쓰여 있음. 그러나 제주도세계자연유산으로 등록된 이름은 '거문오름'으로 되어 있음. 표고 457.9m.

巨文岳(善屹里) 《朝鮮地誌資料》(1911) 全羅南道 濟州郡 新左面, 山名〉. 巨文岳 コムンオルム 459 米 《朝鮮五萬分一地形圖》「漢拏山」(濟州島北部 8號, 1918)〉. 北村里의 長城遺址를 지나면서 南方 二十二里餘에 있는 善屹里의 巨文岳을 바라보며 저 아래 普門寺址가 있을 것을 생각한다. 《耽羅紀行: 漢拏山》(李殷相, 1937)〉.

巨文岳[2](거문악)〔검은오롬〕 제주특별자치도 제주시 조천읍 교래리 산간에 있는 '물찻오롬'을 '검은오롬'으로 잘못 인식해서 나타낸 것 가운데 하나. 1960년대 지형도부터 1990년대 지형도까지 일제강점기 지형도의 영향으로 '거문오름'으로 쓰여 있고, 2000년대 지형도부터 2013년 지형도까지 '물찻오름(거문오름)'이 아울러 표기되었다가, 2015년 지형도부터 '물찻오름'으로만 쓰여 있음. 표고 718.5m.

巨文岳 コムアク 736米 《朝鮮五萬分一地形圖》「漢拏山」(濟州島北部 8號, 1918)〉.

擧石(거석)〔들은돌·들은돌〕 제주특별자치도 제주시 삼양동 '들은돌동네(들온돌동네)'에 형성되었던 '거석동'의 '거석'의 한자 표기. 거석동(擧石洞)이라고도 했음. 1960년대 지형도부터 1990년대 지형도까지 '들온돌'로 쓰고, 2000년대 지형도부터 2015년 지형도까지 '들은돌'로 쓰여 있음.

擧石 トルンドル 《朝鮮五萬分一地形圖』「濟州」((濟州島北部 7號, 1918)》.

擧石洞(거석동) 제주특별자치도 제주시 삼양동 '들은돌동네(들온돌동네)'에 형성되었던 '거석동'의 한자 표기. 1960년대 지형도부터 1990년대 지형도까지 '들온돌'로 쓰고, 2000년대 지형도부터 2015년 지형도까지 '들은돌'로 쓰여 있음.

擧石洞酒幕(三陽里) 《朝鮮地誌資料』(1911) 全羅南道 濟州郡 中面, 酒幕名》.

擧石場(거석장) 제주특별자치도 제주시 삼양동 '들은돌동네(들온돌동네)'에 형성되었던 '들온돌장'의 한자 차용 표기.

擧石場(三陽里) 《朝鮮地誌資料』(1911) 全羅南道 濟州郡 中面, 市場名》.

拒水山(거수산)〔거슨세미오롬〕 제주특별자치도 구좌읍 송당리 당오롬 남서쪽에 있는 오롬의 한자 차용 표기 가운데 하나. '拒水山(거수산)'은 당시 김녕리에 있는 오롬으로 등재되어 있으나, 지금 송당리에 있는 '거슨세미오롬(세미오롬)'을 이른 것임. 곧 拒水山(서수산)은 '거슨세미오롬'을 한자를 빌려 나타낸 것임. 달리 한자를 빌려 逆泉岳(역천악) 또는 逆水岳(역수악), 泉岳(천악) 등으로 쓰기도 했음. 표고 380m.

拒水山(金寧里) 《朝鮮地誌資料』(1911) 全羅南道 濟州郡 舊左面, 山名》.

巨田洞(거전동) 제주특별자치도 제주시 한림읍 동명리의 '케왓동네'의 한자 차용 표기.

巨田洞 ケワットン 《朝鮮五萬分一地形圖』「翰林」(濟州島北部 12號, 1918)》.

巨屹洑(거흘보) 제주특별자치도 서귀포시 서귀동 '숫밧내(손반내)'에 설치했던 보 이름.

巨屹洑(十五年前築城) 《朝鮮地誌資料』(1911) 全羅南道 旌義郡 右面, 洑名》.

乾坤洞(건곤동) 제주특별자치도 서귀포시 안덕면 서광리 광해악 동쪽에 있는 동네 이름. 1950년대부터 서광동리라 한 뒤에, 지금까지도 서광동리라 하고 있음.

西廣里 ソークヮンニー 乾坤洞 コンコントン 《『朝鮮五萬分一地形圖』「大靜及馬羅島」(濟州島南部 9號, 1918)》.

乾坤洞野(건곤동야) 제주특별자치도 서귀포시 안덕면 서광리 광해악 동쪽 '건곤동' 일대에 있는 들판 이름의 한자 차용 표기.

乾坤洞野(西廣里) 《『朝鮮地誌資料』(1911) 全羅南道 大靜郡 中面, 野坪名》.

乾上伊野(건상이야)〔건상이드르〕 제주특별자치도 서귀포시 도순동에 있는 들판인 '건상이드르'의 한자 차용 표기.

乾上伊野(道順里) 《『朝鮮地誌資料』(1911) 全羅南道 大靜郡 左面, 野坪名》.

健入里(건입리) 제주특별자치도 제주시 건입동의 옛 이름 '건입리'의 한자 표기.

健入里 《地方行政區域一覽(1912)』(朝鮮總督府) 濟州郡, 中面》. 健入里 コンイブニー 《『朝鮮五萬分一地形圖』「濟州」((濟州島北部 7號, 1918)》.

傑瑞岳(걸서악)〔걸세오롬〕 제주특별자치도 서귀포시 남원읍 하례리 장성동 북서쪽에 있는 '걸세오롬'의 한자 차용 표기. 1980년도 지형도부터 傑瑞岳(걸서악)으로 쓰여 있음. 표고 159.8m의 봉우리와 표고 156m 봉우리 등 2개의 작은 봉우리가 이어져 있는데, 이 모양이 마치 '걸쉐·걸세(걸쇠의 변음)'와 닮다는 데서 '걸세오롬'으로 불러왔음.

桀瑞岳 コルソーオルム 155米 《『朝鮮五萬分一地形圖』「西歸浦」(濟州島南部 5號, 1918)》.

傑西岳(걸서악)〔걸세오롬〕 제주특별자치도 서귀포시 남원읍 하례리 장성동 북서쪽에 있는 '걸세오롬'의 한자 차용 표기. 1980년도 지형도부터 傑瑞岳(걸서악)으로 쓰여 있음. 표고 159.8m의 봉우리와 표고 156m 봉우리 등 2개의 작은 봉우리가 이어져 있는데, 이 모양이 마치 '걸쉐·걸세(걸쇠의 변음)'와 닮다는 데서 '걸세오롬'으로 불러왔음.

傑西岳(下禮里) 《『朝鮮地誌資料』(1911) 全羅南道 旌義郡 西中面, 山谷名》.

桀瑞岳(걸서악)〔걸세오롬〕 제주특별자치도 서귀포시 남원읍 하례리 장성동 북
서쪽에 있는 '걸세오롬'의 한자 차용 표기. 1980년도 지형도부터 傑瑞岳(걸
서악)으로 쓰여 있음. 표고 159.8m의 봉우리와 표고 156m 봉우리 등 2개의
작은 봉우리가 이어져 있는데, 이 모양이 마치 '걸쉐·걸세(걸쇠의 변음)'와 닮
았다는 데서 '걸세오롬'으로 불러왔음.

又南麓ノ葛岳, 瀛川岳, 西孝岳, 桀瑞岳ハ本期ノ生成ニク 《濟州島ノ地質》(朝鮮地質調査要報 제
10권 1호, 原口九萬, 1931〉.

傑氏岳(걸씨악)〔걸씨오롬〕 제주특별자치도 제주시 연동 남쪽 산간에 있는 '걸
씨오롬'의 한자 차용 표기. 2000년대 지형도부터 2015년 지형도까지 '걸
쇠오롬'으로 쓰여 있음. 표고 728.6m.

傑氏岳(蓮洞里) 《朝鮮地誌資料》(1911) 全羅南道 濟州郡 中面, 山名〉.

劍堂洑(검당보) 제주특별자치도 서귀포시 서귀동 '솟밧내(손반내)'에 설치했던
보 이름. '釖堂洑(인당보)'는 劍堂洑(검당보)의 잘못임.

釖堂洑(五年前築城) 《朝鮮地誌資料》(1911) 全羅南道 㫌義郡 右面, 洑名〉.

劍騰嶼(검등서) 제주특별자치도 제주시 추자면 상추자도 대서리 북동쪽 바다에
있는 '검둥여'의 한자 차용 표기. 오늘날 지형도에는 '검둥여'로 쓰여 있음.

劍騰嶼 コムトンヨ 《朝鮮五萬分一地形圖》(濟州嶋北部 9號, 「楸子群島」(1918)〉.

儉首野(검수야) 제주특별자치도 서귀포시 대정읍 무릉리에 있는 들판 이름.

儉首野(武陵里) 《朝鮮地誌資料》(1911) 全羅南道 大靜郡 右面, 野坪名〉.

撿時浦(검시포) 제주특별자치도 조천읍 북촌리에 있었던 개[浦口] 이름. 민간
에서는 '검싯개·검식개' 또는 '검숫개·검숙개', '검섯개·검석개' 등으로 부
르고 있음.

撿時浦(北村里) 《朝鮮地誌資料》(1911) 全羅南道 濟州郡 新左面, 浦口名〉.

黔岳(검악) 제주특별자치도 제주시 한림읍 금악리 '검은오롬'의 불완전한 한자
차용 표기. 1960년대 지형도부터 2015년 지형도까지 '금오름'으로 쓰여 있

으나, 마을 이름은 今岳(금악)이라 하고 있음. 표고 427.5m. ⇒ 今岳(금악).

黔岳(今岳里中)《朝鮮地誌資料》(1911) 全羅南道 濟州郡 舊右面, 山名).

劍月洞(검월동)〔거멀골·거멀동네〕 제주특별자치도 제주시 구좌읍 덕천리의 한 자연마을인 '거멀골(거멀동네)'을 한자를 빌려 나타낸 것임. 덕천리 '거멀 골'은 예전에는 '금물흘[그믈흘·거멀흘]'로 부르고 한자를 빌려 今勿屹·今勿 訖(금물흘) 등으로 표기하다가, 소리를 '거밀(검월)'로 인식하여 劍月(검월) 로 표기하기도 하였음. 덕천리 알동네(하동·알덕천) 북서쪽에 있었음.

釰月洞 コムルトン《朝鮮五萬分一地形圖》「金寧」(濟州嶋北部 三號, 1918)〉.

犬月岳(견월악)〔개워리오롬〕 제주특별자치도 조천읍 교래리 산간에 있는 오롬 의 한자 차용 표기 가운데 하나. 1960년대 지형도부터 1990년대 지형도 까지 '개월오름'으로 쓰고, 2000년대 지형도부터 2015년 지형도까지 '개 월이오름'으로 쓰여 있음. 민간에서는 일반적으로 한자를 빌려 犬月岳(견 월악)이나 開月岳(개월악) 등으로 써 왔음. 표고 744.1m.

漢拏山-金寧線……其上ニ連立セル火山ハ 土赤岳, 石岳, 御後岳, 水長兀, 犬月岳, 棚岳, 針岳, 泉味岳, 堂岳, 猫山峰, 笠山ナリトス《濟州島ノ地質》(朝鮮地質調査要報 제10권 1호, 原口九萬, 1931).

高拱山(고공산) 제주특별자치도 서귀포시 서호동에 있는 '고근산'의 변음 '고 공산'의 한자 표기. 민간에서는 '고공산'이라고도 했으나, 1960년대 지형 도부터 2015년 지형도까지 '고근산(孤根山)'으로 쓰여 있음. 표고 393.7m. ⇒ **孤根山(고근산)**.

高拱山(八所場)《朝鮮地誌資料》(1911) 全羅南道 大靜郡 左面, 山名).

高空山(고공산) 제주특별자치도 서귀포시 서호동에 있는 '고근산'의 변음 '고 공산'의 한자 표기. 민간에서는 '고공산'이라고도 했으나, 1960년대 지형 도부터 2015년 지형도까지 '고근산(孤根山)'으로 쓰여 있음. 표고 393.7m. ⇒ **孤根山(고근산)**.

虎島及孤根山(高空山)……孤根山ハ西歸浦ノ北西方約3浬ニ在リ, 高サ393米.《朝鮮沿岸水

路誌 第1卷』(1933) 朝鮮南岸「濟州島」〉.

孤根山(고근산) 제주특별자치도 서귀포시 서호동 북서쪽에 있는 '고근산'의 한자 표기. 민간에서는 '고공산'으로 부르고 高拱山(고공산)·古公山(고공산)·高空山(고공산) 등으로 써 왔음. 그러나 조선시대부터 일반적으로 孤根山(고근산)으로 써 왔으니, '고공산'은 변음이라 할 수 있음. 이 산 앞을 '오롬 앞(오름앞)', 이 산 뒤를 '오롬뒤(오름뒤)'라고 함. 표고 393.7m.

孤根山 コクンサン 396米 《朝鮮五萬分一地形圖」「西歸浦」(濟州島南部 5號, 1918)〉. 虎島及孤根山 (高空山)······孤根山ハ西歸浦ノ北西方約3浬ニ在リ, 高サ393米. 《朝鮮沿岸水路誌 第1卷』 (1933) 朝鮮南岸「濟州島」〉.

高內里(고내리) 제주특별자치도 제주시 애월읍의 한 법정마을.

高內里(고닌리 コナェーリー) 《韓國水産誌』 제3집(1911) 「濟州島」 濟州郡 新右面〉. 高內里 《地方 行政區域一覽(1912)』(朝鮮總督府) 濟州郡, 新右面〉. 高內里 コーネーリー 《朝鮮五萬分一地形圖」「翰 林」(濟州島北部 12號, 1918)〉. 高內里及新巖里 新巖里ノ岩壁ヨリ西方1.3浬ニシテ高內里ニ達 ス. 《朝鮮沿岸水路誌 第1卷』(1933) 朝鮮南岸「濟州島」〉. 車는 左便으로 破軍峰, 水山岳을 번개같 이 지나서 高內里라는 조고만한 마슬을 지나간다 《耽羅紀行: 漢拏山」(李殷相, 1937)〉.

高內峰(고내봉)〔고내오롬〕 제주특별자치도 제주시 애월읍 '고내오롬'의 한자 차용 표기. 조선시대에는 주로 高內岳(고내악)으로 썼는데, 꼭대기에 봉수를 설치한 뒤에 高內烽(고내봉)이라 하면서, '고내봉'이라는 말이 굳어졌음. 표고 172.9m.

高內峰(高內里) 《朝鮮地誌資料』(1911) 全羅南道 濟州郡 新右面, 山名〉. 高內峰 コーネーボン 175.3米 《朝鮮五萬分一地形圖」「翰林」(濟州島北部 12號, 1918)〉. 城山, 斗山峰, 笠山, 破將軍, 高內 峰, 高山峰, 水月峰, 簞山, 寺岳, 松岳の外輪山は之に屬し 《地球』12권 1호(1929) 「濟州島遊記 (一)」(原口九萬)〉. 他ノ火山······又高內峰, 破軍峰, 高山峰, 水月峰, 簞山, 寺岳等モ之ニ屬ス 《濟州島ノ地質』(朝鮮地質調査要報 제10권 1호, 原口九萬, 1931〉. 어깨가 거의 무거울 듯이 내리누 르는 山은 高內峰! 《耽羅紀行: 漢拏山」(李殷相, 1937)〉.

高內峯(고내봉)〔고내오롬〕 제주특별자치도 제주시 애월읍 '고내오롬'의 한자 차용 표기. 표고 172.9m. ⇒ 高內峰(고내봉).

高內峯ハ距岸約5鏈二位シ高サ173米.《朝鮮沿岸水路誌 第1卷》(1933) 朝鮮南岸「濟州島」.

古道水(고도수)〔고도물〕 제주특별자치도 제주시 한림읍 한림리에서 솟아났던 '고도물(고두물)'의 한자 차용 표기.

古道水(翰林西路邊)《朝鮮地誌資料》(1911) 全羅南道 濟州郡 舊右面, 溪川名〉.

高勳田野(고동전야)〔고동밧드르〕 제주특별자치도 제주시 한경면 신창리 '고동 밧' 일대에 형성된 들판 이름.

高勳田野(順昌里)《朝鮮地誌資料》(1911) 全羅南道 大靜郡 右面, 野坪名〉.

羔屯(고둔) 제주특별자치도 서귀포시 강정동 중산간에 있는 '염둔'의 한자 차 용 표기. 예로부터 민간에서 '염둔'으로 부르고, 한자로 羔屯(고둔)이라 써 왔는데, 오늘날은 소리가 '염돈'으로 바뀌어 전하고, 이에 따라 한자로 廉 敦洞(염돈동)으로 쓰고 있음.

羔屯 コツン《朝鮮五萬分一地形圖》「大靜及馬羅島」(濟州島南部 9號, 1918)〉.

羔屯野(고둔야)〔염둔드르〕 제주특별자치도 서귀포시 강정동 '염둔' 일대에 있 는 들판 이름의 한자 차용 표기.

羔屯野(江汀里)《朝鮮地誌資料》(1911) 全羅南道 大靜郡 左面, 野坪名〉.

古老來谷(고로래곡) 제주특별자치도 서귀포시 상예동 '고노렛골(ᄀᄂ렛골)'의 한자 차용 표기. '고노레(ᄀᄂ레)'는 'ᄀᄂ내(細川)'의 변음임.

古老來谷(上猊里)《朝鮮地誌資料》(1911) 全羅南道 大靜郡 左面, 山名〉.

古麓野(고록야)〔고로깃드르〕 제주특별자치도 서귀포시 대정읍 신평리 '고로기' 일대에 형성된 들판 이름의 한자 차용 표기.

古麓野(新坪里)《朝鮮地誌資料》(1911) 全羅南道 大靜郡 右面, 野坪名〉.

古林洞(고림동) 제주특별자치도 제주시 한림읍 명월리 상동 '궤술동네'의 한 자 차용 표기.

古林洞 クェスプルトン 《『朝鮮五萬分一地形圖』「翰林」(濟州島北部 12號, 1918)》.

高峰(고봉)〔높은오롬〕 제주특별자치도 구좌읍 송당리에 있는 오롬의 한자 차용 표기 가운데 하나. 이 오롬의 원래 이름은 '높은오롬〉높은오롬'이라 하였음. 이 '높은오롬〉높은오롬'을 한자를 빌려 나타낸 것이 高岳(고악) 또는 高峰(고봉)임. 표고 403.7m.

高峰(松堂里) 《『朝鮮地誌資料』(1911) 全羅南道 濟州郡 舊左面, 山名》.

高山里(고산리) 제주특별자치도 제주시 한경면 '고산리'의 한자 표기.

高山里(고산리 コーサンリー) 《『韓國水産誌』제3집(1911)「濟州島」濟州郡 舊右面》. 高山里 《『地方行政區域一覽(1912)』(朝鮮總督府) 濟州郡, 舊右面》. 高山里 コサンニー 《『朝鮮五萬分一地形圖』(濟州島南部 13號「摹瑟浦」(1918)》. 高山岳ノ南東麓ニ高山里ト稱スル村アリ.《『朝鮮沿岸水路誌 第1卷』(1933) 朝鮮南岸「濟州島」》. 高山岳 옷자락을 펴고 소꿉질같이 열린 곳은 高山里! 《『耽羅紀行: 漢拏山』(李殷相, 1937)》.

高山微峰(고산미봉)〔고살미오롬〕 제주특별자치도 구좌읍 김녕리 김녕중학교 서남쪽에 있는 오롬의 한자 차용 표기 가운데 하나. 이 오롬의 원래 이름은 '고살미'라 하였음. 이 '고살미'에 '오롬'을 덧붙여 '고살미오롬'이라 한 것을 한자를 빌려 나타낸 것이 '高山微峰(고산미봉)'임. '고살미'는 '궤살미' 또는 '궤살메'로도 실현되는데, 이 '궤살미'를 한자를 빌려 나타낸 것이 '猫山峰(묘산봉)'임. 이로 인해 이 오롬을 한때 '묘산봉' 또는 '묘산오롬'으로 한 경우도 있었는데, 최근에는 '고살미' 또는 '궤살미', '궤살메'로 되살려 부르고 있음. 표고 116.4m.

高山微峰(金寧里) 《『朝鮮地誌資料』(1911) 全羅南道 濟州郡 舊左面, 山名》.

高山峰(고산봉) 제주특별자치도 제주시 한경면 고산리 '당산봉'의 다른 이름. 1960년대 우리나라 지형도부터 '唐山峰(당산봉)' 또는 '당산봉' 등으로 표기했는데, 唐山峰(당산봉)은 堂山峰(당산봉)으로 표기해야 함. 표고 145.7m.

城山, 斗山峰, 笠山, 破將軍, 高內峰, 高山峰, 水月峰, 簞山, 寺岳, 松岳の外輪山は之に屬し

《『地球』12권 1호(1929) 「濟州島遊記(一)」(原口九萬)〉. 他ノ火山……又高內峰, 破軍峰, 高山峰, 水月峰, 簞山, 寺岳等モ之ニ屬ス 《濟州島ノ地質」(朝鮮地質調査要報 제10권 1호, 原口九萬, 1931)〉.

高山岳(고산악) 제주특별자치도 제주시 한경면 고산1리 고산 포구 가까이에 있는 '고산악'의 한자 표기. 이 오름은 예로부터 '자귀오롬'이라 하여 遮歸岳(차귀악)으로 표기하다가, 당(堂)이 들어선 오름이라는 데서 堂山(당산) 또는 堂山岳(당산악), 堂山峰(당산봉) 등으로 표기했는데, 일제강점기 지형도에 단순리 고산리에 있는 오름이라는 데서 高山岳(고산악)으로 표기한 듯함. 『朝鮮地誌資料』(1911)에도 고산(高山)과 용수(龍水) 사이에 있는 오름을 堂山(당산)으로 표기했음. 1960년대 우리나라 지형도부터 '唐山峰(당산봉)' 또는 '당산봉' 등으로 표기했는데, 唐山峰(당산봉)은 堂山峰(당산봉)으로 표기해야 함. 표고 145.7m.

高山岳 コサンアク 148米 《朝鮮五萬分一地形圖』(濟州島南部 13號 「摹瑟浦」(1918)〉. 敏岳山(ミアクサン) 高山岳(コミサンアク)及發伊岳(パルミオルム: 翰林圖にり 濟州の西南四里半なり 耽羅事實に 鉢山在州西南四十五里とあり 鉢山はバルミなるべし) 《濟州島の地質學的觀察」(1928, 川崎繁太郎)〉. 高山岳(唐山峯) 濟州島ノ最西端ニ突立スル岩峯ニシテ高サ146米. 《朝鮮沿岸水路誌 第1卷」(1933) 朝鮮南岸 「濟州島」〉. 月郞峯 屯地峯(芚地峯)及高岳(高山峯) 月郞峯, 屯地峯ハ細花里ヨリ南西方約3浬, 高岳ハ同方向約5浬……. 《朝鮮沿岸水路誌 第1卷」(1933) 朝鮮南岸 「濟州島」〉. 길이 龍水里라는 곳을 거치면서부터는 다시 바다와 멀리 하는데 문득 바다 쪽으로 한 山이 가로 막으니 이것이 高山岳이다 《耽羅紀行: 漢拏山」(李殷相, 1937)〉.

高山浦(고산포) 제주특별자치도 제주시 한경면 고산리 포구 이름. 이 포구는 예로부터 '자구내'라고 하여 遮歸浦(차귀포)로 표기되었음. '자구내'는 '자귀개〉자구개'의 변음임.

高山浦(高山里) 《朝鮮地誌資料」(1911) 全羅南道 濟州郡 舊右面, 浦口名〉.

古城(고성) 제주특별자치도 서귀포시 성산읍 고성리를 이름.

旌義郡 古城 《韓國水産誌』제3집(1911) 「濟州島」 場市名〉. 이 古城과 水山 一圓地는 元의 牧子가

本州의 萬戶를 殺害하야 戰火가 바꾸이던 곳일뿐 《耽羅紀行: 漢拏山』(李殷相, 1937)》.

古城里[1](고성리) 제주특별자치도 제주시 애월읍 고성리를 이름. 이 마을에 있는 항파두리성을 '고성(古城)'이라 하고, 이 성 일대에 형성된 마을도 고성(古城)이라 했음.

古城里 《地方行政區域一覽(1912)』(朝鮮總督府) 濟州郡, 新右面》. 古城里 コソンニー 《朝鮮五萬分一地形圖』「翰林』(濟州島北部 12號, 1918)》. 漢字の音にもわらず又其の訓讀にもわらず, 全く他の名稱を以て呼ぶもの.……古城里 한바도리(「輿地勝覺』ニ'缸波頭古城'トアル). 《朝鮮及滿洲』 제70호(1913) 「濟州島方言」'六.地名'(小倉進平)》.

古城里[2](고성리) 제주특별자치도 서귀포시 성산읍 고성리. 조선 초기에 정의현성(旌義縣城)을 세우고, 정의현의 치소(治所)로 삼았는데, 얼마 뒤 지금 표선면 성읍리로 정의현성(旌義縣城)을 옮겨 세우고, 치소도 옮긴 뒤의 마을을 '고성(古城: 古旌義縣城을 줄인 것)'이라 했음.

古城里 《地方行政區域一覽(1912)』(朝鮮總督府) 旌義郡, 左面》. 古城里 コソンリー 《朝鮮五萬分一地形圖』(濟州嶋北部 4號 「城山浦』(1918)》. 防山峰이라는 磅礡한 一崗巒 아래서 古城里란 곳을 드려다 보게 된다. 《耽羅紀行: 漢拏山』(李殷相, 1937)》. 城山面古城里 《朝鮮半島の農法と農民』(高橋昇, 1939) 「濟州島紀行』》.

孤松洞(고송동) 제주특별자치도 서귀포시 대정읍 영락리의 한 자연마을인 '웨소남동네'를 한자 차용 표기로 쓴 孤松洞(고송동)을 이름.

孤松洞 コソントン 《朝鮮五萬分一地形圖』(濟州島南部 13號 「摹瑟浦』(1918)》.

孤松木野(고송목야)〔웨소남드르〕 제주특별자치도 서귀포시 대정읍 영락리 '웨소남' 일대에 형성된 들판 이름의 한자 차용 표기.

孤松木野(永樂里) 《朝鮮地誌資料』(1911) 全羅南道 大靜郡 右面, 野坪名》.

高水[1](고수)〔궤물/궷물〕 제주특별자치도 제주시 조천읍 북촌리 '궤물·궷물'의 한자 차용 표기.

高水(北村里) 《朝鮮地誌資料』(1911) 全羅南道 濟州郡 新左面, 川池名》.

古水²(고수)〔고물〕 제주특별자치도 제주시 우도면 오봉리의 한 자연마을인 '고수동'의 한자 표기 古水洞(고수동)에서 洞(동)을 생략하여 나타낸 것 가운데 하나. 예전에 산물이 없어서 땅을 파서 물을 고이게 해서 먹었는데, '고인물'을 뜻하는 '고물'을 한자를 빌려 나타낸 것 가운데 하나가 古水(고수)임. 이 古水(고수)가 있는 동네를 일제강점기부터 '古水洞(고수동)'이라 했음. 오늘날은 오봉리에 속하고 상고수동과 하고수동으로 나뉘어 있음.

古水 コース 《朝鮮五萬分一地形圖』「金寧」(濟州嶋北部 三號, 1918)》.

高岳(고악)〔높은오롬·노풀오롬〕 제주특별자치도 제주시 구좌읍 송당리에 있는 '노풀오롬' 또는 '높은오롬'의 한자 차용 표기 가운데 하나. 오늘날 민간에서는 주로 '노푼오롬'이라 부르고, '높은오롬'으로 쓰고 있고, 1대 25,000 지형도에는 '높은오롬'으로 쓰여 있음. 오늘날 지형도에는 높이가 403.6m로 쓰여 있으나, 일제강점기 지형도에는 405.3m로 되어 있음.

高岳 ノップルオルム 405.3米 《朝鮮五萬分一地形圖』(濟州嶋北部 4號「城山浦」(1918)》. 月郎峯 屯地峯(芚地峯)及高岳(高山峯) 月郎峯, 屯地峯ハ細花里ヨリ南西方約3浬, 高岳ハ同方向約5浬……. 《朝鮮沿岸水路誌 第1卷』(1933) 朝鮮南岸「濟州島」》.

鼓岳(고악)〔북오롬〕 제주특별자치도 제주시 구좌읍 덕천리 상동에 있는 '북오롬'의 한자 차용 표기. 1960년대 지형도부터 2015년 지형도까지 '북오름'으로 쓰여 있음. 표고 304.7m.

鼓岳 プクオルム 309米 《朝鮮五萬分一地形圖』「漢拏山」(濟州島北部 8號, 1918)》. 金寧-兎山里線……數多ノ噴石丘カ一直線上ニ相接シテ聳立セリ, 即テ大處岳, 鼓岳, 體岳, 外石岳, 內石岳, 泉岳, 葛岳, 民岳, 大石類額岳, 飛雉山. 母地岳ノ諸峰ハ相隣リテ一列ニ聳立セリ《濟州島ノ地質』(朝鮮地質調査要報 제10권 1호, 原口九萬, 1931)》.

古永洞(고영동) 제주특별자치도 제주시 조천읍 교래리 늪서리오롬 서북쪽, 바능오롬 남쪽에 있었던 '고영잇동네·궤영잇동네'의 한자 차용 표기.

古永洞 コヨントン 《朝鮮五萬分一地形圖』「漢拏山」(濟州島北部 8號, 1918)》.

羔牛谷野(양우곡야) 제주특별자치도 서귀포시 대정읍 상모리 '염소골〉염소굴 (염수골〉염수굴)' 일대에 형성되었던 들판 이름의 한자 차용 표기.

羔牛谷野(上摹里)《『朝鮮地誌資料』(1911) 全羅南道 大靜郡 右面, 野坪名〉.

高伊岳(고이악) 제주특별자치도 서귀포시 남원읍 한남리 서북쪽 산간에 있는 '고이오롬(고리오롬)'의 한자 차용 표기. 1960년대 지형도부터 1990년대 지형도까지 高伊岳(고이악)으로 쓰고, 2000년대 지형도부터 오늘날 지형도까지 '고이오름'으로 쓰여 있음. 표고 301.4m.

高伊岳 コイアク 325米 《『朝鮮五萬分一地形圖』「西歸浦」(濟州島南部 5號, 1918)〉.

古旨洞(고지동) 제주특별자치도 서귀포시 도순동 도순2교 서남쪽 천운사 일대에 있었던 동네. 예로부터 민간에서 '고지세'라 부르고 사람들이 들어가 살면서 한자로 古旨洞(고지동)이라 했음.

道順里 トースンリー 古旨洞 コヂトン 《『朝鮮五萬分一地形圖』「大靜及馬羅島」(濟州島南部 9號, 1918)〉.

高旨斜野(고지사야)〔고지셋드르〕 제주특별자치도 서귀포시 도순동 '고지세' 일대에 형성되었던 들판 이름의 한자 차용 표기.

高旨斜野(道順里)《『朝鮮地誌資料』(1911) 全羅南道 大靜郡 左面, 野坪名〉.

高峙(고치)〔높은ᄆᆞ르〉높은머르〕 제주특별자치도 제주시 애월읍 광령리 '높은ᄆᆞ르〉높은머르'의 한자 차용 표기.

高峙(光令里)《『朝鮮地誌資料』(1911) 全羅南道 濟州郡 新右面, 峙名〉.

古便尼岳(고편니악)〔궤펜이오롬〕 제주특별자치도 조천읍 교래리에 있는 궤페니오롬의 한자 차용 표기 가운데 하나. 예로부터 '고펴니오롬' 또는 '궤페니오롬' 등으로 부르고, 한자를 빌려 '孤片岳·古片岳(고편악)' 또는 古便尼岳(고편니악), 花發岳(화발악) 등으로 표기하였음. 오늘날 지형도에는 '물오름'으로 잘못 쓰여 있고, 그 동쪽의 '살라니오롬'에 '궤펜이오름'으로 잘못 쓰여 있음. 표고 837.1m.

古便尼岳(橋來里)《朝鮮地誌資料》(1911) 全羅南道 濟州郡 新左面, 山名〉.

古坪洞(고평동) 제주특별자치도 제주시 조천읍 대흘2리 '궷드르' 일대에 형성된 '궷드릇동네'의 한자 차용 표기.

古坪洞 コピョントン《朝鮮五萬分一地形圖》「漢拏山」(濟州島北部 8號, 1918)〉.

古浦(고포)〔옛개〕 제주특별자치도 제주시 조천읍 '신흥리'의 옛 이름 가운데 하나인 '옛개'를 한자를 빌려 쓴 것 가운데 하나. 예로부터 '왯개'라 하여 倭浦(왜포)로 쓰다가, 소리가 '옛개'로 바뀌면서, 19세기부터 일제강점기 초반까지 古浦(고포)로 썼음. ⇒ 新興里¹(신흥리).

古浦(고포 コポ)《韓國水産誌》제3집(1911)「濟州島」濟州郡 新左面〉.

古漢洞(고한동) 제주특별자치도 제주시 한림읍 상대리 '고한이물' 일대에 형성되었던 '고한잇동네'의 한자 차용 표기.

古漢洞 コハントン《朝鮮五萬分一地形圖》「翰林」(濟州島北部 12號, 1918)〉.

曲墻(곡장) 제주특별자치도 제주시 조천읍 '알바메기오롬' 바로 남쪽 '곱은장(굽은장)'의 한자 차용 표기. 이 일대에 동네가 형성되었는데, 제주4·3 때 폐동되었음. 「제주지도」(1899)에 曲場洞(곡장동)으로 쓰여 있음.

曲墻 ククヂャン《朝鮮五萬分一地形圖》「漢拏山」(濟州島北部 8號, 1918)〉.

曲浦(곡포)〔곱은개〕 제주특별자치도 제주시 도두동의 옛 포구인 '곱온개〉곱은개'의 한자 차용 표기. 이를 잘못 이해하여 '숨은 개(隱浦)'라 하는 경우가 비일비재함.

曲浦(道頭里)《朝鮮地誌資料》(1911) 全羅南道 濟州郡 中面, 浦口名〉.

坤乙浦(곤을포) 제주특별자치도 제주시 화북1동 '고늘개마을' 포구의 한자 차용 표기. 조선시대에는 古老浦(고로포)로 표기되었음.

坤乙浦(禾北里)《朝鮮地誌資料》(1911) 全羅南道 濟州郡 中面, 浦口名〉.

空嶼(공서)〔공여〕 제주특별자치도 제주시 추자면 상추자도 북쪽 바다, 추가리(추포도) 서북쪽 바다에 있는 '공여'의 한자 차용 표기 가운데 하나.

空嶼 コンヲ 《『朝鮮五萬分一地形圖』(濟州嶋北部 9號, 「楸子群島」(1918)》. 楸子群島……直龜島(愁德島)……此 ノ島ト横干島トノ殆ド中央ニ1箇ノ高潮洗岩アリ, 空嶼(工嶼)ト稱シ高サ4.3米 《『朝鮮沿岸水路誌 第1卷』(1933) 朝鮮南岸 「楸子群島」》.

工嶼(공서)〔**공여**〕제주특별자치도 제주시 추자면 상추자도 북쪽 바다, 추가리(추포도) 서북쪽 바다에 있는 '공여'의 한자 차용 표기 가운데 하나.

楸子群島……直龜島(愁德島)……此 ノ島ト横干島トノ殆ド中央ニ1箇ノ高潮洗岩アリ, 空嶼(工嶼)ト稱シ高サ4.3米 《『朝鮮沿岸水路誌 第1卷』(1933) 朝鮮南岸 「楸子群島」》.

公長伊野(공장이야)〔**공장잇드르·공젱잇드르**〕제주특별자치도 서귀포시 대정읍 일과리의 들판 이름의 한자 차용 표기. '공장이·공젱이·공중이'는 '여치'의 한 종류를 이르는 제주 방언임.

公長伊野(日果里) 《『朝鮮地誌資料』(1911) 全羅南道 大靜郡 右面, 野坪名》.

窠峰(과봉)〔**과오롬**〕제주특별자치도 제주시 애월읍 곽지리에 있는 '과오롬'의 한자 차용 표기 가운데 하나. 예로부터 '과지오롬'이라 하여 郭支岳(곽지악)으로 쓰다가, 소리가 '과오롬'으로 전하면서 窠峰(과봉) 또는 郭岳(곽악), 廓岳(곽악) 등으로도 썼음. 1960년대 지형도부터 2015년 지형도까지 '과오름'으로 쓰여 있음. 표고 156.7m.

窠峰(郭支里) 《『朝鮮地誌資料』(1911) 全羅南道 濟州郡 新右面, 山名》.

寡婦島(과부도)〔**홀에미여**〕제주특별자치도 서귀포시 대정읍 모슬포항 남서쪽 바다에 있는 '홀에미여'의 한자 차용 표기 가운데 하나. 오늘날 지형도에는 '과부탄(寡婦灘)'이라 하고 있음. ⇒ **寡婦灘**(과부탄).

寡婦灘(寡婦島) 加波島ノ西方1.5浬ニ在ル暗礁ニシテ3岩ヨリ成リ……英艦 Bedfordハ此 ノ礁ノ北端ニ觸レテ沈沒セリ. 《『朝鮮沿岸水路誌 第1卷』(1933) 朝鮮南岸 「濟州島」》.

寡婦灘(과부탄)〔**홀에미여**〕제주특별자치도 서귀포시 대정읍 모슬포항 남서쪽 바다에 있는 '홀에미여'의 한자 차용 표기. 오늘날 지형도에도 '과부탄(寡婦灘)'이라 하고 있음.

寡婦灘 ホレミニョ 《『朝鮮五萬分一地形圖』(濟州島南部 13號 「摹瑟浦」(1918)》. 寡婦灘(寡婦島) 加波島ノ西方1.5浬ニ在ル暗礁ニシテ3岩ヨリ成リ……英艦 Bedfordハ此ノ礁ノ北端ニ觸レテ沈沒セリ. 《『朝鮮沿岸水路誌 第1卷』(1933) 朝鮮南岸 「濟州島」》. 毛瑟浦 바다 밖에 寡婦灘 加波島! 《耽羅紀行: 漢拏山』(李殷相, 1937)》.

過仙臺(과선대) 제주특별자치도 제주시 오라동 남쪽 '한내'에 있는 지명 가운데 하나.

얼마 아니하야 길을 바른편으로 꺾어 瀛邱라는 溪谷을 따라 들어가면……이름하되 訪仙門 過仙臺라 하는 勝景이 있다고 하나 路程이 다르므로 그냥 지나 山川壇 앞에 이르렀다 《『耽羅紀行: 漢拏山』(李殷相, 1937)》.

藿島(곽도)〔미역섬〕 제주특별자치도 제주시 추자면 대서리에 속한 유인도 가운데 하나인 횡간도 동쪽 바다에 있는 '미역섬'의 한자 차용 표기 가운데 하나.

藿島 ミョクソム 《『朝鮮五万分一地形圖』(珍島 12號, 「橫干島」(1918)》. 楸子群島……橫干島(橫看島)……島ノ東端ト牛頭島トノ間ニ藿島(藿嶼, 高サ48米), 孞島(接嶼, 52米), 及望島(望嶼, 67米)等ノ數岩散布ス 《『朝鮮沿岸水路誌 第1卷』(1933) 朝鮮南岸 「楸子群島」》.

郭文里(곽문리) 제주특별자치도 제주시 애월읍 곽지리를 달리 나타낸 것 가운데 하나.

郭文里(곽문리 クアクムンリー) 《『韓國水産誌』제3집(1911) 「濟州島」濟州郡 新右面》.

藿嶼(곽서)〔미역섬〕 제주특별자치도 제주시 추자면 대서리에 속한 유인도 가운데 하나인 '횡간도' 동쪽 바다에 있는 '미역섬'의 한자 차용 표기 가운데 하나.

楸子群島……橫干島(橫看島)……島ノ東端ト牛頭島トノ間ニ藿島(藿嶼, 高サ48米), 孞島(接嶼, 52米), 及望島(望嶼, 67米)等ノ數岩散布ス 《『朝鮮沿岸水路誌 第1卷』(1933) 朝鮮南岸 「楸子群島」》.

郭岳(곽악) 제주특별자치도 제주시 애월읍 곽지리에 있는 '과오롬'의 한자 차

용 표기 가운데 하나. 예로부터 '곽지오롬'이라 하여 郭支岳(곽지악)으로 쓰다가, 소리가 '과오롬'으로 전하면서 窠峰(과봉) 또는 郭岳(곽악), 廓岳(곽악) 등으로도 썼음. 1960년대 지형도부터 2015년 지형도까지 '과오름'으로 쓰여 있음. 표고 156.7m.

郭岳 クゥクオルム《朝鮮五萬分一地形圖》「翰林」(濟州島北部 12號, 1918)〉. 다시 郭岳을 바라보며 郭支里로 들어서니《耽羅紀行: 漢拏山》(李殷相, 1937)〉.

廓岳(곽악)〔**과오롬**〕제주특별자치도 제주시 애월읍 곽지리에 있는 '과오롬'의 한자 차용 표기 가운데 하나. 예로부터 '과지오롬'이라 하여 郭支岳(곽지악)으로 쓰다가, 소리가 '과오롬'으로 전하면서 窠峰(과봉) 또는 郭岳(곽악), 廓岳(곽악) 등으로도 썼음. 1960년대 지형도부터 2015년 지형도까지 '과오름'으로 쓰여 있음. 표고 156.7m.

同岩層ョリ成レル噴石丘(沙羅峰, 道頭峰, 元堂峰, 猫山峰, 犀山岳, 廓岳ノ生成)《濟州島ノ地質》(朝鮮地質調査要報 제10권 1호, 原口九萬, 1931)〉.

郭支里(곽지리) 제주특별자치도 제주시 애월읍의 한 법정마을.

郭支里《地方行政區域一覽(1912)》(朝鮮總督府) 濟州郡, 新右面〉. 郭支里 クゥクチリ《朝鮮五萬分一地形圖》「翰林」(濟州島北部 12號, 1918)〉. 涯月串ョリ海岸線ハ3浬餘ノ間南西方ニ走リ郭支里, 長路洞ヲ經テ雲龍串ニ達ス, 郭支里ニハ鰮漁場アリ, 長路洞ハ舟艇ノ避泊ニ適ス.《朝鮮沿岸水路誌 第1卷》(1933) 朝鮮南岸「濟州島」〉. 다시 郭岳을 바라보며 郭支里로 들어서니《耽羅紀行: 漢拏山》(李殷相, 1937)〉.

館串(관곶)〔**관콧·관코지**〕제주특별자치도 제주시 조천읍 조천리 동북쪽에서 바닷가로 뻗어내린 곶 이름. 2000년대 지형도부터 신흥리 지역에 설치된 등대를 '신흥관곶등대'로 쓰고 있음. 그러나 민간에서는 '관콧' 또는 '관코지'로 말해지고 있음.

咸德里ト朝天里トノ間地勢北方ニ突出スルコト約1浬, 其ノ北端ヲ館串ト謂ヒ本島ノ北端ナリ《朝鮮沿岸水路誌 第1卷》(1933) 朝鮮南岸「濟州島」〉.

觀音寺(관음사) 제주특별자치도 제주시 아라1동 산간에 있는 절 이름의 한자 표기.

觀音寺 クヮンウムサー 《朝鮮五萬分一地形圖』「漢拏山」(濟州島北部 8號, 1918)》. 羅里山川壇……官牧場は森林地帶にして觀音寺より上の部分とす, これ山馬場と云い其の下を元場(モトンチャン)と稱したり. 《朝鮮半島の農法と農民』(高橋昇, 1939)「濟州島紀行』).

官田洞(관전동) 제주특별자치도 서귀포시 안덕면 광해악 바로 서북쪽 기슭 관전밧 일대에 형성되었던 동네.

西廣里 ソークヮンニー 官田洞 ククヮンヂョント 《朝鮮五萬分一地形圖』「大靜及馬羅島」(濟州島南部 9號, 1918)》.

寬前池(관전지)〔관전못〕 제주특별자치도 서귀포시 안덕면 서광서리에 있는 '관전못'의 한자 차용 표기.

寬前池(西廣里) 《朝鮮地誌資料』(1911) 全羅南道 大靜郡 中面, 池名》.

官廳池(관청지)〔관청못〕 제주특별자치도 제주시 삼도동에 있는 '관청못'의 한자 차용 표기.

官廳池(三都里) 《朝鮮地誌資料』(1911) 全羅南道 濟州郡 中面, 池名》.

廣大田野(광대전야)〔광대왓드르〕 제주특별자치도 서귀포시 대정읍 보성리 '광대왓' 일대에 있는 '광대왓드르'의 한자 차용 표기.

廣大田野(保城里) 《朝鮮地誌資料』(1911) 全羅南道 大靜郡 右面, 野坪名》.

光洞¹(광동) 제주특별자치도 제주시 애월읍 광령3리 '꽝동이' 일대에 형성되었던 동네 이름의 한자 표기.

光洞 クヮンドン 《朝鮮五萬分一地形圖』「翰林」(濟州島北部 12號, 1918)》.

光洞²(광동) 제주특별자치도 서귀포시 남원읍 남원1리 '넙은못〉넙못' 일대에 형성된 동네를 廣池(광지) 또는 廣池洞(광지동), 廣洞(광동) 등으로 표기했는데, 이 가운데 廣洞(광동)을 '光洞(광동)'으로 나타낸 것 가운데 하나. 1960년대 지형도부터 오늘날 지형도까지 '광지동'으로 쓰여 있음. ⇒ 廣池(광지).

光洞 ヌッモ 《『朝鮮五萬分一地形圖』「西歸浦」(濟州島南部 5號, 1918)》.

光令里(광령리) 제주특별자치도 제주시 애월읍의 한 법정마을. 현재는 행정상 광령1리, 광령2리, 광령3리로 나뉘어 있음.

光令里 クヮンヨンニー 《『朝鮮五萬分一地形圖』「翰林」(濟州島北部 12號, 1918)》. 光令里 《『地方行政 區域一覽』(1912)』(朝鮮總督府) 濟州郡, 新右面》.

光明池(광명지) 한라산(漢拏山) 백록담(白鹿潭)의 한자식 이름이라는, 이은상이 주장.

白鹿潭이란 것은 곧 그대로 '볼늪'이니, 다시 이것을 漢字로 말한다면 '光明池'라고 할 것 이다 《耽羅紀行: 漢拏山』(李殷相, 1937)》.

廣保野(광보야) 제주특별자치도 제주시 한경면 신창리 '넙은보' 일대에 형성되 었던 들판 이름.

廣保野(順昌里) 《『朝鮮地誌資料』(1911) 全羅南道 大靜郡 右面, 野坪名》.

廣分坪(광분평) 제주특별자치도 서귀포시 호근동에 있는 '넙은드르'의 한자 차용 표기. 오늘날 민간에서는 '난드르'로 말해지고 있음.

地名の後にある普通名詞……들(坪). 村の義でゐる. 長坪(진들: 濟州郡). 廣分坪(너분들: 旌義郡)の如きはこれでゐる. 《『朝鮮及滿洲』第70호(1913)「濟州島方言」「六.地名'(小倉進平)》.

廣所野(광소야) 제주특별자치도 서귀포시 대정읍 인성리 '넙은소' 일대에 형 성되었던 들판 이름의 한자 차용 표기.

廣所野(仁城里) 《『朝鮮地誌資料』(1911) 全羅南道 大靜郡 右面, 野坪名》.

光陽洞(광양동) 제주특별자치도 제주시 이도1동 삼성혈 서남쪽 지역에 있는 동네인 '광양동'의 한자 차용 표기. 예전에는 廣壤(광양)으로 표기되고, 민 간에서는 '과양' 또는 '과영', '과양동네' 등으로 말해졌음. 이 서쪽 지역은 '서광양' 또는 '서과양'이라 하고, 동쪽 지역은 '동광양' 또는 '동과양'이라 했음.

光陽洞 クヮンヤンドン 《『朝鮮五萬分一地形圖』「漢拏山」(濟州島北部 8號, 1918)》. 濟州邑外光陽洞及

大靜西方新坪里二八該層ノ堆積アリ《濟州島ノ地質』(朝鮮地質調査要報 제10권 1호, 原口九萬, 1931).

光陽坪(광양평)〔광양벵디〉과양벵디〕 제주특별자치도 제주시 이도동 광양 일대에 있었던 들판 이름.

光陽坪(二徒里)《朝鮮地誌資料』(1911) 全羅南道 濟州郡 中面, 野坪名〉.

廣赤伊野(광적이야) 제주특별자치도 서귀포시 안덕면 창천리 '광적이' 일대에 있는 들판 이름.

廣赤伊野(倉川里)《朝鮮地誌資料』(1911) 全羅南道 大靜郡 中面, 野坪名〉.

廣田(광전)〔한장밧〕 제주특별자치도 제주시 한경면 고산1리 수월봉 동남쪽 '한장·한장밧' 일대에 형성되었던 '한장동네·한장밧동네'의 한자 차용 표기. 1960년대 지형도부터 '한장동'으로 쓰여 있음.

廣田 クヮンヂョン《朝鮮五萬分一地形圖』(濟州島南部 13號「摹瑟浦」(1918)〉.

廣鳥嘴(광조취) 제주특별자치도 제주시 우도면에 있는 지명.

濟州島北岸(廣鳥嘴至雲龍串) 濟州島ノ北岸卽チ廣鳥嘴ヨリ雲龍串ニ至ル約36浬ノ海岸ハ多少ノ凹凸ヲ以デ西走スレドモ一モ港灣卜稱スルニ足ルモノナク《朝鮮沿岸水路誌 第1卷』(1933) 朝鮮南岸「濟州島」〉. 細花里及杏源里 廣鳥嘴ノ西方2浬餘ニ細花里アリ, 舟艇ノ避難港ニ適ス. 細花里ヨリ海岸北西ニ走リ坪岱里, 漢東里ヲ經テ杏源里ニ至ル……《朝鮮沿岸水路誌 第1卷』(1933) 朝鮮南岸「濟州島」〉. 牛島水道西側 廣鳥嘴八濟州島北東端.附近ヨリ東方ニ突出スル低嘴ニシテ水道西側ノ北端ヲ成ス.《朝鮮沿岸水路誌 第1卷』(1933) 朝鮮南岸「濟州島」〉.

光池(광지) 1.제주특별자치도 서귀포시 표선면 남원1리 '넙은못(넙못)'의 한자 차용 표기 廣池(광지)의 한자음 '광지'를 나타낸 것 가운데 하나. 2.제주특별자치도 서귀포시 표선면 남원1리 '넙은못(넙못)' 일대에 형성된 동네 廣池洞(광지동)의 廣池(광지)를 달리 나타낸 것 가운데 하나.

南元里 ナムヲンリー, 西衣里 ソウイリー, 濟山浦 チエーサンケー, 光池 ヌッモ《朝鮮五萬分一地形圖』「西歸浦」(濟州嶋南部 5號, 1918)〉.

廣池¹(광지)〔넙은못〉넙으못〕 제주특별자치도 제주시 조천읍 와흘리에 있는 '넙은못〉넙으못'의 한자 차용 표기. '논흘' 서쪽에 있는 넓은 못이라는 데서 붙인 것임.

廣池 《朝鮮地誌資料(1911)』 권17, 全羅南道 濟州郡 新左面 臥屹里, 川池名〉.

廣池²(광지) 제주특별자치도 서귀포시 남원읍 남원1리 광지동에 있는 '넙은못〉넙으못'의 한자 차용 표기.

廣池·너부못(西衣里) 《朝鮮地誌資料』(1911) 全羅南道 旌義郡 西中面, 野坪名〉.

廣地童山(광지동산) 제주특별자치도 제주시 조천읍 조천리에 있었던 동산 이름.

廣地童山 《朝鮮地誌資料(1911)』 권17, 全羅南道 濟州郡 新左面 朝天里, 野坪名〉.

廣川洑(광천보)〔넙은냇보〕 제주특별자치도 서귀포시 상예동 '넙은내'에 설치했던 보 이름.

廣川洑(所在地: 左面上猊里 蒙利農民: 每年春ニ共同修築ス) 《朝鮮地誌資料』(1911) 全羅南道 大靜郡 左面, 洑名〉.

廣坪(광평)〔넙은드르〕 제주특별자치도 제주시 노형동 광평리의 옛 이름 '넙은드르'의 한자 차용 표기.

廣坪(老衡里) 《朝鮮地誌資料』(1911) 全羅南道 濟州郡 中面, 野坪名〉.

廣坪里(광평리) 제주특별자치도 서귀포시 안덕면 용와리오롬 서쪽에 있는 마을.

廣坪里 《地方行政區域一覽(1912)』(朝鮮總督府) 大靜郡, 中面). 廣坪里 クヮンピョンニー 《朝鮮五萬分一地形圖』「大靜及馬羅島」(濟州島南部 9號, 1918)〉.

廣浦(광포) 제주특별자치도 서귀포시 표선면 토산2리 바닷가 '넓은개(널른개)'의 한자 차용 표기.

廣浦 ノルブンケー 《朝鮮五萬分一地形圖』「表善」(濟州島南部 1號, 1918)〉.

廣浦灘(광포탄)〔넙갯녀〕 제주특별자치도 서귀포시 대정읍 가파리의 본섬 가파도 동쪽 바다에 있는 여. 예로부터 민간에서 '넙개' 또는 '넙갯여·넙개여' 등으로 부르던 것을 한자 차용 쓴 것이 廣浦灘(광포탄)임. '넙개'는 넓게 형성되어 있는 개라는 뜻이고, '여'는 밀물 때 물에 잠기고 썰물 때 드러나는 바위, 또는 바닷속에 잠겨 언덕같이 솟아있는 바위를 이르는 제주도 방언임. 일제강점기를 본 뜬 현대 지형도에도 廣浦灘(광포탄) 또는 '광포탄'으로 쓰여 있음. 廣浦灘(광포탄)은 甕浦灘(옹포탄) 북동쪽 바다에 있는 것인데, 오늘날 지형도에는 甕浦灘(옹포탄) 서남쪽 바다에 등표를 설치했는데 그것을 '광포탄등표'라 함. ⇒ 寡婦灘(과부탄).

廣浦灘 ノッケニヨ《朝鮮五萬分一地形圖』「大靜及馬羅島』(濟州島南部 9號, 1918)》. 廣浦灘(掩灘), 甕浦灘(石狗岩), 南洋礁及道濃灘 加波島ノ東方ニ略南北ニ擴延セル數多ノ岩礁アリ, 其ノ內加波島ノ東端ヨリ東北東方7鏈ニ在ル廣浦灘ハ高サ3.61米.《朝鮮沿岸水路誌 第1卷』 (1933) 朝鮮南岸「濟州島』》.

廣蟹山(광해산)〔넙게오롬〕제주특별자치도 서귀포시 안덕면 서광서리와 서광동리 사이에 있는 '넙게오롬'의 한자 차용 표기 가운데 하나.

廣蟹山(西廣里)《朝鮮地誌資料』(1911) 全羅南道 大靜郡 中面, 山谷名》.

廣蟹山谷(광해산곡) 제주특별자치도 서귀포시 안덕면 서광서리와 서광동리 사이에 있는 '넙게오롬' 일대에 있는 구릉 이름.

廣蟹山谷(西廣里)《朝鮮地誌資料』(1911) 全羅南道 大靜郡 中面, 山谷名》.

廣蟹岳(광해악)〔넙게오롬〕제주특별자치도 서귀포시 안덕면 서광서리와 서광동리 사이에 있는 오롬의 한자 차용 표기.

廣蟹岳 クヮンヘーアク 246.5米《朝鮮五萬分一地形圖』「大靜及馬羅島』(濟州島南部 9號, 1918)》.

廣蟹池(광해지)〔넙게못〕제주특별자치도 서귀포시 안덕면 서광서리와 서광동리 사이 '넙게오롬'에 있었던 못 이름의 한자 차용 표기.

廣蟹池(西廣里)《朝鮮地誌資料』(1911) 全羅南道 大靜郡 中面, 池名》.

槐水酒幕(괴수주막)〔궤물--/퀫물--〕제주특별자치도 조천읍 조천리 서쪽 '궷물' 가까이에 있었던 주막(酒幕) 이름. 원래 '퀫물' 가까이에 있는 주막(酒幕)이라는 데서 '퀫물주막'이라 하였는데, 이를 한자를 빌려 나타낸 것이 '槐水

酒幕(괴수주막)'인 것임. 지금은 주막(酒幕)이 없어졌고, '궷물'도 메워졌음. 조천리와 신촌리 경계 바닷가에 '궷물'이 있었음.

槐水酒幕 《朝鮮地誌資料(1911)』권17, 全羅南道 濟州郡 新左面 新村·朝天兩里, 酒幕名〉.

怪右背野(괴석배야)〔궤우둥드르〕 제주특별자치도 서귀포시 대정읍 무릉리 '궤우둥' 일대의 들판 이름의 한자 차용 표기. 민간에서는 '궤우통(개우통)'으로 전하고 있음.

怪右背野(武陵里) 《朝鮮地誌資料』(1911) 全羅南道 大靜郡 右面, 野坪名〉.

槐池(괴지)〔궷못·궤못〕 제주특별자치도 제주시 조천읍 함덕리 '궷못·궤못'의 한자 차용 표기.

槐池 《朝鮮地誌資料(1911)』권17, 全羅南道 濟州郡 新左面 咸德里, 川池名〉.

槐花野(괴화야)〔궷곳드르〕 제주특별자치도 서귀포시 상예동 '궷곳' 일대에 있는 들판 이름의 한자 차용 표기.

槐花野(上猊里) 《朝鮮地誌資料』(1911) 全羅南道 大靜郡 左面, 野坪名〉.

橋畓池(교답지)〔드리논못〕 제주특별자치도 서귀포시 대정읍 안성리 '드리논'에 있었던 못 이름의 한자 차용 표기.

橋畓池(安城里) 《朝鮮地誌資料』(1911) 全羅南道 大靜郡 右面, 池名〉.

橋來里(교래리) 제주특별자치도 제주시 조천읍 '교래리'의 한자 표기.

橋來里 《地方行政區域一覽(1912)』(朝鮮總督府) 濟州郡, 新左面〉. 橋來里 キョレーリー, 上洞 サントン, 橋來里下洞 キョレーリーハードン 《朝鮮五萬分一地形圖』「漢拏山」(濟州島北部 8號, 1918)〉.

橋來里下洞(교래리 하동) 제주특별자치도 제주시 조천읍 '교래리 하동'의 한자 표기.

橋來里 キョレーリー, 上洞 サントン, 橋來里下洞 キョレーリーハードン 《朝鮮五萬分一地形圖』「漢拏山」(濟州島北部 8號, 1918)〉.

九男道野(구남도야)〔구남도드르·굿남도드르〕 제주특별자치도 서귀포시 대정읍 영락리 '구남도(굿남도)' 일대에 형성되어 있는 들판 이름의 한자 차용 표기. '굿남(구남)'은 꾸지뽕나무를 이르는 제주 방언 가운데 하나.

九男道野（永樂里）〈『朝鮮地誌資料』(1911) 全羅南道 大靜郡 右面, 野坪名〉.

九男洞(구남동) 제주특별자치도 제주시 도남동 '굿남못(구남못)' 일대에 형성되었던 '구남동'의 한자 표기. '굿남(구남)'은 꾸지뽕나무를 이르는 제주 방언 가운데 하나.

九南洞 クナムドン〈『朝鮮五萬分一地形圖』「漢拏山」(濟州島北部 8號, 1918)〉. 午後5時二徒里九男洞發我羅里通過《朝鮮半島の農法と農民』(高橋昇, 1939)「濟州島紀行」〉.

九南洞(구남동) 제주특별자치도 제주시 이도2동의 '구남동'의 한자 표기 가운데 하나.

二徒里 九南洞〈『朝鮮半島の農法と農民』(高橋昇, 1939)「濟州島紀行」〉.

狗頭山(구두산)〔구두리오롬〕 제주특별자치도 서귀포시 표선면 가시리 산간에 있는 '구두리오롬'의 한자 차용 표기 가운데 하나. 1960년대 지형도부터 2010년대 지형도까지 '구두리오름'으로 쓰여 있음. 표고 514.8m.

狗頭山 クッーサン 526米〈『朝鮮五萬分一地形圖』「漢拏山」(濟州島北部 8號, 1918)〉. 狗頭山 526米 (濟州島 新左面·東中面)〈『朝鮮地誌資料』(1919, 朝鮮總督府 臨時土地調查局) 山岳ノ名稱所在及眞高 (續), 全羅南道 濟州島〉.

狗頭浦(구두포)〔개데멩잇개〕 제주특별자치도 구좌읍 행원리의 옛 개[浦口]의 한자 차용 표기 가운데 하나. '狗頭浦(구두포)'는 어디를 이르는지 확실하지 않으나, '狗頭(구두)'는 민간에 전하는 '개데멩이조름' 또는 '개머리조름' 등에서 확인되는 '개데멩이·개머리'와 관련이 있는 것으로 추정됨.

狗頭浦〈『朝鮮地誌資料(1911)』 권17, 全羅南道 濟州郡 舊左面 杏源里, 浦口名〉.

九龍洞(구룡동)〔구룽팟〉구룡팟〕 제주특별자치도 서귀포시 표선면 성읍2리의 중심 동네인 '구룡동'을 한자를 빌려 나타낸 것 가운데 하나. 이 동네의 밭은 당시 높이 210.7m(오늘날 지형도에는 201m로 쓰여 있음.)의 '활미' 아래쪽 '구렁(구릉: 땅이 비탈지고 조금 높은 곳)'에 자리잡고 있어서 '구렁팟'이라 불러왔음.

이 '구렁팟'을 한자 차용 표기로 '九龍田(구룡전)'이라 쓰고, 이곳에 형성된 동네를 '구렁팟' 또는 '구렁팟동네'라 했는데, 한자로 九龍洞(구룡동)으로 나타낸 것임.

九龍洞 クーリョントン 210.7米 《朝鮮五萬分一地形圖』(濟州嶋北部 4號 「城山浦」(1918)〉.

龜鳴水野(구명수야)〔구명물드르〕 제주특별자치도 서귀포시 대정읍 안성리 '구명물' 일대에 있는 들판 이름의 한자 차용 표기. ⇒ 龜鳴池(구명지).

龜鳴水野(安城里)《朝鮮地誌資料』(1911) 全羅南道 大靜郡 右面, 野坪名〉.

龜鳴池(구명지)〔구명못·구명물〕 제주특별자치도 서귀포시 대정읍 안성리에 있었던 '구명못(구명물)'의 한자 차용 표기. 지금은 메워졌음.

龜鳴池(安城里)《朝鮮地誌資料』(1911) 全羅南道 大靜郡 右面, 池名〉.

龜沒伊洞(구몰이동) 제주특별자치도 제주시 애월읍 봉성리 '구몰동'의 한자 차용 표기 가운데 하나. 요즘에는 龜沒泥洞(구몰니동)으로도 쓰고 있음.

龜沒伊洞 クモルメートン 《朝鮮五萬分一地形圖』「翰林」(濟州島北部 12號, 1918)〉.

狗尾岳(구미악) 제주특별자치도 제주시 한림읍 명월리 상동 '궤술'에 있는 '갯그리오롬(갯거리오롬)'을 '개꼬리오롬'으로 잘못 인식하여 쓴 한자 차용 표기 가운데 하나. 1960년대 지형도부터 1990년대 지형도까지 '개구리오름'으로 썼다가, 2000년대 지형도부터 2015년 지형도까지 '갯거리오름'으로 쓰고 있음. 표고 253.2m.

狗尾岳 ケーコリオルム 《朝鮮五萬分一地形圖』「翰林」(濟州島北部 12號, 1918)〉.

狗死水池(구사수지)〔개죽은못·개죽은물〕 제주특별자치도 서귀포시 대정읍 인성리 남쪽에 있는 '개죽은못'의 한자 차용 표기.

狗死水池(仁城里)《朝鮮地誌資料』(1911) 全羅南道 大靜郡 右面, 池名〉.

臼山(구산)〔방에오롬〕 臼山(구산)은 '방에오롬'을 한자를 빌려 표기한 것인데, 구체적으로 어느 오롬을 이르는지 확실하지 않음.

臼山, 窟山, 鉢山等은 著しい火口のあるのを示して居 《濟州火山島雜記』(『地球』 4권 4호, 1925,

中村新太郎)〉. 他ノ火山……之二屬スルモノ二笠山, 臼山, 城山, 斗山ノ如ク旣二其山名二於
テ形狀ヲ表ハセルモノアリ〈濟州島ノ地質_(朝鮮地質調査要報 제10권 1호, 原口九萬, 1931)〉.

九所(구소) 조선시대 목장 가운데 하나인 구소장을 이름.

牧場 一所 二所 三所 四所 五所 六所 七所 八所 九所 十所 山場〈濟州嶋現況一般_(1906)〉.

九十九峰(구십구봉) 제주특별자치도 서귀포시 성산읍 성산리 바닷가에 있는 성산(城山)의 봉우리가 많다는 것을 상징하는 이름.

城山……古人이 이름하야 부르되 九十九峰이라 하였다.〈耽羅紀行: 漢拏山_(李殷相, 1937)〉.

狗岳(구악)〔개미오롬〕 제주특별자치도 서귀포시 표선면 성읍2리 북쪽에 있는 '개오롬'을 한자로 나타낸 것임. 조선시대 고지도에는 주로 蓋岳(개악) 또는 盖岳(개악)으로 쓰여 있는 것으로 보아, '개[犬·狗]'와 관련된 이름이라고 하기 어려움. 더욱이 일제강점기 일본어 가나 표기 ケーミオルム은 '개미오롬>개미오름' 정도를 표기한 것으로, '개미[蟻]'를 생각한 것인데, '개미'의 제주 방언의 '게엠지·게엠지·게염지' 등으로 말해지고 있음.

狗岳 ケーミオルム 353米〈朝鮮五萬分一地形圖_(濟州嶋北部 4號「城山浦」(1918)〉. 狗岳(ケーミオルム: 蟻岳ならざるか)〈濟州島の地質學的觀察_(1928, 川崎繁太郎)〉.

九億里(구억리) 제주특별자치도 서귀포시 대정읍 안성리 북쪽에 구석밧 일대에 형성되어 있는 마을.

九億里 クオクリー〈朝鮮五萬分一地形圖_「大靜及馬羅島」(濟州島南部 9號, 1918)〉.

舊嚴(구엄) 제주특별자치도 제주시 애월읍 구엄리의 줄임말의 한자 표기.

濟州郡 舊嚴〈韓國水産誌〉제3집(1911)「濟州島」鹽田〉.

舊嚴里(구엄리) 제주특별자치도 제주시 애월읍 구엄리의 한자 표기.

舊嚴里(구엄리 クーオムリー)〈韓國水産誌〉제3집(1911)「濟州島」濟州郡 新右面〉. 舊嚴里〈地方行政區域一覽(1912)_(朝鮮總督府) 濟州郡, 新右面〉. 舊嚴里 クーオムニー〈朝鮮五萬分一地形圖_「翰林」(濟州島北部 12號, 1918)〉.

句吳(구오) 제주도의 옛 이름 가운데 하나라고 하는 것.

濟州島의 古號로 支那의 漢, 魏에 알려진 鳥夷니 州胡니 하는 名稱은 吳나라의 原名인 '句

吳'하고 아마도 關係가 있을 것 갓습니다. 'ㄱ'音에 'ㅈ'音으로 共通함은 南方에서 흔히 보

는 音韻現象인즉 句吳가 州胡가 될 수 잇슴은 母論입니다〈濟州島의 文化史觀 4』(1938) 六堂學

人, 每日新報〉.

舊右面(구우면) 제주특별자치도 제주시 한림읍과 한경면 옛 행정구역 이름으로, 조선 후기부터 일제강점기 중반까지 구우면(舊右面)이라 하다가, 1935년 3월 15일(조선총독부 전라남도령 제7호)부터 구우면(舊右面)을 한림면(翰林面)으로 바꿨음.

濟州郡……舊右面 二十二里 三千五百六十二戶〈濟州嶋現況一般』(1906)〉. 濟州郡 舊右面〈韓國

水産誌』제3집(1911)「濟州島」지도〉. 舊右面 クーウミョン〈朝鮮五萬分一地形圖』「大靜及馬羅島」(濟州

島南部 9號, 1918)〉. 舊右面 クーウミョン〈朝鮮五萬分一地形圖』(濟州島南部 13號「摹瑟浦」(1918)〉. 舊

右面 クーウミョン〈朝鮮五萬分一地形圖』「翰林」(濟州島北部 12號, 1918)〉. 舊右面 クーウミョン

〈朝鮮五萬分一地形圖』(濟州島北部 16號「飛揚島」1918)〉.

旧左面[1](구좌면) 舊左面(구좌면)의 일본어 한자 표기. ⇒ 舊左面(구좌면).

舊左面[2](구좌면) 제주특별자치도 제주시 구좌읍의 옛 행정구역 이름으로, 조선 후기부터 구좌면이라 하고, 일제강점기에도 구좌면(舊左面)이라 했음.

濟州郡……舊左面 十三里 三千二百七十五戶〈濟州嶋現況一般』(1906)〉. 濟州郡 舊左面〈韓國

水産誌』제3집(1911)「濟州島」지도〉. 舊左面 クーチャミョン〈朝鮮五萬分一地形圖』「金寧」(濟州嶋北

部 3號, 1918)〉. 舊左面 クーチャミョン〈朝鮮五萬分一地形圖』(濟州島北部 4號)「城山浦」(1918)〉.

九重坪(구중평)〔구중벵디〕 제주특별자치도 제주시 이도동에 있었던 들판 '구중벵디'의 한자 차용 표기.

九重坪(一徒里)〈朝鮮地誌資料』(1911) 全羅南道 濟州郡 中面, 野坪名〉.

龜池(구지)〔거북못〕 제주특별자치도 제주시 삼양동 원당오롬 굼부리(분화구)에 있는 못 이름.

他ノ火山……ソノ標式ナルモノハ今岳, 孤根山, 元堂峰, 月郎峰, 三義讓岳等ニシテ火口內

ニ水ヲ集瀦セルモノニ元堂峰(龜池), 水長兀, 沙羅岳等アリ 〈濟州島ノ地質,(朝鮮地質調査要報 제10권 1호, 原口九萬, 1931)〉. 朝天里ノ西方2浬ニ在ル1死火山ヲ元堂峯ト謂フ……其ノ山上ニ 龜池ト稱スル湖アリー 蘋藻茂リ龜鰲游ゲリ.〈朝鮮沿岸水路誌 第1卷,(1933) 朝鮮南岸「濟州島」〉. 저 元堂岳 峰頭에 龜池와 增址가 있을 것이 分明하며 〈耽羅紀行: 漢拏山,(李殷相, 1937)〉.

狗雛峰(구추봉)〔개새끼오롬〕제주특별자치도 제주시 오라동 연미마을 가까이에 있는 가샃기오롬의 한자 차용 표기. 2000년도 지형도부터 '가샃기오름'으로 쓰여 있음. 표고 116m.

狗雛峰(吾羅里) 〈朝鮮地誌資料,(1911) 全羅南道 濟州郡 中面, 山名〉.

君朗洞(군랑동) 제주특별자치도 제주시 애월읍 하귀리 바닷가 '군렝잇개' 일대에 형성되어 있는 동네 이름의 한자 표기.

君朗洞 クンナンドン 〈朝鮮五萬分一地形圖, 「翰林,(濟州島北部 12號, 1918)〉.

君良嶼(군량서) 제주특별자치도 서귀포시 성산읍 시흥리 동쪽 바다에 있는 '군렝이여'의 한자 차용 표기.

君良嶼 クンリャンソ 〈朝鮮五萬分一地形圖,(濟州島北部 4號)「城山浦」(1918)〉. 牛島水道西側…… 君良嶼ト謂ヒ1.8米干出ス 〈朝鮮沿岸水路誌 第1卷,(1933) 朝鮮南岸「濟州島」〉.

君山(군산) 제주특별자치도 서귀포시 예래동과 안덕면 창천리, 대평리 경계에 있는 오롬 이름.

瑞山は軍山, 君山或ひは金山とも云ひ傳說 〈地球, 12권 1호(1929) 「濟州島遊記(一),(原口九萬)〉. 軍山(君山)及山房山 軍山ハ高サ331米 大串ノ北方1.4里ニ在リ.〈朝鮮沿岸水路誌 第1卷, (1933) 朝鮮南岸「濟州島」〉.

群山(군산) 제주특별자치도 서귀포시 예례동과 안덕면 창천리, 안덕면 대평리 경계에 있는 오롬.

群山(倉川里) 〈朝鮮地誌資料,(1911) 全羅南道 大靜郡 中面, 山谷名〉.

軍山(군산) 제주특별자치도 서귀포시 예례동과 안덕면 창천리, 안덕면 대평리 경계에 있는 오롬. 민간에서는 주로 '굴메' 또는 '군메'로 부르고 있음.

표고 334.5m.

軍山 クンサン 334.3米 《朝鮮五萬分一地形圖』「大靜及馬羅島』(濟州島南部 9號, 1918)》. 瑞山は軍山, 君山或ひは金山とも云ひ傳說 《地球』12권 1호(1929) 「濟州島遊記(一)」(原口九萬)》. 軍山(君山)及山房山 軍山ハ高サ331米 大串ノ北方1.4里ニ在リ. 《朝鮮沿岸水路誌 第1卷』(1933) 朝鮮南岸「濟州島」》. 車는 南堂洞을 지나간다. 길 아래로 보이는 山은 地圖의 表示대로 標高三三四米의 軍山이다. 《耽羅紀行: 漢拏山』(李殷相, 1937)》.

郡城(군성) 제주특별자치도 제주시 중심에 있었던 제주성을 이름. 제주군(濟州郡)의 성(城)이라는 데서 붙인 것임.

郡城(一徒·二都·三都里) 《朝鮮地誌資料』(1911) 全羅南道 濟州郡 中面, 城名》.

郡水野(군수야)〔군물드르〕 제주특별자치도 서귀포시 안덕면 덕수리 '군물' 일대에 있는 들판 이름의 한자 차용 표기.

群水野(桃源里) 《朝鮮地誌資料』(1911) 全羅南道 大靜郡 右面, 野坪名》.

軍水池(군수지)〔군물〉군물못〕 제주특별자치도 서귀포시 안덕면 덕수리 '군물'의 한자 차용 표기 가운데 하나.

軍水池(沙溪里) 《朝鮮地誌資料』(1911) 全羅南道 大靜郡 中面, 池名》.

窟山(굴산) 제주특별자치도 서귀포시 하원동 '굿산망'의 한자 표기 가운데 하나.

臼山, 窟山, 鉢山等は著しい火口のあるのを示して居 《濟州火山島雜記』『地球』4권 4호, 1925, 中村新太郎)》.

窟山峰(굴산봉) 제주특별자치도 서귀포시 하원동에 있는 '굿산봉'의 변음인 '굴산봉'의 표기. 민간에서는 주로 '굿산망'으로 불려왔음. 1960년대 지형도부터 1990년대 지형도까지 拘山峰(구산봉)으로 쓰고, 2000년대 지형도부터 2015년 지형도까지 '굿산망'으로 쓰여 있음. 표고 172m.

窟山峰(河源里) 《朝鮮地誌資料』(1911) 全羅南道 大靜郡 左面, 山名》.

窟山峰野(굴산봉야) 제주특별자치도 서귀포시 하원동 '굿산망' 일대에 형성되어 있는 들판 이름의 한자 차용 표기.

窟山峰野(河源里)〈『朝鮮地誌資料』(1911) 全羅南道 大靜郡 左面, 野坪名〉.

屈嶼(굴서)〔굴여〕 제주특별자치도 제주시 구좌읍 종달리 신전동 동쪽 바다에 있는 '굴여'의 한자 차용 표기. '굴여'는 '안굴여, 셋굴여, 밧굴여' 등이 있음.

屈嶼 クルソ〈『朝鮮五萬分一地形圖』(濟州島北部 4號)「城山浦」(1918)〉. 牛島水道西側……終達半島 ノ南端ヨリ東ゼ向テ延長セル干出岩陂ハ屈嶼ト稱シ其ノ外端卽チ距岸約7鏈ニ1.8乃至 3.6米ノ水深アリ〈『朝鮮沿岸水路誌 第1卷』(1933) 朝鮮南岸「濟州島」〉.

窟田洞(굴전동)〔굴왓동네〕 1.제주특별자치도 서귀포시 남원읍 하례1리 '굴왓 동네'의 한자 차용 표기. 제주4·3 때 폐동되었음.

窟田洞 クルヂョンドン〈『朝鮮五萬分一地形圖』「西歸浦」(濟州島南部 5號, 1918)〉.

2.제주특별자치도 제주시 한림읍 금악리 '정물오름' 남쪽 '굴왓'에 형성되 었던 동네 이름의 한자 표기.

窟田洞 クルワットン〈『朝鮮五萬分一地形圖』「翰林」(濟州島北部 12號, 1918)〉.

窟池(굴지) 제주특별자치도 제주시 아라1동 산간 '굴치'의 한자 표기 가운데 하나.

我羅里 窟池〈『朝鮮半島の農法と農民』(高橋昇, 1939)「濟州島紀行」〉.

弓帶岳(궁대악)〔궁데오롬〕 제주특별자치도 서귀포시 수산2리 산간에 있는 '궁 데오롬'의 한자 차용 표기.

弓帶岳 クンヂーアク〈『朝鮮五萬分一地形圖』(濟州島北部 4號)「城山浦」(1918)〉.

弓山(궁산)〔활오롬〕 제주특별자치도 서귀포시 강정동 중산간에 있는 활오롬 의 한자 차용 표기. 예로부터 민간에서 '활오롬〉활오름'으로 불러 오다가 한자로 弓山(궁산) 또는 弓岳(궁악) 등으로 써 왔음. 1960년대 지형도부터 1990년대 지형도까지 弓山(궁산)으로 쓰고, 2000년대 지형도부터 2015년 지형도까지 '활오름'으로 쓰여 있음. 표고 187.6m.

弓山(江汀里)〈『朝鮮地誌資料』(1911) 全羅南道 大靜郡 左面, 山名〉. 弓山 クンサン 181米〈『朝鮮五 萬分一地形圖』「大靜及馬羅島」(濟州島南部 9號, 1918)〉.

弓山洞(궁산동)〔활오롬동네〕 제주특별자치도 서귀포시 강정동 중산간에 있는 '활오롬' 뒤쪽에 있었던 동네. 제주4·3 때 폐동되었음.

弓山洞 クンサントン 《朝鮮五萬分一地形圖》「大靜及馬羅島」(濟州島南部 9號, 1918)〉.

弓山池(궁산지)〔활오롬못〕 제주특별자치도 서귀포시 강정동 활오롬 뒤에 있었던 못 이름의 한자 차용 표기.

弓山池(江汀里) 《朝鮮地誌資料》(1911) 全羅南道 大靜郡 左面, 池名〉.

歸德(귀덕) 제주특별자치도 제주시 한림읍 귀덕리.

濟州郡 歸德 《韓國水産誌》제3집(1911)「濟州島」, 鹽田〉.

歸德里(귀덕리) 제주특별자치도 제주시 한림읍 귀덕리의 한자 표기.

歸德里(귀덕리 クウートクリー) 《韓國水産誌》제3집(1911)「濟州島」濟州郡 舊右面〉. 歸德里 《地方行政區域一覽(1912)》(朝鮮總督府) 濟州郡, 舊右面〉. 歸德里 クイドクニー 《朝鮮五萬分一地形圖》「翰林」(濟州島北部 12號, 1918)〉. 海邊으로 '모새밭'을 끼고 달리다가 다시 歸德里라는 곳을 지나면서부터는 밭 사이로 들어선다 《耽羅紀行: 漢拏山》(李殷相, 1937)〉.

貴席田野(귀석전야)〔귀석밧드르〉구석밧드르〕 제주특별자치도 서귀포시 안덕면 동광리에 있는 밭 이름의 한자 차용 표기.

貴席田野(東廣里) 《朝鮮地誌資料》(1911) 全羅南道 大靜郡 中面, 野坪名〉.

貴日浦(귀일포) 제주특별자치도 제주시 애월읍 하귀리 바닷가에 있는 '귀일 개'의 한자 표기.

正朝庚戌(西紀1790)에는 流球國 那霸府 사람이 貴日浦에 漂着하였는데 《耽羅紀行: 漢拏山》(李殷相, 1937)〉.

菌田(균전) 제주특별자치도 서귀포시 서홍동 북서쪽에 있었던 '눌밧(눌왓/눌왓 동산 일대)'의 한자 차용 표기. '눌'을 '누룩'으로 이해하여 한자 菌(균)을 빌려 쓴 듯함. 제주4·3 때 폐동되었음.

菌田 ヌルポッ 《朝鮮五萬分一地形圖》「西歸浦」(濟州島南部 5號, 1918)〉.

極洛岳(극락악) 제주특별자치도 제주시 애월읍 고성리에 있는 '극락오롬'의 한자 차용 표기 가운데 하나. 1980년대 지형도부터 2015년 지형도까지 '극락오름'으로 쓰여 있음. 표고 312.9m.

極洛岳(古城里) 《朝鮮地誌資料》(1911) 全羅南道 濟州郡 新右面, 山名〉.

金寧里(김녕리) 제주특별자치도 구좌읍의 한 마을 이름. 이 마을은 조선시대부터 '金寧里(김녕리)'라 하였다가, 1913년 12월 29일자 「조선총독부령 제111호」(도의 위치·관할구역 및 부군 명칭·위치·관할구역 개정의 건)에 따라 1914년 3월 1일부터 동쪽 마을인 '東金寧里(동김녕리)'와 서쪽 마을인 '西金寧里(서김녕리)'로 나뉘었음. 그러다가 2000년 1월 1일부터 다시 통합하여 '金寧里(김녕리)'라 하고 있음.

金寧里 《朝鮮地誌資料(1911)』권17, 全羅南道 濟州郡 舊左面〉.

金寧市場(김녕시장) 제주특별자치도 구좌읍 김녕리에 있었던 옛 시장 이름. 지금도 장소를 옮겨 '김녕시장'이 유지되고 있음.

金寧市場 《朝鮮地誌資料(1911)』권17, 全羅南道 濟州郡 舊左面 金寧里, 市場名〉.

金寧院(김녕원) 제주특별자치도 구좌읍 김녕리에 있었던 원(院) 이름. '원(院)'은 조선 시대에 역(驛)과 역 사이에 두어, 공무를 보는 벼슬아치가 묵던 공공 여관을 이름. 이 '김녕원'으로 들어가는 서쪽 어귀(김녕 비석거리)에 '효자김칭정문(孝子金秤旌門)'이 있었음.

金寧院 《朝鮮地誌資料(1911)』권17, 全羅南道 濟州郡 舊左面 金寧里, 院名〉.

今德里(금덕리) 제주특별자치도 제주시 애월읍 유수암리에 있었던 '금덕ᄆ을(검은데기ᄆ을)'의 한자 표기. 1996년부터 '금덕리'를 '유수암리(流水巖里)'로 바꿨음.

今德里 《地方行政區域一覽(1912)』(朝鮮總督府) 濟州郡, 新右面〉. 今德里 クムトクリ 《朝鮮五萬分一地形圖』「翰林』(濟州島北部 12號, 1918)〉.

今德峰(금덕봉) 제주특별자치도 제주시 애월읍 유수암리 검은데기 남서쪽, 소길리 남쪽에 있는 오롬 이름. 2000년대 지형도부터 2015년 지형도까지

'검은데기오름'으로 쓰여 있음. 표고 403.2m.

今德峰(今德里)《朝鮮地誌資料》(1911) 全羅南道 濟州郡 新右面, 山名〉.

今滕里(금등리) 제주특별자치도 제주시 한림읍 금등리의 한자 표기.

今滕里 クムツンリー《朝鮮五萬分一地形圖》(濟州島北部 16號「飛揚島」1918)〉.

金山(금산) 군산(軍山)을 이르는 말로, 보통명사로 쓰인 것인지 고유명사(지명)로 쓰인 것인지 확실하지 않음.

瑞山は軍山, 君山或ひは金山とも云ひ傳說《地球》12권 1호(1929)「濟州島遊記(一)」(原口九萬)〉.

錦山泉(금산천)(금산물) 제주특별자치도 제주시 건입동 산짓내 하류 가까이에서 솟아나는 물 이름. 일반적으로 '산짓물'로 불러왔는데, 일제강점기에 이 물 위쪽 동산을 '금산'이라 하면서 '금산물'이라고도 했음.

錦山泉(健入里)《朝鮮地誌資料》(1911) 全羅南道 濟州郡 中面, 池名〉.

金西羅伊野(김서라이야) 제주특별자치도 서귀포시 대정읍 일과리에 있는 들판 이름의 한자 차용 표기. 오늘날은 주로 '전세비'로 전하고 있음.

金西羅伊野(日果里)《朝鮮地誌資料》(1911) 全羅南道 大靜郡 右面, 野坪名〉.

錦城里(금성리) 제주특별자치도 제주시 한림읍 금성리의 한자 표기.

錦城里(검성리 コムソンリー)《韓國水産誌》제3집(1911)「濟州島」濟州郡 新右面〉. 錦城里《地方行政區域一覽(1912)》(朝鮮總督府) 濟州郡, 新右面〉. 錦城里 クムソンニー《朝鮮五萬分一地形圖》「翰林」(濟州島北部 12號, 1918)〉.

琴岳(금악) 제주특별자치도 제주시 연동 남쪽 산간에 있는 '금을오롬(검은오롬)'의 한자 차용 표기 가운데 하나. 1960년대 지형도부터 1990년대 지형도까지 '거문오름'으로 쓰여 있으나, 2000년대 지형도부터 2015년 지형도까지 '검은오름'으로 쓰여 있음. 438.8m.

琴岳(蓮洞里)《朝鮮地誌資料》(1911) 全羅南道 濟州郡 中面, 山名〉. 琴岳 コムオルム《朝鮮五萬分一地形圖》「翰林」(濟州島北部 12號, 1918)〉. 琴岳 439m《朝鮮二十萬分一圖》(1918)「濟州島北部」〉.

今岳(금악) 제주특별자치도 제주시 한림읍 금악리에 있는 '금을오롬(검은오롬)'의 한자 차용 표기 가운데 하나. 1960년대 지형도부터 2015년 지형도까지 '금오름'으로 쓰여 있으니, 민간에서는 '금을오롬' 또는 '검은오롬'이라 함. 표고 427.5m.

今岳 クムオルム 〈『朝鮮五萬分一地形圖』「翰林」(濟州島北部 12號, 1918)〉. その最も標式なものは今岳, 元堂峯, 三義讓岳, 針岳, 孤根山, 御乘生岳, 月郞山, 終達峰, 飛揚島等である 〈『地球』12권 1호(1929)「濟州島遊記(一)」(原口九萬)〉. 他ノ火山……ソノ標式ナルモノハ今岳, 孤根山, 元堂峰, 月郞峰, 三義讓岳等ニシテ火口內ニ水ヲ集瀦セルモノニ元堂峰(龜池), 水長兀, 沙羅岳等アリ 〈『濟州島ノ地質』(朝鮮地質調査要報 제10권 1호, 原口九萬, 1931)〉.

今岳里(금악리) 제주특별자치도 제주시 한림읍 금악리의 한자 표기.

今岳里 〈『地方行政區域一覽(1912)』(朝鮮總督府) 濟州郡, 舊右面〉. 今岳里 クマクニー 〈『朝鮮五萬分一地形圖』「翰林」(濟州島北部 12號, 1918)〉.

亘旨員野(긍지원야) 제주특별자치도 서귀포시 대정읍 동일리 '긍이ᄆᆞ를' 일대에 있는 들판 이름의 한자 차용 표기.

亘旨員野(東日里) 〈『朝鮮地誌資料』(1911) 全羅南道 大靜郡 右面, 野坪名〉.

機木洞(기목동)〔틀남밧동네〕 제주특별자치도 서귀포시 강정동 북쪽 산간 '틀남밧〔-람밧〕'(고근산 서북쪽)에 있었던 '틀남밧동네'의 한자 차용 표기. 제주4·3 때 폐동되었음. 1960년대 지형도부터 1990년대 지형도까지 '기목동'으로 표기되었는데, 2000년대 지형도부터 오늘날 지형도까지 '틀남밧'으로 쓰여 있음. '틀남'은 '꾸지뽕나무'를 이르는 제주 방언으로, '틀남'이 있는 밭이라는 데서 '틀남밧'이라 부르고, 이 일대에 동네가 형성되어 '틀남밧동네'라 한 것임.

機木洞 キモクトン 〈『朝鮮五萬分一地形圖』「西歸浦」(濟州島南部 5號, 1918)〉.

氣上池(기상지)〔기상곳못〕 제주특별자치도 서귀포시 대정읍 동일리 '기상곳'에 있는 못 이름의 한자 차용 표기.

氣上池(東日里) 〈『朝鮮地誌資料』(1911) 全羅南道 大靜郡 右面, 池名〉.

箕岳(기악)〔체오롬〕 제주특별자치도 제주시 구좌읍 송당리와 덕천리 경계에 있는 '체오롬'의 한차 차용 표기 가운데 하나. 1960년대 지형도부터 2015년 지형도까지 '체오름'으로 쓰여 있음. 표고 381.6m.

箕岳が火口壁の一部が缺けてゐるのを表はす〈濟州火山島雜記,『地球』4권 4호, 1925, 中村新太郎〉. 月郎山 屯地峯 箕岳 下栗岳〈朝鮮沿岸水路誌 第1卷』(1933) 朝鮮南岸「濟州島」〉. 濟州島ヲ北方沖合ョリ望ム 月郎山 屯地峯 箕岳 下栗岳 明桃岩峯 元堂峯 木密岳 沙羅山〈朝鮮沿岸水路誌 第1卷』(1933) 朝鮮南岸「濟州島」〉.

吉永洞(길영동) 제주특별자치도 제주시 조천읍 교래리 '늪서리오롬' 서남쪽에 있었던 동네의 한자 표기.

吉永洞 キルヨントン〈朝鮮五萬分一地形圖』「漢拏山」(濟州島北部 8號, 1918)〉.

金哥童山野(김가동산야)〔김가동산드르〉짐개동산드르〕 제주특별자치도 서귀포시 대정읍 상모리와 동일리 경계 일대에 있는 들판 이름의 한자 차용 표기. 오늘날은 '짐개동산(짐궤동산)'으로 알려지고 있음.

金哥童山野(上慕里)〈朝鮮地誌資料』(1911) 全羅南道 大靜郡 右面, 野坪名〉.

金寧(김녕) 제주특별자치도 제주시 구좌읍 김녕리. ⇒ 金寧里(김녕리).

濟州郡 金寧〈韓國水産誌』제3집(1911)「濟州島」場市名〉. 金寧 クムユョン〈朝鮮五萬分一地形圖』「金寧」(濟州嶋北部 三號, 1918)〉. 金寧 キムニョン〈朝鮮五萬分一地形圖』「濟州」(濟州島北部 7號, 1918)〉. 金寧より東微南に向ひ笠山峰を右 にして 西北西の海底から吹き上げられ貝砂の上を登つて行くこと約一里, 道より南に三町程小徑をたどると金寧窟の前に出る〈濟州火山島雜記,『地球』4권 4호, 1925, 中村新太郎〉.

金寧窟(김녕굴) 제주특별자치도 제주시 구좌읍 김녕리에 있는 '뱀굴(베염굴)'을 이름.

金寧より東微南に向ひ笠山峰を右 にして 西北西の海底から吹き上げられ貝砂の上を登つて行くこと約一里, 道より南に三町程小徑をたどると金寧窟の前に出る〈濟州火山島雜記,『地球』4권 4호, 1925, 中村新太郎〉. 熔岩隧道……筆者ノ踏査ニカカル主ナルモノハ金寧窟,

鵝窟, 財岩, 晩早窟, 角秀窟及 正房窟ナリトス 《濟州島ノ地質』(朝鮮地質調査要報 제10권 1호, 原口九萬, 1931)》. 蛇穴은 一名 金寧窟이니 穴口는 저 蝀龍窟의 그것과 恰似하고 《耽羅紀行: 漢拏山」(李殷相, 1937)》.

金寧里(김녕리) 제주특별자치도 제주시 구좌읍 '김녕리'의 한자 표기.

金寧里(금령리 クムリヨンイー) 《韓國水産誌』 제3집(1911)「濟州島』 濟州郡 舊左面〉. 金寧里 《地方行政區域一覽(1912)』(朝鮮總督府) 濟州郡, 舊左面〉.

金寧山(김녕산) 제주특별자치도 제주시 구좌읍 김녕리 입미오롬(笠山峰) 남동쪽에 있는 모래 언덕. 이곳에 김녕 베염굴(김녕굴/김녕사굴)이 있음.

金寧山의 蛇穴 《耽羅紀行: 漢拏山」(李殷相, 1937)〉.

金寧港(김녕항) 제주특별자치도 제주시 구좌읍 김녕리에 있는 '한개' 일대의 항 이름.

金藤(금둥) 제주특별자치도 제주시 한경면 금둥리. ⇒ **金藤里(금둥리)**.

濟州郡 金藤 《韓國水産誌』 제3집(1911)「濟州島』 鹽田〉.

金藤里(금둥리) 제주특별자치도 제주시 한경면 금둥리의 한자 표기.

金膝里(*膝은 藤의 오기) 《地方行政區域一覽(1912)』(朝鮮總督府) 濟州郡, 舊右面〉. 金藤里 《朝鮮二十萬分一圖」(1918)「濟州島北部』〉.

金路島(금로도) 제주특별자치도 서귀포시 남원읍 위미리 남쪽 바다에 있는 '지꾸섬(地歸島)'을 달리 쓴 것.

金路島 《韓國水産誌』 제3집(1911)「濟州島」 지도〉. 金路島 《旌義郡地圖」(1914)〉. 金路島 〈일제강점기 「六拾萬分之壹 全羅南道」(1918)〉.

金陵里(금능리) 제주특별자치도 제주시 한림읍 금능리의 한자 표기.

金陵里(금릉리 クルンリー) 《韓國水産誌』 제3집(1911)「濟州島』 濟州郡 舊右面〉. 金陵里 《地方行政區域一覽(1912)』(朝鮮總督府) 濟州郡, 舊右面〉. 金陵里 クムヌンリー 《朝鮮五萬分一地形圖」「翰林」(濟州島北部 12號, 1918)〉. 漢字の音にもわらず又其の訓讀にもわらず, 全く他の名稱を以て呼ぶもの.……今陵里 빙링이(古名'盃令浦'ノ音). 《朝鮮及滿洲』 제70호(1913)「濟州島方言」'六.地

名'(小倉進平)〉. 村 錨地ノ東側海岸ニハ村落散在ス, 其ノ最モ大ナルハ狹才里ニシテ之ニ次

グハ金陵里及瓮浦里トス, 其ノ他翰林里, 洙源里ノ2村アリ.〈『朝鮮沿岸水路誌 第1巻』(1933) 朝

鮮南岸「濟州島」〉.

金陵浦(금릉포) 제주특별자치도 제주시 한림읍 금능리 바닷가에 있는 포구
이름.

金陵浦(金陵里)〈『朝鮮地誌資料』(1911) 全羅南道 濟州郡 舊右面, 浦口名〉.

金城門(금성문) 제주특별자치도 제주시 조천읍 함덕리에 있는 지명.

金城門〈『朝鮮地誌資料(1911)』권17, 全羅南道 濟州郡 新左面 咸德里, 野坪名〉.

金膝里(금슬리) 金藤里(금등리)를 잘못 쓴 것. ⇒ 金藤里(금등리).

金膝里〈『地方行政區域一覽(1912)』(朝鮮總督府) 濟州郡, 舊右面〉.

金安坪(김안평)【짐안이벵디】 제주특별자치도 제주시 화북2동 'ᄀ은이ᄆ르' 남
쪽에 있는 들판 이름. 민간에서는 '짐안이벵디(지망디)'로 전하고, 그 일대
의 마루를 '짐안이머르'로 전하고 있음.

金安坪(禾土里)〈『朝鮮地誌資料』(1911) 全羅南道 濟州郡 中面, 野坪名〉.

羅新洞(나신동) 제주특별자치도 제주시 귀덕3리 바닷가 'ᄂᆞᆽ빌레' 일대에 형
성되어 있는 동네 이름.

羅新洞 ナシンドン《朝鮮五萬分一地形圖』「翰林」(濟州島北部 12號, 1918)》. 개구리 눈처럼 半月形
으로 내어민 羅新洞은 海岸의 風景이 決코 纖秀 한 者도 아니오 《耽羅紀行: 漢拏山』(李殷相,
1937)》.

難渡灘(난도탄) 제주특별자치도 제주시 구좌읍 하도리 동쪽 바다에 있는 '난
도여'의 한자 차용 표기. 오늘날 '문주란섬(토끼섬)'을 이름.

牛島水道西側……此ノ嘴ノ北方ニ難渡灘(ナントダン), 東方ニ磻多灘(ハンタダン)ト稱
スル離岩アリ……. 《朝鮮沿岸水路誌 第1巻』(1933) 朝鮮南岸「濟州島』》.

卵峯[1](난봉) '알오롬'의 한자 차용 표기. '알오롬'은 제주도 여러 곳에 있는데, 대
개 큰 오롬에 딸린 작은 오롬이나 둥글면서 나지막한 오롬을 이를 때 씀.

濟州島に於ては陸地(島にては朝鮮本土を斯く云ふ)に於けるが如く山名に山(サン)峯
(ポン)及岳(アク)を附くろも多くは何何オルムと呼び……악 松岳(ソンアク) 봉 卵峯(ラ
ンポン)《濟州島の地質學的觀察』(1928, 川崎繁太郎)》.

卵峰²(난봉)〔알오롬〕 1.제주특별자치도 서귀포시 표선면 토산리에 있는 '알오롬'의 한자 차용 표기. 1960년대 지형도부터 2015년 지형도까지 '알오름'으로 쓰여 있음. 표고 141.9m. 표고 201m(오늘날 지형도 표고 203.6m)의 오롬은 '알오롬'이 아니라 '가세오롬'임.

卵峰 ランポン 201米《朝鮮五萬分一地形圖』「表善』(濟州島南部 1號, 1918)》. 金寧-兎山里線……又南方ノ甲旋岳, 長子岳, 卵峰, 兎山岳ハ輝石玄武巖ヨリ成レル噴石丘ニシテ《濟州島ノ地質」(朝鮮地質調査要報 제10권 1호, 原口九萬, 1931)》.

2.제주특별자치도 서귀포시 대정읍 상모리 '송오롬(송악산)' 가까이에 있는 '알오롬'의 한자 차용 표기. '동알오롬(표고 49.3m)'과 '셋알오롬', '섯알오롬(표고 40.7m)' 등이 있음.

松岳……外輪山西方ノ松岳洞近クニニハ卵峰ト稱スル二箇ノ小火口丘アリ《濟州島ノ地質」(朝鮮地質調査要報 제10권 1호, 原口九萬, 1931)》.

卵峯洞(난봉동)〔알오롬동네〕 제주특별자치도 서귀포시 대정읍 상모리 '섯알오롬' 북쪽에 있었던 동네 이름의 한자 차용 표기. 제주4·3 때 폐동되어 재건되지 않았음. 이 동네 남쪽에 '알오롬'이 있는데, 이 '섯알오롬' 북쪽에 동네가 형성되어 '알오롬동네'라 부르고 한자로 卵峯洞(난봉동)으로 썼음.

卵峯洞 ブルボントン《朝鮮五萬分一地形圖』「大靜及馬羅島』(濟州島南部 9號, 1918)》.

蘭山里(난산리) 제주특별자치도 서귀포시 성산읍 '난산리'의 한자 표기.

蘭山里《朝鮮地誌資料』(1911) 全羅南道 旌義郡 左面, 土産名)》. 蘭山里《地方行政區域一覽(1912)』(朝鮮總督府) 旌義郡, 左面)》. 地名の後にある普通名詞.……미又は미(山). 水山里(물미: 濟州), 臥山里(눈미: 濟州), 蘭山里(난미: 旌義)の如きはこれである.《朝鮮及滿洲』 제70호(1913)「濟州島方言」「六.地名(小倉進平)》. 蘭山里 ナンサンリー(蘭野里 ナンヤーリー)《朝鮮五萬分一地形圖』(濟州島北部 4號)「城山浦」(1918)》.

乱石嶼(난석서) 제주특별자치도 제주시 구좌면 우도리 동쪽 바다에 있는 '난돌여(난도리여)'의 한자 차용 표기. 오늘날 '문주란섬(토끼섬)'을 이름.

旧左面 下道里 乱石嶼《朝鮮總督府指定天然記念物臺帳》.

亂石嶼(난석서) 제주특별자치도 제주시 구좌면 우도리 동쪽 바다에 있는 '난돌여(난도리여)'의 한자 차용 표기. 오늘날 '문주란섬(토끼섬)'을 이름.

全羅南道 濟州島 旧左面 下道里 亂石嶼《朝鮮總督府指定天然記念物臺帳》.

蘭野里(난야리) 제주특별자치도 서귀포시 성산읍 '난산리'의 다른 이름 '난야리'의 한자 표기.

蘭山里 ナンサンリー(蘭野里 ナンヤーリー)《朝鮮五萬分一地形圖》(濟州島北部 4號)「城山浦」(1918)》.

南堂洞(남당동)〔남당동네〕 제주특별자치도 서귀포시 안덕면 감산리 '남당' 일대에 형성되었던 동네.

南堂洞 ナムタントン《朝鮮五萬分一地形圖》「大靜及馬羅島」(濟州島南部 9號, 1918)》. 車는 南堂洞을 지나간다. 길 아래로 보이는 山은 地圖의 表示대로 標高三三四米의 軍山이다. 《耽羅紀行: 漢拏山》(李殷相, 1937)》.

南門洞(남문동) 제주특별자치도 제주시 한림읍 명월리 명월성 남문 가까이에 있는 동네 이름.

南門洞 ナムムントン《朝鮮五萬分一地形圖》「翰林」(濟州島北部 12號, 1918)》.

南門外野(남문외야)〔남문밖드르〕 제주특별자치도 서귀포시 대정읍 인성리 남문 밖에 있는 들판 이름의 한자 차용 표기.

南門外野(仁城里)《朝鮮地誌資料》(1911) 全羅南道 大靜郡 右面, 野坪名》.

南門前池(남문전지)〔남문앞못〕 제주특별자치도 서귀포시 대정읍 인성리 남문 앞에 있는 못 이름의 한자 차용 표기.

南門前池(仁城里)《朝鮮地誌資料》(1911) 全羅南道 大靜郡 右面, 池名》.

南山峰(남산봉) 제주특별자치도 서귀포시 표선면 성읍리 동남쪽에 있는 남산망을 이름. 1960년대 지형도부터 2015년 지형도까지 '南山峰(남산봉)'으로 쓰여 있음. 표고 168.3m.

南山峰 ナムサンポン 173米 《朝鮮五萬分一地形圖』『濟州島北部 4號)「城山浦」(1918)》.

南山峯(남산봉) 제주특별자치도 서귀포시 표선면 성읍리 동남쪽에 있는 남산 망을 이름. 1960년대 지형도부터 2015년 지형도까지 '南山峰(남산봉)'으로 쓰여 있음. 표고 168.3m.

南山峯 旌義ノ東側ニ在リ高サ171米. 《朝鮮沿岸水路誌 第1卷』(1933) 朝鮮南岸「濟州島」》.

楠山田野(남산전야)〔남산밧드르〕 제주특별자치도 서귀포시 대정읍 동일리 '남 산밧' 일대에 있는 들판 이름의 한자 차용 표기.

楠山田野(東日里) 《朝鮮地誌資料』(1911) 全羅南道 大靜郡 右面, 野坪名》.

南先旨(남선지)〔남선ᄆ를·남선ᄆ르〕 제주특별자치도 제주시 조천읍 함덕리에 있는 '남선ᄆ를·남선ᄆ르'의 한자 차용 표기.

南先旨 《朝鮮地誌資料(1911)』 권17, 全羅南道 濟州郡 新左面 咸德里, 野坪名》.

南松岳(남송악)〔남송이오롬〕 제주특별자치도 서귀포시 안덕면 서광서리 북쪽 에 있는 남송이오롬의 한자 차용 표기. 1960년대 지형도부터 2015년 지 형도까지 '南松岳(남송악)'으로 쓰여 있음. 표고 335.9m.

南松岳 ナムソンアク 341米 《朝鮮五萬分一地形圖』「大靜及馬羅島」(濟州島南部 9號, 1918)》.

南松岳山(남송악산) 제주특별자치도 서귀포시 안덕면 서광서리 북쪽에 있는 남송이오롬의 한자 차용 표기. 1960년대 지형도부터 2015년 지형도까지 '南松岳(남송악)'으로 쓰여 있음. 표고 335.9m.

南松岳山(東廣里) 《朝鮮地誌資料』(1911) 全羅南道 大靜郡 中面, 山谷名》.

南元里(남원리) 제주특별자치도 서귀포시 표선면 '남원리'의 한자 표기.

南元里 《地方行政區域一覽(1912)』(朝鮮總督府) 旌義郡, 西中面》. 南元里 ナムヲンリー, 西衣里 ソ ウイリー, 濟山浦 チユーサンケー, 光池 ヌッモ 《朝鮮五萬分一地形圖』「西歸浦」(濟州嶋南部 5號, 1918)》.

南元面(남원면) 남원읍(南院邑)의 이전 이름. 1935년 4월 1일부터 당시 제주군 서중면(西中面)을 남원면(南元面)으로 바꿈.

南元面 ナムオンミョン 《『朝鮮五萬分一地形圖』(濟州嶋北部 8號「漢拏山」(1943)〉.

南濟州(남제주) 제주도 남부 지역을 이름.

本島を大別して南濟州と北濟州との二つに分つことか出來る.〈『朝鮮』5月號(1916)「濟州島の産業事情」〉.

南兔山(남토산) 제주특별자치도 서귀포시 표선면 토산2리의 옛 이름 남토산의 한자 표기.

南兎山(남도산 ナムトサン)《『韓國水産誌』제3집(1911)「濟州島」旌義郡 東中面〉. 南兎山 ナムトサン 《『朝鮮五萬分一地形圖』「表善」(濟州島南部 1號, 1918)〉.

南花岳(남화악)〔남곳오롬〕 제주특별자치도 서귀포시 성산읍 수산2리 산간에 있는 '남곳오롬'의 한자 차용 표기. 1960년대 지형도부터 1990년대 지형도까지 '南擧山(남거산)'으로 표기되었는데, 2000년대 지형도부터 2015년 지형도까지 '남거니오롬'으로 쓰여 있음. 표고 185.6m.

南花岳 ナムケーオルム 194米 《『朝鮮五萬分一地形圖』(濟州島北部 4號)「城山浦」(1918)〉.

納德島(납덕도)〔납덕이〕 제주특별자치도 제주시 추자면 하추자도 예초리 북쪽 '검은가리' 북동쪽 바다에 있는 섬인 '납덕이섬'의 한자 차용 표기.

納德島 ナプトクソム 《『朝鮮五萬分一地形圖』(濟州嶋北部 9號,「楸子群島」(1918)〉.

納邑里(납읍리) 제주특별자치도 제주시 애월읍 납읍리의 한자 표기.

納邑里 《『地方行政區域一覽(1912)』(朝鮮總督府) 濟州郡, 新右面〉. 納邑里 ナウブリー 《『朝鮮五萬分一地形圖』「翰林」(濟州島北部 12號, 1918)〉.

內江汀(내강정)〔안강정〕 제주특별자치도 서귀포시 강정동 강정 포구 서쪽 바닷가에 있는 동네. 예로부터 민간에서는 '안강정'으로 불러오다가 한자로 內江汀(내강정)이라 한 것임. 오늘날 지형도에는 '월평 포구'로 쓰여 있음.

江汀里 カンヂョンニー 內江汀 ネーカンヂョン 《『朝鮮五萬分一地形圖』「大靜及馬羅島」(濟州島南部 9號, 1918)〉.

內都里(내도리) 제주특별자치도 제주시 내도동 옛 이름의 한자 표기.

內都里 《地方行政區域一覽(1912)』(朝鮮總督府) 濟州郡, 中面〉. 內都里 ネートリ 《朝鮮五萬分一地形圖』「翰林』(濟州島北部 12號, 1918)〉. 都近川ハ島ノ北岸濟州邑ノ西方內都里ヨリ海ニ注グ上流ヲ無愁川ト謂フ……. 《朝鮮沿岸水路誌 第1卷』(1933) 朝鮮南岸「濟州島』〉.

內洞洑(내동보) 제주특별자치도 서귀포시 대정읍 '안골'에 있었던 보 이름.

內洞洑 《朝鮮地誌資料』(1911) 全羅南道 大靜郡 中面, 洑名〉.

內石岳(내석악)〔안돌오름〕 제주특별자치도 제주시 구좌읍 송당리 산간에 있는 '안돌오름'의 한자 차용 표기. 1960년대 지형도부터 2015년 지형도까지 '안돌오름'으로 쓰여 있음. 표고 383.1m.

內石岳 アントルオルム 368米 《朝鮮五萬分一地形圖』(濟州島北部 4號) 「城山浦』(1918)〉. 金寧-兎山里線……數多ノ噴石丘カ一直線上ニ相接シテ聳立セリ, 卽テ大處岳, 鼓岳, 體岳, 外石岳, 內石岳, 泉岳, 葛岳, 民岳, 大石類額岳, 飛雉山. 母地岳ノ諸峰ハ相隣リテ一列ニ聳立セリ 《濟州島ノ地質』(朝鮮地質調査要報 제10권 1호, 原口九萬, 1931)〉.

念通岳(염통악) 제주특별자치도 제주시 연동에 있는 '염통오름(염통메)'의 한자 차용 표기 가운데 하나.

念通岳(蓮洞里) 《朝鮮地誌資料』(1911) 全羅南道 濟州郡 中面, 山名〉.

寧坪里(영평리) 제주특별자치도 제주시 영평동의 옛 이름 '영평리'의 한자 표기.

寧坪里 《地方行政區域一覽(1912)』(朝鮮總督府) 濟州郡, 中面〉. 寧坪里 ニョンピョンニー 《朝鮮五萬分一地形圖』「漢拏山』(濟州島北部 8號, 1918)〉. 漢字の音にもわらず又其の訓讀にもわらず, 全く他の名稱を以て呼ぶもの.……寧坪里 가시남을('樫ノ樹'ノ意). 《朝鮮及滿洲』제70호(1913) 「濟州島方言」 '六.地名'(小倉進平)〉.

路高田野(노고전냐)〔질높은밧드르〕 제주특별자치도 서귀포시 대정읍 동일리 '질높은밧' 일대에 있는 들판 이름의 한자 차용 표기.

路高田野(東日里) 《朝鮮地誌資料』(1911) 全羅南道 大靜郡 右面, 野坪名〉.

老路岳(노로악)〔노로오름〕 제주특별자치도 제주시 애월읍 유수암리 산간에 있는 '노로오름'의 한자 차용 표기 가운데 하나. 표고 1,068.2m.

老路岳 ノロオルム 1069.9米 《朝鮮五萬分一地形圖』(濟州島北部 12號) 「翰林」(1918)〉. 老路岳 1,070米(濟州島 新右面, 漢拏山)《『朝鮮地誌資料』(1919, 朝鮮總督府 臨時土地調查局) 山岳ノ名稱所 在及眞高(續), 全羅南道 濟州島〉. 老路岳(ノロオルム)と獐岳(ノリオルム)〈『濟州島の地質學的觀 察』(1928, 川崎繁太郎)〉.

老龍所池(노룡소야) 제주특별자치도 서귀포시 대정읍 하모리 '노룡소(노룡소)' 에 있는 못 이름의 한자 차용 표기.

老龍所池(下募里)《朝鮮地誌資料』(1911) 全羅南道 大靜郡 右面, 池名〉.

老衡里(노형리) 제주특별자치도 제주시 노형동의 옛 이름 노형리의 한자 표기.

老衡里《地方行政區域一覽(1912)』(朝鮮總督府) 濟州郡, 中面〉. 老衡里 ノヒョンリ 《朝鮮五萬分一地 形圖』「翰林」(濟州島北部 12號, 1918)〉.

鹿古岳(녹고악)〔노꼬메오롬〕 제주특별자치도 제주시 애월읍 유수암리 산간에 있는 '노꼬메오롬'의 한자 차용 표기 가운데 하나. 큰노꼬메오롬(표고 883.8m)과 족은노꼬메오롬(표고 774.7m)이 있음.

鹿古岳 ノクコメオルム 841米 《朝鮮五萬分一地形圖』「翰林」(濟州島北部 12號, 1918)〉. 鹿古岳 841米(濟州島 新右面)〈『朝鮮地誌資料』(1919, 朝鮮總督府 臨時土地調查局) 山岳ノ名稱所在及眞高 (續), 全羅南道 濟州島〉. 鹿古岳(ノクコメオルム: ノクコメにて充分なるべし)〈『濟州島の地質 學的觀察』(1928, 川崎繁太郎)〉.

錄楠峰(녹남봉)〔농남오롬〕 제주특별자치도 서귀포시 대정읍 신도1리에 있는 '녹남오롬(녹낭오롬)'의 한자 차용 표기 가운데 하나. 1960년대 지형도부터 2015년 지형도까지 '農南峰(농남봉)'으로 쓰여 있음. 표고 100.4m.

綠楠峰(桃源里)《朝鮮地誌資料』(1911) 全羅南道 大靜郡 右面, 山谷名〉.

綠楠峰岩中谷(녹남봉암중곡) 제주특별자치도 서귀포시 대정읍 신도1리 '녹남 오롬(녹낭오롬)'에 있는 '바우셋골' 이름의 한자 차용 표기.

綠楠峰岩中谷(桃源里)《朝鮮地誌資料』(1911) 全羅南道 大靜郡 右面, 山谷名〉.

鹿潭(녹담) 제주특별자치도 서귀포시 토평동 한라산 정상 분화구에 있는 白

鹿潭(백록담)의 줄임말.

瀛洲十景歌……鹿潭晚雪 《濟州島實記』(金斗奉, 1934)》.

鹿島(녹도) 제주특별자치도 서귀포시 서귀동 바다에 있는 '문섬'의 다른 한자 표기 가운데 하나. 鹿島(녹도)는 '녹섬'을 표기한 것인데, 민간에서 '녹섬'이 라는 말을 확인할 수 없음. 1960년대 지형도부터 오늘날 지형도까지 '문 섬'으로 쓰여 있음. ⇒ 蚊島(문도).

鹿島 ノクソム 85.7米, 蚊島 ムンソム 85.7米 《朝鮮五萬分一地形圖』 「西歸浦」(濟州島南部 5號, 1918)》. 鹿島[蚊島](濟州島 中面) 《朝鮮地誌資料』(1919, 朝鮮總督府 臨時土地調查局) 島嶼, 全羅南道 濟州島). 鳥島ノ南方4鏈二小島鹿島アリ. 《朝鮮沿岸水路誌 第1卷』(1933) 朝鮮南岸 「濟州島」》. 西으 로 멀리 있는 섬은 '범섬'(虎島), 浦口 앞에 놓인 섬은 '새섬'(鳥島), 고 넘어 있는 섬은 '노루 섬'(鹿島), 왼편 東으로 떨어져 있는 섬은 '숲섬'(森島)! 《耽羅紀行: 漢拏山』(李殷相, 1937)》.

鹿山牧場(녹산목장) 제주특별자치도 서귀포시 표선면 가시리 북쪽, 대록산(큰 사스미오름) 서북쪽, 소록산(족은사스미오름) 북쪽 일대에 있었던 목장.

私有地にても, 例えば鹿山牧場の如きは現地價, 町15~20円の予想なれど先方は45円 等と云う《朝鮮半島の農法と農民』(高橋昇, 1939) 「濟州島紀行」》. 鹿山牧場 《朝鮮五萬分一地形圖』(濟 州島北部 五號 「漢拏山」(1943)》.

鹿山場(녹산장) 제주특별자치도 서귀포시 표선면 가시리 산간 '사스미오름(鹿 山: 대록산과 소록산)' 일대에 있었던 목장 이름.

城邑里……鹿山場 《濟州島勢要覽』(1935) 第14 島一周案內》. 鹿山場 《朝鮮半島の農法と農民』(高橋 昇, 1939) 「濟州島紀行」》.

鹿嶼(녹서) 제주특별자치도 제주시 추자면에 속한 유인도 가운데 하나인 '횡 간도' 서쪽 바다에 있는 '노른여[노른녀]'를 '노릇녀[노룬녀]'로 인식한 한자 차용 표기의 하나.

鹿嶼 ノルンニョ 《朝鮮五万分一地形圖』(珍島 12號, 「橫干島」(1918)》. 楸子群島……橫干島(橫看 島)……橫干島ノ西方約1浬二鹿嶼(高サ13米)ト稱スル岩嶼アリ《朝鮮沿岸水路誌 第1卷』

(1933) 朝鮮南岸「楸子群島」〉.

鹿下岳(녹하악)〔녹하지오롬〕 제주특별자치도 서귀포시 중문동 산간에 있는 '녹하지오롬'의 한자 차용 표기 가운데 하나. 표고 621.5m.

鹿下岳 ノハアク 624 米 《朝鮮五萬分一地形圖》「大靜及馬羅島」(濟州島南部 9號, 1918)〉. 鹿下岳 624 米(濟州島 左面) 《朝鮮地誌資料》(1919, 朝鮮總督府 臨時土地調査局) 山岳ノ名稱所在及眞高(續), 全羅南道 濟州島〉.

鹿下旨(녹하지) 제주특별자치도 서귀포시 중문동 산간에 있는 '녹하지오롬' 남동쪽에 있었던 동네. 표고 621.5m.

鹿下旨 ノハーヂ 《朝鮮五萬分一地形圖》「大靜及馬羅島」(濟州島南部 9號, 1918)〉.

鹿下旨山(녹하지산) 제주특별자치도 서귀포시 회수동 산간에 있는 '녹하지오롬'의 한자 차용 표기 가운데 하나. 1960년대 지형도부터 2015년 지형도까지 '鹿下旨岳(녹하지악)'으로 쓰여 있음. 표고 621.5m.

鹿下旨山(上文里) 《朝鮮地誌資料》(1911) 全羅南道 大靜郡 左面, 山名〉.

鹿下旨野(녹하지야) 제주특별자치도 서귀포시 회수동 '녹하지오롬' 앞에 있는 들판 이름의 한자 차용 표기.

鹿下旨野(上文里) 《朝鮮地誌資料》(1911) 全羅南道 大靜郡 左面, 野坪名〉.

論江浦(논강포)〔논겡잇개〕 제주특별자치도 구좌읍 김녕리 김녕해수욕장 앞 일대의 개[浦口] 이름. 이 개는 원래 '논겡잇개'로 부르고 한자 차용 표기에 따라 '論江浦(논강포)'로 표기한 것임. '논겡이'는 '농겡이'로도 실현되는데, '바다논갱이'인 '장갱이'에 대응하는 제주 방언임. 곧 이 개에서 '농겡이'가 많이 잡힌다는 데서 붙인 것임. 김녕리(옛 동김녕리)의 '새개'·'궤남개'와 '성세깃개'·'성세기코지' 사이 앞쪽의 바다를 '농겡이(또는 농겡이와당·농겡이바당)'라고 부르는 것으로 보아, 이 일대의 개를 '論江浦(논강포: 농겡잇개)'라 한 것임. 이 '농겡이바당'은 '멜(멸)'이 많이 들었기 때문에, 이곳에서 '멜'을 후리면서 불렀던 '멜 후리는 소리'가 유명함. 이 '농겡잇개'와 '새개' 일대를 조선시대에는 '金寧浦(김녕포: 김녕개>짐녕개)'라 하였음.

論江浦 《『朝鮮地誌資料(1911)』권17, 全羅南道 濟州郡 舊左面 金寧里, 浦口名〉.

論古岳(논고악)〔논고오롬·논궤오롬〕 제주특별자치도 서귀포시 남원읍 신례리 산간에 있는 '논궤오롬>논고오롬'의 한자 차용 표기. 1960년대 지형도부터 오늘날 지형도까지 '論古岳(논고악)'으로 쓰여 있음. 그러나 일제강점기 지형도(1918)에 ノンロオルム(논고오롬)으로 표기되었다는 것을 상기할 필요가 있음. 표고 841m.

論古岳 ノンロオルム 858米 《『朝鮮五萬分一地形圖』「漢拏山」(濟州島北部 8號, 1918)〉. 論古岳 878米 《『朝鮮地誌資料』(1919, 朝鮮總督府 臨時土地調査局) 山岳ノ名稱所在及眞高(續), 全羅南道 濟州島〉.

農角洞(농각동) 제주특별자치도 서귀포시 대정읍 영락리 마을회관 서남쪽, 돈두미오롬 서북쪽에 형성되어 있는 자연마을 이름인 '논깍동네'를 '농깍동네'로 인식한 한자 표기. 1960년대 지형도부터 '하동'으로 쓰여 있음.

農角洞 ノンカクトン 《『朝鮮五萬分一地形圖』(濟州島南部 13號 「摹瑟浦」(1918)〉.

農南峯(농남봉)〔녹남오롬〕 제주특별자치도 서귀포시 대정읍 신도1리 동북쪽에 있는 '녹남오롬·녹낭오롬'을 '농남오롬·농낭오롬'으로 인식한 한자 차용 표기. 표고 100.4m.

農南峯 ノンナムポン 《『朝鮮五萬分一地形圖』(濟州島南部 13號 「摹瑟浦」(1918)〉.

欋楠池(농남지) 제주특별자치도 서귀포시 대정읍 상모리에 있던 '녹남못'의 한자 차용 표기 가운데 하나.

欋楠池(上摹里) 《『朝鮮地誌資料』(1911) 全羅南道 大靜郡 右面, 池名〉.

樓山(누산)〔다랑쉬오롬〕 제주특별자치도 구좌읍 세화리 산간에 있는 오롬의 한자 차용 표기 가운데 하나. '樓山(누산)'은 '다락산'이라는 뜻으로 나타낸 것인데, '다랑쉬오롬'의 '다랑'을 '다락'으로 이해하여 쓴 한자 차용 표기 가운데 하나임. 달리 한자를 빌려 大郎秀岳(대랑수악), 大朗秀岳(대랑수악), 多郎秀岳(다랑수악), 多浪秀岳(다랑수악), 多郎岫岳(다랑수악), 月郎峯(월랑봉) 등으로 써 왔음. 표고 382.4m.

樓山 〈『朝鮮地誌資料(1911)』권17, 全羅南道 濟州郡 舊左面 細花里, 山名〉.

訥於坪(눌어평)〔누러잇벵디〕 제주특별자치도 제주시 화북2동 '누러이' 일대에 있는 들판 이름의 한자 차용 표기.

訥於坪(健入里) 〈『朝鮮地誌資料』(1911) 全羅南道 濟州郡 中面, 野坪名〉.

泥浦(니포)〔흘캐〉흘캐〕 제주특별자치도 제주시 도두2동 바닷가에 있는 '흘캐〉흘캐'의 한자 차용 표기 가운데 하나.

訓にて又は音を訓とを合せて讀めるもの. 水山ー물미(濟州). 泥浦ー흘키(濟州). 〈『朝鮮及滿洲』제70호(1913)「濟州島方言」'六.地名'(小倉進平)〉.

多谷野(다곡야)〔한골드르〕 제주특별자치도 서귀포시 대정읍 보성리 '한골' 일 대에 있는 들판 이름의 한자 차용 표기.

多谷野(保城里)〈『朝鮮地誌資料』(1911) 全羅南道 大靜郡 右面, 野坪名〉.

多橋(다교) 제주특별자치도 제주시 한림읍 귀덕3리 '한드리' 일대에 형성되었 던 동네 이름의 한자 차용 표기.

多橋 ハンダリ〈『朝鮮五萬分一地形圖』「翰林」(濟州島北部 12號, 1918)〉.

多栗岳(다율악) 제주특별자치도 제주시 애월읍 봉성리 '드레오롬'의 한자 차 용 표기 가운데 하나. 1960년대 지형도부터 1990년대 지형도까지 '다래 오름'으로 표기되고, 2000년대 지형도부터 2015년 지형도까지 '도래오름' 으로 쓰여 있음. 표고 696.5m.

多栗岳 タレオルム 693米〈『朝鮮五萬分一地形圖』「翰林」(濟州島北部 12號, 1918)〉. 多栗岳 693米 (濟州島 新右面)〈『朝鮮地誌資料』(1919, 朝鮮總督府 臨時土地調査局) 山岳ノ名稱所在及眞高(續), 全羅 南道 濟州島〉.

多務來味(다무래미) 제주특별자치도 제주시 추자면 상추자도 대서리 서북쪽 바다에 있는 '다무래미(따무래미)'의 한자 차용 표기.

多務來味 タムネミ 《朝鮮五萬分一地形圖》(濟州嶋北部 9號,「楸子群島」(1918)〉.

多好洞(다호동) 제주특별자치도 제주시 도두동 제주공항 남쪽에 있는 '다호ᄆ
을>다위ᄆ을'의 한자 표기.

多好洞 タホードン 《朝鮮五萬分一地形圖》「翰林」(濟州島北部 12號, 1918)〉.

簞山(단산) 제주특별자치도 서귀포시 대정읍 인성리와 안덕면 사계리 경계
일대에 형성되어 있는 오롬의 한자 차용 표기. 1960년대 지형도부터 2015
년 지형도까지 '簞山(단산)'으로 쓰여 있음. 그러나 민간에서는 '바곰지오
롬>바굼지오롬'이라고 함. 표고 158.1m.

簞山(仁城里) 《朝鮮地誌資料》(1911) 全羅南道 大靜郡 右面, 山谷名〉. 簞山 クンサン 161米 《朝鮮
五萬分一地形圖》「大靜及馬羅島」(濟州島南部 9號, 1918)〉. 山房山の鍾狀山や簞山の低平な削剝さ
れた山となつて殘つて居る 《濟州火山島雜記》(『地球』4권 4호, 1925, 中村新太郞)〉. 城山, 斗山峰,
笠山, 破將軍, 高內峰, 高山峰, 水月峰, 簞山, 寺岳, 松岳の外輪山は之に屬し 《地球』12권 1호
(1929)「濟州島遊記(一)」(原口九萬)〉. 他ノ火山……又高內峰, 破軍峰, 高山峰, 水月峰, 簞山, 寺岳
等モ之ニ屬ス 《濟州島ノ地質》(朝鮮地質調查要報 제10권 1호, 原口九萬, 1931)〉.

丹霞峯(단하봉) 제주특별자치도 제주시 봉개동 산간에 있는 '단하오롬'의 한
자 차용 표기 가운데 하나. 2000년대 지형도부터 2015년 지형도까지 '절
물오롬'으로 쓰여 있음. 표기 697.7m. 655.4m.

南西方漢拏山の東側から 沙羅岳, 水長兀, 丹霞峯, 文岳, 知箕里岳, 針岳, 泉味岳の圓錐列
が漸次北東に低くなり行く漢拏山の斜面から兀々として 《濟州火山島雜記》(『地球』4권 4호,
1925, 中村新太郞)〉.

達山(달산) 제주특별자치도 서귀포시 표선면 하천리에 있는 '탈산오롬'의 한
자 차용 표기. 표고 133.7m.

岳〔o-rom〕【『耽羅志』以岳爲兀音】〔全南〕濟州(郡內「葛岳」を〔tʃʼuk o-rom〕「板乙浦岳」を
〔núl-gö o-rom〕といふ)·城山·西歸·大靜(舊旌義郡內の「達山」を〔toŋ o-rom〕水岳を〔mul

o-rom〕應巖山を〔mö-pa-ui o-rom〕といふ〉《朝鮮語方言の研究 上』(小倉進平, 1944:34)〉.

達山峯(달산봉)〔탈산오롬〕 제주특별자치도 서귀포시 표선면 하천리에 있는 '탈
산오롬'의 한자 차용 표기. 표고 133.7m.

達山峰 タルサンポン 130.4米《朝鮮五萬分一地形圖』(濟州島北部 4號)「城山浦」(1918)〉. 達山峯 白

沙嘴ノ北方6浬ニ在リ.《朝鮮沿岸水路誌 第1卷』(1933) 朝鮮南岸「濟州島」〉.

獺嶼(달서) 제주특별자치도 제주시 조천읍 북촌리 '다려섬(다려도)'의 '다려'의
한자 차용 표기 가운데 하나. 1960년대 지형도부터 2015년 지형도까지 '獺
嶼島(달서도)'로 쓰여 있음. 이곳에 설치된 등대를 '달서등대'라 하고 있음.

獺嶼 タレ 《朝鮮五萬分一地形圖』「濟州」((濟州島北部 7號, 1918)〉. 北村里及咸德里……獺嶼(タレ,

達嶼)ト稱ス.《朝鮮沿岸水路誌 第1卷』(1933) 朝鮮南岸「濟州島」〉.

達嶼(달서) 제주특별자치도 제주시 조천읍 북촌리 '다려섬(다려도)'의 '다려'
의 한자 차용 표기 가운데 하나. 1960년대 지형도부터 2015년 지형도까
지 '獺嶼島(달서도)'로 쓰여 있음. 이곳에 설치된 등대를 '달서등대'라 하고
있음.

北村里及咸德里……獺嶼(タレ, 達嶼)ト稱ス.《朝鮮沿岸水路誌 第1卷』(1933) 朝鮮南岸「濟州島」〉.

達造坪(달조평)〔달조벵디〕 제주특별자치도 제주시 도련동에 있는 들판 이름의
한자 차용 표기.

達造坪(道連里)《朝鮮地誌資料』(1911) 全羅南道 濟州郡 中面, 野坪名〉.

儋羅(담라) 제주(濟州)의 옛 이름 표기 가운데 하나.

北史에는 涉羅라 하였고 唐書에는 儋羅라 하였으며 韓文에는 耽浮羅라 하였고 〈耽羅紀行:

漢拏山』(李殷相, 1937)〉.

澹羅(담라) 제주도를 이르는 옛 이름이라고 한 儋羅(담라)를 잘못 쓴 것.

古書에 적힌 耽羅라는 것과 澹羅, ㅅㅗ 涉羅라는 것과……濟州를 돌나라라는 ㅅㅗㅡㅅ으로,

涉羅라고 햇스리라고 생각할 理由가 만습니다.《州島의 文化史觀 9』(1938) 六堂學人, 每日新報 昭

和十二年 九月 二十七日〉.

畓尾洞野(답미동야) 제주특별자치도 서귀포시 신도2리 '논깍동네' 일대에 있는 들판 이름의 한자 차용 표기.

畓尾洞野(順昌里)〈『朝鮮地誌資料』(1911) 全羅南道 大靜郡 右面, 野坪名〉.

畓尾野(답미야)〔논깍드르〕 제주특별자치도 서귀포시 신도2리 '논깍' 일대에 있는 들판 이름의 한자 차용 표기.

畓尾野(桃源里)〈『朝鮮地誌資料』(1911) 全羅南道 大靜郡 右面, 野坪名〉.

畓尾池(답미지)〔논깍못〕 제주특별자치도 서귀포시 대정읍 신도2리 '논깍'에 있는 못 이름의 한자 차용 표기.

畓尾池(順昌里)〈『朝鮮地誌資料』(1911) 全羅南道 大靜郡 右面, 池名〉.

堂街(당가)〔당커리〕 제주특별자치도 제주시 한경면 고산1리 '당커리'의 한자 차용 표기. 1960년대 지형도부터 '당가동(堂街洞)'으로 쓰여 있음.

堂街 タンコリ〈『朝鮮五萬分一地形圖』(濟州島南部 13號 '摹瑟浦』(1918)〉.

堂口浦(당구포) 제주특별자치도 제주시 추자면 '큰짝지(대서리)'에 있는 개 이름의 한자 차용 표기. 오늘날 추자항 안쪽에 있었음.

堂口浦〈『朝鮮地誌資料(1911)』권20, 全羅南道 莞島郡 楸子面 大作只, 浦口名〉.

堂山¹(당산)〔당오롬〕 제주특별자치도 제주시 한경면 고산1리 고산 포구 가까이에 있는 '당산'의 한자 표기. 이 오롬은 예로부터 '자귀오롬'이라 하여 遮歸岳(차귀악)으로 표기하다가, 당(堂)이 들어선 오롬이라는 데서 堂山(당산) 또는 堂山岳(당산악), 堂山峰(당산봉) 등으로 표기했는데, 일제강점기 지형도에 단순리 고산리에 있는 오롬이라는 데서 高山岳(고산악)으로 표기한 듯함. 『朝鮮地誌資料』(1911)에도 고산(高山)과 용수(龍水) 사이에 있는 오롬을 堂山(당산)으로 표기했음. 1960년대 우리나라 지형도부터 '唐山峰(당산봉)' 또는 '당산봉' 등으로 표기했는데, 唐山峰(당산봉)은 堂山峰(당산봉)으로 표기해야 함. 표고 145.7m.

堂山(高山·龍水 兩里間)〈『朝鮮地誌資料』(1911) 全羅南道 濟州郡 舊右面, 山名〉.

堂山²⁽당산⁾ 제주특별자치도 서귀포시 안덕면 동광리 칠소장에 있는 '당오름'의 한자 차용 표기. 표고 473m.

七所堂山(東廣里) 《朝鮮地誌資料》(1911) 全羅南道 大靜郡 中面, 山谷名〉.

唐山峯⁽당산봉⁾〔당산오름〕 제주특별자치도 제주시 한경면 고산1리 고산 포구 가까이에 있는 '당산'의 한자 표기. 이 오름은 예로부터 '자귀오름'이라 하여 遮歸岳(차귀악)으로 표기하다가, 당(堂)이 들어선 오름이라는 데서 堂山(당산) 또는 堂山岳(당산악), 堂山峰(당산봉) 등으로 표기했는데, 일제강점기 지형도에 단순리 고산리에 있는 오름이라는 데서 高山岳(고산악)으로 표기한 듯함. 『朝鮮地誌資料』(1911)에도 고산(高山)과 용수(龍水) 사이에 있는 오름을 堂山(당산)으로 표기했음. 1960년대 우리나라 지형도부터 '唐山峰(당산봉)' 또는 '당산봉' 등으로 표기했는데, 唐山峰(당산봉)은 堂山峰(당산봉)으로 표기해야 함. 표고 145.7m.

高山岳(唐山峯) 濟州島ノ最西端ニ突立スル岩峯ニシテ高サ146米.《朝鮮沿岸水路誌 第1巻》(1933) 朝鮮南岸「濟州島」〉.

堂岳¹⁽당악⁾ 제주특별자치도 조천읍 선흘리와 와산리 경계에 있는 오름의 한자 차용 표기 가운데 하나. 이 오름은 원래 '당오름'으로 부르고, 한자를 빌려 '堂岳(당악)'으로 표기하였음. 이 오름 아래쪽에 '불도삼승도'를 모시는 와산리 '불돗당'이 있는데, 이 당이 있는 오름이라는 데서 붙인 것임. 1960년대 지형도부터 2015년 지형도까지 '당오름'으로 쓰여 있음. 표고 306.1m.

堂岳 《朝鮮地誌資料(1911)》권17, 全羅南道 濟州郡 新左面 臥山·善屹兩里, 山名〉. 漢拏山-金寧線……其上ニ連立セル火山ハ 土赤岳, 石岳, 御後岳, 水長兀, 犬月岳, 棚岳, 針岳, 泉味岳, 堂岳, 猫山峰, 笠山ナリトス〈濟州島ノ地質」(朝鮮地質調査要報 제10권 1호, 原口九萬, 1931〉.

堂岳²⁽당악⁾ 제주특별자치도 제주시 구좌읍 송당리에 있는 '당오름'의 한자 차용 표기. 1960년대 지형도부터 2015년 지형도까지 '당오름'으로 쓰여 있음. 표고 276.3m.

堂岳 タンオルム 272米 《朝鮮五萬分一地形圖》(濟州島北部 4號)「城山浦」(1918)〉.

堂岳³(당악) 제주특별자치도 서귀포시 안덕면 동광리 동광육거리 서북쪽, '원물오롬' 서북쪽에 있는 오롬 이름의 한자 차용 표기. 1960년대 지형도부터 2015년 지형도까지 '당오름'으로 쓰여 있음. 표고 473m.

堂岳 タンアク 476米 《朝鮮五萬分一地形圖》「大靜及馬羅島」(濟州島南部 9號, 1918)〉.

堂岳洞(당악동) 제주특별자치도 제주시 조천읍 와산리 동남쪽, '당오롬' 북동쪽에 있었던 '당오롬동네'의 한자 차용 표기. 제주4·3 때 폐동되었음.

堂岳洞 タンアクトン 《朝鮮五萬分一地形圖》「漢拏山」(濟州島北部 8號, 1918)〉.

堂岳池(당악지) 제주특별자치도 제주시 조천읍 와산리 동남쪽, '당오롬' 북동쪽에 있던 '당오롬못(당오롬물)'의 한자 차용 표기.

堂岳池 《朝鮮地誌資料(1911)》권17, 全羅南道 濟州郡 新左面 臥山里, 川池名〉.

唐浦(당포)〔당캐〕 제주특별자치도 서귀포시 안덕면 대평리 바닷가에 있는 개 이름의 한자 차용 표기. 대평리 당 아래쪽에 있는 개라는 데서 붙인 것임. 오늘날 지형도에는 '대평 포구'로 되어 있음. 민간에서는 개 위쪽을 '당클·당쿨'이라 하고, 본향당이 있는 밭을 '당밧'이라고 함.

唐浦(大坪里) 《朝鮮地誌資料》(1911) 全羅南道 大靜郡 中面, 浦口名〉.

堂浦(당포)〔당캐〕 제주특별자치도 서귀포시 표선면 표선리 바닷가에 있는 개 이름의 한자 차용 표기. 바닷가의 당(堂: 세명주 할망당) 가까이에 있는 개라는 데서 붙인 것임. 오늘날 지도에는 표선항으로 되어 있음.

堂浦·당기(表善里) 《朝鮮地誌資料》(1911) 全羅南道 旌義郡 東中面, 浦口名〉.

堂下野(당하야)〔당알드르〕 제주특별자치도 서귀포시 대정읍 신도2리 당 아래쪽 '당알(쉐당 알)' 일대에 있는 들판 이름의 한자 차용 표기.

堂下野(順昌里) 《朝鮮地誌資料》(1911) 全羅南道 大靜郡 右面, 野坪名〉.

大谷田野(대곡전야)〔큰골드르〕 제주특별자치도 서귀포시 대정읍 동일리 '큰골왓' 일대에 형성되어 있는 들판 이름의 한자 차용 표기.

大谷田野(東日里)《朝鮮地誌資料》(1911) 全羅南道 大靜郡 右面, 野坪名〉.

大串(대곶) 제주특별자치도 서귀포시 안덕면 대평리 '송랭이' 서쪽 바닷가에 있는 '박수기정' 일대를 '큰코지'라고 하여 그것을 한자 차용 표기로 쓴 것 가운데 하나.

煙臺串ノ西方2.8浬ゼ大串アリ.《朝鮮沿岸水路誌 第1卷》(1933) 朝鮮南岸「濟州島」〉.

大橋藪(대교수) 제주특별자치도 서귀포시 성산읍 수산2리 산간에 있는 '한ᄃ릿곳'의 한자 차용 표기.

地名の後にある普通名詞.……꽂(藪).……之に依て見れは藪の訓は花の訓꽂と同一のものでわるといふことが別る. 卽ち昔から樹木の茂つて居る高地を꽂といつたらしい. 今でも大橋藪(旌義)を한ᄃ리꽂, 大藪(旌義)を한꽂と稱して居る.〈朝鮮及滿洲》제70호(1913)「濟州島方言」'六.地名'(小倉進平).

大屈田(대굴전)〔큰굴왓〕 제주특별자치도 제주시 조천읍 대흘이 '큰굴왓(큰골왓의 변음?)'의 한자 차용 표기.

大屈田《朝鮮地誌資料(1911)》권17, 全羅南道 濟州郡 新左面 大屹里, 野坪名〉.

大畓(대답)〔하논〕 제주특별자치도 서귀포시 호근동과 서홍동 경계에 있는 '한논〉하논'의 한자 차용 표기. 민간에서는 주로 '하논'으로 말해짐.

大畓 テータブ《朝鮮五萬分一地形圖》「西歸浦」(濟州島南部 5號, 1918)〉. 他ノ火山……西歸浦西北ニ當リテ三梅峰ヲ最高點トスル外輪山ヲ繞テシ大畓ト稱スル廣キ火口原アリ〈濟州島ノ地質〉(朝鮮地質調査要報 제10권 1호, 原口九萬, 1931〉.

大洞(대동)〔큰동네〕1.제주특별자치도 제주시 한경면 청수리 '큰동네'의 한자 차용 표기.

清水里 チョンスーリー, 大洞 テートン《朝鮮五萬分一地形圖》(濟州島南部 13號「摹瑟浦」(1918)〉.

2.제주특별자치도 서귀포시 남원읍 신례리 '큰동네'의 한자 차용 표기.

椎茸 禮村境上大洞産《朝鮮地誌資料》(1911) 全羅南道 旌義郡 西中面, 土産名〉.

大洞里(대동리) 제주특별자치도 서귀포시 성산읍 삼달2리에 있는 '큰동네'의 한자 차용 표기.

<small>大洞里 テードンリー 《朝鮮五萬分一地形圖》「濟州島北部 4號」「城山浦」(1918)〉.</small>

大亂谷野(대난곡야) 제주특별자치도 서귀포시 대정읍 상모리 '대난골(민간에서는 주로 대낭골/대낭굴로 말해지고 있음.)' 가까이에 있는 들판 이름의 한자 차용 표기.

<small>大亂谷野(上摹里) 《朝鮮地誌資料》(1911) 全羅南道 大靜郡 右面, 野坪名〉.</small>

大路邊池(대로변지)〔한질ᄀᆞᆺ못〕 제주특별자치도 서귀포시 대정읍 신평리 '한질ᄀᆞᆺ(큰길가)'에 있는 못(한질못)의 한자 차용 표기.

<small>大路邊池(新坪里) 《朝鮮地誌資料》(1911) 全羅南道 大靜郡 右面, 池名〉.</small>

大鹿峰(대록봉)〔큰사스미오롬〕 제주특별자치도 서귀포시 표선면 가시리 산간에 있는 '큰사스미오롬'의 한자 차용 표기 가운데 하나. 이 오롬은 예로부터 '사스미'라고 부르고 한자를 빌려 鹿山(녹산)으로 표기했는데, 이웃한 '족은사스미[小鹿山]'와 구분하기 위해 '큰사스미'라고 부르고 大鹿山(대록산)으로 표기하였음. 1960년대 지형도부터 2015년 지형도까지 大鹿山(대록산)으로 표기되었음. 표고 472.2m.

<small>大鹿峰 テーロクポン 474.6米 《朝鮮五萬分一地形圖》「漢拏山」(濟州島北部 8號, 1918)〉.</small>

大龍邱野(대룡구야)〔ᄃᆞ롱굿드르〕 제주특별자치도 서귀포시 대정읍 상모리 'ᄃᆞ롱곳·ᄃᆞ롱굿' 일대에 있는 들판 이름의 한자 차용 표기.

<small>大龍邱野(上摹里) 《朝鮮地誌資料》(1911) 全羅南道 大靜郡 右面, 野坪名〉.</small>

大林里(대림리) 제주특별자치도 제주시 한림읍 대림리의 한자 표기.

<small>大林里 《地方行政區域一覽(1912)》(朝鮮總督府) 濟州郡, 舊右面〉. 大林里 テリムニー 《朝鮮五萬分一地形圖》「翰林」(濟州島北部 12號, 1918)〉. 漢字の音にもわらず又其の訓讀にもわらず, 全く他の名稱を以て呼ぶもの.……大林里 센돌('立石'ノ義テアルトイツテ居ル). 《朝鮮及滿洲》 第70호(1913)「濟州島方言」「六.地名」(小倉進平)〉.</small>

大並山(대병산)〔큰굴른오롬〕 제주특별자치도 서귀포시 안덕면 상천리 '큰굴론

오롬〉큰굴른오롬'의 한자 차용 표기. 1960년대 지형도부터 2015년 지형
도까지 並岳(병악) 또는 竝岳(병악)으로 쓰여 있음. 표고 490m. 옆에 있는
작은 오롬(표고 473m)은 '작은병악'으로 표기했음.

大並山(上倉里)《朝鮮地誌資料』(1911) 全羅南道 大靜郡 中面, 山谷名〉.

大鳳顔串(대봉안곶) 제주특별자치도 서귀포시 남원읍 남원리 바닷가에 있는
곶(큰봉안이코지?) 이름의 한자 차용 표기.

蓋民浦串ヨリ2.5浬ノ間海岸ハ西方ニ走リ次デ南西方ニ赴クコト2.5浬ニシテ大鳳顔串ナ
ル平低岩嘴ニ達ス, 角ニ接シ保閑里ノ村アリ.《朝鮮沿岸水路誌 第1巻』(1933) 朝鮮南岸「濟州島」〉.

大蛇窟(대사굴) 제주특별자치도 제주시 구좌읍 김녕리에 있는 '베염굴(김녕사
굴)'을 '큰베염굴'로 이해하고 한자로 쓴 것.

濟州島大蛇窟の探險と傳說……或時, 此の上方約一里の處に, 大蛇窟ど稱すゐ大きな岩穴
ああり,…….《歷史民俗朝鮮漫談』(今村鞆, 1930)「濟州島大蛇窟の探險と傳說」〉.

大西里(대서리) 제주특별자치도 제주시 추자면 상추자도에 있는 법정마을 가
운데 하나. '대서리'의 옛 이름은 '큰작지' 또는 '큰짝지'라 하고 한자 차용
표기로 大作之(대작지) 또는 大作只(대작지) 등으로 표기하다가, 일제강점
기 초반부터 大西里(대서리)로 바꾸어 오늘날에 이르고 있음. 大作之(대작
지)는 『戶口總數』(1789) '6책, 전라도, 영암' 조에서 확인할 수 있고, 大作只
(대작지)는 『靈巖楸子島地圖』(1872)와 『韓國水産誌』(1911) '권3, 완도군, 추
자면' 조 등에서 확인할 수 있음.

大西里《地方行政區域一覽』(朝鮮總督府, 1912) 全羅南道 莞島郡 楸子面). 大西里 テーソリー《朝鮮五
萬分一地形圖』(濟州嶋北部 9號,「楸子群島」(1918)〉. 楸子港……港ノ沿濱山麓ニ永興里, 大西里ノ2村
アリ, 永興里ハ南濱ニ, 大西里ハ北濱ニ位ス《朝鮮沿岸水路誌 第1巻』(1933) 朝鮮南岸「楸子群島」〉.

大石類額岳(대석류액악)〔큰돌이미오롬〕 제주특별자치도 제주시 구좌읍 송당리
산간에 있는 '큰돌이미오롬'의 한자 차용 표기 가운데 하나. 1960년대 지
형도부터 1990년대 지형도까지 '작은돌임이오름'으로 잘못 표기하였으

나, 2000년대 지형도부터 2015년 지형도까지 '돌리미오름'으로 쓰여 있음. 표고 311.9m.

金寧-兎山里線……數多ノ噴石丘カ一直線上ニ相接シテ聳立セリ, 卽テ大處岳, 鼓岳, 體岳, 外石岳, 內石岳, 泉岳, 葛岳, 民岳, 大石類額岳, 飛雉山. 母地岳ノ諸峰ハ相隣リテ一列ニ聳立セリ《濟州島ノ地質」(朝鮮地質調査要報 제10권 1호, 原口九萬, 1931)》.

大石額岳(대석액악)【큰돌이미오롬】 제주특별자치도 제주시 구좌읍 송당리 산간에 있는 '큰돌이미오롬'의 한자 차용 표기 가운데 하나. 1960년대 지형도부터 1990년대 지형도까지 '작은돌임이오름'으로 잘못 표기하였으나, 2000년대 지형도부터 2015년 지형도까지 '돌리미오름'으로 쓰여 있음. 표고 311.9m.

大石額岳 クントルリミオルム 290米《朝鮮五萬分一地形圖』(濟州島北部 4號) 「城山浦」(1918)》. 大石額岳(クントルリオルム)及小石額岳(チヤクントルリオルム)《濟州島の地質學的觀察」(1928, 川崎繁太郎)》.

大石沢(대석택) 제주특별자치도 제주시 오라동 관음사 남쪽, 한라산 등반로에 있는 '왕돌못'을 나타낸 것.

漢拏山登山……三聖堂……觀音寺……大石沢……蟻項入口 笹原入口……蟻項六合目……笹原の終點……蓬來泉, 日暮の沢……胸衡八合目……白鹿潭《朝鮮半島の農法と農民」(高橋昇, 1939) 「濟州島紀行」》.

大小王谷(대소왕곡)【큰소왕골】 제주특별자치도 서귀포시 안덕면 광평리 '큰소왕골·큰소왕잇골'의 한자 차용 표기.

大小王谷(廣坪里)《朝鮮地誌資料」(1911) 全羅南道 大靜郡 中面, 山谷名》.

大松木野(대송목야)【큰소남드르】 제주특별자치도 서귀포시 안덕면 덕수리 '큰소남·큰소낭' 일대에 있는 들판 이름의 한자 차용 표기.

大松木野(德修里)《朝鮮地誌資料」(1911) 全羅南道 大靜郡 中面, 野坪名》.

大藪(대수)【한곶】 제주특별자치도 서귀포시 성산읍 수산2리에 있는 '한곶'의 한자 차용 표기.

地名の後にある普通名詞.……곶(藪).……之に依て見れは藪の訓は花の訓곶と同一のものでわるといふことが別る. 卽ち昔から樹木の茂つて居る高地を곶といつたらしい. 今でも大橋藪(旌義)を한득리곶, 大藪(旌義)を한곶と稱して居る.《『朝鮮及滿洲』第70호(1913)「濟州島方言」'六.地名'(小倉進平)》.

大水洞[1](대수동)**〔큰물동네〕** 제주특별자치도 제주시 조천읍 선흘1리 알바메기 오름 동쪽 '큰물' 일대에 형성되었던 '큰물동네'의 한자 차용 표기. 제주4·3 때 폐동되었음.

大水洞 クンムルトン《『朝鮮五萬分一地形圖』「漢挐山」(濟州島北部 8號, 1918)》.

大水洞[2](대수동)**〔대수골·대수굴〕** 제주특별자치도 제주시 구좌읍 평대리 바닷가 에 있는 '대수골·대수굴'의 한자 차용 표기.

大水洞 テースードン《『朝鮮五萬分一地形圖』「金寧」(濟州嶋北部 三號, 1918)》.

大水野(대수야)**〔큰못드르·큰못드르〕** 제주특별자치도 서귀포시 안덕면 사계리 '큰못〉큰못' 일대에 형성되어 있는 들판 이름의 한자 차용 표기.

大水野(沙溪里)《『朝鮮地誌資料』(1911) 全羅南道 大靜郡 中面, 野坪名》.

大水浦(대수포)**〔큰물개〕** 제주특별자치도 조천읍 신촌리 바닷가 '큰물' 일대에 있는 개[浦口] 이름의 한자 차용 표기.

大水浦《『朝鮮地誌資料(1911)』권17, 全羅南道 濟州郡 新左面 新村里, 浦口名》.

大鳶頭峰(대연두봉) 제주특별자치도 제주시 오라2동 남쪽, 한라산 백록담 북 쪽 표고 1697.2m의 봉우리. 현대 지형도에는 '삼각봉'으로 쓰여 있음. 삼 각봉 대피소 바로 남쪽에 있는 봉우리를 이름.

蟻項 머리에 올라서서 앞으로 바라보는 곳에 三角形으로 우뚝 뾰족한 峰이 솟아 있으니 이것은 小鳶頭峰, 그 뒤로 바른편에 좀 더 높고 좀 더 뾰족한 큰峰이 있으니 저것은 大鳶頭 峰이다《『耽羅紀行: 漢挐山』(李殷相, 1937)》.

大王山(대왕산) 제주특별자치도 서귀포시 성산읍 수산1리 '큰왕미·큰웽미'의 한자 차용 표기. 1960년대 지형도부터 2015년 지형도까지 '大王山(대왕산'으로 쓰여 있음. 표고 154.8m.

大王山 テーワンサン 156.8米《朝鮮五萬分一地形圖』(濟州島北部 4號)「城山浦』(1918)》. 大王山 斗
山低頂ノ南西方約1.5浬ニ在リ高サ154米……《朝鮮沿岸水路誌 第1卷』(1933) 朝鮮南岸「濟州島」》.

大月岳(대월악) 犬月岳(견월악)을 잘못 나타낸 것 가운데 하나. ⇒ 犬月岳(견월악).

大月岳 750米(濟州島 濟州面)《朝鮮地誌資料』(1919, 朝鮮總督府 臨時土地調査局) 山岳ノ名稱所在
及眞高(續), 全羅南道 濟州島》.

大伊水溪(대이수계)〔하니물골〕 제주특별자치도 서귀포시 하예동 '하니물' 일대
에 형성되어 있는 골 이름의 한자 차용 표기.

大伊水溪(下猊里)《朝鮮地誌資料』(1911) 全羅南道 大靜郡 左面, 川溪名》.

大作只(대작지) 제주특별자치도 제주시 추자면 상추자도에 있는 '대서리'의
옛 이름 '큰작지' 또는 '큰짝지'의 한자 차용 표기 가운데 하나. 大作之(대작
지)로도 썼음. ⇒ 大西里(대서리).

大作只《朝鮮地誌資料(1911)』권20, 全羅南道 莞島郡 楸子面》. 落は上島に大作只·寺九味[一に筋金
里と云ふ]の二里, 下島に新上·新下[一に魚遊九味と云ふ]·禮初·墨只[一に黙里と云ふ]·長
作·石頸[一に石柱頭とも書す]の六里わりて《韓國水産誌』第3집(1911) 全羅南道 莞島郡 楸子面》.

大靜(대정) 제주특별자치도 서귀포시 대정읍의 옛 이름 대정군(大靜郡)을 이름.

大靜《大靜郡地圖』(1914)》. 濟州邑外光陽洞及大靜西方新坪里ニハ該層ノ堆積アリ《濟州島
ノ地質』(朝鮮地質調査要報 제10권 1호, 原口九萬, 1931)》.

大靜古縣(대정고현) 제주특별자치도 서귀포시 대정읍 인성리와 안성리, 보성
리 경계에 걸쳐 있는 옛 대정현성.

車는 어느덧 大靜古縣을 지나간다. 《耽羅紀行: 漢拏山』(李殷相, 1937)》.

大靜郡(대정군) 제주특별자치도 서귀포시 옛 중문면과 안덕면과 대정읍을 아
울렀던 행정구역 이름으로, 조선 후기부터 대정현(大靜縣)을 바꿔 대정군
이라 하고, 일제강점기 초반까지 사용하였음. 1913년 12월 29일자 「조선
총독부령 제111호」(도의 위치·관할구역 및 부군 명칭·위치·관할구역 개정의 건)에

따라 1914년 3월 1일부터 이전의 대정군(大靜郡) 우면(右面) 지역을 제주
군(濟州郡) 대정면(大靜面)으로 바꾸고, 제주도(濟州島)제를 시행한 뒤에 제
주도(濟州島) 대정면(大靜面)이라 했음.

大靜郡 《朝鮮地誌資料》(1919, 朝鮮總督府 臨時土地調查局) 府郡島新舊對照, 全羅南道 濟州島〉. 大靜郡
江汀 《韓國水産誌》 제3집(1911) 「濟州島」 鹽田〉.

大靜郡城(대정군성) 일제강점기 대정군에 있는 성 이름. 오늘날은 대정읍 인성
리, 안성리, 보성리에 걸쳐 있음.

大靜郡城(邑內) 《朝鮮地誌資料》(1911) 全羅南道 大靜郡 右面, 城堡名〉.

大靜面(대정면) 제주특별자치도 서귀포시 대정읍의 옛 행정구역 이름. 1913
년 12월 29일자 「조선총독부령 제111호」(도의 위치·관할구역 및 부군 명칭·위치·
관할구역 개정의 건)에 따라 1914년 3월 1일부터 이전의 대정군(大靜郡) 우면
(右面) 지역을 대정면(大靜面)으로 바꿨음.

大靜面 テェーチョンミョン 《朝鮮五萬分一地形圖》 「大靜及馬羅島」(濟州島南部 9號, 1918)〉. 大靜
面 テーチョンミョン 《朝鮮五萬分一地形圖》(濟州島南部 13號 「摹瑟浦」(1918)〉. 地理河川……本島
西北 狹才里海岸에 비양도(飛揚島)와 大靜面에 沙溪浦 우에 山房山은 上古噴火時에 漢
拏山에서 飛來하였다. 《濟州島實記》(金斗奉, 1934)〉.

大靜邑(대정읍)〔대정고을·대정골〕 제주특별자치도 서귀포시 대정읍 인성리, 안
성리 보성리 일대. '대정고을(대정골)'을 뜻하는 한자 표기임.

大靜邑 《韓國水産誌》 제3집(1911) 「濟州島」 大靜郡〉.

大池¹(대지)〔대못〕 제주특별자치도 구좌읍 동복리 '큰질산전' 남쪽에 있는 못
이름. '한못' 또는 '큰못'으로 전할 듯하나, 민간에서는 '대못, 대지' 등으로
전하고 있음.

大池 《朝鮮地誌資料(1911)》 권17, 全羅南道 濟州郡 舊左面 東福里, 池澤名〉.

大池²(대지)〔하논〕 제주특별자치도 서귀포시 서홍동과 호근동 경계에 있는 '하
논'의 한자 차용 표기 가운데 하나.

그 곁에 있는 三每陽岳에도 岳中寬敞한 곳에 水田數十頃이 있어 이름을 大池라 한다 〈耽
羅紀行: 漢拏山〉(李殷相, 1937)〉.

大地氣理岳(대지기리악)〔**큰지기리오롬**〕 제주특별자치도 조천읍 와흘리에 있는
오롬의 한자 차용 표기 가운데 하나. 이 오롬은 예로부터 '큰지기리오롬' 또
는 '큰지그리오롬'으로 부르고, 한자를 빌려 '大地氣理岳(대지기리악)'으로
표기하였음. '지기리' 또는 '지그리'는 고유어로 보이는데, 그 뜻은 확실하
지 않음. 표고 598m.

大地氣理岳 〈朝鮮地誌資料(1911)〉권17, 全羅南道 濟州郡 新左面 臥屹里, 山名〉.

大眞木野(대진목야)〔**큰촛남드르**〕 제주특별자치도 서귀포시 강정동 '큰촛남' 일
대에 형성되어 있는 들판 이름의 한자 차용 표기.

大眞木野(江汀里) 〈朝鮮地誌資料〉(1911) 全羅南道 大靜郡 左面, 野坪名〉.

大處洞(대처동)〔**큰곳동네**〕 제주특별자치도 제주시 구좌읍 덕천리에 있었던 '큰
곳동네'의 한자 차용 표기. 제주4·3 때 폐동되었음.

大處洞 クンゴットン 〈朝鮮五萬分一地形圖〉(濟州島北部 4號)「城山浦」(1918)〉.

大處岳(대처악)〔**큰곳오롬**〕 제주특별자치도 제주시 구좌읍 덕천리 '어데오롬'을
'큰곳오롬'이라 하여 한자를 빌려 쓴 것. 2000년대 지형도부터 '어대오롬'
으로 쓰여 있음. 표고 209.3m.

金寧-兎山里線……數多ノ噴石丘カ一直線上ニ相接シテ聳立セリ, 卽テ大處岳, 鼓岳, 體岳,
外石岳, 內石岳, 泉岳, 葛岳, 民岳, 大石類額岳, 飛雉山. 母地岳ノ諸峰ハ相隣リテ一列ニ聳
立セリ 〈濟州島ノ地質〉(朝鮮地質調査要報 제10권 1호, 原口九萬, 1931〉.

大川[1](대천) 제주특별자치도 제주시 용담동을 흐르는 '한내'의 한자 차용 표
기. 요즘 지형도에는 '한천(漢川)'이라 하고 있음.

川(1) [nɛ] …… [全南] 濟州(郡內의 山底川·別刀川·大川을 夫夫〔san-ʤi-nɛ〕, 〔pe-rin-nɛ〕, 〔han-
nɛ〕といふ)·西歸·大靜(郡內의 甘山川을〔kam-san-nɛ〕といふ〉《朝鮮語方言の研究 上》(小倉進平,
1944:41)〉.

大川²(대천)**〔한내〕** 제주특별자치도 제주시 외도동과 내도동 경계를 흘러 바다로 들어가는 '도근내'의 다른 이름의 한자 표기 가운데 하나.

都近川 下流를 大川, 大川의 入海處를 都近浦라 함은 곧 '독개'이니 《耽羅紀行: 漢拏山》(李殷相, 1937)》.

大川³(대천)**〔큰내〕** 제주특별자치도 서귀포시 도순동을 흐르는 내 이름. 이 내는 강정천의 큰내로, 1960년대 지형도부터 1990년대 지형도까지 '큰내'로 쓰고, 2000년대 지형도부터 2010년대 초반 지형도까지 '강정천'으로 썼는데, 2013년대 지형도부터 현대 지형도까지 '道順川(도순천)'으로 쓰여 있음.

大川(道順里) 《朝鮮地誌資料』(1911) 全羅南道 大靜郡 左面, 川溪名》.

大川尼岳(대천니악)**〔대처니오롬〕** 제주특별자치도 조천읍 와산리와 선흘리 경계에 있는 오롬의 한자 차용 표기 가운데 하나. 이 오롬은 원래 '대처니오롬'으로 부르고, 한자를 빌려 '大川岳(대천악)' 또는 '大川尼岳(대천니악)' 등으로 표기하였음.

大川尼岳 《朝鮮地誌資料(1911)』 권17, 全羅南道 濟州郡 新左面 臥山·善屹兩里, 山名》.

大川洞(대천동) 제주특별자치도 제주시 구좌읍 송당리 대천동 사거리 일대에 형성된 '대천동'의 한자 표기.

大川洞 テーチョントン 《朝鮮五萬分一地形圖』「漢拏山』(濟州島北部 8號, 1918)》.

大草津(대초진)**〔대초나루〉대추나루〕** 제주특별자치도 제주시 추자면 영흥리 '절골[寺洞]' 서북쪽 바닷가에 있는 나루인 '대초나루〉대추나루'의 한자 차용 표기 가운데 하나. 현대국어 '대추'의 옛말이 '대쵸'인데, 이 '대쵸'가 나중에 '대초'로 바뀌고, 나중에는 '대추'로 바뀌었음.

大草津 《朝鮮地誌資料(1911)』 권20, 全羅南道 莞島郡 楸子面 寺洞, 津渡名》.

大村(대촌)**〔한ᄆ술〉한ᄆ슬〕** 제주특별자치도 제주시 동 지역의 옛 이름의 표기 가운데 하나.

耽羅誌에 의하면 濟州城內를 일즉이 '大村'이라 하였던 모양이다.……'大村'은 조금도 어긋날 것 없는 '큰무라'의 漢字譯이라 할 것이다. 《耽羅紀行: 漢拏山』(李殷相, 1937)》.

大澤(대택)〔**한못**〕제주특별자치도 제주시 한경면 두모리에 있는 못 이름.

大澤(頭毛里)《朝鮮地誌資料』(1911) 全羅南道 濟州郡 舊右面, 池名〉.

大坪(대평)〔**난드르**〕제주특별자치도 서귀포시 안덕면 대평리의 한자 표기.

大靜郡 桃源 武陵 日果 加波 上摹 下摹 沙溪 和順 大坪 大浦 江汀 計十一浦 《濟州嶋現況一般』(1906)〉. 倉川里 チャンチョンニー 大坪 テーピョン 《朝鮮五萬分一地形圖』「大靜及馬羅島』(濟州島南部 9號, 1918)〉.

大坪里(대평리)〔**난드르므을**〕제주특별자치도 서귀포시 안덕면 대평리의 한자 표기.

大坪里(딕평리 テェーピョンリー)《韓國水產誌』제3집(1911)「濟州島』大靜郡 中面〉.

大浦[1](대포)〔**한개/큰개**〕제주특별자치도 조천읍 북촌리에 있었던 개[浦口] 이름의 한자 차용 표기. 원래 '한개' 또는 '큰개'로 부르고 한자를 빌려 '大浦(대포)'로 표기한 것으로 추정됨.

大浦 《朝鮮地誌資料(1911)』권17, 全羅南道 濟州郡 新左面 北村里, 浦口名〉.

大浦[2](대포) 제주특별자치도 제주시 내도동과 외도동 사이, '도그내' 하류에 형성되어 있는 개 이름의 한자 차용 표기.

大浦(道頭·外都里)《朝鮮地誌資料』(1911) 全羅南道 濟州郡 中面, 浦口名〉.

大浦[3](대포)〔**큰개**〕제주특별자치도 서귀포시 대포동의 개 이름의 한자 차용 표기.

大靜郡 桃源 武陵 日果 加波 上摹 下摹 沙溪 和順 大坪 大浦 江汀 計十一浦 《濟州嶋現況一般』(1906)〉. 大浦(大浦里)《朝鮮地誌資料』(1911) 全羅南道 大靜郡 左面, 浦口名〉. 訓にて又は音を訓とを合せて讀めるもの. 長田里－쟝밧(濟州). 大浦－큰키(大靜). 《朝鮮及滿洲』제70호(1913)「濟州島方言』'六.地名'(小倉進平)〉. 大浦(대포) 浦(1) [kɛ] …… [全南] 濟州(郡內瓮浦를〔tok-kɛ〕大浦를〔k'ún-gɛ〕板浦를〔nol-gɛ〕といふ) 《朝鮮語方言の研究 上』(小倉進平, 1944:42)〉.

大浦里(대포리) 제주특별자치도 서귀포시 대포동의 옛 이름.

大浦里《地方行政區域一覽(1912)』(朝鮮總督府) 大靜郡, 左面〉. 大浦里 テーポリー 《朝鮮五萬分一地

形圖』「大靜及馬羅島」《濟州島南部 9號, 1918)〉.

大屹里(대흘리)〔한흘ᄆ을〕 제주특별자치도 제주시 조천읍 대흘리의 한자 표기.

大屹里《地方行政區域一覽(1912)》《朝鮮總督府》濟州郡, 新左面〉.

德修里(덕수리) 제주특별자치도 서귀포시 안덕면 산방산 북서쪽에 형성되어 있는 덕수리의 한자 표기.

德修里《地方行政區域一覽(1912)》《朝鮮總督府》大靜郡, 中面〉. 德修里 トクスーリー《朝鮮五萬分一地形圖』「大靜及馬羅島」《濟州島南部 9號, 1918)〉. 漢字の音にもわらず又其の訓讀にもわらず, 全く他の名稱を以て呼ぶもの.……德修里 싀당('新堂'ノ義テアルトイッテ居ル)《朝鮮及滿洲』제70호(1913)「濟州島方言」'六.地名'(小倉進平)〉.

德池(덕지)〔덕소·둑소〕 제주특별자치도 서귀포시 도순동에 있는 '덕소(덕못)'의 한자 차용 표기.

德池(道頭里)《朝鮮地誌資料』(1911) 全羅南道 濟州郡 中面, 池名〉.

德泉里(덕천리) 제주특별자치도 구좌읍의 한 마을 이름. 이 마을은 조선시대부터 '검을흘〉거멀'로 부르고 이 일대에 형성된 마을을 '今勿訖村·今勿仡村(금물흘촌)' 또는 '今勿屹里(금물흘리)'라 하였음. 18세기 중후반의 『증보탐라지(增補耽羅誌)』와 1789년의 『戶口摠數(호구총수)』, 18세기 후반의 『제주읍지』, 1826년의 「減柴節目(감시절목)」 등에서 확인되지 않다가, 1872년의 「濟州三邑全圖(제주삼읍전도)」에서 '德泉里(덕천리)'로 확인되는 것으로 보아, 18세기 후반부터 19세기 중반까지는 인근의 '松堂里(송당리)'에 포함되었던 것으로 추정됨.

德泉里《朝鮮地誌資料(1911)』권17, 全羅南道 濟州郡 舊左面〉. 漢字の音にもわらず又其の訓讀にもわらず, 全く他の名稱を以て呼ぶもの.……德泉里 오롬색기('小山'ノ義)《朝鮮及滿洲』제70호(1913)「濟州島方言」'六.地名'(小倉進平)〉. 德泉里 トクチョンニー《朝鮮五萬分一地形圖』「金寧」《濟州嶋北部 三號, 1918)〉.

島國(도국)〔섬나라〕 제주(濟州)의 옛 이름 표기 가운데 하나.

이 說에 의하면 耽, 涉, 儋 等은 모두 다 '섬'(島)이란 말의 音譯字요 羅라고 한 것은 '나라'(國)란 말의 音譯字이어서 '섬나라', 卽 島國이란 뜻으로 解釋하게 된다. 《耽羅紀行: 漢拏山』(李殷相, 1937)》.

都近川(도근천) 제주특별자치도 제주시 내도동과 외도동 사이를 흐르는 '도그내'의 한자 차용 표기. 하류에서 '도근천, 어시천, 광령천(무수천/외도천)' 등이 합류함.

都近川(海安·都坪·內都里)《朝鮮地誌資料』(1911) 全羅南道 濟州郡 中面, 川溪名〉. 都近川 トクネー《朝鮮五萬分一地形圖』「翰林』(濟州島北部 12號, 1918)〉. 水系……北流スルモノハ別刀川, 山池川, 都近川ニシテ 南流スルモノハ川尾川, 松川, 孝敦川, 正房川, 淵外川, 江汀川, 小加來川, 紺山川ナリ《濟州島ノ地質』(朝鮮地質調査要報 제10권 1호, 原口九萬, 1931)〉. 都近川ハ島ノ北岸濟州邑ノ西方內都里ヨリ海ニ注グ上流ヲ無愁川ト謂フ……《朝鮮沿岸水路誌 第1卷』(1933) 朝鮮南岸「濟州島』〉. 第一步의 都近川《耽羅紀行: 漢拏山』(李殷相, 1937)〉. 이것이 都近川 上流의 無愁川이라 한다《耽羅紀行: 漢拏山』(李殷相, 1937)〉. 都近川이라 함은 늡흘 가지고 잇는 내라는 쓰ー人이 됩니다.《濟州島의 文化史觀 7』(1938) 六堂學人, 每日新報 昭和十二年 九月 二十三日〉.

道近川(도근천) 제주특별자치도 제주시 내도동과 외도동 사이를 흐르는 '도그내'의 한자 차용 표기. 하류에서 '도근천, 어시천, 광령천(무수천/외도천)' 등이 합류함.

地理河川……濟州邑前川과 龍淵川과 道近川이요, 中面에 安德川, 左面에 天帝淵, 江汀川, 右面에 洪爐川, 天池淵 等은 山脈과 通하다.《濟州島實記』(金斗奉, 1934)〉.

都近川酒幕(도근천주막) 일제강점기에, 지금 제주시 도근천 가까이에 있었던 주막 이름.

都近川酒幕(內都里)《朝鮮地誌資料』(1911) 全羅南道 濟州郡 中面, 酒幕名〉.

都近浦(도근포)(도근냇개) 제주특별자치도 제주시 외도동과 내도동 사이를 흐르는 내 하류에 있는 개 이름의 한자 차용 표기.

都近川 下流를 大川, 大川의 入海處를 都近浦라 함은 곧 '독개'이니 《耽羅紀行: 漢拏山』(李殷相, 1937)〉.

道南里(도남리) 제주특별자치도 제주시 이도2동 '도남동'의 옛 이름 '도남리' 의 한자 표기.

道南里《地方行政區域一覽(1912)』(朝鮮總督府) 濟州郡, 中面》. 道南里 ドーナムリー《朝鮮五萬分一 地形圖』「漢拏山」(濟州島北部 8號, 1918)》.

道內岳(도내악) 제주특별자치도 제주시 애월읍 봉성리에 있는 '어도오롬'의 한자 차용 표기인 듯한데, 금악(今岳) 경에 있다는 것이 맞지 않음.

道內岳(今岳境)《朝鮮地誌資料』(1911) 全羅南道 濟州郡 舊右面, 山谷名》.

道濃灘(도농탄)〔도롱잇여·도롱이여·도렝이여〕 제주특별자치도 서귀포시 대정읍 가파리의 본섬 가파도 남동쪽 바다에 있는 여. 예로부터 민간에서 '도롱잇 여·도렝잇여' 또는 '도롱이여·도렝이여'로 부르던 것을 한자 차용 표기로 쓴 것 가운데 하나.

道濃灘 トロンニョ《朝鮮五萬分一地形圖』「大靜及馬羅島」(濟州島南部 9號, 1918)》. 廣浦灘(掩灘), 甕浦灘(石狗岩), 南洋礁及道濃灘……加波島ノ東端ヨリ南方約3.5鏈ノ處ヨリ南西方約4鏈 ノ間ニ1簇ノ岩礁アリ, 4箇ノ干出岩質ヲ有ス, 其ノ最南ノモノハ干出1.2米ニシテ道濃灘 ト稱ス.《朝鮮沿岸水路誌 第1卷』(1933) 朝鮮南岸「濟州島」》.

桃道峰(도도봉)〔돗오롬⇒도도롬/도또롬〕 제주특별자치도 구좌읍 송당리 당오롬 북동쪽에 있는 '돗오롬'의 한자 차용 표기 가운데 하나. '桃道峰(도도봉)'은 당 시 김녕리에 있는 오롬으로 등재되어 있으나, 지금 송당리에 있는 '돗오롬 [도또롬]'을 이른 것임. 달리 한자를 빌려 猪岳(저악)으로도 썼음. 표고 283.1m.

桃道峰(金寧里)《朝鮮地誌資料』(1911) 全羅南道 濟州郡 舊左面, 山名》. 桃道峰《朝鮮地誌資料(1911)』 권17, 全羅南道 濟州郡 舊左面 金寧里, 山名》.

道頭里(도두리) 제주특별자치도 제주시 도두동의 옛 이름 '도두리'의 한자 표기.

道頭里《地方行政區域一覽(1912)』(朝鮮總督府) 濟州郡, 中面》. 道頭里(도두리 トートウリー)《韓 國水産誌』제3집(1911)「濟州島」濟州郡 中面》. 道頭里 トツーリ《朝鮮五萬分一地形圖』「翰林」(濟州島 北部 12號, 1918)》. 道頭峯ノ西麓ニ道頭里アリ, 舟艇ノ避泊ニ適ス.《朝鮮沿岸水路誌 第1卷』

(1933) 朝鮮南岸「濟州島」〉.

道頭峰(도두봉) 제주특별자치도 제주시 도두1동 바닷가에 있는 '도두리오롬'의 한자 차용 표기. 1960년대 지형도부터 2015년 지형도까지 '道頭峰(도두봉)'으로 쓰여 있음. 표고 61.8m.

道頭峰 トゥーボン 《『朝鮮五萬分一地形圖』「翰林」(濟州島北部 12號, 1918)〉. 同岩層ヨリ成レル噴石丘(沙羅峰, 道頭峰, 元堂峰, 猫山峰, 犀山岳, 廓岳ノ生成)〈『濟州島ノ地質』(朝鮮地質調査要報 제10권 1호, 原口九萬, 1931).

道頭峯(도두봉) 제주특별자치도 제주시 도두1동 바닷가에 있는 '도두리오롬'의 한자 차용 표기. 1960년대 지형도부터 2015년 지형도까지 '道頭峰(도두봉)'으로 쓰여 있음. 표고 61.8m.

濟州邑ノ西3浬海ニ接シテ1圓錐形山アリ, 道頭峯ト謂フ高サ64米. 〈『朝鮮沿岸水路誌 第1卷』 (1933) 朝鮮南岸「濟州島」〉.

島頭峰(도두봉)〔섬머리오롬〕 제주특별자치도 우도면 천진리 동천진동 동남쪽 바닷가에 있는 오롬의 한자 차용 표기 가운데 하나. 이 오롬의 원래 이름은 '섬머리오롬'이라 하였음. 이 '섬머리오롬'을 한자를 빌려 나타낸 것이 島頭峰(도두봉)임. '섬'의 머리에 해당한다는 데서 '섬머리' 또는 '섬머리오롬'이라 하였음. 한편 '소섬[牛島]'이라 했기 때문에 '소머리오롬'이라 하여 '牛頭峰(우두봉)'으로 쓰기도 하였음. 표고 126.8m.

島頭峰 〈『朝鮮地誌資料(1911)』권17, 全羅南道 濟州郡 舊左面 演坪里, 山名〉.

道連里(도련리) 제주특별자치도 제주시 도련동의 옛 이름 '도련리'의 한자 표기.

道連里 〈『地方行政區域一覽(1912)』(朝鮮總督府) 濟州郡, 中面〉. 道連里 ドョンニー 〈『朝鮮五萬分一地形圖』「濟州」((濟州島北部 7號, 1918)〉.

道順(도순) 제주특별자치도 서귀포시 도순동. '도순'의 한자 표기.

大靜郡 道順 〈『韓國水産誌』 제3집(1911)「濟州島」, 場市名〉.

道順里(도순리) 제주특별자치도 서귀포시 도순동의 옛 이름 '도순리'의 한자 표기.

道順里(도슌리 トーシユンリー) 《『韓國水産誌』제3집(1911) 「濟州島」大靜郡 左面》. 道順里 《『地方行政區域一覽(1912)』(朝鮮總督府) 大靜郡, 左面》. 道順里 トースンリー 《『朝鮮五萬分一地形圖』「大靜及馬羅島」(濟州島南部 9號, 1918)》.

道順市(도순시) 제주특별자치도 서귀포시 강정리에 있었던 시장 이름.

道順市(江汀里) 《『朝鮮地誌資料』(1911) 全羅南道 大靜郡 左面, 市場名》.

桃源(도원) 제주특별자치도 서귀포시 대정읍 신도리의 옛 이름인 '도원'의 한자 표기.

大靜郡 桃源 武陵 日果 加波 上摹 下摹 沙溪 和順 大坪 大浦 江汀 計十一浦 《『濟州嶋現況一般』(1906)》. 大靜郡 桃源 《『韓國水産誌』제3집(1911) 「濟州島」鹽田》.

桃源里(도원리) 제주특별자치도 서귀포시 대정읍 신도리의 옛 이름인 '도원리'의 한자 표기.

桃源里 《『地方行政區域一覽(1912)』(朝鮮總督府) 大靜郡, 右面》. 桃源里(도원리 トーウォンリー) 《『韓國水産誌』제3집(1911) 「濟州島」大靜郡 右面》.

道乙洞(도을동) 제주특별자치도 서귀포시 안덕면 동광리 '돌오름' 서남쪽에 있었던 동네의 한자 차용 표기.

東廣里 トンクヮンニー 道乙洞 トウルトン 《『朝鮮五萬分一地形圖』「大靜及馬羅島」(濟州島南部 9號, 1918)》.

道乙岳(도을악) 제주특별자치도 제주시 한림읍 금악리와 서귀포시 안덕면 동광리 경계에 '도너리오름'의 한자 차용 표기. 1960년대 지형도부터 2013년 지형도까지 '돌오름'으로 표기했는데, 2015년 지형도에는 '大德山(대덕산)'으로 쓰여 있음. 표고 437.4m.

道乙岳 トウルアク 439.6米 《『朝鮮五萬分一地形圖』「大靜及馬羅島」(濟州島南部 9號, 1918)》.

道伊池洞(도이지동) 제주특별자치도 서귀포시 안덕면 덕수리 북쪽 '도리못(도로못)' 일대에 형성되었던 동네의 한자 차용 표기. 道伊淵洞(도이연동)으로 표기되었음. 1980년대 지형도까지도 '도이연동' 또는 '도연동'으로 표기하다가, 1990년대 지형도에서 '도련동'으로 표기된 뒤에 2010년대 지형도에는 '도련동'으로 표기되고 있음. 지금 이 못은 메워졌음.

德修里 トクスーリー 道伊池洞 トイチトン 《朝鮮五萬分一地形圖』「大靜及馬羅島』(濟州島南部 9號, 1918)》.

道嵯猫洑(도차묘야)〔도차궤보〕제주특별자치도 서귀포시 안덕면 화순리 '도체비빌레(도체기빌레: 창곳내 하류)'에 설치했던 보 이름의 한자 차용 표기.

道嵯猫洑 《朝鮮地誌資料』(1911) 全羅南道 大靜郡 中面, 洑名》.

道嵯猫野(도차묘야)〔도차궤드르〕제주특별자치도 서귀포시 안덕면 화순리 '도체비빌레(도체기빌레)' 일대에 형성되어 있는 들판 이름의 한자 차용 표기.

道嵯猫野(和順里) 《朝鮮地誌資料』(1911) 全羅南道 大靜郡 中面, 野坪名》.

島村(도촌) 제주(濟州)를 이르는 옛 이름 가운데 하나라는, 이은상의 주장.

耽牟羅, 耽毛羅 等의 牟羅, 毛羅는 '무라'이오, 耽浮羅의 浮羅도 牟羅, 毛羅를 變轉시켜 海中存在를 表示하야 音義를 兼한 '浮'자로써 代作해 놓았음일 다름이니, 結局은 '島村'이란 뜻임에 틀림이 없다. 《耽羅紀行: 漢拏山』(李殷相, 1937)》.

都坪里(도평리) 제주특별자치도 제주시 도평동의 옛 이름 '도평리'의 한자 표기.

都坪里 《地方行政區域一覽(1912)』(朝鮮總督府) 濟州郡, 中面》. 都坪里 トピンニー 《朝鮮五萬分一地形圖』「翰林』(濟州島北部 12號, 1918)》.

獨子峰(독자봉) 제주특별자치도 서귀포시 성산읍 신산리 산간에 있는 '독재오롬'의 한자 차용 표기 가운데 하나. 1960년대 지형도부터 2015년 지형도까지 '獨子峰(독자봉)'으로 쓰여 있음. 표고 156.1.m.

獨子峰 トクチャポン 159.3米 《朝鮮五萬分一地形圖』(濟州島北部 4號)「城山浦』(1918)》. 아츰햇빛에 넘실거리는 海面을 바라보다 문득 다시 원편 눈에 걸리는 石山이 있으니 이는 新山里의 獨子峰! 《耽羅紀行: 漢拏山』(李殷相, 1937)》.

獨津串(독진곶)〔독찐곧〕제주특별자치도 제주시 우도면 오봉리의 한 자연마을인 '하고수동' 바닷가에 있는 '독진곶·독진고지'를, 한자를 빌려 나타낸 것 가운데 하나. 민간에서는 '독진곳' 또는 '독진고지·독진코지'라고도 부르는데, '독(돌/石)+진(진/長)+곳·고지(串)'의 구성으로 이루어진 것임. 1960년대 지형도와 2010년대 1:25,000 지형도에는 '독진곳'으로 쓰여 있으나, 2000년대 1:25,000 지형도에는 獨津浦(독진포)로 쓰여 있음.

獨津串 トクチンコッ 《『朝鮮五萬分一地形圖』「金寧」(濟州嶋北部 三號, 1918)》.

獨津浦(독진포) 제주특별자치도 제주시 우도면 오봉리의 한 자연마을인 '하고수동' 바닷가에 있는 독진개(포구)를, 한자를 빌려 나타낸 것 가운데 하나. 민간에서는 '독진개'라 부르는데, '독(돌/石)+진(진/長)+개(개/浦)'의 구성으로 이루어진 것임. 『耽羅巡歷圖(탐라순력도)』의 「城山觀日(성산관일)」과 「탐라지도」(1709)에도 獨津浦(독진포)로 쓰여 있음. 1960년대 1:25,000 지형도부터 2010년대 1:25,000 지형도까지 獨津浦(독진포)로 쓰여 있으나, 2000년대 1:25,000 지형도에는 '독진포'로 쓰여 있음.

獨津浦 トクチンゲー 《『朝鮮五萬分一地形圖』「金寧」(濟州嶋北部 三號, 1918)》. 牛島……島ノ北東側ニ飛楊島アリ 其ノ北西側ニ在ルヨ獨津浦トス……. 《『朝鮮沿岸水路誌 第1卷』(1933) 朝鮮南岸「濟州島」》.

獨浦(독포)〔도근내〕 제주특별자치도 제주시 외도동과 내도동 사이를 흐르는 '도근내' 하류에 있는 개 이름의 한자 표기 가운데 하나. ⇒ 都近浦(도근포).

都近川……혹은 '獨浦'라 쓰고 혹은 '甕浦'라 적었으니 漢字로야 獨이라 쓰거나 甕이라 쓰거나 《『耽羅紀行: 漢拏山』(李殷相, 1937)》.

敦道岳(돈도악) 제주특별자치도 서귀포시 대정읍 영락리 내논동(냇논동네) 남쪽에 있는 '돈돌미오롬'의 한자 차용 표기 가운데 하나. 이 오롬은 예로부터 '돈대미'라 하여 한자를 빌려 敦臺山(돈대산)으로 표기하다가, 일제강점기에 敦道岳(돈도악)으로 표기했음. 1960년대 지형도부터 '敦頭岳(돈두악)'으로 쓰여 있음. 표고 39.4m.

敦道岳 トントーアク 41米 《『朝鮮五萬分一地形圖』(濟州島南部 13號「摹瑟浦」(1918)》. 別刀峰及本

島ノ西南隅二踞踞セル敦道岳ヲ構成セルモノナリ〈濟州島ノ地質』(朝鮮地質調査要報 제10권 1
호, 原口九萬, 1931〉.

敦乭岳(돈돌악) 제주특별자치도 서귀포시 대정읍 영락리 내논동(냇논동네) 남
쪽에 있는 '돈돌미오롬'의 한자 차용 표기 가운데 하나. 이 오롬은 예로부
터 '돈대미'라 하여 한자를 빌려 敦臺山(돈대산)으로 표기하다가, 일제강점
기에 敦道岳(돈도악)으로 표기했음. 1960년대 지형도부터 '敦頭岳(돈두악)'
으로 쓰여 있음. 표고 39.4m.

敦乭岳(永樂里)〈『朝鮮地誌資料』(1911) 全羅南道 大靜郡 右面, 山谷名〉.

豚尾野(돈미야)〔돗미드르〕 제주특별자치도 서귀포시 대정읍 일과리 '돗미' 일
대에 형성되어 있는 들판 이름의 한자 차용 표기. 민간에서는 '돌미'로 전
하고 있음.

豚尾野(日果里)〈『朝鮮地誌資料』(1911) 全羅南道 大靜郡 右面, 野坪名〉.

豚魚山(돈어산) 제주특별자치도 서귀포시 안덕면 동광리 '도너리오롬'의 한자
차용 표기 가운데 하나. 1960년대 지형도부터 2013년 지형도까지 '돌오
름'으로 표기했는데, 2015년 지형도에는 '大德山(대덕산)'으로 쓰여 있음.
표고 437.4m.

豚魚山(東廣里)〈『朝鮮地誌資料』(1911) 全羅南道 大靜郡 中面, 山谷名〉.

乭島(돌도) 제주특별자치도 제주시 추자면 하추자도 예초리 북쪽 '검은가리'
동북쪽 바다에 있는 섬인 '돌섬'의 한자 차용 표기. 오늘날 지형도에는 '덜
섬'으로 쓰여 있음.

乭島トルソム〈『朝鮮五萬分一地形圖』(濟州嶋北部 9號, 「楸子群島」(1918)〉. 楸子群島……橫干島(橫
看島)……島ノ東端ト牛頭島トノ間二藿島(藿嶼, 高サ48米), 乭島(接嶼, 52米), 及望島(望
嶼, 67米)等ノ數岩散布ス〈『朝鮮沿岸水路誌 第1卷』(1933) 朝鮮南岸 「楸子群島」〉.

乭山(돌산)〔돌미〕 제주특별자치도 서귀포시 성산읍 수산2리 산간에 있는 '돌
미'의 한자 차용 표기. 1960년대 지형도부터 2015년 지형도까지 '乭山(돌

산'으로 쓰여 있으나, 엉뚱한 곳(표고 166.3.m)에 쓰여 있음. 표고 186.7m.

互山 トルミー《『朝鮮五萬分一地形圖』(濟州島北部 4號)「城山浦」(1918)》.

東巨門伊岳(동거문이악)〔**동검은이오롬**〕 제주특별자치도 제주시 구좌읍 종달리 산간에 있는 '동검은이오롬'의 한자 차용 표기 가운데 하나. 1960년대 지형도부터 1990년대 지형도까지 '동거문오름'으로 표기되고, 2000년대 지형도부터 2015년 지형도까지 '동검은이오름'으로 쓰여 있음. 표고 342.5m.

東巨門伊岳 トンクムンイーオルム 322米《『朝鮮五萬分一地形圖』(濟州島北部 4號)「城山浦」(1918)》.

東廣里(동광리) 제주특별자치도 서귀포시 안덕면 동광리의 한자 표기.

東廣里《地方行政區域一覽(1912)》(朝鮮總督府) 大靜郡, 中面》. 東廣里 トンクワンニー 道乙洞 トウルトン《『朝鮮五萬分一地形圖』「大靜及馬羅島」(濟州島南部 9號, 1918)》.

東求洞(동구동) 제주특별자치도 서귀포시 남원읍 위미2리 대원하동 일대에 있었던 동네. 1960년대와 1970년대 지형도부터 '세천동'으로 표기되었으나, 1980년대 지형도부터 오늘날 지형도까지 '대원하동'으로 쓰여 있음.

東求洞 トンクトン《『朝鮮五萬分一地形圖』「西歸浦」(濟州島南部 5號, 1918)》.

東金寧里(동김녕리) 제주특별자치도 제주시 구좌읍 김녕리의 동쪽을 이름. 2000년부터 동김녕리와 서김녕리를 통합하여 '김녕리'라 하였음.

東金寧里 トンクムニョンニー《『朝鮮五萬分一地形圖』「金寧」(濟州嶋北部 三號, 1918)》.

東大坪野(동대평야)〔**동난드르**〕 제주특별자치도 서귀포시 하예동 '동난드르'의 한자 차용 표기.

東大坪野(上猊里)《朝鮮地誌資料』(1911) 全羅南道 大靜郡 左面, 野坪名》.

東洞(동동)〔**동동네**〕 1.제주특별자치도 제주시 구좌읍 상도리 '동동네'의 한자 차용 표기.

上道里 サントリー(東洞 トンコル)《『朝鮮五萬分一地形圖』「金寧」(濟州嶋北部 三號, 1918)》.

2.제주특별자치도 제주시 한림읍 금악리에 있는 '동골(동동네)'의 한자 차용 표기.

東洞 トンコル 《『朝鮮五萬分一地形圖』「翰林」(濟州島北部 12號, 1918)》.

3.제주특별자치도 서귀포시 안덕면 덕수리 '동동네'의 한자 차용 표기.

德修里 トクスーリー 東洞 トントン 《『朝鮮五萬分一地形圖』「大靜及馬羅島」(濟州島南部 9號, 1918)》.

東明里(동명리) 제주특별자치도 제주시 한림읍 동명리의 한자 표기.

東明里 《地方行政區域一覽(1912)』(朝鮮總督府) 濟州郡, 舊右面》. 東明里 トンミョンニー 《朝鮮五萬

分一地形圖』「翰林」(濟州島北部 12號, 1918)》. 翰林里……其ノ南方1浬弱ニ在ル東明里ニ面事務所

アリ. 『朝鮮沿岸水路誌 第1卷』(1933) 朝鮮南岸「濟州島」》.

東美(동미) 제주특별자치도 서귀포시 남원읍 위미3리의 '동위미'를 이른 것.

旌義郡 東美 《韓國水産誌』 제3집(1911) 「濟州島」 鹽田》.

東保里(동보리) 제주특별자치도 서귀포시 표선면 태흥2리의 옛 이름 '동보리'의 한자 표기. 일제강점기 초반에 지금 태흥초등학교 일대에 형성되었던 마을을 동쪽에 있는 보한리라는 데서 동보리(東保里)라 했음. 본디 이름은 '펄개[-깨]' 일대에 형성된 마을이라서 '펄개[-깨]'라 불렸음. 1914년 3월 1일부터 보한리(保閑里: 태흥1리)와 동보리(東保里: 태흥2리), 삼덕동(태흥3리) 등을 통합하여 태흥리(太興里)라 하여 오늘에 이르고 있음. ⇒ **太興里(태흥리).**

東保里 《地方行政區域一覽(1912)』(朝鮮總督府) 旌義郡, 西中面》.

東保閑(동보한) 제주특별자치도 서귀포시 표선면 태흥2리의 옛 이름 '동보리'의 한자 표기. 일제강점기 초반에 지금 태흥초등학교 일대에 형성되었던 마을을 동쪽에 있는 보한리라는 데서 동보리(東保里) 또는 東保閑(동보한)이라 했음. 1914년 3월 1일부터 보한리(保閑里: 태흥1리)와 동보리(東保里: 태흥2리), 삼덕동(태흥3리) 등을 통합하여 태흥리(太興里)라 하여 오늘에 이르고 있음.

太興里 テーランリー, 保閑里 ポハンンリー, 東保閑 プルケー 《朝鮮五萬分一地形圖』「西歸浦」

(濟州嶋南部 5號, 1918)》.

東福里(동복리) 제주특별자치도 제주시 구좌읍 '동복리'의 한자 표기. 동복리
는 원래 'ᄀᆞᆺ막〉굴막'이라 부르고, 한자로 邊幕(변막)으로 표기하다가, 19세
기 후반부터 月汀(월정)으로 바꾸어 쓰기 시작했음.

東福里〈『朝鮮地誌資料(1911)』권17, 全羅南道 濟州郡 舊左面〉. 東福里〈『地方行政區域一覽(1912)』〈朝鮮
總督府〉濟州郡, 舊左面〉. 東福里(동복리 トンポクイー)〈『韓國水産誌』제3집(1911)「濟州島」濟州郡
舊左面〉. 漢字の音にもわらず又其の訓讀にもわらず, 全く他の名稱を以て呼ぶもの…….
東福里 굴막('邊幕'テアルトイッテ居ル). 〈『朝鮮及滿洲』제70호(1913)「濟州島方言」'六.地名'(小倉
進平)〉. 東福里 トンポクニー〈『朝鮮五萬分一地形圖』「濟州」〈濟州島北部 7號, 1918)〉.

東山麓野(동산록야)〔동산틀·동산틜〕 제주특별자치도 서귀포시 도순동 '동산
틀(동산틜)' 일대에 형성되어 있는 들판 이름의 한자 차용 표기. '틀'은 바위
와 나무가 어우려져 거칠게 형성된 숲을 이르는 제주 방언임.

東山麓野(道順里)〈『朝鮮地誌資料』(1911) 全羅南道 大靜郡 左面, 野坪名〉.

同水橋(동수교) 제주특별자치도 제주시 조천읍 신촌리 '동수ᄆᆞ르'의 '동수ᄃᆞ
리' 일대의 들판 이름의 한자 차용 표기.

同水橋〈『朝鮮地誌資料(1911)』권17, 全羅南道 濟州郡 新左面 新村里, 野坪名〉.

洞水洞(통수동) 제주특별자치도 서귀포시 안덕면 화순리 통수동의 한자 표기.
오늘날 지형도에는 '곤물동'으로 쓰고 있음.

和順里 フヮスンニー 洞水洞 トンストン〈『朝鮮五萬分一地形圖』「大靜及馬羅島」〈濟州島南部 9號,
1918)〉.

洞水池(통수지)〔통물〕 제주특별자치도 서귀포시 대정읍 신도리 못 이름의 한
자 차용 표기.

洞水池(桃源里)〈『朝鮮地誌資料』(1911) 全羅南道 大靜郡 右面, 池名〉.

東瀛洲(동영주) 제주(濟州)의 옛 이름 가운데 하나.

輿地勝覽에 耽毛羅(或云耽牟羅) 東瀛洲라 한 것과 耽羅誌에 州胡國이라 한 것도 있고〈『耽
羅紀行: 漢拏山』〈李殷相, 1937)〉.

東衣里(동의리) 제주특별자치도 서귀포시 남원읍 의귀리 동쪽의 '동카름'과 '월산동' 일대에 있었던 '동의리'의 한자 표기 가운데 하나. 1914년 3월 1일부터 衣貴里(의귀리)에 통합되었음.

東衣里《地方行政區域一覽(1912)』(朝鮮總督府) 旌義郡, 西中面》. 衣貴里 ウイクイリー, 東衣里 トンウイリー, 魏時岳洞 ギシーアクトン《朝鮮五萬分一地形圖』「西歸浦」(濟州嶋南部 5號, 1918)》.

東日果(동일과) 제주특별자치도 서귀포시 대정읍 동일리의 옛 이름 '동날웨'의 한자 차용 표기.

大靜郡 東日果《韓國水産誌』제3집(1911)「濟州島」鹽田》.

東日里(동일리) 제주특별자치도 서귀포시 대정읍 '동일리'의 한자 표기.

東日里《地方行政區域一覽(1912)』(朝鮮總督府) 大靜郡, 右面》. 東日里 トンイルリー《朝鮮五萬分一地形圖』(濟州島南部 13號「摹瑟浦」(1918)》.

東長旨(동장지)〔동진모르〕 제주특별자치도 제주시 조천읍 함덕리 위쪽의 '동진모르'의 한자 차용 표기. 동쪽 '진모르(진모를)'를 이름.

東長旨《朝鮮地誌資料(1911)』권17, 全羅南道 濟州郡 新左面 咸德里, 野坪名》.

東中面(동중면) 제주특별자치도 서귀포시 표선면의 옛 행정구역 이름으로, 조선 후기부터 일제강점기 중반까지 동중면이라 하다가, 일제강점기인 1935년 4월 1일부터 표선면(表善面)으로 바꿨음.

旌義郡……東中面 八里 八百五十六戶《濟州嶋現況一般』(1906)》. 旌義郡 東中面《韓國水産誌』제3집(1911)「濟州島」지도》. 東中面 トンチュンミョン《朝鮮五萬分一地形圖』(濟州島北部 4號)「城山浦」(1918)》. 東中面 トンチュンミョン《朝鮮五萬分一地形圖』「漢拏山」(濟州島北部 8號, 1918)》.

東坪(동평)〔동벵디〕 제주특별자치도 제주시 애월읍 납읍리 '동벵디'의 한자 차용 표기.

東坪(納邑里)《朝鮮地誌資料』(1911) 全羅南道 濟州郡 新右面, 野坪名》.

東浦(동포) 제주특별자치도 조천읍 신촌리에 있었던 개[浦口] 이름.

東浦《朝鮮地誌資料(1911)』권17, 全羅南道 濟州郡 新左面 新村里, 浦口名》.

東浩所野(동호소야)〔동호소드르〕 제주특별자치도 서귀포시 대포동 위쪽 '동호소' 일대에 있는 들판 이름의 한자 차용 표기.

東浩所野(大浦里) 《朝鮮地誌資料》(1911) 全羅南道 大靜郡 左面, 野坪名〉.

東浩水野(동호수야)〔동호수드르/동호물드르〕 제주특별자치도 서귀포시 월평동에 있는 '동호수(동호물/동해물)' 일대에 있는 들판 이름의 한자 차용 표기.

東浩水野(月坪里) 《朝鮮地誌資料》(1911) 全羅南道 大靜郡 左面, 野坪名〉.

東浩浦(동호포)〔동홋개·동헷개〕 제주특별자치도 서귀포시 월평동 바닷가에 있는 '동힛개'의 변음을 한자 차용 표기로 쓴 것 가운데 하나.

東浩浦(月坪里) 《朝鮮地誌資料》(1911) 全羅南道 大靜郡 左面, 浦口名〉.

東烘里(동홍리) 제주특별자치도 서귀포시 동홍동의 옛 이름 '동홍리'의 한자 표기 가운데 하나.

東烘里 〈地方行政區域一覽(1912)《朝鮮總督府》 旌義郡, 西面〉. 東烘里 トンホンニー 《朝鮮五萬分一地形圖》「西歸浦」(濟州島南部 5號, 1918)〉.

東廻水(동회수) 1.제주특별자치도 서귀포시 회수동 동쪽 회수교 일대에서 솟아나는 물. 2.제주특별자치도 서귀포시 회수동 동쪽 회수교 일대에서 솟아나는 물 일대에 형성되었던 동네. 제주4·3 때 폐동되었음.

廻水里 ヘースーリー 東廻水 トンヘースー 《朝鮮五萬分一地形圖》「大靜及馬羅島」(濟州島南部 9號, 1918)〉.

斗內峰(두내봉) 제주특별자치도 제주시 월평동 위쪽(남쪽)에 있는 '들네오롬'의 한자 차용 표기 가운데 하나. 민간에서는 주로 '들레오롬'으로 전하고, 2000년대 지형도부터 현대 지형도까지 '들레오름'으로 쓰여 있음. 이 오롬 가까이에 있는 다리는 '월라교(月羅橋)'라 하고 있음. 표고 347.6m.

斗內峰(月坪里) 《朝鮮地誌資料》(1911) 全羅南道 濟州郡 中面, 山名〉.

斗嶺嶼(두령서) 제주특별자치도 제주시 추자면 하추자도 예초리 북쪽 '검은가리' 북동쪽 바다에 있는 섬인 '두령여'의 한자 차용 표기.

斗嶺嶼 ツルンヨ 〈朝鮮五萬分一地形圖』(濟州嶋北部 9號, 「楸子群島」(1918)〉.

斗滿浦(두만포) (두머닛깨) 제주특별자치도 구좌읍 종달리 '두머닛개'의 한자 차용 표기 가운데 하나. 원래 '두머닛개'로 부르고 '頭遠浦·斗遠浦(두원포)' 등으로 표기하였음. '두머니'의 뜻은 확실하지 않음. '두원포'라는 소리 때문에 '頭元浦·斗元浦(두원포)'(『耽羅巡歷圖』)로 잘못 표기한 경우도 있었음. '두머닛개'라는 소리는 시대가 흐르면서 '두마닛개'로 변하여 실현되었음. 이 '두마닛개'를 반영한 한자 차용 표기가 '斗滿浦(두만포)'인 것임. '두마닛개' 는 다시 소리가 변하여 '두무닛개'로 실현되었는데, 이것을 반영하여 한자를 빌려 '頭文浦·頭門浦(두문포)'로 쓰고 있음. 이것을 반영하여 1:5,000 지형도에는 '두문포' 또는 '두문포구'로 쓰고 있음. 오늘날 종달리의 주된 포구로 이용되고 있음.

斗滿浦(終達里) 〈朝鮮地誌資料』(1911) 全羅南道 濟州郡 舊左面, 浦口名〉.

頭毛(두모) 제주특별자치도 제주시 한경면 두모리.

濟州郡 頭毛 〈韓國水産誌』 제3집(1911) 「濟州島」 場市名〉. 濟州郡 頭毛 〈韓國水産誌』 제3집(1911) 「濟州島」 鹽田〉.

頭毛里(두모리) 제주특별자치도 제주시 한경면 두모리의 한자 표기.

頭毛里(두모리 トウモリー) 〈韓國水産誌』 제3집(1911) 「濟州島」 濟州郡 舊右面〉. 頭毛里 〈地方行政區域一覽(1912)』(朝鮮總督府) 濟州郡, 舊右面〉. 頭毛里 ツーモリー 〈朝鮮五萬分一地形圖』(濟州島北部 16號 「飛揚島」1918)〉.

頭毛場(두모장) 제주특별자치도 제주시 한경면 두모리에 있었던 '두모장'의 한자 표기.

頭毛場(高山里) 〈朝鮮地誌資料』(1911) 全羅南道 濟州郡 舊右面, 市場名〉.

豆毛浦(두모포) 제주특별자치도 제주시 한경면 두모리 바닷가에 있는 '두밋개〉두못개'의 한자 차용 표기 가운데 하나.

頭毛浦(頭毛里) 〈朝鮮地誌資料』(1911) 全羅南道 濟州郡 舊右面, 浦口名〉.

頭無山(두무산)〔두믜오롬〕 제주특별자치도 중심에 있는 한라산의 본디 이름인 '두믜오롬'의 한자 차용 표기 頭無岳(두무악)을 달리 쓴 것. ⇒ 漢拏山(한라산).

漢拏山……圓嶠山, 圓山, 頭無山, 釜岳の異名あり.《地學論叢: 小川博士還曆記念》(1930)「濟州火山島」(原口九萬)〉.

頭無岳(두무악)〔두믜오롬〉두무오롬〕 제주특별자치도 중심에 있는 한라산의 본디 이름인 '두믜오롬〉두무오롬'의 한자 차용 표기 가운데 하나. 백록담 일대가 마치 '두믜(드므·두멍·두무)'와 같이 생겼다는 데서 그렇게 불러왔음. ⇒ **漢拏山(한라산).**

漢拏山의 一名을 頭無岳이라 하는데 '以峰峰皆平地也'(興覽)라 하야 그 名號의 緣山을 '峰마다 扁平하므로 말한 것이라' 說明하였지마는《耽羅紀行: 漢拏山》(李殷相, 1937)〉. 頭無岳이고 圓山이고 釜岳, 곳 가마오름이고 통히 '아이누'語 로는 神山이란 ㅆ-ㅅ이 되여서 漢拏山이라 치는 것이나 단 한 가지, 이 山을 神靈으로 생각한 것에서 생겨난 이름임을 짐작할 수 잇습니다.《濟州島의 文化史觀 9》(1938) 六堂學人, 每日新報 昭和十二年 九月 二十七日〉.

斗山(두산) 제주특별자치도 서귀포시 성산읍 시흥리에 있는 '멀미오롬'의 한자 차용 표기 가운데 하나. 1960년대 지형도부터 1990년대 지형도에는 '斗山峰(두산봉)'으로만 표기했는데, 2000년대 지형도부터 현대 지형도까지 '두산봉(표고 126.5m)'과 '말산메(표고 143.6m)'로 표기하여 2개의 오롬인 듯이 표기해 놓았음.

斗山 ツーサン 145.9《朝鮮五萬分一地形圖》(濟州島北部 4號)「城山浦」(1918)〉. 他ノ火山……之ニ屬スルモノニ笠山, 臼山, 城山, 斗山ノ如ク旣ニ其山名ニ於テ形狀ヲ表ハセルモノアリ《濟州島ノ地質》(朝鮮地質調査要報 제10권 1호, 原口九萬, 1931). 斗山(斗山峯) 高低2頂ヲ有シ高頂ハ池尾峯ノ南西方1.4浬餘ニ在リ高サ143米……《朝鮮沿岸水路誌 第1卷》(1933) 朝鮮南岸「濟州島」〉. 왼쪽으로 斗山(두산)을 넘겨 보내고, 바른편으로 池尾峰을 눈짓하는 동안 문득 보니《耽羅紀行: 漢拏山》(李殷相, 1937)〉.

斗山峯(두산봉) 제주특별자치도 서귀포시 성산읍 시흥리에 있는 '멀미오롬'의 한자 차용 표기 가운데 하나. 1960년대 지형도부터 1990년대 지형도에는 '斗山峰(두산봉)'으로만 표기했는데, 2000년대 지형도부터 현대 지형도까지 '두산봉(표고 126.5m)'과 '말산메(표고 143.6m)'로 표기하여 2개의 오롬인 듯이 표기해 놓았음.

斗山(斗山峯) 高低2頂ヲ有シ高頂ハ池尾峯ノ南西方1.4浬餘ニ在リ高サ143米…….《朝鮮沿岸水路誌 第1卷》(1933) 朝鮮南岸「濟州島」》.

斗山峰(두산봉) 제주특별자치도 서귀포시 성산읍 시흥리에 있는 '멀미오롬'의 한자 차용 표기 가운데 하나. 1960년대 지형도부터 1990년대 지형도에는 '斗山峰(두산봉)'으로만 표기했는데, 2000년대 지형도부터 현대 지형도까지 '두산봉(표고 126.5m)'과 '말산메(표고 143.6m)'로 표기하여 2개의 오롬인 듯이 표기해 놓았음.

城山, 斗山峰, 笠山, 破將軍, 高內峰, 高山峰, 水月峰, 簞山, 寺岳, 松岳の外輪山は之に屬し《地球》12권 1호(1929)「濟州島遊記(一)(原口九萬)》.

斗水洞(두수동) 제주특별자치도 제주시 한경면 고산2리 '두먼이물·두문이물·두만이물' 일대에 형성되었던 '두먼이물동네·두문이물동네·두만이물동네'의 한자 차용 표기. 1960년대 지형도부터 '두만동(斗滿洞)'으로 쓰여 있음.

斗水洞 トスートン《朝鮮五萬分一地形圖》(濟州島南部 13號「摹瑟浦」(1918)》.

斗於物野(두어물야)〔두어물드르〕 제주특별자치도 서귀포시 중문동 '두어물(두께물)' 일대에 있는 들판 이름의 한자 차용 표기.

斗於物野(中文里)《朝鮮地誌資料》(1911) 全羅南道 大靜郡 左面, 野坪名》.

屯羅(둔라) 제주(濟州)의 옛 이름 가운데 하나.

宋史에는 屯羅라 하였는데《耽羅紀行: 漢拏山》(李殷相, 1937)》.

屯地洞(둔지동) 제주특별자치도 제주시 구좌읍 김녕리 김녕곳, 덕천리 김녕곳 경계 일대의 '둔지ᄆ를〉둔지물'에 있었던 '둔지동'의 한자 표기. 제주4·3 때 폐동되었음.

屯地洞 ツンチマル 《朝鮮五萬分一地形圖》「濟州」((濟州島北部 7號, 1918)〉.

屯地峯(둔지봉) 제주특별자치도 제주시 구좌읍 한동리 산간에 있는 '둔지오
롬'의 한자 차용 표기 가운데 하나. 1960년대 지형도부터 1990년대 지형
도까지 '屯地峰(둔지봉)'으로 표기했는데, 2000년대 지형도부터 현대 지형
도까지 '둔지오름'으로 쓰여 있음. 표기 283.9m.

屯地峯 ツンチポン 287米 《朝鮮五萬分一地形圖》(濟州島北部 4號)「城山浦」(1918)〉. 月郎峯 屯地峯
(芚地峯)及高岳(高山峯) 月郎峯, 屯地峯ハ細花里ヨリ南西方約3浬, 高岳ハ同方向約5浬…….
《朝鮮沿岸水路誌 第1卷》(1933) 朝鮮南岸「濟州島」〉. 濟州島ヲ北方沖合ヨリ望ム 月郎山 屯地峯 箕岳
下栗岳 明桃岩峯 元堂峯 木密岳 沙羅山《朝鮮沿岸水路誌 第1卷》(1933) 朝鮮南岸「濟州島」〉.

芚地峯(둔지봉) 제주특별자치도 제주시 구좌읍 한동리 산간에 있는 '둔지오
롬'의 한자 차용 표기 가운데 하나. 1960년대 지형도부터 1990년대 지형
도까지 '屯地峰(둔지봉)'으로 표기했는데, 2000년대 지형도부터 현대 지형
도까지 '둔지오름'으로 쓰여 있음. 표기 283.9m.

月郎峯 屯地峯(芚地峯)及高岳(高山峯) 月郎峯, 屯地峯ハ細花里ヨリ南西方約3浬, 高岳ハ
同方向約5浬……. 《朝鮮沿岸水路誌 第1卷》(1933) 朝鮮南岸「濟州島」〉.

屯池峰(둔지봉) 〔둔지오름〕 제주특별자치도 구좌읍 한동리 산간에 있는 오롬의
한자 차용 표기 가운데 하나. 이 오롬의 원래 이름은 '둔지오름'이라 하였
음. 이 '둔지오름'을 한자를 빌려 나타낸 것이 屯地岳(둔지악) 또는 屯地峰·
屯池峰(둔지봉) 등임. 제1960년대 지형도부터 1990년대 지형도까지 '屯地
峰(둔지봉)'으로 표기했는데, 2000년대 지형도부터 현대 지형도까지 '둔지
오름'으로 쓰여 있음. 표기 283.9m.

屯池峰 《朝鮮地誌資料(1911)》권17, 全羅南道 濟州郡 舊左面 漢東里, 山名〉.

麻皈島(마귀도) 제주특별자치도 제주시 한경면 고산1리 바다에 있는 차귀도를 잘못 쓴 것.

麻皈島 〈「六拾萬分之壹 全羅南道」(1918)〉.

麻羅島(마라도) 제주특별자치도 대정읍 가파리 가파도 남쪽 바다에 있는 마라도의 한자 표기 가운데 하나.

麻羅島 〈『韓國水産誌』 제3집(1911) 「濟州島」 지도〉. 麻羅島(마라도 マラト) 〈『韓國水産誌』 제3집 (1911) 「濟州島」 大靜郡 右面〉. 加波島 南方 海上에 더 한결 외로이 떨어져있는 摩羅島는 泉水가 있기는 하나 水量이 적어 〈耽羅紀行: 漢拏山」(李殷相, 1937)〉.

馬羅島(마라도) 제주특별자치도 서귀포시 대정읍 가파리 가파도 남쪽 바다에 있는 마라도의 한자 표기 가운데 하나.

馬羅島 マラトー 〈『朝鮮五萬分一地形圖』 「大靜及馬羅島」(濟州島南部 9號, 1918)〉. 馬羅島 〈『朝鮮地誌 資料』(1919, 朝鮮總督府 臨時土地調査局) 島嶼, 全羅南道 濟州島〉. 又南岸ニハ粗面岩ヨリ成レル鍾狀ノ森島及蚊島一 粗面岩安山岩ヨリ構成サレタル臺地狀ノ虎島及茅島, 玄武岩ヨリ生成サレタル俎狀ノ地歸島, 加波島, 馬羅島等恰モ庭石ヲ並ヘタル如ク碁布セリ 〈濟州島ノ地

質』(朝鮮地質調査要報 제10권 1호, 原口九萬, 1931). 馬羅島(摩蘿島) 加波島ノ南方3浬ニ在ル小島ニシテ其ノ東側ハ岩壁直立シ高サ37米.《朝鮮沿岸水路誌 第1巻』(1933) 朝鮮南岸「濟州島」. 遮歸島ヨリ加波島(カパタウ)ニ至ル間ノ潮流ハ海岸ニ沿ウテ流レ遮歸島ヨリ……而シテ流速ハ馬羅島(摩蘿島)附近ニ於テ最モ強烈ニシテ3節内外ニ及ブ.《朝鮮沿岸水路誌 第1巻』(1933) 朝鮮南岸「濟州島」.

摩蘿島(마라도) 제주특별자치도 서귀포시 대정읍 가파리 가파도 남쪽 바다에 있는 마라도의 한자 표기 가운데 하나.

馬羅島(摩蘿島) 加波島ノ南方3浬ニ在ル小島ニシテ其ノ東側ハ岩壁直立シ高サ37米.《朝鮮沿岸水路誌 第1巻』(1933) 朝鮮南岸「濟州島」. 遮歸島ヨリ加波島(カパタウ)ニ至ル間ノ潮流ハ海岸ニ沿ウテ流レ遮歸島ヨリ……而シテ流速ハ馬羅島(摩蘿島)附近ニ於テ最モ強烈ニシテ3節内外ニ及ブ.《朝鮮沿岸水路誌 第1巻』(1933) 朝鮮南岸「濟州島」.

馬路野(마로야)〔물질드르〕 1. 제주특별자치도 서귀포시 강정동에 '물질' 일대에 있는 들판 이름의 한자 차용 표기.

馬路野(江汀里)《朝鮮地誌資料』(1911) 全羅南道 大靜郡 左面, 野坪名).

2. 제주특별자치도 서귀포시 대정읍 '물질' 일대에 있는 들판 이름의 한자 차용 표기.

馬路野(日果里)《朝鮮地誌資料』(1911) 全羅南道 大靜郡 右面, 野坪名).

馬芙里(마부리) 마라도(馬羅島)를 일본이 별칭한 것.

交通……又島ノ主邑タル濟州邑ヨリ南西方大靜ヲ經テ摹瑟浦ニ通ズルモノ, 南方馬芙里ニ通ズルモノ及南東方旌義ニ至リ更ニ此處ヨリ馬芙里, 表義里, 城山里, 金寧里ニ通ズル等外道路アリ…….《朝鮮沿岸水路誌 第1巻』(1933) 朝鮮南岸「濟州島」.

馬腰野(마요야) 제주특별자치도 서귀포시 대정읍 안성리에 있는 들판 이름의 한자 차용 표기.

馬腰野(安城里)《朝鮮地誌資料』(1911) 全羅南道 大靜郡 右面, 野坪名).

麻田洞(마전동) 제주특별자치도 서귀포시 안덕면 동광리 동광육거리 서쪽 '삼

'밧구석' 일대에 있었던 동네의 한자 차용 표기.

東廣里 トンクヮンニー 麻田洞 マヂョントン 《朝鮮五萬分一地形圖』「大靜及馬羅島」(濟州島南部 9號, 1918)〉.

麻田眞木野(마전진목야) 제주특별자치도 서귀포시 대정읍 무릉리 '멋밧츠남드르'의 한자 차용 표기.

麻田眞木野(武陵里)《朝鮮地誌資料』(1911) 全羅南道 大靜郡 右面, 野坪名〉.

馬足田(마족전) 제주특별자치도 서귀포시 신효동 신효교 동남쪽 '말축밧(---동네)'의 한자 차용 표기. 제주4·3 때 폐동되었음.

馬足田 マルチョクパッ 《朝鮮五萬分一地形圖』「西歸浦」(濟州島南部 5號, 1918)〉.

馬踪岳(마종악)〔머중오롬·마중오롬〕 제주특별자치도 제주시 한경면 저지리 중동 동쪽에 있는 오롬. 예로부터 '머중오롬(머중이오롬)·머종오롬(머종이오롬)' 또는 '마중오롬(마중이오롬)·마종오롬(마종이오롬)' 등으로 부르고 한자로 馬踪岳(마종악)으로도 표기했음.

馬踪岳(楮旨境)《朝鮮地誌資料』(1911) 全羅南道 濟州郡 舊右面, 山谷名〉.

馬中岳(마중악)〔머중오롬·마중오롬〕 제주특별자치도 제주시 한경면 저지리 중동 동쪽에 있는 오롬. 예로부터 '머중오롬(머중이오롬)·머종오롬(머종이오롬)' 또는 '마중오롬(마중이오롬)·마종오롬(마종이오롬)' 등으로 부르고 한자로 馬中岳(마중악)으로도 표기했음.

馬中岳 マチュンアク 181米 《朝鮮五萬分一地形圖』「大靜及馬羅島」(濟州島南部 9號, 1918)〉.

馬軆洞(마체동) 제주특별자치도 서귀포시 한남리 산간 '머체왓' 일대에 형성되었던 '머체왓동네'의 한자 차용 표기. 일제강점기 지형도(1918)에는 한남리 서동 동남쪽, 대전동 남쪽에 쓰여 있는데, 위치가 잘못되어 있음.

馬軆洞 マヂュートン 《朝鮮五萬分一地形圖』「西歸浦」(濟州島南部 5號, 1918)〉.

馬桶洞(마통동) 제주특별자치도 서귀포시 안덕면 광평리 통나무힐스 일대에 있었던 동네. 예로부터 민간에서 '믈통'이라 부르던 물통이 있었는데, 지금은 메워졌음. '물통'을 한자로 馬桶(마통)으로 나타낸 것임.

廣坪里 クヮンピョンニー 馬桶洞 マツントン 《朝鮮五萬分一地形圖》「大靜及馬羅島」(濟州島南部 9號, 1918)〉.

馬桶田(마통전) 제주특별자치도 제주시 조천읍 대흘리 '물통밧'의 한자 차용 표기. 이 일대에 동네가 들어섰는데, 제주4·3 때 폐동되었음.

馬桶田 マトンヂョン 《朝鮮五萬分一地形圖》「濟州」((濟州島北部 7號, 1918)〉.

馬屹洞(마흘동) 제주특별자치도 제주시 한림읍 귀덕3리 '머흘동네'의 한자 표기.

馬屹洞 モールワッ 《朝鮮五萬分一地形圖》「翰林」(濟州島北部 12號, 1918)〉.

馬希畓野(마희답야) 제주특별자치도 서귀포시 대정읍 인성리 '머흘논드르·머 힛논드르'의 한자 차용 표기.

馬希畓野(仁城里) 《朝鮮地誌資料》(1911) 全羅南道 大靜郡 右面, 野坪名〉.

晚早谷野(만조곡야) 제주특별자치도 서귀포시 안덕면 동광리 '느조릿골드르' 의 한자 차용 표기.

晚早谷野(東廣里) 《朝鮮地誌資料》(1911) 全羅南道 大靜郡 中面, 野坪名〉.

晚早窟(만조굴) 제주특별자치도 제주시 한림읍 상명리 '느조릿굴'의 한자 차 용 표기.

熔岩隧道は有名な金寧窟の外に, 鵝窟, 財岩, 晚早窟, 角秀窟があつて何れも大規模のも ので《地球》12권 1호(1929)「濟州島遊記(一)」(原口九萬)〉. 熔岩隧道……筆者ノ踏査ニカカル主 ナルモノハ金寧窟, 鵝窟, 財岩, 晚早窟, 角秀窟及 正房窟ナリトス《濟州島ノ地質」(朝鮮地質調 査要報 제10권 1호, 原口九萬, 1931)〉.

晚早洞(만조동) 제주특별자치도 제주시 한림읍 상명리의 옛 이름 '느조릿동 네'의 한자 차용 표기 가운데 하나.

晚早洞 ヌジリトン 《朝鮮五萬分一地形圖》「翰林」(濟州島北部 12號, 1918).

晚照山(만조산) 제주특별자치도 제주시 한림읍 상명리 '느조리오롬'의 한자 차 용 표기 가운데 하나. 오늘날은 '망오름' 또는 '느지리오름'이라 하고 있음.

晚照山(上明境)《朝鮮地誌資料》(1911) 全羅南道 濟州郡 舊右面, 山名〉.

晚早岳(만조악) 제주특별자치도 제주시 한림읍 상명리에 있는 '느조리오롬'의 한자 차용 표기. 오늘날은 '망오름' 또는 '느지리오름'이라 하고 있음.

晚早岳 ヌジリオルム《朝鮮五萬分一地形圖》「翰林」(濟州島北部 12號, 1918)〉.

末涯池野(말애지야) 제주특별자치도 서귀포시 안덕면 사계리에 있던 '마래지 (마리지)' 일대의 들판 이름의 한자 차용 표기.

末涯池野(沙溪里)《朝鮮地誌資料》(1911) 全羅南道 大靜郡 中面, 野坪名〉.

望島(망도) 제주특별자치도 제주시 추자면 하추자도 예초리 북쪽 '검은가리' 동북쪽 바다에 있는 섬인 '보롬섬(보름섬)'의 한자 차용 표기. 오늘날 지형 도에는 '보론섬'으로 쓰여 있음.

望島 ポルンソム《朝鮮五萬分一地形圖》(濟州嶋北部 9號, 「楸子群島」(1918)〉.《朝鮮地誌資料》(1919, 朝鮮總督府 臨時土地調査局) 島嶼, 全羅南道 濟州島〉. 楸子群島……橫干島(橫看島)……島ノ東端ト 牛頭島トノ間ニ藿島(藿嶼, 高サ48米), 乭島(接嶼, 52米), 及望島(望嶼, 67米)等ノ數岩散 布ス《朝鮮沿岸水路誌 第1卷》(1933) 朝鮮南岸 「楸子群島」〉.

望童山野(망동산야) 제주특별자치도 서귀포시 대정읍 상모리 '망동산' 일대에 있는 들판 이름의 한자 차용 표기.

望童山野(上摹里)《朝鮮地誌資料》(1911) 全羅南道 大靜郡 右面, 野坪名〉.

望童山池(망동산지) 제주특별자치도 서귀포시 대정읍 동일리 '망동산' 일대에 있는 못 이름의 한자 차용 표기.

望童山池(東日里)《朝鮮地誌資料》(1911) 全羅南道 大靜郡 右面, 池名〉.

望嶼(망서) 제주특별자치도 제주시 추자면 하추자도 예초리 북쪽 '검은가리' 동북쪽 바다에 있는 섬인 '보롬섬(보름섬)'의 한자 차용 표기 가운데 하나. 오늘날 지형도에는 '보론섬'으로 쓰여 있음. ⇒ **望島(망도)**.

楸子群島……橫干島(橫看島)……島ノ東端ト牛頭島トノ間ニ藿島(藿嶼, 高サ48米), 乭島(接 嶼, 52米), 及望島(望嶼, 67米)等ノ數岩散布ス《朝鮮沿岸水路誌 第1卷》(1933) 朝鮮南岸 「楸子群島」〉.

每眞木野(매진목야) 제주특별자치도 서귀포시 대정읍 신도리 '맨츠남' 일대에 있는 들판(맨츠남드르) 이름의 한자 차용 표기.

每眞木野(順昌里)《朝鮮地誌資料》(1911) 全羅南道 大靜郡 右面, 野坪名〉.

每眞木池(매진목지) 제주특별자치도 서귀포시 대정읍 신도리 '맨츠남' 일대에 있는 못(맨츠남못) 이름의 한자 차용 표기.

每眞木池(順昌里)《朝鮮地誌資料》(1911) 全羅南道 大靜郡 右面, 池名〉.

梅村(매촌) 제주특별자치도 제주시 도련2동 '맨돈지'의 한자 차용 표기 가운데 하나.

梅村 メーチョン《朝鮮五萬分一地形圖》「濟州」(〈濟州島北部 7號, 1918)〉.

面水洞(면수동)〔ᄎ무릿동네〕 제주특별자치도 제주시 구좌읍 하도리 'ᄎ무릿동네'의 한자 차용 표기 가운데 하나.

面水洞 ミョンスードン《朝鮮五萬分一地形圖》「金寧」(濟州嶋北部 三號, 1918)〉.

明達洞(명달동) 제주특별자치도 서귀포시 대정읍 일과2리의 옛 이름 'ᄇᄀᆞᆫ다리동네'를 '붉은다리동네'로 이해하여 쓴 한자 차용 표기.

明達洞 ミョンタルトン《朝鮮五萬分一地形圖》(濟州島南部 13號 「摹瑟浦」(1918)〉.

明達野(명달야) 제주특별자치도 서귀포시 대정읍 일과2리 'ᄇᄀᆞᆫ다리' 일대에 있는 들판 이름의 한자 차용 표기.

明達野(日果里)《朝鮮地誌資料》(1911) 全羅南道 大靜郡 右面, 野坪名〉.

明堂旨(명당지) 제주특별자치도 제주시 조천읍 북촌리 '멩당ᄆᆞ르'의 한자 차용 표기.

明堂旨(北村里)《朝鮮地誌資料》(1911) 全羅南道 濟州郡 新左面, 野坪名〉.

明道岩(명도암) 제주특별자치도 제주시 봉개동 '명도암'의 한자 표기.

明道岩 ミョンドアム《朝鮮五萬分一地形圖》「漢拏山」(濟州島北部 8號, 1918)〉.

明桃岩峯(명도암봉) 제주특별자치도 제주시 봉개동 '명도암'에 있는 '멩도암오롬'의 한자 차용 표기 가운데 하나. 오늘날은 '안세미오름'이라 하고 있음.

濟州島ヲ北方沖合ヨリ望ム 月郎山 屯地峯 箕岳 下栗岳 明桃岩峯 元堂峯 木密岳 沙羅山 《『朝鮮沿岸水路誌 第1卷』(1933) 朝鮮南岸「濟州島」》.

明松田野(명송전야) 제주특별자치도 서귀포시 대정읍 안성리 '붉은송이왓(붉은송이왓)' 일대에 있는 들판 이름의 한자 차용 표기.

明松田野(安城里) 《『朝鮮地誌資料』(1911) 全羅南道 大靜郡 右面, 野坪名》.

明岳(명악) 제주특별자치도 제주시 노형동의 해안동에 있던 '붉은오롬'의 한자 차용 표기 가운데 하나. 지금은 대부분 공동묘지로 조성되어 있음.

明岳(海安里) 《『朝鮮地誌資料』(1911) 全羅南道 濟州郡 中面, 山谷名》.

明月(명월) 제주특별자치도 제주시 한림읍 명월성 일대에 형성되어 있는 명월리의 줄임말.

濟州郡 明月 《『韓國水産誌』 제3집(1911) 「濟州島」 場市名》. 明月(명월) 明月 《『濟州郡地圖』(1914)》.

明月里(명월리) 제주특별자치도 제주시 한림읍 명월성 일대에 형성되어 있는 명월리를 이름.

明月里 《『地方行政區域一覽(1912)』(朝鮮總督府) 濟州郡, 舊右面》. 明月里 ミョンヲルニー 《『朝鮮五萬分一地形圖』 「翰林」(濟州島北部 12號, 1918)》.

明月城(명월성) 제주특별자치도 제주시 한림읍 명월리에 있는 성 이름.

月月城(明月里: *月月城은 明月城을 잘못 쓴 것.) 《『朝鮮地誌資料』(1911) 全羅南道 濟州郡 舊右面, 城堡名》.

明月場(명월장) 제주특별자치도 제주시 한림읍 명월리에 있던 명월장 이름.

明月場(明月里) 《『朝鮮地誌資料』(1911) 全羅南道 濟州郡 舊右面, 市場名》.

明月鎭(명월진) 제주특별자치도 제주시 한림읍 명월리에 있는 진 이름.

水山鎭 西歸鎭 明月鎭 涯月鎭 別防鎭 朝天鎭 禾北鎭 海防鎭 《『濟州嶋現況一般』(1906)》.

明月浦(명월포) 제주특별자치도 제주시 한림읍 명월리 앞 바다에 있는 개 이름의 한자 표기.

地名の後にある普通名詞.……키(浦). 海岸にある地名で, 明月浦(명월키: 濟州郡), 板浦

(늘기: 濟州郡), 瓮浦(독기: 濟州郡)等はこれでわる.《朝鮮及滿洲》제70호(1913)「濟州島方言」
'六.地名'(小倉進平)〉.

明伊洞(명이동) 제주특별자치도 제주시 한경면 저지리 '마중오름' 남쪽에 있
는 동네의 한자 차용 표기. 예로부터 민간에서는 '멩이동' 또는 '멩이눈'으
로 불러왔음.

明伊洞 ミョ ン イ トン 《『朝鮮五萬分一地形圖』「大靜及馬羅島」(濟州島南部 9號, 1918)〉.

母狗岳(모구악)〔모구리오롬〕 제주특별자치도 서귀포시 성산읍 난산리에 있는
'모구리오롬'의 한자 차용 표기.

母狗岳 モクアク 232米 《朝鮮五萬分一地形圖』(濟州島北部 4號)「城山浦」(1918)〉.

茅島(모도)〔새섬〕 제주특별자치도 서귀포시 송산동 바다에 있던 '새섬'의 한자
차용 표기 가운데 하나. 예로부터 '새섬'이라 부르고 草島(초도) 또는 茅島
(모도) 등으로 표기했는데, 일제강점기 지형도에 鳥島(조도)라 표기했으나,
현대 지형도에서 '새섬'이라 하고 있음. 지금은 '새연교'라는 다리가 놓였
기 때문에 섬 목록에서 빠졌음.

鳥島 セーソム 18米, 茅島 セーソム 18米 《朝鮮五萬分一地形圖』「西歸浦」(濟州島南部 5號, 1918)〉.
鳥島[茅島](濟州島 中面) 《朝鮮地誌資料』(1919, 朝鮮總督府 臨時土地調査局) 島嶼, 全羅南道 濟州
島〉. 又南岸ニハ粗面岩ヨリ成レル鍾狀ノ森島及蚊島ー 粗面岩安山岩ヨリ構成サレタル
臺地狀ノ虎島及茅島, 玄武岩ヨリ生成サレタル粗狀ノ地歸島, 加波島, 馬羅島等恰モ庭石
ヲ並ヘタル如ク碁布セリ《濟州島ノ地質』(朝鮮地質調査要報 제10권 1호, 原口九萬, 1931〉.

毛洞西場野(모동서장야) 제주특별자치도 서귀포시 대정읍 신도리 '모동서장'
일대에 있는 들판 이름의 한자 차용 표기. 조선 후기에 이 일대에는 '모동
장(毛洞場)'이라는 목장이 있었는데, 그 중에서도 서쪽에 있는 목장이라는
데서 '서장(西場)'이라 불렀음.

毛洞西場野(桃源里) 《朝鮮地誌資料』(1911) 全羅南道 大靜郡 右面, 野坪名〉.

帽羅伊岳(모라이악)〔모라이오롬〕 제주특별자치도 서귀포시 색달동 산간에 있

는 '모라이오롬'의 한자 차용 표기. 1960년대 지형도부터 1990년대 지형도까지 帽羅伊岳(모라이악)으로 표기되고, 2000년대 지형도부터 2015년 지형도까지 '모라리오름'으로 쓰여 있음. 표고 510.7m.

帽羅伊岳 モラリアク 510米 《朝鮮五萬分一地形圖』「大靜及馬羅島」(濟州島南部 9號, 1918)》. 帽羅伊岳 510米(濟州島 左面) 《朝鮮地誌資料』(1919, 朝鮮總督府 臨時土地調査局) 山岳ノ名稱所在及眞高(續), 全羅南道 濟州島》.

茅山池(모산지)〔모산이못〕 제주특별자치도 구좌읍 덕천리에 있는 못 이름. 원래 '못산이못〉모사니못'으로 부르고 한자를 빌려 '茅山池'로 표기한 것임. 민간에서는 '모사니물'이라 하여 '茅蛇水(모사수)'로도 표기하는데, '모사니'의 '사'를 '뱀[蛇]'과 관련지어 해석하려는 것은 잘못임. '못[池]+산[立]+-이+못/물'의 구성으로 이루어진 것이 나중에 소리가 변하였음. '알덕천' 길가에 있는데, 못을 두 쪽으로 나누어, 한 쪽은 식수로 이용하고, 한 쪽은 마소용 등으로 이용하였음.

茅山池 《朝鮮地誌資料(1911)』 권17, 全羅南道 濟州郡 舊左面 德泉里, 池澤名》.

母嶼(모서)〔모여〕 제주특별자치도 제주시 추자면 하추자도 석지머리 동남쪽 바다에 있는 '모여'의 한자 차용 표기.

楸子群島……方嶼(母嶼) 群島中ノ最南東岩ニシテ高サ15米 《朝鮮沿岸水路誌 第1卷』(1933) 朝鮮南岸 「楸子群島」》.

摹瑟(모슬) 1.제주특별자치도 서귀포시 대정읍 하모리에 있는 모슬포(摹瑟浦)의 간략 표기. 2.제주특별자치도 서귀포시 대정읍 하모리와 상모리를 아울러 이르는 말.

大靜郡 摹瑟 《韓國水産誌』 제3집(1911) 「濟州島」 鹽田》. 摹瑟 《大靜郡地圖』(1914)》.

摹瑟峯(모슬봉) 제주특별자치도 서귀포시 대정읍 상모리와 하모리, 보성리, 동일리 경계에 있는 '모슬개오롬'의 한자 차용 표기 가운데 하나. 1960년대 지형도부터 2015년 지형도까지 '摹瑟峰(모슬봉)'으로 쓰여 있음. 표고 180.6m.

摹瑟峯 モシルボン 186.8米《朝鮮五萬分一地形圖》「大靜及馬羅島」《濟州島南部9號, 1918)〉. 摹瑟峯 摹瑟浦ノ北方1浬ニ在リ, 高サ185米ノ獨立圓錐形峯ニシテ甚グ顯著ナリ.《朝鮮沿岸水路誌 第1卷》(1933) 朝鮮南岸「濟州島」〉.

摹瑟峰(모슬봉) 제주특별자치도 서귀포시 대정읍 상모리와 하모리, 보성리, 동일리 경계에 있는 '모슬개오롬'의 한자 차용 표기 가운데 하나. 1960년 대 지형도부터 2015년 지형도까지 '摹瑟峰(모슬봉)'으로 쓰여 있음. 표고 180.6m.

摹瑟峰(上摹里)《朝鮮地誌資料》(1911) 全羅南道 大靜郡 右面, 山谷名〉. 飛揚島馬羅島線……比較的 新シキ時期ニ生成セル火山ニシテ 飛揚島, 正月岳, 椿旨岳, 釜岳, 鳥巢岳, 加時岳, 摹瑟峰 等ナリ《濟州島ノ地質》(朝鮮地質調査要報 제10권 1호, 原口九萬, 1931).

摹瑟岳(모슬악) 제주특별자치도 서귀포시 대정읍 상모리와 하모리, 보성리, 동일리 경계에 있는 '모슬개오롬'의 한자 차용 표기 가운데 하나. 1960년 대 지형도부터 2015년 지형도까지 '摹瑟峰(모슬봉)'으로 쓰여 있음. 표고 180.6m.

玄武岩より成れる漢挐山や摹瑟岳は十度以下の緩慢な傾斜の裾野を《地球》12권 1호(1929) 「濟州島遊記(一)」(原口九萬)〉. 不得已 摹瑟岳만 힐끗힐끗 돌려보면서 直行하는 수밖에 없음. 《耽羅紀行: 漢挐山》(李殷相, 1937)〉.

摹瑟浦(모슬포) 1.제주특별자치도 서귀포시 대정읍 하모리 모슬포항 일대의 개 이름.

摹瑟浦(下摹里)《朝鮮地誌資料》(1911) 全羅南道 大靜郡 右面, 浦口名〉.

2.제주특별자치도 서귀포시 대정읍 하모리 모슬포항 일대의 '모슬개·모실 개' 일대에 형성된 동네 이름의 한자 표기.

摹瑟浦 モシルポ《朝鮮五萬分一地形圖》「大靜及馬羅島」《濟州島南部9號, 1918)〉. 摹瑟浦에는 飛行 場이 있고《耽羅紀行: 漢挐山》(李殷相, 1937)〉.

毛瑟浦(모슬포) 1.제주특별자치도 서귀포시 대정읍 하모리 모슬포항 일대의

개 이름의 한자 표기. 2.제주특별자치도 서귀포시 대정읍 하모리 모슬포
항 일대의 '모슬개·모실개' 일대에 형성된 동네 이름의 한자 표기.

毛瑟浦 モスリツポ (모슬포 モスルポ) 《韓國水産誌》 제3집(1911) 「濟州島」 大靜郡 右面). 毛瑟浦
바다 밖에 寡婦灘 加波島! 《耽羅紀行: 漢拏山』(李殷相, 1937)〉.

摹瑟浦港(모슬포항) 제주특별자치도 서귀포시 대정읍 하모리에 있는 항 이름.

摹瑟浦港 摹瑟浦ハ府南串ノ北西方2.5里ニ在ル小浦ニシテ岩陂ヲ以テ保障モラレ.《朝鮮
沿岸水路誌 第1卷』(1933) 朝鮮南岸 「濟州島」).

帽岳(모악) 제주특별자치도 조천읍 교래리 산굼부리 동북쪽에 있는 오롬의
한자 차용 표기 가운데 하나. 1960년대 지형도부터 2015년 지형도까지
'부소오름'으로 쓰여 있으나, 민간에서는 '새모미, 새믈미' 등으로 불러왔
음. 표고 471.1m.

帽岳 《朝鮮地誌資料(1911)』 권17, 全羅南道 濟州郡 新左面 橋來里, 山名).

母地岳(모지악)(못지오롬) 제주특별자치도 서귀포시 표선면 성읍1리에 있는
'못지오롬'의 한자 차용 표기 가운데 하나. 1960년대 지형도부터 2015년
지형도까지 '모지오름'으로 쓰여 있으나, 민간에서는 '못지오롬'이라 부르
고 있고, 원 말은 '뭇지오롬'임. 표고 306m.

母地岳 モチオルム 338米 《朝鮮五萬分一地形圖』(濟州島北部 4號) 「城山浦」(1918)〉. 金寧-兎山里
線……數多ノ噴石丘カ一直線上ニ相接シテ聳立セリ, 卽テ大處岳, 鼓岳, 體岳, 外石岳, 內
石岳, 泉岳, 葛岳, 民岳, 大石類額岳, 飛雉山. 母地岳ノ諸峰ハ相隣リテ一列ニ聳立セリ 《濟
州島ノ地質」(朝鮮地質調査要報 제10권 1호, 原口九萬, 1931)〉.

毛興(모흥) 제주특별자치도 제주시 이도1동에 있는 삼성혈의 옛 이름 '멍굴'
의 '멍'을 한자를 빌려 쓴 것.

그한번 '아이누'語로 풀어보고 싶습니다.……그러면 毛興이라는 이름은 '아이누'말로 풀째
에 '짱이라는 배쪽에서 아니 배야 나왔다 하는 뜻임을 차질 수 잇서서 毛興이란 이름과 高
夫良 三姓이 나온 구멍이라는 傳說이 신통하게 드러마짐을 봅니다. 《濟州島의 文化史觀 7」

(1938) 六堂學人, 每日新報 昭和十二年 九月 二十三日〉.

毛興구멍(모흥--) 제주특별자치도 제주시 이도1동에 있는 삼성혈의 옛 이름 '멍굴'을 한자와 한글로 섞어 쓴 것.

濟州歷史의 시작이라는 高·夫·梁 三姓의 祖上이 나왔다 하는 데를 毛興구멍이라 하는 것입니다. 〈『濟州島의 文化史觀 7』(1938) 六堂學人, 每日新報 昭和十二年 九月 二十三日〉.

毛興穴(모흥혈) 제주특별자치도 제주시 이도1동에 있는 삼성혈의 옛 이름 '멍굴'의 한자 차용 표기.

三姓穴은 諸文獻에 '毛興穴'이라 적히어 있거니와 〈『耽羅紀行: 漢拏山』(李殷相, 1937)〉.

牧丹峯(목단봉) 제주특별자치도 서귀포시 색달동 산간에 있는 '모라이오롬'을 '모란이오롬'으로 인식한 한자 차용 표기. 1960년대 지형도부터 1990년대 지형도까지 帽羅伊岳(모라이악)으로 표기되고, 2000년대 지형도부터 2015년 지형도까지 '모라리오름'으로 쓰여 있음. 표고 510.7m. ⇒ **帽羅伊岳(모라이악)**.

牧丹峰(穡達里) 〈『朝鮮地誌資料』(1911) 全羅南道 大靜郡 左面, 山名〉.

木密岳(목밀악) 〔남짓은오롬〕 제주특별자치도 제주시 연동에 있는 '남짓은오롬'의 한자 차용 표기. 1960년대 지형도부터 1990년대 지형도까지 '남조순오름'으로 쓰고, 2000년대 지형도부터 2015년 지형도까지 '남좃은오름'으로 쓰여 있음. 원 이름은 '남짓은오롬'이고, 이것이 변한 소리가 '남좃은오롬'임. 표고 296.7m.

木密岳 ナムミルオルム 296米 〈『朝鮮五萬分一地形圖』「翰林」(濟州島北部 12號, 1918)〉. 木密岳(連末峰)ハ濟州邑ノ南西方約3浬ニ在ル尖峯ニシテ高サ298米. 〈『朝鮮沿岸水路誌 第1卷』(1933) 朝鮮南岸「濟州島」〉. 濟州島ヲ北方沖合ヨリ望ム 月郎山 屯地峯 箕岳 下栗岳 明桃岩峯 元堂峯 木密岳 沙羅山 〈『朝鮮沿岸水路誌 第1卷』(1933) 朝鮮南岸「濟州島」〉.

牧之童山(목지동산) 제주특별자치도 제주시 조천읍 북촌리 '목지동산('목즈동산'의 변음)'의 한자 차용 표기.

牧之童山 ⟨『朝鮮地誌資料(1911)』 권17, 全羅南道 濟州郡 新左面 北村里, 野坪名⟩.

牧浦(목포) 瓮浦(옹포)의 잘못.

濟州郡……洙源 翰林 瓦浦 狹才 杯令 月令 牧浦(瓮浦?) 頭毛 金藤 三十七浦 ⟨『濟州嶋現況一般』(1906)⟩.

妙蓮寺(묘련사) 제주특별자치도 제주시 외도동 무수내(무수천) 가에 있었다고 하는 절 이름.

記錄을 據하면 無愁川 北岸에 妙蓮寺니 文殊庵이니 하는 古刹이 있었고 ⟨『耽羅紀行: 漢拏山』(李殷相, 1937)⟩.

墓路野(묘로야) 제주특별자치도 서귀포시 대정읍 영락리 '멧질' 일대의 들판 이름.

墓路野(永樂里) ⟨『朝鮮地誌資料』(1911) 全羅南道 大靜郡 右面, 野坪名⟩.

猫山(묘산)〔궤살미〕 제주특별자치도 제주시 구좌읍 김녕리 '고살미'의 한자 차용 표기인 묘산봉(猫山峰)의 간략 표기. ⇒ 猫山峰(묘산봉).

金寧里ノ南方少距離ニ2死火山アリ, 西ニ在ルモノヲ猫山岳(猫山)ト稱シ火口南ニ向ヒ高ザ114米. ⟨『朝鮮沿岸水路誌 第1卷』(1933) 朝鮮南岸「濟州島」⟩.

猫山峰(묘산봉)〔궤살미오름〕 제주특별자치도 제주시 구좌읍 김녕리 '궤살미오름'의 한자 차용 표기 가운데 하나. 1960년대 지형도부터 1990년대 지형도까지 '묘산오름'으로 쓰고, 2000년대 지형도부터 2015년 지형도까지 '궤살메'로 쓰여 있음. 원 이름은 '고살미'이고, 나중에 '궤살미'로도 불렀음. 표고 116m.

同岩層ヨリ成レル噴石丘(沙羅峰, 道頭峰, 元堂峰, 猫山峰, 犀山岳, 廓岳ノ生成) ⟨『濟州島ノ地質』(朝鮮地質調査要報 제10권 1호, 原口九萬, 1931)⟩. 漢拏山-金寧線……其上 ニ連立セル火山ハ 土赤岳, 石岳, 御後岳, 水長兀, 犬月岳, 棚岳, 針岳, 泉味岳, 堂岳, 猫山峰, 笠山ナリトス ⟨『濟州島ノ地質』(朝鮮地質調査要報 제10권 1호, 原口九萬, 1931)⟩.

猫山岳(묘산악)〔궤살미오름〕 제주특별자치도 제주시 구좌읍 김녕리 '궤살미오

롬'의 한자 차용 표기 가운데 하나. 1960년대 지형도부터 1990년대 지형
도까지 '묘산오름'으로 쓰고, 2000년대 지형도부터 2015년 지형도까지
'궤살메'로 쓰여 있음. 원 이름은 '고살미'이고, 나중에 '궤살미'로도 불렸
음. 표고 116m.

猫山岳 クエサンアク 116.3米 《『朝鮮五萬分一地形圖』「濟州」(濟州島北部 7號, 1918)〉. 金寧里ノ南
方少距離ニ2死火山アリ, 西ニ在ルモノヲ猫山岳(猫山)ト稱シ火口南ニ向ヒ高ザ114米
《『朝鮮沿岸水路誌 第1卷』(1933) 朝鮮南岸「濟州島」〉.

猫石野(묘석야)〔고넹이돌--〕 제주특별자치도 서귀포시 대정읍 영락리 바닷가
'고넹이돌' 일대의 들판 이름. '猫石(묘석)'은 제주 방언 '고넹이돌(표준어: 고
양이돌)'의 한자 차용 표기임.

猫石野(永樂里) 《『朝鮮地誌資料』(1911) 全羅南道 大靜郡 右面, 野坪名〉.

猫岳(묘악) 제주특별자치도 제주시 애월읍 봉성리 산간에 있는 '궤미오롬'의
한자 차용 표기 가운데 하나. 2000년대 지형도부터 2015년 지형도까지
표고 653.3.m 봉우리에 '동물오름', 표고 643m의 봉우리에 '궤미오름'으로
표기되어 있음. 그러나 653.3.m 봉우리만 '궤미오롬'이고, 표고 643m의 봉
우리는 '독물오롬'임.

猫岳 クェオルム 652米 《『朝鮮五萬分一地形圖』「翰林」(濟州島北部 12號, 1918)〉.

愁德島(무덕도) 제주특별자치도 제주시 추자면 예초리 북쪽 바다에 있는 섬
'추포도(秋浦島)'를 이른다고 했는데, 다른 섬의 표기인 愁德島(수덕도)를 잘
못 쓴 것으로 추정됨.

甫吉島の西南洋上に浮へる楸子島及秋加里島[海圖に愁德島と記す]を合せて面と爲しこ
れを上下の二面分ちに若干の無人島を配屬す. 《『韓國水産誌』제3집(1911) 全羅南道 莞島郡 楸子面〉.

舞童洞(무동동) 제주특별자치도 서귀포시 안덕면 동광리 동광육거리 동쪽에
있었던 동네. 예로부터 '무동이왓' 또는 '무뎅이왓' 등으로 부르다가 한자로
舞童洞(무동동)으로 표기했음. 제주4·3 때 폐동되었음.

東廣里 トンクヮンニー 舞童洞 ムトントン 《朝鮮五萬分一地形圖』「大靜及馬羅島』(濟州島南部 9號,
1918)》.

武陵(무릉) 제주특별자치도 서귀포시 대정읍 무릉리의 한자 표기.

大靜郡 桃源 武陵 日果 加波 上摹 下摹 沙溪 和順 大坪 大浦 江汀 計十一浦 《濟州嶋現況一
般』(1906)》.

武陵里(무릉리) 제주특별자치도 서귀포시 대정읍 '무릉리'의 한자 차용 표기.

武陵里 《地方行政區域一覽(1912)』(朝鮮總督府) 大靜郡, 右面》. 武陵里 ムヌンリー 《朝鮮五萬分一地
形圖』(濟州島南部 13號「摹瑟浦」(1918)》.

無愁川(무수천)〔무수내〕 제주특별자치도 애월읍 광령리 동쪽을 흘러서 제주시
외도동으로 흘러들어가는 '무수내'의 한자 차용 표기 가운데 하나. 1960
년대 지형도부터 1990년대 지형도까지 '外都川(외도천)'으로 표기하였으
나, 2000년대 지형도부터 2015년 지형도까지 '광령천'으로 쓰여 있음. 그
러나 이 내에 설치된 다리 이름에는 '무수천제2교'도 있고, '외도천교'도
있음.

都近川ハ島ノ北岸濟州邑ノ西方內都里ヨリ海ニ注グ上流ヲ無愁川ト謂フ……. 《朝鮮沿岸
水路誌 第1卷』(1933) 朝鮮南岸「濟州島』》. 이것이 都近川 上流의 無愁川이라 한다 《耽羅紀行: 漢挐
山』(李殷相, 1937)》.

無數川(무수천)〔무수내〕 제주특별자치도 애월읍 광령리 동쪽을 흘러서 제주시
외도동으로 흘러들어가는 '무수내'의 한자 차용 표기 가운데 하나. 1960
년대 지형도부터 1990년대 지형도까지 '外都川(외도천)'으로 표기하였으
나, 2000년대 지형도부터 2015년 지형도까지 '광령천'으로 쓰여 있음. 그
러나 이 내에 설치된 다리 이름에는 '무수천제2교'도 있고, '외도천교'도
있음.

無數川(海南·都坪·外都里) 《朝鮮地誌資料』(1911) 全羅南道 濟州郡 中面, 川溪名》.

蕪藪川(무수천)〔무수내〕 제주특별자치도 애월읍 광령리 동쪽을 흘러서 제주시

외도동으로 흘러들어가는 '무수내'의 한자 차용 표기 가운데 하나. 1960
년대 지형도부터 1990년대 지형도까지 '外都川(외도천)'으로 표기하였으
나, 2000년대 지형도부터 2015년 지형도까지 '광령천'으로 쓰여 있음. 그
러나 이 내에 설치된 다리 이름에는 '무수천제2교'도 있고, '외도천교'도
있음.

無藪川酒幕(光舍里- *필자 주: 光令里의 오기) 《『朝鮮地誌資料』(1911) 全羅南道 濟州郡 新右面,
酒幕名〉.

蕪藪川酒幕(무수천주막)〔무수내--〕 제주특별자치도 제주시 애월읍 광령리 서쪽
'무수내' 일대에 있었던 주막 이름의 한자 표기.

無藪川酒幕(光舍里-*필자 주: 光令里의 오기) 《『朝鮮地誌資料』(1911) 全羅南道 濟州郡 新右面, 酒
幕名〉.

戊岳(무악)〔믜오롬〉미오롬〕 제주특별자치도 서귀포시 동광리와 상천리 경계에
있는 '믜오롬'의 한자 차용 표기. 1960~70년대 지형도에는 戊岳(무악)으
로 표기하였으나, 1980년대~90년대 지형도에는 戌岳(술악)으로 잘못 쓰
고, 2000년대 지형도부터 2015년 지형도까지 '개오름'으로 잘못 쓰여 있
음. 표고 496.1m.

戊岳 ムーアク 500米 《『朝鮮五萬分一地形圖』「大靜及馬羅島」(濟州島南部 9號, 1918)〉. 戊岳 500米
(濟州島 中面) 《『朝鮮地誌資料』(1919, 朝鮮總督府 臨時土地調査局) 山岳ノ名稱所在及眞高(續), 全羅南
道 濟州島〉.

無岳山(무악산) 한라산(漢拏山)의 별칭 가운데 하나.

읍지(邑誌)에 한라산(漢拏山)을 無岳山(무악산)으로 전한다고 했는데, 이것은 頭無岳(두
무악)을 잘못 쓴 것인 듯함. 漢拏山は一名無岳山と邑誌に云えり 《『朝鮮半島の農法と農民』(高
橋昇, 1939)「濟州島紀行」〉.

武州(무주) 제주특별자치도 제주시 구좌읍 월정리의 옛 이름 '무주개〉무주애'
의 '무주'를 한자로 쓴 것 가운데 하나.

濟州郡……演坪(半嶋) 終達 杏源 金寧 武州 東福 北村 咸德 新村 《濟州嶋現況一般(1906)》. 漢字の音にもわらず又其の訓讀にもわらず, 全く他の名稱を以て呼ぶもの……月汀里 무주에('武州'テアルトイツテ居ル) 《朝鮮及滿洲》 제70호(1913) 「濟州島方言」 '六.地名'(小倉進平)》.

黙里(묵리) 제주특별자치도 제주시 추자면 하추자도에 있는 법정마을 가운데 하나. '묵리'의 옛 이름은 '무기' 또는 '미기'라 부르다가 한자 차용 표기로 墨只(묵지) 또는 黙只(묵지) 등으로 표기하다가, 일제강점기 초반부터 黙里(묵리)로 바꾸어 오늘날에 이르고 있음. 墨只(묵지)는 『戸口總數』(1789) '6책, 전라도, 영암' 조와 『靈巖楸子島地圖』(1872) 등에서 확인할 수 있고, 黙里(묵리)는 『韓國水産誌』(1911) '권3, 완도군, 추자면' 조와 『地方行政區域一覽』(朝鮮總督府, 1912) '완도군, 추자면' 조 등에서 확인할 수 있음.

黙里 《地方行政區域一覽(1912)』(朝鮮總督府) 莞島郡, 楸子面》. 黙里 《地方行政區域一覽』(朝鮮總督府, 1912) 全羅南道 莞島郡 楸子面》. 部落は上島に大作只·寺九味[一に節金里と云ふ]の二里, 下島に新上·新下[一に魚遊九味と云ふ]·禮初·墨只[一に黙里と云ふ]·長作·石頭[一に石柱頭とも書す]の六里わりて 《韓國水産誌』 제3집(1911) 全羅南道 莞島郡 楸子面》. 黙里 《朝鮮地誌資料(1911)』 권20, 全羅南道 莞島郡 楸子面》. 黙里 ムクリー 《朝鮮五萬分一地形圖』(濟州嶋北部 9號, 「楸子群島」(1918)》.

墨旨(묵지)〔먹ᄆ르〕 제주특별자치도 서귀포시 남원읍 수망리 민오롬 북쪽에 형성되었던 '먹ᄆ르(---동네)〉먹믈(---동네)'의 한자 차용 표기. 제주4·3 때 폐동되었음.

墨旨 モンムウル 《朝鮮五萬分一地形圖』 「漢拏山」(濟州島北部 8號, 1918)》.

墨只(묵지)〔무기〕 제주특별자치도 제주시 추자면 하추자도 '黙里(묵리)'의 옛 이름 '무기'를 한자를 빌려 나타낸 것 가운데 하나. ⇒黙里(묵리).

部落は上島に大作只·寺九味[一に節金里と云ふ]の二里, 下島に新上·新下[一に魚遊九味と云ふ]·禮初·墨只[一に黙里と云ふ]·長作·石頭[一に石柱頭とも書す]の六里わりて 《韓國水産誌』 제3집(1911) 全羅南道 莞島郡 楸子面》.

文德樻(문덕궤) 1.제주특별자치도 서귀포시 안덕면 상천리 북쪽에 있었던 바

위굴. 지금은 핀크스 G.C.에 있음. **2.**제주특별자치도 서귀포시 안덕면 상
천리 북쪽에 있었던 '문덕궤' 일대에 형성되었던 동네. 제주4·3 때 폐동되
었음.

上川里 サンンチョンニー 文德横 ムントククェ 《朝鮮五萬分一地形圖》「大靜及馬羅島」(濟州島南
部 9號, 1918)〉.

蚊島(문도)〔문섬〕 제주특별자치도 서귀포시 문섬을 이름. 이 섬은 예로부터
'믠섬〉문섬'이라 부르고 한자를 빌려 禿島(독도) 또는 文島(문도) 등으로 써
왔음. 그런데 일제강점기 지형도에 갑자기 鹿島(녹도) 또는 蚊島(문도)로
표기했음. 그러나 1960년대 지형도부터 오늘날 지형도까지 '문섬'으로 쓰
여 있음. 문섬천연보호구역(천연기념물 제421호)으로 지정되어 있음. 표고
92.1m.

鹿島 ノクソム 85.7米, 蚊島 ムンソム 85.7米 《朝鮮五萬分一地形圖》「西歸浦」(濟州島南部 5號,
1918)〉. 鹿島[蚊島](濟州島 中面)《朝鮮地誌資料》(1919, 朝鮮總督府 臨時土地調査局) 島嶼, 全羅南
道 濟州島〉. 玆に森島鎔岩といふは森島を初め, 蚊島, 虎島, 狐村岳及び寺岳を構成し《地
球》11권 2호(1929)「濟州島アルカリ岩石(豫報其二)」(原口九萬)〉. 又南岸ニハ粗面岩ヨリ成レル鍾狀
ノ森島及蚊島ー 粗面岩安山岩ヨリ構成サレタル臺地狀ノ虎島及茅島, 玄武岩ヨリ生成サ
レタル岨狀ノ地歸島, 加波島, 馬羅島等恰モ庭石ヲ並ヘタル如ク碁布セリ《濟州島ノ地質」
(朝鮮地質調査要報 제10권 1호, 原口九萬, 1931)〉. 他ノ火山……粗面岩ヨリ成レル山房山, 森島, 蚊
島等ハ嶂壁ヲ以テ圍繞サレタル鍾狀火山ヲ成ス《濟州島ノ地質」(朝鮮地質調査要報 제10권 1호,
原口九萬, 1931〉.

文道岳(문도악)〔문도찌오롬〕 제주특별자치도 제주시 한경면 저지리 명이동 동
북쪽에 있는 '문도찌오롬'의 한자 차용 표기 가운데 하나. 예로부터 '믠도
찌오롬〉문도찌오롬'이라 부르던 것을 한자로 표기한 것임. 1960년대 지
형도부터 2015년 지형도까지 '문도지오름'으로 쓰여 있음. 그러나 원 이
름은 '문도찌오롬'임. 표고 260.2m.

文道岳(今岳境)〈『朝鮮地誌資料』(1911) 全羅南道 濟州郡 舊右面, 山谷名〉.

文道之岳(문도지악)〔**문도찌오롬**〕 제주특별자치도 제주시 한경면 저지리 명이 동 동북쪽에 있는 '문도찌오롬'의 한자 차용 표기 가운데 하나. 예로부터 '믠도찌오롬〉문도찌오롬'이라 부르던 것을 한자로 표기한 것임. 1960년 대 지형도부터 2015년 지형도까지 '문도지오름'으로 쓰여 있음. 그러나 원 이름은 '문도찌오롬'임. 표고 260.2m.

文道之岳 ムントチアク 265米 〈『朝鮮五萬分一地形圖』「大靜及馬羅島」(濟州島南部 9號, 1918)〉.

門頭水(문두수)〔**문두물**〕 제주특별자치도 제주시 한림읍 동명리 문수동 냇가에 있는 '문두물'의 한자 차용 표기.

門頭水(東明里中在)〈『朝鮮地誌資料』(1911) 全羅南道 濟州郡 舊右面, 溪川名〉.

門嶼(문서)〔**문여**〕 제주특별자치도 제주시 추자면에 속한 유인도 가운데 하나 인 '횡간도' 바로 서쪽 바다에 있는 '문여[문녀]'의 한자 차용 표기의 하나.

門嶼 ムンニョ 〈『朝鮮五万分一地形圖』(珍島 12號,「橫干島」(1918)〉.

文石伊岳(문석이악)〔**문세기오롬**〕 제주특별자치도 제주시 구좌읍 송당리에 있 는 '문세기오롬'의 한자 차용 표기 가운데 하나. 1960년대 지형도부터 2015년 지형도까지 '문석이오름'으로 쓰여 있음. 표고 292m.

文石伊岳 ムンセキーオルム 〈『朝鮮五萬分一地形圖』(濟州島北部 4號)「城山浦」(1918)〉.

汶水洞(문수동) 제주특별자치도 제주시 한림읍 동명리 중산간 '문수물' 일대 에 형성되어 있는 '문수물동네'의 한자 표기.

汶水洞 ムンスムルトン 〈『朝鮮五萬分一地形圖』「翰林」(濟州島北部 12號, 1918)〉.

文殊庵(문수암) 제주특별자치도 제주시 외도동 남쪽 '무수내' 가에 있었던 절 이름.

記錄을 據하면 無愁川 北岸에 妙蓮寺니 文殊庵이니 하는 古刹이 있었고 〈『耽羅紀行: 漢拏山』 (李殷相, 1937)〉.

文淑(문숙)〔**문서**〕 제주특별자치도 제주시 조천읍 신촌리 '문서(문수)'의 한자 차용 표기 가운데 하나. 가까이에 '문서못(문수물)'이라 부르는 못이 있었음.

文淑(新村里) 《朝鮮地誌資料』(1911) 全羅南道 濟州郡 新左面, 川池名》.

文岳(문악)〔뮌오롬〉민오롬〕 제주특별자치도 제주시 봉개동 산간에 있는 '뮌오롬'의 한자 차용 표기. 2000년대 지형도부터 2015년 지형도까지 '민오름'으로 쓰여 있음. 표고 641.8m.

南西方漢拏山の東側から 沙羅岳, 水長兀, 丹霞峯, 文岳, 知箕里岳, 針岳, 泉味岳の圓錐列が漸次北東に低くなり行く漢拏山の斜面から兀々として 《濟州火山島雜記』『地球』4권 4호, 1925, 中村新太郎》.

味水洞(미수동) 제주특별자치도 제주시 애월읍 하귀리에 있는 '임미물(임니물)' 일대에 형성되어 있는 동네의 한자 표기.

味水洞 ミスードン 《朝鮮五萬分一地形圖』「翰林』(濟州島北部 12號, 1918)》.

米岳[1](미악)〔뮌오롬〉미오롬〕 제주특별자치도 제주시 오라2동에 있는 '민오롬'의 변음 '믜오롬'의 한자 차용 표기. 예전에는 '민둥오롬'이라는 데서 '민오롬·믜오롬'이라 불렀는데, 1960년대 이후 조림사업으로 나무가 많이 우거져 있음. 1960년대 지형도부터 2015년 지형도까지 '민오름'으로 쓰여 있음. 표고 250.2m.

米岳 ミンオルム 254.7米 《朝鮮五萬分一地形圖』「漢拏山』(濟州島北部 8號, 1918)》. 米岳(ミンオルム)と米岳(サルオルム: 前者は漢拏山圖幅後者は西歸浦圖幅にあり米は音미ミなり訓サル쌀なり故に前者は宛字として不適當なり) 《濟州島の地質學的觀察』(1928, 川崎繁太郎)》. 漢拏山の北側の蟻項の谿谷や三義讓岳の南側, 米岳(サルオルム)どで之を見ることが出來る 《地球』12권 1호(1929)「濟州島遊記(一)』(原口九萬)》.

米岳[2](미악)〔술오롬〕 제주특별자치도 서귀포시 동홍동 중산간에 있는 '술오롬'의 한자 차용 표기. 1960년대 지형도부터 1990년대 지형도까지 米岳山(미악산)으로 표기하다가, 2000년대 지형도부터 오늘날 지형도까지 '쌀오름'으로 쓰여 있음. 민간에서는 주로 '술오롬'이라 함. 예전에는 '술(쌀)'로 뒤

덮인 오름 같다는 데서 '슬오롬'으로 부르고 한자를 빌려 米岳(미악) 또는 米岳山(미악산) 등으로 표기했음. 표고 565.7m.

米岳 サルオルム 563米 〈『朝鮮五萬分一地形圖』「西歸浦」(濟州島南部 5號, 1918)〉. 米岳 563米(濟州島 右面) 〈『朝鮮地誌資料』(1919, 朝鮮總督府 臨時土地調査局) 山岳ノ名稱所在及眞高(續), 全羅南道 濟州島〉. 米岳(ミンオルム)と米岳(サルオルム: 前者は漢拏山圖幅後者は西歸浦圖幅にあり 米は音미ミなり訓サル쌀なり故に前者は宛字として不適當なり) 〈『濟州島の地質學的觀察』(1928, 川崎繁太郎)〉.

米岳³(미악) 제주특별자치도 서귀포시 호근동과 서홍동 경계에 있는 '삼매봉'의 별칭 가운데 하나. ⇒ 三梅峯(삼매봉).

虎島及孤根山(高空山) 三梅峯(米岳)ハ鳥島ノ北西方9鏈ニ在リ高サ156米. 〈『朝鮮沿岸水路誌 第1卷』(1933) 朝鮮南岸「濟州島」〉.

民岳(민악)〔믠오롬〉민오롬〕 제주특별자치도 제주시 구좌읍 송당리 산간에 있는 '민오롬'의 한자 차용 표기. 1960년대 지형도부터 2015년 지형도까지 '민오름'으로 쓰여 있음. 표고 362m.

民岳 ミオルム 374米 〈『朝鮮五萬分一地形圖』(濟州島北部 4號)「城山浦」(1918)〉. 民岳(ミンオルム), 米岳(ミンオルム)と敏岳山(前者は城山浦圖幅第二及第三は漢拏山圖幅になり) 〈『濟州島の地質學的觀察』(1928, 川崎繁太郎)〉. 金寧-兎山里線……數多ノ噴石丘カ一直線上ニ相接シテ聳立セリ, 卽テ大處岳, 鼓岳, 體岳, 外石岳, 內石岳, 泉岳, 葛岳, 民岳, 大石類額岳, 飛雉山. 母地岳ノ諸峰ハ相隣リテ一列ニ聳立セリ 〈『濟州島ノ地質』(朝鮮地質調査要報 제10권 1호, 原口九萬, 1931〉.

敏岳(민악)〔믠오롬〉민오롬〕 제주특별자치도 제주시 조천읍 선흘2리 산간에 있는 민오름(부대오름 서쪽)의 한자 차용 표기. 1960년대 지형도부터 2015년 지형도까지 '민오름'으로 쓰여 있음. 이 오름은 원래 '*믠오롬〉민오롬'로 부르고, 한자를 빌려 '敏岳·民岳(민악)' 또는 '文岳(문악)' 등으로 표기하였음. 예전에 이 오름이 민둥산이라는 데서 '민오롬'이라 했는데, 지금은 조림사업으로 나무가 우거져 있음. 표고 519.9m.

敏岳(善屹里)《朝鮮地誌資料》(1911) 全羅南道 濟州郡 新左面, 山名〉. 敏岳 ミンオルム 523米《朝鮮五萬分一地形圖』「漢拏山」(濟州島北部 8號, 1918)〉. 敏岳 523米(濟州島 新左面)〈朝鮮地誌資料』(1919, 朝鮮總督府 臨時土地調查局) 山岳ノ名稱所在及眞高(續), 全羅南道 濟州島〉.

敏岳山(민악산) 제주특별자치도 서귀포시 남원읍 수망리 산간에 있는 '민오름'의 한자 차용 표기 가운데 하나. 일제강점기 지형도(1918) 등에는 지금의 '물영아리오름'에 쓰여 있는데, 이것은 잘못 표기한 것임. 오늘날 '물영아리오름'의 표고는 508m이고, '민오름'의 표고는 446.8m임. 1960년대 지형도에는 敏岳(민악)으로 표기되었는데, 2000년대 지형도부터 2015년 지형도까지 '민오름'으로 쓰고 있음.

敏岳山 ミンアクサン 511米《朝鮮五萬分一地形圖』「漢拏山」(濟州島北部 8號, 1918)〉. 敏岳山 511米(濟州島 西中面)〈朝鮮地誌資料』(1919, 朝鮮總督府 臨時土地調查局) 山岳ノ名稱所在及眞高(續), 全羅南道 濟州島〉. 民岳(ミンオルム), 米岳(ミンオルム)と敏岳山(前者は城山浦圖幅第二及第三は漢拏山圖幅になり)〈濟州島の地質學的觀察』(1928, 川崎繁太郞)〉. 敏岳山(ミアクサン) 高山岳(コミサンアク)及發伊岳(パルミオルム: 翰林圖にり濟州の西南四里半なり 耽羅事實に鉢山在州西南四十五里とあり鉢山はパルミなるべし)〈濟州島の地質學的觀察』(1928, 川崎繁太郞)〉.

礄多灘(반다탄) 제주특별자치도 제주시 구좌읍 하도리 동쪽 바다에 있는 '반
대여'의 한자 차용 표기.

牛島水道西側……此ノ嘴ノ北方ニ難渡灘(ナントダン), 東方ニ礄多灘(ハンタダン)ト稱
スル離岩アリ……. 《朝鮮沿岸水路誌 第1卷》(1933) 朝鮮南岸 「濟州島」》.

盤洞(반동) 제주특별자치도 제주시 한경면 한원리의 옛 이름인 '서린눈동네·
서리눈동네'의 한자 차용 표기 가운데 하나.

盤洞 パントン 《朝鮮五萬分一地形圖》(濟州島南部 13號 「摹瑟浦」(1918)》.

盤松伊野(반송이야) 제주특별자치도 서귀포시 대정읍 상모리 '반송이(반숭이)'
일대에 있는 들판 이름의 한자 차용 표기.

盤松伊野(上摹里) 《朝鮮地誌資料》(1911) 全羅南道 大靜郡 右面, 野坪名》.

半月岳(발월악) 제주특별자치도 조천읍 와흘리에 있는 오롬의 한자 차용 표기
가운데 하나. '半月岳(발월악)'으로 표기한 것으로 보아, '반들오롬' 정도의
음성형으로 불렸던 것으로 추정됨. 그런데 민간에서 이에 대응하는 오롬
을 확인할 수 없음.

半月岳《朝鮮地誌資料(1911)』권17, 全羅南道 濟州郡 新左面 臥屹里, 山名).

發味岳(발미악) 제주특별자치도 제주시 애월읍 어음리 산간에 있는 '바리메'를 이른 듯함.

發味岳(パルミオルム：パルミにて充分なるべし)《濟州島の地質學的觀察』(1928, 川崎繁太郞)》.

鉢山(발산)〔바리메〕 제주특별자치도 제주시 애월읍 어음리 산간에 있는 '바리메'의 한자 차용 표기. 1960년대 지형도부터 1990년대 지형도까지 '발이오름'으로 쓰고, 2000년대 지형도부터 2015년 지형도까지 '큰바리메'로 쓰여 있음. 표고 763.4m.

臼山, 窟山, 鉢山等は著しい火口のあるのを示して居《濟州火山島雜記』(『地球』4권 4호, 1925, 中村新太郞)》. 敏岳山(ミアクサン) 高山岳(コミサンアク)及發伊岳(パルミオルム：翰林圖にり濟州の西南四里半なり 耽羅事實に鉢山在州西南四十五里とあり鉢山はパルミなるべし)《濟州島の地質學的觀察』(1928, 川崎繁太郞)》.

發伊岳(발이악)〔바리메〕 제주특별자치도 제주시 애월읍 어음리 산간에 있는 '바리메'의 한자 차용 표기 가운데 하나.

發伊岳 パルミオルム 765米《朝鮮五萬分一地形圖』(『翰林』(濟州島北部 12號, 1918)》. 發伊岳 765米(濟州島 新右面)《朝鮮地誌資料』(1919, 朝鮮總督府 臨時土地調査局) 山岳ノ名稱所在及眞高(續), 全羅南道 濟州島). 敏岳山(ミアクサン) 高山岳(コミサンアク)及發伊岳(パルミオルム：翰林圖にり濟州の西南四里半なり 耽羅事實に鉢山在州西南四十五里とあり鉢山はパルミなるべし)《濟州島の地質學的觀察』(1928, 川崎繁太郞)》.

房求洞(방구동) 제주특별자치도 서귀포시 표선면 신흥1리 '보말동'과 '방구동' 지역을 아우른 한자 차용 표기 가운데 하나. '보말동'은 바닷가 '보말개[--개]' 지역에 형성되어 있는 동네이고, '방구동'은 그 위쪽에 형성되어 있는 동네임.

房求洞 バンクートン, 下房求 ハーバンクー《朝鮮五萬分一地形圖』(濟州島北部 4號)「城山浦」(1918)》.

房尼岳(방니악)〔방이오롬〕 제주특별자치도 조천읍 교래리에 있는 오롬의 한자 차용 표기 가운데 하나. 이 오롬은 예로부터 '방이오롬'으로 부르고 한자를 빌려 '房尼岳(방니악)' 또는 '房伊岳(방이악)' 등으로 표기하였음. '방이'는 '방하〉방아'의 제주 방언으로, 오롬의 형세가 마치 '방아'와 같다는 데서 붙인 것임.

房尼岳(橋來里) 《朝鮮地誌資料》(1911) 全羅南道 濟州郡 新左面, 山名〉.

防頭串(방두곶) 제주특별자치도 서귀포시 성산읍 신양리에서 바다로 뻗어 나간 '방듸코지〉방디코지'의 한자 차용 표기. 1960년대 지형도부터 2015년 지형도까지 '섭지코지'로 쓰여 있음. 그러나 2000년대 지형도부터 '섭지코지' '협자연대(?)' 앞 바다에 '방두포'로 쓰여 있음.

防頭串 バンツーコッ 《朝鮮五萬分一地形圖》(濟州島北部 4號) 「城山浦」(1918)〉. 防頭半島 城山半島ノ南方1.5浬ニ在リ, 南東ニ向ヒテ突出セル方形ノ半島ニシテ其ノ最東端ヲ防頭串ト謂ス 《朝鮮沿岸水路誌 第1卷》(1933) 朝鮮南岸 「濟州島」〉.

防頭洞(방두동) 제주특별자치도 서귀포시 성산읍 신양리 일대의 '방뒷동네/방딧동네'의 한자 차용 표기.

防頭洞 バンツードン 《朝鮮五萬分一地形圖》(濟州島北部 4號) 「城山浦」(1918)〉.

防頭半島(방두반도) 제주특별자치도 서귀포시 성산읍 신양리 섭지코지 일대를 달리 쓴 말.

防頭半島 城山半島ノ南方1.5浬ニ在リ, 南東ニ向ヒテ突出セル方形ノ半島ニシテ其ノ最東端ヲ防頭串ト謂ス 《朝鮮沿岸水路誌 第1卷》(1933) 朝鮮南岸 「濟州島」〉.

防頭浦(방두포) 제주특별자치도 서귀포시 성산읍 신양리 포구 일대를 '방뒷개〉방딧개'라 했는데, 이것을 한자로 쓴 것. 그러나 2000년대 지형도부터 '섭지코지' '협자연대(?)' 앞 바다에 '방두포'로 쓰여 있음.

方頭浦(방두포 パントーポ) 《韓國水産誌》 제3집(1911) 「濟州島」 旌義郡 左面〉. 防頭浦(古城里) 城山浦(城山里) 《朝鮮地誌資料》(1911) 全羅南道 旌義郡 左面, 浦口名〉. 防頭浦 バンツーポ 《朝鮮五萬分一地形圖》(濟州島北部 4號) 「城山浦」(1918)〉. 防頭浦 防頭半島ノ西側ニ灣入セル1浦ナレドモ大

部分干出スルヲ以テ舟艇ノ泊地タルニ過ギズ 《『朝鮮沿岸水路誌 第1巻』(1933) 朝鮮南岸「濟州島」》.

防山峰(방산봉) 제주특별자치도 서귀포시 성산읍 대수산봉(大水山峰)을 이른 것인지, 성산(城山)을 이른 것인지 확실하지 않음.

防山峰이라는 磅磚한 一崗巒 아래서 古城里란 곳을 드려다 보게 된다. 《『耽羅紀行: 漢拏山』(李殷相, 1937)》.

方嶼(방서)〔모여〕 제주특별자치도 제주시 추자면 하추자도 석지머리 동남쪽 바다에 있는 '모여'의 한자 차용 표기.

方嶼 モーヨ 《『朝鮮五萬分一地形圖』(濟州嶋北部 9號, 「楸子群島」(1918)》. 楸子群島……方嶼(母嶼) 群島中ノ最南東岩ニシテ高サ15米 《『朝鮮沿岸水路誌 第1巻』(1933) 朝鮮南岸「楸子群島」》.

訪仙門(방선문) 제주특별자치도 제주시 오라동 남쪽 '한내'에 있는 '들렁궤(들렁귀)'를 미화하여 쓴 것. 1960년대 지형도부터 190년대 지형도까지 '들넘귀'로 표기되고, 2000년대 지형도부터 2015년 지형도까지 '방선문(명승 제92호)'으로 쓰여 있음.

訪仙門 パンソンムン 《『朝鮮五萬分一地形圖』 「漢拏山」(濟州島北部 8號, 1918)》. 漢拏山……三姓 穴……訪仙門 《『濟州島勢要覽』(1935) 第13 名所古跡》. 얼마 아니하야 길을 바른편으로 꺾어 瀛邱 라는 溪谷을 따라 들어가면……이름하되 訪仙門 過仙臺라 하는 勝景이 있다고 하나 路程 이 다르므로 그냥 지나 山川壇 앞에 이를었다 《『耽羅紀行: 漢拏山』(李殷相, 1937)》.

訪仙坪(방선평) 제주특별자치도 제주시 오라동 남쪽 '한내'에 있는 '들렁궤(들렁귀)'를 '訪仙門(방선문)'으로 이해하고, 그 일대의 들판을 '방선문드르'라 하여 한자를 빌려 나타낸 것 가운데 하나.

訪仙坪(吾羅里) 《『朝鮮地誌資料』(1911) 全羅南道 濟州郡 中面, 野坪名》.

方岩(방암) 한라산 백록담 남쪽 봉우리에 있는, 네모진 바위 봉우리 이름.

여기 絶頂의 岩臺를 方岩이라 함은 '불'의 對字요 《『耽羅紀行: 漢拏山』(李殷相, 1937)》.

防川(방천)〔막은내〕 제주특별자치도 제주시 '화북천'의 중류 지역의 내로, 일도2동 신설동 지역을 흐르는 '막은내'의 한자 차용 표기. 2000년대 지형도부터 '방천(防川)'으로 쓰여 있으나, 민간에서는 '막은내'라고 부르고 있음.

防川(一徒·二徒里)《朝鮮地誌資料》(1911) 全羅南道 濟州郡 中面, 川溪名〉.

防築洞(방축동) 제주특별자치도 제주시 구좌읍 평대리 '방추굴' 일대에 형성
된 동네 이름의 한자 차용 표기.

防築洞 パンヂュクドン《朝鮮五萬分一地形圖』「金寧」(濟州嶋北部 三號, 1918)〉.

盃令浦(배령포)〔베렝잇개〕 제주특별자치도 제주시 한림읍 금능리 바닷가에 있
는 '베렝잇개'의 한자 차용 표기.

漢字の音にもわらず又其の訓讀にもわらず, 全く他の名稱を以て呼ぶもの.……今陵里
빈링이(古名'盃令浦'ノ音).《朝鮮及滿洲』 제70호(1913)「濟州島方言」'六.地名'(小倉進平)〉.

背池野(배지평) 제주특별자치도 서귀포시 대정읍 상모리 '뒷못' 일대의 '뒷못
드르'의 한자 차용 표기.

背池野(上摹里)《朝鮮地誌資料』(1911) 全羅南道 大靜郡 右面, 野坪名〉.

拜漢坪(배한평) 제주특별자치도 제주시 외도동 남쪽 '배한이[배하니]' 일대의
들판 '배한이드르'의 한자 차용 표기.

拜漢坪(外都里)《朝鮮地誌資料』(1911) 全羅南道 濟州郡 中面, 野坪名〉.

杯合(배합) 杯令(배령)의 잘못.

濟州郡……歸德 洙源 翰林 瓮浦 挾才 杯合(杯令) 板浦 頭毛 高山 三陽 竜水《濟州嶋現況一
般』(1906)〉.

白鹿潭(백록담) 제주특별자치도 서귀포시 토평동 산간의 한라산 꼭대기에 있
는 '백록담'의 한자 표기.

白鹿潭 バクノクタム《朝鮮五萬分一地形圖』「漢拏山」(濟州島北部 8號, 1918)〉. 漢拏山(ハルラサ
ン)……頂上に白鹿潭と呼ぶ淺い水の火口湖がある《濟州火山島雜記』『地球』4권 4호, 1925, 中
村新太郞)〉. Hynobius Leechii quelpaertensis Mori. サイシユウサンセウウ……濟州島漢羅山
頂白鹿潭……〈『日本産有尾類分類の總括と分布」(1935:579)〉. 白鹿潭이란 것은 곧 그대로 '볼늪'
이니, 다시 이것을 漢字로 말한다면 '光明池'라고 할 것이다《耽羅紀行: 漢拏山』(李殷相, 1937)〉.

白濱(백빈) 제주특별자치도 서귀포시 표선면 표선해수욕장 일대를 한자로 나타낸 말.

百濱 《朝鮮五萬分一地形圖》「表善」(濟州島南部 1號, 1918)》. 其ノ内表善浦ノ南角ハ本島ノ南東角ニシテ白沙ノ低嘴遠ク海中ニ斗出シ遠望顯著ナリ, 内地人呼シデ白濱ト謂フ. 《朝鮮沿岸水路誌 第1卷》(1933) 朝鮮南岸「濟州島」. 表善里라는 곳도 '白濱'이라는 一名이 있음을 보아 이곳亦是 '볼ㅅ기'라 부르던 곳인 줄을 짐작하겠다. 《耽羅紀行: 漢拏山》(李殷相, 1937)》.

百藥岳(백약악) 제주특별자치도 서귀포시 표선면 성읍2리에 있는 '백약이오롬'의 한자 차용 표기. 1960년대 지형도부터 2015년 지형도까지 '백약이오름'으로 쓰여 있음. 그러나 민간에서는 '개여기오롬'이라 하여 開域岳(개역악), 開亦岳(개역악) 등으로 써 왔음. 표고 356.9m. *일제강점기 지형도에는 百藥岳(백약악)을 '세미오롬'으로 잘못 이해했음.

百藥岳 セーミオルム 360米 《朝鮮五萬分一地形圖》(濟州島北部 4號)「城山浦」(1918)》. 泉味岳(セミアク), 泉岳(セアムオルム)と百藥岳(セミオルム) 第一漢拏山圖幅第二第三城山浦圖幅にあり泉は訓セアム새암なりしてセム샘とす百藥をセミと讀ましたるは未詳なり部落こ濟州圖幅の細味洞(セミドン)簑瑟浦圖幅の泉味洞(チョンミドンあり)《濟州島の地質學的觀察》(1928, 川崎繁太郎)》.

白浦(백포) 제주특별자치도 제주시 이호1동 바닷가 '백개'의 한자 차용 표기.

濟州郡……拱北 健入 竜潭 道頭(白浦) 外部 《濟州嶋現況一般》(1906)》.

飜浪浦(번랑포) 제주특별자치도 제주시 삼도1동 바닷가에 있는 개 이름의 한자 차용 표기. 오늘날 '동한두기' 동북쪽 바닷가에 있는 개임. 오늘날 민간에서는 '부러리'라는 지명이 남아 전하는데, 이것은 '버러리'의 변음으로 추정됨. 옛 지도에는 伐浪浦(벌랑포)로 쓰여 있음.

飜浪浦(三都里) 《朝鮮地誌資料》(1911) 全羅南道 濟州郡 中面, 浦口名》.

伐大洞(벌대동) 제주특별자치도 제주시 아라2동 '구릉밧' 일대에 형성되었던 '벌대동'의 한자 표기. 제주4·3 때 폐동되었음.

伐大洞 ポルテードン 《朝鮮五萬分一地形圖』「漢拏山」(濟州島北部 8號, 1918)》.

伐浪洞(벌랑동) 제주특별자치도 제주시 삼양3동 바닷가 '버렁' 일대에 형성된 '버렁동네'의 한자 차용 표기. 1960년대 지형도부터 2015년 지형도까지 '벌랑'으로 쓰여 있음. 민간에서는 주로 '버렁'이라 해 왔음.

伐浪洞 ポルナンドン 《朝鮮五萬分一地形圖』「濟州」((濟州島北部 7號, 1918)》. 別刀의 一名에 伐浪 洞이란 것이 있음은 現用地圖에도 표시된 바이어니와 《耽羅紀行: 漢拏山」(李殷相, 1937)》.

伐元池(벌원지) 제주특별자치도 제주시 구좌읍 조천리에 있는 '버런못'의 한자 차용 표기.

伐元池 《朝鮮地誌資料(1911)』권17, 全羅南道 濟州郡 新左面 朝天里, 川池名》.

汎川(범천) 제주특별자치도 서귀포시 안덕면 화순리를 흐르는 '창곳내'의 옛 이름 가운데 하나인 '번내'의 현실음 '범내'의 한자 차용 표기 가운데 하나.

漢字の音にもわらず又其の訓讀にもわらず, 全く他の名稱を以て呼ぶもの.……和順里 번 닉('汎川'トイツ川ガアル爲ダトイツテ居ル) 《朝鮮及滿洲』 제70호(1913) 「濟州島方言」'六.地 名'(小倉進平)》.

法基洞(법기동) 제주특별자치도 제주시 한경면 용수리 와 용당리 사이에 있는 자연마을 가운데 하나인 '법기동'의 한자 표기. 민간에서는 '버끌' 또는 '버 껄', '벅끌·법끌' 등으로 말해짐. 현대 지형도에도 '법기동'으로 쓰여 있음.

法基洞 ポッキルトン 《朝鮮五萬分一地形圖』(濟州島南部 13號「摹瑟浦」(1918)》.

法井洞(법정동) 제주특별자치도 서귀포시 하원동 산간, '법정이오롬(법젱이오 롬: 족은법젱이오롬)' 서남쪽 일대에 있었던 동네. 제주4·3 때 폐동되었음.

法井洞 ポププチョント 《朝鮮五萬分一地形圖』「大靜及馬羅島」(濟州島南部 9號, 1918)》.

法井岳(법정악) 제주특별자치도 서귀포시 하원동 산간에 있는 오롬. 예로부터 민간에서는 '돗오롬[도또롬](큰돗오롬)'으로 불러왔는데, 일제강점기부터 '법정이·법젱이' 위쪽에 있는 오롬이라는 데서 '법정이오롬·법젱이오롬'으 로 불러오고 있음. 표고 760.4m.

法井岳 ポプチョンアク 760米 《朝鮮五萬分一地形圖』「大靜及馬羅島」(濟州島南部 9號, 1918)》. 法井岳 760米(濟州島 左面) 《朝鮮地誌資料』(1919, 朝鮮總督府 臨時土地調查局) 山岳ノ名稱所在及眞高 (續), 全羅南道 濟州島》. 멀리 북으로 보이는 法井岳은 本是 '볼'이라 부르던 것을 佛敎의 손이 들어와 近似音으로 改作한 것이겠는데 《耽羅紀行: 漢拏山』(李殷相, 1937)》.

法華野(법화야) 제주특별자치도 서귀포시 하원동 법화사 일대의 들판 이름.

法華野(河源里) 《朝鮮地誌資料』(1911) 全羅南道 大靜郡 左面, 野坪名》.

法還里(법환리) 제주특별자치도 서귀포시 법환동의 옛 이름 '법환리'의 한자 표기.

法還里 ボアン (봅환리 ポプアンリー) 《韓國水産誌』 제3집(1911) 「濟州島」 旌義郡 右面》. 土紬 下孝里 法還里 《朝鮮地誌資料』(1911) 全羅南道 旌義郡 右面, 古蹟名所名》. 法還里 《地方行政區域一覽 (1912)』(朝鮮總督府) 旌義郡, 西面》. 法還里 ポプフワンリー 《朝鮮五萬分一地形圖』「西歸浦」(濟州島南部 5號, 1918)》.

霹靂童山(벽력동산) 제주특별자치도 제주시 조천읍 함덕리 '베락동산(베락이 떨어진 동산)'의 한자 차용 표기. '霹靂(벽력)'은 '벼락'의 제주 방언 '베락'의 한자 차용 표기임.

霹靂童山 《朝鮮地誌資料(1911)』 권17, 全羅南道 濟州郡 新左面 咸德里, 野坪名》.

霹靂田野(벽력전야) 제주특별자치도 서귀포시 대정읍 보성리 '베락밧(베락이 떨어진 밧)' 일대의 들판 이름. '霹靂(벽력)'은 '벼락'의 제주 방언 '베락'의 한자 차용 표기임.

霹靂田野(保城里) 《朝鮮地誌資料』(1911) 全羅南道 大靜郡 右面, 野坪名》.

碧花洞(벽화동) 제주특별자치도 제주시 조천읍 선흘2리 '검은오롬(서검은이오롬)' 북쪽 기슭에 형성되었던 '벡케동'의 한자 차용 표기. 제주4·3 때 폐동되었음.

碧花洞 ペクケートン 《朝鮮五萬分一地形圖』「漢拏山」(濟州島北部 8號, 1918)》.

碧花洞(벽화동) 제주특별자치도 제주시 조천읍 선흘2리 검은오롬 북쪽에 형성되었던 동네의 한자 표기.

碧花洞 ペクケートン 《『朝鮮五萬分一地形圖』「漢拏山」(濟州島北部 8號, 1918)〉.

卞大池(변대지) 제주특별자치도 제주시 조천읍 선흘리에 있었던 '변대못(번데
못)'의 한자 차용 표기 가운데 하나.

卞大池(善屹里) 《『朝鮮地誌資料』(1911) 全羅南道 濟州郡 新左面, 川池名〉.

邊幕(변막) 제주특별자치도 제주시 구좌읍 동복리의 옛 이름 'ᄀᆺ막〉굴막'의
한자 차용 표기.

漢字の音にもわらず又其の訓讀にもわらず, 全く他の名稱を以て呼ぶもの.……東福里 굴
막('邊幕'テアルトイツテ居ル).《『朝鮮及滿洲』제70호(1913)「濟州島方言」'六.地名'(小倉進平)〉.

邊田(변전)〔벤밧〕 제주특별자치도 제주시 조천읍 대흘리에 있는 '벤밧'의 한자
차용 표기. '벤밧'은 소리가 변하여 '뱀밧'으로 전하고 있음.

邊田(大屹里) 《『朝鮮地誌資料』(1911) 全羅南道 濟州郡 新左面, 野坪名〉.

別刀(별도) 1.제주특별자치도 제주시 화북1동의 옛 이름 가운데 하나인 '별도'
의 한자 차용 표기. 1960년대 지형도부터 2015년 지형도까지 '별도'로 쓰
여 있음. ⇒ **別刀里(별도리)**.

別刀 ピョルトー 《『朝鮮五萬分一地形圖』「濟州」(濟州島北部 7號, 1918)〉. 禾北里(別刀) 朝天里ノ
西方約3.5浬ヌ禾北里アリ.《『朝鮮沿岸水路誌 第1卷』(1933) 朝鮮南岸「濟州島」〉. 別刀의 一名에 伐
浪洞이란 것이 있음은 現用地圖에도 표시된 바이어니와 〈『耽羅紀行: 漢拏山』(李殷相, 1937)〉.

2.**別刀(별도)** 제주특별자치도 제주시 화북동 화북항을 이름.⇒ **別刀港(별도항)**.

濟州(山地)幷ニ別刀 《『朝鮮の港湾』(朝鮮総督府内務局土木課, 1925)〉.

別道理(별도리) 제주특별자치도 제주시 화북1동의 옛 이름 別刀理(별도리)를
잘못 쓴 것.

이 禾北里라는 名稱에 있어서는 古稱 別刀里요 앞으로 흐르는 河川의 이름도 지금껏 別刀
川과 禾北川이라 混稱하고 있거니와 〈『耽羅紀行: 漢拏山』(李殷相, 1937)〉.

別刀峰(별도봉) 제주특별자치도 제주시 화북1동에 있는 '별도봉'의 한자 표기.

1960년대 지형도부터 2000년대 지형도부터 1990년대 지형도까지 禾北峰(화북봉)으로 쓰고, 2015년 지형도까지 '별도봉'으로 쓰여 있음. 표고 135..6m.

別刀峰(禾之里)《朝鮮地誌資料》(1911) 全羅南道 濟州郡 中面, 山名〉. 別刀峰 ピョルトーボン 136 米《朝鮮五萬分一地形圖》「濟州」(〈濟州島北部 7號, 1918)〉. 別刀峰及本島ノ西南隅ニ蹯踞セル敦道 岳ヲ構成セルモノナリ《濟州島ノ地質》(朝鮮地質調査要報 제10권 1호, 原口九萬, 1931)〉.

別刀峯(별도봉) 제주특별자치도 제주시 화북1동에 있는 '별도봉'의 한자 표기. 1960년대 지형도부터 2000년대 지형도부터 1990년대 지형도까지 禾北峰(화북봉)으로 쓰고, 2015년 지형도까지 '별도봉'으로 쓰여 있음. 표고 135.6m.

實はとの火口壁の東西の高處を夫々別刀峯及び沙羅峯と呼んでゐるのである《地球》11권 4호(1929)「濟州島火山岩(豫報其四)」(原口九萬)〉. 禾北里ト濟州邑トノ間ニ2尖峯アリ, 東ニ在ル モノヲ別刀峯ト謂ヒ高サ131米.《朝鮮沿岸水路誌 第1卷》(1933) 朝鮮南岸「濟州島」〉.

別刀岳(별도악) 제주특별자치도 제주시 화북1동 바닷가에 있는 '벨도오롬'의 한자 차용 표기.

濟州邑東方の紗羅岳別刀岳などはいくらか酸性の玄武岩で色 も灰色ある《濟州火山島雜 記》《地球》4권 4호, 1925, 中村新太郎)〉.

別刀川(별도천) 제주특별자치도 제주시 화북1동을 흘러 바다로 들어가는 '베 릿내'의 한자 차용 표기. 오늘날 지형도에는 禾北川(화북천)이라 하고 있음.

別刀川(禾北里)《朝鮮地誌資料》(1911) 全羅南道 濟州郡 中面, 川溪名〉. 水系……北流スルモノハ 別刀川, 山池川, 都近川ニシテ 南流スルモノハ川尾川, 松川, 孝敦川, 正房川, 淵外川, 江汀 川, 小加來川, 紺山川ナリ《濟州島ノ地質》(朝鮮地質調査要報 제10권 1호, 原口九萬, 1931)〉. 地理河 川……이 外도 屛門川, 別刀川, 三陽川, 錦城川, 山南 禮村川, 孝敦川, 下川 等이다.《濟州島 實記》(金斗奉, 1934)〉. 이 禾北里라는 名稱에 있어서는 古稱 別刀里요 앞으로 흐르는 河川의 이름도 지금껏 別刀川과 禾北川이라 混稱하고 있거니와《耽羅紀行: 漢拏山》(李殷相, 1937)〉.

川(1) [nɛ] …… [全南] 濟州(郡內の山底川·別刀川·大川を夫夫[san-ʤi-nɛ], [pe-rin-nɛ], [han-
nɛ]といふ)·西歸·大靜(郡內の甘山川を[kam-san-nɛ]といふ)《『朝鮮語方言の硏究 上』(小倉進平,
1944:41)》.

別刀港(별도항) 제주특별자치도 제주시 화북동 화북항을 이름.

別刀港《『濟州嶋現況一般』(1906)》. 濟州(山地)幷ニ別刀……別刀港ハ表濟州ノ中央部濟州面
禾北里地內ニアル一漁港ナリ……. 《『朝鮮の港湾』(朝鮮総督府内務局土木課, 1925)》. 別刀港(별도
항)《『朝鮮の港灣』(1925)》.

別防(별방)〔별방〉벨방〕 제주특별자치도 제주시 구좌읍 '별방리'의 '별방'을 한
자로 나타낸 것임.

濟州郡 別防《『韓國水産誌』제3집(1911) 「濟州島」 場市名》. 別防《『濟州郡地圖』(1914)》. 이 別防은 鎭을
두었던 곳으로 牛島가 가까이 있어 賊路의 要衝地라 하야《『耽羅紀行: 漢拏山』(李殷相, 1937)》.

別訪(별방)〔별방〉벨방〕 제주특별자치도 제주시 구좌읍 '별방리'의 '별방'을 한
자로 나타낸 것임. 이곳은 조선 중기(1510년 경)에 별방성(別防城)을 쌓고
별방소(別防所)를 둔 뒤에 형성된 동네임. 別訪(별방)의 訪(방)은 막는다는
뜻을 가진 防(방)을 잘못 나타낸 것임.

別訪 ピョルパン《『朝鮮五萬分一地形圖』 「金寧」(濟州嶋北部 三號, 1918)》. 車는 어느덧 上道里라는
곳을 지나간다. 이 上道里의 右下에 下道里가 있는데 現在地圖에 '別訪'이란 古名을 駐記
的으로 表示한 것은 고마운 일이나 '別訪'의 '訪'字는 '防'자로 訂正하여야 할 것이다. 《『耽羅
紀行: 漢拏山』(李殷相, 1937)》.

別防里(별방리) 제주특별자치도 제주시 구좌읍 하도리(下道里)의 옛 이름 가운
데 하나인 '별방리'의 한자 표기. 1530년에 김녕리에 있던 김녕방호소(金
寧防護所)를 이곳으로 옮겨서 별방방호소(別防防護所)라 한 데서, 이 방호소
일대의 마을도 별방(別防) 또는 별방리(別防里)라 했음. 민간에서는 '벨방'
이라고도 함. ⇒ **하도리(下道里)**.

別防里(별방리 ピョルポンリー)《『韓國水産誌』제3집(1911) 「濟州島」 濟州郡 舊左面》.

別防鎭(별방진) 제주특별자치도 제주시 구좌읍 하도리(下道里)에 있었던 옛 진 이름.

水山鎭 西歸鎭 明月鎭 涯月鎭 別防鎭 朝天鎭 禾北鎭 海防鎭 《濟州嶋現況一般(1906)》.

並多洞(병다동) 제주특별자치도 제주시 오라동 'ᄆᆞ다싯동네'의 한자 차용 표기. 제주4·3 때 폐동되었음. 1960년대 지형도부터 1990년대 지형도까지 '가다시'로 표기되었다가, 2000년대 지형도부터 2015년 지형도까지 '고다시'로 쓰여 있음. 본딧말은 'ᄆᆞ다시'임.

並多洞 ペーンタドン 《朝鮮五萬分一地形圖』「漢拏山」(濟州島北部 8號, 1918)》.

兵岱池(병대지) 제주특별자치도 서귀포시 대정읍 신도리 '벵디못(병디못)'의 한자 차용 표기.

兵岱池(順昌里) 《朝鮮地誌資料』(1911) 全羅南道 大靜郡 右面, 池名》.

屛門川(병문천) 제주특별자치도 제주시 한라체육관 동쪽을 지나 용두암 동쪽 바닷가로 흘러드는 '병문내'의 한자 차용 표기 가운데 하나.

屛門川 ビョンムンチョン 《朝鮮五萬分一地形圖』「濟州」((濟州島北部 7號, 1918)》. 屛門川 ピョムンチョン 《朝鮮五萬分一地形圖』「漢拏山」(濟州島北部 8號, 1918)》. 濟州邑……邑ノ東側ニ山地川, 西側ニ屛門川(龍潭川)アリ 共ニ半湖ニハ舟艇ノ出入ニ適ス. 《朝鮮沿岸水路誌 第1卷』(1933) 朝鮮南岸「濟州島』》. 地理河川……이 外도 屛門川, 別刀川, 三陽川, 錦城川, 山南 禮村川, 孝敦川, 下川 等이다. 《濟州島實記(金斗奉, 1934)》.

兵門川(병문천) 제주특별자치도 제주시 한라체육관 동쪽을 지나 용두암 동쪽 바닷가로 흘러드는 '병문내'의 한자 차용 표기 가운데 하나.

兵門川(道頭·龍潭·三都) 《朝鮮地誌資料』(1911) 全羅南道 濟州郡 中面, 川溪名》.

並岳(병악) 제주특별자치도 서귀포시 상천리 서쪽에 있는 두 개의 오롬 '굴른오롬>굴른오름'의 한자 차용 표기임.

並岳 ピンアク 492.9米 《朝鮮五萬分一地形圖』「大靜及馬羅島」(濟州島南部 9號, 1918)》.

屛風川(병풍천) 제주특별자치도 제주시 애월읍 애월리를 흐르는 '벵풍내'의 한자 차용 표기.

屛風川(下貴里)《朝鮮地誌資料》(1911) 全羅南道 濟州郡 新右面, 川名〉.

保間里(보간리) 제주특별자치도 서귀포시 남원읍 태흥1리의 옛 이름 保閑里 (보한리)를 잘못 쓴 것.

漢字の音にもわらず又其の訓讀にもわらず, 全く他の名稱を以て呼ぶもの.……保間(*閑의 오기)里 필기(?)《朝鮮及滿洲》제70호(1913)「濟州島方言」'六.地名'(小倉進平)〉.

甫木里(보목리) 제주특별자치도 서귀포시 보목동의 옛 이름 '보목리'의 한자 표기.

甫木里(포목리 ポモクリー)《韓國水産誌》제3집(1911)「濟州島」旌義郡 左面〉. 土紙 下孝里 甫木 里《朝鮮地誌資料》(1911) 全羅南道 旌義郡 右面, 古蹟名所名〉. 甫木里《地方行政區域一覽(1912)》(朝鮮 總督府) 旌義郡, 西面〉. 甫木里 ボモクリ《朝鮮五萬分一地形圖》「西歸浦」(濟州島南部 5號, 1918)〉.

普門寺址(보문사지) 제주특별자치도 제주시 조천읍 대흘리 '것그리오롬(것구 리오롬)' 북쪽에 있는, 옛 보문사(普門寺) 터.

北村里의 長城遺址를 지나면서 南方二十二里餘에 있는 善屹里의 巨文岳을 바라보며 저 아래 普門寺址가 있을 것을 생각한다.《耽羅紀行: 漢拏山》(李殷相, 1937)〉.

寶米川(보미천) 제주특별자치도 서귀포시 표선면 가시리를 흐르는 '보미숫내' 의 한자 차용 표기 가운데 하나.

寶美川·보미숫닉(加時里)《朝鮮地誌資料》(1911) 全羅南道 旌義郡 東中面, 川名〉.

保城(보성) 제주특별자치도 서귀포시 대정읍 보성리 한자 표기.

大靜郡 濟州嶋ノ南面一半チ更ニ兩分シ南部ノ一半ヲ大靜郡トナス, 義ニ比スレハ面積稍 小ナリ, 安城, 仁城, 保城ノ三里チ合シテ大靜邑トナス《濟州嶋現況一般》(1906)〉.

保城里(보성리) 제주특별자치도 서귀포시 대정읍 대정현성 서문과 서문 서북 쪽 일대에 형성되어 있는 마을.

保城里《地方行政區域一覽(1912)》(朝鮮總督府) 大靜郡, 右面〉. 保城里 ポーソンニー《朝 鮮五萬分一地形圖》「大靜及馬羅島」(濟州島南部 9號, 1918)〉.

保閑(보한) 제주특별자치도 서귀포시 표선면 태흥1리의 옛 이름 '보한리'를 이름. ⇒ 保閑里(보한리).

旌義郡 保閑 《『韓國水産誌』 제3집(1911) 「濟州島」 鹽田》.

保閑里(보한리) 제주특별자치도 서귀포시 표선면 태흥1리의 옛 이름 '보한리'의 한자 표기. 일제강점기 초반에 지금 태흥1리 마을회관 일대에 형성되었던 마을을 보한리(保閑里)라 하고, 그 동쪽에 있는 마을을 동보한리라 하여 동보리(東保里)라 했음. 1914년 3월 1일부터 보한리(保閑里: 태흥1리)와 동보리(東保里: 태흥2리), 삼덕동(태흥3리) 등을 통합하여 태흥리(太興里)라 하여 오늘에 이르고 있음. ⇒ 太興里(태흥리).

保閑里(보한리 ポハンリー) 《『韓國水産誌』 제3집(1911) 「濟州島」 旌義郡 西中面》. 保閑里 《『地方行政區域一覽(1912)』 (朝鮮總督府) 旌義郡, 西中面》. 太興里 テーランリー, 保閑里 ポハンリー, 東保閑 プルケー 《『朝鮮五萬分一地形圖』 「西歸浦」 (濟州嶋南部 5號, 1918)》. 蓋民浦串ヨリ2.5浬ノ間海岸ハ西方ニ走リ次デ南西方ニ赴クコト2.5浬ニシテ大鳳顔串ナル平低岩嘴ニ達ス, 角ニ接シ保閑里ノ村アリ. 《『朝鮮沿岸水路誌 第1巻』(1933) 朝鮮南岸 「濟州島」》. 漢字로는 保閑里라 쓰면서 俗稱에는 '붉개'라 부르는 것이 어떻게너 分明한 消息이냐 《『耽羅紀行: 漢拏山』(李殷相, 1937)》.

福德浦(복덕포) 제주특별자치도 제주시 한림읍 귀덕리 '복덕개'의 한자 차용 표기 가운데 하나.

福德浦(歸德里) 《『朝鮮地誌資料』(1911) 全羅南道 濟州郡 舊右面, 浦口名》.

伏石(복석) 제주특별자치도 제주시 한림읍 비양도 바닷가에 있는 바위 이름의 한자 표기.

伏石, 擧頭岩及宗嚴頭 飛楊島ノ西側ニ干出岩脈ニ依リテ相連結セル數岩アリ, 其ノ最北ニ在ルヲ伏石ト稱シ高サ2.76米1小岩ノナレドモ頭大脚小ニシテ其ノ名ノ如ク伏視モルノ狀ヲ成シテ顯著ナリ. 《『朝鮮沿岸水路誌 第1巻』(1933) 朝鮮南岸 「濟州島」》.

福伊山(복이산) 제주특별자치도 서귀포시 안덕면 상천리 '보기오롬'의 한자 차용 표기 가운데 하나. 현대 지형도에는 '마보기(559.7m)', '하늬보기(592.3m)'

등이 표기되어 있음.

福伊山(上川里)《朝鮮地誌資料》(1911) 全羅南道 大靜郡 中面, 山谷名〉.

本地岳(본지악) 제주특별자치도 서귀포시 성산읍 삼달1리 중산간에 있는 '본지오롬'의 한자 차용 표기. 삼달공동묘지가 조성되어 있고, 근래에는 산책로가 조성되어 있음. 표기 148.6m.

本地岳 ポンチーアク 150.3米《朝鮮五萬分一地形圖》(濟州島北部 4號)「城山浦」(1918)〉.

峰·峯(봉) 산 또는 산봉우리.

濟州島では圓錐山卽ち獨立した山を岳(オルム)と云ふ. 平地から秀立した小丘を旨(マル)とも云ふ. 惑は峯を岳の代りに用ふることもある.《濟州島火山島雜記》(1925, 中村新太郎)〉.

奉蓋里(봉개리) 제주특별자치도 제주시 봉개동의 옛 이름 '봉개리'의 한자 표기.

奉蓋里《地方行政區域一覽(1912)》(朝鮮總督府) 濟州郡, 中面〉.

鳳頭山(봉두산) 제주특별자치도 제주시 추자면 대서리에 있는 '봉골레산·봉굴레산'의 한자 차용 표기. 2000년대 지형도부터 2015년 지형도까지 '봉굴레산'으로 쓰고 있음. 표고 85.5.m.

鳳頭山(西村)《朝鮮地誌資料》(1911) 全羅南道 莞島郡 楸子面, 山名〉.

蓬萊泉(봉래천) 제주특별자치도 제주시 오라2동 남쪽, 한라산 백록담 북쪽 '삼각봉(표고 1,697.2m)' 동쪽 비탈에서 솟아나는 샘 이름.

川流의 구석에 蓬萊泉이란 標木을 세웠기로 목마른 사슴같이 뛰어가 泉下에 혀를 대이니 《耽羅紀行: 漢拏山》(李殷相, 1937)〉.

蓬來泉(봉래천) 제주특별자치도 제주시 오라동 '삼각봉(표고 1,697.2m)' 동쪽 비탈에서 솟아나는 물을 이름.

漢拏山登山……三聖堂……觀音寺……大石沢……蟻項入口 笹原入口……蟻項六合目……笹原の終點……蓬來泉, 日暮の沢……胸衡八合目……白鹿潭《朝鮮半島の農法と農民》(高橋昇, 1939)「濟州島紀行」〉.

逢雨池(봉우지) 제주특별자치도 서귀포시 대정읍 보성리 '봉우못'의 한자 차용 표기.

逢雨池(保城里)《朝鮮地誌資料』(1911) 全羅南道 大靜郡 右面, 池名》.

峯雛洞(봉추동)〔오롬새끼동네〕 제주특별자치도 제주시 구좌읍 덕천리 상덕천에 있던 '오롬새끼동네'의 한자 차용 표기.

峯雛洞 オルムサヤキトン《朝鮮五萬分一地形圖』「漢拏山」(濟州島北部 8號, 1918)》.

府南串(부남곶)〔부남코지〕 제주특별자치도 서귀포시 대정읍 상모리 송오롬(송악산) 바닷가에 있는 '부남코지'의 한자 차용 표기.

府南串ヲ成セル小牛島ハ蓋ネ險崖峭立ス.《朝鮮沿岸水路誌 第1卷』(1933) 朝鮮南岸「濟州島」》. 濟州島南部(防頭半島至府南串).《朝鮮沿岸水路誌 第1卷』(1933) 朝鮮南岸「濟州島」》.

扶大岳(부대악)〔부데오롬〕 제주특별자치도 제주시 조천읍 선흘2리에 있는 '부데오롬'의 한자 차용 표기 가운데 하나. 이 오롬은 원래 '부데오롬'으로 부르고, 한자를 빌려 '浮大岳·夫大岳·斧大岳·扶大岳(부대악)' 등으로 표기하였음. '부데오롬'의 '부데'는 확실하지 않은데, '화전(火田)'에 대응하는 고유어라 하기도 함. 1960년대 지형도부터 1990년대 지형도까지 夫大岳(부대악)으로 쓰여 있고, 2000년대 지형도부터 2015년 지형도까지 '부데오름'으로 쓰여 있음. 표고 471.9m.

扶大岳 プテーアク 470米《朝鮮五萬分一地形圖』「漢拏山」(濟州島北部 8號, 1918)》.

夫大岳(부대악)〔부데오롬〕 제주특별자치도 조천읍 선흘리에 있는 '부데오롬'의 한자 차용 표기 가운데 하나. 이 오롬은 원래 '부데오롬'으로 부르고, 한자를 빌려 '浮大岳·夫大岳·斧大岳·扶大岳(부대악)' 등으로 표기하였음. '부데오롬'의 '부데'는 확실하지 않은데, '화전(火田)'에 대응하는 고유어라 하기도 함. 1960년대 지형도부터 1990년대 지형도까지 夫大岳(부대악)으로 쓰여 있고, 2000년대 지형도부터 2015년 지형도까지 '부대오름'으로 쓰여 있음. 표고 471.9m.

夫大岳(善屹里)《朝鮮地誌資料』(1911) 全羅南道 濟州郡 新左面, 山名》.

富錄洞(부록동) 제주특별자치도 제주시 화북2동 '부록마을'의 한자 차용 표기. 1960년대 지형도부터 2015년 지형도까지 '부록'으로 쓰여 있음.

富錄洞 プロクトン《『朝鮮五萬分一地形圖』「濟州」((濟州島北部 7號, 1918)》.

夫面洞(부면동) 제주특별자치도 제주시 애월읍 어음1리 '부메니(비메니)' 일대에 형성되어 있던 동네의 한자 표기.

夫面洞 ブミョンドン《『朝鮮五萬分一地形圖』「翰林」(濟州島北部 12號, 1918)》.

浮沙伊野(부사이야) 제주특별자치도 서귀포시 대정읍 무릉리 '부사리' 일대에 있는 들판 이름의 한자 차용 표기.

浮沙伊野(武陵里)《『朝鮮地誌資料』(1911) 全羅南道 大靜郡 右面, 野坪名》.

扶小岳(부소악)〔부소오롬〕 제주특별자치도 제주시 조천읍 교래리 '부소오롬'의 한자 차용 표기. 1960년대 지형도부터 2015년 지형도까지 '부소오름'으로 쓰여 있음. 표고 471.1m.

扶小岳 プソーアク《『朝鮮五萬分一地形圖』「漢拏山」(濟州島北部 8號, 1918)》.

釜岳[1](부악)〔두믜오롬〕 제주특별자치도 중심에 있는 한라산의 본디 이름인 '두믜오롬'을 쓴 한자 차용 표기 가운데 하나. 백록담 일대가 마치 '두믜(드ᄆ·두멍·두무)'와 같이 생겼다는 데서 그렇게 불러왔음. ⇒ 漢拏山(한라산).

漢拏山……圓嶠山, 圓山, 頭無山, 釜岳의 異名あり.《『地學論叢: 小川博士還曆記念』(1930)「濟州火山島」(原口九萬)》. 또 釜岳이라고도 함은 '가마오름'이 아니라 '검'의 神聖義를 말한 것이러니《耽羅紀行: 漢拏山(李殷相, 1937)》. 頭無岳이고 圓山이고 釜岳, 곳 가마오름이고 통히 '아이누'語 로는 神山이란 쯧이 되여서 漢拏山이라 치는 것이나 단 한 가지, 이 山을 神靈으로 생각한 것에서 생겨난 이름임을 짐작할 수 잇습니다.《濟州島의 文化史觀 9』(1938) 六堂 學人, 每日新報 昭和十二年 九月 二十七日》.

釜岳[2](부악)〔가메오롬·가마오롬〕 제주특별자치도 제주시 한경면 청수리 수룡동 동쪽에 있는 '가마오롬(가메오롬)'의 한자 차용 표기. 표고 140.4m.

釜岳(淸水大路邊)《『朝鮮地誌資料』(1911) 全羅南道 濟州郡 舊右面, 山名》. 釜岳 プーアク 145米

《朝鮮五萬分一地形圖』(濟州島南部 13號「摹瑟浦」(1918)》. 飛揚島馬羅島線……比較的新シキ時期ニ 生成セル火山ニシテ 飛揚島, 正月岳, 椿旨岳, 釜岳, 鳥巢岳, 加時岳, 摹瑟峰 等 ナリ 《濟州島ノ地質』(朝鮮地質調查要報 제10권 1호, 原口九萬, 1931》.

釜田野(부전야) 제주특별자치도 서귀포시 대정읍 '가메왓' 일대의 들판 이름의 한자 차용 표기.

釜田野(上摹里)《朝鮮地誌資料』(1911) 全羅南道 大靜郡 右面, 野坪名》.

浮坪野(부평야) 제주특별자치도 서귀포시 상예동 '뜬드르(든드르)' 일대의 들판 이름의 한자 차용 표기.

浮坪野(上猊里)《朝鮮地誌資料』(1911) 全羅南道 大靜郡 左面, 野坪名》.

北歸龍(북귀룡) 제주특별자치도 제주시 조천읍 함덕리 '북구롱(북구릉)'의 한자 표기.

北歸龍(咸德里)《朝鮮地誌資料』(1911) 全羅南道 濟州郡 新左面, 野坪名》.

北邑(북읍) 일제강점기 「濟州郡地圖」(1914)에 濟州(제주)와 朝天舘(조천관) 사이에 北邑(북읍)으로 쓰여 있는데, 禾北(화북)을 이른 것으로 추정됨.

北邑《濟州郡地圖』(1914)》.

北濟州(북제주) 제주도 북부 지역을 이름.

本島を大別して南濟州と北濟州との二つに分つことか出來る.《朝鮮』5月號(1916)「濟州島の産業事情』》.

北川(화북천) 제주특별자치도 제주시 화북동의 옛 이름 화북리의 줄임말.

이 禾北里라는 名稱에 있어서는 古稱 別刀里요 앞으로 흐르는 河川의 이름도 지금껏 別刀川과 禾北川이라 混稱하고 있거니와 《耽羅紀行: 漢拏山』(李殷相, 1937)》.

北村里(북촌리) 제주특별자치도 제주시 조천읍 '북촌리'의 한자 표기.

北村里《地方行政區域一覽(1912)』(朝鮮總督府) 濟州郡, 新左面》. 北村里(북종리 プクチョンリー) 《韓國水產誌』 제3집(1911)「濟州島」 濟州郡 新左面》. 北村里 プクチョンニー 《朝鮮五萬分一地形圖』 「濟州」(濟州島北部 7號, 1918)》.

北兎山(북토산) 제주특별자치도 서귀포시 표선면 토산1리 옛 이름 북토산의 한자 표기.

北兎山 プクトサン 《『朝鮮五萬分一地形圖』「表善」(濟州島南部 1號, 1918)》.

北浦(북포)〔뒷개〕 제주특별자치도 제주시 조천읍 북촌리의 옛 이름 '뒷개'의 한자 차용 표기.

訓にて又は音を訓とを合せて讀めるもの. 北浦—뒷기(濟州). 曉別岳—싀별오롬(濟州). 《『朝鮮及滿洲』 제70호(1913) 「濟州島方言」 '六.地名'(小倉進平)》. 北村里ノ西方岸ニ近ク1尖峯アリ, 犀山岳(犀牛峯)ト稱フ. 《朝鮮沿岸水路誌 第1卷』(1933) 朝鮮南岸「濟州島」》. 北村里及咸德里…… 獺嶼(タレ, 達嶼)ト稱ス. 《『朝鮮沿岸水路誌 第1卷』(1933) 朝鮮南岸「濟州島」》. 北村里의 長城遺址를 지나면서 南方二十二里餘에 있는 善屹里의 巨文岳을 바라보며 저 아래 普門寺址가 있을 것을 생각한다. 《『耽羅紀行: 漢拏山』(李殷相, 1937)》.

鵬登川(붕등천)〔붕등내〕 제주특별자치도 제주시 애월읍 하귀리 '붕등내'의 한자 차용 표기.

鵬登川(下貴里) 《『朝鮮地誌資料』(1911) 全羅南道 濟州郡 新右面, 川名》.

棚岳(붕악) 제주특별자치도 제주시 봉개동 민오롬을 이르는 듯함.

棚岳では十數箇の噴石丘が饅頭を並べた樣に一線上に行儀よく並んでゐる 《『地球』12권 1호(1929) 「濟州島遊記(一)」(原口九萬)》. 漢拏山-金寧線……其上 ニ連立セル火山ハ 土赤岳, 石岳, 御後岳, 水長兀, 犬月岳, 棚岳, 針岳, 泉味岳, 堂岳, 猫山峰, 笠山ナリトス 《濟州島ノ地質」(朝鮮地質調査要報 제10권 1호, 原口九萬, 1931》.

碑街上田(비가상전) '비석거리웃밧'을 한자를 빌려 쓴 것.

(安昌燮)企業狀態 中間地帶……碑街田 《『朝鮮半島の農法と農民』(高橋昇, 1939) 「濟州島紀行」》.

碑街田(비가전) '비석거리왓'을 한자를 빌려 쓴 것.

(安昌燮)企業狀態 中間地帶……碑街田 《『朝鮮半島の農法と農民』(高橋昇, 1939) 「濟州島紀行」》.

飛龍池(비룡지) 제주특별자치도 제주시 용담동 '비룡못'의 한자 차용 표기.

飛龍池(龍潭里) 《『朝鮮地誌資料』(1911) 全羅南道 濟州郡 中面, 池名》.

飛楊(비양)〔비양·비영〕 제주특별자치도 제주시 우도면 오봉리의 한 자연마을
인 '비양동'의 '비양'을, 한자를 빌려 나타낸 것 가운데 하나가 飛楊(비양)
임. 다른 자료에서는 飛揚(비양) 또는 飛陽(비양)으로도 쓰였음. 민간에서
는 '비양' 또는 '안비양, 밧비양'이라 부름. 오늘날은 조일리에 속하고, 비
양동이라 하고 있음.

飛楊 ピーヤン 《朝鮮五萬分一地形圖》「金寧」(濟州嶋北部 三號, 1918)〉. 牛島……飛楊島ノ對岸ニ
當レル處ニ飛楊ナル村アリ……. 《朝鮮沿岸水路誌 第1巻》(1933) 朝鮮南岸「濟州島」〉.

飛揚島¹(비양도) 제주특별자치도 제주시 한림읍 비양리에 있는 본섬의 한자
표기 가운데 하나.

飛揚島(비양도 ピーヤントー) 《韓國水産誌》 제3집(1911)「濟州島」濟州郡 舊右面〉. 飛揚島 ピヤ
ントー 《朝鮮五萬分一地形圖》(濟州島北部 16號「飛揚島」1918)〉. 飛揚島(濟州島 舊左面) 《朝鮮地誌
資料》(1919, 朝鮮總督府 臨時土地調査局) 島嶼, 全羅南道 濟州島〉. 一つの圓錐山に飛揚島や松岳の
様數個の火口や爆裂火口のあるのもあるし 《濟州火山島雜記》(『地球』 4권 4호, 1925, 中村新太
郎)〉. 飛揚島馬羅島線……比較的新シキ時期ニ生成セル火山ニシテ 飛揚島, 正月岳, 椿旨
岳, 釜岳, 鳥巣岳, 加時岳, 摹瑟峰 等 ナリ 《濟州島ノ地質》(朝鮮地質調査要報 제10권 1호, 原口九萬,
1931〉. 他ノ火山……火口ノ形状モ飛揚島及松岳ノ如ク深キ皿狀ノモノマテ種種アリ 《濟
州島ノ地質》(朝鮮地質調査要報 제10권 1호, 原口九萬, 1931〉. 地理河川……本島西北 狹才里海岸에
비양도(飛揚島)와 大靜面에 沙溪浦 우에 山房山은 上古噴火時에 漢拏山에서 飛來하였다.
《濟州島實記》(金斗奉, 1934)〉.

飛揚島²(비양도) 제주특별자치도 제주시 우도면 조일리의 한 자연마을인 '비
양도' 바닷가에 있는 섬인 '비양섬'을, 한자를 빌려 나타낸 것 가운데 하나.

飛揚島¹(비양도) 제주특별자치도 제주시 한림읍 비양리에 있는 본섬의 한자
표기 가운데 하나.

飛揚島(挾才浦前海中在) 《朝鮮地誌資料》(1911) 全羅南道 濟州郡 舊右面, 浦口名〉. 飛揚島(濟州島
舊右面) 《朝鮮地誌資料》(1919, 朝鮮總督府 臨時土地調査局) 島嶼, 全羅南道 濟州島〉. 濟州島西岸 飛

楊島 飛楊島ハ雲龍串ノ南西方約2.2浬ニ在ル圓形山島ニシテ. 《朝鮮沿岸水路誌 第1卷》(1933)

朝鮮南岸「濟州島」》. 牛島……島ノ北東側ニ飛楊島アリ 其ノ北西側ニ在ルヲ獨津浦トス…….

《朝鮮沿岸水路誌 第1卷》(1933) 朝鮮南岸「濟州島」》.

飛楊島²(비양도)〔비양섬·비염섬〕 제주특별자치도 제주시 우도면 조일리의 한 자연마을인 '비양도' 바닷가에 있는 섬인 '비양섬'을, 한자를 빌려 나타낸 것 가운데 하나. 다른 자료에서는 飛揚島(비양도) 또는 飛陽島(비양도)로도 쓰였음. 이곳에 동네가 있었는데, 이 동네를 '밧비양'이라 했음. 『耽羅巡歷圖(탐라순력도)』의 「城山觀日(성산관일)」에서는 竹島(죽도)로 쓰여 있고, 「탐라지도」(1709)에는 飛陽島(비양도)로 쓰여 있음. 1960년대 1:25,000 지형도부터 2000년대 1:25,000 지형도까지 飛陽島(비양도)로 쓰여 있으나, 2010년대 1:25,000 지형도에는 '비양도'로 쓰여 있음.

飛楊島 ピーヤントー 《朝鮮五萬分一地形圖』「金寧」(濟州嶋北部 三號, 1918)》.

枇子洞(비자동) 제주특별자치도 서귀포시 대정읍 신도3리의 옛 이름 '비ᄌ남동네〉비지남동네'의 한자 차용 표기 가운데 하나.

枇子洞 ピチャートン 《朝鮮五萬分一地形圖』(濟州島南部 13號「摹瑟浦」(1918)》.

榧子林(비자림) 제주특별자치도 제주시 구좌읍 평대리 산간에 있는 '비지곳'의 한자 표기. 오늘날은 주로 '비자림'으로 알려지고 있음.

世界一의 榧子林 《耽羅紀行: 漢拏山」(李殷相, 1937)》. 車는 禁獵區域인 坪岱里를 지나, 연방 바다를 끼고서 漢東里라는 곳을 지나게 되자 우리는 이 섬의 세계적 자랑인 榧子林을 向하야 길을 잠깐 왼쪽으로 꺾는다. 《耽羅紀行: 漢拏山」(李殷相, 1937)》.

枇子木野(비자목야) 제주특별자치도 서귀포시 신도리 '비지남동네'에 있는 '비지남드르'의 한자 차용 표기.

枇子木野(桃源里) 《朝鮮地誌資料」(1911) 全羅南道 大靜郡 右面, 野坪名〉.

飛雉山(비치산) 제주특별자치도 제주시 구좌읍 송당리 '비치미'의 한자 차용 표기 가운데 하나. 1960년대 지형도부터 2015년 지형도까지 '비치미오름'

으로 쓰고 있음. 표고 344.4m.

飛雉山 ピッチメー 348米 〈『朝鮮五萬分一地形圖』(濟州島北部 4號) 「城山浦」(1918)〉. 金寧-兎山里 線……數多ノ噴石丘カ一直線上ニ相接シテ聳立セリ, 卽テ大處岳, 鼓岳, 體岳, 外石岳, 內 石岳, 泉岳, 葛岳, 民岳, 大石類額岳, 飛雉山. 母地岳ノ諸峰ハ相隣リテ一列ニ聳立セリ 〈『濟 州島ノ地質』(朝鮮地質調査要報 제10권 1호, 原口九萬, 1931)〉.

氷開水野(빙개수야) 제주특별자치도 서귀포시 대정읍 보성리 '빙겟물(빙갯물)' 일대의 들판 이름의 한자 차용 표기.

氷開水野(保城里) 〈『朝鮮地誌資料』(1911) 全羅南道 大靜郡 右面, 野坪名〉.

四街酒幕(사가주막)〔니커리-〕 제주특별자치도 구좌읍 한동리에 있었던 옛 주막 이름. 아마 '니커리주막〉네커리주막(네거리주막)' 정도로 불렀던 것을 한자를 빌려 '四街酒幕(사가주막)'으로 표기한 것으로 추정함.

四街酒幕(漢東里) 《朝鮮地誌資料』(1911) 全羅南道 濟州郡 舊左面, 酒幕名〉.

沙溪(사계) 제주특별자치도 서귀포시 안덕면 산방산 서남쪽 바닷가 일대에 형성되어 있는 마을.

大靜郡 桃源 武陵 日果 加波 上摹 下摹 沙溪 和順 大坪 大浦 江汀 計十一浦 《濟州嶋現況一般』(1906)〉.

沙溪里(사계리) 제주특별자치도 서귀포시 안덕면 산방산 서남쪽 바닷가 일대에 형성되어 있는 마을.

沙溪里 コモンジリ (사계리 サケェーリー) 《韓國水産誌』제3집(1911) 「濟州島」大靜郡 中面). 沙溪里 《地方行政區域一覽(1912)』(朝鮮總督府) 大靜郡, 中面). 沙溪里 サチーリー 《朝鮮五萬分一地形圖』「大靜及馬羅島』(濟州島南部 9號, 1918)〉. 漢字の音にもわらず又其の訓讀にもわらず, 全く他の名稱を以て呼ぶもの.……沙溪里 거믄질('黑砂'ノ義) 《朝鮮及滿洲』제70호(1913) 「濟州島方

言」'六.地名'(小倉進平)〉.

沙溪浦(사계포) 제주특별자치도 서귀포시 안덕면 사계리 바닷가 일대를 이름.

沙溪浦(沙溪里)《朝鮮地誌資料》(1911) 全羅南道 大靜郡 中面, 浦口名〉. 地理河川……本島西北 狹才里海岸에 비양도(飛揚島)와 大靜面에 沙溪浦 우에 山房山은 上古噴火時에 漢拏山에서 飛來하였다.《濟州島實記》(金斗奉, 1934)〉.

寺九味(사구미)〔절구미〕 제주특별자치도 제주시 추자면 '영흥리(永興里)'의 옛 이름 '절구미'의 한자 차용 표기. 오늘날 민간에서는 '절기미'라고도 함.

部落은 上島에 大作只·寺九味[一에 節金里と云ふ]의 二里, 下島에 新上·新下[一에 魚遊九味と云ふ]·禮初·墨只[一에 黙里と云ふ]·長作·石頭[一에 石柱頭とも書す]의 六里わりて《韓國水産誌》제3집(1911) 全羅南道 莞島郡 楸子面〉. ⇒ 영흥리(永興里).

舍基洞(사기동) 제주특별자치도 서귀포시 대정읍 무릉2리 '사기숯동네'〈사기숯동네'의 한자 차용 표기. 1960년대 지형도부터 오늘날까지 '坐起洞(좌기동)'이라 하고 있음.

舍基洞 シャキトン《朝鮮五萬分一地形圖》(濟州島南部 13號「摹瑟浦」(1918)〉.

社潭(사담) 龍潭(용담)의 잘못.

濟州郡……東福 北村 咸德 朝天 新村 三陽 健入 社潭(龍潭) 道頭……計三十七浦《濟州嶋現況一般》(1906)〉.

寺洞(사동) 제주특별자치도 제주시 주차면 상추자도 영흥리의 옛 이름 '절구미〉절기미'의 한자 차용 표기 가운데 하나.

寺洞(사동) 寺洞《朝鮮地誌資料(1911)》권20, 全羅南道 莞島郡 楸子面〉. 寺洞《地方行政區域一覽(1912)》(朝鮮總督府) 莞島郡, 楸子面〉. 寺洞《地方行政區域一覽(朝鮮總督府, 1912) 全羅南道 莞島郡 楸子面〉.

紗羅洞(사라동) 제주특별자치도 제주시 도평동에 있는 '사라마을'의 한자 표기.

紗羅洞 サラドン《朝鮮五萬分一地形圖》「翰林」(濟州島北部 12號, 1918)〉.

沙羅峰(사라봉) 제주특별자치도 제주시 건입동에 있는 '사라봉'의 한자 표기 가운데 하나. 1960년대 지형도부터 2015년 지형도까지 '沙羅峰(사라봉)'으로 쓰여 있음. 그러나 근래에 다시 '紗羅峰(사라봉)'으로 통일해서 쓰기로 했다고 함. 표고 146.6m.

同岩層ヨリ成レル噴石丘(沙羅峰, 道頭峰, 元堂峰, 猫山峰, 犀山岳, 廓岳ノ生成)〈濟州島ノ 地質」(朝鮮地質調査要報 제10권 1호, 原口九萬, 1931〉. 沙羅峰이라 부르는 '오름'이 路右에 거룩한 容姿를 보이고 있음. 〈耽羅紀行: 漢挐山」(李殷相, 1937〉.

紗羅峰(사라봉) 제주특별자치도 제주시 건입동에 있는 '사라봉'의 한자 표기 가운데 하나. 1960년대 지형도부터 2015년 지형도까지 '沙羅峰(사라봉)'으로 쓰여 있음. 그러나 근래에 다시 '紗羅峰(사라봉)'으로 통일해서 쓰기로 했다고 함. 표고 146.6m.

紗羅峰(健入里)〈朝鮮地誌資料」(1911) 全羅南道 濟州郡 中面, 山名〉. 紗羅峰 サラボン 148.2米〈朝 鮮五萬分一地形圖」「濟州」(濟州島北部 7號, 1918〉.

沙羅峯(사라봉) 제주특별자치도 제주시 건입동에 있는 '사라봉'의 한자 표기 가운데 하나. 1960년대 지형도부터 2015년 지형도까지 '沙羅峰(사라봉)'으로 쓰여 있음. 그러나 근래에 다시 '紗羅峰(사라봉)'으로 통일해서 쓰기로 했다고 함. 표고 146.6m.

實はとの火口壁の東西の高處を夫々別刀峯及び沙羅峯と呼んでゐるのである〈地球」11권 4 호(1929)「濟州島火山岩(豫報其四)」(原口九萬〉.

紗羅峯(사라봉) 제주특별자치도 제주시 건입동에 있는 '사라봉'의 한자 표기 가운데 하나. 1960년대 지형도부터 2015년 지형도까지 '沙羅峰(사라봉)'으로 쓰여 있음. 그러나 근래에 다시 '紗羅峰(사라봉)'으로 통일해서 쓰기로 했다고 함. 표고 146.6m.

禾北里ト濟州邑トノ間ニ2尖峯アリ……西ニ在ルモノヲ紗羅峯ト稱シ, 高サ147米.〈朝鮮沿 岸水路誌 第1巻」(1933) 朝鮮南岸「濟州島」〉.

沙羅山(사라산) 제주특별자치도 제주시 건입동 사라봉의 다른 한자 표기 가운데 하나. 표고 146.6m.

濟州島ヲ北方沖合ヨリ望ム 月郎山 屯地峯 箕岳 下栗岳 明桃岩峯 元堂峯 木密岳 沙羅山 《朝鮮沿岸水路誌 第1卷》(1933) 朝鮮南岸「濟州島」). 山地燈臺 濟州ノ東方約1浬ニ位スル紗羅山ノ 北麓ニ設ク.《朝鮮沿岸水路誌 第1卷》(1933) 朝鮮南岸「濟州島」).

沙羅岳(사라악) 제주특별자치도 서귀포시 남원읍 신례리 산간에 있는 '사라오 롬'의 한자 차용 표기 가운데 하나. 1960년대 지형도부터 2015년 지형도 까지 '사라오름'으로 쓰여 있음. 표고 1,324m.

沙羅岳 サラオルム 1338米 사라오름 《朝鮮五萬分一地形圖》「漢拏山」(濟州島北部 8號, 1918)). 沙 羅岳 1,338米(濟州島 新左面·西中面)《朝鮮地誌資料》(1919, 朝鮮總督府 臨時土地調査局) 山岳ノ名 稱所在及眞高(續), 全羅南道 濟州島). 南西方漢拏山の東側から 沙羅岳, 水長兀, 丹霞峯, 文岳, 知箕里岳, 針岳, 泉味岳の圓錐列が漸次北東に低くなり行く漢拏山の斜面から兀々とし て 《濟州火山島雜記》,(『地球』4권 4호, 1925, 中村新太郎)). 他ノ火山……ソノ標式ナルモノハ今岳, 孤根山, 元堂峰, 月郎峰, 三義讓岳等ニシテ火口内ニ水ヲ集潴セルモノニ元堂峰(龜池), 水 長兀, 沙羅岳等アリ 《濟州島ノ地質》(朝鮮地質調査要報 제10권 1호, 原口九萬, 1931)).

紗羅岳[1](사라악) 제주특별자치도 서귀포시 남원읍 신례리 산간에 있는 '사라 오름'의 한자 차용 표기. 표고 1,324m.

沙羅岳 サラオルム 1,338米 《朝鮮五萬分一地形圖》「漢拏山」(濟州島北部 8號, 1918)).

紗羅岳[2](사라악) 제수특별자치도 제주시 건입동 바닷가에 있는 '사라오름'의 한자 차용 표기. 표고 146.6m.

濟州邑東方の紗羅岳別刀岳などはいくらか酸性の玄武岩で色も灰色ある 《濟州火山島雜 記》,(『地球』4권 4호, 1925, 中村新太郎)).

沙浪浦(사랑포)〔모사랑개·모시랑개〕 제주특별자치도 구좌읍 세화리의 옛 개[浦 口] 이름의 한자 차용 표기. 세화리 '*모살랑개>모사랑개'를 한자를 빌려 나타낸 것이 '沙浪浦(사랑포)'인 것임. '모실>모시'는 '모래[沙]'의 제주 방언 중 하나임. '랑'의 뜻은 확실하지 않음. 지금 세화리 오일장터(예전 '우뭇개'를 메워서 만듦.) 바로 동쪽에 있는 자그마한 개를 민간에서 '모사랑개'라 하는데, 이에 대응하는 것으로 추정됨.

沙浪浦(細花里)《朝鮮地誌資料》(1911) 全羅南道 濟州郡 舊左面, 浦口名〉.

思理田(사리전) 제주특별자치도 제주시 조천읍 대흘리 '사리왓'의 한자 차용 표기.

思理田(大屹里)《朝鮮地誌資料》(1911) 全羅南道 濟州郡 新左面, 野坪名〉.

思尾岳(사미악)〔세미오롬〕 제주특별자치도 조천읍 대흘리에 있는 오롬의 한자 차용 표기 가운데 하나. 이 오롬은 원래 '세미오롬'으로 부르고, 한자를 빌려 '思美岳·思未岳(사미악)' 또는 '泉味岳(천미악)', '泉岳(천악)' 등으로 표기하였음. 이 오롬에 '세미(샘의 제주 방언)'가 있다는 데서 붙인 것임. 1960년대 지형도부터 2000년대 지형도까지 '샘미오름'으로 표기하고, 2013년 지형도부터 2015년 지형도까지 '세미오름'으로 쓰고 있음. 표고 421.3m.

思尾岳(大屹里)《朝鮮地誌資料》(1911) 全羅南道 濟州郡 新左面, 山名〉.

四美峴(사미현) 제주특별자치도 서귀포시 안덕면 사계리 '세미(세미물)'에 있는 '세미고개'의 한자 차용 표기.

四美峴(沙溪里)《朝鮮地誌資料》(1911) 全羅南道 大靜郡 中面, 峴名〉.

沙峰(사봉) 제주특별자치도 제주시 건입동 '沙羅峰(사라봉)'의 줄임말.

瀛洲十景歌……沙峯落照《濟州島實記》(金斗奉, 1934)〉.

沙世美(사세미) 제주특별자치도 제주시 조천읍 와산리 '사세미'의 한자 차용 표기.

沙世美(臥山里)《朝鮮地誌資料》(1911) 全羅南道 濟州郡 新左面, 川池名〉.

四所(사소) 조선시대에 있었던 목장 가운데 하나인 사소장을 이름.

牧場 一所 二所 三所 四所 五所 六所 七所 八所 九所 十所 山場《濟州嶋現況一般》(1906)〉.

四所場(사소장) 제주특별자치도 제주시 오라동 산간에 있었던 목장인 '사소장'의 한자 표기.

四所場(吾羅里)《朝鮮地誌資料》(1911) 全羅南道 濟州郡 中面, 野坪名〉.

沙水洞(사수동) 제주특별자치도 제주시 용담3동 '닷근개〉닷그내' 일대에 형성되었던 동네의 한자 표기.

沙水洞 サスードン 《朝鮮五萬分一地形圖』「翰林」(濟州島北部 12號, 1918)〉.

獅岳(사악) 제주특별자치도 서귀포시 남원읍 신흥리 산간에 있는 '여쩌리오롬(예쩌리오롬)'의 한자 표기 가운데 하나. 1960년대 지형도부터 2015년 지형도까지 '如節岳(여절악)'으로 쓰고 있음. 표고 209.9m.

獅岳·엿쩌리오롬(安坐里)《朝鮮地誌資料』(1911) 全羅南道 旌義郡 東中面, 山谷名〉.

寺岳(사악) 제주특별자치도 서귀포시 보목동 포구 북동쪽에 있는 '제지기오롬(저지기오롬)'을 '절지기오롬'으로 인식하여 한자를 빌려 불완전하게 나타낸 것 가운데 하나. 1960년대 지형도부터 오늘날 지형도까지 '제지기오롬'으로 쓰어 있음. 표고 92.2.m.

寺岳 チョルオルム 32米《朝鮮五萬分一地形圖』「西歸浦」(濟州島南部 5號, 1918)〉. 城山, 斗山峰, 笠山, 破將軍, 高內峰, 高山峰, 水月峰, 簞山, 寺岳, 松岳の外輪山は之に屬し《地球』12권 1호(1929)「濟州島遊記(一)」(原口九萬)〉. 玆に森島鎔岩といふは森島を初め, 蚊島, 虎島, 狐村岳及び寺岳を構成し《地球』11권 2호(1929)「濟州島アルカリ岩石(豫報其二)」(原口九萬)〉. 森島熔岩 南岸ノ森島ヲ初メ蚊島, 狐村岳及寺岳ヲ構成シ鍾狀ノ火山ヲ形成セリ《濟州島ノ地質」(朝鮮地質調査要報 제10권 1호, 原口九萬, 1931)〉. 他ノ火山……又高內峰, 破軍峰, 高山峰, 水月峰, 簞山, 寺岳等モ之ニ屬ス《濟州島ノ地質」(朝鮮地質調査要報 제10권 1호, 原口九萬, 1931)〉.

四燕田野(사연전야) 제주특별자치도 서귀포시 예래동 '사제비왓' 일대에 있는 들판 이름의 한자 차용 표기.

死燕田野(猊來里)《朝鮮地誌資料』(1911) 全羅南道 大靜郡 左面, 野坪名〉.

蛇移洞(사이동) 제주특별자치도 서귀포시 상예동 '더데오롬' 남쪽에 있었던 동네의 한자 차용 표기.

蛇移洞 サリトン 《朝鮮五萬分一地形圖』「大靜及馬羅島」(濟州島南部 9號, 1918)〉.

寺田洞(사전동) 제주특별자치도 서귀포시 남원읍 하례1리 예촌망 북서쪽에 있었던 '절왓동네'의 한자 차용 표기.

寺田洞 チョルパットン 〈『朝鮮五萬分一地形圖』「西歸浦」(濟州島南部 5號, 1918)〉.

寺田野(사전야) 제주특별자치도 서귀포시 대정읍 상모리 '절왓' 일대에 있는 들판 이름의 한자 차용 표기.

寺田野(上摹里) 〈『朝鮮地誌資料』(1911) 全羅南道 大靜郡 右面, 野坪名〉.

沙田野(사전야) 제주특별자치도 서귀포시 대정읍 신도리 '몰레왓(모살밧)' 일대에 있는 들판 이름의 한자 차용 표기.

沙田野(桃源里) 〈『朝鮮地誌資料』(1911) 全羅南道 大靜郡 右面, 野坪名〉.

社稷坍野(사직단야) 제주특별자치도 서귀포시 대정읍 보성리, 조선시대 사직단이 있었던 곳 일대에 있는 들판 이름.

社稷坍野(保城里) 〈『朝鮮地誌資料』(1911) 全羅南道 大靜郡 右面, 野坪名〉.

沙浦¹(사포) 제주특별자치도 조천읍 함덕리에 있었던 개[浦口] 이름의 한자 차용 표기. 원래 '모실개·모살개'로 부르다가 한자를 빌려 나타낸 것이 '沙浦(사포)'임.

沙浦(咸德里) 〈『朝鮮地誌資料』(1911) 全羅南道 濟州郡 新左面, 浦口名〉.

沙浦²(사포)〔모살개〕 제주특별자치도 구좌읍 행원리의 옛 개[浦口] 이름의 한자 차용 표기. '沙浦(사포)'는 '모살개'의 한자를 빌려 보이는데, 민간에서 그에 대응하는 음성형을 확인하기 어려움. 지금 '밧소(봉모살)' 일대에 있었던 포구를 이른 것으로 추정함. '밧소' 안쪽에 '안소'라는 소(沼)가 있고, '밧소' 주변에 '사농물, 물렝이혹, 지서물, 천지소, 봉모살' 등의 지명이 있음. 이 일대를 조선시대에 '於等浦·魚登浦(어등포: *얼은개〉어등개)'라 하였음.

沙浦(杏源里) 〈『朝鮮地誌資料』(1911) 全羅南道 濟州郡 舊左面, 浦口名〉.

沙浦³(사포) 제주특별자치도 제주시 애월읍 금성리 바닷가 일대에 있는 '모살개·모실개'의 한자 차용 표기.

錦城里 クムソンニー, 沙浦 モシルケ 〈『朝鮮五萬分一地形圖』「翰林」(濟州島北部 12號, 1918)〉. 郭

支里와 歸德里 사이에 있는 海邊에 '沙浦'라 쓰고 '모실개'라 부르는 곳이 있음을 보면 《耽羅紀行: 漢拏山》(李殷相, 1937)》.

沙閑尼岳(사한니악) 제주특별자치도 조천읍 교래리에 있는 오름의 한자 차용 표기 가운데 하나. 이 오름은 예로부터 '슬하니오롬〉살하니오롬' 또는 '살라니오롬'으로 부르고 한자를 빌려 '皺多岳(추다악)' 또는 '米漢峰(미한봉)', '沙閑尼岳(사한니악)' 등으로 표기하였음. '슬하니〉살하니'는 '슬〉살[皺]'이 '한[多]' 오롬이라는 데서 붙인 것임.

沙閑尼岳(橋來里) 《朝鮮地誌資料》(1911) 全羅南道 濟州郡 新左面, 山名〉.

蛇穴(사혈) 제주특별자치도 제주시 구좌읍 김녕리에 있는 '베염굴'의 한자 표기.

西金寧里……蛇穴 《濟州島勢要覽》(1935) 第14 島一周案內〉. 蛇穴은 一名 金寧窟이니 穴口는 저 蝀龍窟의 그것과 恰似하고 《耽羅紀行: 漢拏山》(李殷相, 1937)》.

山乃田野(산내전야) 제주특별자치도 서귀포시 대정읍 인성리 '살레왓' 일대의 들판 이름의 한자 차용 표기.

山乃田野(仁城里) 《朝鮮地誌資料》(1911) 全羅南道 大靜郡 右面, 野坪名〉.

山馬場(산마장) 제주특별자치도 제주시 조천읍 교래리 위쪽 일대에 있었던 산마 목장을 이름.

我羅里山川壇……官牧場は森林地帶にして觀音寺より上の部分とす, これ山馬場と云い其の下を元場(モトンヂャン)と称したり. 《朝鮮半島の農法と農民》(高橋昇, 1939)「濟州島紀行》.

山房窟(산방굴) 제주특별자치도 서귀포시 안덕면 사계리 용머리 북쪽에 있는 '산방산'의 한자 표기. 표고 395.2m.

房窟이란 名勝이 잇서……이것을 '아이누'語에 비처 보면 '山'은 비탈이란 말……알에를 意味하는 말에 '바나', '바나게'니 하는 것이 잇슨즉 山房은 곳 비탈진 알에 생긴 것이라는 이름이 되야서 더 □釋이 順當하야짐니다. 《濟州島의 文化史觀 7》(1938) 六堂學人, 每日新報 昭和十二年 九月 二十三日〉.

山房窟寺(산방굴사) 제주특별자치도 서귀포시 안덕면 사계리 산방산 남쪽 기슭에 있는 굴사(窟寺)의 한자 표기.

古老의 十景選擇에 '山房窟寺'란 것이 있음을 보건대 《耽羅紀行: 漢拏山》(李殷相, 1937)》.

山房洞(산방동) 제주특별자치도 서귀포시 안덕면 산방산 산방굴사 서남쪽 일대에 형성되어 있는 동네.

山房洞 サンパントン 《朝鮮五萬分一地形圖』「大靜及馬羅島』(濟州島南部 9號, 1918)》.

山房山(산방산) 제주특별자치도 서귀포시 안덕면 사계리 용머리 북쪽에 있는 '산방산'의 한자 표기. 표고 395.2m.

山房山(沙溪里)《朝鮮地誌資料』(1911) 全羅南道 大靜郡 中面, 山谷名》. 山房山 サンパンサン 395 米 《朝鮮五萬分一地形圖』「大靜及馬羅島』(濟州島南部 9號, 1918)》. 山房山の鍾狀山や箪山の低平な 削剝された山となつて殘つて居る 《濟州火山島雜記』「地球』 4권 4호, 1925, 中村新太郎)》. 他ノ火 山……粗面岩ヨリ成レル山房山, 森島, 蚊島等ハ崞壁ヲ以テ圍繞サレタル鍾狀火山ヲ成ス 《濟州島ノ地質』(朝鮮地質調査要報 제10권 1호, 原口九萬, 1931)》. 軍山(君山)及山房山……山房山ハ 兄弟島錨地ノ北方ニ於テ水際ヨリ兀立シ高サ390米. 《朝鮮沿岸水路誌 第1卷』(1933) 朝鮮南岸 「濟州島』》. 地理河川……本島西北 狹才里海岸에 비양도(飛揚島)와 大靜面에 沙溪浦 우에 山房山은 上古噴火時에 漢拏山에서 飛來하였다. 《濟州島實記』(金斗奉, 1934)》 安德面……和 順里……和順港……山房山 《濟州島勢要覽』(1935) 第14 島一周案內》. 大靜古縣을 지난자 얼마 아 니하야 바른편 바다쪽으로 巍巍한 山 하나를 만나니 이것이 저 有名한 山房山이다. 《耽羅 紀行: 漢拏山』(李殷相, 1937)》.

山房山窟(산방산굴) 제주특별자치도 서귀포시 안덕면 사계리 산방산 남쪽 기슭에 있는 굴의 한자 표기.

山房山窟(來歷年久未詳)《朝鮮地誌資料』(1911) 全羅南道 大靜郡 中面, 古蹟名所名》.

山房山松谷(산방산송곡) 제주특별자치도 서귀포시 안덕면 사계리 산방산 북쪽 기슭에 있는 '송골'의 한자 차용 표기 가운데 하나. '송골'은 '송이골'의 변음임.

山房山松谷(沙溪里)《朝鮮地誌資料』(1911) 全羅南道 大靜郡 中面, 山谷名》.

山房山皇谷(산방산황곡) 제주특별자치도 서귀포시 안덕면 사계리 산방산 북쪽 기슭에 있는 '황골'의 한자 차용 표기 가운데 하나. '황골'은 '한골'의 변음임.

山房山皇谷(沙溪里)《『朝鮮地誌資料』(1911) 全羅南道 大靜郡 中面, 山谷名》.

山場(산장) 제주특별자치도 제주시 조천읍 교래리 위쪽 일대에 있었던 산마목장(산마장)을 이름.

牧場 一所 二所 三所 四所 五所 六所 七所 八所 九所 十所 山場 《濟州嶋現況一般』(1906)》. 我羅里山川壇……山場 官牧監は山林地帶の牧馬の牧畜を司れり.《『朝鮮半島の農法と農民』(高橋昇, 1939)「濟州島紀行」》.

山底(산저) 제주특별자치도 제주시 건입동 바닷가 일대에 있는 '산지'의 이전 소리 '산저'의 한자 차용 표기.

漢字の音にもわらず又其の訓讀にもわらず, 全く他の名稱を以て呼ぶもの.……健入里 산지('山地'又ハ'山底'ノ音).《『朝鮮及滿洲』 제70호(1913)「濟州島方言」'六.地名'(小倉進平)》.

山底川(산저천)〔산짓내〕 제주특별자치도 제주시 건입동을 지나 제주항으로 들어가는 '산짓내'의 옛 이름 '산젓내'의 한자 차용 표기.

川(1) [nɛ] …… 〔全南〕 濟州(郡內の山底川・別刀川・大川を夫夫〔san-ʤi-nɛ〕, 〔pe-rin-nɛ〕, 〔han-nɛ〕といふ)・西歸・大靜(郡內の甘山川を〔kam-san-nɛ〕といふ)《『朝鮮語方言の研究 上』(小倉進平, 1944:41)》.

山底浦(산저포)〔산젓내〕 제주특별자치도 제주시 건입동 제주항 안쪽, 산젓내(산짓내) 하류에 있는 개 이름의 한자 차용 표기.

山底浦(健入里)《『朝鮮地誌資料』(1911) 全羅南道 濟州郡 中面, 浦口名》. 山底浦(산져포サンチヨポ)《『韓國水産誌』 제3집(1911)「濟州島」, 濟州郡 中面》.

山地(산지) 1.제주특별자치도 제주시 건입동 제주항 안쪽에 있었던 '산지항(山地港)'을 이름. ⇒ 濟州港(제주항).

濟州(山地)幷ニ別刀《『朝鮮の港湾』(朝鮮総督府内務局土木課, 1925)》.

2.제주특별자치도 제주시 건입동에 있는 '산지(산짓물동네)'의 한자 표기.

1960년대 지형도부터 2015년 지형도까지 '산지'로 쓰여 있음.

漢字の音にもわらず又其の訓讀にもわらず, 全く他の名稱を以て呼ぶもの.……健入里 산지('山地'又ハ'山底'ノ音). 《朝鮮及滿洲』 제70호(1913) 「濟州島方言」 '六.地名'(小倉進平)》. 山地 サンチー 《朝鮮五萬分一地形圖』 「濟州」((濟州島北部 7號, 1918)》.

山地堂野(산지당야) 제주특별자치도 서귀포시 대정읍 안성리 '산짓당' 일대의 들판 이름의 한자 차용 표기.

山地堂野(安城里) 《朝鮮地誌資料』(1911) 全羅南道 大靜郡 右面, 野坪名》.

山地燈臺(산지등대) 제주특별자치도 제주시 건입동 사라봉 북쪽 바닷가 벼랑 위에 세워진 등대.

山地燈臺 《朝鮮五萬分一地形圖』 「濟州」((濟州島北部 7號, 1918)》. 山地燈臺 濟州ノ東方約1浬ニ位スル紗羅山ノ北麓ニ設ク. 《朝鮮沿岸水路誌 第1卷』(1933) 朝鮮南岸 「濟州島」》.

山地川(산지천)〔산짓내〕 제주특별자치도 제주시 건입동을 흘러서 바다로 들어가는 '산짓내'의 한자 차용 표기. 1960년대 지형도부터 1990년대 지형도까지 '산지내'로 쓰고, 2000년대 지형도부터 2015년 지형도까지 '山地川(산지천)'으로 쓰여 있음.

山地川 サンチチョン 《朝鮮五萬分一地形圖』 「濟州」((濟州島北部 7號, 1918)》. 濟州邑……邑ノ東側ニ山地川, 西側ニ屛門川(龍潭川)アリ 共ニ半湖ニハ舟艇ノ出入ニ適ス. 《朝鮮沿岸水路誌 第1卷』(1933) 朝鮮南岸 「濟州島」》.

山池川(산지천)〔산짓내〕 제주특별자치도 제주시 건입동을 흘러서 바다로 들어가는 '산짓내'의 한자 차용 표기. 1960년대 지형도부터 1990년대 지형도까지 '산지내'로 쓰고, 2000년대 지형도부터 2015년 지형도까지 '山地川(산지천)'으로 쓰여 있음.

水系……北流スルモノハ別刀川, 山池川, 都近川ニシテ 南流スルモノハ川尾川, 松川, 孝敦川, 正房川, 淵外川, 江汀川, 小加來川, 紺山川ナリ 《濟州島ノ地質』(朝鮮地質調査要報 제10권 1호, 原口九萬, 1931)》.

山地浦(산지포)〔산짓개〕 제주특별자치도 제주시 건입동 제주항 안쪽, 산짓내 하류에 있는 개 이름의 한자 차용 표기. 일제강점기까지는 주로 山地浦(산지포) 또는 山底浦(산저포), 健入浦(건입포)·巾入浦(건입포)라 했는데, 일제강점기 이후에는 山地港(산지항)이라 하고, 요즘에는 濟州港(제주항)이라 하고 있음.

山地浦 城內 朝天里 《濟州島とその經濟』(1930, 釜山商業會議所) 「濟州島全島」》.

山地港(산지항) 제주특별자치도 제주시 건입동 산짓물 하류에 형성되었던 항. 일제강점기까지는 주로 山地浦(산지포) 또는 健入浦(건입포)·巾入浦(건입포)라 했는데, 일제강점기 이후에는 山地港(산지항)이라 하고, 요즘에는 濟州港(제주항)이라 하고 있음.

濟州港(山地港) 濟州港ハ禾北里ノ西方約2浬ニ在リ. 《朝鮮沿岸水路誌 第1卷』(1933) 朝鮮南岸 「濟州島」》.

山川壇(산천단) 제주특별자치도 제주시 아라1동 산천단을 이름.

山上 行祭에 往往 凍死의 不幸을 보게 되므로 李朝成宗朝에 牧使 李約東이 이곳으로 移安 하고 山川壇이라 이름한 것이다 《耽羅紀行: 漢拏山』(李殷相, 1937)》. 我羅里 山川壇(城內より2 里) 《朝鮮半島の農法と農民』(高橋昇, 1939) 「濟州島紀行」》.

山川堂(산천당) 제주특별자치도 제주시 아리1동 산천단에 있었던 당 이름 가운데 하나.

이 堂字가 山川堂임은 다시 말할 것이 없고 俗에 '三天堂'이라고도 쓴다 함을 들으니 《耽羅 紀行: 漢拏山』(李殷相, 1937)》.

山浦(산포) 제주특별자치도 제주시 제주항 안쪽에 있었던 '山地浦(산지포)' 또는 '山底浦(산저포)'의 간략 표기.

瀛洲十景歌……山浦釣魚 《濟州島實記』(金斗奉, 1934)》.

薩蘿旨(살라지)〔살레ᄆ를/살레ᄆ르〕 제주특별자치도 제주시 한경면 두모리와 고산리 경계 일대의 마루 이름.

薩蘿旨(頭毛里百日站) 《朝鮮地誌資料》(1911) 全羅南道 濟州郡 舊右面, 站名〉.

三角洞野(삼각동야)〔삼불둥이--/삼각골--〕 제주특별자치도 서귀포시 신도3리 '삼불둥이왓(삼각골)' 일대의 들판 이름.

三角洞野(順昌里) 《朝鮮地誌資料》(1911) 全羅南道 大靜郡 右面, 野坪名〉.

三達里(삼달리) 제주특별자치도 서귀포시 성산읍 삼달리의 한자 표기.

三達里 《朝鮮地誌資料》(1911) 全羅南道 旌義郡 左面, 土産名〉. 三達里 《地方行政區域一覽(1912)》(朝鮮總督府) 旌義郡, 左面〉. 三達里 サムタルリー 《朝鮮五萬分一地形圖》(濟州島北部 4號)「城山浦」(1918)〉. 漢字の音にもわらず又其の訓讀にもわらず, 全く他の名稱を以て呼ぶもの……三達里 와 강이(?) 《朝鮮及滿洲》 제70호(1913)「濟州島方言」'六.地名'(小倉進平)〉.

三德童山野(삼덕동산야)〔서덕동산드르〕 제주특별자치도 서귀포시 대정읍 보성리 '서덕동산' 일대의 들판 이름. 三德童山(삼덕동산)은 '서덕동산'의 한자 차용 표기.

三德童山野(保城里) 《朝鮮地誌資料》(1911) 全羅南道 大靜郡 右面, 野坪名〉.

森島(삼도) 제주특별자치도 서귀포시 보목동 바다에 있는 '섶섬'의 한자 차용 표기.

森島 ソプソム 155米 《朝鮮五萬分一地形圖》「西歸浦」(濟州島南部 5號, 1918)〉. 粗面岩塊よりり成れる漢拏山頂, 五百將軍·成屹峰·山房山及び森島は險岨な懸崖を以て圍まれてゐるのに反し 《地球》 12권 1호(1929)「濟州島遊記(一)」(原口九萬)〉. 他ノ火山……粗面岩ヨリ成レル山房山, 森島, 蚊島等ハ嶂壁ヲ以テ圍繞サレタル鍾狀火山ヲ成ス 《濟州島ノ地質》(朝鮮地質調査要報 제10권 1호, 原口九萬, 1931〉. 又南岸ニハ粗面岩ヨリ成レル鍾狀ノ森島及蚊島一 粗面岩安山岩ヨリ構成サレタル臺地狀ノ虎島及茅島, 玄武岩ヨリ生成サレタル組狀ノ地歸島, 加波島, 馬羅島等恰モ庭石ヲ並ヘタル如ク碁布セリ 《濟州島ノ地質》(朝鮮地質調査要報 제10권 1호, 原口九萬, 1931〉. 森島ノ地歸島ヲ距ル西方約3浬ニ在ル尖頂島ニシテ高サ154米. 《朝鮮沿岸水路誌 第1卷》(1933) 朝鮮南岸「濟州島」〉. 西으로 멀리 있는 섬은 '범섬'(虎島), 浦口 앞에 놓인 섬은 '새섬'(鳥島), 고 넘어 있는 섬은 '노루섬'(鹿島), 왼편 東으로 떨어져 있는 섬은 '숲섬'(森

島)! 《耽羅紀行: 漢拏山』(李殷相, 1937)》.

三徒里(삼도리) 제주특별자치도 제주시 삼도동(三徒洞)의 옛 이름.

三徒里《地方行政區域一覽(1912)』(朝鮮總督府) 濟州郡, 中面》. 濟州邑 三徒里 《朝鮮在留歐米人並領
事館員名簿』(朝鮮總督府, 1935)》. 邑內三徒里の個人地主 《朝鮮半島の農法と農民』(高橋昇, 1939)「濟
州島紀行』》.

三梅峰(삼매봉) 제주특별자치도 서귀포시 바닷가 가까운 곳에서 호근동과 서
홍동 경계에 있는 '삼매봉'의 한자 표기. 삼매봉공원이 조성되어 있고, 꼭
대기에 남성정이 세워져 있음. 정상 북쪽에 화구의 밑이 지표(地表)보다
낮은 마르(maar)형의 하논 분화구가 있음. 표고 153.3m.

三梅峰 サムメーポン 165米 《朝鮮五萬分一地形圖』「西歸浦』(濟州島南部 5號, 1918)》. 他ノ火
山……西歸浦西北ニ當リテ三梅峰ヲ最高點トスル外輪山ヲ繞テシ大畜ト稱スル廣キ火口
原アリ《濟州島ノ地質』(朝鮮地質調査要報 제10권 1호, 原口九萬, 1931)》.

三梅峯(삼매봉) 제주특별자치도 서귀포시 바닷가 가까운 곳에서 호근동과 서
홍동 경계에 있는 '삼매봉'의 한자 표기.

虎島及孤根山(高空山) 三梅峯(米岳)ハ鳥島ノ北西方9鏈ニ在リ高サ156米. 《朝鮮沿岸水路
誌 第1卷』(1933) 朝鮮南岸「濟州島』》.

三每陽岳(삼매양악) 제주특별자치도 서귀포시 서홍동과 호근동 경계에 있는
'삼매봉(三梅峰)'의 원 이름 '세미양오롬'의 한자 차용 표기 가운데 하나.

그 곁에 있는 三每陽岳에도 岳中寬敞한 곳에 水田數十頃이 있어 이름을 大池라 한다 《耽
羅紀行: 漢拏山』(李殷相, 1937)》.

三房山(삼방산) 山房山(산방산)의 잘못인 듯함.

漢拏山の噴火の際モスリッポに其の頭が飛んで三房山(ボタン山)が生じたと土民は云ろ
《朝鮮半島の農法と農民』(高橋昇, 1939)「濟州島紀行』》.

三山岳(삼산악) 제주특별자치도 제주시 애월읍 고성리 산간에 있는 '산세미오
롬'의 변음의 한자 표기 가운데 하나. 1960년대 지형도부터 1990년대 지

형도까지 '山心峰(산심봉)'으로 쓰다가, 2000년대 지형도부터 2015년 지형
도까지 '산세미오름'으로 쓰고 있음. 표고 654m.

三山岳 サムサンオルム 660米《朝鮮五萬分一地形圖』(濟州島北部 12號)「翰林」(1918). 三山岳
660米(濟州島 新右面)《朝鮮地誌資料』(1919, 朝鮮總督府 臨時土地調査局) 山岳ノ名稱所在及眞高
(續), 全羅南道 濟州島〉.

三聖堂(삼성당) 제주특별자치도 제주시 삼성혈을 이름. 세 성인을 모신 당(堂)
으로 이해한 것임.

漢拏山登山……三聖堂……觀音寺……大石沢……蟻項入口 笹原入口……蟻項六合目……笹
原の終點……蓬來泉, 日暮の沢……胸衡八合目……白鹿潭《朝鮮半島の農法と農民』(高橋昇,
1939)「濟州島紀行」〉.

三姓穴(삼성혈) 제주특별자치도 제주시 이도1동에 있는 '삼성혈'의 한자 표기.

三姓穴 サムソンヒョル《朝鮮五萬分一地形圖』「濟州」(濟州島北部 7號, 1918)〉. 濟州島の三姓穴
《朝鮮童話集』(中村亮平, 1926). 又城ノ南方ニ一團ノ松樹アリ三姓穴ト稱シ遠望顯著ナリ.《朝
鮮沿岸水路誌 第1卷』(1933) 朝鮮南岸「濟州島」〉. 三姓穴(삼성혈) 現在 濟州住民은 老小男女없이
이 三姓穴을 '명굴'이라고 부르는 것을 絶對로 參考할 필요가 있으려니와《耽羅紀行: 漢拏
山』(李殷相, 1937)〉.《耽羅紀行: 漢拏山』(李殷相, 1937)〉.

三姓穴碑(삼성혈비) 제주특별자치도 제주시 이도동 삼성혈 앞에 있는 '삼성혈
비'의 한자 표기.

三姓穴碑(二徒里)《朝鮮地誌資料』(1911) 全羅南道 濟州郡 中面, 古碑名〉.

三所(삼소) 조선시대에 있었던 목장 가운데 하나인 삼소장을 이름.

牧場 一所 二所 三所 四所 五所 六所 七所 八所 九所 十所 山場《濟州嶋現況一般』(1906)〉.

三所場(삼소장) 제주특별자치도 제주시 월평동 위쪽에 있었던 삼소장의 한자
표기.

三所場(月坪里)《朝鮮地誌資料』(1911) 全羅南道 濟州郡 中面, 野坪名〉.

三水川(삼수천) 제주특별자치도 제주시 도련동과 삼양동을 흐르는 '삼수선내'

의 한자 차용 표기 가운데 하나.

三水川(道連·三陽里)《朝鮮地誌資料》(1911) 全羅南道 濟州郡 中面, 川溪名〉.

三矢射碑(삼시사비) 제주특별자치도 제주시 화북동과 삼양동 경계에 있는 '삼
사석비(三射石碑)'를 달리 쓴 것.

三矢射碑(禾北里)《朝鮮地誌資料》(1911) 全羅南道 濟州郡 中面, 古碑名〉.

三陽(삼양) 제주특별자치도 제주시 우도면 오봉리의 자연마을 가운데 하나인
'삼양동'의 '삼양'을 한자로 나타낸 것임. 오늘날은 오봉리에 속하여 삼양
동이라 하고 있음.

濟州郡 三陽《韓國水産誌》제3집(1911)「濟州島」場市名〉. 三陽 サムヤン《朝鮮五萬分一地形圖》「金
寧」(濟州嶋北部 三號, 1918)〉.

三陽里(삼양리) 제주특별자치도 제주시 삼양동의 옛 이름 '삼양리'의 한자 표기.

三陽里(삼양리 サンヤンリー)《韓國水産誌》제3집(1911)「濟州島」濟州郡 中面〉. 三陽里《地方行
政區域一覽(1912)《(朝鮮總督府) 濟州郡, 中面〉. 三陽里 サムヤンニー《朝鮮五萬分一地形圖》「濟州」((濟
州島北部 7號, 1918)〉. 三陽里 元堂峰 밑을 지나간다《耽羅紀行: 漢拏山」(李殷相, 1937)〉.

三陽峰(삼양봉) 제주특별자치도 제주시 삼양1동에 있는 '원당오롬'의 별칭의
한자 표기.

三陽峰(我羅里)《朝鮮地誌資料》(1911) 全羅南道 濟州郡 中面, 山名〉.

三陽川(삼양천) 제주특별자치도 제주시 삼양동을 흐르는 '삼수선내'의 별칭의
한자 표기.

地理河川……이 外도 屛門川, 別刀川, 三陽川, 錦城川, 山南 禮村川, 孝敦川, 下川 等이다.
《濟州島實記》(金斗奉, 1934)〉.

三義讓岳(삼의양악) 제주특별자치도 제주시 아라1동 남쪽 '세미양오롬'의 한
자 차용 표기 가운데 하나.

三義讓岳 575米(濟州島 濟州面)《朝鮮地誌資料》(1919, 朝鮮總督府 臨時土地調査局) 山岳ノ名稱所在
及眞高(續), 全羅南道 濟州島〉. その最も標式なものは今岳, 元堂峯, 三義讓岳, 針岳, 孤根山, 御

乘生岳, 月郎山, 終達峰, 飛揚島等である《『地球』12권 1호(1929) 「濟州島遊記(一)」(原口九萬)》. 他ノ

火山……ソノ標式ナルモノノハ今岳, 孤根山, 元堂峰, 月郎峰, 三義讓岳等ニシテ火口內ニ水

ヲ集瀦セルモノニ元堂峰(龜池), 水長兀, 沙羅岳等アリ《濟州島ノ地質』(朝鮮地質調査要報 제10

권 1호, 原口九萬, 1931)》. 아츰 이슬을 아까이 밟으면서 三義讓岳이라 부르는 山을 왼편으로 끼

고 돌아 들어가다 '굴치'라는 山村을 樹林 사이에 보게 된다《耽羅紀行: 漢拏山』(李殷相, 1937)》.

三義讓오름(삼의양--) 제주특별자치도 제주시 아라1동 남쪽 산간에 있는 '세 미양오름'을 한자와 한글로 섞어 쓴 것.

濟州 南十五里에 잇는 三義讓오름……그런데 이 이름들을 '아이누'로로 비교해보면, '三義
讓'의 '三義'는 돌을 意味하는 '슈마'나, '겻헤서' 쏘 '겻흐로'로 意味하는 '삼' 壤은 올라감을
意味하는 '얀'으로서, 곳 돌다리 올라가는 山人峰, 혹 '겻흐로' 올라가는 山人峰이란 뜻이
됩니다.《濟州島의 文化史觀 6』(1938) 六堂學人, 每日新報》.

三天堂(삼천당) 제주특별자치도 제주시 아리1동 남쪽 산천단에 있었던 당 이 름 가운데 하나.

이 堂字가 山川堂임은 다시 말할 것이 없고 俗에 '三天堂'이라고도 쓴다 함을 들으니《耽
羅紀行: 漢拏山』(李殷相, 1937)》.

三淸長溪(삼청장계) 제주특별자치도 서귀포시 월평동에 있는 '삼청장골'의 한 자 차용 표기.

三淸長溪(月坪里)《朝鮮地誌資料』(1911) 全羅南道 大靜郡 左面, 川溪名》.

三兄弟山(삼형제산) 제주특별자치도 서귀포시 색달동 산간 천백고지 휴게소 일대에 있는 오름의 한자 표기 가운데 하나. 1990년대 지형도부터 2011 년 지형도까지 '삼형제오름'으로 표기하고, 2013년 지형도부터 2015년 지 형도까지 표고 1144.9m('삼형제오름/큰오름' 누락). 삼형제오름(샛오름/1114.3m), 삼형제오름(말젯오름/1076.9m)으로 쓰고 있음.

바른편으로 三兄弟山이라 쓰고 '세오름'이라 부르는 고을 다다르니 훨씬 平坦해진다《耽
羅紀行: 漢拏山』(李殷相, 1937)》.

上加里(상가리) 제주특별자치도 제주시 애월읍 상가리의 한자 표기.

上加里《地方行政區域一覽(1912)》(朝鮮總督府) 濟州郡, 新右面). 上加里 サンカリ《朝鮮
五萬分一地形圖》「翰林」(濟州島北部 12號, 1918)〉.

上貴里(상귀리) 제주특별자치도 제주시 애월읍 상귀리의 한자 표기.

上貴里《地方行政區域一覽(1912)》(朝鮮總督府) 濟州郡, 新右面). 上貴里 サンキリ《朝鮮
五萬分一地形圖》「翰林」(濟州島北部 12號, 1918)〉.

上大里(상대리) 제주특별자치도 제주시 한림읍 상대리의 한자 표기.

上大里《地方行政區域一覽(1912)》(朝鮮總督府) 濟州郡, 舊右面). 上大里 サンデニー《朝鮮五萬分一
地形圖》「翰林」(濟州島北部 12號, 1918)〉.

床島(상도) 제주특별자치도 제주시 추자면 하추자도 예초리 북쪽 '검은가리'
동북쪽 바다에 있는 섬인 '상섬'의 한자 차용 표기. ⇒ サンソム(상섬).

床島 サンソム《朝鮮五萬分一地形圖》(濟州嶋北部 9號, 「楸子群島」(1918)〉.

上島(상도) 제주특별자치도 제주시 추자면의 본섬 가운데 하나인 '상추자도
(上楸子島)'를 이름. 『靈巖楸子島地圖(영암추자도지도)』(1872)와 『莞島郡邑誌
(완도군읍지)』(1899) 「莞島郡地圖(완도군지도)」 등에 楸子上島(추자상도)로 쓰
여 있음. 일제강점기에는 추자도(楸子島) 상도(上島)라고 함.

部落は上島に大作只·寺九味[一に節金里と云ふ]の二里, 下島に新上·新下[一に魚遊九味
と云ふ]·禮初·墨只[一に黙里と云ふ]·長作·石頭[一に石柱頭とも書す]の六里わりて《韓
國水産誌》제3집(1911) 全羅南道 莞島郡 楸子面). 楸子島 上島 下島《濟州郡地圖》(1914)〉.

上道里(상도리)〔웃도의여ᄆᆞ을〕 제주특별자치도 제주시 구좌읍 '상도리'를 한자
로 나타낸 것 가운데 하나. 상도리는 원래 '웃도의여ᄆᆞ을〉웃도려ᄆᆞ을'이
라 하여 한자로 上道衣灘里(상도의탄리)라 썼는데, 19세기에 衣(의)와 灘
(탄)을 생략하여 上道里(상도리)로 쓰면서 오늘날까지 이어진 것임.

上道里《朝鮮地誌資料(1911)》 권17, 全羅南道 濟州郡 舊左面). 上道里《地方行政區域一覽(1912)》(朝鮮
總督府) 濟州郡, 舊左面). 上道里 サントリー《朝鮮五萬分一地形圖》「金寧」(濟州嶋北部 三號, 1918)〉.

車는 어느덧 上道里라는 곳을 지나간다. 이 上道里의 右下에 下道里가 있는데 現在地圖에 '別訪'이란 古名을 駐記的으로 表示한 것은 고마운 일이나 '別訪'의 '訪'字는 '防'자로 訂正하여야 할 것이다.《『耽羅紀行: 漢拏山』(李殷相, 1937)》.

上洞(상동) 1.제주특별자치도 제주시 조천읍 교래리 '웃동네'의 한자 차용 표기.

橋來里 キョレーリー, 上洞 サントン《『朝鮮五萬分一地形圖』(濟州島北部 4號) 「城山浦」(1918)》.

2.제주특별자치도 제주시 구좌읍 송당리 '웃동네(웃송당)'의 한자 차용 표기.

上洞 ウッドン《『朝鮮五萬分一地形圖』(濟州島北部 4號) 「城山浦」(1918)》.

3.제주특별자치도 제주시 조천읍 교래리 '상동'의 한자 표기.

橋來里 キョレーリー, 上洞 サントン, 橋來里下洞 キョレーリー ハードン《『朝鮮五萬分一地形圖』「漢拏山」(濟州島北部 8號, 1918)》.

4.제주특별자치도 제주시 조천읍 와흘리 '웃동네'의 한자 차용 표기. 臥屹里 ワーフルリー, 上洞 サントン《『朝鮮五萬分一地形圖』(濟州島北部 4號) 「城山浦」(1918)》.

上得水田野(상득수전야) 제주특별자치도 서귀포시 안덕면 상천리 '웃득수왓' 일대에 형성되어 있는 들판 이름의 한자 차용 표기.

上得水田野(上倉里)《『朝鮮地誌資料』(1911) 全羅南道 大靜郡 中面, 野坪名》.

上麓野(상록야) 제주특별자치도 서귀포시 대정읍 동일리 '우틀(우털)' 일대에 형성되어 있는 들판 이름의 한자 차용 표기.

上麓野(東日里)《『朝鮮地誌資料』(1911) 全羅南道 大靜郡 右面, 野坪名》.

上栗岳(상율악) 제주특별자치도 제주시 조천읍 선흘2리 '웃바메기오롬'의 한자 차용 표기. 1960년대 지형도부터 2015년 지형도까지 '윗밤오름'으로 쓰여 있음. 표고 414.9m.

上栗岳 サンパムアク 424米《『朝鮮五萬分一地形圖』「漢拏山」(濟州島北部 8號, 1918)》.

上明里(상명리) 제주특별자치도 제주시 한림읍 상명리의 한자 표기.

上明里《『地方行政區域一覽』(1912) (朝鮮總督府) 濟州郡, 舊右面》. 上明里 サンミョンニー《『朝鮮五萬分一地形圖』「翰林」(濟州島北部 12號, 1918)》.

上摹(상모) 제주특별자치도 서귀포시 대정읍 상모리.

大靜郡 桃源 武陵 日果 加波 上摹 下摹 沙溪 和順 大坪 大浦 江汀 計十一浦 《濟州嶋現況一般』(1906)》.

上摹里(상모리) 제주특별자치도 서귀포시 대정읍 하모리 모슬포항 위쪽에 형성된 마을. 지금은 상모1리, 상모2리, 상모3리로 나뉘어 있음.

上摹里 《地方行政區域一覽(1912)』『(朝鮮總督府) 大靜郡, 右面》. 上摹里 サンモリー 《朝鮮五萬分一地形圖』「大靜及馬羅島」(濟州島南部 9號, 1918)》.

上文洞(상문동) 제주특별자치도 서귀포시 대포동 산간에 있는 '녹하지오롬' 북쪽에 있었던 동네 이름. 제주4·3 때 폐동되었음.

上文洞 サンムントン 《朝鮮五萬分一地形圖』「大靜及馬羅島」(濟州島南部 9號, 1918)》.

上文里(상문리) 제주특별자치도 서귀포시 대포동 산간에 있는 '녹하지오롬' 북쪽에 있었던 마을 이름. 제주4·3 때 폐동되었음.

上文里 《地方行政區域一覽(1912)』『(朝鮮總督府) 大靜郡, 左面》.

上榧旨(상비지) 제주특별자치도 제주시 남원읍 가시리 산간 '상빗ᄆ르(상빗ᄆ를)'에 있는 동네 이름의 한자 차용 표기. 제주4·3 때 폐동되었음.

上榧旨 サンピヂー 《朝鮮五萬分一地形圖』「漢拏山」(濟州島北部 8號, 1918)》.

上所幕尼岳(상소막니악) 제주특별자치도 조천읍 선흘리에 있는 오롬의 한자 차용 표기 가운데 하나. 이 오롬은 원래 '웃바메기' 또는 '웃바메기오롬'으로 부르고, 한자를 빌려 '上夜漠岳(상야막악)' 또는 '上夜漠只(상야막지)', '上所幕尼岳(상소막니악)', '上所磨其岳(상소마기악)', 上栗岳(상률악)' 등으로 표기하였음. 그런데 민간에서는 '栗岳(율악)'의 표기를 중시하여 '밤알'과 같이 생겼다는 데서 붙인 것이라고 하나, 이것은 믿을 수 없는 민간어원설임. 고유어 '바메기'의 뜻은 확실하지 않음.

上所幕尼岳(善屹里) 《朝鮮地誌資料』(1911) 全羅南道 濟州郡 新左面, 山名》.

上貌(상예) 제주특별자치도 서귀포시 상예동의 옛 이름 상예리의 줄임말.

左面上猊城山洞 《濟州島ノ地質』(朝鮮地質調査要報 제10권 1호, 原口九萬, 1931〉.

上猊里(상예리) 제주특별자치도 서귀포시 상예동의 옛 이름 상예리의 한자 표기.

上猊里 《地方行政區域一覽(1912)』(朝鮮總督府) 大靜郡, 左面〉. 上猊里 サンヨ工リー 《朝鮮五萬分一地形圖』「大靜及馬羅島」(濟州島南部 9號, 1918)〉.

上衣里(상의리) 제주특별자치도 서귀포시 남원읍 한남리 북쪽에 있었던 '상의리'의 한자 차용 표기. 예전 '빌렛가름'을 이른 것으로 추정됨.

上衣里 サンウイリー 《朝鮮五萬分一地形圖』「西歸浦」(濟州島南部 5號, 1918)〉.

上池(상지) 제주특별자치도 서귀포시 대정읍 일과리 '웃못'의 한자 차용 표기.

上池(日果里) 《朝鮮地誌資料』(1911) 全羅南道 大靜郡 右面, 池名〉.

上倉里(상창리) 제주특별자치도 서귀포시 안덕면 상창리.

上倉里 《地方行政區域一覽(1912)』(朝鮮總督府) 大靜郡, 中面〉. 上倉里 サンチャンニー 《朝鮮五萬分一地形圖』「大靜及馬羅島」(濟州島南部 9號, 1918)〉.

上川(상천) 제주특별자치도 서귀포시 성산읍 신풍리의 옛 이름 '웃내깍〉웃내끼'의 한자 차용 표기. 上川尾(상천미)를 줄인 표기. ⇒ 上川里¹(상천리).

漢字の音にもわらず又其の訓讀にもわらず, 全く他の名稱を以て呼ぶもの.……新豐里 상천미('上川'ノ義テアルトイッテ居ル) 《朝鮮及滿洲』 제70호(1913) 「濟州島方言」'六.地名'(小倉進平)〉.

上川里¹(상천리) 제주특별자치도 서귀포시 성산읍 신풍리의 옛 이름 '웃내깍〉웃내끼'의 한자 차용 표기. 上川尾里(상천미리)를 줄인 표기.

上川里 サンチョンリー 《朝鮮五萬分一地形圖』(濟州島北部 4號) 「城山浦」(1918)〉.

上川里²(상천리) 제주특별자치도 서귀포시 안덕면 상천리의 한자 표기.

上川里 《地方行政區域一覽(1912)』(朝鮮總督府) 大靜郡, 中面〉. 上川里 サンチョンニー 《朝鮮五萬分一地形圖』「大靜及馬羅島」(濟州島南部 9號, 1918)〉.

上川外野(상천외야) 제주특별자치도 서귀포시 강정동 '웃내팟' 일대의 들판 이름. '내팟'은 용흥동의 옛 이름임.

上川外野(江汀里) 《朝鮮地誌資料』(1911) 全羅南道 大靜郡 左面, 野坪名〉.

上楸子島(상추자도) 제주특별자치도 제주시 추자면 상추자도의 한자 표기.

上楸子島 サンチュヂャートー 《朝鮮五萬分一地形圖』(濟州嶋北部 9號,「楸子群島』(1918)〉. 上楸子島 《朝鮮地誌資料』(1919, 朝鮮總督府 臨時土地調查局) 島嶼, 全羅南道 濟州島〉. 上楸子島 群島中第2ノ大島ニシテ1狹水道ヲ隔テテ下楸子島ノ西端ト對在シ其ノ高サ149米ナリ 《朝鮮沿岸水路誌 第1巻』(1933) 朝鮮南岸「楸子群島』〉.

上花田(상화전) 제주특별자치도 제주시 한림읍 어음리 산간의 '웃화전'의 한자 표기.

上花田 ウッフワヂョン 《朝鮮五萬分一地形圖』「翰林』(濟州島北部 12號, 1918)〉.

上孝里(상효리) 제주특별자치도 서귀포시 영천동 상효동의 옛 이름 '상효리'의 한자 표기. 孝敦(효돈)의 위쪽에 있는 마을이라는 데서 상효리라 했음.

上孝里 《地方行政區域一覽(1912)』(朝鮮總督府) 旌義郡, 西面〉. 上孝里 サンヒョリ 《朝鮮五萬分一地形圖』「西歸浦』(濟州島南部 5號, 1918)〉.

塞達橋(색달교) 제주특별자치도 서귀포시 색달동에 있는 다리 이름의 한자 표기.

車는 瞬息 사이에 中文里 近處를 지나다말고 塞達橋라는 큰 다리를 만나드니 《耽羅紀行: 漢拏山』(李殷相, 1937)〉.

塞達川(색달천) 제주특별자치도 서귀포시 색달동을 흐르는 내 이름의 한자 표기.

穡達里! 그러면 여기 어디 塞達川이 있겠고나 하는 집착에 《耽羅紀行: 漢拏山』(李殷相, 1937)〉.

穡達里(색달리) 제주특별자치도 서귀포시 색달동의 옛 이름.

穡達里 《地方行政區域一覽(1912)』(朝鮮總督府) 大靜郡, 左面〉. 穡達里 セクタリー 《朝鮮五萬分一地形圖』「大靜及馬羅島』(濟州島南部 9號, 1918)〉. 이윽고 왼편으로 갈라 들어간 한 小路가 있음을 보고 물으니 穡達里라는 마슬로 들어가는 길이라 한다. 《耽羅紀行: 漢拏山』(李殷相, 1937)〉.

生決浦(생결포) 제주특별자치도 서귀포시 표선면 세화리 바닷가에 있는 '셍겨

'릿개'의 한자 차용 표기 가운데 하나.

生決浦·성결이기(細花里)《朝鮮地誌資料》(1911) 全羅南道 旌義郡 東中面, 浦口名).

生吉岳(생길악) 제주특별자치도 서귀포시 남원읍 신례리 '생기리오롬'의 한자 차용 표기. 표고 259.6m.

生吉岳 センギルアク 258米《朝鮮五萬分一地形圖》「西歸浦」(濟州島南部 5號, 1918)〉.

生水洞(생수동) 제주특별자치도 서귀포시 서홍리 솔오롬(미악/표고 565.7m) 서쪽, 검은오롬 남쪽에 있었던 '생물골'의 한자 차용 표기. 산물, 곧 생수(生水)가 솟아나는 곳 일대에 형성된 동네였는데, 제주4·3 때 폐동되었음. 이곳으로 들어가는 목(어귀)을 '생물도[--또]'라고 했음.

生水洞 センムルドン《朝鮮五萬分一地形圖》「西歸浦」(濟州島南部 5號, 1918)〉.

生水川(생수천) 제주특별자치도 서귀포시 색달동 '생수물'이 흐르는 '생수천'의 한자 표기.

生水川(穡達里)《朝鮮地誌資料》(1911) 全羅南道 大靜郡 左面, 川溪名〉.

生水川野(생수천야) 제주특별자치도 서귀포시 색달동 '생수물'이 흐르는 '생수천' 일대에 형성되어 있는 들판 이름의 한자 차용 표기.

生水川野(穡達里)《朝鮮地誌資料》(1911) 全羅南道 大靜郡 左面, 野坪名〉.

西谷田野(서곡전야) 제주특별자치도 서귀포시 회수동에 있는 '섯골왓' 일대에 형성되어 있는 들판 이름의 한자 차용 표기.

西谷田野(廻水里)《朝鮮地誌資料》(1911) 全羅南道 大靜郡 左面, 野坪名〉.

西廣里(서광리) 제주특별자치도 서귀포시 안덕면 넙게오롬(광해악) 서쪽과 동쪽 일대에 형성된 마을.

西廣里《地方行政區域一覽(1912)》(朝鮮總督府) 大靜郡, 中面). 西廣里 ソークヮンニー《朝鮮五萬分一地形圖》「大靜及馬羅島」(濟州島南部 9號, 1918)〉.

西歸里(서귀리) 제주특별자치도 서귀포시 서귀동의 옛 이름 '서귀리'의 한자 표기.

西歸里《地方行政區域一覽(1912)》(朝鮮總督府) 旌義郡, 西面). 西歸里 ソーキリー《朝鮮五萬分一地

形圖』「西歸浦」(濟州島南部 5號, 1918)〉. 森島ノ西北西方殆ド2浬ニ淵外川(洪爐川)ロアリ, 此ノ 川ノ東側丘上ニ在ル村ヲ西歸里トス.〈『朝鮮沿岸水路誌 第1卷』(1933) 朝鮮南岸「濟州島」〉.

西歸面(서귀면) 1935년 4월 1일부터 당시 제주군 우면(右面)을 서귀면(西歸面) 으로 바꿈.

西歸面 西烘里〈『朝鮮在留歐米人並領事館員名簿』(朝鮮總督府, 1935)〉. 西歸面 ソキミョン〈『朝鮮五 萬分一地形圖』(濟州嶋北部 8號「漢拏山」(1943)〉.

西帰面(서귀면) 서귀면(西歸面)의 일본 한자 표기.

西歸鎭(서귀진) 조선시대 서귀포에 있었던 서귀진 이름.

水山鎭 西歸鎭 明月鎭 涯月鎭 別防鎭 朝天鎭 禾北鎭 海防鎭〈『濟州嶋現況一般』(1906)〉.

西歸浦(서귀포) 1.제주특별자치도 서귀포시 서귀항 안쪽에 있는 '서귓개'의 한 자 표기. 2.제주특별자치도 서귀포시 서귀항 안쪽에 있는 '서귓개' 일대에 자리 잡은 마을. 오늘날은 상황에 따라 서귀동 일대를 이르기도 하고, 서 귀포시 전체를 이르기도 함.

西歸浦(西歸里)〈『朝鮮地誌資料』(1911) 全羅南道 旌義郡 右面, 浦口名〉. 西歸浦(셔귀포 ソークイ 一ポ)〈『韓國水産誌』제3집(1911)「濟州島」旌義郡 左面〉. 西歸浦〈『朝鮮五萬分一地形圖』「西歸浦」(濟州島 南部 5號, 1918)〉. 이 西歸浦는 이 섬의 南端에 있는 가장 아름다운 浦口다.〈『耽羅紀行: 漢拏山』 (李殷相, 1937)〉.

西歸浦港(서귀포항) 제주특별자치도 서귀포시 서귀항을 이름.

之ヲ西歸浦港トス 當港ハ漁業ノ根據地トシテ且又避難港トシテ利用セラル.〈『朝鮮沿岸水 路誌 第1卷』(1933) 朝鮮南岸「濟州島」〉.

西歸港(서귀항) 제주특별자치도 서귀포시 서귀항.

濟州港(通稱山地港)……翰林港……西歸港……城山浦港……楸子港〈『濟州島勢要覽』(1935) 第2 交通及通信〉.

西金寧里(서김녕리) 제주특별자치도 제주시 구좌읍 김녕리의 옛 마을 가운데 하나인 '서김녕리'의 한자 표기.

西金寧里 ソーキムニョンニー 《『朝鮮五萬分一地形圖』「濟州」((濟州島北部 7號, 1918)》.

書堂田野(서당전야) 제주특별자치도 서귀포시 강정동 'ᄉ당밧〉서당밧' 일대에 형성된 들판 이름의 한자 차용 표기.

書堂田野(江汀里) 《『朝鮮地誌資料』(1911) 全羅南道 大靜郡 左面, 野坪名》.

西洞(서동)〔섯동네〕 1.제주특별자치도 제주시 도련1동의 '섯동네'의 한자 차용 표기.

西洞 ソドン 《『朝鮮五萬分一地形圖』「濟州」((濟州島北部 7號, 1918)》.

2.제주특별자치도 서귀포시 안덕면 화순리 '섯동네'의 한자 표기.

和順里 フヮスンニー 西洞 ソートン 《『朝鮮五萬分一地形圖』「大靜及馬羅島」(濟州島南部 9號, 1918)》.

西林溪(서림계) 제주특별자치도 서귀포시 대정읍 일과리 '서림물' 일대의 골 이름의 한자 표기.

西林溪(日果里) 《『朝鮮地誌資料』(1911) 全羅南道 大靜郡 右面, 川溪名》.

西林野(서림야) 제주특별자치도 서귀포시 대정읍 일과리 '서림물' 일대의 들 판 이름의 한자 표기.

西林野(日果里) 《『朝鮮地誌資料』(1911) 全羅南道 大靜郡 右面, 野坪名》.

西煤里(서매리) 제주특별자치도 서귀포시 서홍동(西烘洞)의 옛 이름 西烘里(서 홍리)를 잘못 쓴 것. ⇒ 西烘里(서홍리).

西歸面西煤里 《『朝鮮半島の農法と農民』(高橋昇, 1939)「濟州島紀行」》.

西別浦(서별포) 제주특별자치도 서귀포시 강정동 바닷가에 있는 '쉐벨개'의 한자 차용 표기 가운데 하나.

西別浦(江汀里) 《『朝鮮地誌資料』(1911) 全羅南道 大靜郡 左面, 浦口名》.

西保閑(서보한) 제주특별자치도 서귀포시 남원읍 태흥리에 있던 동네 이름 가 운데 하나.

西保閑(서보한) 旌義郡 西保閑 《『韓國水産誌』제3집(1911)「濟州島」鹽田》.

西保閑里(서보한리) 제주특별자치도 서귀포시 남원읍 태흥리에 있던 마을 가운데 하나.

濟州郡 西中面 西保閑里《朝鮮遺蹟遺物之硏究』「全羅南道」〉.

西飛嶼(서비서) 제주특별자치도 제주시 한경면 고산1리 수월봉 북서쪽 바다
에 있는 '서비여'의 한자 차용 표기.

西飛嶼 ソピヨ《朝鮮五萬分一地形圖』(濟州島南部 13號「摹瑟浦」(1918)〉. 西飛嶼 高山岳ノ西南方ニ
當リ距岸約2鏈强ニ2岩アリ西飛嶼ト謂ヒ外方ノモノハ露岩ニシテ高サ2.1米ナリ.《朝鮮沿岸
水路誌 第1卷』(1933) 朝鮮南岸「濟州島」〉. 飛楊島……就中北方ヘハ距岸6鏈ノ處迄岩陂斗出ス之ヲ西
飛嶼ト稱シ.《朝鮮沿岸水路誌 第1卷』(1933) 朝鮮南岸「濟州島」〉.

西紗羅坪(서사라평) 제주특별자치도 제주시 삼도2동에 있던 '서사라벵디'의 한
자 차용 표기.

西紗羅坪(三都里)《朝鮮地誌資料』(1911) 全羅南道 濟州郡 中面, 野坪名〉.

瑞山(서산) 제주특별자치도 서귀포시 안덕면 창천리 軍山(군산)을 특별하게
불렀던 이름.

瑞山(倉川里)《朝鮮地誌資料』(1911) 全羅南道 大靜郡 中面, 山谷名〉. 瑞山は軍山, 君山或ひは金
山とも云ひ傳說《地球』12권 1호(1929)「濟州島遊記(一)」(原口九萬)〉. 본래 瑞山이라 부르던 山인
데, 瑞山이 軍山으로 改名하게 된 유래는 알 수 없으나《耽羅紀行: 漢拏山』(李殷相, 1937)〉.

犀山岳(서산악) 제주특별자치도 제주시 조천읍 함덕리 함덕해수욕장 동쪽 바
닷가에 있는 '서모오롬'의 한자 차용 표기 가운데 하나. 1960년대 지형도
부터 2015년 지형도까지 '犀牛峰(서우봉)'으로 쓰여 있음. 표고 109.5m.

犀山岳 ソサンアク 111.3米《朝鮮五萬分一地形圖』「濟州」(濟州島北部 7號, 1918)〉. 同岩層ヨリ成
レル噴石丘(沙羅峰, 道頭峰, 元堂峰, 猫山峰, 犀山岳, 廓岳ノ生成)《濟州島ノ地質』(朝鮮地質調
査要報 제10권 1호, 原口九萬, 1931). 北村里ノ西方岸ニ近ク1尖峯アリ, 犀山岳(犀牛峯)ト稱
フ.《朝鮮沿岸水路誌 第1卷』(1933) 朝鮮南岸「濟州島」〉. 바른편 바다 쪽으로 犀山岳 밑을 돌아 咸
德浦를 지나니 여기도 江臨寺 옛 자취가 있으련마는 廢墟에 남은 古井 一基나 指點할 다
름이다.《耽羅紀行: 漢拏山』(李殷相, 1937)〉.

瑞山野(서산야) 제주특별자치도 서귀포시 안덕면 창천리 굴메(군산) 북쪽에 있는 들판 이름. '굴메'는 한자를 빌려 軍山(군산)으로 쓴 적이 있고, 전설에 瑞山(서산)이라 한 적이 있는데, 이에서 따온 것임.

瑞山野(倉川里)《『朝鮮地誌資料』(1911) 全羅南道 大靜郡 中面, 野坪名》.

西水野(서수야) 제주특별자치도 서귀포시 대정읍 신평리 '서녁물' 가까에 있는 들판을 한자를 빌려 쓴 것.

西水野(新坪里)《『朝鮮地誌資料』(1911) 全羅南道 大靜郡 右面, 野坪名》.

西水池(서수지) 제주특별자치도 서귀포시 대정읍 신평리 '서녁물'에 있는 못을 한자를 빌려 쓴 것.

西水池(新坪里)《『朝鮮地誌資料』(1911) 全羅南道 大靜郡 右面, 池名》.

西燁里(서엽리) 제주특별자치도 서귀포시 서홍동(西烘洞)의 옛 이름 西烘里(서홍리)를 잘못 쓴 것. ⇒ 西烘里(서홍리).

西歸面西燁里《『朝鮮半島の農法と農民』(高橋昇, 1939)「濟州島紀行」》.

犀牛邊田(서우변전) 제주특별자치도 제주시 조천읍 북촌리 서모오롬(서우봉)에 있는 '벤밧'을 한자를 빌려 쓴 것.

犀牛邊田(北村里)《『朝鮮地誌資料』(1911) 全羅南道 濟州郡 新左面, 野坪名》.

犀牛峯(서우봉) 제주특별자치도 조천읍 함덕리와 북촌리 경계에 있는 오롬의 한자 차용 표기 가운데 하나. ⇒ 犀牛峰(서우봉).

北村里ノ西方岸ニ近ク1尖峯アリ, 犀山岳(犀牛峯)ト稱フ.《『朝鮮沿岸水路誌 第1卷』(1933) 朝鮮南岸「濟州島」》.

犀牛峰(서우봉) 제주특별자치도 조천읍 함덕리와 북촌리 경계에 있는 오롬의 한자 차용 표기 가운데 하나. 이 오롬은 원래 '서모' 또는 '서모오롬·서모롬·서무름'으로 부르고, 한자를 빌려 '西山(서산)' 또는 '西山岳(서산악)'으로 표기하였음. 이 오롬은 크게 두 개의 봉우리로 이루어져 있는데, 북쪽 봉우리를 '북서모'라 하고, 남쪽 봉우리를 '남서모'라 함. 조선시대에 '북서모'

237

북쪽 언덕에 봉수(烽燧)를 설치하였는데, 이 봉수를 '西山烽燧(서산봉수)' 또는 '西山望(서산망)', '西山烽(서산봉)'이라 하였음. 1895년에 봉수를 폐지하면서 '犀牛峰(서우봉)'으로 바꾸어 표기하기 시작하였는데, 이 당시에 풍수지리설에서 좇아 새로 붙인 이름이라 할 수 있음. 그러나 아직도 '서모롬·서무름' 또는 '남서모, 북서모' 등을 확인할 수 있음. '남서모' 서남쪽 비탈에는 '서모오롬 탈밧남당, 서모오롬 정의·드릿본향, 서모오롬 사라우조상당, 서모오롬 문두낭당' 등 4개 당이 있는데, 요즘은 사람들이 거의 이용하지 않고 있음.

犀牛峰(咸德·北村 兩里) 《朝鮮地誌資料》(1911) 全羅南道 濟州郡 新左面, 山名〉.

西月岳(서월악) 제주특별자치도 서귀포시 표선면 가시리 '설오롬'의 한자 차용 표기 가운데 하나. 일제강점기 지형도에는 西月岳(서월악)이 표고 353m에 표기되었으나, 이곳은 '따라비오롬'이고, '설오롬'은 그 아래쪽 표고 246m의 오롬이므로, 위치가 잘못 표기되었음.

西月岳 ソヲルオルルム 《朝鮮五萬分一地形圖》(濟州島北部 4號) 「城山浦」(1918)〉.

西衣(서의) 제주특별자치도 서귀포시 남원읍 남원2리 서의동을 이름. ⇒ 西衣里.

旌義郡 西衣 《韓國水産誌》 제3집(1911) 「濟州島」, 鹽田〉.

西衣里(서의리) 제주특별자치도 서귀포시 남원읍 남원2리의 옛 이름 '서옷귀ᄆ을'의 한자 차용 표기 가운데 하나.

西衣里 《地方行政區域一覽(1912)》(朝鮮總督府) 旌義郡, 西中面〉. 南元里 ナムヲンリー, 西衣里 ソウイリー, 濟山浦 チューサンケー, 光池 スッモ 《朝鮮五萬分一地形圖》「西歸浦」(濟州嶋南部 5號, 1918)〉.

西日果(서일과) 제주특별자치도 서귀포시 대정읍 일과2리를 이름. 예전에는 '날웨[日果]' 서쪽에 있는 마을이라는 데서 '섯날웨'라고도 하고, '붉은다리'라 하고 한자를 빌려 明達洞(명달동)이라고도 했음.

大靜郡 西日果 《韓國水産誌》 제3집(1911) 「濟州島」, 鹽田〉.

西長旨(서장지) 제주특별자치도 제주시 조천읍 함덕리 중산간 '섯진ᄆ르'를 한자를 빌려 쓴 것.

西長旨(咸德里)《朝鮮地誌資料』(1911) 全羅南道 濟州郡 新左面, 野坪名〉.

西中面(서중면) 제주특별자치도 서귀포시 남원읍의 옛 행정구역 이름으로, 조선 후기부터 일제강점기 중반까지 서중면이라 하다가, 일제강점기인 1935년 4월 1일부터 남원면(南元面)으로 바꿨음.

旌義郡……西中面 十二里 千四百十五戶《濟州嶋現況一般』(1906)〉. 旌義郡 西中面《韓國水産誌』제3집(1911) 「濟州島」지도〉. 西中面 ソチュンミョン《朝鮮五萬分一地形圖』「西歸浦」(濟州島南部 5號, 1918)〉.

西中面地(서중면지) 일제강점기 제주군 서중면 지역이라는 뜻으로 나타낸 것 가운데 하나.

西中面地 ソチュンミョンチ《朝鮮五萬分一地形圖』「西歸浦」(濟州島南部 5號, 1918)〉.

逝川庵(서천암) 제주특별자치도 제주시 외도동 외도천(광령천)에 있었던 암자 이름.

都近川邊 저 어느 숲속에 逝川庵(서천암)이 있었든가《耽羅紀行: 漢拏山』(李殷相, 1937)〉.

西村(서촌) 제주특별자치도 제주시 추자면 대서리의 옛 이름의 한자 표기.

西村《朝鮮地誌資料(1911)』권20, 全羅南道 莞島郡 楸子面〉.

西峙旨野(서치지야) 제주특별자치도 서귀포시 강정동 산간, 영남동에 있는 '서치 므르(서치므를)'의 한자 차용 표기.

西峙旨野(瀛南里)《朝鮮地誌資料』(1911) 全羅南道 大靜郡 左面, 野坪名〉.

西好里(서호리) 제주특별자치도 서귀포시 서호동의 옛 이름 '서호리'의 한자 표기.

西好里《地方行政區域一覽(1912)』(朝鮮總督府) 旌義郡, 西面〉. 西好里 ソーポーリ《朝鮮五萬分一地形圖』「西歸浦」(濟州島南部 5號, 1918)〉.

西烘里(서홍리) 제주특별자치도 서귀포시 서홍동의 옛 이름 '서홍리'의 한자 표기. 오늘날은 西洪里(서홍리)로 쓰고 있음.

西烘里 《地方行政區域一覽(1912)』(朝鮮總督府) 㫌義郡, 西面〉. 西烘里 ソーホンニー 《朝鮮五萬分一地形圖」「西歸浦」(濟州島南部 5號, 1918)〉. 西歸面 西烘里 《朝鮮在留歐米人並領事館員名簿」(朝鮮總督府, 1935)〉. 西歸浦 名物인 烘爐川 上 柑橘園을 찾았을 것이로되 《耽羅紀行: 漢拏山」(李殷相, 1937)〉.

西孝里(서효리) 제주특별자치도 서귀포시 영천동 상효1동의 옛 이름 '서상효리(西上孝里)'를 줄인 '서효리'의 한자 표기. 상효리의 서쪽 동네라는 데서 '서상효리(西上孝里) > 서효리(西孝里)'라 한 것임.

西孝里 《地方行政區域一覽(1912)』(朝鮮總督府) 㫌義郡, 西面〉. 西孝里 ソーヒョリ 《朝鮮五萬分一地形圖」「西歸浦」(濟州島南部 5號, 1918)〉. 又濟州島右面西烘里としたのもある 《濟州島の貝化石」(横山 又次郎, 1921)〉.

西孝岳(서효악) 제주특별자치도 서귀포시 상효동에 있는 '칠오롬[葛岳]'을 '서효리(西孝里)'에 있는 오롬이라는 데서 '서효악(西孝岳)'이라 한 것임. ⇒ 月羅峯(월라봉).

又南麓ノ葛岳, 瀛川岳, 西孝岳, 桀瑞岳ハ本期ノ生成ニク 《濟州島ノ地質」(朝鮮地質調査要報 제10권 1호, 原口九萬, 1931)〉.

西黑磊野(서흑뢰야)〔서검은머들드르〕 제주특별자치도 서귀포시 대정읍 동일리 '서검은머들'에 있는 들판 이름의 한자 차용 표기.

西黑磊野(東日里) 《朝鮮地誌資料」(1911) 全羅南道 大靜郡 右面, 野坪名〉.

西黑山(서흑산)〔서검은이오롬〕 제주특별자치도 조천읍 선흘2리 우진제비오롬 동남쪽에 있는 오롬의 한자 차용 표기 가운데 하나. 이 오롬은 '검은오롬'이라 부르고 한자를 빌려 黑岳(흑악) 또는 巨門岳(거문악), 巨文岳(거문악) 등으로 써 오다가, 이 오롬 동북쪽에 있는 '검은오롬', 곧 '동검은오롬(동검은이오롬)'과 구분하기 위해서 '서검은오롬(서검은이오롬)'이라 부르기도 했음. '서검은오롬(서검은이오롬)'을 한자를 빌려 쓸 때는 西黑岳(서흑악) 또는 西黑山(서흑산), 西巨門岳(서거문악), 西巨文岳(서거문악) 등으로 써 왔음. 표고 457.9m.

西黑山 《『朝鮮地誌資料(1911)』권17, 全羅南道 濟州郡 舊左面 德泉里, 山名〉.

石頸(석경) 제주특별자치도 제주시 추자면 하추자도 신양리에 있는 자연마을 '석두머리〉석지머리'의 한자 차용 표기 가운데 하나. ⇒ 石頭里(석두리).

部落は上島に大作只·寺九味[一に節金里と云ふ]の二里, 下島に新上·新下[一に魚遊九味 と云ふ]·禮初·墨只[一に黙里と云ふ]·長作·石頸[一に石柱頭とも書す]の六里わりて〈『韓 國水産誌』제3집(1911) 全羅南道 莞島郡 楸子面〉.

石頭里(석두리)〔석지머리ᄆ을〕 제주특별자치도 제주시 추자면 하추자도 신양 리 긴작지 남쪽에 있는 자연마을 가운데 하나. 이 마을은 조선 후기에 '석 주머리〉석지머리'라 부르고 한자를 빌려 石柱頭(석주두) 또는 石頸(석경) 등으로 쓰다가 일제강점기 초반에는 石頭里(석두리)로도 썼음. 일제강점 기 초반에 법정상으로는 長作只(장작지)에 포함되었는데, 1914년 3월 1일 부터 행정상 新陽里(신양리)에 통합되어 오늘에 이르고 있음.

下島……灣澳なる部落は則ち新下里にして 其北方灣口に於ける 部落を新上里とし, 南方 岬角に於ける 部落を石頭里とす〈『韓國水産誌』제3집(1911) 全羅南道 莞島郡 楸子面〉. 新陽里 シ ンヤンリー, 新上里 シンサンニー, 新下里 シンハーリー, 長作只 チャンヂャクヂー, 石頭 里 ソクヅーリー〈『朝鮮五萬分一地形圖』(濟州嶋北部 9號,「楸子群島」(1918)〉.

石羅漢(석라한) 제주특별자치도 서귀포시 하원동 산간, 한라산 백록담 서남쪽 에 있는 골짜기인 '영실'의 다른 이름.

如何間 靈室은 實로 漢拏山의 萬物草인데, 그 構圖와 形狀이 金剛山의 萬物草와 다름이 없어 五百將軍이라는 別號도 있고 石羅漢이라는 異稱도 있다〈『耽羅紀行: 漢拏山』(李殷相, 1937)〉. 이 洞府의 奇岩을 石羅漢이라 부르고 여기 절을 세워 尊者庵이라 하였던 모양이다 〈『耽羅紀行: 漢拏山』(李殷相, 1937)〉.

石山(석산) 제주특별자치도 서귀포시 안덕면 광평리 산간에 있는 '돌오롬'의 한자 차용 표기. 표고 866.5m.

石山(廣坪里)〈『朝鮮地誌資料』(1911) 全羅南道 大靜郡 中面, 山谷名〉.

石岳(석악) 1. 제주특별자치도 제주시 월평동 산간과 조천읍 교래리 산간 경계에 있는 '돌오롬'의 한자 차용 표기. '흙붉은오롬' 동쪽에 있음. 1960년대 지형도부터 1915년 지형도까지 '돌오름'으로 쓰여 있음. 표고 1,277.9m.

石岳 ドルオルム 《朝鮮五萬分一地形圖』「漢拏山」(濟州島北部 8號, 1918)〉. 漢拏山-金寧線……其上ニ連立セル火山ハ 土赤岳, 石岳, 御後岳, 水長兀, 犬月岳, 棚岳, 針岳, 泉味岳, 堂岳, 猫山峰, 笠山ナリトス 《濟州島ノ地質」(朝鮮地質調査要報 제10권 1호, 原口九萬, 1931)〉.

2. 제주특별자치도 서귀포시 안덕면 광평리 산간에 있는 '돌오롬'의 한자 차용 표기. 표고 866.5m.

石岳 トロオルム 869米 《朝鮮五萬分一地形圖』「翰林」(濟州島北部 12號, 1918)〉. 石岳 869米(濟州島 中面) 《朝鮮地誌資料」(1919, 朝鮮總督府 臨時土地調査局) 山岳ノ名稱所在及眞高(續), 全羅南道 濟州島〉.

石柱頭(석주두) 제주특별자치도 제주시 추자면 하추자도 신양리에 있는 자연마을 '석주머리'의 한자 차용 표기 가운데 하나. ⇒ 石頭里(석두리).

部落は上島に大作只·寺九味[一に節金里と云ふ]の二里, 下島に新上·新下[一に魚遊九味と云ふ]·禮初·墨只[一に黙里と云ふ]·長作·石頭[一に石柱頭とも書す]の六里わりて 《韓國水産誌』 제3집(1911) 全羅南道 莞島郡 楸子面〉.

石坡(석파)〔석밧〕 제주특별자치도 제주시 조천읍 교래리 산간, 어후오롬 남서쪽 일대에 있는 '속밧'의 이전 소리 '석밧'의 한자 차용 표기. 오늘날 지형도에는 '속밭'으로 쓰여 있고, 이 가까이에 있는 대피소를 '속밭대피소'라 하고 있음. 일제강점기 초반에 이곳에 金森椎茸栽培場(금삼추용재배장)이 있었음. 金森(금삼)은 일본인 성씨 '가나모리'를 나타낸 것이고, 椎茸(추용)은 '표고(버섯)'의 일본 한자어임.

石坡 ソッパー 《朝鮮五萬分一地形圖』「漢拏山」(濟州島北部 8號, 1918)〉.

先達坪(선달평)〔선달벵디〕 제주특별자치도 제주시 오라동 '선달벵디'를 한자를 빌려 쓴 것.

先達坪(吾羅里) 《朝鮮地誌資料」(1911) 全羅南道 濟州郡 中面, 野坪名〉.

善仁洞(선인동) 제주특별자치도 제주시 조천읍 선흘2리의 한 동네인 '선인동' 의 한자 표기.

善仁洞 ソンイントン 《朝鮮五萬分一地形圖』「漢拏山」(濟州島北部 8號, 1918)》.

船入浦(선입포)〔베들인개〕 제주특별자치도 구좌읍 평대리의 옛 개[浦口] 이름. 평대리 중동에 있는 '베드린개(베들인개)'를 한자를 빌려 나타낸 것이 '船入 浦(선입포)'임. '베(배의 제주 방언)'를 들여서 매었던 포구라는 데서 붙였다고 함. '신모살개'와 '장태코' 사이에 있는데, 가까이에 '그물막, 갯물, 독개물' 등의 지명이 있음.

船入浦(坪垈里) 《朝鮮地誌資料』(1911) 全羅南道 濟州郡 舊左面, 浦口名》.

善屹里(선흘리) 제주특별자치도 제주시 구좌읍 '선흘리'의 한자 표기.

善屹里 《地方行政區域一覽(1912)』(朝鮮總督府) 濟州郡, 新左面》. 善屹里 ソヌルリー 《朝鮮五萬分一 地形圖』「濟州」((濟州島北部 7號, 1918)》. 北村里의 長城遺址를 지나면서 南方二十二里餘에 있 는 善屹里의 巨文岳을 바라보며 저 아래 普門寺址가 있을 것을 생각한다. 《耽羅紀行: 漢拏 山」(李殷相, 1937)》.

雪岳(설악) 제주특별자치도 제주시 한림읍 금악리에 있는 '눈오롬'의 한자 차 용 표기. 현대 지형도에는 '누운오름'으로 쓰여 있음. 표고 407m.

雪岳 スンオルム 412米 《朝鮮五萬分一地形圖』(濟州島北部 十二號 「翰林」(1918)》. 濟州島に於ては 陸地(島にては朝鮮本土を斯く云ふ)に於けるが如く山名に山(サン)峯(ポン)及岳(アク) を附くろも多くは何何オルムと呼び……雪岳(スンオルム) 飛雉山(ヒチメー) 乭山(トル ミ) 月郎峯(タランジ) 「濟州島の地質學的觀察』(1928, 川崎繁太郎)》.

蟾島(섬도) 제주특별자치도 제주시 추자면 하추자도 묵리 남쪽 바다에 있는 '섬생이'의 한자 차용 표기. 오늘날 지형도에는 '섬생이'로 쓰여 있음.

蟾島 ソムソム 《朝鮮五萬分一地形圖』(濟州嶋北部 9號, 「楸子群島」(1918)》. 蟾島 《朝鮮地誌資料』(1919, 朝鮮總督府 臨時土地調査局) 島嶼, 全羅南道 濟州島)》.

涉羅(섭라) 제주(濟州)의 옛 이름 가운데 하나.

또 北史에는 涉羅라 하였고 唐書에는 儋羅라 하였으며 韓文에는 耽浮羅라 하였고 〈耽羅紀
行: 漢拏山』(李殷相, 1937)〉. 古書에 적힌 耽羅라는 것과 澹羅, � 涉羅라는 것과⋯⋯濟州를
돌나라라는 ㅅㅡㅅ으로, 涉羅라고 햇스리라고 생각할 理由가 만습니다. 〈濟州島의 文化史觀
9』(1938) 六堂學人, 每日新報 昭和十二年 九月 二十七日〉.

城高池(성고지)〔성고못〕 제주특별자치도 서귀포시 안덕면 상창리에 있는 '성
고못'을 한자를 빌려 쓴 것. 민간에서는 주로 '성구못'으로 전하고 있음.

城高池(上倉里) 『朝鮮地誌資料』(1911) 全羅南道 大靜郡 中面, 池名〉.

成屈(성굴) 제주특별자치도 제주시 한경면 신창리 신흥리에 있는 '성굴[-꿀]'
의 한자 차용 표기 가운데 하나.

成屈 ソンクル 〈朝鮮五萬分一地形圖』(濟州島北部 16號 「飛揚島』1918)〉.

城內(성내)〔성안〕 제주시 제주성(濟州城) 안을 이르는 말. 주로 '성안(城-)'이라
하고, 간혹 '성내(城內)'라는 말도 썼음.

濟州嶋濟州府城內 〈濟州嶋旅行日誌』(1909)〉. 山地浦 城內 朝天里 〈濟州島とその經濟』(1930, 釜山
商業會議所) 「濟州島全島』〉. 我羅里 山川壇(城內より2里) 〈朝鮮半島の農法と農民』(高橋昇, 1939)
「濟州島紀行』〉.

成佛오름(성불--) 제주특별자치도 제주시 구좌읍 송당리 산간에 있는 '성불
오름'을 한자와 한글을 섞어 쓴 것.

또 旌義北十五里에 成佛오름이란 것이 잇는데 얼는 보기에 佛敎關係의 名稱도 갓지마는
이것을 '아이누'語에 비처보면 비탈을 意味하는 '山'과 峰을 意味하는 '누푸리'의 合한 말로
비탈진 峰을 意味한 이름으로 봄이 事實일지 모를 것입니다. 〈濟州島의 文化史觀 6』(1938) 六
堂學人, 每日新報〉.

成砂己串(성사기곶) 제주특별자치도 제주시 구좌읍 '성세기코지'를 한자를 빌
려 쓴 것.

金寧里ノ東角ヲ成砂己串ト謂フ, 此ノ附近亦干出岩陂遠ク海中ニ出ジ. 〈朝鮮沿岸水路誌 第
1卷』(1933) 朝鮮南岸 「濟州島』〉.

城山(성산) 1. 제주특별자치도 서귀포시 성산읍 성산리 바닷가에 있는 '성산오름'의 한자 표기. 1960~70년대 지형도에는 城山一出峰(성산일출봉)으로 표기되었다가, 1980년대 지형도부터 城山日出峰(성산일출봉)으로 표기하였음. 표고 179m.

城山(城山里)《朝鮮地誌資料』(1911) 全羅南道 旌義郡 左面, 山谷名〉. 城山 ソンサン 182米〈『朝鮮五萬分一地形圖』(濟州島北部 4號)「城山浦」(1918)〉. 城山浦ト稱ス城山ト北方吾照里ト相擁スル港灣ヲ吾照里浦ト稱シ〈『朝鮮の港灣』(朝鮮総督府内務局土木課, 1925)〉. 他ノ火山……之ニ屬スルモノニ笠山, 臼山, 城山, 斗山ノ如ク旣ニ其山名ニ於テ形狀ヲ表ハセルモノアリ〈『濟州島ノ地質』(朝鮮地質調査要報 제10권 1호, 原口九萬, 1931〉. 城山頭 城山ノ東側ヨリ海中ニ斗出セル尖岩ニシテ高サ72米……《『朝鮮沿岸水路誌 第1卷』(1933) 朝鮮南岸「濟州島」〉. 瀛洲十景歌……城山日出〈『濟州島實記』(金斗奉, 1934)〉. 削立한 石壁이 四方에 둘려 마치 屏風과도 같고 城郭과도 같아 因하야 城山이라 한 것인데〈『耽羅紀行: 漢拏山』(李殷相, 1937)〉.

2. 제주특별자치도 서귀포시 성산읍 성산리를 이름.

城山洞(성산동)〔자스름동네〕 제주특별자치도 서귀포시 상예동의 한 자연마을인 '자스름동네'의 한자 차용 표기.

普通輝石として漢拏山頂, 東火口壁と上貌里(*上猊里의 잘못)城山洞より採集せるもものをとりて〈『濟州火山島』(原口九萬, 1930)〉. 左面上貌城山洞〈『濟州島ノ地質』(朝鮮地質調査要報 제10권 1호, 原口九萬, 1931〉.

城山頭(성산두)〔성산머리〕 제주특별자치도 서귀포시 성산읍 성산 동쪽 바닷가에 있는 바위언덕 일대를 이름.

城山頭 ソンサンツ 성산두〈『朝鮮五萬分一地形圖』(濟州島北部 4號)「城山浦」(1918)〉. 城山頭 城山ノ東側ヨリ海中ニ斗出セル尖岩ニシテ高サ72米……. 〈『朝鮮沿岸水路誌 第1卷』(1933) 朝鮮南岸「濟州島」〉.

城山里(성산리) 제주특별자치도 서귀포시 성산읍 성산리의 한자 표기.

城山里〈『地方行政區域一覽(1912)』(朝鮮總督府) 旌義郡, 左面〉. 城山里 ソンサンリー〈『朝鮮五萬分

一地形圖』(濟州島北部 4號) 「城山浦」(1918)〉.

城山面(성산면) 제주특별자치도 서귀포시 성산읍의 옛 이름.

城山面《『朝鮮五萬分一地形圖』(濟州島北部 4號) 「城山浦」(1918)〉.

城山半島(성산반도) 제주특별자치도 서귀포시 성산읍 성산 일대의 반도 이름.

島の北東隅に近く啞鈴(タンベル)狀に突出した城山半島がある 《濟州火山島雜記』『地球』4권
4호, 1925, 中村新太郎)〉. 防頭半島 城山半島ノ南方1.5浬ニ在リ, 南東ニ向ヒテ突出セル方形
ノ半島ニシテ其ノ最東端ヲ防頭串ト謂ス 《朝鮮沿岸水路誌 第1卷』(1933) 朝鮮南岸 「濟州島」〉.

城山野(성산야)〔성산드르〕 제주특별자치도 서귀포시 성산읍 성산 아래쪽에 있는 들판 이름.

城山野(上猊里)《『朝鮮地誌資料』(1911) 全羅南道 大靜郡 左面, 野坪名〉.

城山浦(성산포) 제주특별자치도 서귀포시 성산읍 성산리에 있는 포구 이름. 일제강점기에는 '수마포'가 성산포였음. 1960~70년대부터 지금의 성산포항이 개발되었음.

城山浦 サクサンポ(성산포 ソンサンポ)《『韓國水産誌』제3집(1911) 「濟州島」旌義郡 左面〉. 城山
浦ト稱ス城山ト北方吾照里ト相擁スル港灣ヲ吾照里浦ト稱シ 《朝鮮の港灣』(朝鮮総督府内務
局土木課, 1925)〉. 城山浦 じやうざんほ《『島めぐり』(1931) 「濟州島」〉. 城山浦에서 東으로 바라보
이는 큰 섬은 牛島니《耽羅紀行: 漢拏山』(李殷相, 1937)〉. 이 城山浦는 濟州島 海岸線의 最東端
인데 海中으로 五里나 斗入한 곳이니, 耽羅誌에 이른바 '勢如蟻腰'란 말이 果然 옳다 하겠
다.《『耽羅紀行: 漢拏山』(李殷相, 1937)〉.

城山浦港(성산포항) 제주특별자치도 서귀포시 성산읍 성산리 성산포에 있었던 항. 일제강점기에는 '수마포'가 성산포였으니, 1960년대부터 성산포항이 새로 조성되었음.

城山浦港 前記兩半島ノ間ハ西方ヘ殆ド1浬灣入シテ城山浦港ヲ成ス 《朝鮮沿岸水路誌 第1
卷』(1933) 朝鮮南岸 「濟州島」〉. 濟州港(通稱山地港)……翰林港……西歸港……城山浦港……楸子
港《濟州島勢要覽』(1935) 第2 交通及通信〉.

城外洞(성외동)〔성밖동네〕 제주특별자치도 서귀포시 표선면 성읍리 성 북쪽에 형성되어 있던 동네 이름.

城邑里 ソンウプリー(城外洞 ソンォェトン)《『朝鮮五萬分一地形圖』(濟州島北部 4號)「城山浦」(1918)》.

城邑里(성읍리) 제주특별자치도 서귀포시 표선면 성읍리의 한자 표기.

城邑里《『地方行政區域一覽(1912)』(朝鮮總督府) 旌義郡, 左面》. 城邑里 ソンウプリー(城外洞 ソンォェトン)《『朝鮮五萬分一地形圖』(濟州島北部 4號)「城山浦」(1918)》.

城邑市(성읍시) 제주특별자치도 서귀포시 표선면 성읍리에 있었던 시장 이름.

城邑市(城邑里) 水山市(水山里)《『朝鮮地誌資料』(1911) 全羅南道 旌義郡 左面, 市場名》.

星川峰(성천봉)〔베릿내오롬〕 제주특별자치도 서귀포시 중문동에 있는 '베릿내오롬'의 한자 차용 표기 가운데 하나.

星川峰(中文里)《『朝鮮地誌資料』(1911) 全羅南道 大靜郡 左面, 山名》.

星川浦(성천포)〔베릿냇개〕 제주특별자치도 서귀포시 중문동 바닷가에 있는 '베릿냇개'의 한자 차용 표기 가운데 하나.

星川浦(中文里)《『朝鮮地誌資料』(1911) 全羅南道 大靜郡 左面, 浦口名》.

城板岳(성판악)〔성널오롬〕 제주특별자치도 제주시 조천읍 교래리 산간과 서귀포시 남원읍 신례리 산간 경계에 있는 '성널오롬'의 한자 차용 표기. 1960년대 지형도부터 오늘날 지형도까지 '성널오름'으로 쓰여 있음. 표고 1213.2m.

城板岳 ソンノルオルム 1215.2米《『朝鮮五萬分一地形圖』「漢拏山」(濟州島北部 8號, 1918)》. 城板岳 1,215米《『朝鮮地誌資料』(1919, 朝鮮總督府 臨時土地調査局) 山岳ノ名稱所在及眞高(續), 全羅南道 濟州島》. 粗面岩塊より成れる漢拏山西壁·五百將軍·城板岳·山房山, 及び森島は峻險なる絶壑を以て圍繞さるゝに反し《『地學論叢: 小川博士還曆記念』(1930)「濟州火山島」(原口九萬)》.

聖化坪(성화평)〔성화벵디〕 제주특별자치도 제주시 아라동에 있는 '성화벵디'의 한자 차용 표기.

聖化坪(我羅里)〈『朝鮮地誌資料』(1911) 全羅南道 濟州郡 中面, 野坪名〉.

成屹峰(성흘봉) 제주특별자치도 제주시 교래리 산간과 서귀포시 신례리 산간 경계에 있는 '성널오롬'을 '성흘오롬'으로 인식하고 쓴 한자 차용 표기 가운데 하나. ⇒ 城板岳(성판악).

粗面岩塊より成れる漢拏山頂, 五百將軍·成屹峰·山房山及び森島は險岨な懸崖を以て圍まれてゐるのに反し〈『地球』12권 1호(1929)「濟州島遊記(一)」(原口九萬)〉.

細谷野(세곡야) 제주특별자치도 서귀포시 월평동 'ᄀ는골' 일대에 있는 'ᄀ는 골드르'의 한자 차용 표기.

細谷野(月坪里)〈『朝鮮地誌資料』(1911) 全羅南道 大靜郡 左面, 野坪名〉.

細味洞(세미동)〔세밋동네〕 제주특별자치도 제주시 봉개동 회천동의 한 동네인 '세밋동네'의 한자 차용 표기. 1960년대 지형도부터 2015년 지형도까지 '세미'로 쓰여 있음. '세미'는 '샘[泉]'의 제주 방언으로, '세미'가 솟아나는 동네라는 데서 그렇게 불렀음.

細味洞 セーミコル〈『朝鮮五萬分一地形圖』「濟州」((濟州島北部 7號, 1918)〉.

細畔路野(세반로야)〔세반질드르〕 제주특별자치도 서귀포시 대정읍 영락리 '선반질(섬반질)' 일대에 있는 들판 이름의 한자 차용 표기.

細畔路野(永樂里)〈『朝鮮地誌資料』(1911) 全羅南道 大靜郡 右面, 野坪名〉.

世別串(세별곶)〔세벨코지〕 제주특별자치도 서귀포시 강정동 '세별코지(세벨코지)'의 한자 차용 표기. 지금은 강정해군기지로 들어가 버렸음.

虎島及孤根山(高空山)……虎島ノ西方殆ド2.5浬ニ卑低ナル岩嘴世別串アリ.〈『朝鮮沿岸水路誌 第1卷』(1933) 朝鮮南岸「濟州島」〉. 世別串ヨリ海岸北方ニ偏シ1.3浬ニシテ再ビ西走スルコト1.3浬煙臺串ニ達ス高サ約13米.〈『朝鮮沿岸水路誌 第1卷』(1933) 朝鮮南岸「濟州島」〉.

笹原(세원)〔ᄀ대왓〕 제주특별자치도 제주시 오라동 '개미목' 일대에 있는 'ᄀ대왓'을 한자를 빌려 쓴 것. '조릿대'를 제주 방언으로 'ᄀ대'라고 함.

漢拏山登山……三聖堂……觀音寺……大石沢……蟻項入口 笹原入口……蟻項六合目……笹

原の終點……蓬來泉, 日暮の沢……胸衡八合目……白鹿潭 《『朝鮮半島の農法と農民』(高橋昇, 1939) 「濟州島紀行」》.

細泉洞(세천동)〔ᄀᄂ세밋골〕 제주특별자치도 제주시 봉개동 회천동의 옛 이름 'ᄀᄂ세밋골〉ᄀᄂ세밋골'의 한자 차용 표기. 1960년대 지형도부터 1990년대 지형도까지는 '가느세'로 쓰고, 2000년대 지형도부터 2015년 지형도까지 '가는새'로 표기하였음.

細泉洞 カヌンチョンコル 《『朝鮮五萬分一地形圖』「漢拏山」(濟州島北部 8號, 1918)》.

細草旨(세초지)〔세초ᄆ르〕 제주특별자치도 서귀포시 강정동 산간, 고근산 서북쪽 '세초ᄆ르'에 형성되었던 동네의 한자 차용 표기. 제주4·3 때 폐동되었음. 오늘날은 '서치ᄆ르'라 하고 있음.

細草旨 セチョチ 《『朝鮮五萬分一地形圖』「西歸浦」(濟州島南部 5號, 1918)》.

細花里(세화리)〔ᄀᄂ곳ᄆᄋᆞᆯ〕 1.제주특별자치도 제주시 구좌읍 '세화리'를 한자로 나타낸 것 가운데 하나. 이 마을은 예로부터 'ᄀᄂ곳〉ᄀᄂ곳' 또는 'ᄀ능꼳'으로 부르고 한자를 빌려 '細花村(세화촌)' 또는 '細花里(세화리)'로 표기하였음. 'ᄀᄂ곳'은 'ᄀᄂᆯ다[細]'의 관형사형에 '숲'의 뜻을 가진 '곳[藪]'이 덧붙은 말로, 이 마을 일대가 가늘면서 길게 숲을 이루었다는 데서 붙인 것임.

細花里 《『朝鮮地誌資料(1911)』 권17, 全羅南道 濟州郡 舊左面》. 細花里(세화리 セェーホアリー) 《『韓國水産誌』 제3집(1911) 「濟州島」 濟州郡 舊左面》. 細花里 《『地方行政區域一覽(1912)』(朝鮮總督府) 濟州郡, 舊左面》. 漢字の音にもわらず又其の訓讀にもわらず, 全く他の名稱を以て呼ぶもの……細花里 키므리('浦頭ノ義テアルトイッテ居ル) 《『朝鮮及滿洲』 제70호(1913) 「濟州島方言」 '六.地名'(小倉進平)》. 細花里 ソファリー 《『朝鮮五萬分一地形圖』「金寧」(濟州嶋北部 三號, 1918)》. 細花里及杏源里 廣鳥嘴ノ西方2浬餘ニ細花里アリ, 舟艇ノ避難港ニ適ス. 細花里ヨリ海岸北西ニ走リ坪岱里, 漢東里ヲ經テ杏源里ニ至ル……. 《『朝鮮沿岸水路誌 第1卷』(1933) 朝鮮南岸 「濟州島」》.

2.제주특별자치도 서귀포시 표선면 '세화리'의 한자 표기.

細花里(세화리 セェーホアーリー)《『韓國水産誌』제3집(1911)「濟州島」旌義郡 東中面〉. 細花里
(세화리) 細花里 《『地方行政區域一覽(1912)』(朝鮮總督府) 旌義郡, 東中面〉. 細花里 セフワーリー
《『朝鮮五萬分一地形圖』「表善」(濟州島南部 1號, 1918)〉.

細花市場(세화시장) 제주특별자치도 구좌읍 세화리에 있었던 옛 시장 이름. 지
금도 장소를 옮겨 '세화시장'이 유지되고 있음.

細花市場《『朝鮮地誌資料(1911)』권17, 全羅南道 濟州郡 舊左面 細花里, 市場名〉.

小加來川(소가래천) 오늘날 '강정천'의 작은 내, 곧 '아끈내'를 이르는데, 조선
시대 고문헌과 고지도 등에 小加來川(소가래천)으로 표기되었음.

水系……北流スルモノハ別刀川, 山池川, 都近川ニシテ 南流スルモノハ川尾川, 松川, 孝敦
川, 正房川, 淵外川, 江汀川, 小加來川, 紺山川ナリ《『濟州島ノ地質』(朝鮮地質調査要報 제10권 1
호, 原口九萬, 1931)〉.

小貴里(소귀리) 제주특별자치도 제주시 한림읍 상대리의 옛 이름 '죤귀술무
을'의 한자 차용 표기 가운데 하나.

小貴里 チョクンシリ《『朝鮮五萬分一地形圖』「翰林」(濟州島北部 12號, 1918)〉.

小近浦野(소근포야)〔족은갯드르〕 제주특별자치도 서귀포시 대정읍 상모리에
있는 들판 이름의 한자 차용 표기.

小近浦野(上摹里)《『朝鮮地誌資料』(1911) 全羅南道 大靜郡 右面, 野坪名〉.

召吉里(소길리) 제주특별자치도 제주시 애월읍 소길리의 한자 표기.

召吉里《『地方行政區域一覽(1912)』(朝鮮總督府) 濟州郡, 新右面〉. 召吉里 ソキリ《『朝鮮五萬分一地形
圖』「翰林」(濟州島北部 12號, 1918)〉.

沼畔溪(소반계) 제주특별자치도 서귀포시 월평동 '솟밧골'의 한자 차용 표기.

沼畔溪(月坪里)《『朝鮮地誌資料』(1911) 全羅南道 大靜郡 左面, 川溪名〉.

小並山(소병산)〔족은굴른오롬〕 제주특별자치도 서귀포시 안덕면 상천리에 있
는 '족은굴른오롬'의 한자 차용 표기 가운데 하나.

小並山(上倉里)《『朝鮮地誌資料』(1911) 全羅南道 大靜郡 中面, 山谷名〉.

小並山谷(소병산곡)〔족은굴른오롬골〕 제주특별자치도 서귀포시 안덕면 상천리 '족은굴른오롬' 가까이에 있는 골 이름.

小並山谷(上倉里)《朝鮮地誌資料》(1911) 全羅南道 大靜郡 中面, 山谷名》.

小山峰(소산봉)〔솟은오롬〕 제주특별자치도 제주시 아라동 산천단에 있는 '솟은 롬'의 표기.

小山峰(我羅里)《朝鮮地誌資料》(1911) 全羅南道 濟州郡 中面, 山名》.

小石額岳(소석액악)〔족은돌리미오롬〕 제주특별자치도 제주시 구좌읍 송당리에 있는 '족은돌리미오롬'의 한자 차용 표기.

小石額岳 チャクントルリミオルム《朝鮮五萬分一地形圖》(濟州島北部 4號)「城山浦」(1918)》. 大石 額岳(クントルリオルム)及小石額岳(チヤクントルリオルム)《濟州島の地質學的觀察》(1928, 川崎繁太郎)》.

小松木野(소송목야) 제주특별자치도 서귀포시 안덕면 덕수리 '족은소남드르' 의 한자 차용 표기.

小松木野(德修里)《朝鮮地誌資料》(1911) 全羅南道 大靜郡 中面, 野坪名》.

小鳶頭峰(소연두봉) 제주특별자치도 제주시 오라2동 남쪽, 한라산 백록담 북 쪽 '삼각봉' 북쪽에 있는 표고 1496.2m의 봉우리를 이름. 삼각봉 대피소 바로 북쪽에 있는 봉우리를 이름.

蟻項 머리에 올라서서 앞으로 바라보는 곳에 三角形으로 우뚝뾰족한 峰이 솟아 있으니 이 것은 小鳶頭峰, 그 뒤로 바른편에 좀 더 높고 좀더 뾰족한 큰峰이 있으니 저것은 大鳶頭峰 이다《耽羅紀行: 漢拏山》(李殷相, 1937)》.

昭王洞(소왕동) 제주특별자치도 제주시 애월읍 하귀리 '소앵잇골' 일대에 형 성됐던 동네의 한자 차용 표기.

昭王洞 ソワンドン《朝鮮五萬分一地形圖》「翰林」(濟州島北部 12號, 1918)》.

少用岳(소용악) 제주특별자치도 조천읍 선흘리에 있는 오롬의 한자 차용 표 기 가운데 하나. 이 오롬은 원래 '새모미·새ᄆ우미'로 부르고, 한자를 빌려

'紗帽岳(사모악)' 또는 '紗帽山·沙冒山(사모산)' 등으로 표기하였음. 그러다
가 조선 후기부터 '부소오롬'이라 하여 '夫小岳·扶小岳(부소악)' 등으로 표
기하였음. 그런데 『朝鮮地誌資料(조선지지자료)』에 '少用岳(소용악)'으로 표
기하였는데, 그에 대응하는 음성형을 확인할 수 없음.

少用岳(善屹里)《朝鮮地誌資料』(1911) 全羅南道 濟州郡 新左面, 山名〉. 少用岳《朝鮮地誌資料(1911)』

권17, 全羅南道 濟州郡 新左面 善屹里, 山名〉.

小財岩(소재암) 제주특별자치도 제주시 한림읍 협재리에 있는 '족은재바위'의
한자 표기.

그리고 財岩 서북에 또 두 개의 岩石이 있어 이것을 小財岩이라 하는데 〈耽羅紀行: 漢挐山』

(李殷相, 1937)〉.

小地氣理岳(소지리리악) 제주특별자치도 조천읍 와흘리에 있는 오롬의 한자
차용 표기 가운데 하나. 이 오롬은 예로부터 '족은지기리오롬' 또는 '족은
지그리오롬'으로 부르고, 한자를 빌려 '小地氣理岳(소지기리악)'으로 표기
하였음. '지기리' 또는 '지그리'는 고유어로 보이는데, 그 뜻은 확실하지 않
음. 표고 504m.

小地氣里岳(臥屹里)《朝鮮地誌資料』(1911) 全羅南道 濟州郡 新左面, 山名〉.

孫子峯(손자봉) 제주특별자치도 구좌읍 종달리 산간에 있는 오롬의 한자 차용
표기 가운데 하나. 이 오롬은 당시 구좌읍 세화리에 있는 것으로 표기했으
나, 지금 종달리 산간에 있는 '손지오롬'을 이른 것임. 이 '손지오롬'을 한
자를 빌려 나타낸 것이 孫子岳(손자악) 또는 孫子峰(손자봉), 孫支峰(손지봉)
등임. 이 오롬이 큰 오롬에 딸린 '손지(손자의 제주 방언)'와 같은 오롬이라는
데서 붙인 것임. 표고 255.8m.

孫子峯 ソンチャポン 182米 《朝鮮五萬分一地形圖』(濟州島北部 4號) 「城山浦』(1918)〉.

孫支峰(손지봉)【손지오롬】 제주특별자치도 구좌읍 종달리 산간에 있는 오롬의
한자 차용 표기 가운데 하나. 이 오롬은 당시 구좌읍 세화리에 있는 것으

로 표기했으나, 지금 종달리 산간에 있는 '손지오롬'을 이른 것임. 이 '손지
오롬'을 한자를 빌려 나타낸 것이 孫子岳(손자악) 또는 孫子峰(손자봉), 孫
支峰(손지봉) 등임. 이 오롬이 큰 오롬에 딸린 '손지(손자의 제주 방언)'와 같
은 오롬이라는 데서 붙인 것임. 표고 255.8m.

孫支峰《『朝鮮地誌資料(1911)』권17, 全羅南道 濟州郡 舊左面 細花里, 山名》. 孫支峰(細花里)《『朝鮮地
誌資料』(1911) 全羅南道 濟州郡 舊左面, 山名》.

率水池(솔수지) 제주특별자치도 제주시 한경면 고산리 '거실물(거시물)'에 있
는 못 이름의 한자 차용 표기.

率水池(高山里)《『朝鮮地誌資料』(1911) 全羅南道 濟州郡 舊右面, 池名》.

松南池(송남지) 제주특별자치도 제주시 조천읍 선흘리 '소남못'의 한자 차용
표기.

松南池(善屹里)《『朝鮮地誌資料』(1911) 全羅南道 濟州郡 新左面, 川池名》.

松堂里(송당리) 제주특별자치도 구좌읍의 한 마을 이름. 이 마을은 조선시대
부터 '손당' 또는 '송당'으로 부르고 '松堂里(송당리)'로 표기하여 왔음.

松堂里《『朝鮮地誌資料(1911)』권17, 全羅南道 濟州郡 舊左面》. 松堂里《地方行政區域一覽(1912)』《朝鮮
總督府》濟州郡, 舊左面》. 松堂里 ソンタンリー《『朝鮮五萬分一地形圖』(濟州島北部 4號)「城山浦」
(1918)》.

松堂野(송당야) 제주특별자치도 서귀포시 대정읍 영락리 '송당들(손당들)' 일
대에 형성되어 있는 들판 이름의 한자 차용 표기.

松堂野(永樂里)《『朝鮮地誌資料』(1911) 全羅南道 大靜郡 右面, 野坪名》.

松塘池(송당지) 제주특별자치도 서귀포시 대정읍 무릉리 '송당못(손당못)'의
한자 표기.

松塘池(武陵里)《『朝鮮地誌資料』(1911) 全羅南道 大靜郡 右面, 池名》.

松浪(송랑) 제주특별자치도 제주시 애월읍 용흥리 '송랭이' 일대에 형성되어
있는 동네의 한자 표기.

松浪 ソンナン 《朝鮮五萬分一地形圖》「翰林」(濟州島北部 12號, 1918)〉.

松木童山野(송목동산야) 1.제주특별자치도 서귀포시 회수동 '소낭동산' 일대에 있는 들판 이름의 한자 차용 표기.

松木童山野(廻水里) 《朝鮮地誌資料》(1911) 全羅南道 大靜郡 左面, 野坪名〉.

2.제주특별자치도 서귀포시 대정읍 상모리 '소낭동산' 일대에 있는 들판 이름의 한자 차용 표기.

松木童山野(上摹里) 《朝鮮地誌資料》(1911) 全羅南道 大靜郡 右面, 野坪名〉.

松山(송산) 제주특별자치도 서귀포시 대정읍 상모리 바닷가에 있는 '송오롬' 의 한자 차용 표기 가운데 하나.

松山 水山峯ト防頭半島トノ間ニ在リニ在リ, 其ノ北半松樹密生ス, 樹頂高サ52米. 《朝鮮 沿岸水路誌 第1卷》(1933) 朝鮮南岸 「濟州島」〉.

松岳(송악) 제주특별자치도 서귀포시 대정읍 상모리 바닷가에 있는 '송오롬' 의 한자 차용 표기 가운데 하나.

一つの圓錐山に飛揚島や松岳の樣數個の火口や爆裂火口のあるのもあるし 《濟州火山島雜記》(「地球」4권 4호, 1925, 中村新太郎)〉. 濟州島に於ては陸地(島にては朝鮮本土を斯く 云ふ)に於けるが如く山名に山(サン)峯(ポン)及岳(アク)を附くろも多くは何何オルムと呼び……악 松岳(ソンアク) 봉 卵峯(ランポン) 《濟州島の地質學的觀察》(1928, 川崎繁太郎)〉. 城山, 斗山峰, 笠山, 破將軍, 高內峰, 高山峰, 水月峰, 簞山, 寺岳, 松岳の外輪山は之に屬し 《地球》 12권 1호(1929) 「濟州島遊記(一)」(原口九萬)〉. 他ノ火山……火口ノ形狀モ飛揚島及松岳ノ如ク深キ皿狀ノモノマテ種種アリ 《濟州島ノ地質》(朝鮮地質調査要報 제10권 1호, 原口九萬, 1931)〉.

松岳洞(송악동) 제주특별자치도 서귀포시 대정읍 상모리 '송오롬' 가까이에 형성되었던 동네 이름.

松岳……外輪山西方ノ松岳洞近クニニハ卵峰ト稱スルニ箇ノ小火口丘アリ 《濟州島ノ地質》(朝鮮地質調査要報 제10권 1호, 原口九萬, 1931)〉.

松岳山(송악산) 제주특별자치도 서귀포시 대정읍 상모리 바닷가에 있는 '송오롬'의 한자 차용 표기 가운데 하나. 이 오롬은 예로부터 '송오롬'으로 부르고 한자로 松岳(송악) 또는 松岳山(송악산) 등으로 표기해왔음. 다른 이름으로는 '더리벼리오롬〉더벼리오롬〉저벼리오롬'으로 부르고 貯里別伊岳(저리별이악), 貯星岳(저성악) 또는 貯別岳(저별악) 등으로 쓰기도 했음.

松岳山 ソンアクサン 《『朝鮮五萬分一地形圖』「大靜及馬羅島」(濟州島南部 9號, 1918)》.

松乙川(소을천/솔천) 제주특별자치도 서귀포시 남원읍 태흥리와 표선면 가시리 경계를 이루며 흘러가는 내인 '솔내'의 한자 차용 표기.

松乙川·솔닉(兎山里) 《『朝鮮地誌資料』(1911) 全羅南道 旌義郡 東中面, 川名》.

松川(송천) 제주특별자치도 서귀포시 남원읍 태흥리와 표선면 가시리 경계를 이루며 흘러가는 내인 '솔내'의 한자 차용 표기. 오늘날 지형도에는 '송천'으로 되어 있음.

松川 ソンチョン 《『朝鮮五萬分一地形圖』(濟州嶋北部 4號 「城山浦」(1918)》. 松川 ソンチョン 《『朝鮮五萬分一地形圖』「漢拏山」(濟州島北部 8號, 1918)》. 松川 ソンチョン 《『朝鮮五萬分一地形圖』「表善」(濟州島南部 1號, 1918)》. 水系……北流スルモノハ別刀川, 山池川, 都近川ニシテ 南流スルモノハ川尾川, 松川, 孝敦川, 正房川, 淵外川, 江汀川, 小加來川, 紺山川ナリ 《濟州島ノ地質」(朝鮮地質調査要報 제10권 1호, 原口九萬, 1931)》.

松浦(송포)〔솔락개〕 제주특별자치도 구좌읍 김녕리와 월정리 경계에 있는 개[浦口] 이름. 이 개는 원래 '솔락개'로 부르고 한자를 빌려 '松浦(송포)'로 표기하였음. '솔락'의 뜻은 확실하지 않으나, '솔락'의 '솔'을 훈가자로 나타낸 것이 '松浦(송포)'의 '松(송)'임.

松浦(金寧月汀?里) 《『朝鮮地誌資料(1911)』권17, 全羅南道 濟州郡 舊左面 金寧里, 浦口名》.

松鶴山(송학산) 제주특별자치도 서귀포시 대정읍 상모리 바닷가에 있는 오롬 이름. 민간에서는 '송오롬' 또는 '절루리' 등으로 부르고, 지형도에는 松岳山(송악산)으로 표기되어 있음. 松鶴山(송학산)은 '송악산'의 변음 '송학산'을 쓴 것. 표고 104.1m.

松鶴山(上摹里)《朝鮮地誌資料』(1911) 全羅南道 大靜郡 右面, 山谷名〉.

松鶴山釜脹谷(송학산부창곡) 제주특별자치도 서귀포시 대정읍 상모리 바닷가 송오롬(송악산) 굼부리(분화구) 일대 이름. 松鶴山(송학산)는 '송악산'의 변음 '송학산'을 쓴 것이고, 釜脹谷(부창곡)은 '가메창골'을 쓴 것임.

松鶴山釜脹谷(上摹里)《朝鮮地誌資料』(1911) 全羅南道 大靜郡 右面, 山谷名〉.

松港(송항) 제주특별자치도 서귀포시 안덕면 대평리 포구.

松港 ソンハン 《朝鮮五萬分一地形圖』「大靜及馬羅島」(濟州島南部 9號, 1918)〉. 月羅山ノ東南方ノ 松港近クノ小地域ニ露白シ玄武岩ニ屬スレトモわろかりノ量ニ富タルヲ以テ《濟州島ノ 地質』(朝鮮地質調査要報 제10권 1호, 原口九萬, 1931〉. 軍山ノ南麓ニ松港ト稱スル小巷アリ.《朝 鮮沿岸水路誌 第1卷』(1933) 朝鮮南岸「濟州島」〉.

水口池(수구지) 제주특별자치도 제주시 조천읍 함덕리 '수꾸못'의 한자 차용 표기. 민간에서는 '숙두못'으로 전하고 있음.

水口池《朝鮮地誌資料(1911)』권17, 全羅南道 濟州郡 新左面 咸德里, 川池名〉.

修根洞(수근동) 제주특별자치도 제주시 용담3동 '닷근개〉닷그내' 일대에 형성 되었던 동네의 한자 차용 표기.

修根洞 スグンドン《朝鮮五萬分一地形圖』「翰林」(濟州島北部 12號, 1918)〉.

修近浦(수근포) 제주특별자치도 제주시 용담3동 바닷가에 있는 '다ㄲ내'의 한 자 차용 표기. 오늘날 지형도에는 '닭으내/용담 포구'로 쓰여 있음.

修近浦(龍潭里)《朝鮮地誌資料』(1911) 全羅南道 濟州郡 中面, 浦口名〉.

水基洞(수기동) 제주특별자치도 제주시 조천읍 와흘리 가시네오롬 남동쪽에 있는 '물터진골(물터진굴)' 일대에 형성되었던 '수기동'의 한자 표기. 제주 4·3 때 폐동되었음.

水基洞 スーキトン《朝鮮五萬分一地形圖』「漢拏山」(濟州島北部 8號, 1918)〉.

愁德島(수덕도) 상추자도 바다에 있는 지꾸섬[直龜島]의 별칭인 '수덕섬'의 한 자 차용 표기.

楸子群島……直龜島(愁德島) 群島中ノ最西島ニシテ高サ107米〈『朝鮮沿岸水路誌 第1卷』

(1933) 朝鮮南岸「楸子群島」〉.

水德島(수덕도) 제주특별자치도 제주시 추자면 하추자도 석지머리 남동쪽 바다에 있는 '수덕이섬'의 한자 차용 표기. 1960년대 1대5만 지형도 이후에 '수덕이'로 쓰여 있음.⇒ ストクソム(수덕섬).

水德島 ストクソム 127米〈『朝鮮五萬分一地形圖』(濟州嶋北部 9號,「楸子群島」(1918)〉. 水德島〈『朝鮮地誌資料』(1919, 朝鮮總督府 臨時土地調査局) 島嶼, 全羅南道 濟州島〉. 水德島 下楸子島頂ヨリ159度約3浬在ニリ〈『朝鮮沿岸水路誌 第1卷』(1933) 朝鮮南岸「楸子群島」〉.

水道洞(수도동) 제주특별자치도 서귀포시 표선면 가시리 산간 '물도뒌밧' 일대에 형성되었던 '수도동'의 한자 표기.

水道洞 ストンドン〈『朝鮮五萬分一地形圖』「漢拏山」(濟州島北部 8號, 1918)〉.

水洞¹(수동) 제주특별자치도 제주시 한경면 저지리 '수동(水洞)'을 이름. 이 동네는 예로부터 물이 잘 고이는 구렁이라는 데서 '물골〉물굴' 또는 '믓골〉믓굴' 등으로 불러왔는데, 한자 차용 표기로 水洞(수동)으로 표기했음. 이 지형도에는 저지리 북쪽, 저지오롬[楮旨岳] 북동쪽에 '水洞/ムルコル'로 표기되어 있으나, 이것은 '저지오롬'[楮旨岳] 북서쪽에 표기되어야 하는 것인데, 엉뚱한 위치에 표기되어 있음. '水洞/ムルコル'로 표기되어 있는 곳은 원래 '츳남밧' 일대에 형성된 '성전동(成田洞)' 지역임.

水洞 ムルコル〈『朝鮮五萬分一地形圖』「翰林」(濟州島北部 12號, 1918)〉.

水洞²(수동) 제주특별자치도 제주시 한경면 조수1리 '수동(水洞)'을 이름. 예전에는 물이 잘 고이는 구렁이라는 데서 '물골〉물굴' 또는 '믓골〉믓굴' 등으로 부르다가 한자 차용 표기로 水洞(수동)으로 표기했음.

水洞 ストン〈『朝鮮五萬分一地形圖』(濟州島北部 16號「飛揚島」1918)〉.

水頭洞(수두동)〔물머릿동네〕 제주특별자치도 제주시 애월읍 애월리 '하물' 머리 일대에 형성되어 있던 동네 이름. 민간에서는 '하물머리' 또는 '큰물머리'가 남아 전하고 있음.

水頭洞酒幕(涯月里)《朝鮮地誌資料》(1911) 全羅南道 濟州郡 新右面, 酒幕名〉.

水頭洞酒幕(수두동주막)〔물머리--〕 제주특별자치도 제주시 애월읍 애월리 '하물(큰물)' 머리 에 있던 주막 이름.

水頭洞酒幕(涯月里)《朝鮮地誌資料》(1911) 全羅南道 濟州郡 新右面, 酒幕名〉.

水嶺島(수령도) 제주특별자치도 제주시 추자면 상추자도 북쪽 바다에 있는 섬인 '수령여'의 한자 차용 표기 가운데 하나. ⇒ **水嶺嶼(수령서)**.

水嶺島 スリョンソム 95米《朝鮮五萬分一地形圖》(濟州嶋北部 9號,「楸子群島」(1918)〉.

水嶺嶼(수령서) 제주특별자치도 제주시 추자면 상추자도 북쪽 바다에 있는 섬인 '수령여'의 한자 차용 표기.

水嶺嶼《朝鮮沿岸水路誌 第1卷》(1933) 朝鮮南岸「楸子群島」〉.

水路洞(수로동)〔물질동네〕 제주특별자치도 제주시 구좌읍 세화리 '물질' 일대에 형성된 동네를, 한자를 빌려 水路洞(수로동)이라 한 것임. 1960년대부터 오일시장이 들어서면서 '시장동' 또는 '장판동'이라 하다가, 요즘에는 '시장동'으로 통일되어 있음.

水路洞 スーロドン《朝鮮五萬分一地形圖》「金寧」(濟州嶋北部 三號, 1918)〉.

水龍(수룡) 제주특별자치도 제주시 한경면 청수리 남서쪽 '수룡이'의 한자 차용 표기.

水龍 スーヨン《朝鮮五萬分一地形圖》(濟州島南部 13號「摹瑟浦」(1918)〉.

水望里(수망리) 제주특별자치도 서귀포시 남원읍 '수망리'의 한자 표기.

土布 水望里《朝鮮地誌資料》(1911) 全羅南道 旌郡 西中面, 土産名〉. 水望里《地方行政區域一覽(1912)《朝鮮總督府》旌義郡, 西中面〉. 水望里 スーマンリー《朝鮮五萬分一地形圖》「西歸浦」(濟州島南部 5號, 1918)〉.

水山(수산) 제주특별자치도 제주시 애월읍 수산리를 이름.

訓にて又は音を訓とを合せて讀めるもの. 水山－물미(濟州). 泥浦－흘키(濟州).《朝鮮及滿

洲』제70호(1913)「濟州島方言」'六.地名'(小倉進平)〉. 이 古城과 水山 一圓地는 元의 牧子가 本州의
萬戶를 殺害하야 戰火가 바꾸이던 곳일뿐《耽羅紀行: 漢拏山』(李殷相, 1937)〉.

水山里¹(수산리) 제주특별자치도 제주시 애월읍 수산리의 한자 표기.

水山里《地方行政區域一覽(1912)』(朝鮮總督府) 濟州郡, 新右面〉. 地名の後にある普通名詞……미
又は미(山). 水山里(물미: 濟州), 臥山里(눈미: 濟州), 蘭山里(난미: 旌義)の如きはこれで
わる.《朝鮮及滿洲』제70호(1913)「濟州島方言」'六.地名'(小倉進平)〉. 水山里 スーサンリ《朝鮮五萬
分一地形圖』「翰林」(濟州島北部 12號, 1918)〉.

水山里²(수산리) 제주특별자치도 서귀포시 성산읍 수산리의 한자 표기.

水山里《地方行政區域一覽(1912)』(朝鮮總督府) 旌義郡, 左面〉. 水山里 スーサンリー《朝鮮五萬分
一地形圖』(濟州島北部 4號)「城山浦」(1918)〉.

水山峰(수산봉) 제주특별자치도 제주시 애월읍 수산리에 있는 '물메오롬'의 한자 차용 표기 가운데 하나.

水山峰《朝鮮地誌資料』(1911) 全羅南道 濟州郡 新右面, 山名〉. 水山峰 スーサンボン 121.5米
《朝鮮五萬分一地形圖』「翰林」(濟州島北部 12號, 1918)〉.

水山峯¹(수산봉) 제주특별자치도 서귀포시 성산읍 고성리에 있는 '물메오롬(물미오롬/큰물메오롬)'의 한자 차용 표기.

水山峯 スーサンボン 137.4米《朝鮮五萬分一地形圖』(濟州島北部 4號)「城山浦」(1918)〉. 水山峯 防
頭半島頭地ノ西方1浬餘ニ在リ高サ134米…….《朝鮮沿岸水路誌 第1卷』(1933) 朝鮮南岸「濟州島」〉.

水山峯²(수산봉) 제주특별자치도 제주시 애월읍 수산리에 있는 '물메오롬'의 한자 차용 표기 가운데 하나.

破軍峯ノ西方約.1.5浬ニ位モル水山峯ハ高サ120米.《朝鮮沿岸水路誌 第1卷』(1933) 朝鮮南岸
「濟州島」〉.

水山岳(수산악)〔물메오롬〕 1.제주특별자치도 제주시 애월읍 수산리에 있는 '물메오롬'의 한자 차용 표기 가운데 하나.

車는 左便으로 破軍峰, 水山岳을 번개같이 지나서 高內里라는 조고만한 마을을 지나간다

《耽羅紀行: 漢拏山』(李殷相, 1937)》.

2.제주특별자치도 제주시 애월읍 수산리에 있는 '물메오롬'의 한자 차용 표기.

地名の後にある普通名詞.…….오롬(岳). 山の小さいものをひふ.'上るもの'といふ義でわらう. 葛岳(축오롬: 濟州), 水山岳(물미오롬: 濟州)の如きはこれでわる.《『朝鮮及滿洲』第70호(1913)「濟州島方言」'六.地名」《小倉進平)》.

水山鎭(수산진) 조선시대에 서귀포시 성산읍 수산리에 있었던 진 이름.

水山鎭 西歸鎭 明月鎭 涯月鎭 別防鎭 朝天鎭 禾北鎭 海防鎭《濟州嶋現況一般』(1906)》.

水山坪(수산평) 제주특별자치도 서귀포시 성산읍 수산2리 일대의 들판 이름.

이 섬의 海岸地帶에서는 보기드문 平舖한 水山坪은 이같이 英雄이 칼날이 번쩍이는 곳이나《耽羅紀行: 漢拏山』(李殷相, 1937)》.

水岳(수악) **1.**제주특별자치도 서귀포시 남원읍 하례2리 '물오롬'의 한자 차용 표기. 표고 472.5m.

水岳 ムリオルム 449米《朝鮮五萬分一地形圖』「西歸浦』(濟州島南部 5號, 1918)》.

2.제주특별자치도 서귀포시 남원읍 수망리에 있는 '물오롬'의 한자 차용 표기. 표고 694.8m. 오늘날 지형도에는 동수악(東水岳)으로 되어 있음.

水岳·물오롬(漢南里)《朝鮮地誌資料』(1911) 全羅南道 旌義郡 西中面, 山谷名》. 岳(o-rom)【「耽羅志」 以岳爲兀音】[全南] 濟州(郡内「葛岳」を〔tʃuk o-rom〕「板乙浦岳」を〔nùl-gö o-rom〕といふ)·城山·西歸·大靜(舊旌義郡內の「達山」を〔toŋ o-rom〕水岳を〔mul o-rom〕應巖山を〔mö-pa-ui o-rom〕といふ)《朝鮮語方言の研究 上』(小倉進平, 1944:34)》.

水岳洞(수악동) 제주특별자치도 서귀포시 남원읍 한남리 넙거리오롬 서남쪽, 위미리 물오롬 동쪽에 있었던 '수악동'의 한자 차용 표기. 水岳洞(수악동)의 水岳(수악: 물오롬)은 '물오롬'의 한자 차용 표기로, '넙거리오롬' 서남쪽에 있는 자그마한 오롬을 이름. 제주4·3 때 폐동되었음. 오늘날 그 동쪽에 남원읍농어촌폐기물처리장이 들어서 있음.

水岳洞 ムルアクコル 《『朝鮮五萬分一地形圖』「西歸浦」(濟州島南部 5號, 1918)》.

水營嶼(수영서) 제주특별자치도 제주시 추자면 하추자도 묵리 바다에 있는 '수영여'의 한자 차용 표기.

水營嶼 スリョンヨ 《『朝鮮五萬分一地形圖』(濟州嶋北部 9號,「楸子群島」(1918)》.

水溫池(수온지) 제주특별자치도 서귀포시 남원읍 남원2리에 있는 '물듯은못〉물듯은못'의 한자 차용 표기.

水溫池·물다슨못(西衣里) 《『朝鮮地誌資料』(1911) 全羅南道 旌義郡 西中面, 池名》.

洙源洞(수원동) 제주특별자치도 제주시 한림읍 수원리 수원동을 한자로 쓴 것.

翰林面洙源里洙源洞 《『朝鮮半島の農法と農民』(高橋昇, 1939)「濟州島紀行」》.

洙源里(수원리) 제주특별자치도 제주시 한림읍 수원리를 한자로 쓴 것.

洙源里 《『地方行政區域一覽』(1912)』(朝鮮總督府) 濟州郡, 舊右面》. 洙源里 スヲンニー 《『朝鮮五萬分一地形圖』「翰林」(濟州島北部 12號, 1918)》. 村 錨地ノ東側海岸ニハ村落散在ス, 其ノ最モ大ナルハ狹才里ニシテ之ニ次グハ金陵里及瓮浦里トス, 其ノ他翰林里, 洙源里ノ2村アリ. 《『朝鮮沿岸水路誌 第1卷』(1933) 朝鮮南岸「濟州島」》. 翰林面洙源里洙源洞 《『朝鮮半島の農法と農民』(高橋昇, 1939)「濟州島紀行」》.

水月峰(수월봉) 제주특별자치도 제주시 한경면 고산1리 바닷가에 있는 '수월봉'의 한자 표기. 표고 78m.

城山, 斗山峰, 笠山, 破將軍, 高內峰, 高山峰, 水月峰, 簞山, 寺岳, 松岳の外輪山は之に屬し 《『地球』12권 1호(1929)「濟州島遊記(一)」(原口九萬)》.

水月峯(수월봉) 제주특별자치도 제주시 한경면 고산1리 바닷가에 있는 '수월봉'의 한자 표기. 표고 78m.

水月峯 スヲルポン 77米 《『朝鮮五萬分一地形圖』(濟州島南部 13號「摹瑟浦」(1918)》.

水月池(수월지) 제주특별자치도 서귀포시 대정읍 안성리 '수월이못'의 한자 차용 표기.

水月池(安城里) 《『朝鮮地誌資料』(1911) 全羅南道 大靜郡 右面, 池名》.

水月坪(수월평) 제주특별자치도 서귀포시 표선면 세화리에 있는 '물너비벵디'의 한자 차용 표기 가운데 하나.

水月坪·물너비벙딘(細花里)《朝鮮地誌資料》(1911) 全羅南道 旌義郡 東中面, 野坪名〉.

水伊德野(수이덕야)〔수리덕--〕 제주특별자치도 서귀포시 대정읍 안성리 '수리덕' 일대에 있는 들판 이름의 한자 차용 표기.

水伊德野(安城里)《朝鮮地誌資料》(1911) 全羅南道 大靜郡 右面, 野坪名〉.

水長(수장) 제주특별자치도 제주시 한경면 금등리 산간 '수쟁이물' 일대에 형성되었던 동네의 한자 표기.

水長 スチャン〈朝鮮五萬分一地形圖》(濟州島北部 16號「飛揚島」1918)〉.

水長兀(수장올)〔물장오리〕 제주특별자치도 제주시 봉개동 산간에 있는 '물장오리'의 한자 차용 표기. 표고 938.4m.

水長兀 962米《朝鮮地誌資料》(1919, 朝鮮總督府 臨時土地調査局) 山岳ノ名稱所在及眞高(續), 全羅南道 濟州島〉. 南西方漢拏山の東側から 沙羅岳, 水長兀, 丹霞峯, 文岳, 知箕里岳, 針岳, 泉味岳の圓錐列が漸次北東に低くなり行く漢拏山の斜面から兀々として〈濟州火山島雜記》『地球』4권 4호, 1925, 中村新太郎)〉. 水長兀や元堂峰など幾つかある〈濟州火山島雜記》『地球』4권 4호, 1925, 中村新太郎)〉. 他ノ火山……ソノ標式ナルモノハ今岳, 孤根山, 元堂峰, 月郎峰, 三義讓岳等ニシテ火口內ニ水ヲ集潴セルモノニ元堂峰(龜池), 水長兀, 沙羅岳等アリ〈濟州島ノ地質》(朝鮮地質調査要報 제10권 1호, 原口九萬, 1931)〉. 漢拏山-金寧線……其上ニ連立セル火山ハ土赤岳, 石岳, 御後岳, 水長兀, 犬月岳, 棚岳, 針岳, 泉味岳, 堂岳, 猫山峰, 笠山ナリトス〈濟州島ノ地質》(朝鮮地質調査要報 제10권 1호, 原口九萬, 1931)〉.

水精川(수정천) 제주특별자치도 제주시 외도동에 있는 '수정내'의 한자 차용 표기.

오늘날 지형도에는 외도천(광령천)으로 표기되어 있음. 이 都近川을 水精川이라 함은 여기에 前日 水精寺라는 古刹이 있어서 생겨진 이름이겠다〈耽羅紀行: 漢拏山》(李殷相, 1937)〉.

水坐田野(수좌전야) 제주특별자치도 서귀포시 대정읍 무릉리에 있는 '물아진밧' 일대 들판 이름의 한자 차용 표기.

水坐田野(武陵里)《朝鮮地誌資料》(1911) 全羅南道 大靜郡 右面, 野坪名〉.

水陳田(수진전) 제주특별자치도 서귀포시 신효동 신효교 동쪽, '드라미(월라봉)' 남서쪽 '물진밧(---동네)'의 한자 차용 표기.

水陳田 ムルチンパッ《朝鮮五萬分一地形圖》「西歸浦」(濟州島南部 5號, 1918)〉.

修行窟(수행굴) 제주특별자치도 서귀포시 하원동 영실 서남쪽 존자암 일대 골짜기 이름의 한자 차용 표기.

이곳은 다만 佛像에서만 사랑하였던 것이 아니라, 修行窟 뒤에 七星臺란 이름이 남아 있음을 보면, 仙人道客의 祭天하던 遺跡도 있음을 알겠다《耽羅紀行: 漢拏山》(李殷相, 1937)〉.

修行洞(수행동) 제주특별자치도 서귀포시 하원동 산간 영실 서남쪽 존자암(尊者庵) 일대 골짜기 이름의 한자 차용 표기.

이 靈室의 洞府 속에는 尊者庵이란 庵子가 있었고 그 앞에 열린 이 洞府를 修行洞이라 부르던 것인 줄은 古記에 依하야 알겠거니와, 尊者庵이란 이름은 法住記에서 그 由來를 가져온 것일 듯하다《耽羅紀行: 漢拏山》(李殷相, 1937)〉. 그리고 洞府 中의 岩石이 修道僧의 狀으로 된 者가 있다 하야 洞名을 修行洞이라 한 것인 듯하다《耽羅紀行: 漢拏山》(李殷相, 1937)〉.

順道川(순도천) 제주특별자치도 제주시 한림읍 대림리와 한림리를 거쳐 바다로 흘러드는 내인 '순돗내'의 한자 차용 표기.

順道川(大林·翰林 兩里間)《朝鮮地誌資料》(1911) 全羅南道 濟州郡 舊右面, 溪川名〉.

順昌里(순창리) 제주특별자치도 서귀포시 대정읍 신도리 옛 이름의 한자 표기 가운데 하나.

順昌里《地方行政區域一覽(1912)《朝鮮總督府》大靜郡, 右面〉.

戌岳(술악) 제주특별자치도 제주시 오라동 '민오롬〉민오름'을 풍수지리설에서 '개오롬'이라 불렀는데, 이것을 한자로 나타낸 것.

戌岳·기으름(吾羅里)《朝鮮地誌資料》(1911) 全羅南道 濟州郡 中面, 山名〉.

柿木洞(시목동) 제주특별자치도 서귀포시 남원읍 위미2리 '감남골'의 한자 차용 표기. 1960년대와 1970년대 지형도에는 '상위미'로 쓰여 있고, 1980년대 지형도부터 '상위미동'으로 쓰여 있음.

柿木洞 カムナムコル 《朝鮮五萬分一地形圖』「西歸浦」(濟州島南部 5號, 1918)》.

矢射石(시사석) 제주특별자치도 제주시 삼양동에 있는 '활손돌〉활쏜돌'의 한자 표기.

오늘날은 三射石(삼사석)으로 알려지고 있음. 矢射石은 禾北里 南方 路右에 있는데 《耽羅紀行: 漢拏山』(李殷相, 1937)》.

柿山(시산) 제주특별자치도 서귀포시 동광리에 있는 '감남오롬'의 한자 표기 가운데 하나. 표고 439.8m.

柿山(東廣里) 《朝鮮地誌資料』(1911) 全羅南道 大靜郡 中面, 山谷名》.

始興(시흥) 제주특별자치도 서귀포시 남원읍 시흥리. ⇒ 始興里(시흥리).

旌義郡 始興 《韓國水産誌』제3집(1911)「濟州島」鹽田》.

始興里(시흥리) 제주특별자치도 서귀포시 남원읍 시흥리의 한자 표기.

始興里(시흥리 シーフンリー) 《韓國水産誌』제3집(1911)「濟州島」旌義郡 左面》. 始興里 《地方行政區域一覽(1912)』(朝鮮總督府) 旌義郡, 左面》. 始興里 シフンリー 《朝鮮五萬分一地形圖』(濟州島北部 4號)「城山浦」(1918)》. 漢字の音にもわらず又其の訓讀にもわらず, 全く他の名稱を以て呼ぶもの……始興里 씸쏠('力石'ノ義テアルトイッテ居ル) 《朝鮮及滿洲』제70호(1913)「濟州島方言」'六.地名'(小倉進平)》.

食山峯(식산봉) 제주특별자치도 서귀포시 오조리 바닷가에 있는 '밥오름〉바오름'의 한차 차용 표기. 표고 66m.

食山峯 シクサンボー 65米 《朝鮮五萬分一地形圖』(濟州島北部 4號)「城山浦」(1918)》. 食山峯 吾照里浦ノ西側ニ在ル正圓錐形山ニシテ高サ58米. 《朝鮮沿岸水路誌 第1卷』(1933) 朝鮮南岸「濟州島」》.

新基浦(신기포)〔새텃개〉세텟개〕 제주특별자치도 제주시 추자면 신상리에 있던 개의 하나.

新基浦 《朝鮮地誌資料(1911)』권20, 全羅南道 莞島郡 楸子面 新上里, 浦口名》.

新堂(신당) 제주특별자치도 서귀포시 안덕면 덕수리의 옛 이름 '새당'의 한자 차용 표기.

漢字の音にもわらず又其の訓讀にもわらず, 全く他の名稱を以て呼ぶもの……德修里 싱 당('新堂ノ義テアルトイツテ居ル) 《朝鮮及滿洲》 제70호(1913) 「濟州島方言」'六.地名'(小倉進平)》.

新桃里(신도리) 제주특별자치도 서귀포시 대정읍 신도리의 한자 표기.

新桃里 シントーリー 《朝鮮五萬分一地形圖》(濟州島南部 13號 「摹瑟浦」(1918)》.

新洞(신동)〔새동네〕 제주특별자치도 제주시 한경면 고산1리 '새동네'의 한자 차용 표기.

高山里 コサンニー, 新洞 シントン 《朝鮮五萬分一地形圖》(濟州島南部 13號 「摹瑟浦」(1918)》.

新禮里(신례리) 제주특별자치도 서귀포시 남원읍 '신례리'의 한자 표기.

新禮里 《地方行政區域一覽(1912)》(朝鮮總督府) 旌義郡, 西中面). 新禮里 シンレーリー 《朝鮮五萬分一地形圖》 「西歸浦」(濟州島南部 5號, 1918)》.

新木野(신목야) 제주특별자치도 서귀포시 대정읍 무릉1리 '신남드르·신낭드르'를 한자를 빌려 쓴 것. '신남·신낭'은 '식나무'의 제주 방언.

新木野(武陵里) 《朝鮮地誌資料》(1911) 全羅南道 大靜郡 右面, 野坪名).

新北里(신북리) 제주특별자치도 제주시 조천읍 新村里(신촌리)를 잘못 쓴 것.

新北里 《朝鮮20萬分一圖》(1918) 「濟州島北部」》.

新榧旨洞(신비지동) 제주특별자치도 서귀포시 남원읍 가시리 산간 '신빗ᄆ르(신빗ᄆ를)'에 형성되었던 동네의 한자 표기.

新榧旨洞 シンピヂートン 《朝鮮五萬分一地形圖》 「漢拏山」(濟州島北部 8號, 1918)》.

新山洞(신산동) 제주특별자치도 제주시 내도동 중산간 '신산ᄆ를' 일대에 형성된 동네 이름의 한자 표기.

新山洞 シサンドン 《朝鮮五萬分一地形圖》 「翰林」(濟州島北部 12號, 1918)》.

新山里(신산리) 제주특별자치도 서귀포시 성산읍 신산리의 한자 표기.

新山里(신산리 シンサンリー) 《韓國水産誌》 제3집(1911) 「濟州島」 旌義郡 左面). 新山里 《地方行

政區域一覽(1912)』(朝鮮總督府) 旌義郡, 左面〉. 新山里 シンサンリー〈朝鮮五萬分一地形圖』(濟州島北部 4號)「城山浦」(1918)〉. 아츰햇빛에 넘실거리는 海面을 바라보다 문득 다시 왼편 눈에 걸리는 石山이 있으니 이는 新山里의 獨子峰!〈耽羅紀行: 漢拏山』(李殷相, 1937)〉.

新上(신상) 제주특별자치도 제주시 추자면 하추자도 '新上里(신상리)'를 줄여서 나타낸 것 가운데 하나. ⇒ 新上里(신상리).

新上里(신상리)部落は上島に大作只·寺九味[一に節金里と云ふ]の二里, 下島に新上·新下[一に魚遊九味と云ふ]·禮初·墨只[一に黙里と云ふ]·長作·石頭[一に石柱頭とも書す]の六里わりて〈韓國水産誌』第3집(1911) 全羅南道 莞島郡 楸子面〉.

新上里(신상리) 제주특별자치도 제주시 추자면 하추자도 신양리의 '신상리'의 한자 표기. 예로부터 '어리구미' 또는 '어류구미'라 부르다가 한자를 빌려 전자는 於伊今(어이금) 또는 魚遊九味(어류구미) 등으로 쓰다가, 일제강점기 초반에 新上里(신상리)라 함. 1914년 3월 1일부터 행정상 新陽里(신양리)에 통합되어 오늘에 이르고 있음.

下島……灣澳なる部落は則ち新下里にして 其北方灣口に於ける 部落を新上里とし, 南方岬角に於ける 部落を石頭里とす〈韓國水産誌』第3집(1911) 全羅南道 莞島郡 楸子面〉. 新上里〈朝鮮地誌資料(1911)』권20, 全羅南道 莞島郡 楸子面〉. 新上里〈地方行政區域一覽(1912)』(朝鮮總督府) 莞島郡, 楸子面〉. 新陽里 シンヤンリー, 新上里 シンサンニー, 新下里 シンハーリー, 長作只 チャンヂャクヂー, 石頭里 ソクヅーリー〈朝鮮五萬分一地形圖』(濟州嶋北部 9號,「楸子群島」(1918)〉.

新西洞(신서동) 제주특별자치도 제주시 귀덕1리 '새서므를' 일대에 형성되었던 동네의 한자 표기.

新西洞 シンソトン〈朝鮮五萬分一地形圖』「翰林」(濟州島北部 12號, 1918)〉.

新星岳(신성악)〔새벨오롬〉새별오롬〕 제주특별자치도 제주시 애월읍 어음리 산간에 있는 '새별오롬'의 한자 차용 표기 가운데 하나.

新星岳 セピルオルム 524米〈朝鮮五萬分一地形圖』「翰林」(濟州島北部 12號, 1918)〉. 新星岳 524米(濟州島 新右面)〈朝鮮地誌資料』(1919, 朝鮮總督府 臨時土地調査局) 山岳ノ名稱所在及眞高(續), 全

羅南道 濟州島〉.

新城滄(신성창)〔새성창〕 제주특별자치도 조천읍 조천리에 있었던 개[浦口] 이름. '새성창'의 한자 표기임.

新城滄(朝天里)《朝鮮地誌資料》(1911) 全羅南道 濟州郡 新左面, 浦口名〉.

新水洞(신수동)〔새물동네〕 제주특별자치도 제주시 한경면 고산2리 '새물동네'의 한자 차용 표기.

新水洞 シンスートン《朝鮮五萬分一地形圖》(濟州島南部 13號 「摹瑟浦」(1918)〉.

新安洞(신안동) 제주특별자치도 제주시 조천읍 조천리 중산간에 있는 '신안동'의 한자 표기. 1960년대 지형도부터 2015년 지형도까지 '신안동'으로 쓰여 있음.

新安洞 シンアントン《朝鮮五萬分一地形圖》「濟州」(濟州島北部 7號, 1918)〉.

新岩里(신암리) 제주특별자치도 제주시 애월읍 新嚴里(신엄리)의 잘못. 新嚴里(신엄리)의 嚴(엄)을 巖(암)으로 이해하고 일본식 한자인 岩(암)으로 나타낸 것인 듯함. ⇒ **新嚴里(신엄리)**.

涯月面……新岩里《濟州島勢要覽》(1935) 第14 島一周案內〉.

新陽里(신양리) 제주특별자치도 제주시 추자면 하추자도에 있는 행정마을 가운데 하나. 1914년 3월 1일부터 당시 추자면의 新上里(신상리)와 新下里(신하리), 長作只(장작지) 등 3개 법정마을을 통합하여 新陽里(신양리)라 하여 오늘날에 이르고 있음.

新陽里 シンヤンリー, 新上里 シンサンニー, 新下里 シンハーリー, 長作只 チャンヂャクヂー, 石頭里 ソクヅーリー《朝鮮五萬分一地形圖》(濟州嶋北部 9號, 「楸子群島」(1918)〉.

新嚴(신엄) 제주특별자치도 제주시 애월읍 신엄리.

濟州郡……下貴 新嚴 高內 涯月 郭支 錦城《濟州嶋現況一般》(1906)〉.

新嚴里(신엄리) 제주특별자치도 제주시 애월읍 신엄리의 한자 표기.

新嚴里(신엄리 シンオムリー)《韓國水産誌》제3집(1911) 「濟州島」濟州郡 新右面〉. 新嚴里《地方行

政區域一覽(1912)』(朝鮮總督府) 濟州郡, 新右面〉. 新巖里 シンオムニー 〈朝鮮五萬分一地形圖』「翰林』(濟州島北部 12號, 1918)〉. 高內里及新巖里 新巖里ノ岩壁ヨリ西方1.3浬ニシテ高內里ニ達ス. 〈朝鮮沿岸水路誌 第1卷』(1933) 朝鮮南岸「濟州島」〉.

新右面(신우면) 제주특별자치도 제주시 애월읍의 옛 행정구역 이름으로, 조선 후기부터 일제강점기 중반까지 신우면(新右面)이라 하다가, 일제강점기인 1935년 4월 1일부터 애월면(涯月面)으로 바꿨음.

濟州郡······新右面 二十里 三千百十八戶 〈濟州嶋現況一般』(1906)〉. 濟州郡 新右面 〈韓國水産誌』 제3집(1911) 「濟州島」지도〉. 新右面 シンウミョン 〈朝鮮五萬分一地形圖』「漢拏山』(濟州島北部 8號, 1918)〉. 新右面 シンウミョン 〈朝鮮五萬分一地形圖』「翰林』(濟州島北部 12號, 1918)〉.

新田洞(신전동)〔새왓동네〕 제주특별자치도 제주시 구좌읍 한동리의 한 자연마을인 '새왓동네'를 한자를 빌려 나타낸 것임. '새왓' 일대에 동네가 들어서서 '새왓골' 또는 '새왓동네'라 했는데, '새왓'을 草田(초전)이나 茅田(모전)으로 쓰지 않고 新田(신전)으로 쓰면서, 동네도 新田洞(신전동)이라 했음.

新田洞 シンヂョンドン 〈朝鮮五萬分一地形圖』「金寧』(濟州嶋北部 三號, 1918)〉.

新左面(신좌면) 제주특별자치도 제주시 조천읍의 옛 행정구역 이름으로, 조선 후기부터 일제강점기 중반까지 신좌면이라 하다가, 일제강점기인 1935년 4월 1일부터 조천면(朝天面)으로 바꿨음.

濟州郡······新左面 九里 二千二百〇七戶 〈濟州嶋現況一般』(1906)〉. 濟州郡 新左面 〈韓國水産誌』 제3집(1911) 「濟州島」지도〉. 新左面 シンチャミョン 〈朝鮮五萬分一地形圖』「漢拏山』(濟州島北部 8號, 1918)〉.

新曾根(신증근) 제주특별자치도 서귀포시 표선면 표선리 바닷가의 지명으로, 일본 한자식 표기임.

新曾根(シンソネ)ハ表善浦ノ南角ナル白沙嘴ノ103度1.85浬ニ在リ. 〈朝鮮沿岸水路誌 第1卷』(1933) 朝鮮南岸「濟州島」〉.

新昌里(신창리) 제주특별자치도 제주시 한경면 신창리의 한자 표기.

新昌里 《地方行政區域一覽(1912)』(朝鮮總督府) 濟州郡, 舊右面〉. 新昌里 シンチャンリー 〈『朝鮮五萬分一地形圖』(濟州島北部 16號「飛揚島」1918)〉.

新川(신천) 제주특별자치도 제주시 이도1동 '새냇곳(새내끗)' 일대에 형성된 동네를 '새내'로 인식하여 쓴 한자 차용 표기. 1960년대와 1970년대 지형도에는 '새냇가'로 쓰여 있는데, 1980년대 지형도부터 '새냇가'와 '신천동'이 서로 다른 위치에 아울러 쓰여 있음.

新川 シンチョン 〈『朝鮮五萬分一地形圖』「漢拏山」(濟州島北部 8號, 1918)〉.

新川里(신천리) 제주특별자치도 서귀포시 성산읍 신천리의 한자 표기.

新川里 《地方行政區域一覽(1912)』(朝鮮總督府) 旌義郡, 左面〉. 新川里 シンチョンリー 〈『朝鮮五萬分一地形圖』(濟州島北部 4號) 「城山浦」(1918)〉.

新村(신촌) 제주특별자치도 제주시 조천읍 신촌리의 줄임말.

濟州郡 新村 〈『韓國水産誌』 제3집(1911) 「濟州島」 鹽田〉.

新村里(신촌리) 제주특별자치도 제주시 조천읍 신촌리의 한자 표기.

新村里(신촌리 シンチョンリー) 〈『韓國水産誌』 제3집(1911) 「濟州島」 濟州郡 新左面〉. 新村里 《『地方行政區域一覽(1912)』(朝鮮總督府) 濟州郡, 新左面〉. 新村里 シンチョンニー 〈『朝鮮五萬分一地形圖』「濟州」(濟州島北部 7號, 1918)〉.

新坪里(신평리) 제주특별자치도 서귀포시 대정읍 모슬봉 북쪽에 형성되어 있는 마을.

新坪里 《地方行政區域一覽(1912)』(朝鮮總督府) 大靜郡, 右面〉. 新坪里 シンピョンニー 〈『朝鮮五萬分一地形圖』「大靜及馬羅島」(濟州島南部 9號, 1918)〉. 濟州邑外光陽洞及大靜西方新坪里ニハ該層ノ堆積アリ 〈濟州島ノ地質」(朝鮮地質調査要報 제10권 1호, 原口九萬, 1931)〉.

新豐里(신풍리) 제주특별자치도 서귀포시 성산읍 신풍리의 한자 표기.

新豐里 《地方行政區域一覽(1912)』(朝鮮總督府) 旌義郡, 左面〉. 漢字の音にもわらず又其の訓讀にもわらず, 全く他の名稱を以て呼ぶもの……新豐里 상천미('上川'ノ義テアルトイツテ居ル) 〈『朝鮮及滿洲』 제70호(1913) 「濟州島方言」 '六.地名'(小倉進平)〉. 新豐里 シンプンリー 〈『朝鮮五

萬分一地形圖』(濟州島北部 4號)「城山浦」(1918)〉.

新下(신하) 제주특별자치도 제주시 추자면 하추자도 '新下里(신하리)'를 줄여서 나타낸 것 가운데 하나. ⇒ 新下里(신하리).

部落は上島に大作只·寺九味[一に節金里と云ふ]の二里, 下島に新上·新下[一に魚遊九味と云ふ]·禮初·墨只[一に黙里と云ふ]·長作·石頭[一に石柱頭とも書す]の六里わりて〈『韓國水産誌』 제3집(1911) 全羅南道 莞島郡 楸子面〉.

新下里(신하리) 제주특별자치도 제주시 추자면 하추자도 신양리에 있는 법정마을 가운데 하나. 예로부터 '새터, 새테' 등으로 부르다가 한자를 빌려 新基(신기)라 하다가, 일제강점기 초반에 각각 新下里(신하리)라 함. 1914년 3월 1일부터 행정상 新陽里(신양리)에 통합되어 오늘에 이르고 있음.

下島……灣澳なる部落は則ち新下里にして 其北方灣口に於ける 部落を新上里とし, 南方岬角に於ける 部落を石頭里とす〈『韓國水産誌』 제3집(1911) 全羅南道 莞島郡 楸子面〉. 新下里〈『地方行政區域一覽』(朝鮮總督府, 1912) 全羅南道 莞島郡 楸子面〉. 新陽里 シンヤンリー, 新上里 シンサンニー, 新下里 シンハーリー, 長作只 チャンヂャクヂー, 石頭里 ソクヅーリー〈『朝鮮五萬分一地形圖』(濟州嶋北部 9號, 「楸子群島」(1918)〉.

新孝里(신효리) 제주특별자치도 서귀포시 신효동 옛 이름 '신효리'의 한자 표기.

新孝里〈『地方行政區域一覽(1912)』(朝鮮總督府) 旌義郡, 西面〉. 新孝里 シンヒリー〈『朝鮮五萬分一地形圖』「西歸浦」(濟州島南部 5號, 1918)〉.

新興里¹(신흥리) 제주특별자치도 제주시 조천읍 '신흥리'의 한자 표기. '신흥리'는 원래 '왯개'라 부르고 倭浦(왜포) 또는 倭浦村(왜포촌)으로 쓰다가, 조선 후기에 '왯개'가 '옛개'로 소리가 변하면서 古浦(고포) 또는 古浦村(고포촌)으로 썼음.

新興里 シンフンニー〈『朝鮮五萬分一地形圖』「濟州」(濟州島北部 7號, 1918)〉.

新興里²(신흥리) 제주특별자치도 서귀포시 남원읍 '신흥리'의 한자 표기.

新興里 シンフンリー〈『朝鮮五萬分一地形圖』「西歸浦」(濟州島南部 5號, 1918)〉.

尋芳泉(심방천) 제주특별자치도 제주시 도남동 '심방세미'의 한자 차용 표기.

尋芳泉(道南里)《朝鮮地誌資料》(1911) 全羅南道 濟州郡 中面, 池名〉.

十所(십소) 조선시대에 있었던 목장 가운데 하나인 십소장을 이름.

牧場 一所 二所 三所 四所 五所 六所 七所 八所 九所 十所 山場《濟州嶋現況一般》(1906)〉.

雙溪水(쌍계수) 제주특별자치도 제주시 한림읍 명월리 '쌍골물'의 한자 차용 표기.

雙溪水(明月城中在)《朝鮮地誌資料》(1911) 全羅南道 濟州郡 舊右面, 溪川名〉.

雙興峰(쌍여봉) 제주특별자치도 제주시 연동 '쌍여오롬/상여오롬'의 한자 차용 표기. 표고 245m.

雙興峰(蓮洞里)《朝鮮地誌資料》(1911) 全羅南道 濟州郡 中面, 山名〉.

鵝窟(아굴)〔궤웃굴/게웃굴〕'궤웃굴/게웃굴'의 한자 차용 표기.

熔岩隧道ハ有名ナ金寧窟ノ外ニ, 鵝窟, 財岩, 晚早窟, 角秀窟ガアツテ何レモ大規模ノもの ので 《『地球』12권 1호(1929) 「濟州島遊記(一)」(原口九萬)》. 熔岩隧道······筆者ノ踏査ニカカル主ナ ルモノハ金寧窟, 鵝窟, 財岩, 晚早窟, 角秀窟及 正房窟ナリトス 《「濟州島ノ地質」(朝鮮地質調査 要報 제10권 1호, 原口九萬, 1931)》.

我羅里(아라리) 제주특별자치도 제주시 아라동의 옛 이름 '아라리'의 한자 표기.

我羅里 《『地方行政區域一覽(1912)』(朝鮮總督府) 濟州郡, 中面》. 我羅里 アラリ 《『朝鮮五萬分一地形圖』 「漢拏山」(濟州島北部 8號, 1918)》. 我羅里 窟池 《『朝鮮半島の農法と農民』(高橋昇, 1939) 「濟州島紀行」》. 午後5時二徒里九男洞發我羅里通過 《『朝鮮半島の農法と農民』(高橋昇, 1939) 「濟州島紀行」》.

阿蘭洞(아란동) 제주특별자치도 제주시 아라1동의 '아란휘' 일대에 형성된 '아 란동'의 한자 표기. 2000년대 지형도부터 2015년 지형도까지 '아란'으로 쓰 여 있음.

阿蘭洞 アランドン 《『朝鮮五萬分一地形圖』 「漢拏山」(濟州島北部 8號, 1918)》.

鵝立洞(아립동) 제주특별자치도 제주시 조천읍 대흘2리 '궤우선야게(곱은다리 남동쪽)' 일대에 형성되었던 '아립동'의 한자 표기. 鵝立洞(아립동)의 鵝(아) 는 '궤우선야게'의 '궤우'를 '게우(거위의 제주 방언)'로 이해하고 한자를 빌려 나타낸 것 가운데 하나. 제주4·3 때 폐동되었음.

鵝立洞 コエソントン 《朝鮮五萬分一地形圖』「濟州」((濟州島北部 7號, 1918)》.

亞父岳(아부악) 제주특별자치도 제주시 구좌읍 송당리 '아부오롬〉아부롬'의 한자 차용 표기 가운데 하나.

亞父岳 アボロメー 310米 《朝鮮五萬分一地形圖』(濟州島北部 4號)「城山浦」(1918)》.

我心田(아심전) 제주특별자치도 서귀포시 표선면 표선리 '아심선이왓' 일대의 동산 이름의 한자 차용 표기.

我心田 アシムヂョン 149.3米 《朝鮮五萬分一地形圖』(濟州島北部 4號)「城山浦」(1918)》.

丫岳(아악) 제주특별자치도 서귀포시 안덕면 동광리 '거린오롬'의 한자 차용 표기 가운데 하나.

丫山(東廣里: *了山은 丫山을 잘못 쓴 것) 《朝鮮地誌資料』(1911) 全羅南道 大靜郡 中面, 山谷名》.

岳(악) 산(山)이나 '뫼', 봉우리 등에 대응하는 제주 방언 '오롬〉오름'의 한자 차용 표기 가운데 하나.

濟州島では圓錐山卽ち獨立した山を岳(オルム)と云ふ. 平地から秀立した小丘を旨(マル) とも云ふ. 惑は峯を岳の代りに用ふることもある. 《濟州島火山島雜記』(1925, 中村新太郞)》. 岳[o-rom]【耽羅志』以岳爲兀音】[全南] 濟州(郡内「葛岳」を[tʃuk o-rom]「板乙浦岳」を[núl-gö o-rom]といふ)·城山·西歸·大靜(舊旌義郡内の「達山」を[toŋ o-rom]水岳を[mul o-rom]應巖山を [mö-pa-ui o-rom]といふ) 《朝鮮語方言の硏究 上』(小倉進平, 1944:34)》.

岳近川(악근천) 제주특별자치도 서귀포시 강정동 바닷가로 흘러드는 '아끈내' 의 한자 차용 표기. '강정천'의 '족은내(작은 내)'를 이름.

岳近川(江汀里) 《朝鮮地誌資料』(1911) 全羅南道 大靜郡 左面, 川溪名》.

樂生伊(악생이) 제주특별자치도 제주시 추자면 상추자도 북쪽 바다에 있는 섬 인 '악생이'의 한자 차용 표기.

樂生伊 アクセンイ 《朝鮮五萬分一地形圖》(濟州嶋北部 9號,「楸子群島」(1918)).

樂泉里(낙천리) 제주특별자치도 제주시 한경면 '낙천리'의 한자 표기.

樂泉里 ナクチョンニー 《朝鮮五萬分一地形圖》(濟州島南部 13號「摹瑟浦」(1918)). 樂泉里 《地方行政區域一覽(1912)》(朝鮮總督府) 濟州郡, 舊右面).

樂泉池(낙천지) 제주특별자치도 제주시 한경면 낙천리에 있는 못 이름을 한자로 쓴 것.

樂泉池(樂泉里)《朝鮮地誌資料》(1911) 全羅南道 濟州郡 舊右面, 池名).

安德川(안덕천) 제주특별자치도 서귀포시 안덕면 감산리를 흐르는 '감산내(창곳내)'의 다른 이름.

地理河川……濟州邑前川과 龍淵川과 道近川이요, 中面에 安德川, 左面에 天帝淵, 江汀川, 右面에 洪爐川, 天池淵 等은 山脈과 通하다. 《濟州島實記》(金斗奉, 1934). 이 甘山川은 紺山川이라고도 쓰고 地圖에는 倉庫川이라 표시되었는데 俗에 이르기로는 安德川이라 하거니와 《耽羅紀行: 漢拏山》(李殷相, 1937).

安保洞(안보동)〔안보왓동네〕 제주특별자치도 서귀포시 표선면 성읍2리 '안보왓(안밧)' 일대에 형성되었던 동네 이름.

安保洞 アンポトン 《朝鮮五萬分一地形圖》(濟州島北部 4號)「城山浦」(1918)).

安城(안성) 제주특별자치도 서귀포시 대정읍 안성리.

大靜郡 濟州嶋ノ南面一半チ更ニ兩分シ南部ノ一半ヲ大靜郡トナス, 義ニ比スレハ面積稍小ナリ, 安城, 仁城, 保城ノ三里チ合シテ大靜邑トナス 《濟州嶋現況一般》(1906)).

安城里(안성리) 제주특별자치도 서귀포시 대정읍 대정현성 동북쪽 일대에 형성되어 있는 마을.

安城里 《地方行政區域一覽(1912)》(朝鮮總督府) 大靜郡, 右面). 安城里 アンソンリー 《朝鮮五萬分一地形圖》「大靜及馬羅島」(濟州島南部 9號, 1918)).

安長水野(안장수야)〔안장물드르〕 제주특별자치도 서귀포시 대정읍 보성리 '안장물' 일대에 있는 들판 이름의 한자 차용 표기.

安長水野(保城里)《朝鮮地誌資料》(1911) 全羅南道 大靜郡 右面, 野坪名〉.

安座洞(안좌동) 제주특별자치도 서귀포시 표선면 가시리 '안좌동'의 한자 차용 표기 가운데 하나임. 제주4·3 때 폐동되었다가, 1950년대 초중반부터 재건되었음. '안좌오롬(안좌름)' 앞에 형성된 동네라는 데서 그렇게 불렀음.

安座洞 アンチャトン《朝鮮五萬分一地形圖》濟州嶋北部 4號「城山浦」(1918)〉.

安坐里(안좌리) 제주특별자치도 서귀포시 표선면 가시리 '안좌동'의 한자 차용 표기 가운데 하나임. 제주4·3 때 폐동되었다가, 1950년대 초중반부터 재건되었음. '안좌오롬(안좌름)' 앞에 형성된 동네라는 데서 그렇게 불렀음.

安坐里《地方行政區域一覽(1912)》(朝鮮總督府) 旌義郡, 東中面〉.

巖洞坪(암동평) 제주특별자치도 제주시 용강동 '엄동굴' 일대의 들판 이름의 한자 차용 표기.

巖洞坪(龍崗里)《朝鮮地誌資料》(1911) 全羅南道 濟州郡 中面, 野坪名〉.

暗藪野(암수야) 제주특별자치도 서귀포시 대정읍 안성리 '어둔술(어둔술물)' 일대의 들판 이름의 한자 차용 표기.

暗藪野(安城里)《朝鮮地誌資料》(1911) 全羅南道 大靜郡 右面, 野坪名〉.

暗旨野(암지야) 제주특별자치도 서귀포시 대포동 '어둔모르(어둔모를)' 일대에 있는 들판 이름의 한자 차용 표기.

暗旨野(大浦里)《朝鮮地誌資料》(1911) 全羅南道 大靜郡 左面, 野坪名〉.

鴨浮水洞(압부수동) 제주특별자치도 서귀포시 안덕면 상천리 동남쪽에 있었던 동네. 예로부터 민간에서 '올리튼물'이라 부르고, 이 물 일대에 형성되었던 동네를 '올리튼물' 또는 '올리튼물동네'라고 하고, 한자로 鴨浮水洞(압부수동)이라 표기했음. 제주4·3 때 폐동되었음. '올리(오리의 제주 방언)'가 '튼(뜬: 떠다녔던)' '물'이라는 데서 만들어졌음.

上川里 サンンチョンニー 鴨浮水洞 アップーストン《朝鮮五萬分一地形圖》「大靜及馬羅島」(濟州島南部 9號, 1918)〉.

鴨池(압지) 제주특별자치도 서귀포시 대정읍 상모리에 있던 '올리못'의 한자 차용 표기.

鴨池(上摹里) 《朝鮮地誌資料』(1911) 全羅南道 大靜郡 右面, 池名〉.

涯月(애월) 제주특별자치도 제주시 애월읍 애월리 줄임말의 한자 표기.

濟州郡 涯月 《韓國水産誌』제3집(1911) 「濟州島」 場市名〉. 濟州郡 涯月 《韓國水産誌』제3집(1911) 「濟州島」鹽田〉. 涯月(애월) 涯月 〈濟州郡地圖』(1914)〉.

涯月串(애월곶) 제주특별자치도 제주시 애월읍 애월리 바닷가에 있는 '애월코지'의 한자 표기.

華島及海岩嶼 華島ハ絶明嶼ノ165度8.5浬ニ在リテ高サ87米……海岩嶼ハ華島ノ南西方約 4.5浬, 卽チ濟州島ノ涯月串ヨリ北方12浬ニ在リ《朝鮮沿岸水路誌 第1卷』(1933) 朝鮮南岸「楸子群島」. 涯月里ハ高內里ノ西方8鏈ニ在リ……涯月城ノ古跡アリ, 此ノ西角ヲ涯月串ト稱ス. 《朝鮮沿岸水路誌 第1卷』(1933) 朝鮮南岸「濟州島」〉.

涯月里(애월리) 제주특별자치도 제주시 애월읍 애월리의 한자 표기.

涯月里(어월리 エーウォルリー) 《韓國水産誌』제3집(1911) 「濟州島」 濟州郡 新右面〉. 涯月里 《地方行政區域一覽(1912)』(朝鮮總督府) 濟州郡, 新右面〉. 涯月里 アエヲルリ 《朝鮮五萬分一地形圖』「翰林」(濟州島北部 12號, 1918)〉. 涯月里ハ高內里ノ西方8鏈ニ在リ……涯月城ノ古跡アリ, 此ノ西角ヲ涯月串ト稱ス.《朝鮮沿岸水路誌 第1卷』(1933) 朝鮮南岸「濟州島」〉.

涯月面(애월면) 1935년 4월 1일부터 당시 제주군 신우면(新右面)을 애월면(涯月面)으로 바꿈. 애월읍(涯月邑)의 이전 이름.

涯月面 アエヲルミョン 《朝鮮五萬分一地形圖』(濟州嶋北部 12號「翰林」(1943)〉.

涯月城(애월성) 제주특별자치도 제주시 애월읍 애월리에 있던 성(城) 이름.

涯月里ハ高內里ノ西方8鏈ニ在リ……涯月城ノ古跡アリ, 此ノ西角ヲ涯月串ト稱ス.《朝鮮沿岸水路誌 第1卷』(1933) 朝鮮南岸「濟州島」〉.

涯月場(애월장) 제주특별자치도 제주시 애월읍 애월리에 있던 장(場) 이름.

涯月場(涯月里) 《朝鮮地誌資料』(1911) 全羅南道 濟州郡 新右面, 市場名〉.

涯月鎭(애월진) 제주특별자치도 제주시 애월읍 애월리에 있던 진(鎭) 이름.

水山鎭 西歸鎭 明月鎭 涯月鎭 別防鎭 朝天鎭 禾北鎭 海防鎭 《濟州嶋現況一般』(1906). 涯月鎭(涯月里) 《朝鮮地誌資料』(1911) 全羅南道 濟州郡 新右面, 關防名).

涯月浦(애월포) 제주특별자치도 제주시 애월읍 애월리에 있는 개 이름의 한자 표기.

우리는 涯月浦라는 곳에서 잠깐 停車하기로 한다 《耽羅紀行: 漢拏山』(李殷相, 1937)).

鶯岳(앵악) 제주특별자치도 조천읍 대흘리에 있는 오롬의 한자 차용 표기 가운데 하나. 이 오롬은 원래 '것구리오롬'으로 부르고, 한자를 빌려 '巨口里岳(거구리악)' 또는 '倒轉岳·倒顚岳·倒巓岳(도전악)' 등으로 표기하였음. 이 오롬은 한라산 쪽이 낮고 바다 쪽이 높게 이루어져 있다는 데서 '것구리오롬'이라 한 것임. 그런데 조선 후기부터 또 다른 한자 차용 표기인 '鶯岳(앵악)'으로 표기하였음. 이로 보아 '것구리오롬'은 '굇고리오롬〉쬐꼬리오롬' 정도로 음성형이 변한 것으로 추정됨. 그리고는 이 오롬에 '쬐꼬리'가 많았다는 데서 유래했다고 설명하는 경우가 있는데, 이는 민간어원설로 믿을 수 없음.

鶯岳(大屹里) 《朝鮮地誌資料』(1911) 全羅南道 濟州郡 新左面, 山名).

野生洞(야생동) 제주특별자치도 제주시 봉개동 회천동의 '드르세밋골'의 한자 차용 표기. 제주4·3 이후에 폐동되었음.

野生洞 ツルセンコル 《朝鮮五萬分一地形圖』「漢拏山』(濟州島北部 8號, 1918).

鰯浦(약포)〔멜캐〕 1.제주특별자치도 서귀포시 대정읍 하모리 운진항 동쪽 하모해수욕장 일대의 개 이름의 한자 표기. 2.제주특별자치도 서귀포시 대정읍 하모리 운진항 동쪽의 '멜캐' 안쪽 뭍에 형성되어 있는 동네 이름의 한자 표기. 鰯浦洞(약포동)으로도 썼음.

鰯浦 ミョルチー 《朝鮮五萬分一地形圖』「大靜及馬羅島』(濟州島南部 9號, 1918).

洋江谷野(양강곡야)〔양강굴--〕 제주특별자치도 서귀포시 대정읍 영락리 '양강굴' 일대에 있는 들판 이름의 한자 차용 표기.

洋江谷野(永樂里)《朝鮮地誌資料》(1911) 全羅南道 大靜郡 右面, 野坪名〉.

良大洞(양대동) 제주특별자치도 제주시 조천읍 조천리 중산간 '양대못' 일대에 형성된 '양대동'의 한자 표기. '양대동'은 '양천동(陽川洞·揚泉洞)'이라고도 했음. 1960년대 지형도부터 2015년 지형도까지 '양천동'으로 쓰여 있음.

良大洞 ヤンテートン《朝鮮五萬分一地形圖》「濟州」((濟州島北部 7號, 1918)〉.

楊島(양도) 일제강점기 「濟州郡地圖」(1914)에 지금 한림읍 비양도 지역 楊島(양도)로 쓰여 있는데, 飛楊島(비양도)를 잘못 나타낸 것으로 추정됨. ⇒ **飛楊島(비양도)**.

楊島〈濟州郡地圖》(1914)〉.

陽老浦溪(양로포계)〔양롯개--〕 제주특별자치도 서귀포시 하예동 '양롯개' 가까이에 있는 골 이름의 한자 차용 표기.

陽老浦溪(下猊里)《朝鮮地誌資料》(1911) 全羅南道 大靜郡 左面, 川溪名〉.

陽老浦野(양로포야)〔양롯개--〕 제주특별자치도 서귀포시 하예동 '양롯개' 가까이에 있는 들판 이름의 한자 차용 표기.

陽老浦野(上猊里)《朝鮮地誌資料》(1911) 全羅南道 大靜郡 左面, 野坪名〉.

兩川野(양천야) 제주특별자치도 서귀포시 색달동 '두내' 일대에 있는 들판 이름의 한자 차용 표기.

兩川野(穡達里)《朝鮮地誌資料》(1911) 全羅南道 大靜郡 左面, 野坪名〉.

於道里(어도리) 제주특별자치도 제주시 애월읍 어도리의 한자 표기.

於道里《地方行政區域一覽(1912)》(朝鮮總督府) 濟州郡, 新右面〉. 於道里 オドニー《朝鮮五萬分一地形圖》「翰林」(濟州島北部 12號, 1918)〉.

於道岳(어도악) 제주특별자치도 제주시 애월읍 어도리에 있는 '어도오름'의 한자 표기.

於道岳(於道里)《朝鮮地誌資料》(1911) 全羅南道 濟州郡 新右面, 山名〉. 於道岳 オドオルム《朝鮮

五萬分一地形圖」「翰林」〈濟州島北部 12號, 1918)〉.

御乘馬山(어승마산) 제주특별자치도 제주시 해안동 산간에 있는 '어스싱이오롬'의 한자 차용 표기 가운데 하나. '어스싱이'는 '얼시세미〉어스세미'의 변음으로 추정되고, 한자어 御乘馬(어승마)와는 관련이 없는 듯함. 오늘날 지형도에는 '御乘生(어승생)'으로 쓰여 있음. 표고 1172m. ⇒ 御乘生岳(어승생악).

다만 이 山下의 말이 産出되기 때문에 御乘馬로 進貢한 일이 있어 漢字로 御乘山, 御乘馬山, 御乘生岳, 御乘馬生岳 等 으로 記錄하여 '올오름'의 原名을 巧妙히도 對譯해 놓은 것이다 〈『耽羅紀行: 漢拏山』(李殷相, 1937)〉.

御乘馬生岳(어승마생악) 제주특별자치도 제주시 해안동 산간에 있는 '어스싱이오롬'의 한자 차용 표기 가운데 하나. '어스싱이'는 '얼시세미〉어스세미'의 변음으로 추정되고, 한자어 御乘馬(어승마)와는 관련이 없는 듯함. 오늘날 지형도에는 '御乘生(어승생)'으로 쓰여 있음. 표고 1172m. ⇒ 御乘生岳(어승생악).

다만 이 山下의 말이 産出되기 때문에 御乘馬로 進貢한 일이 있어 漢字로 御乘山, 御乘馬山, 御乘生岳, 御乘馬生岳 等 으로 記錄하여 '올오름'의 原名을 巧妙히도 對譯해 놓은 것이다 〈『耽羅紀行: 漢拏山』(李殷相, 1937)〉.

御乘峰(어승봉) 제주특별자치도 제주시 해안동 산간에 있는 '어스싱이오롬'의 한자 차용 표기 가운데 하나. ⇒ 御乘生岳(어승생악).

御乘峰(海安里)〈『朝鮮地誌資料』(1911) 全羅南道 濟州郡 中面, 山名〉.

御乘山(어승산) 제주특별자치도 제주시 해안동 산간에 있는 '어스싱이오롬'의 한자 차용 표기 가운데 하나. '어스싱이'는 '얼시세미〉어스세미'의 변음으로 추정되고, 한자어 御乘馬(어승마)와는 관련이 없는 듯함. 오늘날 지형도에는 '御乘生(어승생)'으로 쓰여 있음. 표고 1,172m. ⇒ 御乘生岳(어승생악).

다만 이 山下의 말이 産出되기 때문에 御乘馬로 進貢한 일이 있어 漢字로 御乘山, 御乘馬山, 御乘生岳, 御乘馬生岳 等 으로 記錄하여 '올오름'의 原名을 巧妙히도 對譯해 놓은 것이다 《耽羅紀行: 漢拏山』(李殷相, 1937)〉.

御乘生岳(어승생악) 제주특별자치도 제주시 노형동의 해안동 산간에 있는 '어스싱이오롬'의 한자 차용 표기. 일본어 가나 표기 オスソムオルム(어스솜 오름)의 표기에 유의할 필요가 있음. 1960년대 지형도서부터 2015년 지형도까지 御乘生(어승생)으로 쓰여 있는데, 이것은 민간에서 전하는 '어스싱이·어스생이'를 반영한 것임. '어스싱이'는 '얼시세미〉어스세미'의 변음으로 추정되고, 한자어 御乘馬(어승마)와는 관련이 없는 듯함. 오늘날 지형도에는 '御乘生(어승생)'으로 쓰여 있음. 표고 1,172m.

御乘生岳 オスソムオルム 1,176米《『朝鮮五萬分一地形圖』「漢拏山」(濟州島北部 8號, 1918)〉. 御乘生岳 1,176米《『朝鮮地誌資料』(1919, 朝鮮總督府 臨時土地調査局) 山岳ノ名稱所在及眞高(續), 全羅南道 濟州島〉. その最も標式なものは今岳, 元堂峯, 三義讓岳, 針岳, 孤根山, 御乘生岳, 月郎山, 終達峰, 飛揚島等である《『地球』12권 1호(1929)「濟州島遊記(一)」(原口九萬)〉. 漢拏山……山體ノ大部ハコノ新期ニ噴出シタル玄武岩ニテ藪ハレ五百將軍, 御乘生岳東方ノ谿谷及角秀岩ニハ風化浸蝕甚シキ《濟州島ノ地質』(朝鮮地質調査要報 제10권 1호, 原口九萬, 1931). 다만 이 山下의 말이 産出되기 때문에 御乘馬로 進貢한 일이 있어 漢字로 御乘山, 御乘馬山, 御乘生岳, 御乘馬生岳 等 으로 記錄하여 '올오름'의 原名을 巧妙히도 對譯해 놓은 것이다 《耽羅紀行: 漢拏山』(李殷相, 1937)〉.

御乘生오름(어승생--) 제주특별자치도 제주시 연동 산간에 '어스싱이오름'을 한자와 한글로 섞어 쓴 것.

濟州 南十五里에 잇는 三義讓오름……ᄯᅩ 南二十五里에 잇는 御乘生오름……御乘生도…… '아이누'語로 보면 '아신'은 새로운 쯧이오, '산'은 언덕으로, 만일 '生'이란 날 생 字를 색임으로 나 혹 난으로 읽을 것이면 '나'는 물, '난'은 얼골로, 새로 생긴 山ㅅ峰이나 새로 생긴 물을 意味하는 일름일 것입니다. 《濟州島의 文化史觀 6』(1938) 六堂學人, 每日新報〉

御乘岳(어승악) 제주특별자치도 제주시 노형동의 해안동 산간에 있는 御乘生岳(어승생악)을 줄여서 쓴 표기. ⇒御乘生岳(어승생악).

御乘生岳(御乘岳) 《朝鮮沿岸水路誌 第1卷』(1933) 朝鮮南岸「濟州島』).

御乘項泉(어승항천) 제주특별자치도 제주시 노형동의 해안동 산간에 있는 '어리목'에 있는 샘 이름의 한자 표기.

御乘項泉(海安里) 《朝鮮地誌資料』(1911) 全羅南道 濟州郡 中面, 池名).

御嶽(어악) 한라산 백록담 서릉(西陵)을 이르는 듯함.

上黑岳同ヲリ漢羅山及事業地ヲ望. 前嶽, 御嶽, 長峯山, カモシノロ, ウッベナト, ヤングニ 《濟州嶋旅行日誌』(1909).

魚遊九味(어류구미)〔어류구미〕 제주특별자치도 제주시 추자면 하추자도 신양리의 한 법정마을 '신상리'의 옛 이름임. '어류구미'를 한자를 빌려 나타낸 것 가운데 하나. ⇒ 新上里(신상리).

部落は上島に大作只·寺九味[一に節金里と云ふ]の二里, 下島に新上·新下[一に魚遊九味と云ふ]·禮初·墨只[一に黙里と云ふ]·長作·石頭[一に石柱頭とも書す]の六里わりて 《韓國水産誌』 제3집(1911) 全羅南道 莞島郡 楸子面).

於音里(어음리) 제주특별자치도 제주시 애월읍 어음리의 한자 표기.

於音里 《地方行政區域一覽(1912)』(朝鮮總督府) 濟州郡, 新右面). 於音里 オウムニー 《朝鮮五萬分一地形圖』「翰林』(濟州島北部 12號, 1918)).

於音田野(어음전야) 제주특별자치도 서귀포시 대정읍 보성리 '어음밧(에음밧/어운밧)' 일대의 들판 이름의 한자 차용 표기.

於音田野(保城里) 《朝鮮地誌資料』(1911) 全羅南道 大靜郡 右面, 野坪名).

於點伊岳(어점이악) 제주특별자치도 서귀포시 대천동의 영남동 산간에 있는 오롬. 예로부터 민간에서 '어저미오롬' 또는 '어제미오롬' 등으로 부르고 한자로 於點伊岳(어점이악)으로 표기했음. 표고 823.8m.

於點伊岳 オショミーオルム 820米 《朝鮮五萬分一地形圖』「大靜及馬羅島』(濟州島南部 9號, 1918)).

於點伊岳 820米(濟州島 左面) 《朝鮮地誌資料』(1919, 朝鮮總督府 臨時土地調查局) 山岳ノ名稱所在及眞高(續), 全羅南道 濟州島).

御後岳(어후악) 제주특별자치도 제주시 조천읍 교래리 산간에 있는 '어후오름'의 한자 차용 표기. 1960년도 지형도부터 2015년 지형도까지 '어후오름'으로 쓰여 있음. 표고 1,016m.

御後岳 オフーオルム 1025米《朝鮮五萬分一地形圖』「漢拏山」(濟州島北部 8號, 1918)〉. 御後岳 1,025 米《朝鮮地誌資料』(1919, 朝鮮總督府 臨時土地調査局) 山岳ノ名稱所在及眞高(續), 全羅南道 濟州島〉. 漢拏山-金寧線……其上 ニ連立セル火山ハ 赤岳, 石岳, 御後岳, 水長兀, 犬月岳, 棚岳, 針岳, 泉味岳, 堂岳, 猫山峰, 笠山ナリトス《濟州島ノ地質』(朝鮮地質調査要報 제10권 1호, 原口九萬, 1931).

億水洞(억수동) 제주특별자치도 제주시 조천읍 북촌리 '엉물' 일대에 형성된 '엉물골'의 한자 차용 표기. 1960년대 지형도부터 2015년 지형도까지 '억수동'으로 쓰여 있음.

億水洞 オクムルコル《朝鮮五萬分一地形圖』「濟州」(濟州島北部 7號, 1918)〉.

言走水野(언주수야) 제주특별자치도 서귀포시 대정읍 보성리 '언주물' 일대의 들판 이름의 한자 차용 표기.

言走水野(保城里)《朝鮮地誌資料』(1911) 全羅南道 大靜郡 右面, 野坪名〉.

嚴水(엄수) 제주특별자치도 제주시 한경면 판포리 바닷가 '엄숫개' 일대의 동네 이름의 한자 표기.

嚴水 オムス《朝鮮五萬分一地形圖』(濟州島北部 16號「飛揚島」 1918)〉.

嚴水浦(엄수포) 제주특별자치도 제주시 한경면 판포리 바닷가 '엄숫개'의 한자 차용 표기.

嚴水浦(板浦里)《朝鮮地誌資料』(1911) 全羅南道 濟州郡 舊右面, 浦口名〉.

嚴莊(엄장) 제주특별자치도 제주시 애월읍 구엄리와 중엄리, 신엄리 일대를 아우르는 '엄쟁이'의 한자 표기.

濟州郡……內都 外都 下貴 嚴莊 高內 涯月 郭支 錦城 歸德……計三十七浦《濟州嶋現況一般』 (1906)〉.

麗嶼(여서) 제주특별자치도 서귀포시 서귀동 바다에 있는 '새섬'과 '문섬' 사이의 바위섬을 이름.

麗嶼及鹿島 西歸里ノ南端ヨリ延出セル岩陂ノ東側約1鏈ニ1干出險礁アリ麗嶼ト謂ス.《朝鮮沿岸水路誌 第1卷》(1933) 朝鮮南岸「濟州島」》.

如雲池(여운지) 제주특별자치도 제주시 봉개동에 있던 '여웃못'의 한자 차용 표기.

如雲池(奉盖里)〈《朝鮮地誌資料》(1911) 全羅南道 濟州郡 中面, 池名〉.

如銀澤(여은택) 제주특별자치도 제주시 조천읍 신촌리에 있던 '여웃못'의 변음 '여은못'의 한자 차용 표기.

如銀澤(新村里)〈《朝鮮地誌資料》(1911) 全羅南道 濟州郡 新左面, 川池名〉.

餘乙溫(여을온) 제주특별자치도 서귀포시 성산읍 온평리의 옛 이름 '열운이[열루니]'의 한자 차용 표기 가운데 하나.

昔時の書方を其の類似音で書きかへて居る.……「輿地勝覺」旌義郡の地名に'餘乙溫'とひふ所がわる. 今の'溫平'といふ所に當つて居つて普通に열온니ど言つて居るところから'閼雲'とも書いて居る.《朝鮮及滿洲》第70호(1913)「濟州島方言」'六.地名'(小倉進平)〉. 古稱으로는 閼雲里, 或은 餘乙溫이라고도 하였던 것은 亦是 聖域의 稱號인 '올'의 對字인 것이 分明하다.《耽羅紀行: 漢拏山》(李殷相, 1937)〉.

汝作伊野(여작이야) 제주특별자치도 서귀포시 대정읍 신평리 '여자기(예지기)' 일대의 들판 이름의 한자 차용 표기.

汝作伊野(新坪里)〈《朝鮮地誌資料》(1911) 全羅南道 大靜郡 右面, 野坪名〉.

畬田洞(여전동) 제주특별자치도 서귀포시 남원읍 신례리 '새왓동네'의 한자 차용 표기. 일본어 가나로는 カスルコル(가술골)로 기록되어 있음. 1960년대와 1970년대 지형도에는 '함원동'으로 쓰고, 1980년대 지형도부터 '역원동'으로 쓰여 있음.

畬田洞 カスルコル〈《朝鮮五萬分一地形圖》「西歸浦」(濟州島南部 5號, 1918)〉.

厲祭坍野(여제단야) 제주특별자치도 서귀포시 대정읍 보성리 '여제단' 일대에

있는 들판 이름의 한자 차용 표기. '여제단(厲祭壇)'은 조선시대에 나라에
역질이 돌 때에 여귀(厲鬼)에게 지내던 제단으로, 대개 봄철에는 청명에,
가을철에는 7월 보름에, 겨울철에는 10월 초하루에 지냈음.

厲祭坍野(保城里)《朝鮮地誌資料》(1911) 全羅南道 大靜郡 右面, 野坪名〉.

域山浦(역산포) 城山浦(성산포)의 잘못. ⇒ 城山浦(성산포).

우리는 水山坪을 비켜나 域山浦에 이르러 停車하기로 한다.《耽羅紀行: 漢拏山》(李殷相, 1937)〉.

力石(역석)〔심돌〕 제주특별자치도 서귀포시 성산읍 시흥리의 옛 이름 '심돌〔심
똘〕'의 한자 차용 표기 가운데 하나.

漢字の音にもわらず又其の訓讀にもわらず, 全く他の名稱を以て呼ぶもの.……始興里 씸
똘('力石'ノ義テアルトイッテ居ル)《朝鮮及滿洲》제70호(1913)「濟州島方言」'六.地名'(小倉進平)〉.

煙臺串(연대곶) 제주특별자치도 서귀포시 월평동 바닷가에 있는 '연대코지'의
한자 차용 표기.

世別串ヨリ海岸北方ニ偏シ1.3浬ニシテ再ビ西走スルコト1.3浬煙臺串ニ達ス高サ約13

米.《朝鮮沿岸水路誌 第1卷》(1933) 朝鮮南岸「濟州島」〉. 煙臺串ノ西方2.8浬ゼ大串アリ.《朝鮮沿岸

水路誌 第1卷》(1933) 朝鮮南岸「濟州島」〉.

煙臺洞(연대동) 제주특별자치도 서귀포시 남원읍 위미3리 '연댓골'의 한자 차
용 표기. 조선시대에 이 마을 동쪽에 연대(煙臺)를 설치했다는 데서 그렇
게 불렀다고 함. 1960년대 지형도부터 오늘날 지형도에는 '대원상동'과
'세천동(細川洞)'으로 쓰여 있음.

煙臺洞 ヨンテーコル《朝鮮五萬分一地形圖》「西歸浦」(濟州島南部 5號, 1918)〉.

烟臺童山(연대동산) 제주특별자치도 제주시 조천읍 신흥리 '연대(煙臺)'가 있는
동산 이름의 한자 차용 표기.

烟臺童山(咸德里)《朝鮮地誌資料》(1911) 全羅南道 濟州郡 新左面, 野坪名〉.

烟坮坪野(연대평야) 제주특별자치도 서귀포시 대정읍 상모리 '연대(煙坮)' 일대
에 있는 들판 이름의 한자 차용 표기.

烟垳坪野(上募里)《朝鮮地誌資料》(1911) 全羅南道 大靜郡 右面, 野坪名〉.

蓮洞里(연동리) 제주특별자치도 제주시 연동의 옛 이름의 한자 표기 가운데 하나.

蓮洞里《地方行政區域一覽(1912)》(朝鮮總督府) 濟州郡, 中面〉. 蓮洞里 ヨンドンニー〈朝鮮五萬分一 地形圖』「翰林』(濟州島北部 12號, 1918)〉.

鳶頭峰(연두봉) 제주특별자치도 제주시 오라2동 남쪽, 한라산 백록담 북쪽 삼 각봉 대피소 남쪽과 북쪽에 있는 봉우리를 아울러 이름. 표고 1697.2m(큰 연두봉)와 표고 1496.2m(죽은연두봉)의 봉우리가 있음.

'갈밭' 밑으로 돌아 빠져 '한내'와 合流하는 것이오 이 鳶頭峰下의 分水點은 '막은다리'라 일컫는다〈耽羅紀行: 漢拏山』(李殷相, 1937)〉.

鳶頭ㅅ골(연두--)(연둣골) 제주특별자치도 제주시 오라2동 남쪽 한라산 중턱 '죽은연두봉(삼각봉 대피소 북쪽, 표고 1496.2m의 봉우리)' 동쪽에 있는 골짜기 일 대의 이름.

앞에 있는 적은鳶頭峰을 支點으로 하고 左右로 큰 洞谷이 갈렸는데 左는 '한내'의 상류요, 右는 '鳶頭ㅅ골'이라 부르나〈耽羅紀行: 漢拏山』(李殷相, 1937)〉.

燕卵岳(연란악) 제주특별자치도 제주시 오라동 산간에 있는 '여란지오롬'의 한자 차용 표기 가운데 하나. 표고 583.1m.

燕卵岳(吾羅里)《朝鮮地誌資料』(1911) 全羅南道 濟州郡 中面, 山名〉.

連末峰(연말봉) 제주특별자치도 제주시 연동에 있는 '남짓은오롬'의 다른 한 자 표기 가운데 하나. ⇒ 木密岳(목밀악).

木密岳(連末峰)ハ濟州邑ノ南西方約3浬ニ在ル尖峯ニシテ高サ298米.〈朝鮮沿岸水路誌 第1 卷』(1933) 朝鮮南岸「濟州島」〉.

淵味洞(연미동) 제주특별자치도 제주시 오라동 '연미마을'의 한자 차용 표기.

淵味洞 ヨンミドン〈朝鮮五萬分一地形圖』「漢拏山』(濟州島北部 8號, 1918)〉.

淵外川(연외천) 제주특별자치도 서귀포시 서홍동과 호근동 경계를 흘러 천지연폭포로 흘러드는 '솟밧내'의 한자 차용 표기. 1960년대 지형도부터 2000년대 지형도까지 '솟밭내'로 쓰여 있는데, 2015년 지형도에는 '호근천'과 '연외천'으로 쓰여 있음. 민간에서는 '손반내' 또는 '선반내'라고 부르는데, '솜반천'으로 잘못 부르고 쓰는 경우가 비일비재함.

淵外川 ヨンオチョン 《朝鮮五萬分一地形圖』『西歸浦』(濟州島南部 5號, 1918)》. 水系……北流スルモノハ別刀川, 山池川, 都近川ニシテ 南流スルモノハ川尾川, 松川, 孝敦川, 正房川, 淵外川, 江汀川, 小加來川, 紺山川ナリ 《濟州島ノ地質』(朝鮮地質調査要報 제10권 1호, 原口九萬, 1931)》. 森島ノ西北西方殆ド2浬ニ淵外川(洪爐川)ロアリ, 此ノ川ノ東側丘上ニ在ル村ヲ西歸里トス. 《朝鮮沿岸水路誌 第1巻』(1933) 朝鮮南岸『濟州島』》. 淵外川口ニ鳥島ト稱スル嶼アリ. 《朝鮮沿岸水路誌 第1巻』(1933) 朝鮮南岸『濟州島』》. 淵外川(洪爐川)ハ西歸浦ニ於テ海ニ入ル……《朝鮮沿岸水路誌 第1巻』(1933) 朝鮮南岸『濟州島』》. 天池淵은 西歸浦의 海口로 흘러나리는 烘爐川 洞谷에 있는 者로 烘爐川은 지금 地圖에 淵外川이라 表示되어 있음. 《耽羅紀行: 漢拏山』(李殷相, 1937)》.

鷰子洞(연자동) 제주특별자치도 서귀포시 서홍동 '솔오롬(미악)' 서쪽에 있었던 '연잿골'의 한자 차용 표기. '연잿골물' 일대에 동네가 형성되었는데, 제주4·3 때 폐동되었음.

鷰子洞 ヨンチャードン 《朝鮮五萬分一地形圖』『西歸浦』(濟州島南部 5號, 1918)》.

硯田洞(연전동) 제주특별자치도 제주시 아라2동 '베리왓(금산 남동쪽)' 일대에 형성된 '베리왓동네'의 한자 차용 표기. 제주4·3 때 폐동되었음. 2000년대 지형도부터 2015년 지형도까지 '배리왓'으로 쓰여 있음.

硯田洞 ヨンヂョンドン 《朝鮮五萬分一地形圖』『漢拏山』(濟州島北部 8號, 1918)》.

蓮井坪(연정평) 제주특별자치도 제주시 조천읍 신촌리 '연정잇벵디'의 한자 차용 표기.

蓮井坪(新村里) 《朝鮮地誌資料』(1911) 全羅南道 濟州郡 新左面, 野坪名》.

蓮池(연지)〔연못〕 1.제주특별자치도 제주시 한림읍 상대리 '연못'의 한자 표기.

蓮池(上大里) 《朝鮮地誌資料』(1911) 全羅南道 濟州郡 舊右面, 池名》. 蓮池 ヨンチ 《朝鮮五萬分一地

形圖」「翰林」(濟州島北部 12號, 1918)〉.

2. '연못'의 한자 차용 표기.

山을 돌아 東便에 있는 蓮池와 高麗 元宗 時의 金通精이 官軍을 抗拒하기 爲하야 쌓은 城이 金方慶에게 敗한 後 지금은 土壘의 殘存을 볼 뿐분인 新右面 缸坡古城을 指點하면서 〈『耽羅紀行: 漢拏山』(李殷相, 1937)〉.

演坪(연평) 제주특별자치도 제주시 우도면 연평리를 이름.

濟州郡 演坪 終達 下道 細花 坪岱 漢東 杏源 武州 金寧……計三十七浦 〈『濟州嶋現況一般』(1906)〉.

演坪里(연평리) 제주특별자치도 제주시 우도면 마을을 이름. 이 섬이 우도면 으로 승격(1986년)하기 전에 구좌면(舊左面) 연평리(演坪里)라 했음.

演坪里 〈『朝鮮地誌資料(1911)』권17, 全羅南道 濟州郡 舊左面〉. 演坪里 〈『地方行政區域一覽(1912)』(朝鮮總督府) 濟州郡, 舊左面〉. 演坪里 ヨンビョンリー 〈『朝鮮五萬分一地形圖』「金寧」(濟州嶋北部 三號, 1918)〉.

蓮花洞(연화동) 제주특별자치도 제주시 한경면 산양리 '여뀌못동네'의 한자 차용 표기.

蓮花洞 ヨンフヮートン 〈『朝鮮五萬分一地形圖』(濟州島南部 13號「摹瑟浦」(1918)〉.

蓮花池(연화지) 제주특별자치도 제주시 애월읍 하가리 '연화못'의 한자 표기.

蓮花池(下加里) 〈『朝鮮地誌資料』 (1911) 全羅南道 濟州郡 新右面, 池名〉.

悅安止岳(열안지악) 제주특별자치도 제주시 오라동 산간에 있는 '여란지오롬' 의 한자 차용 표기 가운데 하나. 표고 583.1m.

悅安止岳 585米(濟州島 濟州面) 〈『朝鮮地誌資料』(1919, 朝鮮總督府 臨時土地調査局) 山岳ノ名稱所 在及眞高(續), 全羅南道 濟州島〉.

悅安止오름(열안지--) 제주특별자치도 제주시 오라동 산간에 있는 '여란지오 롬'을 한자와 한글로 섞어 쓴 것.

濟州 南十五里에 잇는 三義讓오름, 亦是南二十里에 잇는 悅安止오름……悅安止오름 가튼 것은 그냥 噴火해 생긴 山이란 짜ー人으로 볼 수도 잇습니다. 〈『濟州島의 文化史觀 6』(1938) 六堂學人, 每日新報〉.

閱雲(열운) 제주특별자치도 서귀포시 성산읍 온평리의 옛 이름 '열운이[열루니]'의 한자 차용 표기 가운데 하나.

昔時の書方を其の類似音で書きかへて居る.……「輿地勝覽」旌義郡の地名に'餘乙溫'とひふ 所がわる. 今の'溫平'といふ所に當つて居つて普通に열온니ど言つて居るところから'閱雲'とも書いて居る.《朝鮮及滿洲』 제70호(1913)「濟州島方言」'六.地名'(小倉進平)》.

閱雲里(열운리) 제주특별자치도 서귀포시 성산읍 온평리 옛 이름 '열운이[열루니]'의 한자 차용 표기.

古稱으로는 閱雲里, 或은 餘乙溫이라고도 하였던 것은 亦是 聖域의 稱號인 '올'의 對字인 것이 分明하다.《耽羅紀行: 漢拏山』(李殷相, 1937)》.

廉島(염도) 제주특별자치도 제주시 추자면 상추자도 북동쪽 바다에 있는 '염섬'의 한자 차용 표기.

廉島 ヨムソム《朝鮮五萬分一地形圖』(濟州嶋北部 9號,「楸子群島」(1918)》., 《朝鮮地誌資料』(1919, 朝鮮總督府 臨時土地調査局) 島嶼, 全羅南道 濟州島》.

瀛邱(영구) 제주특별자치도 제주시 오라동 남쪽 '한내'에 있는 '들렁귀'의 한자 차용 표기 가운데 하나.

瀛洲十景歌……瀛邱春花《濟州島實記』(金斗奉, 1934)》 龍淵夜帆歌 瀛邱下端龍淵물에 明月은 낫과 갓다《濟州島實記』(金斗奉, 1934)》. 얼마 아니하야 길을 바른편으로 꺾어 瀛邱라는 溪谷을 따라 들어가면……이름하되 訪仙門 過仙臺라 하는 勝景이 있다고 하나 路程이 다르므로 그냥 지나 山川壇 앞에 이를었다《耽羅紀行: 漢拏山』(李殷相, 1937)》.

瀛邱川(영구천) 제주특별자치도 제주시 오라동 남쪽 '들렁귀'를 흐르는 '한내'의 다른 이름 가운데 하나.

瀛邱川(梧登里)《朝鮮地誌資料』(1911) 全羅南道 濟州郡 中面, 川溪名》.

瀛南里(영남리) 제주특별자치도 서귀포시 강정동 위쪽 산간에 있었던 '영남리'의 한자 표기. 제주4·3 때 폐동되고, 오늘날은 '법정리'로만 남아 전함.

瀛南里《地方行政區域一覽(1912)』(朝鮮總督府) 大靜郡, 左面》. 瀛南里 ヨンナムリ《朝鮮五萬分一地

形圖』「西歸浦」(濟州島南部 5號, 1918)〉. 瀛南里 ヨンナムリー 《朝鮮五萬分一地形圖』「大靜及馬羅島」

(濟州島南部 9號, 1918)〉.

永南里(영남리) 제주특별자치도 서귀포시 표선리에 있었던 옛 마을 이름의 하나.

全鰒 表善里 永南里 《朝鮮地誌資料』(1911) 全羅南道 旌義郡 東中面, 土産名〉. 永南里 《地方行政區

域一覽(1912)』(朝鮮總督府) 旌義郡, 東中面〉. 漢字の音にもわらず又其の訓讀にもわらず, 全く

他の名稱を以て呼ぶもの.……永南里 최모을(?) 《朝鮮及滿洲』제70호(1913)「濟州島方言」'六.地

名'(小倉進平)〉.

永樂里(영락리) 제주특별자치도 서귀포시 대정읍 영락리의 한자 표기.

永樂里(영락리 ヨンナクリー) 《韓國水産誌』제3집(1911)「濟州島」大靜郡 右面〉. 永樂里 《地方

行政區域一覽(1912)』(朝鮮總督府) 大靜郡, 右面〉. 永樂里 ヨンラクニー 《朝鮮五萬分一地形圖』(濟州島

南部 13號「摹瑟浦」(1918)〉.

靈室(영실) 제주특별자치도 서귀포시 하원동 산간, 한라산 백록담 서남쪽에 있는 골짜기 이름의 한자 차용 표기 가운데 하나.

瀛洲十景歌……瀛室奇岩 《濟州島實記』(金斗奉, 1934)〉. 여기가 바로 靈室이라 부르는 곳인데

'령실'이라는 '실'은 洞谷의 朝鮮語이요, '室'은 漢字의 音譯인 듯하다 《耽羅紀行: 漢拏山』(李殷

相, 1937)〉. 그런데 이 俗稱으로 五百將軍이라 하는 靈地를 本名은 무엇이냐 하면 '영실'이

라 하고 혹시 漢文으로는 시령 靈, 집 室ㅅ字를 씁니다.……靈室을 '아이누'語로 푼다면 곳

늙은바위, 거룩한 바위를 意味하게 됩니다. 《濟州島의 文化史觀 8』(1938) 六堂學人, 每日新報 昭和

十二年 九月 二十四日〉.

靈娥洞(영아동) 제주특별자치도 서귀포시 표선면 가시리 산간에 있었던 '영아 릿동네(물영아리오롬 북쪽, 읍은영아리오롬 남쪽)'의 한자 차용 표기. 제주4·3 때 폐동되었음.

靈峨洞 ヨンアトン 《朝鮮五萬分一地形圖』「漢拏山』(濟州島北部 8號, 1918)〉.

靈峨岳(영아악)〔영아리오롬〕 제주특별자치도 서귀포시 표선면 가시리 산간에 있는 '읍은영아리오롬'을 '영아리오롬'이라 하고 그것을 한자를 빌려 나타

낸 것 가운데 하나. 1960년도 지형도부터 2015년 지형도까지 '영아리'로 쓰여 있음. 표고 514m.

靈峨岳 ヨンアアク 495米《朝鮮五萬分一地形圖』「漢拏山』(濟州島北部 8號, 1918)》.

靈阿伊岳(영아이악)〔영아리오롬〕 제주특별자치도 서귀포시 안덕면 광평리 복지회관 동쪽에 있는 '영아리오롬'의 한자 차용 표기. 오늘날 지형도에는 용와이오롬 또는 용와리오롬 등으로 쓰여 있음. 1960년대 지형도부터 1990년대 지형도까지 '영아리오롬'으로 쓰여 있는데, 2000년대 지형도부터 2015년 지형도까지 '용와이오롬'으로 쓰여 있음. 표고 692.8m.

靈阿伊岳 ヨンガリオルム 681米《朝鮮五萬分一地形圖』「大靜及馬羅島』(濟州島南部 9號, 1918)》. 靈阿伊岳 681米(濟州島 左面)《朝鮮地誌資料』(1919, 朝鮮總督府 臨時土地調查局) 山岳ノ名稱所在及眞高(續), 全羅南道 濟州島》.

瀛州山(영주산) 제주특별자치도 서귀포시 표선면 성읍1리에 있는 영주산의 한자 표기 가운데 하나. 표고 322.8m.

私は旌義の北方の美しい圓錐山である瀛州山の上に立つて約七十五の圓錐山を數へたことがある《濟州火山島雜記』(『地球』4권 4호, 1925, 中村新太郎)》. 瀛州山(勝覽には俗名瀛旨とありヨンヂと讀むべしヨンと云ふ山なり州旨音相似たろを以て三神山の一たろ美名瀛州山を採りしものなるべし)《濟州島の地質學的觀察』(1928, 川崎繁太郎)》. 旌義面瀛州山《濟州島ノ地質』(朝鮮地質調查要報 제10권 1호, 原口九萬, 1931)》.

瀛洲山(영주산) 제주특별자치도 서귀포시 표선면 성읍1리에 있는 영주산의 한자 표기 가운데 하나. 표고 322.8m.

瀛洲山(城邑里)《朝鮮地誌資料』(1911) 全羅南道 旌義郡 左面, 山谷名》. 瀛洲山 ヨンチューサン 325.6《朝鮮五萬分一地形圖』(濟州島北部 4號) 「城山浦』(1918)》. 原名을 '하늘山'이라 부르던 이 漢拏山의 一名을 또 圓山이라 하기도 하고 瀛洲山이라 하기도 하였다《耽羅紀行: 漢拏山』(李殷相, 1937)》.

瀛旨(영지) 제주특별자치도 서귀포시 표선면 성읍1리에 있는 영주산의 속명

'영只르(영只를)'의 한자 표기.

瀛州山(勝覽には俗名瀛旨とありヨンヂと讀むべしヨンと云ふ山なり州旨音相似たろを
以て三神山の一たろ美名瀛州山を採りしものなるべし)〈『濟州島の地質學的觀察』(1928, 川崎
繁太郞)〉.

靈旨洞(영지동) 제주특별자치도 서귀포시 표선면 가시리 남쪽 '영只르(영머
리)' 일대에 형성되었던 동네 이름. 1960년대 지형도부터 2015년 지형도
까지 '영지동'으로 쓰여 있으나, 민간에서는 '역只르'라고 하여 '歷地洞(역
지동)'으로도 쓰고 있음.

靈旨洞 ヨンヂートン〈『朝鮮五萬分一地形圖』(濟州島北部 4號) 「城山浦」(1918)〉.

瀛川岳(영천악)〔영천오롬〕 제주특별자치도 서귀포시 영천동에 있는 '영천오롬'
의 한자 차용 표기 가운데 하나. 조선시대에는 주로 靈泉岳(영천악)으로 표
기되었으나, 1960년대 지형도부터 오늘날 지형도까지 瀛川岳(영천악)으
로 쓰고 있음. 표고 274.4m.

瀛川岳 ヨンチョンオルム〈『朝鮮五萬分一地形圖』「西歸浦」(濟州島南部 5號, 1918)〉. 又南麓ノ葛岳, 瀛川
岳, 西孝岳, 桀瑞岳ハ本期ノ生成ニク〈『濟州島ノ地質』(朝鮮地質調査要報 제10권 1호, 原口九萬, 1931)〉.

寧坪里(영평리) 제주특별자치도 제주시 영평동의 옛 이름 '영평리'의 한자 표기.

寧坪里 ニョンピョンニー〈『朝鮮五萬分一地形圖』「漢拏山」(濟州島北部 8號, 1918)〉.

永興里(영흥리) 제주특별자치도 제주시 추자면 하추자도에 있는 법정마을 가
운데 하나. 영흥리의 옛 이름 '절구미'라고 하여 한자 차용 표기로 寺仇味
(사구미)와 寺九味(사구미), 節金里(절금리) 등으로 쓰고, 寺洞(사동)으로도 표
기했음. 오늘날 민간에서는 '절기미'라고도 함. 寺仇味(사구미)는 『戶口總數』
(1789) '6책, 전라도, 영암' 조에서 확인할 수 있고, 寺九味(사구미)는 『靈巖楸
子島地圖』(1872)와 『韓國水産誌』(1911) '권3, 완도군, 추자면' 조 등에서 확인
할 수 있고, 寺洞(사동)은 『地方行政區域一覽』(朝鮮總督府, 1912) '완도군, 추자
면' 조에서 확인할 수 있음. 節金里(절금리)는 『韓國水産誌』(1911) '권3, 완도

군, 추자면' 조에서 확인할 수 있음. 1914년 3월 1일부터 영흥리(永興里)로
바뀌 오늘에 이르고 있음.

永興里 ヨンフンリー 《朝鮮五萬分一地形圖』(濟州嶋北部 9號, 「楸子群島」(1918)》. 楸子港……港ノ沿
濱山麓ニ永興里, 大西里ノ2村アリ, 永興里ハ南濱ニ, 大西里ハ北濱ニ位ス 《朝鮮沿岸水路誌
第1卷』(1933) 朝鮮南岸 「楸子群島」》.

禮島(예도) 제주특별자치도 제주시 추자면 상추자도 북동쪽 대서리 바다에
있는 '예섬'의 한자 차용 표기. 오늘날 지형도에는 '이섬'으로 쓰여 있음.

禮島 イユーソム 《朝鮮五萬分一地形圖』(濟州嶋北部 9號, 「楸子群島」(1918)》.

猊來村(예래촌) 제주특별자치도 서귀포시 예래동의 옛 이름 예래촌의 한자 표기.

猊來里 《地方行政區域一覽』(1912)』(朝鮮總督府) 大靜郡, 左面). 가다가 길 아래오 猊來村(예래촌)
은 母論(무론) '올'의 譯稱(역칭)이겠는데 《耽羅紀行: 漢拏山』(李殷相, 1937)》.

猊伊山田野(예이산전야) 제주특별자치도 서귀포시 도순동 '예리산전' 일대의
들판 이름의 한자 차용 표기.

猊伊山田野(道順里) 《朝鮮地誌資料』(1911) 全羅南道 大靜郡 左面, 野坪名》.

禮草(예초) 제주특별자치도 제주시 추자면 예초리의 줄임말의 한자 표기 가
운데 하나.

禮草 《朝鮮地誌資料(1911)』 권20, 全羅南道 莞島郡 楸子面》.

禮初(예초) 제주특별자치도 제주시 추자면 하추자도 禮草(예초)의 다른 한자
표기 가운데 하나. ⇒ 禮草里(예초리).

下島……此他地曳網代として適當なるは 北岸に於ける 禮初 南西岸に於ける 長作只なりと
とす. 《韓國水産誌』 第3集(1911) 全羅南道 莞島郡 楸子面》. 部落は上島に大作只·寺九味[一に簡金
里と云ふ]の二里, 下島に新上·新下[一に魚遊九味と云ふ]·禮初·墨只[一に黙里と云ふ]·長
作·石頸[一に石柱頭とも書す]の六里わりて 《韓國水産誌』 第3集(1911) 全羅南道 莞島郡 楸子面》.

禮草里(예초리) 제주특별자치도 제주시 추자면 상추자도에 있는 법정마을 가
운데 하나. 예초리의 옛 이름 '여초'라고 하여 한자 차용 표기로 碩草(여초)

로 표기하다가, 다시 禮草(예초) 또는 禮初(예초)로 표기하다가, 禮草(예초)로 굳어졌음. 礒草(여초)는 『戶口總數』(1789) '6책, 전라도, 영암' 조에서 확인할 수 있고, 禮草(예초)는 『靈巖楸子島地圖』(1872)에서 확인할 수 있고, 禮初(예초)는 『韓國水産誌』(1911) '권3, 완도군, 추자면' 조와 『地方行政區域一覽』(朝鮮總督府, 1912) '완도군, 추자면' 조 등에서 확인할 수 있음. 1914년 3월 1일부터 禮草里(예초리)로 바뀌 오늘에 이르고 있음.

禮草里 イユチョリー 〈朝鮮五萬分一地形圖』(濟州嶋北部 9號, 「楸子群島』(1918)〉.

禮初里(예초리) 제주특별자치도 제주시 추자면 하추자도 禮草里(예초리)의 다른 한자 표기 가운데 하나. ⇒ **禮草里**(예초리).

禮初里 〈地方行政區域一覽』(朝鮮總督府, 1912) 全羅南道 莞島郡 楸子面〉.

禮村(예촌) 제주특별자치도 서귀포시 남원읍 상례리의 옛 이름 '예촌'의 한자 표기.

椎茸 禮村境上大洞産 〈朝鮮地誌資料』(1911) 全羅南道 旌義郡 西中面, 土産名〉. 昔時の書方を其の類似音で書きかへて居る. ……「輿地勝覽」旌義郡に'狐兒村'といふ所がわる. 方言狐を여히訛つて예といふところから狐兒村を예촌といふふやうやになり, 今は'禮村'と書いて居る. 〈朝鮮及滿洲』제70호(1913) 「濟州島方言' '六.地名'(小倉進平)〉.

禮村里(예촌리) 제주특별자치도 서귀포시 남원읍 신례리 옛 이름 '예촌리'의 한자 차용 표기.

禮村里 〈地方行政區域一覽(1912)』(朝鮮總督府) 旌義郡, 西中面〉. 禮村里 ユーチョンリー 〈朝鮮五萬分一地形圖』 「西歸浦」(濟州島南部 5號, 1918)〉.

禮村川(예촌천) 제주특별자치도 서귀포시 남원읍 예촌리(신례리의 옛 이름)를 흐르는 내 이름 가운데 하나를 표기한 것.

地理河川……이 外도 屛門川, 別刀川, 三陽川, 錦城川, 山南 禮村川, 孝敦川, 下川 等이다. 〈濟州島實記』(金斗奉, 1934)〉.

吾道洞(오도동) 제주특별자치도 제주시 이호2동 '오도롱' 일대에 형성되어 있는 동네 이름의 한자 표기.

吾道洞 オトードン 《朝鮮五萬分一地形圖》「翰林」(濟州島北部 12號, 1918)〉.

梧洞嶼(오동서) 제주특별자치도 제주시 추자면 상추자도 북동쪽 바다, 추가리 (추포도) 북쪽 바다에 있는 '오동여'의 한자 차용 표기.

梧洞嶼 オドンヨ 《朝鮮五萬分一地形圖》(濟州嶋北部 9號, 「楸子群島」(1918)〉.

梧登里(오등리) 제주특별자치도 제주시 오등동의 옛 이름 '오등리'의 한자 표기. ⇒ 梧登里(오등리).

梧登里 《地方行政區域一覽(1912)》(朝鮮總督府) 濟州郡, 中面〉. 梧登里 オツンニー 《朝鮮五萬分一地 形圖》「漢拏山」(濟州島北部 8號, 1918)〉. 梧登里 《朝鮮半島の農法と農民》(高橋昇, 1939)「濟州島紀行」〉.

梧登坪(오등평) 제주특별자치도 제주시 오등동 '오드싱이' 일대 들판 이름의 한자 차용 표기.

梧登坪(梧登里) 《朝鮮地誌資料》(1911) 全羅南道 濟州郡 中面, 野坪名〉.

吾羅里(오라리) 제주특별자치도 제주시 오라동의 옛 이름 '오라리'의 한자 표기.

吾羅里 《地方行政區域一覽(1912)》(朝鮮總督府) 濟州郡, 中面〉. 吾羅里 オラリ 《朝鮮五萬分一地形圖》 「漢拏山」(濟州島北部 8號, 1918)〉.

五里程(오리정) 제주특별자치도 제주시 용담동에 있던 '오리정'의 한자 표기.

五里程(龍潭里) 《朝鮮地誌資料》(1911) 全羅南道 濟州郡 中面, 站名〉.

五百羅漢(오백나한) 제주특별자치도 서귀포시 하원동 산간, 한라산 백록담 서 남쪽에 있는 골짜기인 '영실'의 다른 이름.

又五百將軍ニハ該岩ヨリ成レル無數ノ岩柱樹間ニ聳立シ恰モ五百羅漢ノ鎭座シ給ヘル ニ似アリ 《濟州島ノ地質》(朝鮮地質調査要報 제10권 1호, 原口九萬, 1931)〉. 漢拏山奇景五百羅漢 《濟州島勢要覽》(1935) 圖版〉.

五百將軍(오백장군) 제주특별자치도 서귀포시 하원동 산간, 한라산 백록담 서 남쪽에 있는 골짜기인 '영실'의 다른 이름.

粗面岩塊よりり成れる漢拏山頂, 五百將軍·成屹峰·山房山及び森島は險岨な懸崖を以て

圍まれてゐるのに反し 《地球』12권 1호(1929) 「濟州島遊記(一)」(原口九萬)〉. 漢拏山······山體ノ大
部ハコノ新期ニ噴出シタル玄武岩ニテ藪ハレ五百將軍, 御乘生岳東方ノ谿谷及角秀岩ニ
ハ風化浸蝕甚シキ 《濟州島ノ地質』(朝鮮地質調査要報 제10권 1호, 原口九萬, 1931〉. 又五百將軍ニ
ハ該岩ヨリ成レル無數ノ岩柱樹間ニ聳立シ恰モ五百羅漢ノ鎭座シ給ヘルニ似アリ 《濟州
島ノ地質』(朝鮮地質調査要報 제10권 1호, 原口九萬, 1931〉. 如何間 靈室은 實로 漢拏山의 萬物草
인데, 그 構圖와 形狀이 金剛山의 萬物草와 다름이 없어 五百將軍이라는 別號도 있고 石
羅漢이라는 異稱도 있다 《耽羅紀行: 漢拏山』(李殷相, 1937)〉. 漢拏山峰 갓가히 잇는 五百將軍
이란 것입니다. ······濟州에서 어듸도담도 큰 祈禱處가 된 靈地가 이 五百將軍이란 곳입니
다. 《濟州島의 文化史觀 8』(1938) 六堂學人, 每日新報 昭和十二年 九月 二十四日〉.

梧鳳洞(오봉동) 제주특별자치도 제주시 오라동에 있었던 '오봉동'의 한자 표기.

梧鳳洞 オピンドン《朝鮮五萬分一地形圖』「漢拏山」(濟州島北部 8號, 1918)〉.

梧鳳岳(오봉악) 제주특별자치도 제주시 오라동에 있는 '오등싱이오롬'의 한자 표기 가운데 하나.

梧鳳岳·으드승으름(梧登里) 《朝鮮地誌資料』(1911) 全羅南道 濟州郡 中面, 山名〉.

五嶼岩(오서암) '옷여바우'의 한자 차용 표기.

下島の東南方中央部に於ける一灣なり 灣な其奥幅狹き所にて約千間わり, 水深八尋乃至
十尋, 潮汐の差五呎許, 其中央に暗礁るり 里人五嶼岩と稱す······灣邊は左右共に砂礫にし
て 中央五嶼岩と相對する所暗礁わり 《韓國水産誌』제3집(1911) 全羅南道 莞島郡 楸子面〉.

五所(오소) 조선시대에 있었던 목장 가운데 하나인 오소장을 이름.

牧場 一所 二所 三所 四所 五所 六所 七所 八所 九所 十所 山場 《濟州嶋現況一般』(1906)〉.

烏水溪(오수계) 제주특별자치도 서귀포시 하예동 '가메기물(가마기물)' 일대의 골 이름의 한자 차용 표기.

烏水溪(下猊里) 《朝鮮地誌資料』(1911) 全羅南道 大靜郡 左面, 川溪名〉.

吾照里(오조리) 제주특별자치도 서귀포시 성산읍 오조리의 한자 표기.

吾照里(오죠리 オチョリー) 《韓國水産誌』제3집(1911) 「濟州島」 旌義郡 左面〉. 吾照里 《地方行政

區域一覽(1912)『(朝鮮總督府) 旌義郡, 左面〉. 吾照里 オーヂョリー 《朝鮮五萬分一地形圖』(濟州島北部 4號)『城山浦』(1918)〉. 城山浦ト稱ス城山ト北方吾照里ト相擁スル港灣ヲ吾照里浦ト稱シ 《朝 鮮の港湾』(朝鮮総督府内務局土木課, 1925)〉.

吾照里浦(오조리포) 제주특별자치도 서귀포시 성산읍 오조리 바닷가에 있는 개의 한자 표기.

城山浦ト稱ス城山ト北方吾照里ト相擁スル港灣ヲ吾照里浦ト稱シ 《朝鮮の港湾』(朝鮮総督府 内務局土木課, 1925)〉. 吾照里浦 城山半島ノ西側ヨリ海水南ヲ灣入スルコト1.2浬, 灣口約1.5 鏈, 之ヲ吾照里浦ト謂フ……. 《朝鮮沿岸水路誌 第1卷』(1933) 朝鮮南岸 「濟州島」〉. 吾照里浦 城山 半島ノ西側ヨリ海水南ニ灣入スリコト1.2浬 《朝鮮沿岸水路誌 第1卷』(1933) 朝鮮南岸 「濟州島」〉.

五造味溪(오조미계) 제주특별자치도 서귀포시 하예동 '오조밋골'의 한자 표기.

五造味溪(猊來里) 《朝鮮地誌資料』(1911) 全羅南道 大靜郡 左面, 川溪名〉.

烏足乭野(오족돌야) 제주특별자치도 서귀포시 안덕면 화순리 '오족돌' 일대의 들판 이름의 한자 차용 표기.

烏足乭野(和順里) 《朝鮮地誌資料』(1911) 全羅南道 大靜郡 中面, 野坪名〉.

烏坐水(오좌수) 제주특별자치도 제주시 한림읍 명월리 '오좌물'의 한자 차용 표기.

烏坐水(明月畓邊) 《朝鮮地誌資料』(1911) 全羅南道 濟州郡 舊右面, 溪川名〉.

烏旨(오지) 제주특별자치도 서귀포시 남원읍 하례1리 '가메기므르'의 한자 차 용 표기.

烏旨 カマクイマル 《朝鮮五萬分一地形圖』「西歸浦」(濟州島南部 5號, 1918)〉.

五倉谷野(오창곡야) 제주특별자치도 서귀포시 대정읍 보성리 '오창골(오창굴)' 일대의 들판 이름의 한자 차용 표기.

五倉谷野(保城里) 《朝鮮地誌資料』(1911) 全羅南道 大靜郡 右面, 野坪名〉.

五屹岳(오흘악)〔올흐레기오롬〕 제주특별자치도 구좌읍 송당리 당오롬 서남쪽 에 있는 오롬의 한자 차용 표기 가운데 하나. '五屹岳(오흘악)'은 당시 김녕

리에 있는 오롬으로 등재되어 있으나, 지금 송당리 산간에 있는 '밧돌오롬'을 이른 것임. '밧돌오롬'을 민간에서는 '올호레기(----오롬)' 또는 '올흐레기(----오롬)'이라고 부르고 있음. 표고 352.8m.

五屹岳 《『朝鮮地誌資料(1911)』권17, 全羅南道 濟州郡 舊左面 金寧里, 山名》.

溫川里(온천리) 제주특별자치도 서귀포시 표선면 시흥리의 옛 이름 '여온내'의 다른 한자 차용 표기 가운데 하나.

溫川里 《『地方行政區域一覽(1912)』(朝鮮總督府) 旌義郡, 西中面》. 溫川里 オンヂョンリー 《『朝鮮五萬分一地形圖』「表善」(濟州島南部 1號, 1918)》.

溫平(온평) 제주특별자치도 서귀포시 성산읍 온평리의 옛 이름 '열운이〔열루니〕'의 한자 차용 표기 가운데 하나.

昔時の書方を其の類似音で書きかへて居る.……「輿地勝覽」旌義郡の地名に'餘乙溫'とひふ所がゐる. 今の'溫平'といふ所に當つて居つて普通に열온니ど言つて居るところから'閲雲'とも書いて居る.《『朝鮮及滿洲』第70호(1913)「濟州島方言」'六.地名'(小倉進平)》.

溫平里(온평리) 제주특별자치도 서귀포시 성산읍 온평리의 한자 표기.

溫平里(온평리 オンビョンリー) 《『韓國水産誌』제3집(1911)「濟州島」旌義郡 左面》. 溫平里 《『地方行政區域一覽(1912)』(朝鮮總督府) 旌義郡, 左面》. 溫平里 オンビョンリー 《『朝鮮五萬分一地形圖』「濟州島北部 4號」「城山浦」(1918)》. 바른편으로 溫藉해 보이는 一灣을 만나니 溫平里라 부르는 곳이다. 《『耽羅紀行: 漢拏山』(李殷相, 1937)》.

鰮浦野(온포야) 제주특별자치도 서귀포시 대정읍 하모리 바닷가 '멜캐' 일대 들판 이름의 한자 차용 표기.

鰮浦野(上摹里) 《『朝鮮地誌資料』(1911) 全羅南道 大靜郡 右面, 野坪名》.

兀音(올음) 산(山)이나 봉우리를 뜻하는 제주 방언 '오롬〉오름'의 한자 차용 표기 가운데 하나.

岳〔o-rom〕【「耽羅志」以岳爲兀音】〔全南〕濟州(郡內「葛岳」을〔tʃʻuk o-rom〕「板乙浦岳」을〔núl-gö o-rom〕といふ)·城山·西歸·大靜(舊旌義郡內の「達山」을〔toŋ o-rom〕水岳을〔mul o-rom〕應

巖山を〔mö-pa-ui o-rom〕といふ〉《朝鮮語方言の研究 上』(小倉進平, 1944:34)〉.

雍德浦(옹덕포) 제주특별자치도 제주시 한림읍 한림리와 수원리 바닷가 경계에 있는 '옹덕개'의 한자 차용 표기.

雍德浦(洙源·翰林 兩里間在)《朝鮮地誌資料』(1911) 全羅南道 濟州郡 舊右面, 浦口名〉.

翁甫伊野(옹보이야) 제주특별자치도 서귀포시 대정읍 신평리 '옹보리왓' 일대 들판 이름의 한자 차용 표기.

翁甫伊野(新坪里)《朝鮮地誌資料』(1911) 全羅南道 大靜郡 右面, 野坪名〉.

甕浦(옹포) 제주특별자치도 제주시 한림읍 옹포리의 줄임말의 한자 표기.

濟州郡 甕浦《韓國水產誌』제3집(1911)「濟州島」鹽田〉. 都近川……혹은 '獨浦'라 쓰고 혹은 '甕浦'라 적었으니 漢字로야 獨이라 쓰거나 甕이라 쓰거나 《耽羅紀行: 漢拏山』(李殷相, 1937)〉. 翰林港……甕浦라 쓰고 '독개'라 부르는 마슬을 지나며 月溪寺 옛터를 바라보려하였으나 《耽羅紀行: 漢拏山』(李殷相, 1937)〉.

瓮浦(옹포) 제주특별자치도 제주시 한림읍 옹포리의 줄임말의 한자 표기.

地名の後にある普通名詞……기(浦). 海岸にある地名で, 明月浦(명월기: 濟州郡), 板浦(늘기: 濟州郡), 瓮浦(독기: 濟州郡)等はこれでゐる. 《朝鮮及滿洲』제70호(1913)「濟州島方言」'六.地名'(小倉進平)〉. 浦(1)〔kɛ〕……〔全南〕濟州(郡内瓮浦を〔tok-kɛ〕大浦を〔k'ȕn-gɛ〕板浦を〔nol-gɛ〕といふ)《朝鮮語方言の研究 上』(小倉進平, 1944:42)〉.

甕浦里(옹포리) 제주특별자치도 제주시 한림읍 옹포리의 한자 표기.

甕浦里《地方行政區域一覽(1912)』(朝鮮總督府) 濟州郡, 舊右面〉.

瓮浦里(옹포리) 제주특별자치도 제주시 한림읍 옹포리의 한자 표기.

瓮浦里(옹포리 オンポリー)《韓國水產誌』제3집(1911)「濟州島」濟州郡 舊右面〉. 瓮浦里 オンポニー《朝鮮五萬分一地形圖』「翰林」(濟州島北部 12號, 1918)〉. 村 錨地ノ東側海岸ニハ村落散在ス, 其ノ最モ大ナルハ狹才里ニシテ之ニ次グハ金陵里及瓮浦里トス, 其ノ他翰林里, 洙源里ノ2村アリ.《朝鮮沿岸水路誌 第1卷』(1933) 朝鮮南岸「濟州島」〉.

甕浦灘(옹포탄)〔독갯여·독개여〕 제주특별자치도 서귀포시 대정읍 가파리의 본섬 가파도 동쪽 바다에 있는 여의 한자 차용 표기. 예로부터 민간에서 '독개' 또는 '독갯여·독개여' 등으로 부르던 것을 한자 차용 쓴 것이 甕浦灘(옹포탄)임. '독개'는 큰 바위로 이루어진 개라는 뜻이고, '여'는 밀물 때 물에 잠기고 썰물 때 드러나는 바위, 또는 바다 속에 잠겨 언덕같이 솟아있는 바위를 이르는 제주도 방언임. 일제강점기를 본 뜬 현대 지형도에도 甕浦灘(옹포탄) 또는 '옹포탄'으로 쓰여 있음.

甕浦灘 トッゲニョ 《朝鮮五萬分一地形圖》「大靜及馬羅島」(濟州島南部 9號, 1918)〉. 廣浦灘(掩灘), 甕浦灘(石狗岩), 南洋礁及道濃灘……甕浦灘ハ加波島ト廣浦灘トノ略中間ニ孤立シ高サ 2.7米アリ.《朝鮮沿岸水路誌 第1卷》(1933) 朝鮮南岸「濟州島」〉.

臥江里(와강리) 제주특별자치도 서귀포시 성산읍 삼달1리의 옛 이름 '와겡이 무을'의 한자 차용 표기.

臥江里 ワーガンリー 《朝鮮五萬分一地形圖》(濟州島北部 4號)「城山浦」(1918)〉.

臥島(와도) 제주특별자치도 제주시 한경면 고산1리 당산봉 서쪽 바다에 있는 '누운섬〉눈섬'의 한자 차용 표기.

臥島 ワトー 《朝鮮五萬分一地形圖》(濟州島南部 13號「摹瑟浦」(1918)〉. 臥島(濟州島 舊右面 遮歸島) 《朝鮮地誌資料》(1919, 朝鮮總督府 臨時土地調査局) 島嶼, 全羅南道 濟州島〉. 遮歸島……其ノ内方ニ在ルヲ臥島ト稱シ高サ43米ノ岩嶼ナリ.《朝鮮沿岸水路誌 第1卷》(1933) 朝鮮南岸「濟州島」〉. 高山岳 西海에 있는 臥島, 竹島니 하는 섬들이 一名 遮歸島다.《耽羅紀行: 漢拏山》(李殷相, 1937)〉.

瓦幕(와막) 제주특별자치도 제주시 조천읍 함덕리 '왜막(와막의 변음)'의 한자 표기. 이 일대에 동네가 형성되었음. 1960년대 지형도부터 2015년 지형도까지 '평사동'으로 쓰여 있음.

瓦幕 ワマク 《朝鮮五萬分一地形圖》「濟州」(濟州島北部 7號, 1918)〉.

臥山里(와산리) 제주특별자치도 제주시 조천읍 '와산리'의 한자 표기.

臥山里 《地方行政區域一覽(1912)》(朝鮮總督府) 濟州郡, 新左面〉. 臥山里 ワーサンニー 《朝鮮五萬分一地形圖》「漢拏山」(濟州島北部 8號, 1918)〉. 地名の後にある普通名詞.……미又は믹(山). 水山

里(물미: 濟州), 臥山里(눈미: 濟州), 蘭山里(난미: 旌義)の如きはこれでわる. 《朝鮮及滿洲』
제70호(1913) 「濟州島方言」 '六. 地名'(小倉進平)》.

臥牛乃野(와우내야) 제주특별자치도 서귀포시 대정읍 상모리 '와우내(와우리)'
일대 들판 이름의 한자 차용 표기.

臥牛乃野(上墓里) 《朝鮮地誌資料』(1911) 全羅南道 大靜郡 右面, 野坪名》.

臥牛岳(와우악) 제주특별자치도 제주시 노형동의 해안동에 있는 '누운오롬〉
눈오롬'의 한자 차용 표기 가운데 하나. 표고 203.5m.

臥牛岳(海安里) 《朝鮮地誌資料』(1911) 全羅南道 濟州郡 中面, 山谷名》.

臥伊岳(와이악) 제주특별자치도 서귀포시 안덕면 광평리에 있는 '왕이오롬'의
한자 차용 표기.

臥伊岳 ワイメオルム 《朝鮮五萬分一地形圖』 「翰林』(濟州島北部 12號, 1918)》.

瓦坪(와평) 제주특별자치도 제주시 도평동 '왯벵디'의 한자 차용 표기.

瓦坪(都坪里) 《朝鮮地誌資料』(1911) 全羅南道 濟州郡 中面, 野坪名》.

瓦浦(와포) 제주특별자치도 제주시 한경면 용수리 포구인 '지셋개'의 한자 차
용 표기 가운데 하나.

瓦浦(龍水里) 《朝鮮地誌資料』(1911) 全羅南道 濟州郡 舊右面, 浦口名》. 瓦浦 ワーポ 《朝鮮五萬分一
地形圖』(濟州島南部 13號 「摹瑟浦』(1918)》.

臥屹里(와흘리) 제주특별자치도 제주시 조천읍 '와흘리'의 한자 표기.

臥屹里 《地方行政區域一覽(1912)』(朝鮮總督府) 濟州郡, 新左面》. 臥屹里 ワーフルリー 《朝鮮五萬分
一地形圖』 「濟州』((濟州島北部 7號, 1918)》.

王伊山(왕이산) 제주특별자치도 서귀포시 안덕면 광평리 '왕이메'의 한자 차
용 표기. 표고 612.4m.

王伊山(廣坪里) 《朝鮮地誌資料』(1911) 全羅南道 大靜郡 中面, 山谷名》.

王子谷(왕자곡) 제주특별자치도 서귀포시 상예동 '왕자골(왕자굴)'의 한자 차
용 표기.

王子谷(上猊里)《朝鮮地誌資料》(1911) 全羅南道 大靜郡 左面, 山名〉.

王子谷野(왕자곡야) 제주특별자치도 서귀포시 상예동 '왕자골(왕자굴)' 일대 들판 이름의 한자 차용 표기.

王子谷野(上猊里)《朝鮮地誌資料》(1911) 全羅南道 大靜郡 左面, 野坪名〉.

外藿島(외곽도) 제주특별자치도 제주시 추자면 하추자도 석지머리 남서쪽 바다에 있는 '밖미역섬'의 한자 차용 표기. 1960년대 1대5만 지형도 이후에 '밖미염섬'으로 쓰여 있음.

外藿島 パッミョクソム 39米《朝鮮五萬分一地形圖》(濟州嶋北部 9號, 「楸子群島」(1918)〉.

外都(외도) 제주특별자치도 제주시 외도동. ⇒ **外都里(외도리)**.

濟州郡 外都《韓國水産誌》제3집(1911)「濟州島」鹽田〉.

外都里(외도리) 제주특별자치도 제주시 외도동의 옛 이름 외도리의 한자 표기.

外都里《地方行政區域一覽(1912)》(朝鮮總督府) 濟州郡, 中面〉. 濟州邑外都里月台洞《朝鮮半島の農法と農民》(高橋昇, 1939)「濟州島紀行」〉. 外都里 オエトリ《朝鮮五萬分一地形圖》「翰林」(濟州島北部 12號, 1918)〉.

外都川(외도천) 제주특별자치도 제주시 외도동을 흐르는 외도천의 한자 표기.

濟州邑 外都里……外都川《濟州島勢要覽》(1935) 第14 島一周案內〉.

外石岳(외석악)〔밧돌오롬〕 제주특별자치도 제주시 구좌읍 송당리에 있는 '밧돌오롬'의 한자 차용 표기 가운데 하나. 표고 352.8m.

外石岳 パットルオルム 349米《朝鮮五萬分一地形圖》(濟州島北部 4號)「城山浦」(1918)〉. 金寧-兎山里線……數多ノ噴石丘カ一直線上ニ相接シテ聳立セリ, 卽テ大處岳, 鼓岳, 體岳, 外石岳, 內石岳, 泉岳, 葛岳, 民岳, 大石類額岳, 飛雉山. 母地岳ノ諸峰ハ相隣リテ一列ニ聳立セリ《濟州島ノ地質》(朝鮮地質調査要報 제10권 1호, 原口九萬, 1931)〉.

外城歸野(외성귀야)〔웬성귓드르〕 제주특별자치도 서귀포시 대정읍 신도리 '웬성귀(웬성기)' 일대에 형성되어 있는 들판 이름의 한자 차용 표기.

外城歸野(順昌里)《朝鮮地誌資料》(1911) 全羅南道 大靜郡 右面, 野坪名〉.

了岳(요악)(거린오롬) 제주특별자치도 서귀포시 안덕면 동광리 복지회관 서남쪽에 있는 오롬. 이 오롬은 예로부터 '거린오롬〉거린오름'이라 부르고 한자로 丫岳(아악)으로 표기했음. 이 丫岳(아악)을 '了岳(요악)'으로 잘못 나타낸 것임.

了岳 リョアク 312米《『朝鮮五萬分一地形圖』「大靜及馬羅島」(濟州島南部9號, 1918)》.

龍崗里(용강리) 제주특별자치도 제주시 용강동의 한자 표기.

龍崗里 ヨンガンニー《『朝鮮五萬分一地形圖』「漢拏山」(濟州島北部8號, 1918)》.

龍岡里(용강리) 제주특별자치도 제주시 용강동의 옛 이름 '용강리'의 한자 표기 가운데 하나.

龍岡里《地方行政區域一覽(1912)』(朝鮮總督府) 濟州郡, 中面》.

龍崗里(용강리) 제주특별자치도 제주시 용강동의 옛 이름 '용강리'의 한자 표기.

龍崗里 ヨンガンニー《『朝鮮五萬分一地形圖』「漢拏山」(濟州島北部8號, 1918)》.

龍潭里(용담리) 제주특별자치도 제주시 용담동의 옛 이름 용담리의 한자 표기.

龍潭里(룡담리 リョンタムリー)《『韓國水産誌』제3집(1911)「濟州島」濟州郡 中面》. 龍潭里《地方行政區域一覽(1912)』(朝鮮總督府) 濟州郡, 中面》. 漢字の音にもわらず又其の訓讀にもわらず, 全く他の名稱を以て呼ぶもの.……龍潭里 한독이(?).《朝鮮及滿洲』제70호(1913)「濟州島方言」'六. 地名'(小倉進平)》.

龍潭川(용담천) 제주특별자치도 제주시 용담동을 흐르는 '한내'의 다른 이름 가운데 하나.

邑內入口……龍潭川洗越《濟州島勢要覽』(1935) 第14 島一周案內》.

龍堂坪岱(용당평대) 제주특별자치도 서귀포시 성산읍 성산리 오정개 북쪽 들판 이름의 한자 차용 표기.

龍堂坪岱(城山里)《『朝鮮地誌資料』(1911) 全羅南道 旌義郡 左面, 野坪名》.

龍洞(용동) 제주특별자치도 제주시 대흘2리 '용의자리' 일대에 형성되었던 '용동'의 한자 표기. 오늘날은 주로 '곱은다리'라 하고 있음. 1960년대 지형도

부터 1990년대 지형도까지 '곱은달'로 쓰고, 2000년대 지형도부터 2015
년 지형도까지 '곱은달이'로 쓰여 있음.

龍洞 ヨントン 《朝鮮五萬分一地形圖』「濟州」((濟州島北部 7號, 1918)》.

龍頭岩(용두암) 제주시 용담동 바닷가에 있는 바위 이름의 한자 표기.

龍頭岩 《濟州嶋旅行日誌』(1909)》.

龍水(용수) 제주특별자치도 제주시 한경면 용수리의 줄임말. '龍水(용수)'는
'용못' 또는 '용물'의 한자 표기임.

濟州郡 龍水 《韓國水産誌』 제3집(1911) 「濟州島」 鹽田》.

竜水(용수) 제주특별자치도 제주시 한경면 용수리의 줄임말.

濟州郡……歸德 洙源 翰林 瓮浦 挾才 杯合(杯令) 板浦 頭毛 高山 三陽 竜水 《濟州嶋現況一般』
(1906)》.

龍水里(용수리) 제주특별자치도 제주시 한경면 용수리의 한자 표기.

龍水里(룡수리 リヨンスリー) 《韓國水産誌』 제3집(1911) 「濟州島」 濟州郡 舊右面》. 龍水里 《地方
行政區域一覽(1912)』(朝鮮總督府) 濟州郡, 舊右面》. 龍水里 ヨンスーリー 《朝鮮五萬分一地形圖』(濟州
島南部 13號「摹瑟浦」(1918)》. 길이 龍水里라는 곳을 거치면서부터는 다시 바다와 멀리 하는데
문득 바다 쪽으로 한 山이 가로 막으니 이것이 高山岳이다 《耽羅紀行: 漢拏山』(李殷相, 1937)》.

龍眼峯(용안봉)〔용눈이오롬〕 제주특별자치도 제주시 구좌읍 종달리 산간에 있
는 '용눈이오롬'의 한자 차용 표기 가운데 하나. 표고 247.8m.

龍眼峰(上川里) 《朝鮮地誌資料』(1911) 全羅南道 大靜郡 中面, 山谷名》.

龍淵(용연)〔용소〕 제주특별자치도 제주시 용담동 바닷가에 있는 '용소'의 한자
표기 가운데 하나.

龍淵(龍潭里) 《朝鮮地誌資料』(1911) 全羅南道 濟州郡 中面, 池名》. 龍淵夜帆歌 《濟州島實記』(金斗
奉, 1934)》. 龍淵夜帆歌 瀛邱下端龍淵물에 明月은 낫과 갓다 《濟州島實記』(金斗奉, 1934)》.

龍淵洞(용연동) 제주특별자치도 제주시 용담1동 '용소(용연)' 일대에 형성된
'용연동'의 한자 표기.

龍淵洞 ヨンヨンドン《朝鮮五萬分一地形圖』「濟州」((濟州島北部 7號, 1918)》.

龍淵川(용연천) 제주특별자치도 제주시 용담1동을 흐르는 '한내'의 다른 이름 가운데 하나.

地理河川……濟州邑前川과 龍淵川과 道近川이요, 中面에 安德川, 左面에 天帝淵, 江汀川, 右面에 洪爐川, 天池淵 等은 山脈과 通하다.《濟州島實記』(金斗奉, 1934)》.

龍臥岳(용와악)〔용눈이오롬〕 제주특별자치도 제주시 구좌읍 종달리 산간에 있는 '용눈이오롬'의 한자 차용 표기 가운데 하나. '용와리오롬'은 '용눈이오롬'의 잘못임. 표고 247.8m.

龍臥岳 ヨンワオルム《朝鮮五萬分一地形圖』(濟州島北部 4號)「城山浦」(1918)》.

龍藏谷(용장곡)〔용장골〉용장굴〕 제주특별자치도 제주시 도평동 '용장골〉용장굴'의 한자 차용 표기 가운데 하나.

龍藏谷(都坪里)《朝鮮地誌資料』(1911) 全羅南道 濟州郡 中面, 山谷名》.

龍澤(용택)〔용못〕 제주특별자치도 제주시 한경면 용수리에 있는 '용못'의 한자 표기.

龍澤(龍水里)《朝鮮地誌資料』(1911) 全羅南道 濟州郡 舊右面, 池名》.

牛骨洞(우골동) 제주특별자치도 제주시 한경면 산양리 동쪽에 있었던 월광동 (月光洞)의 옛 이름인 '쉐삐뒌밧동네'의 한자 차용 표기. 이곳은 원래 '뒌밧' 또는 '쉐삐뒌밧'이라 불렀는데, 이곳에 사람들이 들어와 살면서 '쉐삐뒌밧동네'라 부르고, 이 '쉐삐뒌밧동네'를 한자 차용 표기로 바꾸어 '牛骨洞(우골동)'으로 표기하였음. 일제강점기까지 동네가 형성되었으나, 제주4·3 때 폐동되었음. 제주4·3사건이 끝난 뒤인 1950년대 초반부터 다시 동네를 형성하면서 '월광동(月光洞)'이라 하여 오늘에 이르고 있음.

牛骨洞 ウーコルトン《朝鮮五萬分一地形圖 (濟州島南部 13號「摹瑟浦」(1918)》. 牛骨洞 ウーコルトン《朝鮮五萬分一地形圖』「大靜及馬羅島」(濟州島南部 9號, 1918)》.

牛島¹(우도)〔소섬·쉐섬〕 제주특별자치도 제주시 우도면의 본섬인 '소섬·쉐섬'의

한자 차용 표기. 예로부터 소[牛]가 누워 있는 것 같다고 해서 '소섬' 또는
'쉐섬'으로 부르고, 한자를 빌려 牛島(우도)로 썼음.

牛島(우도 ウートー) 《韓國水産誌》 제3집(1911) 「濟州島」 濟州郡 舊左面〉. 牛島 ウートー 〈朝鮮五
萬分一地形圖』(濟州嶋北部 4號 「城山浦」(1918)〉. 牛島(濟州島 舊左面) 〈朝鮮地誌資料』(1919, 朝鮮總
督府 臨時土地調査局) 島嶼, 全羅南道 濟州島〉. 城山か北に海上一里餘を隔て牛島(シェーソム)
がある 〈濟州火山島雜記』(『地球』4권 4호, 1925, 中村新太郎)〉. 牛島……島ノ南東端ハ岩壁屹立シ
高サ130米, 此ヲ牛頭山ト謂ヒ其ノ津端ヲ牛頭串ト謂フ……. 〈朝鮮沿岸水路誌 第1卷』(1933) 朝
鮮南岸 「濟州島」〉.

牛島²(우도) 제주특별자치도 제주시 추자면 하추자도 예초리 동북쪽 바다에
있는 '쇠머리'를 이름. 이 섬은 소의 머리와 닮았다는 데서 '쇠머리'라 부르
고 牛頭(우두) 또는 牛島(우도)로 표기했음. ⇒ **牛頭(우두)**.

牛島(楸子群島) 〈朝鮮地誌資料』(1919, 朝鮮總督府 臨時土地調査局) 島嶼, 全羅南道 濟州島〉.

牛島串(우도곶) 제주특별자치도 제주시 우도면 우도에 있는 곶 이름의 한자
차용 표기.

牛島……島ノ南東端ハ岩壁屹立シ高サ130米, 此ヲ牛頭山ト謂ヒ其ノ津端ヲ牛頭串ト謂
フ……. 〈朝鮮沿岸水路誌 第1卷』(1933) 朝鮮南岸 「濟州島」〉.

牛島燈臺(우도등대)〔소섬등대·쉐섬등대〕 제주특별자치도 제주시 우도면의 본섬
인 '소섬[牛島]' 남쪽에 있는 '소머리오롬(쉐머리오롬)' 꼭대기에 설치한 등
대 이름임. 1906년 3월에 무인등대로 설치되었는데, 1959년에 유인등대
로 바뀌었음. 2003년에 고쳐서 설치하였음.

牛島燈臺 〈朝鮮五萬分一地形圖』(濟州嶋北部 4號 「城山浦」(1918)〉. 牛島燈臺 牛頭山ノ北東方約1
鏈絶壁ノ頂上ニ設ク 〈朝鮮沿岸水路誌 第1卷』(1933) 朝鮮南岸 「濟州島」〉.

牛頭(우두) 제주특별자치도 제주시 추자면 하추자도 예초리 동북쪽 바다에 있
는 '쇠머리'의 한자 차용 표기. 1960년대 1대5만 지형도 이후에 '쇠머리'로
쓰여 있고, 이 섬 남쪽 바다에 있는 자그마한 섬에는 '쇠코'로 쓰여 있음.

牛頭 セーモリ 63.8米 《朝鮮五萬分一地形圖》(濟州嶋北部 9號, 「楸子群島」(1918)〉.

牛頭里島(우두리도) 제주특별자치도 제주시 추자면 하추자도 예초리 동북쪽 바다에 있는 '쇠머리섬'의 한자 차용 표기. ⇒ 牛頭(우두).

楸子群島……方嶼(母嶼) 群島中ノ最南東岩ニシテ高サ15米. 此ノ岩ノ333度約2.3浬ニ1岩 アリ牛鼻(牛臭)岩ト稱ス, 牛鼻岩ノ北方約1里ニ牛頭里島アリ 《朝鮮沿岸水路誌 第1卷》(1933) 朝鮮南岸「楸子群島」〉.

牛頭山(우두산)〔소머리오롬·쉐머리오롬〕 제주특별자치도 제주시 우도면의 본섬 인 '소섬[牛島]' 남쪽에 있는 '소머리오롬(쉐머리오롬)'을, 한자를 빌려 나타 낸 것임. 민간에서는 '섬머리'라고 하고, 이를 한자를 빌려 島頭(도두)라고 도 씀. 『耽羅巡歷圖(탐라순력도)』의 「城山觀日(성산관일)」에서는 東頭(동두: 동 머리)로 쓰여 있음.

牛頭山 ウーツーサン 132.5 《朝鮮五萬分一地形圖》(濟州嶋北部 4號 「城山浦」(1918)〉. 牛島……島ノ 南東端ハ岩壁屹立シ高サ130米, 此ヲ牛頭山ト謂ヒ其ノ津端ヲ牛頭串ト謂フ……. 《朝鮮沿 岸水路誌 第1卷》(1933) 朝鮮南岸「濟州島」〉.

友蓮池(우연지) 제주특별자치도 제주시 삼도동 제주목 관아지 안 우연당(友蓮 堂) 앞에 있었던 연못.

友蓮池(三都里) 《朝鮮地誌資料》(1911) 全羅南道 濟州郡 中面, 池名〉.

右面(우면) 1.제주특별자치도 서귀포시의 옛 '서귀면(西歸面)〉서귀읍(西歸邑)'의 이전 행정구역 이름으로, 조선 후기부터 일제강점기 중반까지 우면(右面)이 라 하다가, 일제강점기인 1935년 4월 1일부터 서귀면(西歸面)으로 바꿨음.

旌義郡……右面 十三里 千九百八十六戶 《濟州嶋現況一般》(1906)〉. 右面(우면) 旌義郡 右面 《韓國水産誌》 제3집(1911) 「濟州島」 지도〉. 右面 ウミョン 《朝鮮五萬分一地形圖》 「漢拏山」(濟州島北 部 8號, 1918)〉.

2.제주특별자치도 서귀포시 대정읍의 일제강점기 초반 행정구역 이름. 1914년부터 대정면(大靜面)으로 바꿈.

大靜郡……右面 十一里 千七百四十二戶《濟州嶋現況一般』(1906)〉. 大靜郡 右面《韓國水産誌』
제3집(1911)「濟州島」지도〉.

牛目洞(우목동)〔우목-〕 제주특별자치도 제주시 우도면 서광리의 자연마을인
'우목동'을, 한자를 빌려 나타낸 것임. '우목동' 바닷가에 '우못개'가 있는
데, 여기서 '우못'을 '우목'으로 인식하고, 牛目(우목)으로 나타낸 것임. 오
늘날은 서광리(西光里)에 속하여, 상우목동과 하우목동으로 나뉘어 있음.
하우목동 바닷가에 '모실레기(오늘날 1:25,000 지형도에는 서빈백사·우도홍조단
괴해변·산호사홍조단괴해수욕장 등으로 쓰여 있음.)'가 있는데, 『耽羅巡歷圖(탐라순
력도)』의 「城山觀日(성산관일)」과 「제주삼읍도총지도」(18세기 중반)에는 前浦
(전포: 앞개)로 쓰여 있음.

牛目洞 ウーモクトン《『朝鮮五萬分一地形圖』「金寧」(濟州嶋北部 三號, 1918)〉.

又美(우미) 제주특별자치도 서귀포시 남원읍 위미1리의 옛 이름 '뭬미(떼미)'
의 한자 차용 표기 가운데 하나.

又美《濟州嶋現況一般』(1906)〉. 昔時の書方を其の類似音で書きかへて居る.……旌義郡'又美'
は普通に쪼미といひ, 元は'爲美'と書いて居た. 然るに'爲'の音が'又'の音に似て居るとこ
ろから, '又美'と書き, 更に'又'の訓쪼を借り用ひて, 之を쪼미と稱するに至つたらしい.
《朝鮮及滿洲』제70호(1913)「濟州島方言」'六.地名'(小倉進平)〉.

又美里(우미리) 제주특별자치도 서귀포시 남원읍 '위미리'의 한자 표기 가운
데 하나. ⇒ 爲美里(위미리).

又美里 イルクミ(우미리 ウミーリー)《韓國水産誌』제3집(1911)「濟州島」旌義郡 西中面〉. 大鳳
顔串ヨリ海岸西走スルコト4.3浬ニシテ爲美里(又美里)アリ.《朝鮮沿岸水路誌 第1卷』(1933)
朝鮮南岸「濟州島」〉.

牛步岳(우보악)〔우보오롬〉우보롬〕 제주특별자치도 서귀포시 색달동 서북쪽에
있는 '우보오롬〉우보롬'의 한자 차용 표기 가운데 하나. 1960년대 지형도
부터 1990년대 지형도까지 牛步岳(우보악)으로 쓰다가, 2000년대 지형도

부터 2015년 지형도까지 '우보름'으로 표기되어 있음. 표고 299.1m.

牛步岳 ウーポアク 301.8米 《朝鮮五萬分一地形圖』「大靜及馬羅島」(濟州島南部 9號, 1918)》.

牛步岳洞(우보악동) 제주특별자치도 서귀포시 색달동 우보름 동쪽에 있는 동네의 한자 차용 표기.

穡達里 セクタリー 牛步岳洞 ウーポアクトン 《朝鮮五萬分一地形圖』「大靜及馬羅島」(濟州島南部 9號, 1918)》.

牛附岳(우부악)〔우부오롬〉우부름〕 제주특별자치도 서귀포시 색달동에 있는 '우부오롬〉우부름'의 한자 차용 표기 가운데 하나. 1960년대 지형도부터 1990년대 지형도까지 牛步岳(우보악)으로 쓰다가, 2000년대 지형도부터 2015년 지형도까지 '우보름'으로 표기되어 있음. 표고 299.1m.

牛附岳(穡達里) 《朝鮮地誌資料』(1911) 全羅南道 大靜郡 左面, 山名》. 牛附岳(穡達里) 《朝鮮地誌資料』(1911) 全羅南道 大靜郡 左面, 野坪名》.

牛鼻(우비)〔쇠코〕 제주특별자치도 제주시 추자면 하추자도 예초리 동쪽 바다에 있는 '쇠코'의 한자 차용 표기. 1960년대 1대5만 지형도 이후에 '쇠코'로 쓰여 있고, 이 섬 북쪽에 있는 조금 큰 섬에는 '쇠머리'로 쓰여 있음. ⇒ **牛鼻岩(우비암)**.

牛鼻 セーコ 《朝鮮五萬分一地形圖』(濟州嶋北部 9號,「楸子群島」(1918)》. 楸子群島……方嶼(母嶼) 群島中ノ最南東岩ニシテ高サ15米. 此ノ岩ノ333度約2.3浬ニ1岩アリ牛鼻(牛臭)岩ト稱ス, 牛鼻岩ノ北方約1里ニ牛頭里島アリ 《朝鮮沿岸水路誌 第1卷』(1933) 朝鮮南岸「楸子群島」》.

牛鼻岩(우비암) 제주특별자치도 제주시 추자면 하추자도 동쪽 바다에 있는 '쇠코바우'의 한자 표기 가운데 하나. ⇒ **牛鼻(우비)**.

楸子群島……方嶼(母嶼) 群島中ノ最南東岩ニシテ高サ15米. 此ノ岩ノ333度約2.3浬ニ1岩アリ牛鼻(牛臭)岩ト稱ス, 牛鼻岩ノ北方約1里ニ牛頭里島アリ 《朝鮮沿岸水路誌 第1卷』(1933) 朝鮮南岸「楸子群島」》. GyûbiGan 牛鼻岩, GyûsyûGan 牛臭岩 《朝鮮沿岸水路誌 第1卷』(1933) 索引》.

又田燕(우전연) 제주특별자치도 제주시 조천읍 선흘2리에 있는 '우전제비'의

한자 차용 표기. 오늘날 민간에서는 주로 '우진제비'라고 하고 있음. 1960
년대 지형도부터 1990년대 지형도까지 '우전제비'로 표기되고, 2000년대
지형도에는 '우진제비'로 표기되고, 2015년 지형도에는 '우진제비오름'으
로 쓰여 있음. 표고 411.7m.

又田燕 ウーヂョンナェビ 《『朝鮮五萬分一地形圖』「漢拏山」〈濟州島北部 8號, 1918〉》.

右指浦(우지포) 제주특별자치도 제주시 애월읍 고내리에 있던 개 이름의 한
자 차용 표기.

右指浦(高內里) 《『朝鮮地誌資料』(1911) 全羅南道 濟州郡 新右面, 浦口名〉.

雨陣低飛岳(우진저비악) 제주특별자치도 조천읍 선흘리에 있는 오름의 한자
차용 표기 가운데 하나. 이 오름은 원래 '우진제비오름' 또는 '우진저비오
름'으로 부르고, 한자를 빌려 '牛眞岳(우진악)' 또는 '牛眞貯岳(우진저악)', '牛
振接岳(우진접악)', '雨陣低飛岳(우진저비악)' 등으로 표기하였음. 일제강점
기 이우에 '우진제비'가 '우전제비'로 소리가 바뀌어 한자를 빌려 '又田燕
(우전연)'으로 표기하였음. '우진제비'는 고유어로 보이는데, 그 뜻은 확실
하지 않음. 표고 411.7m.

雨陣低飛岳(善屹里) 《『朝鮮地誌資料』(1911) 全羅南道 濟州郡 新左面, 山名〉.

牛臭(우취) 제주특별자치도 제주시 추자면 하추자도 동쪽 바다에 있는 '쇠코'
의 한자 표기 가운데 하나. ⇒ 牛鼻(우비).

楸子群島……方嶼(母嶼) 群島中ノ最南東岩ニシテ高サ15米. 此ノ岩ノ333度約2.3浬ニ1
岩アリ牛鼻(牛臭)岩ト稱ス, 牛鼻岩ノ北方約1里ニ牛頭里島アリ 《『朝鮮沿岸水路誌 第1卷』
(1933) 朝鮮南岸「楸子群島」〉.

牛臭岩(우취암) 제주특별자치도 제주시 추자면 하추자도 동쪽 바다에 있는
'쇠코바우'의 한자 표기 가운데 하나. ⇒ 牛鼻(우비).

楸子群島……方嶼(母嶼) 群島中ノ最南東岩ニシテ高サ15米. 此ノ岩ノ333度約2.3浬ニ1岩
アリ牛鼻(牛臭)岩ト稱ス, 牛鼻岩ノ北方約1里ニ牛頭里島アリ 《『朝鮮沿岸水路誌 第1卷』(1933)

朝鮮南岸「楸子群島」〉. GyûbiGan 牛鼻岩, GyûsyûGan 牛臭岩 〈『朝鮮沿岸水路誌 第1卷』(1933) 索引〉.

雲雨路오름(운우로--) 제주특별자치도 제주시 조천읍 교래리 산간에 있는 '구룸비질오름'을 한자와 한글로 섞어 쓴 것.

濟州 南十五里에 잇는 三義讓오름……雲雨路오름……雲雨는 '재가 퍽 만타'는 말인즉, 돌이 다 火山地方에 峰 이름으로 매우 適切합니다. 〈『濟州島의 文化史觀 6』(1938) 六堂學人, 每日新報〉.

雲龍串(운룡곶)〔운룽코지〕 제주특별자치도 제주시 한림읍 귀덕리 바닷가에 있는 곶 이름의 한자 표기.

涯月串ヨリ海岸線ハ3浬餘ノ間南西方ニ走リ郭支里, 長路洞ヲ經テ雲龍串ニ達ス, 郭支里ニハ鰮漁場アリ, 長路洞ハ舟艇ノ避泊ニ適ス. 〈『朝鮮沿岸水路誌 第1卷』(1933) 朝鮮南岸「濟州島」〉. 濟州島北岸(廣鳥嘴至雲龍串) 濟州島ノ北岸卽チ廣鳥嘴ヨリ雲龍串ニ至ル約36浬ノ海岸ハ多少ノ凹凸ヲ以デ西走スレドモ一モ港灣ト稱スルニ足ルモノナク 〈『朝鮮沿岸水路誌 第1卷』(1933) 朝鮮南岸「濟州島」〉.

雄岳¹(웅악) 제주특별자치도 서귀포시 서호동 산간에 있는 '쉬오름'의 한자 차용 표기. 일본어 가나로는 スッコッオルム(숫것오롬)으로 쓰여 있으나, 민간에서는 예로부터 '쉬오롬' 또는 '시오롬'으로 불러왔음. 1960년대 지형도부터 오늘날 지형도에까지 '시오름'으로 쓰여 있음. 표고 758m.

雄岳 スッコッオルム 749米 〈『朝鮮五萬分一地形圖』「西歸浦」(濟州島南部 5號, 1918)〉. 雄岳 749米 (濟州島 右面) 〈『朝鮮地誌資料』(1919, 朝鮮總督府 臨時土地調査局) 山岳ノ名稱所在及眞高(續), 全羅南道 濟州島〉. 雄岳(ウンアク) 雄岳(スコッオルム: 共は五萬分一西歸浦圖幅にあり雄の音は웅ウン訓は숫컷, スッコットなり) 〈濟州島の地質學的觀察』(1928, 川崎繁太郎)〉.

雄岳²(웅악) 제주특별자치도 서귀포시 남원읍 수망리에 있는 '쉐기오름'의 한자 차용 표기. 1960년대 지형도부터 1990년대 지형도까지 雄岳(웅악)으로 쓰여 있고, 2000년대 지형도부터 오늘날 지형도까지 '쉐개오름'으로 쓰여 있음. 표고 179.9m.

雄岳 ウンアク 193米 〈『朝鮮五萬分一地形圖』「西歸浦」(濟州島南部 5號, 1918)〉. 雄岳(ウンアク) 雄

岳(スコッオルム: 共は五萬分一西歸浦圖幅にあり雄の音は웅ウン訓은숫컷, スツコツト
なり) 〈『濟州島の地質學的觀察』(1928, 川崎繁太郎)〉.

院(원) 제주특별자치도 제주시 애월읍 상가리 위쪽에 있었던 원을 이름. ⇒ 院
洞(원동).

院 ヲン 〈『朝鮮五萬分一地形圖』「翰林」(濟州島北部 12號, 1918)〉.

圓嶠山(원교산) 제주특별자치도 중심에 있는 한라산을 달리 쓴 것 가운데 하
나. 둘레가 원만하면서도 정상 부분은 깎아지른 듯하다는 데서 붙인 것임.
⇒ **漢拏山(한라산)**.

漢拏山……圓嶠山, 圓山, 頭無山, 釜岳の異名あり. 〈『地學論叢: 小川博士還曆記念』(1930)「濟州火
山島」(原口九萬)〉.

元南旨(원남지) 제주특별자치도 제주시 조천읍 신촌리 '원남ᄆᆞ를'의 한자 표기.

元南旨(新村里) 〈『朝鮮地誌資料』(1911) 全羅南道 濟州郡 新左面, 野坪名〉.

元堂洞(원당동) 제주특별자치도 제주시 조천읍 신촌리, '원당오롬'의 '망오롬'
동쪽에 형성되었던 '원당골'의 한자 차용 표기. 제주4·3 때 폐동되었음.

元堂洞 ヲンダンコル 〈『朝鮮五萬分一地形圖』「濟州」(濟州島北部 7號, 1918)〉.

元堂峰(원당봉) 제주특별자치도 제주시 삼양1동과 신촌리 경계에 있는 원당
봉의 한자 차용 표기 가운데 하나. 이 오롬은 원래 '웬당오롬'으로 부르고,
한자를 빌려 '元堂岳(원당악)'으로 표기하였음. 이 오롬 북쪽의 작은 봉우리
와 비겨서 '大元堂岳(대원당악: 큰웬당오롬)'이라고도 하였음. 조선 후기부터
'元堂峰(원당봉)'으로 표기하였음. '웬당오롬' 굼부리(분화구)에 못이 있고,
그 못 가까이에 '대한불교천태종(大韓佛敎天台宗) 문강사(門降寺)'라는 절이
있음. 그 절 북쪽에 '불탑사(佛塔寺)'와 '불탑사오층석탑'이 있음. '불탑사' 북
쪽에 있는 작은 봉우리를 큰 봉우리와 비교서 '족은은웬당오롬'이라 하였
음. 조선시대에 이 작은 봉우리에 봉수(烽燧)를 설치하고 이 봉수를 '元堂
烽燧(원당봉수)' 또는 '元堂望(원당망)', '元堂烽(원당봉)'이라 하였음. 봉수를

폐지하면서 이 작은 봉우리를 '뎔(망)'이 있었던 오롬이라는 데서 '망오롬'
이라 하였음. '웬당오롬'에는 이외에도 '＊듯은오롬〉도산오롬, 펭안오롬·펜
안오롬, 압오롬, 동·서 나부기오롬' 등의 작은 오롬이 있음. 표고 169.8m.

元堂峰 〈『朝鮮地誌資料(1911)』권17, 全羅南道 濟州郡 新左面 三陽·新村兩里, 山名〉. 元堂峰(三陽·新
村 兩里) 〈『朝鮮地誌資料』(1911) 全羅南道 濟州郡 新左面, 山名〉. 元堂峰(三陽里) 〈『朝鮮地誌資料』
(1911) 全羅南道 濟州郡 中面, 山名〉. 元堂峰 ヲンダンボン 170.7米 〈『朝鮮五萬分一地形圖』「濟州」((濟
州島北部 7號, 1918)〉. 水長兀や元堂峰など幾つかある〈『濟州火山島雜記』『地球』4권 4호, 1925, 中
村新太郎)〉. 同岩層ヨリ成レル噴石丘(沙羅峰, 道頭峰, 元堂峰, 猫山峰, 犀山岳, 廓岳ノ生成)
〈『濟州島ノ地質』(朝鮮地質調査要報 제10권 1호, 原口九萬, 1931〉. 他ノ火山……ソノ標式ナルモノハ
今岳, 孤根山, 元堂峰, 月郎峰, 三義讓岳等ニシテ火口内ニ水ヲ集潴セルモノニ元堂峰(龜
池), 水長兀, 沙羅岳等アリ〈『濟州島ノ地質』(朝鮮地質調査要報 제10권 1호, 原口九萬, 1931〉. 三陽里
元堂峰 밑을 지나간다 〈『耽羅紀行: 漢拏山』(李殷相, 1937)〉.

元堂峯(원당봉) 제주특별자치도 제주시 삼양1동과 신촌리 경계에 있는 원당
봉의 한자 차용 표기 가운데 하나. 표고 169.8m.

その最も標式なものは今岳, 元堂峯, 三義讓岳, 針岳, 孤根山, 御乘生岳, 月郎山, 終達峰, 飛
揚島等である〈『地球』12권 1호(1929)「濟州島遊記(一)」(原口九萬)〉. 濟州島ヲ北方沖合ヨリ望ム 月
郎山 屯地峯 箕岳 下栗岳 明桃岩峯 元堂峯 木密岳 沙羅山〈『朝鮮沿岸水路誌 第1卷』(1933) 朝鮮
南岸「濟州島」〉. 朝天里ノ西方2浬ニ在ル1死火山ヲ元堂峯ト謂フ.〈『朝鮮沿岸水路誌 第1卷』(1933)
朝鮮南岸「濟州島」〉.

元堂岳(원당악) 제주특별자치도 제주시 삼양1동과 신촌리 경계에 있는 '원당
오롬'의 한자 차용 표기 가운데 하나.

저 元堂岳 峰頭에 龜池와 壇址가 있을 것이 分明하며〈『耽羅紀行: 漢拏山』(李殷相, 1937)〉.

院洞(원동) 1.제주특별자치도 제주시 조천읍 와산리 '것구리오롬' 북쪽에 있
었던 '원동'의 한자 표기. 원(院)은 조선시대에 관원이 공무로 다닐 때에 숙
식을 제공하던 곳으로, 일반인도 이용할 수 있었음. 조선시대에 보문사(普

門寺) 가까이에 원을 설치하고 그 원 일대에 형성된 동네를 보문촌(普門村) 이라 하다가, 나중에 원동(院洞)이라 했음. 2.제주특별자치도 제주시 애월 읍 상가리 위쪽에 있었던 원동을 이름.

院洞 ヲントン 《『朝鮮五萬分一地形圖』「漢拏山」(濟州島北部 8號, 1918)》.

院東山里(원동산리) 제주특별자치도 제주시 애월읍 구엄리 '원동산' 일대에 있 었던 동네 이름이자 주막 이름.

院童山里(舊嚴里) 《『朝鮮地誌資料』(1911) 全羅南道 濟州郡 新右面, 酒幕名》.

院洞酒幕(원동주막) 제주특별자치도 제주시 애월읍 소길리에 위쪽 '원동'에 있 었던 주막 이름의 한자 차용 표기.

院洞酒幕(召吉里) 《『朝鮮地誌資料』(1911) 全羅南道 濟州郡 新右面, 酒幕名》.

元磊野(원뢰야) 제주특별자치도 서귀포시 신도리 '원머들(원모들)' 일대의 들판 이름의 한자 차용 표기.

元磊野(順昌里) 《『朝鮮地誌資料』(1911) 全羅南道 大靜郡 右面, 野坪名》.

圓峰(원봉) 제주특별자치도 제주시 애월읍 광령리 산간에 있는 '붉은오롬'을 이른 듯함.

앞으로 돌아 오르는 '오름'은 圓峰인데, 俗은 이를 '못뱅디'라 부르니, '못'은 池의 뜻이오, '뱅디'는 野原의 方言이다 《『耽羅紀行: 漢拏山』(李殷相, 1937)》.

院舍川(원사천) 제주특별자치도 서귀포시 남원읍 남원2리 서의동을 흐르고 있는 '원집내'의 한자 차용 표기 가운데 하나. 일제강점기부터 '서중천(西 中川)'이라 하고 있음.

院舍川·원집닉(西衣里) 《『朝鮮地誌資料』(1911) 全羅南道 旌義郡 西中面, 川名》.

圓山(원산)〔둠메〕 제주특별자치도 중심에 있는 한라산을 달리 쓴 것 가운데 하 나. 둘레가 원만하게 이루어져 있다는 데서 붙인 것임. ⇒ 漢拏山(한라산).

漢拏山……圓嶠山, 圓山, 頭無山, 釜岳의 異名あり. 《『地學論叢: 小川博士還曆記念』(1930) 「濟州火 山島」(原口九萬)》. 原名을 '하늘山'이라 부르던 이 漢拏山의 一名을 또 圓山이라 하기도 하고

瀛洲山이라 하기도 하였다 〈『耽羅紀行: 漢拏山』(李殷相, 1937)〉. 無岳이고 圓山이고 釜岳, 곳 가마오름이고 통히 '아이누'語로는 神山이란 쯧이 되여서 漢拏山이라 치는 것이나 단 한 가지, 이 山을 神靈으로 생각한 것에서 생겨난 이름임을 짐작할 수 잇습니다. 〈『濟州島의 文化史觀 9』(1938) 六堂學人, 每日新報 昭和十二年 九月 二十七日〉.

元帥谷(원수곡) 제주특별자치도 서귀포시 안덕면 광평리 '원수골(원수굴)'의 한자 차용 표기 가운데 하나.

元帥谷(廣坪里) 〈『朝鮮地誌資料』(1911) 全羅南道 大靜郡 中面, 山谷名〉.

元帥山(원수산) 제주특별자치도 서귀포시 안덕면 동광리에 있는 '원수산'의 한자 표기. 1960년대 지형도부터 1990지형도까지 '원수악'으로 쓰다가, 2000년대 지형도부터 2015년 지형도까지 '원물오름'으로 쓰고 있음. 표고 458.5m.

元帥山(東廣里) 〈『朝鮮地誌資料』(1911) 全羅南道 大靜郡 中面, 山谷名〉.

院水岳(원수악) 제주특별자치도 서귀포시 안덕면 동광리 동광육거리 북쪽에 있는 오롬. 1960년대 지형도부터 1990지형도까지 '원수악'으로 쓰다가, 2000년대 지형도부터 2015년 지형도까지 '원물오름'으로 쓰고 있음. 표고 458.5m.

院水岳 ヲンスアク 〈『朝鮮五萬分一地形圖』「大靜及馬羅島」(濟州島南部 9號, 1918)〉.

元帥池(원수지) 제주특별자치도 서귀포시 안덕면 동광리 '원물오롬' 동남쪽에 있는 못 이름. 예로부터 '원물'이라 불러왔음.

元帥池(東廣里) 〈『朝鮮地誌資料』(1911) 全羅南道 大靜郡 左面, 池名〉.

元場(원장) 대정읍 영락리와 무릉리, 한경면 고산리에 있었던 목장 이름.

官牧場は森林地帶にして觀音寺より上の部分とす, これ山馬場と云い其の下を元場(モトンヂャン)と稱したり. 〈『朝鮮半島の農法と農民』(高橋昇, 1939) 「濟州島紀行」〉.

遠長川(원장천) 제주특별자치도 제주시 이호1동 '감은모살동네(현사동)'과 내도동 경계를 흐르는 '원장내'의 한자 차용 표기 가운데 하나. 1960년대 지형도부터 1990년대 지형도까지 '원장내'로 썼는데, 2000년대 지형도부터 2015년 지형도까지 '원장천'으로 쓰고 있음.

遠長川(老衡·都坪·內都里)《朝鮮地誌資料》(1911) 全羅南道 濟州郡 中面, 川溪名〉.

遠長浦(원장포) 제주특별자치도 제주시 이호1동 '감은모살(이호해수욕장)' 서쪽, 원장내 하류에 있는 개 이름의 한자 표기.

遠長浦(道頭里)《朝鮮地誌資料》(1911) 全羅南道 濟州郡 中面, 浦口名〉.

元齊田(원제전) 1.제주특별자치도 서귀포시 호근동 각시바위 남동쪽에 있는 밭. 민간에서는 '원주왓'이라고도 함.
2.'원제왓(원주왓)' 일대에 들어섰던 '원제왓동네(원주왓동네)'의 한자 차용 표기. 제주4·3 때 폐동되었음.

元齊田 ヲンチェパッ《朝鮮五萬分一地形圖》「西歸浦」(濟州島南部 5號, 1918)〉.

院川(원천) 제주특별자치도 제주시 애월읍 수산리를 흐르고 있는 '원내'의 한자 표기. 2000년대 지형도부터 '수산천'으로 쓰고 있음.

院川(水山里)《朝鮮地誌資料》(1911) 全羅南道 濟州郡 新右面, 川名〉.

月角洞(월각동) 제주특별자치도 제주시 애월읍 어음리 '들까깃동네(돌까깃동네)'의 한자 차용 표기.

月角洞 タルカクドン《朝鮮五萬分一地形圖》「翰林」(濟州島北部 12號, 1918)〉.

月角伊(월각이) 제주특별자치도 제주시 한림읍 상대리 '들까기(돌까기)'의 한자 차용 표기.

月角伊 タルカクイ《朝鮮五萬分一地形圖》「翰林」(濟州島北部 12號, 1918)〉.

月垈沼(월대소) 제주특별자치도 제주시 외도1동 '월대'에 있는 소 이름. 이곳에서 외도천(광령천)과 어시천, 도근내(도근천) 등이 합류함.

月垈沼(外都里)《朝鮮地誌資料》(1911) 全羅南道 濟州郡 中面, 池名〉.

月羅峯(월라봉) 제주특별자치도 서귀포시 안덕면 감산리 안덕계곡 남쪽에 있는 '드레오롬'의 한자 차용 표기. 1960년대 지형도부터 지금까지 월라봉

(月羅峰)이라 하고 있음. 표고 200.7m.

月羅峯 ヲルラポン 202米 《朝鮮五萬分一地形圖》「大靜及馬羅島」(濟州島南部 9號, 1918)〉.

月羅峰野(월라봉야) 제주특별자치도 서귀포시 안덕면 감산리 '드레오롬' 북쪽에 있는 들판 이름의 한자 차용 표기.

月羅峰野(柑山里) 《朝鮮地誌資料》(1911) 全羅南道 大靜郡 中面, 野坪名〉.

月羅山¹(월라산) 제주특별자치도 서귀포시 안덕면 감산리 안덕계곡 남쪽에 있는 '드레오롬'의 한자 차용 표기. 1960년대 지형도부터 지금까지 월라봉 (月羅峰)이라 하고 있음. 표고 200.7m.

月羅山(柑山里) 《朝鮮地誌資料》(1911) 全羅南道 大靜郡 中面, 山谷名〉. 月羅山(월라산) 西月羅山, 山房山單山に通ずる裂鑄線であつて 《地球》 11권 2호(1929)「濟州島アルカリ岩石(豫報其二)」(原口九萬)〉. 山房山熔岩 本島ノ南西部ニ崛起セル山房山及月羅山ヲ構成セルモノニシテ 《濟州島ノ地質》(朝鮮地質調査要報 제10권 1호, 原口九萬, 1931)〉.

月羅山²(월라산) 제주특별자치도 서귀포시 신효동에 있는 '드라미'의 한자 차용 표기 가운데 하나. 1960년대 지형도부터 1990대 지형도까지 '月羅岳 (월라악)'으로 쓰다가, 2000년대 지형도부터 2015년 지형도까지 '月羅峰 (월라봉)'으로 쓰고 있음. 굼부리(분화구)에 감귤박물관이 들어서 있음. 표고 117.8m. 153.7m.

月羅山·달라미(新孝) 《朝鮮地誌資料》(1911) 全羅南道 旌義郡 右面, 山谷名〉.

月羅山谷(월라산곡) 제주특별자치도 서귀포시 안덕면 감산리 '드레오롬' 북쪽 '창곳내(감산내)' 일대의 골 이름. 근래에는 주로 안덕계곡으로 알려지고 있고, 안덕계곡 상록수림은 천연기념물 제377호로 지정되어 있음.

月羅山谷(柑山里) 《朝鮮地誌資料》(1911) 全羅南道 大靜郡 中面, 山谷名〉.

月郎洞(월랑동) 제주특별자치도 제주시 노형동 '드롱곳〉드롱곳' 일대에 형성되었던 동네 이름의 한자 표기.

月郎洞 タランドン 《朝鮮五萬分一地形圖》「翰林」(濟州島北部 12號, 1918)〉.

月郎峯(월랑봉) 제주특별자치도 제주시 구좌면 세화리 산간에 있는 '다랑쉬오름'의 한자 차용 표기 가운데 하나. 1960년대 지형도부터 1990년대 지형도까지 月郎峰(월랑봉)으로 쓰다가, 2000년대 지형도부터 2011년도 지형도까지 '다랑쉬오름'이라 하다가, 2013년 지형도부터 2015년 지형도까지 '다랑쉬오름'과 '월랑봉'이 아울러 표기되어 있음. 표고 382.4m.

月郎峯 タランシー 380米 《朝鮮五萬分一地形圖》(濟州島北部 4號)「城山浦」(1918)》. 濟州島に於ては陸地(島にては朝鮮本土を斯く云ふ)に於けるが如く山名に山(サン)峯(ポン)及岳(アク)を附くろも多くは何何オルムと呼び……雪岳(スンオルム) 飛雉山(ヒチメー) 乭山(トルミ) 月郎峯(タランジ) 《濟州島の地質學的觀察》(1928, 川崎繁太郎)》. 月郎峯 屯地峯(芚地峯)及高岳(高山峯) 月郎峯, 屯地峯ハ細花里ヨリ南西方約3浬, 高岳ハ同方向約5浬……《朝鮮沿岸水路誌 第1卷》(1933) 朝鮮南岸「濟州島」》.

月郎峰(월랑봉) 제주특별자치도 제주시 구좌면 세화리 산간에 있는 '다랑쉬오름'의 한자 차용 표기 가운데 하나. 1960년대 지형도부터 1990년대 지형도까지 月郎峰(월랑봉)으로 쓰다가, 2000년대 지형도부터 2011년도 지형도까지 '다랑쉬오름'이라 하다가, 2013년 지형도부터 2015년 지형도까지 '다랑쉬오름'과 '월랑봉'이 아울러 표기되어 있음. 표고 382.4m.

他ノ火山……ソノ標式ナルモノハ今岳, 孤根山, 元堂峰, 月郎峰, 三義讓岳等ニシテ火口內ニ水ヲ集瀦セルモノニ元堂峰(龜池), 水長兀, 沙羅岳等アリ 《濟州島ノ地質》(朝鮮地質調査要報 제10권 1호, 原口九萬, 1931)》.

月郎山(월랑산) 제주특별자치도 제주시 구좌면 세화리 산간에 있는 '다랑쉬오름'의 한자 차용 표기 가운데 하나. 1960년대 지형도부터 1990년대 지형도까지 月郎峰(월랑봉)으로 쓰다가, 2000년대 지형도부터 2011년도 지형도까지 '다랑쉬오름'이라 하다가, 2013년 지형도부터 2015년 지형도까지 '다랑쉬오름'과 '월랑봉'이 아울러 표기되어 있음. 표고 382.4m.

その最も標式なものは今岳, 元堂峯, 三義讓岳, 針岳, 孤根山, 御乘生岳, 月郎山, 終達峰, 飛

揚島等である 《地球』12권 1호(1929) 「濟州島遊記(一)」(原口九萬)〉. 月郎山 屯地峯 箕岳 下栗岳 《朝鮮沿岸水路誌 第1卷』(1933) 朝鮮南岸 「濟州島』〉. 濟州島 ヲ北方沖合ヨリ望ム 月郎山 屯地峯 箕岳 下栗岳 明桃岩峯 元堂峯 木密岳 沙羅山 《朝鮮沿岸水路誌 第1卷』(1933) 朝鮮南岸 「濟州島』〉.

月令里(월령리) 제주특별자치도 제주시 한림읍 월령리의 한자 표기.

月令里(월령리 ウォルリョンリー) 《韓國水産誌』 제3집(1911) 「濟州島」 濟州郡 舊右面〉. 月令里 《地方行政區域一覽(1912)』(朝鮮總督府) 濟州郡, 舊右面〉. 月令里 ヲルリョンリー 《朝鮮五萬分一地形圖』(濟州島北部 16號 「飛揚島」1918)〉.

月令浦(월령포) 제주특별자치도 제주시 한림읍 월령리 바닷가에 있는 '월령잇개'의 한자 표기 가운데 하나. '월령잇개'는 元龍浦(원룡포)로도 표기되었음.

月令浦(月令里) 《朝鮮地誌資料』(1911) 全羅南道 濟州郡 舊右面, 浦口名〉.

月山洞(월산동) 1.제주특별자치도 제주시 노형동 월산마을의 한자 표기.

月山洞 ヲルサンドン 《朝鮮五萬分一地形圖』 「翰林』(濟州島北部 12號, 1918)〉.

2.제주특별자치도 서귀포시 강정동 중산간에 있는 월산동의 한자 표기.

月山洞 ヲルサントン 《朝鮮五萬分一地形圖』 「大靜及馬羅島』(濟州島南部 9號, 1918)〉.

月汀里(월정리) 제주특별자치도 구좌읍의 한 마을 이름. '월정리'의 옛 이름은 '*무주개〉무주애'임. '무주애'는 '無注浦·無住浦(무주포)'로 쓰고, 그 일대에 형성된 마을은 '無注村(무주촌)·無注浦里(무주포리)'라 하다가, 19세기 후반에는 '無注里·武州里(무주리)'로 표기하였음. 20세기 초반에도 '武州里(무주리)'로 표기하였는데, 일제강점기 초반에 이름을 바꾸어 '月汀里(월정리)'라 하였음.

月汀里 《朝鮮地誌資料(1911)』 권17, 全羅南道 濟州郡 舊左面〉. 月汀里(월딕리 ウォルチェーイー) 《韓國水産誌』 제3집(1911) 「濟州島」 濟州郡 舊左面〉. 月汀里 《地方行政區域一覽(1912)』(朝鮮總督府) 濟州郡, 舊左面〉. 漢字の音にもわらず又其の訓讀にもわらず, 全く他の名稱を以て呼ぶもの.……月汀里 무주에('武州'テアルトイツテ居ル) 《朝鮮及滿洲』 제70호(1913) 「濟州島方言」'六. 地名'(小倉進平)〉.月汀里 ヲルヂョンニー 《朝鮮五萬分一地形圖』 「金寧』(濟州嶋北部 三號, 1918)〉. 椛

子林을 벗어나 月汀里라는 곳을 지나간다. 《耽羅紀行: 漢拏山》(李殷相, 1937)》.

月旨洞(월지동) 제주특별자치도 서귀포시 표선면 토산1리 동쪽 '툴ᄆ르〉들ᄆ
르' 일대에 형성되었던 동네 이름의 한자 차용 표기.

月旨洞 ヲルチートン 《朝鮮五萬分一地形圖》「表善」(濟州島南部 1號, 1918)》.

月台洞(월대동) 제주특별자치도 제주시 외도1동 '월대' 일대에 형성된 동네 이름.

濟州邑外都里月台洞 《朝鮮半島の農法と農民》(高橋昇, 1939)「濟州島紀行」》.

月坪里¹(월평리) 제주특별자치도 제주시 아라동 월평동의 옛 이름 '월평리'의
한자 표기. 월평리는 원래 '다라쿳'이라 부르고 月羅花(월라화)로 쓰다가,
나중에 月坪(월평)으로 바꿨음.

月坪里 《地方行政區域一覽(1912)》(朝鮮總督府) 濟州郡, 中面》. 月坪里 ヲルピョンニー 《朝鮮五萬分
一地形圖》「漢拏山」(濟州島北部 8號, 1918)》. 訓にて又は音を訓とを合せて讀めるもの. 月坪里ー
다락굿(濟州). 衣貴里ー옷쉬(旌義). 《朝鮮及滿洲》 제70호(1913)「濟州島方言」 '六.地名'(小倉進平)》.

月坪里²(월평리) 제주특별자치도 서귀포시 월평동의 옛 이름 '월평리'의 한자
표기.

月坪里 《地方行政區域一覽(1912)》(朝鮮總督府) 大靜郡, 左面》. 月坪里 ヲルピョンニー 《朝鮮五萬
分一地形圖》「大靜及馬羅島」(濟州島南部 9號, 1918)》.

爲美(위미) 제주특별자치도 서귀포시 남원읍 위미1리의 옛 이름 '뒈미(데미)'
의 한자 차용 표기 가운데 하나.

昔時の書方を其の類似音で書きかへて居る.……旌義郡'又美'は普通に솨미といひ, 元は
'爲美'と書いて居た. 然るに'爲'の音が'又'の音に似て居るところから, '又美'と書き, 更に
'又'の訓솨を借り用ひて, 之を솨미と稱するに至つたらしい. 《朝鮮及滿洲》 제70호(1913)「濟州
島方言」 '六.地名'(小倉進平)》.

爲美里(위미리) 제주특별자치도 서귀포시 남원읍 '위미리'의 한자 표기. 위미리
는 '뒈미'라 부르고 又尾(우미) 또는 又美(우미)로 쓰다가 爲美(위미)로 바꿨음.

爲美里 《地方行政區域一覽(1912)》(朝鮮總督府) 旌義郡, 西中面》. 爲美里 ウミリ 《朝鮮五萬分一地形

圖』「西歸浦」(濟州島南部 5號, 1918)〉. 大鳳顏串ヨリ海岸西走スルコト4.3浬ニシテ爲美里(又美里)アリ.〈朝鮮沿岸水路誌 第1卷』(1933) 朝鮮南岸 「濟州島」〉.

魏時岳洞(위시악동) 제주특별자치도 서귀포시 표선면 의귀리 '넉시오롬' 동남쪽 일대에 형성되어 있던 동네 이름의 한자 차용 표기. 1960년대 지형도부터 오롬은 魄梨岳(백리악)으로 쓰고, 동네는 '산하동'으로 쓰여 있음.

衣貴里 ウイクイリー, 東衣里 トンウイリー, 魏時岳洞 ギシーアクトン〈朝鮮五萬分一地形圖』「西歸浦」(濟州嶋南部 5號, 1918)〉.

攸久旨(유구지) 제주특별자치도 제주시 조천읍 조천리 웃동네 '유구남ᄆ르'의 한자 차용 표기.

攸久旨(朝天里)〈朝鮮地誌資料』(1911) 全羅南道 濟州郡 新左面, 野坪名〉.

流水洞(유수동) 제주특별자치도 제주시 애월읍 유수암리의 본동을 이름. '흐리물동네(흐른물동네)'를 한자로 쓴 것임.

流水洞 ユースードン〈朝鮮五萬分一地形圖』「翰林」(濟州島北部 12號, 1918)〉.

有信洞(유신동) 제주특별자치도 제주시 애월읍 광령2리 '이승이(이싱이)' 일대에 형성되어 있는 동네의 한자 표기.

有信洞 ユーシンドン〈朝鮮五萬分一地形圖』「翰林」(濟州島北部 12號, 1918)〉.

柳池(유지) 제주특별자치도 서귀포시 대정읍 상모리 '버들못(버드리못)'의 한자 차용 표기.

柳池(上摹里)〈朝鮮地誌資料』(1911) 全羅南道 大靜郡 右面, 池名〉.

柳枝南旨(유지남지) 제주특별자치도 제주시 조천읍 북촌리 '유지남ᄆ르'의 한자 차용 표기.

柳枝南旨(北村里)〈朝鮮地誌資料』(1911) 全羅南道 濟州郡 新左面, 野坪名〉.

六所(육소) 조선시대에 있었던 목장 가운데 하나인 육소장을 이름.

牧場 一所 二所 三所 四所 五所 六所 七所 八所 九所 十所 山場〈濟州嶋現況一般』(1906)〉.

尹男池(윤남지) 제주특별자치도 서귀포시 대정읍 신도리 '웃남못'의 현실음을 한자로 쓴 것.

尹男池(桃源里)《『朝鮮地誌資料』(1911) 全羅南道 大靜郡 右面, 池名》.

隱月峰(은월봉) 제주특별자치도 구좌읍 종달리 중산간에 있는 '은ㄷ리오롬'의 한자 차용 표기. 표고 180.1m.

隱月峰 ウンヲルポン《『朝鮮五萬分一地形圖』「城山浦」(1918)》.

音富洞(음부동) 제주특별자치도 제주시 한림읍 월림리의 옛 이름 '음부리' 일대에 형성되어 있는 동네의 한자 표기.

音富洞 ウムプリトン《『朝鮮五萬分一地形圖』「翰林」(濟州島北部 12號, 1918)》.

邑內(읍내) 1. 제주특별자치도 제주시 제주성 안의 일도동, 이도동, 삼도동 일대를 아울러 이르던 이름. 당시는 濟州邑(제주읍)이었음.

邑內三徒里の個人地主《『朝鮮半島の農法と農民』(高橋昇, 1939)「濟州島紀行」》.

2. 제주특별자치도 서귀포시 표선면 성읍리 일대를 이름.

旌義郡 邑內《『韓國水産誌』 제3집(1911)「濟州島」場市名》.

3. 제주특별자치도 서귀포시 대정읍 안성리, 인성리, 보성리 등 대정성 일대를 이름.

大靜郡 邑內《『韓國水産誌』 제3집(1911)「濟州島」場市名》.

邑內場(읍내장) 제주특별자치도 제주시 삼도동에 있었던 장 이름.

邑內場(三都里)《『朝鮮地誌資料』(1911) 全羅南道 濟州郡 中面, 市場名》.

鷹峰(응봉) 제주특별자치도 서귀포시 표선면 세화리에 있는 '매오롬'의 한자 차용 표기 가운데 하나. 1960년대 지형도부터 오늘날 지형도까지 '매오롬'으로 쓰고 있음. 표고 133.3m.

鷹峰 メーポン 136.7米《『朝鮮五萬分一地形圖』「表善」(濟州島南部 1號, 1918)》.

鷹峯(응봉) 제주특별자치도 서귀포시 표선면 세화리에 있는 '매오롬'의 한자 차용 표기 가운데 하나. 1960년대 지형도부터 오늘날 지형도까지 '매오롬'으로 쓰고 있음. 표고 133.3m.

鷹峯 表善浦ノ西南西方1浬餘ニ在ル尖頂峯ニシテ高サ134米 《朝鮮沿岸水路誌 第1卷』(1933) 朝鮮南岸「濟州島」》.

鷹岳(응악) 제주특별자치도 서귀포시 표선면 세화리에 있는 '매오롬'의 한자 차용 표기 가운데 하나. 1960년대 지형도부터 오늘날 지형도까지 '매오 름'으로 쓰고 있음. 표고 133.3m.

鷹岳·미오롬(表善里) 《朝鮮地誌資料』(1911) 全羅南道 旌義郡 東中面, 山谷名〉.

應巖山(응암산) 제주특별자치도 서귀포시 표선면 세화리에 있는 '매오롬'의 한자 차용 표기 가운데 하나. 1960년대 지형도부터 오늘날 지형도까지 '매 오름'으로 쓰고 있음. 원래 '매바우오롬'이라 應巖山(응암산)으로 표기했음. 표고 133.3m.

岳〔o-rom〕【「眈羅志」以岳爲兀音〕[全南] 濟州(郡內「葛岳」을〔tʃʿuk o-rom〕「板乙浦岳」을〔nǔl-gö o-rom〕といふ)·城山·西歸·大靜(舊旌義郡內의「達山」을〔toŋ o-rom〕水岳을〔mul o-rom〕應巖山을〔mö-pa-ui o-rom〕といふ)《朝鮮語方言の研究 上』(小倉進平, 1944:34)〉.

鷹旨野(응지야) 제주특별자치도 서귀포시 회수동 '매ᄆ르(매ᄆ를)' 일대에 형성되어 있는 들판 이름.

鷹旨野(廻水里)《朝鮮地誌資料』(1911) 全羅南道 大靜郡 左面, 野坪名〉.

衣貴(의귀) 제주특별자치도 서귀포시 남원읍 '의귀리' 줄임말의 한자 표기.

旌義郡 衣貴 《韓國水産誌』 제3집(1911)「濟州島」場市名〉.

衣貴里(의귀리) 제주특별자치도 서귀포시 남원읍 '의귀리'의 한자 표기 가운데 하나. 1914년 3월 1일부터 당시 衣貴里(의귀리: 중앙동과 섯동네, 새가름)와 東衣里(동의리: 동카름과 월산동)를 통합하여 衣貴里(의귀리)라 한 뒤에 오늘에 이르고 있음.

訓にて又は音を訓とを合せて讀めるもの. 月坪里ー다락곳(濟州). 衣貴里ー웃쇠(旌義). 《朝鮮及滿洲』 제70호(1913)「濟州島方言」'六.地名(小倉進平)〉. 衣貴里 ウイクイリー 《朝鮮五萬分一地形圖」「西歸浦」(濟州島南部 5號, 1918)〉. 衣貴里 《地方行政區域一覽(1912)』(朝鮮總督府) 旌義郡, 西中

面). 衣貴里 ウイクイリー, 東衣里 トンウイリー, 魏時岳洞 ギシーアクトン 《朝鮮五萬分一地形圖』「西歸浦」(濟州嶋南部 5號, 1918)》.

衣貴市(의귀시) 제주특별자치도 서귀포시 남원읍 의귀리에 있던 시장 이름.

衣貴市(衣貴里) 《朝鮮地誌資料』(1911) 全羅南道 旌義郡 西中面, 市場名》.

蟻岳(의악) 개미오롬(ケーミオルム)을 이른 듯하나, 본디 이름은 '개오롬'임. ⇒ 狗岳(구악).

狗岳(ケーミオルム: 蟻岳ならざるか) 《濟州島の地質學的觀察』(1928, 川崎繁太郎)》.

蟻項(의항) 제주특별자치도 제주시 오라2동 산간, 한라산 등반로에 있는 게염지목(개미목)'의 한자 차용 표기. 1960년도 지형도부터 2015년 지형도까지 '개미목'으로 쓰여 있음.

蟻項 ケアミモク 《朝鮮五萬分一地形圖』「漢拏山」(濟州島北部 8號, 1918)》. 漢拏山の北側の蟻項の谿谷や三義讓岳の南側, 米岳(サルオルム)どで之を見ることが出來る 《地球』12권 1호(1929) 「濟州島遊記(一)」(原口九萬)》. 漢拏山……漢拏山北側蟻項ニ於テ破壞作用ニ基ク二條ノ深キ 《濟州島ノ地質』(朝鮮地質調査要報 제10권 1호, 原口九萬, 1931)》. '한내'를 떠난 지 半時間餘에 '蟻項入口'란 標木이 섰는데 여기가 벌서 1100米 의 高地다 《耽羅紀行: 漢拏山」(李殷相, 1937)》. 雲霞 나르는 갈밭草原이 끝나는 고개ㅅ머리가 바로 蟻項이라 쓰고 '개목'이라 부르는 '개암이목'이다 《耽羅紀行: 漢拏山」(李殷相, 1937)》. 漢拏山登山……三聖堂……觀音寺……大石沢……蟻項入口 笹原入口……蟻項六合目……笹原の終點……蓬來泉, 日暮の沢……胸衡八合目……白鹿潭 《朝鮮半島の農法と農民』(高橋昇, 1939)「濟州島紀行」》.

伊橋洞(이교동) 제주특별자치도 서귀포시 대정읍 상모리 '이드리' 일대에 형성된 '이드릿동네'의 한자 표기.

伊橋洞 イキョートン 《朝鮮五萬分一地形圖』「大靜及馬羅島」(濟州島南部 9號, 1918)》.

二徒里(이도리) 제주특별자치도 제주시 이도동의 옛 이름.

二徒里 《地方行政區域一覽(1912)』(朝鮮總督府) 濟州郡, 中面》.

吏敦伊山(이돈이산) 제주특별자치도 서귀포시 안덕면 광평리 '이돈이오롬(이

도니오롬]'의 한자 차용 표기 가운데 하나.

吏敦伊山(廣坪里)《『朝鮮地誌資料』(1911) 全羅南道 大靜郡 中面, 山谷名》.

伊呂島(이여도) 제주도 남쪽 바다에 있는 '이어도[이여도]'의 한자 차용 표기 가운데 하나.

伊呂島 いろ-《『日本周囲民族の原始宗教：神話宗教の人種学的研究』(1924) 宗敎》.

伊生洞(이생동) 제주특별자치도 제주시 노형동의 해안동 위쪽 '이승이' 일대에 형성되어 있었던 동네의 한자 표기.

伊生洞 イセンドン《『朝鮮五萬分一地形圖』「翰林」(濟州島北部 12號, 1918)》.

二所(이소) 조선시대에 있었던 목장 가운데 하나인 이소장을 이름.

牧場 一所 二所 三所 四所 五所 六所 七所 八所 九所 十所 山場《濟州嶋現況一般』(1906)》.

二月野(이월야) 제주특별자치도 서귀포시 대정읍 상모리 '이드리' 일대에 있는 들판 이름. '이드리'는 二橋(이교)로도 썼음.

二月野(上摹里)《『朝鮮地誌資料』(1911) 全羅南道 大靜郡 右面, 野坪名》.

二月池(이월지) 제주특별자치도 서귀포시 대정읍 상모리 '이드리'에 있었던 못(이드릿못) 이름.

二月池(上摹里)《『朝鮮地誌資料』(1911) 全羅南道 大靜郡 右面, 池名》.

離虛島(이허도) 제주도 남쪽 바다에 있는 '이어도[이여도]'의 한자 차용 표기 가운데 하나.

離虛島는 濟州島 사람의 전설 속에 잇는 섬(島)입니다.《제주도의 민요 五十首, 맷돌 가는 여자들의 주고밧는 노래』(강봉옥,『開闢』제32호, 1923)》. 제주의 노래는……이여도야 이여도야(또 이허도라고도) 하는 후렴이 붙어 있음. 어떤 이는 '離虛島/イヨト'라고 쓴다.……《民謠에 나타난 濟州女性』(高橋亨,『朝鮮』212호, 1933)》.

梨湖里(이호리) 제주특별자치도 제주시 이호동의 옛 이름 이호리의 한자 표기.

梨湖里 イホリ《『朝鮮五萬分一地形圖』「翰林」(濟州島北部 12號, 1918)》.

仁城(인성) 제주특별자치도 서귀포시 대정읍 인성리.

大靜郡 濟州嶋ノ南面一牛チ更ニ兩分シ南部ノ一牛ヲ大靜郡トナス, 義ニ比スレハ面積稍 小ナリ, 安城, 仁城, 保城ノ三里チ合シテ大靜邑トナス 《濟州嶋現況一般』(1906)》.

仁城里(인성리) 제주특별자치도 서귀포시 대정읍 대정현성 남문 남동쪽 일대 에 형성되어 있는 마을.

仁城里 《地方行政區域一覽(1912)』(朝鮮總督府) 大靜郡, 右面》. 仁城里 インソンリー 《朝鮮五萬分 一地形圖』「大靜及馬羅島』(濟州島南部 9號, 1918)》.

仁郷洞(인향동) 제주특별자치도 서귀포시 대정읍 무릉2리 인향동의 한자 표 기. 이 동네는 예로부터 '인행이, 인랭이' 등으로 불러오다가, 한자를 빌려 仁郷洞(인향동)으로 표기하였음.

仁郷洞 インヒャントン 《朝鮮五萬分一地形圖』(濟州島南部 13號 「摹瑟浦』(1918)》.

日果(일과) 제주특별자치도 서귀포시 대정읍 일과리.

大靜郡 桃源 武陵 日果 加波 上摹 下摹 沙溪 和順 大坪 大浦 江汀 計十一浦 《濟州嶋現況一 般』(1906)》.

日果里(일과리) 제주특별자치도 서귀포시 대정읍 일과리의 한자 표기. 이 마 을은 예로부터 '날웨'라 부르고 한자를 빌려 日果(일과) 또는 日課(일과) 등 으로 표기하다가, 日果(일과)로 굳어졌음.

日果里(일과리 イルクアリー) 《韓國水産誌』 제3집(1911) 「濟州島」 大靜郡 右面》. 日果里 《地方行 政區域一覽(1912)』(朝鮮總督府) 大靜郡, 右面》. 日果里 イルクワリー 《朝鮮五萬分一地形圖』(濟州島南 部 13號 「摹瑟浦』(1918)》.

日果浦(일과포) 제주특별자치도 서귀포시 대정읍 동일리 바닷가에 있는 '날웻 개'의 한자 차용 표기 가운데 하나.

日果浦(東日里) 《朝鮮地誌資料』(1911) 全羅南道 大靜郡 右面, 浦口名》.

一徒里(일도리) 제주특별자치도 제주시 일도동의 옛 이름.

一徒里 《地方行政區域一覽(1912)』(朝鮮總督府) 濟州郡, 中面》.

日暮の沢(일모노택) 제주특별자치도 제주시 오라동 '삼각봉' 남동쪽 내에 있는 못을 나타낸 것.

漢拏山登山……三聖堂……觀音寺……大石沢……蟻項入口 笹原入口……蟻項六合目……笹原の終點……蓬來泉, 日暮の沢……胸衡八合目……白鹿潭 《『朝鮮半島の農法と農民』(高橋昇, 1939) 「濟州島紀行」》.

一所(일소) 조선시대에 있었던 목장 가운데 하나인 일소장을 이름.

牧場 一所 二所 三所 四所 五所 六所 七所 八所 九所 十所 山場 《『濟州嶋現況一般』(1906)》.

釼月洞(인월동) 釼月洞(인월동)은 劍月洞(검월동)의 劍(검)을 나타낸 것으로 추정됨. 그러나 釼(인)의 현대 한자음은 '인'이기 때문에, 釼月洞(인월동)은 劍月洞(검월동)을 잘못 나타낸 것이라 할 수 있음. ⇒ 劍月洞(검월동).

釼月洞 コムルトン 《朝鮮五萬分一地形圖』「金寧」(濟州嶋北部 三號, 1918)》.

入鼻(입비) 제주특별자치도 제주시 우도면 천진항 북서쪽 바닷가에 있는 '들렁코지>들엉코지[드렁코지]'의 한자 차용 표기인 듯함.

牛島……島ノ南西角ヲ入鼻(イリハナ)ト謂ス……《『朝鮮沿岸水路誌 第1巻』(1933) 朝鮮南岸 「濟州島」》.

笠山(입산) 제주특별자치도 제주시 구좌읍 김녕리에 있는 '입미오롬'의 한자 차용 표기 가운데 하나. ⇒ 笠山岳(입산악).

笠山はその名の示す様に低平な火山で廣い火口內は水田に化してゐる 《地球』12권 1호(1929) 「濟州島遊記(一)」(原口九萬)》. 他ノ火山……之ニ屬スルモノニ笠山, 臼山, 城山, 斗山ノ如ク旣ニ其山名ニ於テ形狀ヲ表ハセルモノアリ 《『濟州島ノ地質』(朝鮮地質調査要報 제10권 1호, 原口九萬, 1931)》. 漢拏山-金寧線……其上 ニ連立セル火山ハ 土赤岳, 石岳, 御後岳, 水長兀, 犬月岳, 棚岳, 針岳, 泉味岳, 堂岳, 猫山峰, 笠山ナリトス 《『濟州島ノ地質』(朝鮮地質調査要報 제10권 1호, 原口九萬, 1931)》. 金寧里ノ南方少距離ニ2死火山アリ…… 東ニ在ルモノヲ笠山ト稱シ 高ザ86米 火口西ニ向ヒ最高部ハ火口ノ東側ニ在リ. 《『朝鮮沿岸水路誌 第1巻』(1933) 朝鮮南岸 「濟州島」》.

笠山峰(입산봉) 제주특별자치도 제주시 구좌읍 김녕리에 있는 '입미오롬'의 한자 차용 표기 가운데 하나. ⇒ 笠山岳(입산악).

金寧より東微南に向ひ笠山峰を右 にして 西北西の海底から吹き上げられ貝砂の上を登

つて行くこと約一里, 道より南に三町程小徑をたどると金寧窟の前に出る〈濟州火山島雜記』(『地球』4권 4호, 1925, 中村新太郎)〉.

笠山峯(입산봉) 제주특별자치도 제주시 구좌읍 김녕리에 있는 '입미오롬'의 한자 차용 표기 가운데 하나. ⇒ 笠山岳(입산악).

低平なものに笠山峯などがある〈濟州火山島雜記』(『地球』4권 4호, 1925, 中村新太郎)〉.

笠山峰(입산봉)〔입미오롬〕 제주특별자치도 구좌읍 김녕리 김녕중학교 남동쪽에 있는 '입미오롬'의 한자 차용 표기 가운데 하나. 이 오롬은 원래 '입미오롬'으로 부르다가 한자를 빌려 '笠山岳(입산악)'으로 쓰고, 나중에는 '笠山峰(입산봉)'으로 표기하게 되었음. 지금은 '입미오롬'이라는 음성형을 거의 확인할 수 없음. 조선시대에 이 오롬 정상에 烽燧(봉수)를 설치하였는데, 그때부터 봉수 이름을 '笠山烽燧(입산봉수)' 또는 '笠山望(입산망)', '笠山烽(입산봉)' 등으로 불렀음. 그 뒤 이 오롬은 오롬 이름보다는 봉수 이름으로 부르는 경우가 일반화되었음. 특히 19세기에는 '笠山烽(입산봉)'으로 부르다가 1894년에 봉수가 폐지되면서 '笠山峰(입산봉)'으로 바꾸어 표기하게 되면서 '입산봉'이라는 이름이 굳어진 것임. 한때 '立傘峰(입산봉)'으로 잘못 쓰기도 했음. 표고 86.6m.

笠山峰〈朝鮮地誌資料(1911)』권17, 全羅南道 濟州郡 舊左面 金寧里, 山名〉.

笠山岳(입산악)〔입미오롬〕 제주특별자치도 구좌읍 김녕리 김녕중학교 남동쪽에 있는 '입미오롬'의 한자 차용 표기 가운데 하나. 이 오롬은 원래 '입미오롬'으로 부르다가 한자를 빌려 '笠山岳(입산악)'으로 쓰고, 나중에는 '笠山峰(입산봉)'으로 표기하게 되었음. 지금은 '입미오롬'이라는 음성형을 거의 확인할 수 없음. 조선시대에 이 오롬 정상에 烽燧(봉수)를 설치하였는데, 그때부터 봉수 이름을 '笠山烽燧(입산봉수)' 또는 '笠山望(입산망)', '笠山烽(입산봉)' 등으로 불렀음. 그 뒤 이 오롬은 오롬 이름보다는 봉수 이름으로 부르는 경우가 일반화되었음. 특히 19세기에는 '笠山烽(입산봉)'으로 부르

다가 1894년에 봉수가 폐지되면서 '笠山峰(입산봉)'으로 바꾸어 표기하게
되면서 '입산봉'이라는 이름이 굳어진 것임. 한때 '立傘峰(입산봉)'으로 잘
못 쓰기도 했음. 표고 86.6m.

笠山岳(イブサンアク) 金寧の南數町 《濟州島の地質學的觀察》(1928, 川崎繁太郞)》.

立石(입석) 제주특별자치도 제주시 한림읍 대림리와 수원리 경계에 있는 '선
돌'의 한자 차용 표기.

漢字の音にもわらず又其の訓讀にもわらず, 全く他の名稱を以て呼ぶもの.……大林里 센
돌('立石ノ義テアルトイツテ居ル). 《朝鮮及滿洲》제70호(1913) 「濟州島方言」 '六.地名'(小倉進平)》.

入所火田野(입소화전야) 八所火田野(팔소화전야: 팔소 화전드르)를 잘못 쓴 것.

入所火田野 《朝鮮地誌資料》(1911) 全羅南道 大靜郡 左面, 野坪名》.

立岩(입암) 제주특별자치도 서귀포시 성산읍 신양리 바닷가의 '선바우'의 한
자 차용 표기. 달리 '선돌'이라고도 불렀음.

立岩 《朝鮮五萬分一地形圖》(濟州島北部 4號) 「城山浦」(1918)》. 防頭半島……立岩ト謂ヒ高サ22米
《朝鮮沿岸水路誌 第1卷》(1933) 朝鮮南岸 「濟州島」》.

赭南川(자남천) 제주특별자치도 제주시 명월리와 옹포리를 흐르는 '쒜남내'의 한자 차용 표기 가운데 하나. 1960년대 지형도부터 1990년대 지형도까지 乾南川(건남천)으로 쓰다가, 2000년대 지형도부터 2015년 지형도까지 '옹포천'으로 쓰고 있음.

赭南川(明月里浦南橋通) 《『朝鮮地誌資料』(1911) 全羅南道 濟州郡 舊右面, 溪川名》.

雌鹿洞伊野(자록동이야) 제주특별자치도 서귀포시 대정읍 무릉리 '즈록이굴' 일대 들판 이름의 한자 차용 표기.

雌鹿洞伊野(武陵里) 《『朝鮮地誌資料』(1911) 全羅南道 大靜郡 右面, 野坪名》.

紫盃峰(자배봉) 제주특별자치도 서귀포시 남원읍 위미2리 대성동 북쪽에 있는 '즈베봉'의 한자 표기. 1960년대와 1970년 지형도에는 此輩峰(차배봉)으로 쓰고, 1980년대 지형도부터 오늘날 지형도까지 雌輩峰(자배봉)으로 쓰고 있음. 표고 208.6m.

資輩峰 シヘーポン 211.2米 《『朝鮮五萬分一地形圖』「西歸浦」(濟州島南部 5號, 1918)》.

資輩峯(자배봉) 제주특별자치도 서귀포시 남원읍 위미2리 대성동 북쪽에 있

는 'ᄌ베봉'의 한자 표기. 1960년대와 1970년 지형도에는 此輩峰(차배봉)
으로 쓰고, 1980년대 지형도부터 오늘날 지형도까지 雌輩峰(자배봉)으로
쓰고 있음. 표고 208.6m.

資輩峯より漢拏山頂を望む 《地球』12권 1호(1929)「濟州島遊記(一)」(原口九萬)〉. 爲美里……又同
里ノ北東方1.8浬.ニ資輩峯アリ.《朝鮮沿岸水路誌 第1卷』(1933) 朝鮮南岸「濟州島」〉.

赭岳(자악) 제주특별자치도 제주시 한림읍 명월 상동 '붉은오롬'의 한자 차용
표기. 현대 지형도에는 '명월오름'으로 되어 있음. 표고 148.5m.

赭岳(明月上境)《朝鮮地誌資料』(1911) 全羅南道 濟州郡 舊右面, 山名〉.

者伊田(자이전) 제주특별자치도 제주시 애월읍 봉성리 '자리왓(재리왓)' 일대
에 형성되었던 동네 이름의 한자 표기.

者伊田 チャイヂョン 《朝鮮五萬分一地形圖』「翰林」(濟州島北部 12號, 1918)〉.

爵貴男旨(작귀남지) 제주특별자치도 제주시 조천읍 함덕리 '자귀남ᄆ르'의 한
자 차용 표기.

爵貴男旨(咸德里)《朝鮮地誌資料』(1911) 全羅南道 濟州郡 新左面, 野坪名〉.

潺洞(잔동) 제주특별자치도 서귀포시 월평동 월평교회 동북쪽에 있는 동네의
한자 차용 표기. 민간에서는 '존골'이라 하여 潺洞(잔동)으로 표기했는데,
소리가 '장골[장꼴]'로 바뀌어 오늘날 지형도에는 '장골'로 쓰여 있음.

月坪里 ヲルピョンニー 潺洞 チャンコル 《朝鮮五萬分一地形圖』「大靜及馬羅島」(濟州島南部 9號,
1918)〉.

長澗池(장간지) 제주특별자치도 서귀포시 대정읍 하모리 '장간못(장간지)'의 한
자 차용 표기.

長澗池(下摹里)《朝鮮地誌資料』(1911) 全羅南道 大靜郡 右面, 池名〉.

長鼓洞(장고동) 제주특별자치도 서귀포시 남원읍 수망리 민오롬 북쪽 '장고못〉
장구못' 일대에 형성되었던 '장고못골〉장구못골'의 한자 차용 표기. 일제강
점기 지형도(1918)에는 엉뚱한 위치에 쓰여 있음. 제주4·3 때 폐동되었음.

長鼓洞 チョンクーモワコル 《朝鮮五萬分一地形圖』「西歸浦」(濟州島南部 5號, 1918)》.

長久洞(장구동) 제주특별자치도 제주시 아라1동 '장구왓' 일대에 형성된 '장구 왓동네'의 한자 차용 표기. 1960년도 지형도부터 2015년 지형도까지 '장 구왓'으로 쓰여 있음. 제주4·3 때 폐동되었다가, 근래에 많은 집들이 들어 서 있음.

長久洞 チャンクドン 《朝鮮五萬分一地形圖』「漢拏山」(濟州島北部 8號, 1918)》.

將軍川(장군천) 제주특별자치도 제주시 도평동을 흐르는 '장군내'의 한자 차 용 표기. '어싯내'(어시천)의 한 지류임.

將軍川(都坪里) 《朝鮮地誌資料』(1911) 全羅南道 濟州郡 中面, 川溪名》.

長基(장기) 제주특별자치도 제주시 조천읍 송당리 대천동(大川洞) 동쪽 '장터' 의 한자 차용 표기. 이 일대에 사람들이 들어가 살았는데, 제주4·3 때 폐동 되었음.

長基 チャント 《朝鮮五萬分一地形圖』「漢拏山」(濟州島北部 8號, 1918)》.

長童山野(장동산야) 제주특별자치도 서귀포시 대정읍 영락리 '진동산' 일대 들 판 이름의 한자 차용 표기.

長童山野(永樂里) 《朝鮮地誌資料』(1911) 全羅南道 大靜郡 右面, 野坪名》.

獐路斤野(장로근야) 제주특별자치도 서귀포시 안덕면 상창리 '노로벌' 일대 들 판 이름의 한자 차용 표기.

獐老斤野(上倉里) 《朝鮮地誌資料』(1911) 全羅南道 大靜郡 中面, 野坪名》.

長路洞(장로동) 제주특별자치도 제주시 애월읍 귀덕리 '진질동네'의 한자 차 용 표기.

涯月串ヨリ海岸線ハ3浬餘ノ間南西方ニ走リ郭支里, 長路洞ヲ經テ雲龍串ニ達ス, 郭支里 ニハ鰮漁場アリ, 長路洞ハ舟艇ノ避泊ニ適ス. 《朝鮮沿岸水路誌 第1卷』(1933) 朝鮮南岸「濟州島」》.

長峯山(장봉산) 한라산 백록담 앞 검은서덕오롬이나 방에오롬을 이르는 듯함.

上黑岳同ヲリ漢羅山及事業地ヲ望. 前嶽, 御嶽, 長峯山 カモシノロ, ウッペナト, ヤングニ

《『濟州嶋旅行日誌』(1909)》.

長沙浦(장사포) 제주특별자치도 제주시 애월읍 곽지리 '진모살개'의 한자 차용 표기. 곽지해수욕장 앞 개를 이름.

長沙浦(郭支里) 《『朝鮮地誌資料』(1911) 全羅南道 濟州郡 新右面, 浦口名》.

長山洞(장산동) 제주특별자치도 제주시 조천읍 선흘1리 동남쪽 '장산이빌레(장생이빌레)' 일대에 형성되었던 '장산동'의 한자 표기. 제주4·3 때 폐동되었음.

長山洞 チャンサントン 《『朝鮮五萬分一地形圖』「濟州」(濟州島北部 7號, 1918)》.

獐水島(장수도) 제주특별자치도 추자면 예초리 동쪽 바다에 떨어져 있는 무인도 泗水島(사수도)의 별칭 '장수도'의 한자 표기 가운데 하나. 1960년대 1대 2만5천 지형도에는 추자면 예초리에 속한 泗水島(사수도)와 완도군에 속한 獐水島(장수도)가 별개의 섬으로 쓰여 있음. 그러나 1970년대 1대 2만5천 지형도에는 獐水島(장수도)가 障水島(장수도)로 바뀌어 표기되고 1개 섬만 쓰여 있음. 2000년대 1대 2만5천 지형도에는 제주시 추자면 예초리 障水島(장수도)로 쓰고, 2011년 지형도부터 제주시 추자면 예초리 泗水島(사수도)로 표기되었음. ⇒ 泗水島(사수도).

獐水島 《『朝鮮五万分一地形圖』(珍島 08號, 所安島, 1918년)》. 獐水島 所安群島ヨリ南方11.5浬ニ在ル高サ73米ノ小島ニシテ東西ニ長ク北岸稍平坦ナレドモ他側ハ險崖直立シ 《『朝鮮沿岸水路誌 第1卷』(1933) 朝鮮南岸「所安群島」》.

長水員野(장수원야) 제주특별자치도 서귀포시 대정읍 일과리 '장수원' 일대 들판 이름의 한자 차용 표기.

長水員野(日果里) 《『朝鮮地誌資料』(1911) 全羅南道 大靜郡 右面, 野坪名》.

獐岳(장악) 제주특별자치도 제주시 연동 중산간에 있는 '노리오롬(노로오롬·노리손이오롬·노로손이오롬)'의 한자 차용 표기. 오늘날 지형도에는 '노루손이오롬'으로 표기되어 있음. 표고 617.4m.

獐岳(蓮洞里)《朝鮮地誌資料》(1911) 全羅南道 濟州郡 中面, 山名〉. 獐岳 ノリオルム 615米《朝鮮五萬分一地形圖》(濟州島北部 12號) 「翰林」(1918)〉. 獐岳 615米(濟州島 濟州面)《朝鮮地誌資料》(1919, 朝鮮總督府 臨時土地調査局) 山岳ノ名稱所在及眞高(續), 全羅南道 濟州島〉. 老路岳(ノロオルム)と獐岳(ノリオルム)《濟州島の地質學的觀察》(1928, 川崎繁太郞)〉.

獐兀(장올) 제주특별자치도 제주시 조천읍 교래리 산간에 있는 '장오리'의 한자 차용 표기 가운데 하나. 오늘날 지형도에는 '물장오리(물장올)'로 표기되어 있음. 938.4m.

地理河川……山東장울(獐兀) 물은 그 水深도 알 수 업고《濟州島實記》(金斗奉, 1934)〉

長子岳(장자악) 제주특별자치도 서귀포시 표선면 성읍리에 있는 '장제오롬'의 한자 차용 표기. 오늘날 지형도에는 '장자오름'으로 표기되어 있음. 표고 215.9m. *일제강점기 지형도에 長子岳(장자악)으로 표기된 곳은 '설오름'임.

長子岳 チャンヂャーオルム 246米(*西月岳의 잘못/장제오롬은 215.8)《朝鮮五萬分一地形圖》(濟州島北部 4號) 「城山浦」(1918)〉. 金寧-兎山里線……又南方ノ甲旋岳, 長子岳, 卵峰, 兎山岳ハ輝石玄武巖ヨリ成レル噴石丘ニシテ《濟州島ノ地質》(朝鮮地質調査要報 제10권 1호, 原口九萬, 1931)〉.

長作(장작) 제주특별자치도 제주시 추자면 신양리의 한 법정마을 '긴작지(긴짝지)'를 한자를 빌려 나타낸 長作只(장작지)에서 只(지)를 생략한 것. ⇒ **長作只(장작지)**.

部落は上島に大作只·寺九味[一に節金里と云ふ]の二里, 下島に新上·新下[一に魚遊九味と云ふ]·禮初·墨只[一に黙里と云ふ]·長作·石頸[一に石柱頭とも書す]の六里わりて《韓國水産誌》 제3집(1911) 全羅南道 莞島郡 楸子面〉.

長作只(장작지) 제주특별자치도 제주시 추자면 하추자도 신양리의 한 법정마을 가운데 하나. 예로부터 '긴작지' 또는 '긴짝지'라 부르고 한자를 빌려 長作之(장작지) 또는 長作只(장작지) 등으로 쓰다가, 長作只(장작지)로 굳어짐. 長作之(장작지)는 『戶口總數』(1789) '6책, 전라도, 영암' 조에서 확인할 수 있고, 長作只(장작지)는 『靈巖楸子島地圖』(1872)와 『韓國水産誌』(1911) '권3,

완도군, 추자면' 조, 『地方行政區域一覽』(朝鮮總督府, 1912) '완도군, 추자면' 조 등에서 확인할 수 있음. 1914년 3월 1일부터 행정상 新陽里(신양리)에 통합되어 오늘에 이르고 있음.

下島……此他地曳網代として適當なるは北岸に於ける禮初 南西岸に於ける長作只なりとす.〈『韓國水産誌』제3집(1911) 全羅南道 莞島郡 楸子面〉. 長作只〈『地方行政區域一覽(1912)』(朝鮮總督府) 莞島郡, 楸子面〉. 新陽里 シンヤンリー, 新上里 シンサンニー, 新下里 シンハーリー, 長作只 チャンヂャクヂー, 石頭里 ソクヅーリー〈『朝鮮五萬分一地形圖』(濟州嶋北部 9號, 「楸子群島」(1918)〉.

長田里(장전리) 제주특별자치도 제주시 애월읍 장전리의 한자 표기. 이곳은 예로부터 '장밧'이라 불러왔음.

長田里〈『地方行政區域一覽(1912)』(朝鮮總督府) 濟州郡, 新右面〉. 訓にて又は音を訓とを合せて讀めるもの. 長田里－장밧(濟州). 大浦－큰기(大靜).〈『朝鮮及滿洲』제70호(1913)「濟州島方言」'六. 地名'(小倉進平)〉. 長田里 チャンヂョンリ〈『朝鮮五萬分一地形圖』「翰林」(濟州島北部 12號, 1918)〉.

長田目野(장전목야) 제주특별자치도 서귀포시 대정읍 동일리 '진밧목' 일대 들판 이름의 한자 차용 표기.

長田目野(東日里)〈『朝鮮地誌資料』(1911) 全羅南道 大靜郡 右面, 野坪名〉.

長田野(장전야) 제주특별자치도 서귀포시 대정읍 영락리 '진밧' 일대 들판 이름의 한자 차용 표기.

長田野(永樂里)〈『朝鮮地誌資料』(1911) 全羅南道 大靜郡 右面, 野坪名〉.

長堤員(장제원) 제주특별자치도 제주시 조천읍 조천리 '진두둑' 지경의 한자 표기.

長堤員(朝天里)〈『朝鮮地誌資料』(1911) 全羅南道 濟州郡 新左面, 野坪名〉.

長池(장지) 제주특별자치도 제주시 조천읍 조천리 '진물(진못)' 지경의 한자 표기.

長池(朝天里)〈『朝鮮地誌資料』(1911) 全羅南道 濟州郡 新左面, 川池名〉.

長坪(장평)(진드르) 제주특별자치도 제주시 조천읍 신촌리 '진드르'의 한자 차용 표기.

長坪(新村里) 《『朝鮮地誌資料』(1911) 全羅南道 濟州郡 新左面, 野坪名〉. 地名の後にある普通名詞……들(坪). 村の義でわる. 長坪(진들: 濟州郡). 廣分坪(너분들: 旌義郡)の如きはこれでわる. 《『朝鮮及滿洲』제70호(1913) 「濟州島方言」 '六.地名'(小倉進平)〉.

長項洞野(장항동야) 제주특별자치도 서귀포시 대정읍 상모리 '진목골(진목굴)' 일대 들판 이름의 한자 차용 표기.

長項洞野(上摹里) 《『朝鮮地誌資料』(1911) 全羅南道 大靜郡 右面, 野坪名〉.

才工田野(재공전야) 제주특별자치도 서귀포시 대정읍 보성리에 있는 '재공밧' 일대 들판 이름의 한자 차용 표기.

才工田野(保城里) 《『朝鮮地誌資料』(1911) 全羅南道 大靜郡 右面, 野坪名〉.

財岩(재암) 제주특별자치도 제주시 한림읍 협재리에 있는 '재바우'의 한자 차용 표기 가운데 하나.

熔岩隧道は有名な金寧窟の外に, 鵝窟, 財岩, 晩早窟, 角秀窟があつて何れも大規模のもので 《『地球』 12권 1호(1929) 「濟州島遊記(一)」(原口九萬)〉. 熔岩隊道……筆者ノ踏査ニカカル主ナルモノハ金寧窟, 鵝窟, 財岩, 晩早窟, 角秀窟及 正房窟ナリトス 《『濟州島ノ地質』(朝鮮地質調査要報 제10권 1호, 原口九萬, 1931)〉. 記錄을 據하면 財岩은 그 形狀이 板屋과 같고 그 우에 白沙가 깔렸는데 그 아래 大穴이 있어 《『耽羅紀行: 漢拏山』(李殷相, 1937)〉.

財岩泉(재암천) 제주특별자치도 제주시 한림읍 협재리에 있는 '재바우' 아래에서 솟아나는 샘 이름의 한자 차용 표기.

地理河川……舊右面大小財岩泉 石鐘乳産.하는 奇絶한 窟이 만타 《『濟州島實記』(金斗奉, 1934)〉.

猪口旨野(저구지야) 제주특별자치도 서귀포시 대정읍 안성리 '돗구ᄆ를(돗귀ᄆ를)' 일대에 형성되어 있는 들판 이름의 한자 차용 표기. '돗귀'는 '독케(독/돌+케/바위굴)'의 변음으로 추정됨.

猪口旨野(安城里) 《『朝鮮地誌資料』(1911) 全羅南道 大靜郡 右面, 野坪名〉.

猪目洞(저목동) 제주특별자치도 서귀포시 대정읍 보성리 '돗귀눈동네'의 한자 차용 표기. '돗귀동네'라 하여 猪耳洞(저이동)이라고도 했음. '돗귀'는 '독케

(독/돌＋궤/바위굴)'의 변음으로 추정됨.

猪目洞 トモクトン 《朝鮮五萬分一地形圖』(濟州島南部 13號「摹瑟浦』(1918)》.

貯別(저별) 주특별자치도 서귀포시 대정읍 상모리 바닷가에 있는 송악산(松岳山)의 다른 이름인 '더벼리〉저벼리'의 한자 차용 표기 가운데 하나. 섬주민. 선진시에는 중국 동부 근해 일대의 주민을 가리킨다.

貯別이란 것은 큰낭써러지, 쌍쌀이나무 만흔 곳, 海岸의 낭써러지, 무엇을 보든지 濟州의 地名으로 適當할 듯합니다. 《濟州島의 文化史觀 7』1938) 六堂學人, 每日新報 昭和十二年 九月 二十三日》.

猪山旨野(저산지야) 제주특별자치도 서귀포시 하원동에 있는 '제산이므르(제사니므를)'의 한자 차용 표기.

猪山旨野(河源里) 《朝鮮地誌資料』(1911) 全羅南道 大靜郡 左面, 野坪名》.

猪水谷(저수곡) 제주특별자치도 제주시 연동에 있었던 '돗물' 일대에 형성되었던 골 이름의 한자 차용 표기.

猪水谷(蓮洞里) 《朝鮮地誌資料』(1911) 全羅南道 濟州郡 中面, 山谷名》.

楮水池野(저수지야) 제주특별자치도 서귀포시 대정읍 '닥남못〔당나못〕' 일대에 형성되어 있는 들판 이름의 한자 차용 표기.

楮水池野(保城里) 《朝鮮地誌資料』(1911) 全羅南道 大靜郡 右面, 野坪名》.

猪兒谷(저아곡) 제주특별자치도 제주시 대정읍 팔소장에 있는 '도새깃골'의 한자 표기.

猪兒谷(八所場) 《朝鮮地誌資料』(1911) 全羅南道 大靜郡 左面, 山名》.

猪岳(저악) 제주특별자치도 제주시 구좌읍 송당리에 있는 '돗오롬'의 한자 차용 표기. 표고 283.1m.

猪岳 トドロン 282米 《朝鮮五萬分一地形圖』(濟州島北部 4號)「城山浦」(1918)》.

猪耳洞(저이동) 제주특별자치도 서귀포시 대정읍 보성리 상동의 옛 이름. 예로부터 민간에서 '돗귀동네' 또는 '돗궤동네' 등으로 부르다가 한자로 猪耳洞(저이동)으로 썼음. '돗귀'는 '독궤(독/돌＋궤/바위굴)'의 변음으로 추정됨.

猪耳洞 トックユトン 《朝鮮五萬分一地形圖』「大靜及馬羅島」(濟州島南部 9號, 1918)〉.

猪耳池(저이지) 제주특별자치도 서귀포시 대정읍 영락리 '돗귀못(돗귀물)'의 한자 차용 표기. '돗귀'는 '독궤(독/돌+궤/바위굴)'의 변음으로 추정됨.

猪耳池(永樂里) 《朝鮮地誌資料』(1911) 全羅南道 大靜郡 右面, 池名〉.

楮旨里(저지리) 제주특별자치도 제주시 한경면 저지오롬 동쪽 일대에 형성되어 있는 마을.

楮旨里 《地方行政區域一覽(1912)』(朝鮮總督府) 濟州郡, 舊右面〉. 楮旨里 チョーヂリー 《朝鮮五萬分一地形圖』「大靜及馬羅島」(濟州島南部 9號, 1918)〉.

楮旨峰(저지봉) 제주특별자치도 제주시 한경면 저지리 중동과 남동 서쪽에 있는 오롬. 예전에는 '당ᄆᆞ를오롬〉당물오롬'이라 하여 堂旨岳(당지악)으로도 쓰고, '닥ᄆᆞ를오롬〉닥물오롬'이라 하여 楮旨岳(저지악)으로도 쓰다가, 楮旨岳(저지악)이 굳어져서 오늘날까지 이어지고 있음. 표고 239.1m.

楮旨峰(楮旨里中) 《朝鮮地誌資料』(1911) 全羅南道 濟州郡 舊右面, 山名〉.

楮旨岳(저지악) 제주특별자치도 제주시 한경면 저지리 중동과 남동 서쪽에 있는 오롬. 예전에는 '당ᄆᆞ를오롬〉당물오롬'이라 하여 堂旨岳(당지악)으로도 쓰고, '닥ᄆᆞ를오롬〉닥물오롬'이라 하여 楮旨岳(저지악)으로도 쓰다가, 楮旨岳(저지악)이 굳어져서 오늘날까지 이어지고 있음. 표고 239.1m.

楮旨岳 チョーヂアク 《朝鮮五萬分一地形圖』「大靜及馬羅島」(濟州島南部 9號, 1918)〉.

赤峰(적봉)〔붉은오롬〕 제주특별자치도 제주시 봉개동에 있는 '붉은오롬'의 한자 차용 표기. '봉아오롬(봉아롬·봉아름)'이라 하여 奉盖岳(봉개악)으로도 썼음.

赤峰(奉盖里) 《朝鮮地誌資料』(1911) 全羅南道 濟州郡 中面, 山名〉.

赤岳[1](적악)〔붉은오롬〕 제주특별자치도 제주시와 서귀포시에 있는 '붉은오롬'의 한자 차용 표기.

赤色の圓錐山はかなり多く赤岳と稱されあものは十個位ある 《濟州火山島雜記』『地球』4권 4

호, 1925, 中村新太郞)〉.

赤岳²(적악)〔붉은오롬〕 제주특별자치도 제주시 애월읍 광령리 산간에 있는 '붉은오롬'의 한자 차용 표기. 1960년대 지형도부터 2015년 지형도까지 '붉은오름'으로 쓰여 있음. 표고 1062.3m.

赤岳 プルクンオルム 1,061米 《『朝鮮五萬分一地形圖』(濟州島北部 12號)「翰林」(1918)〉. 赤岳 1,061
米 《『朝鮮地誌資料』(1919, 朝鮮總督府 臨時土地調査局) 山岳ノ名稱所在及眞高(續), 全羅南道 濟州島〉.

赤岳峰(적악봉) 제주특별자치도 서귀포시 남원읍 가시리 산간에 있는 '붉은오롬'의 한자 차용 표기. 1960년도 지형도부터 2015년 지형도까지 '붉은오름'으로 쓰여 있음. 표고 569m.

赤岳峰 チョクアクポン 591米 《『朝鮮五萬分一地形圖』「漢拏山」(濟州島北部 8號, 1918)〉. 赤岳峰
591米(濟州島 新左面·東中面) 《『朝鮮地誌資料』(1919, 朝鮮總督府 臨時土地調査局) 山岳ノ名稱所在
及眞高(續), 全羅南道 濟州島〉.

赤池洞(적지동)〔붉으못〕 제주특별자치도 제주시 구좌읍 평대리 '붉으못동네'를 한자로 나타낸 것임. 이 동네는 원래 '붉은못〉붉으못'이라는 못 일대에 형성된 동네로, '붉으못'을 한자를 빌려 赤池(적지)로 쓰고, 동네 이름은 赤池洞(적지동)이라 썼음. 주변의 흙이나 돌이 붉은빛인데다가, 고인 물도 붉은빛을 띤다는 데서 '붉은못〉붉으못'이라 불렀음.

赤池洞 チョクチートン 《『朝鮮五萬分一地形圖』「金寧」(濟州嶋北部 三號, 1918)〉.

前童山洞(전동산동)〔앞동산골·앞동산동네〕 제주특별자치도 서귀포시 남원읍 수망리 '앞동산골(앞동산동네)'의 한자 차용 표기.

前童山洞 アプトンサンコル 《『朝鮮五萬分一地形圖』「西歸浦」(濟州島南部 5號, 1918)〉.

前兵岱野(전병대야)〔앞벵덧드르〕 제주특별자치도 서귀포시 대정읍 인성리 '앞벵디'에 있는 들판 이름의 한자 차용 표기. 보통 '앞벵디'라 하고 前兵岱(전병대)로 썼음.

前兵岱野(仁城里) 《『朝鮮地誌資料』(1911) 全羅南道 大靜郡 右面, 野坪名〉.

前水池(전수지) 제주특별자치도 서귀포시 안덕면 사계리 '앞물못'의 한자 차용 표기.

前水池(沙溪里) 《朝鮮地誌資料》(1911) 全羅南道 大靜郡 中面, 池名〉.

前嶽(전악) 한라산 백록담 동릉(東陵)을 이르는 듯함.

上黑岳同ヲリ漢羅山及事業地ヲ望. 前嶽, 御嶽, 長峯山, カモシノロ, ウッベナト, ヤング
ニ 《濟州嶋旅行日誌》(1909)〉.

錢野(전야)〔돈드르〕 제주특별자치도 서귀포시 남원읍 하례리에 있는 '돈드르 (영천오롬 동쪽)'의 한자 차용 표기.

錢野·돈드르(上禮里) 《朝鮮地誌資料》(1911) 全羅南道 旌義郡 西中面, 野坪名〉.

前池(전지)〔앞못〕 제주특별자치도 서귀포시 대정읍 무릉리에 있는 '앞못'의 한 자 차용 표기.

前池(武陵里) 《朝鮮地誌資料》(1911) 全羅南道 大靜郡 右面, 池名〉.

前川(전천)〔앞내〕 제주특별자치도 제주시 조천읍 교래리를 지나 흐르는 '앞내' 의 한자 차용 표기. 천미천의 상류에 해당함.

前川 《朝鮮地誌資料(1911)》 권17, 全羅南道 濟州郡 新左面 橋來里, 野坪名〉.

前浦(전포)〔앞개〕 1.제주특별자치도 구좌읍 동복리의 옛 개[浦口] 이름. '前浦 (전포)'는 '앞개'를 반영한 한자를 빌려 쓴 것으로 보이나, 민간에서 그에 대 응하는 음성형을 확인하기 어려움. 지금 '묵은성창'과 '새성창'이 들어선 동복리 포구 일대의 개를 이른 것으로 추정함.

前浦 《朝鮮地誌資料(1911)》 권17, 全羅南道 濟州郡 舊左面 東福里, 浦口名〉.

2.제주특별자치도 서귀포시 남원읍 위미1리 바닷가에 있는 '앞개'의 한자 차용 표기.

前浦·압기(爲美里) 泥浦·펄기(保閑里) 《朝鮮地誌資料》(1911) 全羅南道 旌義郡 西中面, 野坪名〉.

前浦洞(전포동)〔앞갯동네〕 제주특별자치도 서귀포시 남원읍 위미1리 '앞개' 일 대에 형성된 '앞갯골'의 한자 차용 표기. 오늘날도 전포천(前浦川), 전포교

(前浦橋)라는 지명에서 '앞개'의 한자 차용 표기 음이 남아 있으나, 동네는 1980년대부터 '대화동'이라 하고 있음.

前浦洞 アプケーコル 《朝鮮五萬分一地形圖』「西歸浦」(濟州島南部 5號, 1918)》.

前海浦(전해포)〔앞바당개·앞바르개〕 제주특별자치도 구좌읍 월정리의 옛 개[浦口] 이름. '前海浦(전해포)'는 '앞바당개' 또는 '앞바르개' 정도의 음성형을 반영한 한자를 빌려 쓴 것으로 보이나, 민간에서 그에 대응하는 음성형을 확인하기 어려움. 지금 '베롱개'와 '물물개', '테우낭거리(터낭거리)' 일대의 월정리 포구 일대의 개를 이른 것으로 추정함.

前海浦 《朝鮮地誌資料(1911)』 권17, 全羅南道 濟州郡 舊左面 月汀里, 浦口名》.

錢屹(전흘)〔돈흘〉돈을[도늘]〕 제주특별자치도 제주시 우도면 오봉리의 자연마을 가운데 하나인 '돈흘개〉돈흘래〉도늘래' 일대에 형성된 '돈흘개동네'의 '돈흘'을, 한자를 빌려 나타낸 것임. 「탐라지도」(1709)와 「제주삼읍도총지도」에는 曲分浦(곡분포: 곱은개)로 쓰여 있음. 오늘날은 오봉리에 속하여 전흘동이라 하고 있음.

錢屹 トンフル 《朝鮮五萬分一地形圖』「金寧」(濟州嶋北部 三號, 1918)》.

節金里(절금리) 제주특별자치도 제주시 추자면 상추자도 '영흥리'의 옛 이름. 영흥리는 예로부터 '절구미, 절기미' 등으로 부르다가, 한때 한자를 빌려 節金里(절금리)로도 표기하였음. 節金里(절금리)는 『韓國水産誌(한국수산지)』(1911) '권3, 완도군, 추자면' 조에서 확인할 수 있음. ⇒ **永興里(영흥리)**. **寺仇味(사구미)**. **寺九味(사구미)**.

部落は上島に大作只·寺九味[一に節金里と云ふ]の二里, 下島に新上·新下[一に魚遊九味と云ふ]·禮初·墨只[一に黙里と云ふ]·長作·石頸[一に石柱頭とも書す]の六里わりて 《韓國水産誌』 제3집(1911) 全羅南道 莞島郡 楸子面》.

節畓野(절답야) 제주특별자치도 서귀포시 대정읍 일과리 '절논' 일대에 형성된 들판 이름의 한자 차용 표기.

節畓野(日果里)《『朝鮮地誌資料』(1911) 全羅南道 大靜郡 右面, 野坪名》.

絕明嶼(절명서) 제주특별자치도 제주시 추자면과 애월읍 사이 바다에 있는 '절멩이여'의 한자 차용 표기.

絕明嶼 楸子群島……群島ノ最南ニ在リ高サ50米ノ圓錐形岩ナリ《『朝鮮沿岸水路誌 第1卷』(1933) 朝鮮南岸「楸子群島」》.

折岳(절악) 제주특별자치도 서귀포시 대포동 산간에 있는 오름. 오늘날의 '거린사슴'을 이르는데, '거린사슴'은 한자로 鹿岳(녹악) 또는 丫鹿岳(아록악), 巨人岳(거인악), 巨仁岳(거인악) 등으로 표기해 왔음. 그런데 일제강점기에는 折岳(절악)으로 표기되었음. 오늘날 지형도에는 '거린사슴'으로 표기되었음.

折岳 チョルアク 743米《『朝鮮五萬分一地形圖』「大靜及馬羅島」(濟州島南部 9號, 1918)》. 折岳 743米(濟州島 左面)《『朝鮮地誌資料』(1919, 朝鮮總督府 臨時土地調査局) 山岳ノ名稱所在及眞高(續), 全羅南道 濟州島》.

節完伊池(절완이지)〔절완이못〕 제주특별자치도 서귀포시 대정읍 상모리에 있었던 '절완이못'의 한자 차용 표기 가운데 하나. '절완이'는 '절완지', '제완지'라고도 하는데, '바랭이(볏과에 속한 한해살이풀)'의 제주 방언임.

節完伊池(上摹里)《『朝鮮地誌資料』(1911) 全羅南道 大靜郡 右面, 池名》.

店源里(점원리) 제주특별자치도 제주시 구좌읍 杏源里(행원리)를 잘못 쓴 것. ⇒ 杏源里(행원리).

店源里《『地方行政區域一覽(1912)』(朝鮮總督府) 濟州郡, 舊左面》.

接嶼(접서) 제주특별자치도 제주시 추자면 바다에 있는 여 이름. ⇒ 望島(망도).

楸子群島……橫干島(橫看島)……島ノ東端ト牛頭島トノ間ニ藿島(藿嶼, 高サ48米), 亙島(接嶼, 52米), 及望島(望嶼, 67米)等ノ數岩散布ス《『朝鮮沿岸水路誌 第1卷』(1933) 朝鮮南岸「楸子群島」》.

鄭文伊谷野(정문이곡야) 제주특별자치도 서귀포시 상예동 '정문잇골드르(정문잇굴드르)'의 한자 차용 표기 가운데 하나.

鄭文伊谷野(上猊里) 〈『朝鮮地誌資料』(1911) 全羅南道 大靜郡 左面, 野坪名〉.

正房窟(정방굴) 제주특별자치도 서귀포시 송산동 정방폭포 가까이에 있는 굴을 이름.

熔岩隧道……筆者ノ踏査ニカカル主ナルモノハ金寧窟, 鵝窟, 財岩, 晩早窟, 角秀窟及 正房窟ナリトス 〈『濟州島ノ地質』(朝鮮地質調査要報 제10권 1호, 原口九萬, 1931〉.

正房川(정방천) 제주특별자치도 서귀포시 송산동 정방폭포를 흘러드는 내를 이름. 민간에서는 '애이릿내'라 하고, 오늘날 지형도에는 東洪川(동홍천)으로 되어 있음.

水系……北流スルモノハ別刀川, 山池川, 都近川ニシテ 南流スルモノハ川尾川, 松川, 孝敦川, 正房川, 淵外川, 江汀川, 小加來川, 紺山川ナリ 〈『濟州島ノ地質』(朝鮮地質調査要報 제10권 1호, 原口九萬, 1931).

正房瀑(정방폭) 제주특별자치도 서귀포시 송산동 바닷가에 있는 '정방폭포'를 '正房瀑(정방폭)'이라 한 것임.

正房瀑(西歸里) 〈『朝鮮地誌資料』(1911) 全羅南道 旌義郡 右面, 古蹟名所名〉. 正方瀑 チョンパンポク 〈『朝鮮五萬分一地形圖』「西歸浦」(濟州島南部 5號, 1918)〉. 西歸里……此ノ村ノ東側ニ1川アリフ 藻川ト謂フ川口ニ正房瀑ノ瀑布アリ. 〈『朝鮮沿岸水路誌 第1卷』(1933) 朝鮮南岸「濟州島」〉. 호올로 이 正房瀑(정방폭)은 바다로 떨어지는 것이 아니냐 〈耽羅紀行: 漢拏山』(李殷相, 1937)〉.

正房瀑布(정방폭포) 제주특별자치도 서귀포시 송산동 바닷가로 떨어지는 폭포 이름.

瀛洲十景歌……正房瀑布 〈『濟州島實記』(金斗奉, 1934)〉.

定守山(정수산) 제주특별자치도 제주시 한림읍 금악리에 있는 '정물오름'의 한자 차용 표기 汀水岳·井水岳(정수악)을 달리 쓴 것. 오늘날 지형도에는 '정물오름'으로 표기되어 있음. 표고 466.1m.

七所定守山(東廣里) 〈『朝鮮地誌資料』(1911) 全羅南道 大靜郡 中面, 山谷名〉.

汀水岳(정수악)(정물오름) 제주특별자치도 제주시 한림읍 금악리에 있는 '정물오롬'의 한자 차용 표기 가운데 하나. 표고 466.1m.

汀水岳 チョンムルオルム 465米 《『朝鮮五萬分一地形圖』「翰林」(濟州島北部 12號, 1918)》.

井實洞(정실동) 제주특별자치도 제주시 오라동 '정실마을'을 '정실동'으로 쓴 한자 표기. 1960년도 지형도부터 2015년 지형도까지 '정실'로 쓰여 있음.

井實洞 チョンシルドン 《『朝鮮五萬分一地形圖』「漢拏山」(濟州島北部 8號, 1918)》.

丁岳(정악) 제주특별자치도 제주시 조천읍 교래리에 있는 '돔베오롬'의 한자 차용 표기. 1960년도 지형도부터 2015년 지형도까지 '돔배오름'으로 쓰여 있음. 표고 466.7m.

丁岳 チョンオルム 《『朝鮮五萬分一地形圖』「漢拏山」(濟州島北部 8號, 1918)》.

靜野坪(정야평)【정드르】 제주특별자치도 제주시 용담동 제주비행장 일대 '정드르'의 한자 표기 가운데 하나. 민간에서는 '정뜨르'로 말해지므로, 한자를 빌려 쓸 때는 靜野(정야)나 靜坪(정평) 등으로 쓰면 됨.

靜野坪(龍潭里) 《『朝鮮地誌資料』(1911) 全羅南道 濟州郡 中面, 野坪名》.

正月峰(정월봉)【정월이오롬】 제주특별자치도 제주시 한림읍 금능리 산간에 있는 '정월이오롬'의 한자 차용 표기 가운데 하나. 1960년대 지형도부터 2015년 지형도까지 '정월오름'으로 쓰여 있음. 표고 106.2m. ⇒ 正月岳(정월악).

正月峰(挾才境) 《『朝鮮地誌資料』(1911) 全羅南道 濟州郡 舊右面, 山名》.

正月岳(정월악)【정월이오롬】 제주특별자치도 제주시 한림읍 금능리 산간에 있는 '정월이오롬'의 한자 차용 표기 가운데 하나. 1960년대 지형도부터 2015년 지형도까지 '정월오름'으로 쓰여 있음. 표고 106.2m.

正月岳 チョンヲルアク 111米 《『朝鮮五萬分一地形圖』(濟州島北部 16號「飛揚島」1918)》. 飛揚島馬羅島線……比較的新シキ時期ニ生成セル火山ニシテ 飛揚島, 正月岳, 椿旨岳, 釜岳, 鳥巢岳, 加時岳, 摹瑟峰 等 ナリ《濟州島ノ地質』(1931, 朝鮮總督府 地質調査所) 朝鮮地質調査要報 제10권 1호》.

旌義(정의) 1.제주특별자치도 서귀포시 표선면 성읍리 일대를 이름.

私は旌義の北方の美しい圓錐山である瀛州山の上に立つて約七十五の圓錐山を數へた

ことがある 〈濟州火山島雜記』(『地球』 4권 4호, 1925, 中村新太郞)〉.

2.제주특별자치도 서구포시 표선면 일대에 있었던 정의면을 이름.

旌義 〈『韓國水産誌』 제3집(1911) 「濟州島」지도〉. 旌義 チョンウィ 〈『朝鮮五萬分一地形圖』(濟州島北部
4號) 「城山浦」(1918)〉.

旌義郡(정의군) 제주특별자치도 서귀포시 옛 서귀읍과 남원읍. 표선면, 성산면
을 아울렀던 행정구역 이름으로, 조선 후기부터 정의현(旌義縣)을 바꿔 정
의군(旌義郡)이라 하고, 일제강점기 초반까지 사용하였음. 1914년 3월 1일
부터 정의군(旌義郡)을 없애고 제주군(濟州郡)으로 통합함. ⇒ **旌義面(정의면)**.

旌義郡 〈『朝鮮地誌資料』(1919, 朝鮮總督府 臨時土地調査局) 府郡島新舊對照, 全羅南道 濟州島〉.

旌義面(정의면) 제주특별자치도 서귀포시 성산읍의 옛 행정구역 이름으로, 조
선 후기부터 일제강점기 초반까지 정의군 좌면이라 하다가, 1914년 3월 1
일부터 제주군 정의면(旌義面)이라 하다가, 1935년 4월 1일부터 정의면(旌
義面)을 성산면(城山面)으로 바꿨음. 오늘날 성산읍(城山邑)의 전신임. ⇒ **旌義
郡(정의군)**.

旌義面 チョンウイミョン 〈『朝鮮五萬分一地形圖』(濟州島北部 4號) 「城山浦」(1918)〉.

旌義邑(정의읍) 지금 제주특별자치도 서귀포시 표선면 성읍리 일대의 정의고
을(정읫골)을 이름.

旌義邑 〈『韓國水産誌』 제3집(1911) 「濟州島」 旌義郡〉.

亭子水(정자수)〔정짓물〕 1.제주특별자치도 제주시 귀덕리와 금성리 경계를 흐
르는 내에 있는 '정짓물'의 한자 차용 표기 가운데 하나.

亭子水·亭子川(歸德里) 〈『朝鮮地誌資料』(1911) 全羅南道 濟州郡 舊右面, 溪川名〉.

2.제주특별자치도 제주시 조천읍 북촌리에 있는 '정짓물'의 한자 차용 표기
가운데 하나.

亭子水 〈『朝鮮地誌資料(1911)』 권17, 全羅南道 濟州郡 新左面 北村里, 川池名〉.

亭子川(정자천)〔정짓내〕 제주특별자치도 제주시 귀덕리와 금성리 경계를 흐르

는 내 '정짓내'의 한자 차용 표기 가운데 하나. 오늘날 지형도에는 錦城川 (금성천)으로 쓰여 있으나, 민간에서는 '정짓내'라 하고 있음.

亭子水·亭子川(歸德里) 《朝鮮地誌資料》(1911) 全羅南道 濟州郡 舊右面, 溪川名〉.

正宗洞(정종동) 제주특별자치도 제주시 노형동의 '정종이(정존이)' 일대에 형성되었던 동네의 한자 표기.

正宗洞 チョンチョンドン 《朝鮮五萬分一地形圖》「翰林」(濟州島北部 12號, 1918)〉.

淨坪洞(정평동) 제주특별자치도 제주시 용담3동 '정드르' 일대에 형성되었던 동네의 한자 표기.

淨坪洞 チョンピョンドン 《朝鮮五萬分一地形圖》「翰林」(濟州島北部 12號, 1918)〉.

濟山浦(제산포) 제주특별자치도 서귀포시 표선면 남원1리 포구인 '제산잇개' 의 한자 차용 표기 가운데 하나. 민간에서는 財産伊浦(재산이포)로 쓰고 있음.

南元里 ナムヲンリー, 西衣里 ソウイリー, 濟山浦 チユーサンケー, 光池 ヌッモ 《朝鮮五萬 分一地形圖》「西歸浦」(濟州嶋南部 5號, 1918)〉.

濟州(제주) 1.일제강점기 제주군(濟州郡) 또는 제주도(濟州島) 전역을 이름. 2. 일제강점기 제주면(濟州面) 지역을 이름.

濟州 チユーヂユー 《朝鮮五萬分一地形圖》「金寧」(濟州嶋北部 三號, 1918)〉.

3.일제강점기 제주읍(濟州邑) 지역을 이름.

濟州 チユーヂユー 《朝鮮五萬分一地形圖》「濟州」(濟州島北部 7號, 1918)〉.

4.제주항을 줄인 이름.

濟州(山地) 幷ニ別刀 《朝鮮の港湾》(朝鮮総督府内務局土木課, 1925)〉.

濟州郡(제주군) 1.조선시대 후기부터 일제강점기 초까지 제주목(濟州牧)을 제주군(濟州郡)이라 했음. 2.1914년 3월 1일부터 이전의 제주군(濟州郡) 일원, 정의군(旌義郡) 일원, 대정군(大靜郡) 일원, 완도군(莞島郡) 추자면(楸子面), 보길면(甫吉面)의 횡간도(橫干島)를 아울러서 제주군(濟州郡)이라 하다가, 1915년에 도제(島制)를 시행하면서 전라남도(全羅南道) 제주군(濟州郡)을 전라남도(全羅南道) 제주도(濟州島)로 바꿈. 그러나 조선총독부 관보를 보면, 1920년대 중반까지도 제주군(濟州郡)이라는 행정구역 이름을 사용했음.

濟州郡……歸德 洙源 翰林 瓮浦 挾才 杯合(杯令) 板浦 頭毛 高山 三陽 竜水 ⟨『濟州嶋現況一般』

(1906)⟩. 濟州郡 ⟨『朝鮮地誌資料』(1919, 朝鮮總督府 臨時土地調査局) 府郡島新舊對照, 全羅南道 濟州島⟩.

濟州島(제주도) 1. 제주특별자치도의 본섬 이름.

Hynobius Leechii quelpaertensis Mori. サイシユウサンセウウ……濟州島漢羅山頂白鹿潭…….

⟨『日本産有尾類分類の總括と分布』(1935:579)⟩. 濟州島 さいしうとう ⟨『島めぐり』(1931)「濟州島」⟩.

2. 1915년 5월 도제(島制) 시행(칙령 제66호)으로, 그 이전의 濟州郡(제주군), 旌義郡(정의군), 大靜郡(대정군)과 莞島郡(완도군)의 楸子群島(추자군도), 橫干島(횡간도) 등을 통합하여 만든 행정구역 이름. 당시는 全羅南道(전라남도) 濟州島(제주도)라고 했음. 1945년에 도제(道制) 시행에 따라 제주도(濟州道)라 하다가, 2007년부터 제주특별자치도(濟州特別自治道)라 하고 있음.

濟州島 ⟨『朝鮮地誌資料』(1919, 朝鮮總督府 臨時土地調査局) 府郡島新舊對照, 全羅南道 濟州島⟩.

済州島(제주도) 濟州島(제주도)를 일본어 한자로 쓴 것.

濟州嶋(제주도) 濟州島(제주도)를 이름.

濟州嶋濟州府城內 ⟨『濟州嶋旅行日誌』(1909)⟩.

濟州面(제주면) 일제강점기 행정구역 면(面)의 하나. 1914년 3월 1일부터 이전의 제주군(濟州郡) 중면(中面) 지역만을 제주군(濟州郡) 제주면(濟州面)으로 바꾸고, 도제(島制)를 실시할 때는 제주도(濟州島) 제주면(濟州面)이라 하다가, 1931년 4월 1일부터 제주읍(濟州邑)이라 하고, 1955년 9월 1일부터 제주시(濟州市)라 했음.

濟州面 チューヂューミョン ⟨『朝鮮五萬分一地形圖』「濟州」(濟州島北部 7號, 1918)⟩. 別刀港ハ表濟州ノ中央部濟州面禾北里地內ニアルー漁港ナリ…… ⟨『朝鮮の港湾』(朝鮮総督府内務局土木課, 1925)⟩.

濟州府(제주부) 일제강점기 초에 제주군 중면(中面) 지역에 있던 부(府)의 이름.

濟州府 大靜邑 旌義邑 《濟州嶋現況一般』(1906)》. 濟州嶋濟州府城內 《濟州嶋旅行日誌』(1909)》.

濟州郡 濟州府 《韓國水産誌』제3집(1911)「濟州島」지도》.

濟州城(제주성) 제주특별자치도 제주시 중심지에 있었던 성 이름. 이 성 일대에 형성된 동네를 이르기도 했음.

濟州城內 《濟州島ノ地質』(朝鮮地質調査要報 제10권 1호, 原口九萬, 1931)》. 此ノ兩峯ハ濟州城ノ東方ニ在リ顯著ニシテ城ノ所在ヲ知ルノ好目標ナリ. 《朝鮮沿岸水路誌 第1卷』(1933) 朝鮮南岸「濟州島」》.

濟州城內(제주성내) 제주특별자치도 제주시 제주성 안애 형성되었던 동네 이름. 줄여서 '城內(성내)' 또는 '성안'이라고 불러왔음.

濟州城內 《濟州嶋現況一般』(1906)》. 濟州城內 《濟州島ノ地質』(朝鮮地質調査要報 제10권 1호, 原口九萬, 1931)》. 耽羅誌에 의하면 濟州城內를 일즉이 '大村'이라 하였던 모양이다. 《耽羅紀行: 漢拏山』(李殷相, 1937)》.

濟州邑(제주읍) 1.행정구역 읍 이름의 하나. 1931년 4월 1일부터 제주도(濟州島) 제주면(濟州面)을 제주도(濟州島) 제주읍(濟州邑)이라 했음.

濟州邑(제쥬읍 チェ-ジュ-ウブ) 《韓國水産誌』제3집(1911)「濟州島」濟州郡 中面》. 濟州郡 濟州邑 《韓國水産誌』제3집(1911)「濟州島」場市名》. 濟州邑外光陽洞及大靜西方新坪里ニハ該層ノ堆積アリ 《濟州島ノ地質』(朝鮮地質調査要報 제10권 1호, 原口九萬, 1931)》. 濟州邑 本島ノ主邑ニシテ交通, 行政, 經濟ノ中心地ナリ. 《朝鮮沿岸水路誌 第1卷』(1933) 朝鮮南岸「濟州島」》. 濟州邑 三徒里 《朝鮮在留欧米人並領事館員名簿』(朝鮮總督府, 1935)》.

2.'제주고을'이라는 뜻으로 제주읍(濟州邑)이라고도 했음. 「朝鮮總督府 告示 第254號」(1920. 10. 19.)를 보면, "朝鮮南岸濟州島濟州邑錨地ニ於テ海圖ニ記載ナキ左記暗礁ヲ發見セリ"이라 하여 행정구역 이름으로 제주읍(濟州邑)이라 하기 전에도 제주읍(濟州邑)이라는 말을 썼음.

濟州邑外都里月台洞 《朝鮮半島の農法と農民』(高橋昇, 1939)「濟州島紀行」》.

済州邑(제주읍) 濟州邑(제주읍)을 일본어 한자로 쓴 것.

濟州港(제주항) 제주특별자치도 제주시 건입동 바닷가 일대에 있는 항 이름. 오늘날도 '제주항'이라 하고 있음.

濟州港(山地港) 濟州港八禾北里ノ西方約2浬ニ在リ. 《朝鮮沿岸水路誌 第1卷》(1933) 朝鮮南岸 「濟州島」. 濟州港(通稱山地港)……翰林港……西歸港……城山浦港……楸子港 《濟州島勢要覽》 (1935) 第2 交通及通信》.

趙哥洞(조가동) 제주특별자치도 서귀포시 안덕면 광평리 영아리오름 북서쪽 기슭에 있었던 동네. 예로부터 민간에서 '조가케'라 부르다가, '조가웨'라고 부르던 것을 사람들이 들어가 살면서 한자로 趙哥洞(조가동)이라 했음.

廣坪里 クワンピョンニー 趙哥洞 チョカトン 《朝鮮五萬分一地形圖》「大靜及馬羅島」(濟州島南部 9號, 1918)》.

朝貢川(조공천)〔됴공내〉조공내〕 제주특별자치도 제주시 외도동과 내도동 사이 를 흘러 바다로 드러가는 '도근내'의 한자 차용 표기 가운데 하나.

輿覽에는 "都近川의 一名은 朝貢川이니 州人이 語澁하야 都近이라 하나 그것은 朝貢의 發 音을 잘못함이라." 하였다. 《耽羅紀行: 漢拏山》(李殷相, 1937)》.

朝近大妣岳(조근대비악)〔족은대비오롬〕 제주특별자치도 서귀포시 안덕면 광평 리 광평 입구 사거리 서북쪽에 있는 '족은대비오롬'의 한자 차용 표기 가 운데 하나. 1960년대 지형도부터 1990년대 지형도까지 朝近大妣岳(조근 대비악)으로 쓰고, 2000년대 지형도부터 2015년 지형도까지 '조근대비악' 으로 쓰여 있음. 표고 541.6m.

朝近大妣岳 チョクンテーピアク 543米 《朝鮮五萬分一地形圖》「大靜及馬羅島」(濟州島南部 9號, 1918)》. 朝近大妣岳 543米 《朝鮮地誌資料》(1919, 朝鮮總督府 臨時土地調查局) 山岳ノ名稱所在及眞高 (續), 全羅南道 濟州島》.

朝近大妃野(조근대비야)〔족은대비드르〕 제주특별자치도 서귀포시 안덕면 광평 리 '족은대비오롬' 일대 들판 이름의 한자 차용 표기. 표고 541.6m.

朝近大妃野(廣坪里) 〈『朝鮮地誌資料』(1911) 全羅南道 大靜郡 中面, 野坪名〉.

朝近妃山(조근비산) 제주특별자치도 서귀포시 안덕면 광평리에 있는 '족은대비오롬'의 한자 차용 표기 가운데 하나. 표고 541.6m. ⇒ **朝近大妣岳(조근대비악)**.

朝近妃山(廣坪里) 〈『朝鮮地誌資料』(1911) 全羅南道 大靜郡 中面, 山谷名〉.

俎島(조도) 제주특별자치도 서귀포시 남원읍 위미리 바다에 있는 地歸島(지귀도)의 다른 표기 가운데 하나.

扂島 森島 俎島 〈『濟州島とその經濟』(1930, 釜山商業會議所)「濟州島全島」〉. 爲美里……地歸島 俗一俎島ト云フ 〈『濟州島勢要覽』(1935) 第14 島一周案內〉.

鳥島(조도) 제주특별자치도 서귀포시 송산동 바닷가에 있던 '새섬'의 한자 차용 표기 가운데 하나. 예로부터 '새섬'이라 부르고 草島(초도) 또는 茅島(모도) 등으로 표기했는데, 일제강점기 지형도에 鳥島(조도)라 표기했으나, 현대 지형도에서 '새섬'이라 하고 있음. 오늘날은 다리(새연교)가 놓여 육지에 편입되었음.

鳥島 セーソム 18米, 茅島 セーソム 18米 〈『朝鮮五萬分一地形圖』「西歸浦」(濟州島南部 5號, 1918)〉.

鳥島[茅島](濟州島 中面) 〈『朝鮮地誌資料』(1919, 朝鮮總督府 臨時土地調査局) 島嶼, 全羅南道 濟州島〉. 淵外川口ニ鳥島ト稱スル嶼アリ. 〈『朝鮮沿岸水路誌 第1卷』(1933) 朝鮮南岸「濟州島」〉. 西으로 멀리 있는 섬은 '범섬'(虎島), 浦口 앞에 놓인 섬은 '새섬'(鳥島), 고 넘어 있는 섬은 '노루섬'(鹿島), 왼편 東으로 떨어져 있는 섬은 '숲섬'(森島)! 〈耽羅紀行: 漢拏山」(李殷相, 1937)〉.

鳥頭峰(조두봉) 제주특별자치도 제주시 도두동에 있는 道頭峰(도두봉)을 島頭峰(도두봉)으로 인식하고 鳥頭峰(조두봉)으로 잘못 쓴 것. ⇒ **道頭峰(도두봉)**.

鳥頭峰(道頭里) 〈『朝鮮地誌資料』(1911) 全羅南道 濟州郡 中面, 山谷名〉.

鳥鳴伊旨(조명이지) 제주특별자치도 제주시 조천읍에 있는 '조맹이ᄆᆞ르'의 한자 차용 표기.

鳥鳴伊旨 〈『朝鮮地誌資料(1911)』 권17, 全羅南道 濟州郡 新左面 朝天里, 野坪名〉.

藻腐洞(조부동) 제주특별자치도 제주시 애월읍 하귀리 듬북개 일대에 형성된 동네의 한자 표기.

藻腐洞 チョブドン 《朝鮮五萬分一地形圖』『翰林』(濟州島北部 12號, 1918)》.

鳥飛羅伊野(조비라이야) 제주특별자치도 서귀포시 대정읍 보성리 '생이빌레' 일대 들판 이름의 한자 차용 표기.

鳥飛羅伊野(保城里)《朝鮮地誌資料』(1911) 全羅南道 大靜郡 右面, 野坪名》.

鳥巢岳(조소악) 제주특별자치도 제주시 한경면 산양리에 있는 '새신오롬'의 변음 '새소오롬'의 한자 차용 표기.

鳥巢岳(造水境)《朝鮮地誌資料』(1911) 全羅南道 濟州郡 舊右面, 山谷名》. 鳥巢岳 チョースーアク 141.6米 《朝鮮五萬分一地形圖』(濟州島南部 13號「摹瑟浦』(1918)》. 飛揚島馬羅島線……比較的新シキ時期ニ生成セル火山ニシテ 飛揚島, 正月岳, 椿旨岳, 釜岳, 鳥巢岳, 加時岳, 摹瑟峰 等 ナリ 《濟州島ノ地質』(朝鮮地質調査要報 제10권 1호, 原口九萬, 1931)》.

造水里(조수리) 제주특별자치도 제주시 한경면 조수리의 한자 표기.

造水里《地方行政區域一覽(1912)』(朝鮮總督府) 濟州郡, 舊右面》. 造水里 チョスリー 《朝鮮五萬分一地形圖』(濟州島北部 16號「飛揚島』1918)》.

鳥宿橫洞(조숙궤동) 제주특별자치도 서귀포시 안덕면 동광리 동광육거리 북동쪽, '원물오롬' 동쪽에 있었던 동네. 민간에서는 '조숫궤>조숫개' 또는 '조숫궤>조숫개' 등으로 불렀음. '궤'는 바위굴을 이르는 제주 방언임. 제주4·3 때 폐동되었음.

廣坪里 クヮンピョンニー 鳥宿橫洞 チョスークエトン 《朝鮮五萬分一地形圖』「大靜及馬羅島』(濟州島南部 9號, 1918)》.

鳥夷(조이) 주도의 옛 이름 가운데 하나라고 하는 것으로, 중국 문헌에 따라 島夷(도이)로도 표기되었음. 鳥夷(조이)나 島夷(도이)는 문헌에 따라 조금 다르지만, 고대 중국 동부 근해 일대 및 섬의 주민을 가리키기도 하고, 남북조시대에 북조에서 남조를 이르기도 하고, 섬 도둑(섬나라 오랑캐: 왜구 일본 또는 제주도)을 가리키기도 했다고 함.

濟州島의 古號로 支那의 漢, 魏에 알려진 鳥夷니 州胡니 하는 名稱은 吳나라의 原名인 '句吳'하고 아마도 關係가 있슬 것 갓습니다. 'ㄱ'音에 'ㅈ'音으로 共通함은 南方에서 흔히 보는 音韻現象인즉 句吳가 州胡가 될 수 잇슴은 毋論입니다. 〈濟州島의 文化史觀 4」(1938) 六堂學人, 每日新報〉.

助仁納(조인납) 제주특별자치도 제주시 교래리 산간에 있는 지명. 민간에서는 주로 '조린납'으로 부르고 있음.

助仁納 〈『朝鮮地誌資料(1911)』 권17, 全羅南道 濟州郡 新左面 橋來里, 野坪名〉.

朝天(조천) 제주특별자치도 제주시 조천읍 조천리를 이름.

濟州郡 朝天 〈『韓國水産誌』 제3집(1911) 「濟州島」 場市名〉. 濟州郡 朝天 〈『韓國水産誌』 제3집(1911) 「濟州島」 鹽田〉.

藻川(조천)〔물망내〕 제주특별자치도 서귀포시 송산동 '정방폭포'로 흘러드는 내(동홍천)의 별칭 가운데 하나. 민간에서는 주로 '애이릿내'라고 불러왔음.

西歸里……此ノ村ノ東側ニ1川アリフ藻川ト謂フ川ロニ正房瀑ノ瀑布アリ. 〈『朝鮮沿岸水路誌 第1卷』(1933) 朝鮮南岸 「濟州島」〉. 藻川ハ西歸浦東側ニ於テ高サ26米ノ瀧ト爲リ直ニ海中ニ落下シ一壯觀ヲ呈ス. 〈『朝鮮沿岸水路誌 第1卷』(1933) 朝鮮南岸 「濟州島」〉.

朝天舘(조천관) 제주특별자치도 제주시 조천읍 '조천리'의 옛 이름. 조선시대부터 조천관(朝天舘)이 있었기 때문에 조천관(朝天舘) 또는 조천관리(朝天舘里)라 하다가, 나중에는 조천리(朝天里)라 함.

朝天舘 〈『濟州郡地圖』(1914)〉. 이 朝天浦는 옛날 鎭을 두었던 곳으로 城中에는 朝天舘과 軍器庫가 있었으며 〈『耽羅紀行: 漢拏山』(李殷相, 1937)〉.

朝天堂野(조천당야)〔조천당드르〕 제주특별자치도 서귀포시 안덕면 서광리에 있는 들판 이름의 한자 차용 표기.

朝天堂野(西廣里) 〈『朝鮮地誌資料』(1911) 全羅南道 大靜郡 中面, 野坪名〉.

朝天里(조천리) 제주특별자치도 제주시 조천읍 '조천리'의 한자 표기.

351

朝天里(죠전리 チョヂョンリー)《『韓國水産誌』제3집(1911)「濟州島」濟州郡 新左面〉. 朝天里《『地方行政區域一覽(1912)』(朝鮮總督府) 濟州郡, 新左面〉. 朝天里 チョチョンニー《『朝鮮五萬分一地形圖』「濟州」(濟州島北部 7號, 1918)〉. 咸德里卜朝天里卜ノ間地勢北方二突出スルコト約1浬, 其ノ北端ヲ館串卜謂ヒ本島ノ北端ナリ《『朝鮮沿岸水路誌 第1卷』(1933) 朝鮮南岸「濟州島」〉.

朝天面(조천면) 1935년 4월 1일부터 당시 제주군 신좌면(新左面)을 조천면(朝天面)으로 바꿈. 조천읍(朝天邑)의 이전 이름.

朝天面……朝天里……朝天港《『濟州島勢要覽』(1935) 第14 島一周案內〉. 朝天面 チョチョンミョン《『朝鮮五萬分一地形圖』(濟州嶋北部 8號「漢拏山」(1943)〉.

朝天場(조천장) 제주특별자치도 조천읍 조천리에 있었던 시장 이름.

朝天場《『朝鮮地誌資料(1911)』권17, 全羅南道 濟州郡 新左面 朝天里, 市場名〉.

朝天鎭(조천진) 제주특별자치도 제주시 조천읍 초천리에 있던 진 이름.

水山鎭 西歸鎭 明月鎭 涯月鎭 別防鎭 朝天鎭 禾北鎭 海防鎭《『濟州嶋現況一般』(1906)〉.

朝天浦(조천포) 제주특별자치도 제주시 조천읍 조천리 바닷가에 있는 개 이름의 한자 표기. 예전에는 朝天館浦(조천관포) 또는 館浦(관포) 등으로 써 오다가, 朝天浦(조천포)로 굳어졌음.

이 朝天浦는 옛날 鎭을 두었던 곳으로 城中에는 朝天館과 軍器庫가 있었으며《『耽羅紀行: 漢拏山』(李殷相, 1937)〉.

朝天港(조천항) 제주특별자치도 조천읍 조천리 바닷가에 있는 항 이름.

朝天面……朝天里……朝天港《『濟州島勢要覽』(1935) 第14 島一周案內〉.

尊者庵(존자암) 제주특별자치도 서귀포시 하원동 산간 영실 서남쪽에 있는 암자 이름.

이 靈室의 洞府 속에는 尊者庵이란 庵子가 있었고 그 앞에 열린 이 洞府를 修行洞이라 부르던 것인 줄은 古記에 依하야 알겠거니와, 尊者庵이란 이름은 法住記에서 그 由來를 가져온 것일 듯하다《『耽羅紀行: 漢拏山』(李殷相, 1937)〉. 이 洞府의 奇岩을 石羅漢이라 부르고 여기 절을 세워 尊者庵이라 하였던 모양이다《『耽羅紀行: 漢拏山』(李殷相, 1937)〉.

宗南谷(종남곡)〔족남골>족남굴〕 제주특별자치도 제주시 연동에 있었던 구렁 이름의 한자 차용 표기. '족남(족낭)'은 '종남', '종낭'으로 소리 나는데, '떼죽나무' 제주 방언임.

宗南谷(蓮洞里)《朝鮮地誌資料』(1911) 全羅南道 濟州郡 中面, 山谷名》.

宗南洞(종남동)〔족남골>족남굴〕 제주특별자치도 서귀포시 남원읍 위미1리 북쪽 '족남골(>족남굴)'에 형성되었던 '족남골동네(>족남굴동네)'의 한자 차용 표기. '족남(족낭)'은 '종남', '종낭'으로 소리 나는데, '떼죽나무' 제주 방언임.

宗南洞 チョンナムコル《朝鮮五萬分一地形圖』「西歸浦」(濟州島南部 5號, 1918)》.

宗南田(종남전) 제주특별자치도 제주시 조천읍 와산리 '당오롬' 남쪽에 있는 '종남밧(족남밧의 변음)'의 한자 차용 표기. '족남'은 '종남'으로 소리 나는데, '떼죽나무'의 제주 방언임. 1960년대 지형도부터 2015년 지형도까지 '종남밭'으로 쓰여 있음. 이 일대에 동네가 형성되었는데, 제주4·3 때 폐동되었음.

宗南田 チョンナムチョン《朝鮮五萬分一地形圖』「漢拏山」(濟州島北部 8號, 1918)》.

終達(종달) 제주특별자치도 제주시 구좌읍 '종달리'를 이름.

濟州郡 終達《韓國水産誌』제3집(1911)「濟州島」鹽田》.

終達里(종달리) 제주특별자치도 제주시 구좌읍에 있는 한 법정마을 가운데 하나.

終達里(종달리 チョンタリー)《韓國水産誌』제3집(1911)「濟州島」濟州郡 舊左面》. 終達里《朝鮮地誌資料(1911)』권17, 全羅南道 濟州郡 舊左面》. 終達里《地方行政區域一覽(1912)』(朝鮮總督府) 濟州郡, 舊左面》. 終達里 チョンダリー《朝鮮五萬分一地形圖』(濟州島北部 4號)「城山浦」(1918)》.

終達半島(종달반도) 제주특별자치도 제주시 구좌읍 종달리 바닷가에 뻗어나간 곳을 이르는 말.

終達半島《朝鮮の港灣』(1925)》.

終達峰(종달봉) 제주특별자치도 제주시 구좌읍 종달리에 있는 '지미오롬(지미봉)'을 종달리에 있는 오롬이라는 뜻으로 쓴 것.

その最も標式なものは今岳, 元堂峯, 三義讓岳, 針岳, 孤根山, 御乘生岳, 月郎山, 終達峰, 飛揚島等である《『地球』12권 1호(1929) 「濟州島遊記(一)」(原口九萬)》.

種時洞(종시동) 제주특별자치도 제주시 조천읍 신촌리 '종시ᄆ르' 일대에 형성되었던 '종시동'의 한자 표기. '종시ᄆ르'를 '동시ᄆ르'라고도 했는데, '동시'를 '동수'로 이해하여 '동수동'이라고도 했음. 1960년대 지형도부터 2015년 지형도까지 '동수동'으로 쓰여 있음.

種時洞 チョンシードン《『朝鮮五萬分一地形圖』「濟州」(濟州島北部 7號, 1918)》.

宗嚴頭(종엄두) 제주특별자치도 제주시 한림읍 비양리 바다에 있는 바위 이름.

飛揚島……宗嚴頭ハ最南ニ在ル高サ7.3米ノ黑色尖頂岩ナリ.《『朝鮮沿岸水路誌 第1卷』(1933) 朝鮮南岸 「濟州島」》.

從者坪野(종자평야) 제주특별자치도 서귀포시 상예동 '더데오롬동네' 남쪽 일대의 '존잣벵디'의 들판을 '종잣벵디'로 이해하고 쓴 것.

從者坪野(倉川里)《『朝鮮地誌資料』(1911) 全羅南道 大靜郡 中面, 野坪名》.

宗洲谷(종주곡) 제주특별자치도 제주시 오등동 '종주골〉종주굴'의 한자 차용 표기.

宗洲谷(梧登里)《『朝鮮地誌資料』(1911) 全羅南道 濟州郡 中面, 山谷名》.

坐起所野(좌기소야) 제주특별자치도 서귀포시 대정읍 무릉2리 '좌기소' 일대 일대 들판 이름의 한자 차용 표기. '좌가소'는 오늘날 '사기소/사기수'라 하고 있음.

坐起所野(武陵里)《『朝鮮地誌資料』(1911) 全羅南道 大靜郡 右面, 野坪名》.

坐起所池(좌기소지) 제주특별자치도 서귀포시 대정읍 무릉2리 '좌기소'에 있는 못 이름의 한자 차용 표기. '좌가소'는 오늘날 '사기소/사기수'라 하고 있음.

坐起所池(武陵里)《『朝鮮地誌資料』(1911) 全羅南道 大靜郡 右面, 池名》.

左面(좌면) 1.조선 후기부터 일제강점기 초까지 지금 서귀포시 성산읍 일대를 정의군(旌義郡) 좌면(左面)이라 하다가, 1914년 3월 1일부터 제주군(濟州郡)

정의면(旌義面)으로 바꿈. 1935년 4월 1일부터 정의면(旌義面)을 성산면(城山面)으로 바꿈. 성산읍(城山邑)의 전신임.

旌義郡……左面 十四里 二千九十戶《濟州嶋現況一般》(1906)》. 旌義郡 左面《韓國水産誌》제3집(1911)「濟州島」지도》. 左面 チャミョン《朝鮮五萬分一地形圖》「西歸浦」(濟州島南部 5號, 1918)》. 左面 チャミョン《朝鮮五萬分一地形圖》「翰林」(濟州島北部 12號, 1918)》.

2.조선 후기부터 일제강점기 초까지 지금 서귀포시 동 지역의 서쪽 지역, 곧 옛 중문면 지역을 대정군(大靜郡) 좌면(左面)이라 하다가, 1914년 3월 1일부터 제주군(濟州郡) 좌면(左面)으로 바꿈. 1935년 4월 1일부터 좌면(左面)을 중문면(中文面)으로 바꿈.

大靜郡……左面 十三里 千八百六十戶《濟州嶋現況一般》(1906)》. 大靜郡 左面《韓國水産誌》제3집(1911)「濟州島」지도》. 地理河川……其外'大靜'左面中文里에 天帝淵川은 폭포로 藉名하야《濟州島實記》(金斗奉, 1934)》.

左甫岳(좌보악) 제주특별자치도 서귀포시 성읍리 산간에 있는 '좌보미'의 한자 차용 표기 가운데 하나. 한자 차용 표기로는 주로 左甫山(좌보산)으로 써 왔음. 1960년대 지형도부터 2015년 지형도까지 '좌보미'로 쓰여 있음. 표고 344.3m.

左甫岳 チャポアク《朝鮮五萬分一地形圖》(濟州島北部 4號)「城山浦」(1918)》.

坐雉岳(좌치악)〔**안친오롬**〕 제주특별자치도 제주시 구좌읍 송당리 '돗오롬' 서남쪽에 있는 '안친오롬'의 한자 차용 표기. 1960년대 지형도부터 2015년 지형도까지 '안친오름'으로 쓰여 있음. 표고 191.8m.

坐雉岳 アテアク《朝鮮五萬分一地形圖》(濟州島北部 4號)「城山浦」(1918)》.

座下童串(좌하동곶) 제주특별자치도 서귀포시 성산읍 신양리 바닷가의 지명 가운데 하나.

防頭串ノ南南西方殆ド3浬ニ座下童串アリ.《朝鮮沿岸水路誌 第1卷》(1933) 朝鮮南岸「濟州島」》.

周近洞(주근동) 제주특별자치도 제주시 한경면 용수리 법기동 북쪽, 용당리 중심마을(본동) 서북쪽에 형성되어 있는 동네의 한자 표기. 이 일대는 예로부터 '죽은디ᄆᆞ를' 또는 '죽은디머들'이라 부르고, 이 일대에 동네가 형성되면서 '죽은디ᄆᆞ를동네·죽은디머들동네'라 하고, 이것을 한자를 빌려 周近洞(주근동)이라 나타낸 것임. 1960년대 지형도부터 '주전동(周田洞)'이라고 표기했음.

周近洞 チュークントン 《『朝鮮五萬分一地形圖』(濟州島南部 13號 「摹瑟浦」(1918)》.

周近藪野(주근수야) 제주특별자치도 서귀포시 대정읍 무릉1리 '죽은디술/죽은드술' 일대 들판 이름의 한자 차용 표기.

周近藪野(武陵里) 《『朝鮮地誌資料』(1911) 全羅南道 大靜郡 右面, 野坪名》.

周武峯(주무봉)〔주무오롬〕 제주특별자치도 제주시 종달리에 있는 '지미오롬'의 다른 소리 '주무오롬'의 한자 차용 표기. 1960년대 지형도에서 2015년 지형도까지 '地尾峰(지미봉)'으로 쓰여 있음. 표고 162.8m.

池尾峯(周武峯) 牛島水道ノ西側ニ屹立スル死火山ニシテ高サ162米…… 《『朝鮮沿岸水路誌 第1卷』(1933) 朝鮮南岸 「濟州島」》.

朱池洞(주지동)〔붉은못동네〉붉으못동네〕 제주특별자치도 제주시 한경면 조수리 '붉은못동네〉붉으못동네'의 한자 차용 표기.

朱池洞 チュチニトン 《『朝鮮五萬分一地形圖』(濟州島南部 13號 「摹瑟浦」(1918)》.

州胡(주호) 제주도의 옛 이름 가운데 하나라고 하는 것.

濟州島의 古號로 支那의 漢, 魏에 알려진 鳥夷니 州胡니 하는 名稱은 吳나라의 原名인 '句吳'하고 아마도 關係가 있을 것 갓습니다. 'ㄱ'音에 'ㅈ'音으로 共通함은 南方에서 흔히 보는 音韻現象인즉 句吳가 州胡가 될 수 잇슴은 毋論입니다. 《『濟州島의 文化史觀 4』(1938) 六堂學人, 每日新報》.

州胡國(주호국) 제주(濟州)의 옛 이름 가운데 하나.

輿地勝覽에 耽毛羅(或云耽牟羅) 東瀛洲라 한 것과 耽羅誌에 州胡國이라 하 것도 있고 《『耽羅紀行: 漢拏山』(李殷相, 1937)》.

周興(주흥)〔주흥〉주웅〉중〕 제주특별자치도 제주시 우도면 오봉리의 자연마을 가운데 하나인 '주흥개[--깨]〉중개[--깨]' 일대에 형성된 동네엔 '주흥동'의 '주흥'을, 한자를 빌려 나타낸 것임. 「탐라지도」(1709)에는 朱郁浦(주욱포: 주욱개)로 쓰여 있음. 오늘날은 오봉리에 속하여 주흥동이라 하고 있음.

周興 チュフン 《朝鮮五萬分一地形圖》「金寧」(濟州嶋北部 三號, 1918)〉.

竹島¹(죽도) 제주특별자치도 제주시 한경면 고산1리 당산봉 동쪽 바다에 있 는 '차귀도'의 별칭인 '대섬'의 한자 차용 표기. 일제강점기 지형도(1918)를 보면, 본섬에는 竹島(죽도)로 쓰고, 주변에 있는 臥島(와도)와 지슬이섬 등 을 아우른 이름으로 遮歸島(차귀도)를 표기한 듯함. 오늘날 지형도에는 '차 귀도(죽도)'로 쓰여 있음. ⇒ 遮歸島(차귀도).

竹島 《韓國水産誌》 제3집(1911)「濟州島」지도〉. 竹島 〈濟州郡地圖」(1914)〉. 遮歸島 チャキトー, 竹 島 チュクトー 68米 《朝鮮五萬分一地形圖》(濟州島南部 13號「摹瑟浦」(1918)〉. 竹島(濟州島 舊右 面 遮歸島) 《朝鮮地誌資料」(1919, 朝鮮總督府 臨時土地調査局) 島嶼, 全羅南道 濟州島〉. 遮歸島 高山 岳(唐山峯)ノ西方約二東西ニ竝立スル2島アリ, 此ノ2島ヲ合セテ遮歸島ト稱シ, 其ノ外 方二在ルヲ竹島ト稱シ高サ62米ノ草島ニシテ東方二小灣アリ. 《朝鮮沿岸水路誌 第1卷』 (1933) 朝鮮南岸「濟州島」〉. 高山岳 西海에 있는 臥島, 竹島니 하는 섬들이 一名 遮歸島다. 〈耽 羅紀行: 漢挐山』(李殷相, 1937)〉.

竹島²(죽도) 제주특별자치도 제주시 한림읍 수원리 바닷가에 있는 '대섬'의 한자 차용 표기.

洙源里ノ西方二1低島竹島アリ. 《朝鮮沿岸水路誌 第1卷』(1933) 朝鮮南岸「濟州島」〉.

竹城洞(죽성동) 제주특별자치도 제주시 오등동 남쪽 '죽성마을'의 한자 차용 표기. 1960년대와 1970년대 지형도에는 '죽성'으로 표기되고, 1980년도 지형도부터 2015년 지형도까지 '죽성'과 '축성'으로 쓰여 있음.

竹城洞 チュクソンドン 《朝鮮五萬分一地形圖》「漢挐山」(濟州島北部 8號, 1918)〉.

中ノ瀨(중노탄) 제주특별자치도 제주시 추자면에 있는 여 이름 가운데 하나.

地ノ瀬(ヂノセ)及中ノ瀬(ナカノセ) 絶明嶼ヲリ128度7鏈ニ水深10.9米ノ礁アリ地ノ瀬 ト稱シ周圍急深ニシテ1鏈以上ヲ隔ツレバ36米以上ナリ《『朝鮮沿岸水路誌 第1卷』(1933) 朝鮮 南岸「楸子群島」》.

中洞(중동) 제주특별자치도 제주시 구좌읍 송당리 '셋동네(셋송당/셋손당)'의 한 자 표기.

中洞 チュンドン《『朝鮮五萬分一地形圖』(濟州島北部 4號)「城山浦」(1918)》.

中面(중면) 1.조선 후기부터 일제강점기 초까지 지금 제주시 동 지역을 제주 군 중면(中面)이라 하다가, 1914년 3월 1일부터 제주군 제주면(濟州面)으 로 바꾸었음. 濟州郡……中面 二十五里 四千六百四十一戶《『濟州嶋現況一般』(1906)》.
2.조선 후기부터 일제강점기 초까지 지금 서귀포시 안덕면 지역을 제주군 중면(中面)이라 하다가, 1914년 3월 1일부터 제주군 중면(中面)이라 하고, 1935년 4월 1일부터 안덕면(安德面)으로 바꾸었음.

大靜郡……中面 十一里 千三百〇九戶《『濟州嶋現況一般』(1906)》. 大靜郡 中面《『韓國水産誌』 제3집 (1911)「濟州島」 지도》. 中面 チュンミョン《『朝鮮五萬分一地形圖』「大靜及馬羅島」(濟州島南部 9號, 1918)》. 中面(중면) チュンミョン《『朝鮮五萬分一地形圖』「翰林」(濟州島北部 12號, 1918)》.

中文里(중문리) 제주특별자치도 서귀포시 중문동의 옛 이름.

中文里(중문리 チュンムンリー)《『韓國水産誌』 제3집(1911)「濟州島」 大靜郡 左面》. 中文里《『地方 行政區域一覽(1912)』(朝鮮總督府) 大靜郡, 左面》. 中文里 チュンムンリー《『朝鮮五萬分一地形圖』「大 靜及馬羅島」(濟州島南部 9號, 1918)》. 地理河川……其外 '大靜' 左面中文里에 天帝淵川은 폭포로 藉名하야《『濟州島實記』(金斗奉, 1934)》.

中文面(중문면) 1935년 4월 1일부터 당시 제주군 中面(중면)을 中文面(중문면) 으로 바꿈. 1981년부터 중문면을 없애고, 구 서귀포시에 편입함.

中文面 チュンムンミョン《『朝鮮五萬分一地形圖』(濟州嶋北部 8號「漢拏山」(1943)》.

中文池(중문지) 제주특별자치도 서귀포시 중문동에 있었던 '중물'의 한자 표기.

中文池(中文里)《『朝鮮地誌資料』(1911) 全羅南道 大靜郡 左面, 池名》.

甑嶼(증서)〔시룻여〕 제주특별자치도 제주시 추자면에 속한 유인도 가운데 하나인 '횡간도' 동남쪽 바다에 있는 '시룻여[시룬녀]'의 한자 차용 표기의 하나.

甑嶼 シルニョ 《朝鮮五萬分一地形圖』(濟州嶋北部 9號, 「楸子群島』(1918)〉.

旨(지) 등성이를 이루는 산이나 언덕의 꼭대기를 이르는 제주 방언 '무르〉무루〉물'의 한자 차용 표기 가운데 하나.

地名の後にある普通名詞.……물. 濟州郡の邑名に楮旨里といふ所があつて普通には之を싹물といつて居る. 卽ち旨は물に當るものでわる. 卽ち旨は물に當るものである.……旨は山の意であることは峠の様なところを물といつて居るのである. 而して前條に述べたㅁ又は目といふ言葉も此の물と關係わるのと思はれる. 《朝鮮及滿洲』第70호(1913)「濟州島方言」'六.地名'(小倉進平)〉. 濟州島では圓錐山卽ち獨立した山を岳(オルム)と云ふ. 平地から秀立した小丘を旨(マル)とも云ふ. 惑は峯を岳の代りに用ふることもある. 〈濟州島火山島雜記』(1925, 中村新太郎)〉.

地ノ瀨(지노탄) 제주특별자치도 제주시 추자면에 있는 여 이름 가운데 하나.

地ノ瀨(ヂノセ)及中ノ瀨(ナカノセ) 絶明嶼ヲリ128度7鏈ニ水深10.9米ノ礁アリ地ノ瀨ト稱シ周圍急深ニシテ1鏈以上ヲ隔ツレバ36米以上ナリ『朝鮮沿岸水路誌 第1巻』(1933) 朝鮮南岸「楸子群島』〉.

之去屹(지거흘) 제주특별자치도 제주시 한경면 산양리 가마오롬(가메오롬) 남쪽, 새신오롬 동쪽 일대에 형성되었던 동네의 한자 차용 표기. 제주4·3 때 폐동되었음.

之去屹 チコブル 《朝鮮五萬分一地形圖』「大靜及馬羅島』(濟州島南部 9號, 1918)〉.

地境野(지경야)〔지경드르〕 제주특별자치도 제주시 조천읍 북촌리에 있는 들판 이름의 한자 차용 표기.

地境野 《朝鮮地誌資料(1911)』권17, 全羅南道 濟州郡 新左面 北村里, 野坪名〉.

地歸島(지귀도) 제주특별자치도 서귀포시 남원읍 위미리 바다에 있는 '지귀

도'의 한자 표기. 민간에서 '지꾸섬' 또는 '찌꾸섬'이라 부르고 있음. 일제강
점기에는 俎島(조도)로도 표기되었음.

知歸島 チキトー〈『朝鮮五萬分一地形圖』「西歸浦」(濟州島南部 5號, 1918)〉. 地歸島(濟州島 西中面)
〈『朝鮮地誌資料』(1919, 朝鮮總督府 臨時土地調查局) 島嶼, 全羅南道 濟州島〉. 又南岸ニハ粗面岩ヨリ
成レル鍾狀ノ森島及蚊島一 粗面岩安山岩ヨリ構成サレタル臺地狀ノ虎島及茅島, 玄武岩
ヨリ生成サレタル俎狀ノ地歸島, 加波島, 馬羅島等恰モ庭石ヲ並ヘタル如ク碁布セリ〈濟
州島ノ地質』(朝鮮地質調查要報 제10권 1호, 原口九萬, 1931〉. 狐村峯ノ南南東方距離約2浬ニ1低小
島アリ地歸島ト謂フ.〈『朝鮮沿岸水路誌 第1卷』(1933) 朝鮮南岸「濟州島」〉. 爲美里……地歸島 俗一
俎島ト云フ〈濟州島勢要覽』(1935) 第14 島一周案內〉.

知箕里岳(지기리악)〔지기리오롬〕 제주특별자치도 제주시 봉개동 산간에 있는
'지기리오롬'의 한자 차용 표기. '큰지기오롬'과 '족은지기리오롬'이 있음.
오늘날은 '지그리오름'이라 하고 있음.

南西方漢拏山の東側から 沙羅岳, 水長兀, 丹霞峯, 文岳, 知箕里岳, 針岳, 泉味岳の圓錐列
が漸次北東に低くなり行く漢拏山の斜面から兀々として〈濟州火山島雜記』(『地球』4권 4호,
1925, 中村新太郎)〉.

之奇里오롬(지기리--) 제제주특별자치도 제주시 조천읍 교래리에 있는 '지기
리오롬'을 한자와 한글로 섞어 쓴 것.

州南十五里에 잇는 三義讓오롬……東南二十五里에 잇는 之奇里오롬……之奇里는 원통으
로 아이누語에 '무덕이', '덩어리'를 意味하는 말이오…….〈濟州島의 文化史觀 6』(1938) 六堂學
人, 每日新報〉.

地尾峰(지미봉)〔지미오롬〕 제주특별자치도 구좌읍 종달리에 있는 '지미오롬'의
한자 차용 표기 가운데 하나. 이 오롬의 원래 이름은 '지미오롬'이라 하였
음. 이 '지미오롬'을 한자를 빌려 나타낸 것이 指尾岳·地尾岳(지미악) 또는
地尾峰(지미봉)임. 이 오롬의 차자 표기인 '地尾峰(지미봉)'을 중시하여 '땅
끝'에 있는 오롬이라 해석하는 것은 잘못임. 1960년대 지형도에서 2015

년 지형도까지 '地尾峰(지미봉)'으로 쓰여 있음. 표고 162.8m.

地尾峰〈『朝鮮地誌資料(1911)』권17, 全羅南道 濟州郡 舊左面 終達里, 山名〉.

池尾峯(지미봉)【지미오롬】제주특별자치도 제주시 구좌읍 종달리에 있는 '지미오롬'의 한자 차용 표기. 1960년대 지형도에서 2015년 지형도까지 '地尾峰(지미봉)'으로 쓰여 있음. 표고 162.8m.

池尾峯 チミポン 165.3米〈『朝鮮五萬分一地形圖』(濟州島北部 4號)「城山浦」(1918)〉. 池尾峯(チミポン: 耽羅志には池尾山, 文獻備考には指尾山とあり)〈『濟州島の地質學的觀察』(1928, 川崎繁太郎)〉. 池尾峯(周武峯) 牛島水道ノ西側ニ屹立スル死火山ニシテ高サ162米……〈『朝鮮沿岸水路誌 第1卷』(1933) 朝鮮南岸「濟州島」〉. 왼쪽으로 斗山(두산)을 넘겨 보내고, 바른편으로 池尾峰을 눈짓하는 동안 문득 보니〈『耽羅紀行: 漢拏山』(李殷相, 1937)〉.

指尾山(지미산)【지미오롬】제주특별자치도 구좌읍 종달리에 있는 '지미오롬'의 한자 차용 표기 가운데 하나. 이 오롬의 원래 이름은 '지미오롬'이라 하였음. 이 '지미오롬'을 한자를 빌려 나타낸 것이 指尾岳·地尾岳(지미악) 또는 地尾峰(지미봉)임. 이 오롬의 차자 표기인 '地尾峰(지미봉)'을 중시하여 '땅 끝'에 있는 오롬이라 해석하는 것은 잘못임. 1960년대 지형도에서 2015년 지형도까지 '地尾峰(지미봉)'으로 쓰여 있음. 표고 162.8m.

池尾峯(チミポン: 耽羅志には池尾山, 文獻備考には指尾山とあり)〈『濟州島の地質學的觀察』(1928, 川崎繁太郎)〉.

池尾山(지미산)【지미오롬】제주특별자치도 구좌읍 종달리에 있는 '지미오롬'의 한자 차용 표기 가운데 하나. 이 오롬의 원래 이름은 '지미오롬'이라 하였음. 이 '지미오롬'을 한자를 빌려 나타낸 것이 指尾岳·地尾岳(지미악) 또는 地尾峰(지미봉)임. 이 오롬의 차자 표기인 '地尾峰(지미봉)'을 중시하여 '땅 끝'에 있는 오롬이라 해석하는 것은 잘못임. 1960년대 지형도에서 2015년 지형도까지 '地尾峰(지미봉)'으로 쓰여 있음. 표고 162.8m.

池尾峯(チミポン: 耽羅志には池尾山, 文獻備考には指尾山とあり)〈『濟州島の地質學的觀察』

(1928, 川崎繁太郎)〉.

池港洞(지항동) 제주특별자치도 제주시 한림읍 동명리 '못거리' 일대에 형성 되었던 동네의 한자 표기.

池港洞 モッコリトン《朝鮮五萬分一地形圖』「翰林』(濟州島北部 12號, 1918)〉.

直龜(직구) 제주특별자치도 제주시 추자면 상추자도 서북쪽 바다에 있는 섬 '지꾸'의 한자 차용 표기의 하나.

直龜 チュク 111.8米《朝鮮五萬分一地形圖』(濟州嶋北部 9號,「楸子群島』(1918)〉.

直龜島(직구도) 제주특별자치도 제주시 추자면 상추자도 서북쪽 바다에 있는 섬 '지꾸섬'의 한자 차용 표기의 하나.

直龜島《朝鮮地誌資料』(1919, 朝鮮總督府 臨時土地調査局) 島嶼, 全羅南道 濟州島〉. 楸子群島……直龜 島(愁德島) 群島中ノ最西島ニシテ高サ107米《朝鮮沿岸水路誌 第1卷』(1933) 朝鮮南岸「楸子群島』〉.

直舍洞(직사동) 제주특별자치도 서귀포시 남원읍 하례2리 '직새'에 형성되었 던 '직새동'의 한자 표기. 1960년대부터 오늘날까지 '학림동(鶴林洞)'이라 하고 있으나, '직사교'라는 다리 이름에서 옛 이름이 전하고 있음.

直舍洞 チクサドン《朝鮮五萬分一地形圖』「西歸浦』(濟州島南部 5號, 1918)〉.

鎭近洞(진근동) 제주특별자치도 제주시 한림읍 동명리 '진근이' 일대에 형성 된 동네의 한자 표기.

鎭近洞 チングントン《朝鮮五萬分一地形圖』「翰林』(濟州島北部 12號, 1918)〉.

陳洞(진동) 제주특별자치도 제주시 한경면 조수1리 하동 '묵은동네' 일대에 형성되었던 동네의 한자 표기.

陳洞 チントン《朝鮮五萬分一地形圖』(濟州島南部 13號「慕瑟浦』(1918)〉.

津頭峙(진두치)〔나ᄅ머리ᄌᆝ〉나리머리ᄌᆝ〉나리머리재〕 제주특별자치도 제주시 추 자면 묵리에 있는 재 이름의 한자 차용 표기. 묵리와 영흥리 경계 바닷가 일대를 'ᄂᆞᄅ머리〉나리머리'라 하고, 이곳 가까운 곳에 있는 재를 '나리머 리재'라고 한 것임.

津頭峙·나리머리직(黙里)〈『朝鮮地誌資料』(1911) 全羅南道 莞島郡 楸子面, 峙名〉.

眞木池(진목지) 제주특별자치도 서귀포시 대정읍 신도1리 '츳남못〉츳나못/츳남물〉츳나물'의 한자 차용 표기. 민간에서는 '맨츳남못〉맨츳나못' 또는 '맨츳남물〉맨츳나물'이라 부르고 있음.

眞木池(桃源里)〈『朝鮮地誌資料』(1911) 全羅南道 大靜郡 右面, 池名〉.

鎭城(진성) 제주특별자치도 제주시 화북2동에 있었던 화북진성(禾北鎭城)을 이름.

鎭城(禾北里)〈『朝鮮地誌資料』(1911) 全羅南道 濟州郡 中面, 城名〉.

陳坪洞(진평동) 제주특별자치도 서귀포시 표선면 가시리 영아리오롬 북동쪽 '진펭이굴' 일대에 있었던 동네의 한자 표기. 대록봉(大鹿峰: 지금의 大鹿山) 북동쪽에 있었는데, 제주4·3 때 폐동되었음.

陳坪洞 チンポントン〈『朝鮮五萬分一地形圖』「漢拏山」(濟州島北部 8號, 1918)〉.

質田(질전)〔질왓〕 제주특별자치도 제주시 조천읍 함덕리에 있는 밭 이름의 한자 차용 표기.

質田〈『朝鮮地誌資料(1911)』권17, 全羅南道 濟州郡 新左面 咸德里, 野坪名〉.

遮歸(차귀) 차귀도(遮歸島)를 이름.

遮歸島(차귀도) 제주특별자치도 제주시 한경면 고산1리 당산봉 동쪽 바다에 있는 '차귀도'의 한자 표기. 일제강점기 지형도(1918)를 보면, 본섬에는 竹島(죽도)로 쓰고, 주변에 있는 臥島(와도)와 지슬이섬 등을 아우른 이름으로 遮歸島(차귀도)를 표기한 듯함. 오늘날 지형도에는 '차귀도(죽도)'로 쓰여 있음.

遮歸島(高山·龍水兩里海中在)〈『朝鮮地誌資料』(1911) 全羅南道 濟州郡 舊右面, 浦口名〉. 遮歸島 チャキトー, 竹島 チュクトー 68米, 臥島 ワトー〈『朝鮮五萬分一地形圖』(濟州島南部 13號「摹瑟浦」(1918)〉. 遮歸島 高山岳(唐山峯)ノ西方約ニ東西ニ竝立スル2島アリ, 此ノ2島ヲ合セテ遮歸島ト稱シ.〈『朝鮮沿岸水路誌 第1卷』(1933) 朝鮮南岸「濟州島」〉.

遮歸城(차귀성) 제주특별자치도 제주시 한경면 고산1리에 있었던 차귀성(遮歸城)을 이름.

遮歸城(高山里)《朝鮮地誌資料》(1911) 全羅南道 大靜郡 舊右面, 城堡名〉.

遮歸鎭(차귀진) 제주특별자치도 제주시 한경면 고산1리에 있었던 차귀진(遮歸鎭)을 이름.

이곳은 옛날 遮歸鎭을 두었던 곳으로 麗末(여말)에 哈赤(합적)이 城(성)을 쌓고 養馬(양마)하던 곳이더니 《耽羅紀行: 漢拏山》(李殷相, 1937)〉.

槎浦(사포)〔테윗개·터웃개〕 제주특별자치도 제주시 애월읍 구엄리에 있는 개 이름의 한자 차용 표기.

槎浦(舊嚴里)《朝鮮地誌資料》(1911) 全羅南道 濟州郡 新右面, 浦口名〉.

倉庫川(창고천)〔창곳내〕 제주특별자치도 서귀포시 안덕면 창천리와 감산리를 거쳐 화순리로 흘러가는 '창곳내'의 한자 차용 표기.

倉庫川 チャンコチョン 《『朝鮮五萬分一地形圖』「大靜及馬羅島」(濟州島南部 9號, 1918)》. 이 甘山川 은 紺山川이라고도 쓰고 地圖에는 倉庫川이라 표시되었는데 俗에 이르기로는 安德川이 라 하거니와 《耽羅紀行: 漢拏山』(李殷相, 1937)》.

倉廩洞(창늠동) 제주특별자치도 제주시 봉개동 '붉은오롬' 바로 북쪽에 있었 던 '창늠동'의 한자 표기. 봉개초등학교 동쪽에 '츳남가름(츳낭가름)'이 있 는데, 이것을 잘못 이해하여, 위치도 다르게, 표기도 다르게 쓴 듯함. '츳남 가름(츳낭가름)'은 眞木洞(진목동)으로 써 왔음. 또한 1960년도 지형도부터 1990년대 지형도까지 '천나가름'으로 쓰고, 2000년대 지형도부터 2015년 지형도까지 '초낭가름'으로 쓰여 있음. 동네 입구에 세워진 풋돌에는 '츳 낭가름 眞木洞(진목동)'으로 쓰여 있음.

倉廩洞 チャンロミドン 《『朝鮮五萬分一地形圖』「漢拏山」(濟州島北部 8號, 1918)》.

蒼梧洞(창오동) 제주특별자치도 제주시 외도동 '창오렝이(창우렝이)' 일대에 형성되었던 동네의 한자 표기.

蒼梧洞 チャンオトン 《『朝鮮五萬分一地形圖』「翰林」(濟州島北部 12號, 1918)》.

倉川(창천) 제주특별자치도 서귀포시 안덕면 창천리를 이름.

濟州郡 倉川 《『韓國水産誌』 제3집(1911)「濟州島」場市名》.

倉川里(창천리) 제주특별자치도 서귀포시 안덕면 창천리의 한자 표기.

倉川里川(倉川里) 《『朝鮮地誌資料』(1911) 全羅南道 大靜郡 中面, 川溪名》. 倉川里 《『地方行政區域一覽(1912)』(朝鮮總督府) 大靜郡, 中面》. 倉川里 チャンチョンニー 《『朝鮮五萬分一地形圖』「大靜及馬羅島」(濟州島南部 9號, 1918)》.

倉川市(창천시) 제주특별자치도 서귀포시 안덕면 청천리에 있었던 시장 이름.

倉川市(明治四十三年六月廢市-1910) 《『朝鮮地誌資料』(1911) 全羅南道 大靜郡 中面, 市場名》.

川(천) 시내보다는 크지만 강보다는 작은 물줄기. 또는 그 물줄기가 흘러가는 곳을 이르는 '내(川)'의 한자 표기.

川(1)[nɛ] …… [全南] 濟州(郡內の山底川·別刀川·大川を夫夫[san-ʤi-nɛ], [pe-rin-nɛ], [han-nɛ]といふ)·西歸·大靜(郡內の甘山川を[kam-san-nɛ]といふ) 《『朝鮮語方言の研究 上』(小倉進平, 1944:41)》.

川角野(천각야)〔내깍드르〕 제주특별자치도 서귀포시 대정읍 영락리 '내깍' 일대에 있는 들판 이름의 한자 차용 표기.

川角野(永樂里) 《『朝鮮地誌資料』(1911) 全羅南道 大靜郡 右面, 野坪名》.

川畓野(천답야)〔냇논드르〕 제주특별자치도 서귀포시 대정읍 영락리 '내논(냇논)' 일대에 있는 들판 이름의 한자 차용 표기.

川畓野(永樂里) 《『朝鮮地誌資料』(1911) 全羅南道 大靜郡 右面, 野坪名》.

川望洞(천망동) 제주특별자치도 서귀포시 상천리 동북쪽, '모라리오롬' 북서쪽 '첫망에욹' 일대에 있었던 동네의 한자 차용 표기. 제주4·3 때 폐동되었음.

上川里 サンンチョンニー 川望洞 チョンマントン 《『朝鮮五萬分一地形圖』「大靜及馬羅島」(濟州島南部 9號, 1918)》.

泉味洞(천미동) 제주특별자치도 서귀포시 대정읍 동일2리 '세밋동네'의 한자
차용 표기.

泉味洞 チョンミトン 《朝鮮五萬分一地形圖』(濟州島南部 13號 「摹瑟浦」(1918)〉.

泉味岳(천미악) 제주특별자치도 제주시 조천읍 대흘리 산간에 있는 '세미오
롬'의 한자 차용 표기. 표고 421.3m.

泉味岳 セミアク 432米 《朝鮮五萬分一地形圖』「漢拏山」(濟州島北部 8號, 1918)〉. 南西方漢拏山の
東側から 沙羅岳, 水長兀, 丹霞峯, 文岳, 知箕里岳, 針岳, 泉味岳の圓錐列が漸次北東に低
くなり行く漢拏山の斜面から兀々として 《濟州火山島雜記』(『地球』4권 4호, 1925, 中村新太郎)〉.
泉味岳(セミアク), 泉岳(セアムオルム)と百藥岳(セミオルム) 第一漢拏山圖幅第二第三
城山浦圖幅にあり泉は訓セアム새암なりしてセム샘とす百藥をせミと讀ましたるは未詳
なり部落こ濟州圖幅の細味洞(セミドン)摹瑟浦圖幅の泉味洞(チョンミドンあり)〈濟州
島の地質學的觀察』(1928, 川崎繁太郎)〉. 漢拏山-金寧線……其上 ニ連立セル火山ハ 土赤岳, 石岳,
御後岳, 水長兀, 犬月岳, 棚岳, 針岳, 泉味岳, 堂岳, 猫山峰, 笠山ナリトス 《濟州島ノ地質』(朝鮮
地質調查要報 제10권 1호, 原口九萬, 1931)〉.

泉味野(천미야) 〔세밋드르〕 제주특별자치도 서귀포시 대정읍 동일리 '세미' 일
대의 들판인 '세밋드르'의 한자 차용 표기.

泉味野(東日里) 《朝鮮地誌資料』(1911) 全羅南道 大靜郡 右面, 野坪名〉.

川尾川(천미천) 제주특별자치도 서귀포시 표선면 성읍리를 지나서 하천리 동
쪽을 흘러 바다로 들어가는 내 이름의 한자 차용 표기.

川尾川 チョンミーケョン 《朝鮮五萬分一地形圖』(濟州島北部 4號)「城山浦」(1918)〉. 水系……北流ス
ルモノハ別刀川, 山池川, 都近川ニシテ 南流スルモノハ川尾川, 松川, 孝敦川, 正房川, 淵外
川, 江汀川, 小加來川, 紺山川ナリ 《濟州島ノ地質』(朝鮮地質調查要報 제10권 1호, 原口九萬, 1931)〉.

泉畔川(천반천) 제주특별자치도 서귀포시 서홍리와 호근리 경계를 지나 천지
연폭포로 흘러드는 내 이름의 한자 차용 표기. 일제강점기에는 '솟밧내〉
손반내'라 하여 주로 淵外川(연외천)으로 표기했음.

泉畔川·삼반닉(西歸里)《朝鮮地誌資料』(1911) 全羅南道 旌義郡 右面, 川名》.

川西洞(천서동) 제주특별자치도 서귀포시 안덕면 상천리 동북쪽에 있었던 동네의 한자 차용 표기. 예로부터 민간에서 '냇세왓' 일대에 사람들이 들어가서 동네를 이루었기 때문에 '냇세왓동네'라 하고 한자로 川西洞(천서동)이라 했음.

川西洞 チョンソトン《朝鮮五萬分一地形圖』「大靜及馬羅島』(濟州島南部 9號, 1918)》.

川成洞(천성동) 제주특별자치도 제주시 조천읍 와산리 당오롬 북동쪽에 형성되었던 '내셍이' 일대의 동네 이름의 한자 차용 표기. '내셍이'는 '내세미'의 변음임. 제주4·3 때 폐동되었음.

川成洞 ネーソントン《朝鮮五萬分一地形圖』「漢拏山』(濟州島北部 8號, 1918)》.

天峨峰(천아봉)〔ᄎ나오롬〉처나오롬〕 제주특별자치도 제주시 한림읍 상대리에 있는 'ᄎ나오롬'의 변음 '처나오롬'의 한자 차용 표기 가운데 하나. 1960년대 지형도부터 2015년 지형도까지 '천아오름'으로 쓰고 있음. 표고 133.3m.

天峨峰(上大境)《朝鮮地誌資料』(1911) 全羅南道 濟州郡 舊右面, 山名》.

天娥岳洞(천아악동) 제주특별자치도 제주시 애월읍 상대리 'ᄎ나오롬'에 있었던 동네 이름의 한자 표기.

天娥岳洞 チョンアオルムトン《朝鮮五萬分一地形圖』「翰林』(濟州島北部 12號, 1918)》.

泉岳(천악)〔세미오롬〕 제주특별자치도 제주시 구좌읍 송당리에 있는 '세미오롬'의 한자 차용 표기. '세미'가 있다는 데서 '세미오롬'이라 부르고, 이 '세미'가 '거슨세미'라는 데서 '거슨세미오롬'이라고도 부름. 1960년대 지형도부터 1990년대 지형도까지 '샘이오름'으로 쓰고, 2000년대 지형도부터 2015년 지형도까지 '새미오름'으로 쓰고 있음. 표고 380m.

泉岳 セアムオルム 381米《朝鮮五萬分一地形圖』(濟州島北部 4號)「城山浦』(1918)》. 泉味岳(セミアク), 泉岳(セアムオルム)と百藥岳(セミオルム) 第一漢拏山圖幅第二第三城山浦圖幅にあり泉は訓セアム새암なりしてセム샘とす百藥をせミと讀ましたるは未詳なり部落こ濟州圖幅の細味洞(セミドン)摹瑟浦圖幅の泉味洞(チョンミドン)あり)《濟州島の地質學的觀察』

(1928, 川崎繁太郎)〉. 金寧-兎山里線……數多ノ噴石丘カ一直線上ニ相接シテ聳立セリ, 卽テ 大處岳, 鼓岳, 體岳, 外石岳, 內石岳, 泉岳, 葛岳, 民岳, 大石類額岳, 飛雉山. 母地岳ノ諸峰ハ 相隣リテ一列ニ聳立セリ〈濟州島ノ地質〉(朝鮮地質調查要報 제10권 1호, 原口九萬, 1931).

天帝淵(천제연) 제주특별자치도 서귀포시 중문동 천제연폭포 아래쪽에 있는 소 이름의 한자 표기.

地理河川……濟州邑前川과 龍淵川과 道近川이요, 中面에 安德川, 左面애 天帝淵, 江汀川, 右面에 洪爐川, 天池淵 等은 山脈과 通하다. 〈濟州島實記〉(金斗奉, 1934). 天帝淵은 깊은 洞天에 해지는 줄을 잊어버리고 深碧한 淵中을 드려다보고 앉았으니〈耽羅紀行: 漢拏山〉(李殷相, 1937)〉. 塞達川下流에 생긴 天帝淵이라는 瀑布와 바들瀑布, 곳 瀑布 밋헤 생긴 늪힘니다.……傳來의 古稱에 天帝‧天池……'아이누'語의 '돔데'나 '돈지'가 그것임을 생각하고 싶습니다. 〈濟州島의 文化史觀 7〉(1938) 六堂學人, 每日新報 昭和十二年 九月 二十三日).

天帝淵野(천제연야) 제주특별자치도 서귀포시 중문동 천제연폭포 일대의 들판 이름의 한자 표기.

天帝淵野(中文里)〈朝鮮地誌資料〉(1911) 全羅南道 大靜郡 左面, 野坪名〉.

天帝淵川(천제연천)【천제숫내/천제연내】제주특별자치도 서귀포시 중문동 '천제연'과 천제연폭포로 흘러드는 내 이름의 한자 표기.

天帝淵川(中文里)〈朝鮮地誌資料〉(1911) 全羅南道 大靜郡 左面, 川溪名). 地理河川……其外'大靜' 左面中文里에 天帝淵川은 폭포로 藉名하야〈濟州島實記〉(金斗奉, 1934).

天地淵(천지연) 제주특별자치도 서귀포시 천지동과 서홍동 경계의 천지연폭포 아래에 있는 소 이름의 한자 표기.

西歸浦……天地淵〈濟州島勢要覽〉(1935) 第14 島一周案內).

天池淵(천지연) 제주특별자치도 서귀포시 천지동과 서홍동 경계의 천지연폭포 아래에 있는 소 이름의 한자 표기.

地理河川……濟州邑前川과 龍淵川과 道近川이요, 中面에 安德川, 左面애 天帝淵, 江汀川, 右面에 洪爐川, 天池淵 等은 山脈과 通하다. 〈濟州島實記〉(金斗奉, 1934). 天池淵〈濟州島勢要覽〉(1935)

圖版〉. 天池淵은 西歸浦의 海口로 흘러나리는 烘爐川 洞谷에 있는 者로 烘爐川은 지금 地圖
에 淵外川이라 表示되어 있음.〈『耽羅紀行: 漢拏山』(李殷相, 1937)〉. 濟州에는 西歸浦 西便 五里쯤
되는 곳에 또 天池淵……傳來의 古稱에 天帝·天池……'아이누'語의 '돔데'나 '돈지'가 그것임
을 생각하고 싶습니다.〈『濟州島의 文化史觀 8』(1938) 六堂學人, 每日新報 昭和十二年 九月 二十四日〉.

天池淵川(천지연천)〔천지솟내/천지연내〕 제주특별자치도 서귀포시 천지동과 서
홍동 경계의 천지연과 천지연폭포로 흘러드는 내 이름의 한자 표기.

地理河川……右面天池淵川에서는 中年에 四十餘斤이나 되는 만어를 잡엇다〈『濟州島實記』
(金斗奉, 1934)〉.

天池淵瀑(천지연폭) 제주특별자치도 서귀포시 천지동과 서홍동 경계의 천지
연으로 떨어지는 '천지연폭포'를 줄인 '천지연폭'의 한자 표기.

濟州에는 西歸浦 西便 五里쯤 되는 곳에 또 天池淵……傳來의 古稱에 天帝·天池……'아이
누'語의 '돔데'나 '돈지'가 그것임을 생각하고 싶습니다.〈『濟州島의 文化史觀 8』(1938) 六堂學人,
每日新報 昭和十二年 九月 二十四日〉. 天池淵瀑 チョンチヨンポク〈『朝鮮五萬分一地形圖』「西歸浦」
(濟州島南部 5號, 1918)〉.

天池瀑(천지폭) 제주특별자치도 서귀포시 천지동과 서홍동 경계의 천지연으
로 떨어지는 '천지연폭포'를 줄인 '천지폭'의 한자 표기.

天池瀑(西歸里)〈『朝鮮地誌資料』(1911) 全羅南道 旌義郡 右面, 古蹟名所名〉. 海邊의 正房瀑과 洞谷
의 天池瀑이 甲乙을 다투기 여러울만큼 이 西歸浦에 있어서는 두 개의 珍重한 勝景이 아
닐 수 없다.〈『耽羅紀行: 漢拏山』(李殷相, 1937)〉.

天津洞(천진동)〔한ᄂᆞ릿동네〉하ᄂᆞ릿동네〕 제주특별자치도 제주시 우도면의 '천진
리'의 옛 자연마을 이름인 '천진동'을 한자로 나타낸 것임. 민간에서는 '한
ᄂᆞ리'의 변음인 '하ᄂᆞ리'로 불리고, 있는데, '하늘ᄂᆞ릭〉하늘나리'라고도 했
음. '한ᄂᆞ리〉하ᄂᆞ리'는 '한[大]+ᄂᆞ릭(ᄂᆞ리津)'의 구성에서 온 것으로, 나중
에 '하ᄂᆞ리'라 하면서 '하늘[天]+나리[津]'로 이해하고, 이것을 한자를 빌려
나타낸 것이 天津(천진)임.「탐라지도」(1709)에는 '하ᄂᆞ리' 오른쪽에 甫十串

(보십곶: 보십봉오지)로 쓰여 있음. 오늘날은 천진리(天津里)에 속하고, 서천진동과 동천진동으로 나뉘어 있음.

天津洞 チョンヂンドン 《朝鮮五萬分一地形圖』(濟州嶋北部 4號「城山浦」(1918)〉.

靑島(청도) 제주특별자치도 제주시 추자면 하추자도 석지머리 남쪽 바다에 있는 '푸랭이'의 한자 차용 표기. 1960년대 1대5만 지형도 이후에 '푸랭이'로 쓰여 있음.

靑島 チョントー [プレンイ] 116米 《朝鮮五萬分一地形圖』(濟州嶋北部 9號,「楸子群島」(1918)〉. 靑島 《朝鮮地誌資料』(1919, 朝鮮總督府 臨時土地調査局) 島嶼, 全羅南道 濟州島〉. 下楸子島……島ノ南端ニ近 ク1小嶼アリ靑島(草蘭島)ト謂フ 《朝鮮沿岸水路誌 第1卷』(1933) 朝鮮南岸「楸子群島」〉.

淸水里(청수리) 제주특별자치도 제주시 한경면 청수리의 한자 표기.

淸水里 《地方行政區域一覽』(1912)』(朝鮮總督府) 濟州郡, 舊右面〉. 淸水里 チョンスーリー, 大洞 テートン 《朝鮮五萬分一地形圖』(濟州島南部 13號「摹瑟浦」(1918)〉.

靑鳥旨(청조지) 제주특별자치도 제주시 조천읍 신흥리에 있는 '청조모르'의 한자 차용 표기.

靑鳥旨 《朝鮮地誌資料(1911)』 권17, 全羅南道 濟州郡 新左面 咸德里, 野坪名〉.

體山(체산)〔체오롬〕 제주특별자치도 구좌읍 송당리에 있는 오롬의 한자 차용 표기 가운데 하나. 이 오롬의 원래 이름은 '체오롬'이라 하였음. 이 '체오롬'을 한자를 빌려 나타낸 것이 箕岳(기악) 또는 箕山(기산), 體岳(체악) 또는 體山(체산)인 것임. '체'는 '키[箕]'의 제주 방언으로서, 오롬의 굼부리[분화구] 모양이 마치 '체'와 같다는 데서 '체오롬'이라 하였음. '굴체오롬'이라는 별칭도 있는데, '굴체'는 '삼태기'를 이르는 제주 방언임. '體(체)'는 '軆(체)' 또는 '体'로도 표기하였음. 표고 383.1m.

軆山 《朝鮮地誌資料(1911)』 권17, 全羅南道 濟州郡 舊左面 松堂里, 山名〉.

體岳(체악)〔체오롬〕 제주특별자치도 제주시 구좌읍 송당리 산간에 있는 '체오롬'의 한자 차용 표기. 1960년도 지형도부터 2015년 지형도까지 '체오롬'

으로 쓰여 있음. 표고 383.1m.

體岳 チェオルム 385米《朝鮮五萬分一地形圖』「漢拏山」(濟州島北部 8號, 1918)》. 金寧-兎山里線……數多ノ噴石丘カ一直線上ニ相接シテ聳立セリ, 卽テ大處岳, 鼓岳, 體岳, 外石岳, 內石岳, 泉岳, 葛岳, 民岳, 大石類額岳, 飛雉山. 母地岳ノ諸峰ハ相隣リテ一列ニ聳立セリ《濟州島ノ地質』(朝鮮地質調査要報 제10권 1호, 原口九萬, 1931)》.

草島[1](초도) 제주특별자치도 제주시 한경면 고산1리 추자도 일대에 있는 한 섬을 이름.

遮歸島 高山岳(唐山峯)ノ西方約ニ東西ニ竝立スル2島アリ, 此ノ2島ヲ合セテ遮歸島ト稱シ, 其ノ外方ニ在ルヲ竹島ト稱シ高サ62米ノ草島ニシテ東方ニ小灣アリ.《朝鮮沿岸水路誌 第1卷』(1933) 朝鮮南岸「濟州島』》.

草島[2](초도) 제주도(濟州島) 추자면(楸子面) 동쪽 바다 제주 해역 섬에 '草島(초도)'라 쓴 것은 보아, 오늘날 泗水島(사수도)를 이른 것으로 추정됨.

草島〈「六拾萬分之壹 全羅南道」(1918)〉.

草蘭島(초란도) 제주특별자치도 제주시 추자면 신양리 남쪽 바다에 있는 '청도'의 조선시대 표기 가운데 하나. '풀난섬'의 한자 차용 표기. ⇒靑島(청도).

上楸子島……島ノ南端ニ近 ク1小嶼アリ靑島(草蘭島)ト謂フ《朝鮮沿岸水路誌 第1卷』(1933) 朝鮮南岸「楸子群島』》.

燭大野(촉대야) 제주특별자치도 제주시 조천읍 함덕리 '촛대/첫대' 일대에 있는 들판 이름의 한자 차용 표기.

燭大野(德修里)《朝鮮地誌資料』(1911) 全羅南道 大靜郡 中面, 野坪名〉.

秋加里島(추가리도) 제주특별자치도 제주시 추자면 예초리 북쪽 바다에 있는 섬 '추포도(秋浦島)'의 옛 이름인 '추가리섬'을 한자를 빌려 나타낸 것 가운데 하나. 오늘날도 민간에서 '추가리'라 부르는 것을 확인할 수 있음. ⇒秋浦島(추포도).

甫吉島の西南洋上に浮へる楸子島及秋加里島[海圖に愁德島と記す]を合せて面と爲しこ

れを上下の二面分ちに若干の無人島を配屬す.《韓國水産誌』제3집(1911) 全羅南道 莞島郡 楸子面》.

追帰(추귀) 일제강점기 「濟州郡地圖」(1914)에 지금 한경면 고산리 지역 追帰 (추귀)로 쓰여 있는데, 遮歸(차귀)를 잘못 쓴 것으로 추정됨. ⇒ 遮歸(차귀).

追帰 《濟州郡地圖」(1914)》.

楸子群島(추자군도) 제주특별자치도 제주시 추자면에 있는 추자군도의 한자 표기.

楸子群島 チュヂャーー《朝鮮五萬分一地形圖』(濟州嶋北部 9號, 「楸子群島」(1918)》. 楸子群島 所安 群島ノ南西方ニ在リ數十箇ノ小島及岩嶼ヨリ成リテ大約9平方浬ノ間ニ碁布ス《朝鮮沿岸 水路誌 第1巻」(1933) 朝鮮南岸 「楸子群島」》.

楸子島(추자도) 제주특별자치도 제주시 추자면의 본섬을 이름.

甫吉島の西南洋上に浮へる楸子島及秋加里島[海圖に愁德島と記す]を合せて面と爲し これを上下の二面分ちに若干の無人島を配屬す.《韓國水産誌』제3집(1911) 全羅南道 莞島郡 楸 子面》. 楸子島(츄쟈도 チュチアトー)《韓國水産誌』제3집(1911) 全羅南道 莞島郡 楸子面》. 楸子島 上島 下島 《濟州郡地圖」(1914)》.

楸子面(추자면) 제주특별자치도 제주시 추자면의 한자 표기. 1.1914년 3월 1 일부터 군면(郡面) 통폐합을 시행할 때, 완도군(莞島郡) 추자면(楸子面)을 제 주군(濟州郡) 추자면(楸子面)이라 함. 2.1946년 8월 1일부터 북제주군 추자 면이라 하다가, 2007년 1월 1일부터 제주시 추자면(楸子面)이라 함.

楸子面 チュヂャーミョン《朝鮮五萬分一地形圖』「横干島」(1918)》.《朝鮮五萬分一地形圖』(濟州嶋北部 9號, 「楸子群島」(1918)》.

楸子港(추자항) 제주특별자치도 제주시 추자면 대서리에 있는 추자항의 한자 표기.

楸子港 チュヂャーハン《朝鮮五萬分一地形圖』(濟州嶋北部 9號, 「楸子群島」(1918)》. 楸子港 島ノ東 腹ニ楸子港アリ, 良好ナル舟艇泊地ナリ《朝鮮沿岸水路誌 第1巻」(1933) 朝鮮南岸 「楸子群島」》. 濟 州港(通稱山地港)……翰林港……西歸港……城山浦港……楸子港《濟州島勢要覽』(1935) 第2 交 通及通信》.

秋浦島(추포도) 제주특별자치도 제주시 추자면 상추자도 북동쪽 바다, 추가리 (추포도)의 한자 차용 표기 가운데 하나. 이 섬은 예로부터 '추가리' 또는 '추 가리섬'이라 부르고 한자를 빌려 秋加里島(추가리도)로 표기하기도 하고, 秋浦島(추포도)로 표기하기도 했음. 오늘날은 秋浦島(추포도)로 쓰여 있음.

秋浦島 チュポトー 112.9米《朝鮮五萬分一地形圖》(濟州嶋北部 9號,「楸子群島」(1918)〉. 秋浦島《朝鮮地誌資料》(1919, 朝鮮總督府 臨時土地調査局) 島嶼, 全羅南道 濟州島〉.

楮旨岳(춘지악) '楮旨岳(저지악)'을 잘못 나타낸 것으로 추정됨. ⇒ 楮旨岳(저지악).

飛揚島馬羅島線……比較的新シキ時期ニ生成セル火山ニシテ 飛揚島, 正月岳, 椿旨岳, 釜 岳, 鳥巢岳, 加時岳, 摹瑟峰 等 ナリ《濟州島ノ地質》(1931, 朝鮮總督府 地質調査所) 朝鮮地質調査要 報 제10권 1호〉.

出坪洞(출평동) 제주특별자치도 서귀포시 상예동 남서쪽 '난드르' 일대에 있 었던 동네의 한자 차용 표기.

出坪洞 チュルピョンドン《朝鮮五萬分一地形圖》「大靜及馬羅島」(濟州島南部 9號, 1918)〉.

忠義童山野(충의동산야) 제주특별자치도 서귀포시 대정읍 상모리 '충의동산' 일대에 있는 들판 이름의 한자 차용 표기.

忠義童山野(上摹里)《朝鮮地誌資料》(1911) 全羅南道 大靜郡 右面, 野坪名〉.

鴟池野(치지야) 제주특별자치도 서귀포시 대정읍 상모리 '소로기못' 일대에 형성되어 있는 들판 이름의 한자 차용 표기.

鴟池野(上摹里)《朝鮮地誌資料》(1911) 全羅南道 大靜郡 右面, 野坪名〉.

七峰(칠봉) 제주특별자치도 제주시 봉개동 명도암에 있는 '칠오롬'의 한자 차 용 표기 가운데 하나.

七峰(奉盖里)《朝鮮地誌資料》(1911) 全羅南道 濟州郡 中面, 山名〉.

七星臺(칠성대) 제주특별자치도 서귀포시 하원동 영실 서남쪽 존자암 일대에 있는 대 이름.

이곳은 다만 佛像에서만 사랑하였던 것이 아니라, 修行窟 뒤에 七星臺란 이름이 남아 있음을 보면, 仙人道客의 祭天하던 遺跡도 있음을 알겠다 《耽羅紀行: 漢拏山』(李殷相, 1937)》.

七所(칠소) 조선시대에 있었던 목장 가운데 칠소장을 이름.

牧場 一所 二所 三所 四所 五所 六所 七所 八所 九所 十所 山場 《濟州嶋現況一般』(1906)》.

七所堂山(칠소당산) 제주특별자치도 서귀포시 안덕면 동광리 칠소장에 있는 '당오롬'의 한자 차용 표기. 표고 473.1m.

七所堂山(東廣里) 《朝鮮地誌資料』(1911) 全羅南道 大靜郡 中面, 山谷名》.

七所場野(칠소장야) 제주특별자치도 서귀포시 안덕면 칠소장에 있는 들판 이름의 한자 차용 표기.

七所場野(上猊里) 《朝鮮地誌資料』(1911) 全羅南道 大靜郡 左面, 野坪名》.

七所定守山(칠소정수산) 제주특별자치도 제주시 한림읍 금악리 칠소장에 있는 '정물오롬'의 한자 차용 표기. 汀水岳·井水岳(정수악)을 달리 쓴 것. 오늘날 지형도에는 '정물오름'으로 표기되어 있음. 표고 466.1m.

七所定守山(東廣里) 《朝鮮地誌資料』(1911) 全羅南道 大靜郡 中面, 山谷名》.

漆田(칠전) 제주특별자치도 제주시 한경면 고산2리 '일곱드로'의 한자 차용 표기.

七田 チルヂョン 《朝鮮五萬分一地形圖』(濟州島南部 13號「摹瑟浦」(1918)》.

針岳(침악) 제주특별자치도 제주시 조천읍 교래리 제주돌문화공원 북서쪽에 있는 '바농오롬'의 한자 차용 표기. 1960년도 지형도부터 1990년대 지형도까지 '바늘오름'으로 쓰고, 2000년대 지형도부터 2015년 지형도까지 '바농오름'으로 쓰여 있음. 표고 550.6m.

針岳 チンアク 552.1米 《朝鮮五萬分一地形圖』「漢拏山」(濟州島北部 8號, 1918)》. 針岳 552米 《朝鮮地誌資料』(1919, 朝鮮總督府 臨時土地調査局) 山岳ノ名稱所在及眞高(續), 全羅南道 濟州島》. 南西方漢拏山の東側から 沙羅岳, 水長兀, 丹霞峯, 文岳, 知箕里岳, 針岳, 泉味岳の圓錐列が漸次北東に低くなり行く漢拏山の斜面から兀々として 《濟州火山島雜記』(『地球』4권 4호, 1925, 中村新太郎)》. 漢拏山-金寧線……其上ニ連立セル火山ハ 土赤岳, 石岳, 御後岳, 水長兀, 犬月岳, 棚岳, 針岳, 泉味岳, 堂岳, 猫山峰, 笠山ナリトス 《濟州島ノ地質』(朝鮮地質調査要報 제10권 1호, 原口九萬, 1931)》.

毛羅(탁라) 제주도(濟州島)의 옛 이름 가운데 한 표기.

耽羅誌에 적힌 바대로 毛羅의 訛인 듯하거니와 〈耽羅紀行: 漢拏山』(李殷相, 1937)〉.

耽羅(탐라) 제주도(濟州島)의 옛 이름 가운데 한 표기.

書에 적힌 耽羅라는 것과 澹羅, 또 涉羅라는 것과……濟州를 돌나라라는 뜻으로, 涉羅라고 햇스리라고 생각할 理由가 만습니다. 〈濟州島의 文化史觀 9」(1938) 六堂學人, 每日新報 昭和十二年 九月 二十七日〉.

啄木鳥峰(탁목조봉) 제주특별자치도 제주시 연동에 있는 '남짓은오롬'을 '남좃은오롬'으로 이해하고 새가 나무를 쪼는 봉우리라는 데서 만들어 쓴 표기. 1960년대 지형도부터 1990년대 지형도까지 '남조순오름'으로 쓰다가, 2000년대 지형도부터 2015년 지형도까지 '남좃은오름'으로 표기하고 있음. 표고 296.7m.

啄木鳥峰(蓮洞里) 〈朝鮮地誌資料』(1911) 全羅南道 濟州郡 中面, 山名〉.

脫田洞(탈전동)〔탈밧동네〕 제주특별자치도 제주시 구좌읍 평대리 '탈전동'을 한자로 나타낸 것임. 원래 '탈전동'은 '탈밧' 일대에 형성된 동네로, 한자를 빌려 脫田洞(탈전동)이라 나타낸 것임. '탈밧'은 '딸기가 자라는 밭'을 뜻하는 제주 방언인데, 야생 딸기 가운데 하나를 이르는 말이 '탈'임.

坪岱里 脫田洞 ピョンダリー タルヂョントン 《『朝鮮五萬分一地形圖』「金寧」(濟州嶋北部 三號, 1918)》.

耽羅國(탐라국) 제주도(濟州島)의 옛 이름 가운데 한 표기.

海中仙府耽羅國 《『耽羅紀行: 漢拏山』(李殷相, 1937)》.

耽毛羅(탐모라) 제주도(濟州島)의 옛 이름 가운데 한 표기.

興地勝覺에 耽毛羅(或云耽牟羅) 東瀛洲라 한 것과 耽羅誌에 州胡國이라 하 것도 있고 《『耽羅紀行: 漢拏山』(李殷相, 1937)》.

耽牟羅(탐모라) 제주도(濟州島)의 옛 이름 가운데 한 표기.

興地勝覺에 耽毛羅(或云耽牟羅) 東瀛洲라 한 것과 耽羅誌에 州胡國이라 하 것도 있고 《『耽羅紀行: 漢拏山』(李殷相, 1937)》.

耽浮羅(탐부라) 제주도(濟州島)의 옛 이름 가운데 한 표기.

또 北史에는 涉羅라 하였고 唐書에는 儋羅라 하였으며 韓文에는 耽浮羅라 하였고 《『耽羅紀行: 漢拏山』(李殷相, 1937)》.

太興里(태흥리) 제주특별자치도 서귀포시 표선면 '태흥리'의 한자 표기. 1914년 3월 1일부터 보한리(保閑里: 태흥1리)와 동보리(東保里: 태흥2리), 삼덕동(태흥3리) 등을 통합하여 태흥리(太興里)라 하여 오늘에 이르고 있음.

太興里 テーランリー, 保閑里 ポハンンリー, 東保閑 プルケー 《『朝鮮五萬分一地形圖』「西歸浦」(濟州嶋南部 5號, 1918)》.

土基洞(토기동) 제주특별자치도 서귀포시 안덕면 사계리 사계항 일대에 형성되어 있는 동네.

土基洞 トキトン 《『朝鮮五萬分一地形圖』「大靜及馬羅島」(濟州島南部 9號, 1918)》.

兎島(토도) 제주특별자치도 제주시 구좌읍 하도리 동쪽 바다에 있는 섬. 현대지형도에는 '토끼섬(제주토끼섬문주란자생지, 천연기념물 제19호)'으로 쓰여 있음. 한때 이 섬을 '난도리여' 또는 '문주란'이 있는 섬이라는 데서 蘭島(난

도)라 한 적이 있음. 그런데 1960년대 지형도부터 '토끼섬' 동남쪽에 있는
'반대섬'에 蘭島(난도)로 표기한 뒤에, 오늘날 지형도에도 '반대섬'에 '란도'
로 잘못 쓰여 있음.

兎島(はまをもと)〈『濟州島勢要覽』(1935) 第14 島一周案內〉.

土堡城(토보성) 제주특별자치도 제주시 애월읍 고성리에 있는 '항바두리'를
흙으로 만든 보성이라는 데서 붙인 것임.

土堡城(古城里)〈『朝鮮地誌資料』(1911) 全羅南道 濟州郡 新右面, 城堡名〉.

兎山(토산) 제주특별자치도 서귀포시 표선면 토산리를 이름.

兎山(兎山里)〈『朝鮮地誌資料』(1911) 全羅南道 旌義郡 東中面, 山谷名〉. 現在도 兎山에는 所謂 '兎
山堂'이라 하야 每年致祭의 遺俗이 盛한 것을 보아 〈耽羅紀行: 漢拏山』(李殷相, 1937)〉.

兎山堂(토산당) 제주특별자치도 서귀포시 표선면 토산1리에 있는 당 이름.

現在도 兎山에는 所謂 '兎山堂'이라 하야 每年致祭의 遺俗이 盛한 것을 보아 〈耽羅紀行: 漢
拏山』(李殷相, 1937)〉.

兎山里(토산리) 제주특별자치도 서귀포시 표선면 토산리의 한자 표기.

兎山里〈『地方行政區域一覽(1912)』(朝鮮總督府) 旌義郡, 東中面〉. 兎山里 トサンリー〈『朝鮮五萬分一
地形圖』「表善」(濟州島南部 1號, 1918)〉. 金寧-兎山里線……又南方ノ甲旋岳, 長子岳, 卵峰, 兎山
岳ハ輝石玄武巖ヨリ成レル〈『濟州島ノ地質』(朝鮮地質調査要報 제10권 1호, 原口九萬, 1931)〉.

兎山峯(토산봉) 제주특별자치도 서귀포시 표선면 토산리에 있는 '토산오롬'의
한자 차용 표기 가운데 하나. 1960년대 지형도부터 1990년대 지형도까지
兎山岳(토산악)으로 쓰여 있고, 2000년대 지형도부터 2015년 지형도까지
'兎山望(토산망)'으로 쓰여 있음. 표고 175.4m.

兎山峯 鷹峯ノ北西方1浬餘ニ在リ.〈『朝鮮沿岸水路誌 第1卷』(1933) 朝鮮南岸「濟州島」〉.

兎山峰(토산봉) 제주특별자치도 서귀포시 표선면 토산리에 있는 '토산오롬'의
한자 차용 표기 가운데 하나.

兎山峰 トサンポン 176.6米〈『朝鮮五萬分一地形圖』「表善」(濟州島南部 1號, 1918)〉.

兎山岳(토산악) 제주특별자치도 서귀포시 표선면 토산리에 있는 '토산오롬'의 한자 차용 표기 가운데 하나. 1960년대 지형도부터 1990년대 지형도까지 兎山岳(토산악)으로 쓰여 있고, 2000년대 지형도부터 2015년 지형도까지 '兎山望(토산망)'으로 쓰여 있음. 표고 175.4m.

金寧-兎山里線……又南方ノ甲旋岳, 長子岳, 卵峰, 兎山岳ハ輝石玄武巖ヨリ成レル噴石丘ニシテ《濟州島ノ地質』(朝鮮地質調査要報 제10권 1호, 原口九萬, 1931).

土赤山(토적산)〔흑붉은오롬〉흑붉은오롬〕 제주특별자치도 제주시 아라1동 산간과 조천읍 교래리 산간에서 경계를 이루고 있는 '흑붉은오롬'의 한자 차용 표기 가운데 하나. ⇒ 土赤岳(토적악).

土赤山《朝鮮二十萬分一圖』(1918)「濟州島北部』).

土赤岳(토적악)〔흑붉은오롬〉흑붉은오롬〕 제주특별자치도 제주시 아라1동 산간과 조천읍 교래리 산간에서 경계를 이루고 있는 '흑붉은오롬'의 한자 차용 표기. 1960년도 지형도부터 2015년 지형도까지 '흙붉은오롬'으로 쓰여 있음. 표고 1,382.5m.

土赤岳 フプルクンオルム 1,402米《朝鮮五萬分一地形圖』「漢拏山』(濟州島北部 8號, 1918)). 土赤岳 1,402米《朝鮮地誌資料』(1919, 朝鮮總督府 臨時土地調査局) 山岳ノ名稱所在及眞高(續), 全羅南道 濟州島). 漢拏山-金寧線……其上ニ連立セル火山ハ 土赤岳, 石岳, 御後岳, 水長兀, 犬月岳, 棚岳, 針岳, 泉味岳, 堂岳, 猫山峰, 笠山ナリトス《濟州島ノ地質』(朝鮮地質調査要報 제10권 1호, 原口九萬, 1931).

吐坪里(토평리) 제주특별자치도 서귀포시 토평동의 옛 이름 '토평리'의 한자 표기.

吐坪里《地方行政區域一覽(1912)』(朝鮮總督府) 旌義郡, 西面). 吐坪里 トピョンニー《朝鮮五萬分一地形圖』「西歸浦』(濟州島南部 5號, 1918)).

桶水(통수)〔통물〕 제주특별자치도 제주시 조천읍 조천리 '통물'의 한자 차용 표기. 민간에서도 '통물'이라 하고 있음.

桶水《朝鮮地誌資料(1911)』권17, 全羅南道 濟州郡 新左面 朝天里, 川池名).

通水池(통수지)〔통물/통물못〕 제주특별자치도 서귀포시 하원동 '통물/통물못'의
한자 차용 표기. 민간에서도 '통물'이라 하고, 이 일대의 동네를 '통물동네'
라 해 왔음.

通水池(河源里) 《『朝鮮地誌資料』(1911) 全羅南道 大靜郡 左面, 池名》.

桶岳(통악)〔통오롬〕 제주특별자치도 서귀포시 표선면 신산리 산간과 난산리
산간 경계에 있는 '통오롬'의 한자 차용 표기. 그러나 일제강점기 제주도
지형도의 표고 199m의 오롬은 지금 '유건에오롬'을 이름. 그러므도 일제
강점기 제주도 지형도에는 '桶岳(통악)'이 엉뚱한 위치에 표기되어 있음.

桶岳 トンアク 199米 《『朝鮮五萬分一地形圖』(濟州島北部 4號)「城山浦」(1918)》.

通泉池(통천지)〔통물/통물못/통우물〕 제주특별자치도 서귀포시 안덕면 감산리
'통물'의 한자 차용 표기. 민간에서는 '통물' 또는 '통우물'이라 하고, 이 일
대의 동네를 '통물동' 또는 '通泉洞(통천동)'이라 하고 있음.

通泉池(柑山里) 《『朝鮮地誌資料』(1911) 全羅南道 大靜郡 中面, 池名》.

破軍峰(파군봉)〔**바굼지오롬**〕 제주특별자치도 제주시 애월읍 하귀리와 상귀리 사이에 있는 '바굼지오롬'의 한자 차용 표기.

破軍峰(下貴里)《『朝鮮地誌資料』(1911) 全羅南道 濟州郡 新右面, 山名》. 破軍峰 パクンボン 85米 《『朝鮮五萬分一地形圖』「翰林」(濟州島北部 12號, 1918)》. 他ノ火山……又高内峰, 破軍峰, 高山峰, 水月峰, 簞山, 寺岳等モ之ニ屬ス《『濟州島ノ地質』(朝鮮地質調査要報 제10권 1호, 原口九萬, 1931)》. 破軍峯 道頭峯ヨリ西南西方約3浬ニ在ル村ヲ下貴里トス, 其ノ海岸ヨリ南方約7鏈ニ1小山破軍峯ア高サ84米.《『朝鮮沿岸水路誌 第1卷』(1933) 朝鮮南岸 「濟州島」》. 車는 左便으로 破軍峰, 水山岳을 번개같이 지나서 高内里라는 조고만한 마슬을 지나간다《耽羅紀行: 漢挐山』(李殷相, 1937)》.

破將軍(파장군) 破軍峰(파군봉)을 잘못 쓴 것. ⇒ **破軍峰**(파군봉).

城山, 斗山峰, 笠山, 破將軍, 高内峰, 高山峰, 水月峰, 簞山, 寺岳, 松岳の外輪山は之に屬し《『地球』12권 1호(1929) 「濟州島遊記(一)」(原口九萬)》.

板乙浦岳(판을포악) 제주특별자치도 제주시 한경면 판포리에 있는 '널개오롬'의 한자 차용 표기 가운데 하나. 1960년대 지형도부터 1990년대 지형도까지 '판포오름'으로 쓰다가, 2000년대 지형도부터 2015년 지형도까지

'널개오름'으로 쓰고 있음. 표고 91.5m.

訓にて又は音を訓とを合せて讀めるもの. 翰林里－한숨풀(濟州). 板乙浦岳－늘ㄱ)오롬
(제주).《朝鮮及滿洲》제70호(1913)「濟州島方言」'六.地名'(小倉進平). 岳[o-rom]【「耽羅志」以岳爲
兀音】[全南]濟州(郡内「葛岳」を[tʃʻuk o-rom]「板乙浦岳」を[núl-gö o-rom]といふ)·城山·
西歸·大靜(舊旌義郡内の「達山」を[toŋ o-rom]水岳を[mul o-rom]應巖山を[mö-pa-ui o-
rom]といふ)《朝鮮語方言の硏究 上》(小倉進平, 1944:34)》.

板浦(판포) 제주특별자치도 제주시 한경면 판포리에 있는 '널개'의 한자 차용
표기 가운데 하나.

地名の後にある普通名詞.……ㄱ)(浦). 海岸にある地名で, 明月浦(명월ㄱ): 濟州郡), 板浦
(늘ㄱ): 濟州郡), 瓮浦(독ㄱ): 濟州郡)等はこれでわる.《朝鮮及滿洲》제70호(1913)「濟州島方言」
'六.地名'(小倉進平)》. 浦(1)[kɛ] ……[全南]濟州(郡内瓮浦を[tok-kɛ]大浦を[kʻún-gɛ]板浦を
[nol-gɛ]といふ)《朝鮮語方言の硏究 上》(小倉進平, 1944:42)》.

板浦里(판포리) 제주특별자치도 제주시 한경면 판포리의 한자 표기.

板浦里(판포리 パンポリー)《韓國水産誌》제3집(1911)「濟州島」濟州郡 舊右面》. 板浦里 パンポ
リー《朝鮮五萬分一地形圖》(濟州島北部 16號「飛揚島」1918)》.

板浦岳(판포악)〔널개오롬〕 제주특별자치도 제주시 한경면 판포리에 있는 '널개
오롬'의 한자 차용 표기. 제주특별자치도 제주시 한경면 판포리에 있는
'널개오롬'의 한자 차용 표기 가운데 하나. 1960년대 지형도부터 1990년
대 지형도까지 '판포오름'으로 쓰다가, 2000년대 지형도부터 2015년 지형
도까지 '널개오름'으로 쓰고 있음. 표고 91.5m.

板浦岳(板浦里上)《朝鮮地誌資料》(1911) 全羅南道 濟州郡 舊右面, 山名》. 板浦岳 パンポアク 93
米《朝鮮五萬分一地形圖》(濟州島北部 16號「飛揚島」1918)》.

八所(팔소) 조선시대에 있었던 목장 가운데 하나인 팔소장을 이름.

牧場 一所 二所 三所 四所 五所 六所 七所 八所 九所 十所 山場《濟州嶋現況一般》(1906)》.

八所場野(팔소장야)〔팔소장드르〕 제주특별자치도 서귀포시 중문동 산간 옛 팔

소장에 있는 들판 이름의 한자 차용 표기.

八所場野(中文里)《『朝鮮地誌資料』(1911) 全羅南道 大靜郡 左面, 野坪名〉.

彭木谷野(팽목곡야)〔폭남굴--〕 제주특별자치도 서귀포시 대정읍 안성리 '폭남 굴' 일대에 있는 들판 이름의 한자 차용 표기.

彭木谷野(安城里)《『朝鮮地誌資料』(1911) 全羅南道 大靜郡 右面, 野坪名〉.

坪岱里 脫田洞(평대리 탈전동)〔--- 탈밧동네〕 제주특별자치도 제주시 구좌읍 평 대리의 '탈밧동네'를 한자를 빌려 나타낸 것임. ⇒ 脫田洞(탈전동).

坪岱里《『地方行政區域一覽(1912)』(朝鮮總督府) 濟州郡, 舊左面〉. 坪岱里 脫田洞 ピョンダリー タル ヂョントン《『朝鮮五萬分一地形圖』「金寧」(濟州嶋北部 三號, 1918)〉.

坪垈里(평대리) 제주특별자치도 구좌읍 '평대리'의 한자 차용 표기 가운데 하 나. 자료에 따라 坪代里(평대리) 또는 坪垈里(평대리), 坪岱里(평대리) 등으 로 표기했음. 오늘날 2000년대 1:25,000 지형도에는 坪垈里(평대리)로 쓰 여 있음.

坪垈里《『地方行政區域一覽(朝鮮總督府, 1924)』濟州島 舊左面〉. 坪垈里《『濟州島とその經濟』(1930, 釜 山商業會議所)〉.

坪岱里(평대리)〔벵디ᄆ을〕 제주특별자치도 제주시 구좌읍 '평대리'의 한자 차 용 표기 가운데 하나. 이 마을은 원래 '벵디'에 형성된 마을이라서 '벵디ᄆ 을'이라 했는데, '벵디'를 한자를 빌려 坪代(평대) 또는 坪岱(평대), 坪垈(평 대) 등으로 썼음. 오늘날 2000년대 1:25,000 지형도에는 坪垈里(평대리)로 쓰여 있음.

坪岱里(평딕리 ピョンテーリー)《『韓國水産誌』제3집(1911)「濟州島」濟州郡 舊左面〉.《『朝鮮地誌 資料(1911)』권17, 全羅南道 濟州郡 舊左面〉. 坪岱里 ピョンダリー《『朝鮮五萬分一地形圖』「金寧」(濟州 嶋北部 三號, 1918)〉. 細花里及杏源里 廣鳥嘴ノ西方2浬餘ニ細花里アリ, 舟艇ノ避難港ニ適 ス. 細花里ヨリ海岸北西ニ走リ坪岱里, 漢東里ヲ經テ杏源里ニ至ル……《『朝鮮沿岸水路誌 第 1卷』(1933) 朝鮮南岸「濟州島」〉. 車는 禁獵區域인 坪岱里를 지나, 연방 바다를 끼고서 漢東里라

는 곳을 지나게 되자 우리는 이 섬의 세계적 자랑인 榧子林을 向하야 길을 잠깐 왼쪽으로 꺾는다. 〈耽羅紀行: 漢拏山〉《李殷相, 1937)〉.

平垈池(평대지)〔벵디못〕 제주특별자치도 제주시 한림읍 금악리 마을 중심에 있는 '벵디못'의 한자 차용 표기.

坪垈池(今岳里)〈朝鮮地誌資料《(1911) 全羅南道 濟州郡 舊右面, 池名〉.

坪垈陳田(평대진전) 제주특별자치도 서귀포시 남원읍 하례리 '물오롬' 서쪽 '벵디친밧', 그 일대 형성된 동네 이름의 한자 차용 표기. 제주4·3 때 폐동되었음.

坪垈陳田 ピョンデチンパッ 《朝鮮五萬分一地形圖》「西歸浦」(濟州島南部 5號, 1918)〉.

平童伊野(평동이야) 제주특별자치도 서귀포시 대정읍 안성리 '평동이(평동이왓)' 일대에 있는 들판 이름의 한자 차용 표기.

平童伊野(安城里)〈朝鮮地誌資料《(1911) 全羅南道 大靜郡 右面, 野坪名〉.

枰木田(평목전) 1.제주특별자치도 서귀포시 토평동 서쪽 '폭남밧'의 한자 차용 표기. 2.토평동 '폭남밧'에 형성되었던 동네의 한자 차용 표기. 제주4·3 때 폐동되었음.

枰木田 ピョンナムパッ 《朝鮮五萬分一地形圖》「西歸浦」(濟州島南部 5號, 1918)〉.

平水浦(평수포) 제주특별자치도 제주시 한림읍 수원리 바닷가에 있는 개 가운데 하나.

平水浦(洙源里)〈朝鮮地誌資料《(1911) 全羅南道 濟州郡 舊右面, 浦口名〉.

平地池(평지지) 제주특별자치도 서귀포시 대정읍 무릉2리 평지동에 있는 못 이름의 한자 표기.

平地池(武陵里)〈朝鮮地誌資料《(1911) 全羅南道 大靜郡 右面, 池名〉.

浦頭(포두) 제주특별자치도 제주시 구좌읍 세화리 바닷가에 있는 '갯머리(갯마리)'의 한자 차용 표기.

漢字の音にもわらず又其の訓讀にもわらず, 全く他の名稱を以て呼ぶもの……細花里 기

므리('浦頭'ノ義テアルトイッテ居ル) 《朝鮮及滿洲』 제70호(1913) 「濟州島方言」 '六.地名'(小倉進平)〉.

醐祭童山野(포제동산야) 제주특별자치도 서귀포시 대정읍 상모리 포젯동산 일대에 있는 들판 이름.

醐祭童山野(上摹里) 《朝鮮地誌資料』(1911) 全羅南道 大靜郡 右面, 野坪名〉.

鮑礁(포초) 제주특별자치도 서귀포시 성산읍 시흥리 동쪽 바다에 있는 여 가운데 하나.

牛島水道針路法……旣ニ牛島ト終達半島トノ中央ニ至レバ屈嶼及鮑礁(アワビセウ)ヲ避クル爲牛島側ニ偏シテ通過スベシ 《朝鮮沿岸水路誌 第1卷』(1933) 朝鮮南岸 「濟州島」〉.

表善里(표선리) 제주특별자치도 서귀포시 표선면 표선리의 한자 표기.

表善里(표선리 ピョシヨンリー) 《韓國水産誌』 제3집(1911) 「濟州島」 旌義郡 東中面〉. 全鰒 表善里 永南里 《朝鮮地誌資料』(1911) 全羅南道 旌義郡 東中面, 土産名〉. 表善里 《地方行政區域一覽(1912)』 (朝鮮總督府) 旌義郡, 東中面〉. 表善里 ピョソンリー 《朝鮮五萬分一地形圖』 「表善」(濟州島南部 1號, 1918)〉. 表善里라는 곳도 '白濱'이라는 一名이 있음을 보아 이곳 亦是 '블ㅅ기'라 부르던 곳인 줄을 짐작하겠다. 《耽羅紀行: 漢拏山』(李殷相, 1937)〉.

表善面(표선면) 1935년 4월 1일부터 당시 제주군 동중면(東中面)을 표선면(表善面)으로 바꿈.

表善面 ピョソンミョン 《朝鮮五萬分一地形圖』(濟州嶋北部 8號 「漢拏山」(1943)〉.

表善浦(표선포) 제주특별자치도 서귀포시 표선면 표선리 바닷가에 있는 개 이름의 한자 표기.

表善浦ニハ定期船寄港ス, 浦首西濱ニ表善里アリ. 《朝鮮沿岸水路誌 第1卷』(1933) 朝鮮南岸 「濟州島」〉.

表善港(표선항) 제주특별자치도 서귀포시 표선면 표선리 바닷가에 있는 항 이름의 한자 표기.

表善港 ピョソンハン 《朝鮮五萬分一地形圖』 「表善」(濟州島南部 1號, 1918)〉.

表義里(표의리) 제주특별자치도 서귀포시 表善里(표선리)를 잘못 쓴 것.

交通……又島ノ主邑タル濟州邑ヨリ南西方大靜ヲ經テ摹瑟浦ニ通ズルモノ, 南方馬芙里
ニ通ズルモノ及南東方旌義ニ至リ更ニ此處ヨリ馬芙里, 表義里, 城山里, 金寧里ニ通ズル
等外道路アリ……. 〈『朝鮮沿岸水路誌 第1卷』(1933) 朝鮮南岸「濟州島」〉.

風殘野(풍잔야) 제주특별자치도 서귀포시 안덕면 덕수리 '브름잔드르(브름잔
드르)'의 한자 차용 표기.

風殘野(德修里)〈『朝鮮地誌資料』(1911) 全羅南道 大靜郡 中面, 野坪名〉.

風峙(풍치) 제주특별자치도 제주시 추자면 예초리 '바람재'의 한자 차용 표기.

風峙·바람지(禮草)〈『朝鮮地誌資料』(1911) 全羅南道 莞島郡 楸子面, 峙名〉.

下加里(하가리) 제주특별자치도 제주시 애월읍 하가리의 한자 표기.

下加里《地方行政區域一覽(1912)』(朝鮮總督府) 濟州郡, 新右面〉. 下加里 ハーガリー《朝鮮五萬分一

地形圖』「翰林(濟州島北部 12號, 1918)〉.

下江水溪(하강수계) 제주특별자치도 서귀포시 안덕면 화순리 '하강물골'의 한

자 차용 표기.

下江水溪(和順里)《朝鮮地誌資料』(1911) 全羅南道 大靜郡 中面, 川溪名〉.

下貴(하귀) 제주특별자치도 제주시 애월읍 하귀의 한자 표기.

濟州郡 下貴《韓國水産誌』제3집(1911)「濟州島」鹽田〉.

下貴里(하귀리) 제주특별자치도 제주시 애월읍 하귀리의 한자 표기.

下貴里(하귀리 ハークイーリー)《韓國水産誌』제3집(1911)「濟州島」濟州郡 新右面〉. 下貴里《地

方行政區域一覽(1912)』(朝鮮總督府) 濟州郡, 新右面〉. 下貴里 ハーキリ《朝鮮五萬分一地形圖』「翰林」

(濟州島北部 12號, 1918)〉. 破軍峯 道頭峯ヨリ西南西方約3浬ニ在ル村ヲ下貴里トス, 其ノ海

岸ヨリ南方約7鏈ニ1小山破軍峯ア高サ84米.《朝鮮沿岸水路誌 第1卷』(1933) 朝鮮南岸「濟州島」〉.

下島(하도) 제주특별자치도 제주시 추자면의 본섬 가운데 하나인 '하추자도

(下楸子島)'를 이름.『靈巖楸子島地圖』(1872)와『莞島郡邑誌』(1899)「莞島郡地圖」 등에 楸子下島(추자하도)로 쓰여 있음. 일제강점기에는 추자도(楸子島) 하도(下島)라고 함.

部落は上島に大作只·寺九味[一に節金里と云ふ]の二里, 下島に新上·新下[一に魚遊九味と云ふ]·禮初·墨只[一に黙里と云ふ]·長作·石頭[一に石柱頭とも書す]の六里わりて 〈『韓國水産誌』第3집(1911) 全羅南道 莞島郡 楸子面〉. 楸子島 上島 下島 〈濟州郡地圖』(1914)〉. 板浦里 〈『地方行政區域一覽(1912)』(朝鮮總督府) 濟州郡, 舊右面〉.

下道里(하도리) 제주특별자치도 제주시 구좌읍 '하도리'를 한자로 나타낸 것 가운데 하나. 이 마을을 원래 '알도의여ᄆᆞ을〉알도려ᄆᆞ을'이라 하고, 한자를 빌려 下道衣灘里(하도의탄리)로 썼는데, 나중에 衣(의)와 灘(탄)을 생략 하여 下道里(하도리)로 나타낸 것임.

下道里 〈『朝鮮地誌資料(1911)』 권17, 全羅南道 濟州郡 舊左面〉. 下道里 〈『地方行政區域一覽(1912)』(朝鮮總督府) 濟州郡, 舊左面〉. 下道里 ヘトーリー 〈『朝鮮五萬分一地形圖』「金寧」(濟州嶋北部 三號, 1918)〉. 車는 어느덧 上道里라는 곳을 지나간다. 이 上道里의 右下에 下道里가 있는데 現在地圖에 '別訪'이란 古名을 駐記的으로 表示한 것은 고마운 일이나 '別訪'의 '訪'字는 '防'자로 訂正하여야 할 것임. 〈耽羅紀行: 漢拏山』(李殷相, 1937)〉.

下洞(하동)【알동네】1.제주특별자치도 제주시 구좌읍 송당리 '알동네'의 한자 차용 표기.

下洞 ハードン 〈『朝鮮五萬分一地形圖』(濟州島北部 4號)「城山浦」(1918)〉.

2.제주특별자치도 제주시 구좌읍 한동리의 한 자연마을로, 한동리 본동에 서 아래쪽(바닷가 쪽)에 있다는 데서 '알동네'라 하고, 이것을 한자로 下洞 (하동)이라 하였음. 1980년대부터 下洞(하동)은 下洞(하동)과 西下洞(서하 동)으로 나뉘었음.

下洞 ハードン 〈『朝鮮五萬分一地形圖』「金寧」(濟州嶋北部 三號, 1918)〉.

3.제주특별자치도 서귀포시 안덕면 화순리 하동. 화순리 본동에서 아래쪽

(바닷가 쪽)에 있다는 데서 '알동네'라 하고, 이것을 한자로 下洞(하동)이라 하였음.

和順里 フヮスンニー 下洞 ハートン 《朝鮮五萬分一地形圖》「大靜及馬羅島」(濟州島南部 9號, 1918)》.

4.제주특별자치도 서귀포시 서홍동의 옛 이름 서홍리 아래쪽에 있던 동네 이름.

西歸面 西烘里下洞 《朝鮮半島の農法と農民》(高橋昇, 1939)「濟州島紀行」》.

下得水田野(하득수전야)〔**알득수왓**〕 제주특별자치도 서귀포시 안덕면 상창리에 있는 '알득수왓'의 한자 차용 표기.

下得水田野(上倉里) 《朝鮮地誌資料》(1911) 全羅南道 大靜郡 中面, 野坪名》.

下禮里(하례리) 제주특별자치도 서귀포시 남원읍 '하례리'의 한자 표기.

下禮里 《地方行政區域一覽(1912)》(朝鮮總督府) 旌義郡, 西中面》. 下禮里 ハーレーリー 《朝鮮五萬分一地形圖》「西歸浦」(濟州島南部 5號, 1918)》.

下栗岳(하율악)〔**알바메기오롬**〕 제주특별자치도 제주시 조천읍 선흘리에 있는 '알마베기오롬'의 불완전한 한자 차용 표기. 1960년대 지형도부터 2015년 지형도까지 '알밤오름'으로 쓰고 있음. 표고 392.2m.

下栗岳 ハーバムアク 393.6米 《朝鮮五萬分一地形圖》「漢拏山」(濟州島北部 8號, 1918)》. 下栗岳(軘峰)ハ濟州邑ト東岸ナル城山浦トノ約中央ニ在ル尖峯ニシテ高サ391米……. 《朝鮮沿岸水路誌 第1卷》(1933) 朝鮮南岸「濟州島」》. 濟州島ヲ北方沖合ヨリ望ム 月郎山 屯地峯 箕岳 下栗岳 明桃岩峯 元堂峯 木密岳 沙羅岳 《朝鮮沿岸水路誌 第1卷》(1933) 朝鮮南岸「濟州島」》.

下摹(하모) 제주특별자치도 서귀포시 대정읍 하모리.

大靜郡 桃源 武陵 日果 加波 上摹 下摹 沙溪 和順 大坪 大浦 江汀 計十一浦 《濟州嶋現況一般》(1906)》.

下摹里(하모리) 제주특별자치도 서귀포시 대정읍 하모리의 한자 표기.

下摹里 《地方行政區域一覽(1912)》(朝鮮總督府) 大靜郡, 右面》. 下摹里 ハーモリー 《朝鮮五萬分一地形圖》(濟州島南部 13號「摹瑟浦」(1918)》.

下武洞(하무동) 제주특별자치도 제주시 영평하동의 옛 이름 '알무드내'의 불완전한 한자 차용 표기. 1960년도 지형도부터 1970년대 지형도까지 '알무드내'와 '영평하동'으로 쓰고, 1980년대 지형도부터 2000년대 지형도부터 2015년 지형도까지 '영평하동'으로 쓰여 있음.

下武洞 ハームドン《『朝鮮五萬分一地形圖』「漢拏山」(濟州島北部 8號, 1918)〉.

下房求(하방구)〔알방구령〕 제주특별자치도 서귀포시 표선면 태흥3리 '삼덕동' 일대의 옛 이름 가운데 하나인 '알방구령'의 한자 차용 표기. 태흥3리 '삼덕동'은 예로부터 '삼석굴'과 '덕둘개'를 통합하여 만든 이름인데, 일제강점기 지도에 下房求(하방구)로 표기했는데, 이것은 '보말동' 지역에 표기해야 할 것을 잘못 표기한 것 같음.

房求洞 バンクートン, 下房求 ハーバンクー《『朝鮮五萬分一地形圖』「表善」(濟州島南部 1號, 1918)〉.

下善屹(하선흘)〔알선흘〉알서늘〕 제주특별자치도 제주시 조천읍 선흘리 '알선흘'의 한자 차용 표기.

下善屹 ハーソヌル《『朝鮮五萬分一地形圖』「濟州」((濟州島北部 7號, 1918)〉.

下所幕尼岳(하소막니악)〔알바메기오롬〕 제주특별자치도 조천읍 선흘리에 있는 오롬의 한자 차용 표기 가운데 하나. 이 오롬은 원래 '알바메기' 또는 '알바메기오롬'으로 부르고, 한자를 빌려 '下夜漠岳(하야막악)' 또는 '下夜漠只(하야막지)', '下所幕尼岳(하소막니악)', '下所磨其岳(하소마기악)', 下栗岳(하율악)' 등으로 표기하였음. 그런데 민간에서는 '栗岳(율악)'의 표기를 중시하여 '밤알'과 같이 생겼다는 데서 붙인 것이라고 하나, 이것은 믿을 수 없는 민간어원설임. 고유어 '바메기'의 뜻은 확실하지 않음. 표고 392.2m.

下所幕尼岳《『朝鮮地誌資料(1911)』 권17, 全羅南道 濟州郡 新左面 善屹里, 山名〉.

下水浦(하수포)〔하물개〕 제주특별자치도 제주시 애월읍 애월리 바닷가에 있는 '하물개'의 한자 차용 표기. 애월항 안쪽에 있는 개를 이름.

下水浦(涯月里)《『朝鮮地誌資料』(1911) 全羅南道 濟州郡 新右面, 浦口名〉.

下猊里(하예리) 제주특별자치도 서귀포시 하예동의 옛 이름.

下猊里 《地方行政區域一覽(1912)』(朝鮮總督府) 大靜郡, 左面〉. 下猊里 ハーヨヱリー 《朝鮮五萬分一地形圖』「大靜及馬羅島』(濟州島南部 9號, 1918)〉.

下溫川(하온천) 제주특별자치도 서귀포시 남원읍 신흥2리 본동의 옛 이름 '알여읏내'의 한자 차용 표기 가운데 하나.

下溫川 ハーオンチョン 《朝鮮五萬分一地形圖』「表善』(濟州島南部 1號, 1918)〉.

河源里(하원리) 제주특별자치도 서귀포시 하원동의 옛 이름.

河源里 《地方行政區域一覽(1912)』(朝鮮總督府) 大靜郡, 左面〉. 河源里 ハーヲンニー 《朝鮮五萬分一地形圖』「大靜及馬羅島』(濟州島南部 9號, 1918)〉.

下川(하천) 제주특별자치도 서귀포시 표선면 하천리를 흐르는 내를 이름.

地理河川……이 外도 屛門川, 別刀川, 三陽川, 錦城川, 山南 禮村川, 孝敦川, 下川 等이다. 《濟州島實記』(金斗奉, 1934)〉.

下川里(하천리) 제주특별자치도 서귀포시 표선면 하천리의 한자 표기.

下川里 《地方行政區域一覽(1912)』(朝鮮總督府) 旌義郡, 左面〉. 下川里 ハーチョンリー 《朝鮮五萬分一地形圖』(濟州島北部 4號)「城山浦』(1918)〉.

下川美里(하천미리) 제주특별자치도 서귀포시 표선면 하천리의 한자 표기. 下川尾里(하천미리)를 잘못 쓴 것임.

下川美里(하천미리 ハーチョンミリー) 《韓國水産誌』 제3집(1911)「濟州島』 旌義郡 左面〉.

下楸子島(하추자도) 제주특별자치도 제주시 추자면 하추자도의 한자 표기.

下楸子島 ハーチュヂャートー 《朝鮮五萬分一地形圖』(濟州嶋北部 9號, 「楸子群島』(1918)〉. 下楸子島 《朝鮮地誌資料』(1919, 朝鮮總督府 臨時土地調査局) 島嶼, 全羅南道 濟州島〉. 下楸子島 群島ノ中央ニ在ル最大且最高島ニシテ島頂ハ約……高サ164米ナリ 《朝鮮沿岸水路誌 第1卷』(1933) 朝鮮南岸「楸子群島』〉.

下花田(하화전) 제주특별자치도 제주시 애월읍 어음리 산간 '알화전' 일대에 형성되었던 동네의 한자 표기.

下花田 アレフフヂョン 《『朝鮮五萬分一地形圖』「翰林」(濟州島北部 12號, 1918)》.

下孝(하효) 제주특별자치도 서귀포시 하효동을 이름.

旌義郡 下孝 《『韓國水産誌』 제3집(1911) 「濟州島」 場市名》.

下孝里(하효리) 제주특별자치도 서귀포시 하효동의 옛 이름 '하효리'의 한자 차용 표기.

土紬 下孝里 法還里 《『朝鮮地誌資料』(1911) 全羅南道 旌義郡 右面, 古蹟名所名》. 土紙 下孝里 甫木 里 《『朝鮮地誌資料』(1911) 全羅南道 旌義郡 右面, 古蹟名所名》. 下孝里 《『地方行政區域一覽(1912)』(朝鮮 總督府) 旌義郡, 西面》. 下孝里 ハーヒョリ 《『朝鮮五萬分一地形圖』「西歸浦」(濟州島南部 5號, 1918)》.

鶴舞松野(학무송야) 제주특별자치도 서귀포시 대정읍 안성리 '학무송이(학무숭이)' 일대에 형성되어 있는 들판 이름의 한자 차용 표기.

鶴舞松野(安城里) 《『朝鮮地誌資料』(1911) 全羅南道 大靜郡 右面, 野坪名》.

漢拏山(한라산) 제주특별자치도 서귀포시 토평동 산간에 있는 '한라산'의 한 자 표기.

漢拏山 ハンナサン 1950米 《『朝鮮五萬分一地形圖』「漢拏山」(濟州島北部 8號, 1918)》. 漢拏山 1,950 米 《『朝鮮地誌資料』(1919, 朝鮮總督府 臨時土地調査局) 山岳ノ名稱所在及眞高(續), 全羅南道 濟州島》. 濟 州島の主山は其の中央に聳つ漢拏山(ハルラサン)である 《「濟州火山島雜記」, 『地球』 4권 4호, 1925, 中村新太郎)》. 濟州島に於ては陸地(島にては朝鮮本土を斯く云ふ)に於けるが如く山 名に山(サン)峯(ポン)及岳(アク)を附くろも多くは何何オルムと呼び……산 漢拏山(ハ ルラサン)又は漢羅山 水路部及土地調査舊圖 《「濟州島の地質學的觀察」(1928, 川崎繁太郎)》. 地 理河川……本島西北 狹才里海岸에 비양도(飛揚島)와 大靜面에 沙溪浦 우에 山房山은 上 古噴火時에 漢拏山에서 飛來하였다. 《『濟州島實記』(金斗奉, 1934)》.

漢南里(한남리) 제주특별자치도 서귀포시 남원읍 '한남리'의 한자 표기. 이곳 은 '부등개'로 부르다가, 19세기부터 한남리(漢南里)라 했음.

漢南里 《『地方行政區域一覽(1912)』(朝鮮總督府) 旌義郡, 西中面》. 漢字の音にもわらず又其の訓讀 にもわらず, 全く他の名稱を以て呼ぶもの.……漢南里 부등기(?) 《『朝鮮及滿洲』 제70호(1913)

「濟州島方言」‘六.地名’(小倉進平)〉. 漢南里 ハンナムリー 《朝鮮五萬分一地形圖』「西歸浦」(濟州島南部 5號, 1918)〉.

漢大岳(한대악) 제주특별자치도 제주시 애월읍 봉성리 산간에 있는 ‘한데오 롬’의 한자 차용 표기.

漢大岳 ハンデオルム 1,061米 《朝鮮五萬分一地形圖』「翰林」(濟州島北部 12號, 1918)〉.

漢東里(한동리) 제주특별자치도 구좌읍 한동리의 한자 표기. 이 마을은 예로 부터 ‘궤’라고 부르고 한자를 빌려 쓸 때는 ‘猫有(묘유), 猫伊(묘이), 怪伊·槐 伊(괴이), 怪·槐(괴)’ 등으로 표기하였음. ‘궤’는 ‘바위굴’을 뜻하는 말로, ‘바 위굴’이 있는 마을이라는 데서 붙인 것임. ‘궤’ 일대에 형성된 마을은 조선 시대에 ‘猫有村(묘유촌), 怪伊村(괴이촌), 猫伊村(묘이촌), 猫村(묘촌), 怪伊里· 槐伊里(괴이리), 怪里·槐里(괴리)’ 등으로 표기하였음. 그러다가 20세기 초 반부터 마을 이름을 ‘한라산의 동쪽 마을’이라는 데서 ‘漢東里(한동리)’로 바꾼 다음 오늘에 이르고 있음.

漢東里(한동리 ハントンリー) 《韓國水産誌』 제3집(1911) 「濟州島」, 濟州郡 舊左面〉. 漢東里 《朝鮮地 誌資料(1911) 권17, 全羅南道 濟州郡 舊左面〉. 漢東里 《地方行政區域一覽(1912)』(朝鮮總督府) 濟州郡, 舊左面〉. 漢字の音にもわらず又其の訓讀にもわらず, 全く他の名稱を以て呼ぶもの……漢 東里 궤(‘窟’ノ義テアルトイツテ居ル). 《朝鮮及滿洲』 제70호(1913) 「濟州島方言」 ‘六.地名’(小倉進 平)〉. 漢東里 ハントンニー 《朝鮮五萬分一地形圖』「金寧」(濟州嶋北部 三號, 1918)〉. 細花里及杏源 里 廣鳥嘴ノ西方2浬餘ニ細花里アリ, 舟艇ノ避難港ニ適ス. 細花里ヨリ海岸北西ニ走リ坪 垈里, 漢東里ヲ經テ杏源里ニ至ル……《朝鮮沿岸水路誌 第1卷』(1933) 朝鮮南岸 「濟州島」〉. 車는 禁 獵區域인 坪垈里를 지나, 연방 바다를 끼고서 漢東里라는 곳을 지나게 되자 우리는 이 섬의 세계적 자랑인 榧子林을 向하야 길을 잠깐 왼쪽으로 꺾는다. 《耽羅紀行: 漢拏山』(李殷相, 1937)〉.

漢頭浦(한두포)〔한두깃개〕 제주특별자치도 제주시 용담동 바닷가에 있는 ‘한두 깃개’의 한자 차용 표기. 예전에는 ‘한독잇개’라 했음.

漢頭浦(龍潭里) 《朝鮮地誌資料』(1911) 全羅南道 濟州郡 中面, 浦口名〉.

漢屯津(한둔진)〔한둔나ᄅᆞ〉한둔나루〕 제주특별자치도 구좌읍 종달리와 우도면 천진리 사이에 있었던 옛 나루 이름. 민간에서 그에 대응하는 나루 이름을 확인할 수는 없으나, '한둔나ᄅᆞ〉한둔나루' 정도로 불렀던 것으로 추정됨.

漢屯津 《『朝鮮地誌資料(1911)』권17, 全羅南道 濟州郡 舊左面 終達演坪兩里間, 津渡名》.

漢羅山(한라산) 제주도 가운데에 솟아 있는 한라산(漢拏山)의 한자 표기 가운데 하나. ⇒ 漢拏山(한라산).

上黑岳同ヲリ漢羅山及事業地ヲ望. 前嶽 御嶽 長峯山 カモシノロ, ウッベナト, ヤングニ 《濟州嶋旅行日誌』(1909)》. 濟州島に於ては陸地(島にては朝鮮本土を斯く云ふ)に於けるが 如く山名に山(サン)峯(ポン)及岳(アク)を附くろも多くは何何オルムと呼び……산 漢拏 山(ハルラサン)又は漢羅山 水路部及土地調査舊圖 《濟州島の地質學的觀察』(1928, 川崎繁太 郞)》. 漢拏山(又漢羅山卜書ク). 漢拏山(漢羅山) 《『朝鮮沿岸水路誌 第1卷』(1933)「濟州島」》. Hynobius Leechii quelpaertensis Mori. サイシュウサンセウウ……濟州島漢羅山頂白鹿 潭……. 《日本産有尾類分類の總括と分布』(1935:579)》.

漢拏山峰(한라산봉) 제주도 가운데에 솟아 있는 한라산을 달리 쓴 말.

漢拏山峰 갓가히 잇는 五百將軍이란 것입니다.……濟州에서 어듸도담도 큰 祈禱處가 된 靈地가 이 五百將軍이란 곳입니다. 《濟州島의 文化史觀』(1938) 六堂學人, 每日新報 昭和十二年 九月 二十四日》.

翰林(한림) 제주특별자치도 제주시 한림읍 한림리. ⇒ 翰林里(한림리).

農業の槪覽 畑9町步, 水稻900町步, 棉は翰林方面にあり(風の爲) 《『朝鮮半島の農法と農民』(高 橋昇, 1939)「濟州島紀行』》.

翰林里(한림리) 제주특별자치도 제주시 한림읍 한림리의 한자 표기.

翰林里 《地方行政區域一覽(1912)』(朝鮮總督府) 濟州郡, 舊右面》. 訓にて又は音を訓とを合せて讀め るもの. 翰林里ー한숩풀(濟州). 板乙浦岳ーᄂᆞᆯ긔오롬(제주). 《『朝鮮及滿洲』 제70호(1913)「濟州島方 言」六.地名』(小倉進平)》. 翰林里 ハンリムニー 《朝鮮五萬分一地形圖』「翰林」(濟州島北部 12號, 1918)》. 村 錨地ノ東側海岸ニハ村落散在ス, 其ノ最モ大ナルハ狹才里ニシテ之ニ次グハ金陵里及瓮

浦里トス, 其ノ他翰林里, 洙源里ノ2村アリ.《朝鮮沿岸水路誌 第1卷》(1933) 朝鮮南岸「濟州島」》. 車中의 坐睡! 아직 무르녹기도 前에 車는 翰林里에 와 닿는다《耽羅紀行: 漢拏山》(李殷相, 1937)》.

翰林面(한림면) 1935년 4월 1일부터 당시 제주군 구우면(舊右面)을 한림면(翰林面)으로 바꿈. 한림읍(翰林邑)과 한경면(翰京面)의 이전 이름.

翰林面洙源里洙源洞《朝鮮半島の農法と農民》(高橋昇, 1939)「濟州島紀行」》. 翰林面 ハンリムミョン 《朝鮮五萬分一地形圖《濟州嶋北部 12號「翰林」(1943)》.

翰林浦(한림포) 제주특별자치도 제주시 한림읍 한림리 바닷가에 있는 개 이름의 한자 표기. 일제강점기는 물론 오늘날도 한림항이라고 하고 했음.

翰林浦(翰林里)《朝鮮地誌資料》(1911) 全羅南道 濟州郡 舊右面, 浦口名》.

翰林港(한림항) 제주특별자치도 제주시 한림읍 한림리 바닷가에 있는 항 이름의 한자 표기. 일제강점기는 물론 오늘날도 한림항이라 하고 있음.

濟州港(通稱山地港)……翰林港……西歸港……城山浦港……楸子港《濟州島勢要覽》(1935) 第2 交通及通信》. 이 翰林港은 島中의 良港으로 漁船의 往來가 어디보다도 頻繁한 곳이다《耽羅紀行: 漢拏山》(李殷相, 1937)》.

漢仙洞(한선동) 제주특별자치도 제주시 한림읍 상대리 '한선이물' 일대에 형성되었던 동네의 한자 표기.

漢仙洞 ハンソントン《朝鮮五萬分一地形圖『翰林」《濟州島北部 12號, 1918)》.

漢川(한천)〔한내〕 제주특별자치도 제주시 오라동과 용담리를 흘러서 바다로 들어가는 '한내'의 한자 차용 표기.

漢川(吾羅·龍潭里)《朝鮮地誌資料》(1911) 全羅南道 濟州郡 中面, 川溪名》.

漢澤(한택)〔한못〕 제주특별자치도 구좌읍 한동리에 있었던 못 이름. 원래 '한못'으로 부르고 한자를 빌려 '漢澤(한택)'으로 표기한 것임. '큰 못'이란 데서 '한못'이라 한 것임.

漢澤《朝鮮地誌資料(1911)》 권17, 全羅南道 濟州郡 舊左面 漢東里, 池澤名》.

漢浦(한포)〔한개〕 제주특별자치도 구좌읍 김녕리 김녕항 안쪽에 있는 개[浦口]

이름. 이 개는 원래 '한개'라 부르고 한자 차용 표기에 따라 '大浦(대포)' 또는 '漢浦(한포)'로 표기하였음. '한개'는 '큰 개[大浦]'라는 데서 붙인 것임. '한개' 일대에는 안쪽에서부터 바깥쪽으로 나가면서 '한수물', '한수(큰한수·족은한수)', '종선자리(從船一)·종선뱃자리(從船一)', '서울뱃자리', 'ㄴ물이한개', '곱은자', '한개빌레', '한갯골' 등의 지명이 있음. 지금 '한개' 바깥쪽 '한갯골' 일대는 '金寧港(김녕항)'으로 조성되어 있음. 이 '한개' 서쪽에 '영등물'과 '영등물당(남당/남당 하르방당)'이 있는데, 이 앞쪽의 개를 특별히 '迎登浦(영등포: 영등개)' 또는 '延登浦(연등포)', '燃燈浦(연등포: 연등개)' 등으로 표기하기도 했음.

漢浦 《『朝鮮地誌資料(1911)』권17, 全羅南道 濟州郡 舊左面 金寧里, 浦口名〉.

咸德里(함덕리) 제주특별자치도 제주시 조천읍 '함덕리'의 한자 표기.

咸德里(한덕리 ハントクリー) 《韓國水産誌』 제3집(1911) 「濟州島」 濟州郡 新左面〉. 咸德里 《地方行政區域一覽(1912)』(朝鮮總督府) 濟州郡, 新左面〉. 咸德里 ハムトクニー 《朝鮮五萬分一地形圖』 「濟州」(濟州島北部 7號, 1918)〉. 北村里及咸德里……瀬嶼(タレ, 達嶼)卜稱ス〉. 《朝鮮沿岸水路誌 第1卷』(1933) 朝鮮南岸 「濟州島」〉. 犀山岳ノ西麓ニ咸德里アリ舟艇ノ避難ニ適ス, 鰮漁場アリ. 《朝鮮沿岸水路誌 第1卷』(1933) 朝鮮南岸 「濟州島」〉.

咸德浦(함덕포) 제주특별자치도 제주시 조천읍 함덕리 바닷가에 있는 개 이름의 한자 표기.

바른편 바다 쪽으로 犀山岳 밑을 돌아 咸德浦를 지나니 여기도 江臨寺 옛 자취가 있으련마는 廢墟에 남은 古井 一基나 指點할 다름이다. 《耽羅紀行: 漢拏山』(李殷相, 1937)〉.

咸朴其溪(함박기계)〔함박이굴〕 제주특별자치도 서귀포시 강정동 '함박이굴'의 한자 차용 표기.

咸朴其溪(江亭里-江汀里의 오기) 《朝鮮地誌資料』(1911) 全羅南道 大靜郡 左面, 川溪名〉.

咸水野(함수야)〔함몰드르〕 제주특별자치도 서귀포시 대정읍 일과리 '함물(한물의 변음)' 일대에 있는 들판 이름의 한자 차용 표기.

咸水野(日果里) 《朝鮮地誌資料』(1911) 全羅南道 大靜郡 右面, 野坪名〉.

含處洞(함처동) 제주특별자치도 제주시 한림읍 금악리 '함케' 일대에 형성되었던 동네의 한자 표기.

含處洞 ハムチョドン 《『朝鮮五萬分一地形圖』「翰林」(濟州島北部 12號, 1918)》.

缸坡古城(항파고성) 제주특별자치도 제주시 애월읍 고성리에 있는 '항파두리' 옛성의 한자 표기 가운데 하나.

高麗 元宗 時의 金通精이 官軍을 抗拒하기 爲하야 쌓은 城이 金方慶에게 敗한 後 지금은 土壘의 殘存을 볼 뿐분인 新右面 缸坡古城을 指點하면서 《耽羅紀行: 漢拏山』(李殷相, 1937)》.

項浦洑(항포보)〔항개보〕 제주특별자치도 서귀포시 안덕면 화순리 '항개' 가까이에 있는 '창곳내'에 설치한 보 이름의 한자 차용 표기.

項浦洑(화순리) 《朝鮮地誌資料』(1911) 全羅南道 大靜郡 中面, 洑名〉.

項浦野(항포야)〔항갯드르〕 제주특별자치도 서귀포시 안덕면 화순리 '항개' 일대에 있는 들판 이름의 한자 차용 표기.

項浦野(和順里) 《朝鮮地誌資料』(1911) 全羅南道 大靜郡 中面, 野坪名〉.

海洞(해동) 제주특별자치도 제주시 조천읍 북촌리 '해뎅이' 일대에 형성된 동네 '해동'의 한자 차용 표기. 1960년대 지형도부터 2015년 지형도까지 '해동'으로 쓰여 있음.

海洞 ヘーコル 《『朝鮮五萬分一地形圖』「濟州」(濟州島北部 7號, 1918)》.

海防(해방) 제주특별자치도 서귀포시 강정동과 월평동 사이에 있었던 것으로 추정되는 東海防護所(동해방호소)를 줄여서 나타낸 것 가운데 하나.

本島ニハ又古來八鎭ハ遺制アリ朝天, 禾北, 別防, 水山, 明月, 海防, 涯月, 西歸ノ八浦チ以テ全嶋禦邊ノ要鎭トナシ 《濟州嶋現況一般』(1906)〉. 海防『大靜郡地圖』(1914)〉.

海防鎭(해방진) 제주특별자치도 서귀포시 강정동과 월평동 사이에 있었던 것으로 추정되는 東海防護所(동해방호소)에 설치되었던 진 이름.

水山鎭 西歸鎭 明月鎭 涯月鎭 別防鎭 朝天鎭 禾北鎭 海防鎭 《濟州嶋現況一般』(1906)〉.

海安里(해안리) 제주특별자치도 제주시 해안동의 옛 이름 해안리의 한자 표기.

海安里 ヘーアンリ 〈『朝鮮五萬分一地形圖』「翰林」(濟州島北部 12號, 1918)〉. 海安里 〈『地方行政區域一覽(1912)』(朝鮮總督府) 濟州郡, 中面〉.

蟹眼坪(해안평)〔해안벵디〕 제주특별자치도 제주시 해안동 마을 북쪽에 있는 들판 이름의 한자 차용 표기.

蟹眼坪(海安里) 〈『朝鮮地誌資料』(1911) 全羅南道 濟州郡 中面, 野坪名〉.

海岩嶼(해암서) 제주특별자치도 제주시 애월읍 북쪽 바다에 있는 섬으로, 제주시 추자면 묵리에 속해 있는 무인도 가운데 하나. 제주도에서는 주로 '족은관탈섬(족은관탈)'이라 부르고, 추자도에서는 '작은과탈'로 불러왔음. 조선시대에는 '족은화탈섬/작은화탈섬'으로 부르고, 小火脱島(소화탈도) 또는 小化奪島(소화탈도), 小火脱(소화탈), 小火奪(소화탈) 등으로 표기했음. 일제강점기 지형도에 海岩嶼(해암서)로 표기된 뒤에, 2010년대 지형도에까지 '海岩嶼(해암서)'로 표기되고 있음. 그러나 2018년 1대 2만5천 지형도에는 '절명이' 지역에 엉뚱하게 '큰과탈'과 '작은과탈'이 쓰여 있는데, 이것은 고쳐야 함.

海岩嶼 〈『朝鮮五萬分一地形圖』(濟州嶋北部 9號, 「楸子群島」(1918)〉. 華島及海岩嶼 華島ハ絶明嶼ノ 165度8.5浬ニ在リテ高サ87米……海岩嶼ハ華島ノ南西方約4.5浬, 卽チ濟州島ノ涯月串ヨ リ北方12浬ニ在リ〈『朝鮮沿岸水路誌 第1卷』(1933) 朝鮮南岸「楸子群島」〉.

杏島(행도) 제주도(濟州島) 우면(右面) 앞 바다의 금로도(金路島)와 バヒネツト島(바히네쯔토도) 사이 섬에 杏島(행도)로 표기되어 있는데, 森島(삼도: 섶섬)를 잘못 쓴 것으로 추정됨.

杏島 〈「六拾萬分之壹 全羅南道」(1918)〉.

杏源里(행원리) 제주특별자치도 제주시 구좌읍 '행원리'의 한자 표기.

杏源里(향원리 ヒャンウオンリー) 〈『韓國水産誌』 제3집(1911) 「濟州島」濟州郡 舊左面〉. 杏源里 〈『朝鮮地誌資料(1911)』권17, 全羅南道 濟州郡 舊左面〉. 杏源里 ヘンヲンニー 〈『朝鮮五萬分一地形圖』「金寧」(濟州嶋北部 三號, 1918)〉. 細花里及杏源里 廣鳥嘴ノ西方2浬餘ニ細花里アリ, 舟艇ノ避

難港ニ適ス. 細花里ヨリ海岸北西ニ走リ坪峀里, 漢東里ヲ經テ杏源里ニ至ル……. 〈『朝鮮沿岸水路誌 第1卷』(1933) 朝鮮南岸「濟州島」〉.

鄕校前夜(향교전야)〔향교앞드르〕 제주특별자치도 제주시 안덕면 사계리 '향교(대정향교)' 앞에 형성되어 있는 들판 이름의 한자 차용 표기.

鄕校前野(沙溪里) 〈『朝鮮地誌資料』(1911) 全羅南道 大靜郡 中面, 野坪名〉.

向北伊野(향북이야) 제주특별자치도 제주시 대정읍 인성리 '향베기' 일대에 있는 들판 이름의 한자 차용 표기.

向北伊野(仁城里) 〈『朝鮮地誌資料』(1911) 全羅南道 大靜郡 右面, 野坪名〉.

香水野(향수야)〔향물드르〕 제주특별자치도 서귀포시 대정읍 동일리 '향물(오늘날은 주로 '홍물'이라 하고 있음.)' 일대에 있는 들판 이름의 한자 차용 표기.

香水野(東日里) 〈『朝鮮地誌資料』(1911) 全羅南道 大靜郡 右面, 野坪名〉.

玄沙坪(현사평)〔가물개벵디〕 제주특별자치도 제주시 이호동 바닷가 '가물개' 안쪽에 있는 들판 이름의 한자 차용 표기.

玄沙坪(道頭里) 〈『朝鮮地誌資料』(1911) 全羅南道 濟州郡 中面, 野坪名〉.

玄實洑(현실보) 제주특별자치도 서귀포시 '숫밧내(손반내)'에 설치했던 보 이름의 한자 차용 표기.

玄實洑(百年前築城) 〈『朝鮮地誌資料』(1911) 全羅南道 旌義郡 右面, 洑名〉.

穴島(혈도)〔구멍섬〕 제주특별자치도 제주시 추자면 하추자도 예초리 북쪽, '검은가리' 동북쪽 바다에 있는 섬인 '구멍섬'의 한자 차용 표기.

穴島 クモンソム 〈『朝鮮五萬分一地形圖』(濟州嶋北部 9號, 「楸子群島」(1918)〉.

穴望峰(혈망봉) 한라산 백록담 남쪽 봉우리에 있는, 구멍이 뚫린 바위 봉우리 이름의 한자 차용 표기.

구멍 뚫린 穴望峰은 하늘의 깊고 먼 眞理를 바라보는 望遠鏡으로 보고 싶거니와 '穴望'이란 이름은 그대로 '구멍'의 吏讀字일 것 뿐이나 〈『耽羅紀行: 漢拏山』(李殷相, 1937)〉.

狹才(협재) 제주특별자치도 제주시 한림읍 협재리를 이름.

濟州郡 狹才 ⟪『韓國水産誌』제3집(1911)「濟州島」鹽田⟫.

夾才里(협재리) 제주특별자치도 제주시 한림읍 협재리의 한자 표기 가운데 하나.

어느덧 車는 夾才里(或作夾)를 지나간다 ⟪『耽羅紀行: 漢拏山』(李殷相, 1937)⟫.

挾才里(협재리) 제주특별자치도 제주시 한림읍 협재리의 한자 표기 가운데 하나.

挾才里 ⟪『地方行政區域一覽(1912)』(朝鮮總督府) 濟州郡, 舊右面⟫.

狹才里(협재리) 제주특별자치도 제주시 한림읍 협재리의 한자 표기 가운데 하나.

狹才里 サブチ(협우리 ヒョプウーリー) ⟪『韓國水産誌』제3집(1911)「濟州島」濟州郡 舊右面⟫. 狹才里 ヒョプチセーリー ⟪『朝鮮五萬分一地形圖』(濟州島北部 16號「飛揚島」1918)⟫. 村 錨地ノ東側海岸ニハ村落散在ス, 其ノ最モ大ナルハ狹才里ニシテ之ニ次グハ金陵里及瓮浦里トス, 其ノ他翰林里, 洙源里ノ2村アリ. ⟪『朝鮮沿岸水路誌 第1卷』(1933) 朝鮮南岸「濟州島」⟫. 地理河川······本島西北 狹才里海岸에 비양도(飛揚島)와 大靜面에 沙溪浦 우에 山房山은 上古噴火時에 漢拏山에서 飛來하였다. ⟪『濟州島實記』(金斗奉, 1934)⟫.

挾才浦(협재포) 제주특별자치도 제주시 한림읍 협재리에 있는 개 이름의 한자 차용 표기.

挾才浦(挾才里) ⟪『朝鮮地誌資料』(1911) 全羅南道 濟州郡 舊右面, 浦口名⟫.

兄弟島(형제도)〔성제섬〕 제주특별자치도 서귀포시 안덕면 사계리 바다에 있는 섬의 한자 표기.

兄弟島 ⟪『韓國水産誌』제3집(1911)「濟州島」지도⟫. 兄弟島(濟州島 中面) ⟪『朝鮮地誌資料』(1919, 朝鮮總督府 臨時土地調査局) 島嶼, 全羅南道 濟州島⟫. 軍山(君山)及山房山······山房山ハ兄弟島錨地ノ北方ニ於テ水際ヨリ兀立シ高サ390米. ⟪『朝鮮沿岸水路誌 第1卷』(1933) 朝鮮南岸「濟州島」⟫.

兄弟峯(형제봉)〔성제오롬〕 제주특별자치도 제주시 봉개동 명도암에 있는 '안세미오롬'과 '밧세미오롬'을 아울러 이르는 이름의 한자 표기.

兄弟峰(奉盖里) ⟪『朝鮮地誌資料』(1911) 全羅南道 濟州郡 中面, 山名⟫.

兄弟岩(형제암)〔성제바우〕 제주특별자치도 서귀포시 안덕면 사계리 바다에 있는 섬. 조선 중기까지 하나의 섬으로 이루어져서 貫島(관도)라 쓰다가, 태풍으로 섬을 연결한 바위를 깨서 바다 속에 잠기면서 두 개의 섬으로 됨. 이때부터 '글레기섬' 또는 '성제섬'이라 부르고 한자로 兄弟岩(형제암) 또는 兄弟島(형제도)로 쓰게 됨. 오늘날 지형도에는 兄弟島(형제도) 또는 '형제도'로 쓰여 있음.

兄弟岩 ヒョンチユアム 《朝鮮五萬分一地形圖』「大靜及馬羅島』(濟州島南部 9號, 1918)》.

好近里(호근리) 제주특별자치도 서귀포시 호근동의 옛 이름 '호근리'의 한자 표기.

好近里 《地方行政區域一覽(1912)』(朝鮮總督府) 旌義郡, 西面》. 好近里 ホークンリー 《朝鮮五萬分一地形圖』「西歸浦』(濟州島南部 5號, 1918)》.

冐島(호도) 虎島(호도)를 달리 쓴 것. ⇒ 虎島(호도).

冐島 森島 組島 《濟州島とその經濟』(1930, 釜山商業會議所)「濟州島全島』》.

虎島(호도)〔범섬〕 제주특별자치도 서귀포시 법환리 앞 바다에 있는 '범섬'의 한자 차용 표기.

虎島 《韓國水産誌』 제3집(1911)「濟州島』지도. 虎島 ポムソム 37.2米 《朝鮮五萬分一地形圖』「西歸浦』(濟州島南部 5號, 1918)》. 虎島(濟州島 中面) 《朝鮮地誌資料』(1919, 朝鮮總督府 臨時土地調査局) 島嶼, 全羅南道 濟州島》. 玆に森島鎔岩といふは森島を初め, 蚊島, 虎島, 狐村岳及び寺岳を構成し 《地球』11권 2호(1929)「濟州島アルカリ岩石(豫報其二)』(原口九萬)》. 又南岸ニハ粗面岩ヨリ成レル鍾狀ノ森島及蚊島ー 粗面岩安山岩ヨリ構成サレタル臺地狀ノ虎島及茅島, 玄武岩ヨリ生成サレタル狙狀ノ地歸島, 加波島, 馬羅島等恰モ庭石ヲ並ヘタル如ク碁布セリ 《濟州島ノ地質』(朝鮮地質調査要報 제10권 1호, 原口九萬, 1931). 虎島及孤根山(高空山)……虎島ノ西方殆ド2.5浬ニ卑低ナル岩嘴世別串アリ. 《朝鮮沿岸水路誌 第1卷』(1933) 朝鮮南岸「濟州島』》. 西으로 멀리 있는 섬은 '범섬'(虎島), 浦口 앞에 놓인 섬은 '새섬'(鳥島), 고 넘어 있는 섬은 '노루섬'(鹿島), 왼편 東으로 떨어져 있는 섬은 '숲섬'(森島)! 《耽羅紀行: 漢拏山』(李殷相, 1937)》.

狐兒村(호아촌) 제주특별자치도 서귀포시 남원읍 상례리의 옛 이름 '여슥ᄆᆞ을'의 한자 차용 표기 가운데 하나.

昔時の書方を其の類似音で書きかへて居る.……「輿地勝覺」旌義郡に'狐兒村'といふ所がわ
る.方言狐を여히訛つて예といふところから狐兒村を예촌といふふやうやになり,今は
'禮村'と書いて居る.《朝鮮及滿洲》제70호(1913)「濟州島方言」六.地名'(小倉進平).

狐村峯(호촌봉) 제주특별자치도 서귀포시 남원읍 하례리 바닷가 가까운 곳에 있는 오롬 이름의 한자 차용 표기. 1960년대 지형도부터 2015년 지형도까지 '禮村望(예촌망)'으로 쓰여 있음. 표고 66.5m.

爲美里ノ西方1.8浬,海ニ瀕シテ狐村峯アリ高サ71米.《朝鮮沿岸水路誌 第1卷》(1933) 朝鮮南岸
「濟州島」.

狐村峰(호촌봉) 제주특별자치도 서귀포시 남원읍 하례리 바닷가에 있는 '호촌봉'의 한자 표기. 1960년대 지형도부터 오늘날 지형도까지 禮村望(예촌망)으로 쓰여 있음. 표고 66.5m.

狐村峰 コチョンポン 76米 《朝鮮五萬分一地形圖》「西歸浦」(濟州島南部 5號, 1918)》.

狐村岳(호촌악) 제주특별자치도 서귀포시 남원읍 하례리 바닷가에 있는 '호촌악'의 한자 표기. 1960년대 지형도부터 오늘날 지형도까지 禮村望(예촌망)으로 쓰여 있음. 표고 66.5m.

玆に森島鎔岩といふは森島を初め,蚊島,虎島,狐村岳及び寺岳を構成し《地球》11권 2호
(1929)「濟州島アルカリ岩石(豫報其二)」(原口九萬)》.森島熔岩 南岸ノ森島ヲ初メ蚊島,狐村岳及寺
岳ヲ構成シ鍾狀ノ火山ヲ形成セリ《濟州島ノ地質》(朝鮮地質調査要報 제10권 1호, 原口九萬, 1931).

鴻鷗水野(홍구수야)〔홍구물드르〕 제주특별자치도 서귀포시 대정읍 보성리 '홍구물' 일대에 있는 들판 이름의 한자 차용 표기.

鴻鷗水野(保城里)《朝鮮地誌資料》(1911).全羅南道 大靜郡 右面, 野坪名).

洪爐川(홍로천) 제주특별자치도 서귀포시 서홍동과 호근동 경계를 흘러 천지연폭포로 흘러드는 내의 별칭 가운데 하나.

森島ノ西北西方殆ド2浬ニ淵外川(洪爐川)ロアリ, 此ノ川ノ東側丘上ニ在ル村ヲ西歸里
トス.《朝鮮沿岸水路誌 第1卷》(1933) 朝鮮南岸「濟州島」. 淵外川(洪爐川)ハ西歸浦ニ於テ海ニ入

ル……. 《朝鮮沿岸水路誌 第1卷》(1933) 朝鮮南岸「濟州島」〉. 地理河川……濟州邑 前川과 龍淵川과

道近川이요, 中面에 安德川, 左面애 天帝淵, 江汀川, 右面에 洪爐川, 天池淵 等은 山脈과

通하다. 《濟州島實記》(金斗奉, 1934)〉.

烘爐川(홍로천) 제주특별자치도 서귀포시 서홍동과 호근동 경계를 흘러서 천

지연 폭포로 흘러드는 내를 이름.

天池淵은 西歸浦의 海口로 흘러나리는 烘爐川 洞谷에 있는 者로 烘爐川은 지금 地圖에 淵

外川이라 表示되어 있음. 《耽羅紀行: 漢拏山》(李殷相, 1937)〉. 이곳은 옛날 鎭터로서, 本來는 저

烘爐川 上에 있던 것인데 《耽羅紀行: 漢拏山》(李殷相, 1937)〉.

花南洞(화남동)(곶압동네) 제주특별자치도 서귀포시 성산읍 수산2리 '곶압[고

잡]' 일대에 형성되었던 동네 이름의 한자 차용 표기. 오늘날 수산2리 본

동네의 옛 이름.

花南洞(フヮナムドン) 《朝鮮五萬分一地形圖》(濟州島北部 4號)「城山浦」(1918)〉.

花丹池(화단지)(꽃붉은못) 제주특별자치도 서귀포시 성산읍 신풍리에 있는 '꽃

붉은못'의 한자 차용 표기.

花丹池·꽃불근못(新豐里) 《朝鮮地誌資料》(1911) 全羅南道 旌義郡 左面, 池名〉.

華島(화도) 제주특별자치도 제주시 애월읍 북쪽 바다에 있는 섬으로, 제주시

추자면 묵리에 속해 있는 무인도 가운데 하나임. 제주도에서는 주로 '관탈

섬' 또는 '큰관탈섬(큰관탈)'이라 부르고, 추자도에서는 '큰과탈' 또는 '과탈

(과탈섬)' 등으로 불러왔음. 조선시대에는 '화탈섬' 또는 '큰화탈섬'으로 부

르고, 火脱島(화탈도) 또는 化奪島(화탈도), 大火脱島(대화탈도) 또는 大化奪

島(대화탈도), 大化脱(대화탈), 大化奪(대화탈) 등으로 표기했음. 그러다가 일

제강점기 지형도에 '화탈섬'의 '화'와 '섬'을 반영하여 華島(화도)로 표기한

뒤에 한동안 華島(화도)라 하였음. '화탐섬'의 '화'가 민간에서 '관' 또는 '과'

로 바뀌어 '관탈' 또는 '과탈'로 전하고 있는 것임. 그러나 2018년 지형도

에도 '절명이' 지역에 엉뚱하게 '큰과탈'과 '작은과탈'이 쓰여 있으니, 제 이

름을 제 위치에 표기해줘야 함.

華島 《朝鮮五萬分一地形圖》(濟州嶋北部 9號, 「楸子群島」, (1918)). 華島及海岩嶼 華島ハ絶明嶼ノ 165度8.5浬ニ在リテ高サ87米……海岩嶼ハ華島ノ南西方約4.5浬, 卽チ濟州島ノ涯月串ヨ リ北方12浬ニ在リ 《朝鮮沿岸水路誌 第1卷》(1933) 朝鮮南岸「楸子群島」).

火等里(화등리) 제주특별자치도 서귀포시 남원읍 한남리의 옛 이름 '불등개〉 부등개'의 한자 차용 표기. 민간에서는 '부등개'로 불러왔음.

火等里 ブルツンケー 《朝鮮五萬分一地形圖》「西歸浦」(濟州島南部 5號, 1918)).

禾北里(화북리) 제주특별자치도 제주시 화북동의 옛 이름 '화북리'의 한자 표기.

禾北里(화북리 ホアプクリー) 《韓國水産誌》제3집(1911)「濟州島」, 濟州郡 中面). 禾北里 《地方行政區域一覽(1912)》(朝鮮總督府) 濟州郡, 中面). 禾北里 フワプクニー 《朝鮮五萬分一地形圖》「濟州」((濟州島北部 7號, 1918)). 別刀港ハ表濟州ノ中央部濟州面禾北里地內ニアル一漁港ナリ…… 《朝鮮の港湾》(朝鮮総督府内務局土木課, 1925)). 禾北里(別刀) 朝天里ノ西方約3.5浬ヌ禾北里アリ. 《朝鮮沿岸水路誌 第1卷》(1933) 朝鮮南岸「濟州島」). 濟州邑禾北里 《朝鮮半島の農法と農民》(高橋昇, 1939)「濟州島紀行」). 이 禾北里라는 名稱에 있어서는 古稱 別刀里요 앞으로 흐르는 河川의 이름도 지금껏 別刀川과 禾北川이라 混稱하고 있거니와 《耽羅紀行: 漢拏山》(李殷相, 1937)).

禾北鎭(화북진) 조선시대에 화북1동에 있었던 진 이름.

水山鎭 西歸鎭 明月鎭 涯月鎭 別防鎭 朝天鎭 禾北鎭 海防鎭 《濟州嶋現況一般》(1906)).

禾北川(화북천) 제주특별자치도 제주시 화북동으로 흘러내리는 '화북천'의 한자 표기. 1960년대 지형도부터 1970년대 지형도까지 '별인내(베릿내를 잘못 나타낸 것)'로 쓰고, 1980년대 지형도부터 2015년 지형도까지 '화북천(禾北川)'로 쓰여 있음.

禾北川 フワプクチョン 《朝鮮五萬分一地形圖》「濟州」((濟州島北部 7號, 1918)). 禾北川 フワプクチョン 《朝鮮五萬分一地形圖》「漢拏山」(濟州島北部 8號, 1918)).

禾北浦(화북포) 제주특별자치도 제주시 화북1동의 주 포구.

禾北浦(禾北里) 《朝鮮地誌資料》(1911) 全羅南道 濟州郡 中面, 浦口名).

和相池(화상지)〔화상못〕 제주특별자치도 서귀포시 안덕면 화순리 '화상못'의 한자 차용 표기.

和順池/和相池(沙溪里)《朝鮮地誌資料》(1911) 全羅南道 大靜郡 中面, 池名〉.

和順(화순) 제주특별자치도 서귀포시 안덕면 화순리.

大靜郡 桃源 武陵 日果 加波 上摹 下摹 沙溪 和順 大坪 大浦 江汀 計十一浦 《濟州嶋現況一般》(1906)〉.

和順里(화순리) 제주특별자치도 서귀포시 안덕면 화순리의 한자 표기.

和順里《地方行政區域一覽(1912)》(朝鮮總督府) 大靜郡, 中面〉. 漢字の音にもわらず又其の訓讀にもわらず, 全く他の名稱を以て呼ぶもの.……和順里 번닉('汎川'トイツ川ガアル爲ダトイツテ居ル)《朝鮮及滿洲》第70号(1913)「濟州島方言」'六.地名'(小倉進平).和順里 フヮスンニー《朝鮮五萬分一地形圖》「大靜及馬羅島」(濟州島南部 9號, 1918)〉. 和順里 フヮスンニー《朝鮮五萬分一地形圖》「大靜及馬羅島」(濟州島南部 9號, 1918)〉.

和順池(화순지) 제주특별자치도 서귀포시 안덕면 화순리에 있는 못 이름.

和順池/和相池(沙溪里)《朝鮮地誌資料》(1911) 全羅南道 大靜郡 中面, 池名〉.

和順浦(화순포) 제주특별자치도 서귀포시 안덕면 화순리 바닷가에 있는 개 이름의 한자 표기.

和順浦(和順里)《朝鮮地誌資料》(1911) 全羅南道 大靜郡 中面, 浦口名〉.

和順港(화순항) 제주특별자치도 서귀포시 안덕면 화순리에 있는 항 이름의 한자 표기.

安德面……和順里……和順港《濟州島勢要覽》(1935) 第14 島一周案內〉.

花園田野(화원전야)〔화원밧드르〕 제주특별자치도 서귀포시 안덕면 상천리 '화원밧' 일대에 있는 들판 이름의 한자 차용 표기.

花園田野(上倉里)《朝鮮地誌資料》(1911) 全羅南道 大靜郡 中面, 野坪名〉.

黃鷄旨(황계지)〔황게ᄆ를〕 제주특별자치도 제주시 조천읍 대흘리 '황게ᄆ르(황게ᄆ를)'의 한자 차용 표기. 이 일대에 동네가 형성되었는데, 제주4·3 때 폐동되었음. 민간에서는 이 일대의 지형을 황계포란형(黃鷄抱卵形)이라 하여 명당으로 치고 있음.

黃鷄旨 フヮンケーモル 《朝鮮五萬分一地形圖』「濟州』((濟州島北部 7號, 1918)》.

黃茂藪(황무수) 제주특별자치도 서귀포시 성산읍 수산2리 산간에 있는 '황무순이(숲)'의 한자 차용 표기.

黃茂藪 フヮンモスン 《朝鮮五萬分一地形圖』(濟州島北部 4號)「城山浦』(1918)》.

黃莎坪(황사평) 제주특별자치도 제주시 화북2동 '황새왓드르'의 한자 차용 표기. 1960년도 지형도부터 2015년 지형도까지 '황사평'으로 쓰여 있음. 그러나 지금도 민간에서는 '황세왓/황새왓'이라 부르고 있을 뿐만 아니라 그렇게 쓰고 있음.

黃莎坪 フヮンサピョン 《朝鮮五萬分一地形圖』「漢拏山』(濟州島北部 8號, 1918)》.

黃蛇坪(황사평)〔황새왓드르〕 제주특별자치도 제주시 화북2동의 산간에 있는 '황새왓드르'의 한자 차용 표기.

黃蛇坪(禾北·寧坪里) 《朝鮮地誌資料』(1911) 全羅南道 濟州郡 中面, 野坪名》.

荒危峙野(황위치야)〔황위치드르〕 제주특별자치도 서귀포시 안덕면 사계리와 화순리 경계의 '황우치' 일대에 있는 들판 이름의 한자 차용 표기. 민간에서는 주로 '황우치'라 부르고 있음.

荒危峙野(沙溪里) 《朝鮮地誌資料』(1911) 全羅南道 大靜郡 中面, 野坪名》.

荒浦(황포)〔황개〕 제주특별자치도 서귀포시 안덕면 화순리 '창곳내' 하류 일대에 형성된 개 이름. '한개'가 '황개'로 실현된 것을 한자를 빌려 쓴 것임.

荒浦(加波島) 《朝鮮地誌資料』(1911) 全羅南道 大靜郡 右面, 浦口名》.

黃浦(황포)〔황개〕 제주특별자치도 제주시 애월읍 하귀리의 한 개 이름. '한개'가 '황개'로 실현된 것을 한자를 빌려 쓴 것임.

黃浦(下貴里) 《朝鮮地誌資料』(1911) 全羅南道 濟州郡 新右面, 浦口名》.

廻水里(회수리) 제주특별자치도 서귀포시 회수동의 옛 이름.

廻水里 《地方行政區域一覽(1912)』(朝鮮總督府) 大靜郡, 左面〉. 廻水里 ヘースーリー 《朝鮮五萬分
一地形圖』「大靜及馬羅島』(濟州島南部 9號, 1918)〉.

回泉里(회천리) 제주특별자치도 제주시 봉개동 '회천동'의 옛 이름 '회천리'의
한자 표기.

回泉里 《地方行政區域一覽(1912)』(朝鮮總督府) 濟州郡, 中面〉. 回泉里 ポェチョンニー 《朝鮮五萬
分一地形圖』「漢挐山」(濟州島北部 8號, 1918)〉.

橫干島(횡간도) 1.제주특별자치도 제주시 추자면에 속한 유인도 가운데 하나
인 '횡간도'의 한자 표기의 하나. 이 섬은 예로부터 '빗겐이' 또는 '빗겐이
섬'이라 부르고 한자를 빌려 非叱巨里(비질거리) 또는 橫看島(횡간도), 橫干
島(횡간도) 등으로 써왔음.

橫干島 《朝鮮地誌資料』(1919, 朝鮮總督府 臨時土地調査局) 島嶼, 全羅南道 濟州島〉. 橫干島 フエンガ
ントー(橫干島) フエンガントー 130.0米 《朝鮮五萬分一地形圖』「橫干島』(1918)〉. 楸子群島……
橫干島(橫看島) 群島ノ北界ニ位シ東西2頂ン有シ中央ニ村アリ 《朝鮮沿岸水路誌 第1卷』
(1933) 朝鮮南岸「楸子群島』〉.

2.제주특별자치도 제주시 추자면에 속한 유인도 가운데 하나인 '횡간도'
에 있는 마을 이름의 한자 표기.

橫干島 《地方行政區域一覽(1912)』(朝鮮總督府) 莞島郡, 甫吉面〉.

橫看島(횡간도) 제주특별자치도 제주시 추자면에 속한 유인도 가운데 하나인
'횡간도'의 한자 표기 가운데 하나. ⇒ **橫干島(횡간도)**.

橫看島(황간도 フアンクントー) 《韓國水産誌』 제3집(1911) 全羅南道 莞島郡 甫吉面〉. 橫看島 《濟
州郡地圖』(1914)〉. 楸子群島……橫干島(橫看島) 群島ノ北界ニ位シ東西2頂ン有シ中央ニ村
アリ 《朝鮮沿岸水路誌 第1卷』(1933) 朝鮮南岸「楸子群島』〉.

橫岩島(횡암도) 제주도(濟州島) 추자면(楸子面) 위쪽의 제주 해역 섬에 '橫岩島
(횡암도)'라 쓴 것을 보아, 오늘날 橫干島(횡간도)를 이른 것으로 추정됨. 橫
岩島 〈「六拾萬分之壹 全羅南道」(1918)〉.

橫墻洞(횡장동) 제주특별자치도 서귀포시 표선면 가시리 산간, 읍은영아리오름(오늘날 지형도에는 영아리오름으로 쓰여 있음.) 북동쪽에 있었던 '횡장동'의 한자 차용 표기. 이곳에서 '잣담(목장담)'이 동서로 지나갔는데, 이 일대에 형성된 동네라서 '횡장동'이라 했음.

橫墻洞 フェンチャントン 《朝鮮五萬分一地形圖》「漢拏山」(濟州島北部 8號, 1918)〉.

孝敦市(효돈시) 제주특별자치도 서귀포시 효돈동에 있었던 시장 이름.

孝敦市(下孝里) 〈『朝鮮地誌資料』(1911) 全羅南道 旌義郡 右面, 市場名〉.

孝敦川(효돈천) 제주특별자치도 서귀포시 효돈동과 남원읍 하례리 경계를 흐르는 '효돈내'의 한자 차용 표기.

孝敦川 ヒョトンネー 《朝鮮五萬分一地形圖》「西歸浦」(濟州島南部 5號, 1918)〉. 水系……北流スルモノハ別刀川, 山池川, 都近川ニシテ 南流スルモノハ川尾川, 松川, 孝敦川, 正房川, 淵外川, 江汀川, 小加來川, 紺山川ナリ 〈『濟州島ノ地質』(朝鮮地質調査要報 제10권 1호, 原口九萬, 1931)〉. 地理河川……이 外도 屛門川, 別刀川, 三陽川, 錦城川, 山南 禮村川, 孝敦川, 下川 等이다. 〈『濟州島實記』(金斗奉, 1934)〉.

孝洞里(효동리) 제주특별자치도 서귀포시 효돈동을 이르는 표기 가운데 하나.

孝洞里(호동리 ヒョトンリー) 〈『韓國水産誌』 제3집(1911)「濟州島」旌義郡 左面〉.

孝烈野(효열야)〔효열드르〕 제주특별자치도 서귀포시 회수동 '효열못' 일대에 있는 들판 이름의 한자 차용 표기. 오늘날은 '소열'로 전하고 있음.

孝列野(廻水里) 〈『朝鮮地誌資料』(1911) 全羅南道 大靜郡 左面, 野坪名〉.

孝烈池(효열지)〔효열못〕 제주특별자치도 서귀포시 회수동에 있는 못 이름의 한자 차용 표기. 오늘날은 '소열'로 전하고 있음.

孝烈池(廻水里) 〈『朝鮮地誌資料』(1911) 全羅南道 大靜郡 左面, 池名〉.

曉別岳(효별악) 제주특별자치도 제주시 애월읍 봉성리 산간에 있는 '새별오름'의 한자 차용 표기 가운데 하나.

訓にて又は音を訓とを合せて讀めるもの. 北浦—뒷기(濟州). 曉別岳—싀별오롬(濟州).

〈『朝鮮及滿洲』 제70호(1913)「濟州島方言」'六.地名'(小倉進平)〉.

後曲岳(후곡악) 1.제주특별자치도 제주시 구좌읍 송당리에 있는 '뒤곱은이오롬〉뒤굽은이오롬'의 한자 차용 표기. 1960년대 지형도부터 1990년대 지형도까지 '뛰꾸부니오름'으로 쓰여 있고, 2000년대 지형도부터 2015년 지형도까지 '뒤굽은이오름'으로 쓰여 있음. 표고 251.4m.

後曲岳 テーコクアク 251米 〈『朝鮮五萬分一地形圖』(濟州島北部 4號)「城山浦」(1918)〉.

2.제주특별자치도 서귀포시 성산읍 수산2리 산간에 있는 '뒤곱은이오롬〉뒤곱은이오롬'의 한자 차용 표기. 1960년대 지형도부터 1990년대 지형도까지 '後曲岳(후곡악)'으로 쓰여 있고, 2000년대 지형도에는 '뒵굽으니오름'으로 잘못 쓰여 있고, 2013년 지형도부터 '뒷굽으니오름'으로 쓰여 있음. 표고 206.2m.

後曲岳 ツイコクアク 211米 〈『朝鮮五萬分一地形圖』(濟州島北部 4號)「城山浦」(1918)〉.

後野坪(후야평)〔뒷벵디〕 제주특별자치도 제주시 삼양동에 있는 들판 이름의 한자 차용 표기.

後野坪(三陽里) 〈『朝鮮地誌資料』(1911) 全羅南道 濟州郡 中面, 野坪名〉.

後坪(후평)〔뒷벵디〕 제주특별자치도 서귀포시 표선면 토산리에 있는 들판 이름의 한자 차용 표기.

後坪·뒤병딩(兎山里) 〈『朝鮮地誌資料』(1911) 全羅南道 旌義郡 東中面, 野坪名〉.

後海洞(후해동)〔뒷바당동네〕 제주특별자치도 제주시 우도면 조일리의 한 자연마을인 '뒷바당동네'를, 한자를 빌려 나타낸 것임. 오늘날은 조일리에 속하고, 후해동과 영일동으로 나뉘어 있음.

後海洞 フーヘートン 〈『朝鮮五萬分一地形圖』(濟州嶋北部 4號「城山浦」(1918)〉.

萱田(훤전) 제주특별자치도 서귀포시 보목동 '새왓'을 한자를 빌려 쓴 것.

濟州島西歸面甫木里……李杜文の農業經營規模……萱田 〈『朝鮮半島の農法と農民』(高橋昇, 1939)「濟州島紀行」〉.

胸衡(흉형) 제주특별자치도 제주시 오라동 '삼각봉' 동쪽에서 백록담 사이 한라산 등반로 일대를 나타낸 것.

漢拏山登山……三聖堂……觀音寺……大石沢……蟻項入口 笹原入口……蟻項六合目……笹原の終點……蓬來泉, 日暮の沢……胸衡八合目……白鹿潭 《朝鮮半島の農法と農民》(高橋昇, 1939)「濟州島紀行」〉.

黑劒島(흑검도) 제주특별자치도 제주시 추자면 하추자도 예초리 북쪽 바다에 있는 '검은가리(----섬)'의 한자 차용 표기의 하나.

黑劒島 フクコムソム 《朝鮮五万分一地形圖》(濟州嶋北部 9號,「楸子群島」(1918)〉. 黑劒島 《朝鮮地誌資料》(1919, 朝鮮總督府 臨時土地調査局) 島嶼, 全羅南道 濟州島〉.

黑砂(흑사) 제주특별자치도 서귀포시 안덕면 사계리의 옛 이름 '거문질'을 '검은모살'로 인식해서 쓴 한자 표기.

漢字の音にもわらず又其の訓讀にもわらず, 全く他の名稱を以て呼ぶもの.……沙溪里 거문질('黑砂'ノ義) 《朝鮮及滿洲》 제70호(1913)「濟州島方言」'六.地名'(小倉進平)〉.

屹川(흘천)〔흘내〕 제주특별자치도 제주시 도두1동 신사수동 바닷가로 흘러드는 '흘내'의 한자 차용 표기. 오늘날 지형도에도 '흘천'으로 쓰여 있음. 하류에 '흘캐'가 있음. 오늘날은 '신사수동' 포구라 함.

屹川(道頭里) 《朝鮮地誌資料》(1911) 全羅南道 濟州郡 中面, 川溪名〉.

屹浦(흘포)〔흘캐〕 제주특별자치도 제주시 도두1동 신사수동 바닷가에 있는 '흘캐'의 한자 차용 표기. '흘캐'로 흘러드는 내를 '흘내'라고 함. 오늘날은 '신사수동 포구'라 하고 있음.

屹浦(道頭里) 《朝鮮地誌資料》(1911) 全羅南道 濟州郡 中面, 浦口名〉.

軸峰(축봉) 제주특별자치도 제주시 조천읍 선흘리 '바메기오롬'의 한자 차용 표기 가운데 하나. ⇒ 下栗岳(하율악).

下栗岳(軸峰)ハ濟州邑ト東岸ナル城山浦トノ約中央ニ在ル尖峯ニシテ高サ391米……. 《朝鮮沿岸水路誌 第1卷》(1933) 朝鮮南岸「濟州島」〉.

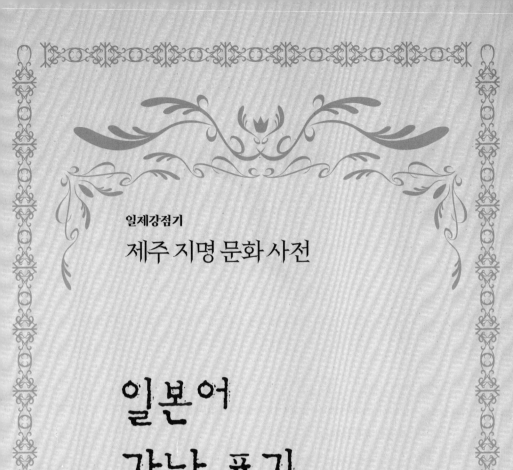

일제강점기

제주 지명 문화 사전

일본어
가나 표기

가나/假名순

アクセンイ(악생이) 제주특별자치도 제주시 추자면 상추자도 북쪽 바다에 있는 섬인 '악생이'의 한자 차용 표기인 樂生伊(악생이)를 일본어 가나로 쓴 것의 하나. ⇒樂生伊(악생이).

樂生伊 アクセンイ 《「朝鮮五萬分一地形圖」(濟州嶋北部 9號,「楸子群島」(1918)》.

アッパッ(앗밧) 제주특별자치도 제주시 외도동에 있었던 '앞밧'의 변음 '앗밧'을 일본어 가나로 쓴 것.

濟州邑外都里月台洞……アッパッ 3斗落 《朝鮮半島の農法と農民』(高橋昇, 1939)「濟州島紀行』》.

アップーストン(압부수동) 제주특별자치도 서귀포시 안덕면 상천리 동남쪽에 있었던 '압부수동'을 일본어 가나로 쓴 것. ⇒ 鴨浮水洞(압부수동).

上川里 サンンチョンニー 鴨浮水洞 アップーストン 《「朝鮮五萬分一地形圖」「大靜及馬羅島」(濟州島南部 9號, 1918)》.

アプケーコル(앞갯골) 제주특별자치도 서귀포시 남원읍 위미1리 '앞개' 일대에 형성된 '앞갯골'을 일본어 가나로 쓴 것 가운데 하나. ⇒ 前浦洞(전포동).

前浦洞 アプケーコル 《『朝鮮五萬分一地形圖」「西歸浦」(濟州島南部 5號, 1918)》.

アプトンサンコル(앞동산골) 제주특별자치도 서귀포시 남원읍 수망리 '앞동산골'을 일본어 가나로 쓴 것 가운데 하나. ⇒ 前童山洞(전동산동).

前童山洞 アプトンサンコル 《朝鮮五萬分一地形圖》「西歸浦」(濟州島南部 5號, 1918)〉.

アラリ(아라리) 제주특별자치도 제주시 아라동의 옛 이름 '아라리'를 일본어 가나로 쓴 것 가운데 하나. ⇒ 我羅里(아라리).

我羅里 アラリ 《朝鮮五萬分一地形圖》「漢拏山」(濟州島北部 8號, 1918)〉.

アランドン(아란동) 제주특별자치도 제주시 아라1동의 '아란휘' 일대에 형성된 '아란동'의 한자 표기 '阿蘭洞(아란동)'의 한자음을 일본어 가나로 쓴 것 가운데 하나. ⇒ 阿蘭洞(아란동).

阿蘭洞 アランドン 《朝鮮五萬分一地形圖》「漢拏山」(濟州島北部 8號, 1918)〉.

アリタブ(아릿답) 제주특별자치도 제주시 외도동에 있었던 '아릿답(아랫논)'을 일본어 가나로 쓴 것.

濟州邑外都里月台洞……アリタブ 8斗落(1斗落 150坪), 1夜味, 自作, 距離 4町. 《朝鮮半島の農法と農民》(高橋昇, 1939)「濟州島紀行」〉.

アルパ(알밧) 제주특별자치도 제주시 아라1동 산천단 있었던 '알밧'을 일본어 가나로 쓴 것.

我羅里山川壇……アルパ, 2斗落, 1夜味, 自作, 1町距離. 《朝鮮半島の農法と農民》(高橋昇, 1939)「濟州島紀行」〉.

アレフヮヂョン(아래화전) 제주특별자치도 제주시 애월읍 어음리 산간 '알화전'의 다른 말 '아래화전'의 일본어 가나 표기. ⇒ 下花田(하화전).

下花田 アレフヮヂョン 《朝鮮五萬分一地形圖》「翰林」(濟州島北部 12號, 1918)〉.

アワビセウ(아와비세우) '전복여'의 한자 차용 표기 鮑礁(포초)의 일본어 한자음 '아와비세우'를 일본어 가나로 나타낸 것. ⇒ 鮑礁(포초).

牛島水道針路法……旣ニ牛島ト終達半島トノ中央ニ至レバ屈嶼及鮑礁(アワビセウ)ヲ避クル爲半島側ニ偏シテ通過スベシ 《朝鮮沿岸水路誌 第1卷》(1933) 朝鮮南岸「濟州島」〉.

アヱヲルミョン(애월면) 1935년 4월 1일부터 당시 제주군 신우면(新右面)을 애월면(涯月面)으로 바꿨는데, 그것을 일본어 가나로 쓴 것 가운데 하나. ⇒涯月面(애월면).

涯月面 アヱヲルミョン 《朝鮮五萬分一地形圖》(濟州嶋北部 12號 「翰林」(1943)〉.

アヱヲルリ(애월리) 제주특별자치도 제주시 애월읍 애월리의 일본어 가나 표기의 하나. ⇒涯月里(애월리).

涯月里 アヱヲルリ 《朝鮮五萬分一地形圖》 「翰林」(濟州島北部 12號, 1918)〉.

アンジュワッ(안주왓) 제주특별자치도 제주시 한림읍 수원리 '안주왓'을 일본어 가나로 쓴 것.

翰林面洙源里洙源洞……アンジュワッ 2斗落 1夜味 《朝鮮半島の農法と農民》(高橋昇, 1939) 「濟州島紀行」〉.

アンソンリー(안성리) 제주특별자치도 서귀포시 대정읍 대정현성 동문 북쪽과 동북쪽 일대에 형성되어 있는 '안성리'를 일본어 가나로 쓴 것. ⇒安城里(안성리).

安城里 アンソンリー 《朝鮮五萬分一地形圖》 「大靜及馬羅島」(濟州島南部 9號, 1918)〉.

アンチャトン(안좌동) 제주특별자치도 서귀포시 표선면 가시리 '安座洞(안좌동)'을 일본어 가나로 쓴 것. ⇒安座洞(안좌동).

安座洞 アンチャトン 《朝鮮五萬分一地形圖》(濟州嶋北部 4號 「城山浦」(1918)〉.

アンモギ(안목이) 제주특별자치도 서귀포시 고성리 '안목이'를 일본어 가나로 쓴 것.

城山面古城里……アンモギ 2斗落 小作 《朝鮮半島の農法と農民》(高橋昇, 1939) 「濟州島紀行」〉.

イキョートン(이교동) 제주특별자치도 서귀포시 대정읍 상모리 '이드리' 일대에 형성된 '이드릿동네'의 한자 표기음 '이교동'을 일본어 가나로 쓴 것.⇒伊橋洞(이교동).

伊橋洞 イキョートン《朝鮮五萬分一地形圖』「大靜及馬羅島」(濟州島南部 9號, 1918)》.

イセンドン(이생동) 제주특별자치도 제주시 해안동 위쪽에 있었던 '이싱이동네'의 한자 표기 伊生洞(이생동)의 일본어 가나 표기. ⇒ 伊生洞(이생동).

伊生洞 イセンドン《朝鮮五萬分一地形圖』「翰林」(濟州島北部 12號, 1918)》.

イブサンアク(입산악) 제주특별자치도 제주시 구좌읍 김녕리에 있는 笠山岳(입산악)의 한자음을 일본어 가나로 쓴 것.

笠山岳(イブサンアク) 金寧の南數町《濟州島の地質學的觀察」(1928, 川崎繁太郎)》.

イホリ(이호리) 제주특별자치도 제주시 이호동의 옛 이름 梨湖里(이호리)를 일본어 가나로 쓴 것.⇒ 梨湖里(이호리).

梨湖里 イホリ《朝鮮五萬分一地形圖』「翰林」(濟州島北部 12號, 1918)》.

イヨト(이여도) 제주도 남쪽 바다에 있는 '이어도〔이여도〕'를 일본어 가나로 쓴

415

것 가운데 하나. ⇒ 離虛島(이허도).

離虛島 イヨト 〈民謠에 나타난 濟州女性〉(高橋亨, 『朝鮮』 212호, 1933)〉.

イリハナ(이리하나) 제주특별자치도 제주시 우도면 천진항 북서쪽 바닷가의 '들 엉코지'의 한자 표기 '入鼻(입비)'의 훈독을 일본어 가나로 나타낸 것. ⇒ 入鼻 (입비).

牛島……島ノ南西角ヲ入鼻(イリハナ)ト謂ス……. 〈朝鮮沿岸水路誌 第1巻』(1933) 朝鮮南岸「濟州島」〉.

イルクアリー(일과리) 제주특별자치도 서귀포시 대정읍 '일과리'를 일본어 가 나로 쓴 것 가운데 하나. ⇒ 日果里(일과리).

日果里(일과리 イルクアリー)〈『韓國水産誌』 제3집(1911)「濟州島」 大靜郡 右面〉.

イルクミ(이루구미) 제주특별자치도 서귀포시 남원읍 위미리의 옛 이름 '뭬미' 의 한자 차용 표기 又美(우미)의 일본 한자음을 일본어 가나로 쓴 것 가운 데 하나. ⇒ 又美里(우미리). 爲美里(위미리).

又美里 イルクミ(우미리 ウミーリー)〈『韓國水産誌』 제3집(1911)「濟州島」旌義郡 西中面〉.

イルクワリー(일과리) 제주특별자치도 서귀포시 대정읍 日果里(일과리)의 한 자음을 일본어 가나로 쓴 것 가운데 하나. ⇒ 日果里(일과리).

日果里 イルクワリー 〈『朝鮮五萬分一地形圖』(濟州島南部 13號「摹瑟浦」(1918)〉.

いろ-(이로-) 제주도 남쪽 바다에 있는 '이어도[이여도]'의 한자 차용 표기 伊呂島 (이려도)의 伊呂(이려)를 일본어 가나로 쓴 것 가운데 하나. ⇒ 伊呂島(이여도).

伊呂島 いろ- 〈『日本周囲民族の原始宗教 : 神話宗教の人種学的研究』(鳥居 竜蔵, 1924)「民族學上より見たゐ濟州島(耽羅)〉.

イエーソム(예섬) 제주특별자치도 제주시 추자면 상추자도 대서리 북동쪽 바 다에 있는 '예섬'을 일본어 가나로 쓴 것. 오늘날 지형도에는 '이섬'으로 쓰 여 있음. ⇒ 禮島(예도).

禮島 イエーソム 〈『朝鮮五萬分一地形圖』(濟州嶋北部 9號,「楸子群島」(1918)〉.

イエチョリー(예초리) 제주특별자치도 제주시 추자면 하추자도 禮草里(예초

리)를 일본어 가나로 쓴 것. ⇒ 禮草里(예초리).

禮草里 イェチョリー 《『朝鮮五萬分一地形圖』(濟州嶋北部 9號,「楸子群島」(1918)》.

インソンリー(인성리) 제주특별자치도 서귀포시 대정읍 대정현성 남문 남동쪽 일대에 형성되어 있는 '인성리'를 일본어 가나로 쓴 것. ⇒ 仁城里(인성리).

仁城里 インソンリー 《『朝鮮五萬分一地形圖』「大靜及馬羅島」(濟州島南部 9號, 1918)》.

インヒャントン(인향동) 제주특별자치도 서귀포시 대정읍 무릉2리 仁鄕洞(인향동)의 한자음을 일본어 가나로 쓴 것 가운데 하나. ⇒ 仁鄕洞(인향동).

仁鄕洞 インヒャントン 《『朝鮮五萬分一地形圖』(濟州島南部 13號「摹瑟浦」(1918)》.

ウイクイリー(의귀리) 제주특별자치도 서귀포시 남원읍 의귀리(衣貴里)의 한자음을 일본어 가나로 쓴 것 가운데 하나.

衣貴里 ウイクイリー《朝鮮五萬分一地形圖』「西歸浦」(濟州島南部 5號, 1918)》.

ウーコルトン(우골동) 제주특별자치도 제주시 한경면 산양리 연화동 동쪽에 있었던 월광동(月光洞)의 옛 이름인 '쉐뻬뒌밧동네'의 한자 차용 표기 牛骨洞(우골동)의 한자음을 일본어 가나로 쓴 것 가운데 하나. ⇒牛骨洞(우골동).

牛骨洞 ウーコルトン《朝鮮五萬分一地形圖』(濟州島南部 13號「摹瑟浦」(1918)》.

ウーヂョンジェビ(우전제비) 제주특별자치도 제주시 조천읍 선흘2리에 있는 '우전제비'를 일본어 가나로 쓴 것. ⇒ 又田燕(우전연).

又田燕 ウーヂョンジェビ 416米《朝鮮五萬分一地形圖』「漢拏山」(濟州島北部 8號, 1918)》.

ウーツーサン(우두산) 제주특별자치도 제주시 우도면의 본섬인 '소섬[牛島]' 남쪽에 있는 '소머리오롬(쉐머리오롬)'을, 한자를 빌려 쓴 牛頭山(우두산)의 소리를 일본어 가나로 쓴 것임. ⇒ 牛頭山(우두산).

牛頭山 ウーツーサン 132.5《朝鮮五萬分一地形圖』(濟州嶋北部 4號「城山浦」(1918)》.

ウートー(우도) 제주특별자치도 제주시 우도면의 본섬인 우도(牛島)를 일본어 가나로 쓴 것 가운데 하나. ⇒ 牛島(우도).

牛島(우도 ウートー) 《『韓國水産誌』 제3집(1911) 「濟州島」 濟州郡 舊左面》. 牛島 ウートー 《『朝鮮五萬分一地形圖』 「金寧」(濟州嶋北部 三號, 1918)》.

ウーポアク(우보악) 제주특별자치도 서귀포시 색달동 서북쪽에 있는 '우보악'을 일본어 가나로 쓴 것. ⇒ 牛步岳(우보악).

牛步岳 ウーポアク 301.8米 《『朝鮮五萬分一地形圖』 「大靜及馬羅島」(濟州島南部 9號, 1918)》.

ウーポアクトン(우보악동) 제주특별자치도 서귀포시 색달동 우보름 동쪽에 있는 '우보악동'을 일본어 가나로 쓴 것. ⇒ 牛步岳洞(우보악동).

穡達里 セクタリー 牛步岳洞 ウーポアクトン 《『朝鮮五萬分一地形圖』 「大靜及馬羅島」(濟州島南部 9號, 1918)》.

ウーモクトン(우목동) 제주특별자치도 제주시 우도면 서광리의 자연마을인 '우목동'을 일본어로 나타낸 것임.

牛目洞 ウーモクトン 《『朝鮮五萬分一地形圖』 「金寧」(濟州嶋北部 三號, 1918)》.

ウーレイ島(우레이도) 제주특별자치도 제주시 한경면 고산1리 바닷가에 있는 '눈섬', 곧 와도(臥島)를 이른 것임.

ウーレイ島 《『濟州郡地圖』(1914)》.

ウオルチェーイー(월대리) 제주특별자치도 제주시 구좌읍 '월정리(月汀里)'의 옛 한자음을 '월딩리'로 읽고 일본어 가나로 쓴 것 가운데 하나. ⇒ 月汀里(월정리).

月汀里(월딩리 ウオルチェーイー) 《『韓國水産誌』 제3집(1911) 「濟州島」 濟州郡 舊左面》.

ウオルリヨンリー(월령리) 제주특별자치도 제주시 한림읍 '月令里(월령리)'의 한자음을 일본어 가나로 쓴 것 가운데 하나. ⇒ 月令里(월령리).

月令里(월령리 ウオルリヨンリー) 《『韓國水産誌』 제3집(1911) 「濟州島」 濟州郡 舊右面》.

ウッフヮヂョン(웃화전) 제주특별자치도 제주시 애월읍 어음리 산간에 있는

'웃화전'을 일본어 가나로 쓴 것. ⇒上花田(상화전).

上花田 ウッフヮヂョン《『朝鮮五萬分─地形圖』「翰林」(濟州島北部 12號, 1918)》.

ウッベナト(웃펜안도) 제주특별자치도 서귀포시 상효동 산간 '웃펜안도'를 일본어 가나로 쓴 것.

ウッベナト《『濟州嶋旅行日誌』(1909)》. 上黑岳同ヲリ漢羅山及事業地ヲ望. 前嶽, 御嶽, 長峯山, カモシノロ, ウッベナト, ヤングニ《『濟州嶋旅行日誌』(1909)》.

ウミーリー(우미리) 제주특별자치도 서귀포시 남원읍 위미리(爲美里)의 옛 한자 표기 又美里(우미리)의 한자음을 일본어 가나로 쓴 것. ⇒又美里(우미리).

又美里 イルクミ (우미리 ウミーリー)《『韓國水産誌』제3집(1911)「濟州島」旌義郡 西中面》.)

ウミョン(우면) 右面(우면)의 한자음을 일본어 가나로 쓴 것. ⇒右面(우면).

右面 ウミョン《『朝鮮五萬分─地形圖』「漢拏山」(濟州島北部 8號, 1918)》.

ウミリ(위미리/우미리) 제주특별자치도 서귀포시 남원읍 '위미리'를 일본어 가나로 쓴 것 가운데 하나. ⇒爲美里(위미리).

爲美里 ウミリ《『朝鮮五萬分─地形圖』「西歸浦」(濟州島南部 5號, 1918)》.

ウムプリトン(음부리동) 제주특별자치도 제주시 한림읍 월림리의 옛 이름 '音富洞(음부동)'의 한자음을 일본어 가나로 쓴 것. ⇒音富洞(음부동).

音富洞 ウムプリトン《『朝鮮五萬分─地形圖』「翰林」(濟州島北部 12號, 1918)》.

ウメン(우멘) 일제강점기 제주도(濟州島)의 한 면인 '우면(右面)'의 일본어 한자음 '우멘'을 일본어 가나로 쓴 것 가운데 하나. ⇒右面(우면).

右面 ウメン《『地方行政區域名稱一覽』(朝鮮總督府 內務局, 1935)》.

ウンアク(웅악) 제주특별자치도 서귀포시 남원읍 수망리에 있는 '쉐기오롬'의 한자 차용 표기 雄岳(웅악)의 한자음을 일본어 가나로 쓴 것 가운데 하나. ⇒雄岳²(웅악).

雄岳 ウンアク 193米《『朝鮮五萬分─地形圖』「西歸浦」(濟州島南部 5號, 1918)》. 雄岳(ウンアク) 雄岳(スコッオルム: 共は五萬分─西歸浦圖幅にあり雄の音は웅ウン訓は숫컷, スツコット

なり）〈濟州島の地質學的觀察』(1928, 川崎繁太郞)〉.

ウンタンパッ(운당밧) 제주특별자치도 제주시 한림읍 수원리 '운당밧'을 일본어 가나로 쓴 것.

翰林面洙源里洙源洞……ウンタンパッ 7斗落 1夜味 《朝鮮半島の農法と農民』(高橋昇, 1939)「濟州島紀行』.

ウンニョクチュ(웃녁치) 제주특별자치도 제주시 아라1동 산천단에 있었던 '웃녁치'를 일본어 가나로 쓴 것.

我羅里山川壇……ウンニョクチュとウンニョクチュパ, 1斗5斗落, 5夜味, 自作.《朝鮮半島の農法と農民』(高橋昇, 1939)「濟州島紀行』.

ウンニョクチュパ(웃녁칫밧) 제주특별자치도 제주시 아라1동 산천단에 있었던 '웃녁칫밧'을 일본어 가나로 쓴 것.

我羅里山川壇……ウンニョクチュとウンニョクチュパ, 1斗5斗落, 5夜味, 自作.《朝鮮半島の農法と農民』(高橋昇, 1939)「濟州島紀行』.

ウンニョッチュパ(웃녁칫밧) 제주특별자치도 제주시 아라1동 산천단에 있었던 '웃녁칫밧'을 일본어 가나로 쓴 것.

我羅里山川壇……ウンニョッチュパ 2斗落, 自作1夜味 《朝鮮半島の農法と農民』(高橋昇, 1939)「濟州島紀行』.

エーウオルリー(애월리) 제주특별자치도 제주시 애월읍 '애월리'를 일본어 가나로 쓴 것 가운데 하나. ⇒**涯月里(애월리)**.

涯月里(애월리 エーウオルリー) 《『韓國水産誌』제3집(1911)「濟州島」 濟州郡 新右面》.

エコッ田(에곳밧) 제주특별자치도 제주시 화북동 '에곳밧'을 일본어 가나와 한자를 빌려 쓴 것.

濟州島濟州邑禾北里……エコッ田 《『朝鮮半島の農法と農民』(高橋昇, 1939)「濟州島紀行」》.

オウムニー(어음리) 제주특별자치도 제주시 애월읍 於音里(어음리)의 한자음을 일본어 가나로 쓴 것. ⇒於音里(어음리).

於音里 オウムニー 《朝鮮五萬分一地形圖」「翰林」(濟州島北部12號, 1918)》.

オクムルコル(억물골) 제주특별자치도 제주시 조천읍 북촌리 '엉물' 일대에 형성된 '엉물골'을 '억물골'로 이해하고 그것을 일본어 가나로 쓴 것 가운데 하나. ⇒億水洞(억수동).

億水洞 (オクムルコル)《朝鮮五萬分一地形圖」「濟州」(濟州島北部7號, 1918)》.

オショミーオルム(어쇼미오롬) 제주특별자치도 서귀포시 대천동의 영남동 산간에 있는 '어저미오롬'의 변음 '어쇼미오롬'을 일본어 가나로 쓴 것. ⇒於點伊岳(어점이악).

於點伊岳 オショミーオルム 820米 《朝鮮五萬分一地形圖」「大靜及馬羅島」(濟州島南部9號, 1918)》.

オスソムオルム(어스솜오롬) 제주특별자치도 제주시 노형동의 해안동 산간에 있는 '어스승오름'의 변음 '어스솜오롬'을 일본어 가나로 쓴 것 가운데 하나. ⇒御乘生岳(어승생악).

御乘生岳 オスソムオルム 1,176米 《朝鮮五萬分一地形圖」「翰林」(濟州島北部12號, 1918)》.

オヂャムル(오자물) 제주특별자치도 제주시 한림읍 명월리에 있는 '오자물'을 일본어 가나로 쓴 것.

明月里……オヂャムル 500步(チゲ5回休) 5升落, 自作.〈『朝鮮半島の農法と農民』(高橋昇, 1939) 「濟州島紀行』〉.

オチヨリー(오조리) 제주특별자치도 서귀포시 성산읍 吾照里(오조리)의 한자음을 일본어 가나로 쓴 것.⇒吾照里(오조리).

吾照里(오죠리 オチヨリー)〈『韓國水産誌』제3집(1911)「濟州島」旌義郡 左面〉.

オツンニー(오등니) 제주특별자치도 제주시 오등동의 옛 이름 '오등리'의 현실음 '오등니'를 일본어 가나로 쓴 것 가운데 하나.⇒梧登里(오등리).

梧登里 オツンニー〈『朝鮮五萬分一地形圖』「漢拏山」(濟州島北部 8號, 1918)〉.

オツンニー(오등리) 제주특별자치도 제주시 오등동의 옛 이름 오등리를 일본어 가나로 쓴 것.⇒梧登里(오등리).

梧登里 オツンニー〈『朝鮮五萬分一地形圖』「漢拏山」(濟州島北部 8號, 1918)〉.

オトードン(오도동) 제주특별자치도 제주시 이호동 吾道洞(오도동)의 한자음을 일본어 가나로 쓴 것.⇒吾道洞(오도동).

吾道洞 オトードン〈『朝鮮五萬分一地形圖』「翰林」(濟州島北部 12號, 1918)〉.

オドオルム(어도오롬) 제주특별자치도 제주시 애월읍 봉성리 '어도오롬'을 일본어 가나로 쓴 것.⇒於道岳(어도악).

於道岳 オドオルム〈『朝鮮五萬分一地形圖』「翰林」(濟州島北部 12號, 1918)〉.

オドニー(어도리) 제주특별자치도 제주시 애월읍 봉성리 於道里(어도리)의 한자음을 일본어 가나로 쓴 것.⇒於道里(어도리).

於道里 オドニー〈『朝鮮五萬分一地形圖』「翰林」(濟州島北部 12號, 1918)〉.

オドンヨ(오동여) 제주특별자치도 제주시 추자면 상추자도 북동쪽 바다, 추가리(추포도) 북쪽 바다에 있는 '오동여'를 일본어 가나로 쓴 것의 하나.⇒梧洞嶼(오동서).

梧洞嶼 オドンヨ 《朝鮮五萬分一地形圖』(濟州嶋北部 9號,「楸子群島」(1918)》.

オピンドン(오봉동) 제주특별자치도 제주시 오라동에 있었던 '오봉동'을 일본어 가나로 쓴 것 가운데 하나. ⇒ **梧鳳洞(오봉동)**.

梧鳳洞 オピンドン 《朝鮮五萬分一地形圖』「漢拏山」(濟州島北部 8號, 1918)》.

オフーオルム(어후오롬) 제주특별자치도 조천읍 교래리 산간에 있는 '어후오롬'을 일본어 가나로 쓴 것 가운데 하나. ⇒ **御後岳(어후악)**.

御後岳 オフーオルム 1025米 《朝鮮五萬分一地形圖』「漢拏山」(濟州島北部 8號, 1918)》.

オムス(엄수) 제주특별자치도 제주시 한림읍 판포리 嚴水(엄수)의 한자음을 일본어 가나로 쓴 것. ⇒ **嚴水(엄수)**.

嚴水 オムス 《朝鮮五萬分一地形圖』(濟州島北部 16號「飛揚島」1918)》.

オヤワッ(웨왓) 제주특별자치도 서귀포시 서홍동에 있는 '웨왓(왜왓)'을 일본어 가나로 쓴 것.

西歸面西煤里……オヤワッ 牛町, 5斗落, 1夜味, 小作, 下田. 《朝鮮半島の農法と農民』(高橋昇, 1939)「濟州島紀行」》.

オラリ(오라리) 제주특별자치도 제주시 오라동의 옛 이름 '오라리'를 일본어 가나로 쓴 것 가운데 하나. ⇒ **吾羅里(오라리)**.

吾羅里 オラリ 《朝鮮五萬分一地形圖』「漢拏山」(濟州島北部 8號, 1918)》.

オルム(오롬/오름) 표준어 '뫼'와 산(山), 봉(峰) 등에 대응하는 제주 방언을 일본어 가나로 쓴 것.

濟州島では圓錐山卽ち獨立した山を岳(オルム)と云ふ. 平地から秀立した小丘を旨(マル)とも云ふ. 惑は峯を岳の代りに用ふることもある. 《濟州島火山島雜記』(1925, 中村新太郎)》.

オルムサヤキトン(오롬새끼동) 제주특별자치도 제주시 구좌읍 덕천리 상동 '오롬새끼동(오롬새끼동네)'를 일본어 가나로 쓴 것. ⇒ **峯雛洞(봉추동)**.

峯雛洞 オルムサヤキトン 《朝鮮五萬分一地形圖』「漢拏山」(濟州島北部 8號, 1918)》.

オルレパ(올레파) 제주특별자치도 제주시 아라1동 산간 '굴치'에 있었던 '올렛

밧(올레왓)'을 일본어 가나로 쓴 것.

我羅里窟池……オルレパ 1夜味, 小作, 5斗落, 坐前.《朝鮮半島の農法と農民》(高橋昇, 1939)「濟州島紀行》.

オルレパッ(올레팟) 제주특별자치도 제주시 한림읍 수원리 '올렛밧(올레왓)'을 일본어 가나로 쓴 것.

翰林面洙源里洙源洞……オルレパッ 6斗落 1夜味《朝鮮半島の農法と農民》(高橋昇, 1939)「濟州島紀行》.

オロンパ(오론밧) 제주특별자치도 제주시 아라1동 산간 '굴치'에 있었던 '오롬밧'의 변음 '오론밧'을 일본어 가나로 쓴 것.

我羅里窟池……オロンパ 距離4町 5斗落《朝鮮半島の農法と農民》(高橋昇, 1939)「濟州島紀行》.

オヱトリ(외도리) 제주특별자치도 제주시 외도동의 옛 이름 外都里(외도리)의 한자음을 일본어 가나로 쓴 것. ⇒ 外都里(외도리).

外都里 オヱトリ《朝鮮五萬分一地形圖》「翰林」(濟州島北部 12號, 1918)》.

オンヂョンリー(온천리) 제주특별자치도 서귀포시 남원읍 신흥1리의 옛 이름 온천리를 일본어 가나로 쓴 것.

溫川里 オンヂョンリー《朝鮮五萬分一地形圖》「表善」(濟州島南部 1號, 1918)》.

オンビヨンリー(온평리) 제주특별자치도 서귀포시 성산읍 溫平里(온평리)의 한자음을 일본어 가나로 쓴 것. ⇒ 溫平里(온평리).

溫平里(온평리 オンビヨンリー)《韓國水産誌》제3집(1911)「濟州島」旌義郡 左面》.

オンポニー(옹포리) 제주특별자치도 제주시 한림읍 瓮浦里(옹포리)의 한자음을 일본어 가나로 쓴 것. ⇒ 瓮浦里(옹포리).

瓮浦里 オンポニー《朝鮮五萬分一地形圖》「翰林」(濟州島北部 12號, 1918).

オンポリー(옹포리) 제주특별자치도 제주시 한림읍 瓮浦里(옹포리)의 한자음을 일본어 가나로 쓴 것. ⇒ 瓮浦里(옹포리).

瓮浦里(옹포리 オンポリー)《韓國水産誌》제3집(1911)「濟州島」濟州郡 舊右面》.

カインヨ(가인여) 제주특별자치도 제주시 추자면 하추자도 예초리 북쪽 '검은 가리' 북동쪽 바다에 있는 섬인 '가린여〉개린여'를 '가인여'로 인식한 일본어 가나 표기의 하나. ⇒ 加仁嶼(가인서).

加仁嶼 カインヨ 《朝鮮五萬分一地形圖』(濟州嶋北部 9號,「楸子群島」(1918)》.

カカアクトン(가가악동) 제주특별자치도 서귀포시 상예동 '더데오롬' 바로 아래쪽에 있는 '가가악동'을 일본어 가나로 쓴 것. ⇒ 加加岳洞(가가악동).

加加岳洞 カカアクトン 《朝鮮五萬分一地形圖』「大靜及馬羅島」(濟州島南部 9號, 1918)》.

カクスーアン(각수안) 제주특별자치도 서귀포시 호근동 북쪽에 있는 '각수바위'의 한자 표기 角秀岩(각수암)의 한자음을 '각수안'으로 이해하고 그것을 일본어 가나로 쓴 것.

西歸浦より約一里西北角秀岩(カクスーアン)と稱する小岳がある 《地球』11권 2호(1929)「濟州島アルカリ岩石(豫報其二)」(原口九萬)》.

カクスパォ(각수바위) 제주특별자치도 서귀포시 호근동 북쪽에 있는 바위 오롬인 '각수바위'를 일본어 가나로 쓴 것 가운데 하나. ⇒ 角秀岩(각수암).

角秀岩 カクスパォ 381米 《『朝鮮五萬分一地形圖』「西歸浦」(濟州島南部 5號, 1918)》.

カクレインパッ(가크렝이밧) 제주특별자치도 제주시 한림읍 수원리 '가크렝이밧(가크렝이왓)'을 일본어 가나로 쓴 것.

翰林面洙源里洙源洞……カクレインパッ 3斗5升落(1斗落 120坪) 1夜味 《『朝鮮半島の農法と農民』(高橋昇, 1939)「濟州島紀行」》.

カシアク(가시악) 제주특별자치도 서귀포시 대정읍 동일리에 있는 '가시오롬'의 한자 차용 표기 加時岳(가시악)의 한자음을 일본어 가나로 쓴 것 가운데 하나. ⇒ 加時岳(가시악).

加時岳 カシアク 118米 《『朝鮮五萬分一地形圖』(濟州島南部 13號「摹瑟浦」(1918)》.

カシコル(가싯골) 제주특별자치도 제주시 영평상동 '가시나물' 일대에 형성되었던 '가싯골'을 일본어 가나로 쓴 것 가운데 하나. ⇒ 加時洞(가시동).

加時洞 カシコル 《『朝鮮五萬分一地形圖』「漢拏山」(濟州島北部 8號, 1918)》.

カシナムトン(가시남동) 제주특별자치도 제주시 구좌읍 송당리 셋송당 동남쪽, 손지오롬[孫子峯] 서북쪽 길가 일대에 형성되었던 동네인 '가시남동'의 일본어 가나 표기. ⇒ 加時木洞(가시목동).

加時木洞 カシナムトン 《『朝鮮五萬分一地形圖』(濟州嶋北部 4號「城山浦」(1918)》.

カシリ(가시리) 제주특별자치도 서귀포시 표선면 '加時里(가시리)'의 일본어 가나 표기임. ⇒ 加時里(가시리).

加時里 カシリ 《『朝鮮五萬分一地形圖』(濟州嶋北部 4號「城山浦」(1918)》.

カスルコル(가술골) 제주특별자치도 서귀포시 남원읍 신례1리 '가술골'을 일본어 가나로 쓴 것 가운데 하나. ⇒ 畲田洞(여전동).

畲田洞 カスルコル 《『朝鮮五萬分一地形圖』「西歸浦」(濟州島南部 5號, 1918)》.

カヂャドン(가좌동) 제주특별자치도 제주시 귀덕리 加座洞(가좌동)의 한자음을 일본어 가나로 쓴 것. ⇒ 加座洞(가좌동).

加座洞 カヂャドン 《『朝鮮五萬分一地形圖』「翰林」(濟州島北部 12號, 1918)》.

カヌンチョンコル(가는천골) 제주특별자치도 제주시 봉개동 회천동의 옛 이름 'ᄆᆞᆫ세밋골〉ᄆᆞᆫ세밋골'을 '가는천골'로 이해하고 그것을 일본어 가나로 쓴 것 가운데 하나. ⇒ 細泉洞(세천동).

細泉洞 カヌンチョンコル《『朝鮮五萬分一地形圖』「漢拏山」(濟州島北部 8號, 1918)》.

カパタウ(가파타우) 제주특별자치도 서귀포시 대정읍 가파리의 본섬인 '加波島(가파도)'를 일본어 가나로 쓴 것. ⇒ 加波島(가파도).

加波島(カパタウ) 府南串ノ南方1.5浬ニ加波島アリ.《朝鮮沿岸水路誌 第1巻』(1933) 朝鮮南岸「濟州島」》. 遮歸島ヨリ加波島(カパタウ)ニ至ル間ノ潮流ハ海岸ニ沿ウテ流レ遮歸島ヨリ.《朝鮮沿岸水路誌 第1巻』(1933) 朝鮮南岸「濟州島」》.

カパトー(가파도) 제주특별자치도 서귀포시 대정읍 가파리의 본섬인 '加波島(가파도)'를 일본어 가나로 쓴 것. ⇒ 加波島(가파도).

加波島 カパトー 20.5米《朝鮮五萬分一地形圖』「大靜及馬羅島」(濟州島南部 9號, 1918)》.

カパリー(가파리) 제주특별자치도 서귀포시 대정읍 가파도를 본섬으로 하는 '가파리'를 일본어 가나로 쓴 것. ⇒ 加波里(가파리).

加波里 カパリー《朝鮮五萬分一地形圖』「大靜及馬羅島」(濟州島南部 9號, 1918)》.

カプソンアク(갑선악) 제주특별자치도 서귀포시 표선면 가시리 웃동네 동쪽에 있는 '갑선이오롬'의 한자 차용 표기인 甲旋岳(갑선악)의 한자음을 일본어로 나타낸 것임. ⇒ 甲旋岳(갑선악).

甲旋岳 カプソンアク 188.2《朝鮮五萬分一地形圖』(濟州嶋北部 4號「城山浦」(1918)》.

カマクイマル(가메기ᄆᆞ르) 제주특별자치도 서귀포시 남원읍 하례1리 '가메기ᄆᆞ르'를 일본어 가나로 쓴 것 가운데 하나. ⇒ 烏旨(오지).

烏旨 カマクイマル《朝鮮五萬分一地形圖』「西歸浦」(濟州島南部 5號, 1918)》.

カマツスリウッ田(가막수리윗전) '가막술윗밧'을 일본어 가나와 한자를 빌려 쓴 것.

(安昌燮)企業狀態 中間地帶……カマツスリウッ田《朝鮮半島の農法と農民』(高橋昇, 1939)「濟州島紀行」》.

カマツスリ田(가막수리전) '가막술왓'을 일본어 가나와 한자를 빌려 쓴 것.

(安昌燮)企業狀態 中間地帶……カマツスリ田《朝鮮半島の農法と農民》(高橋昇, 1939)「濟州島紀行」》.

カマリ(가마리) 제주특별자치도 서귀포시 표선면 세화2리의 옛 이름 가마리를 일본어 가나로 쓴 것. ⇒ 加麻里(가마리).

加麻里 カマリ《朝鮮五萬分一地形圖》「表善」(濟州島南部 1號, 1918)》.

カマリスリ(가말수리/가말술) 제주특별자치도 제주시 아라1동에 있었던 '가말술(가막술)'을 일본어 가나로 쓴 것.

我羅里……カマリスリ(下部) 5町, 4斗落一夜味, 自作.《朝鮮半島の農法と農民》(高橋昇, 1939) 「濟州島紀行」》.

カムサンイ(감상이/감셍이) 제주특별자치도 서귀포시 보목동 '감셍이'를 일본어 가나로 쓴 것.

西歸面甫木里……カムサンイ 3斗落 2夜味《朝鮮半島の農法と農民》(高橋昇, 1939)「濟州島紀行」》.

カムサンニー(감산니) 제주특별자치도 서귀포시 안덕면 '柑山里(감산리)'의 현실음 [감산니]를 일본어 가나로 쓴 것. ⇒ 柑山里(감산리).

柑山里 カムサンニー《朝鮮五萬分一地形圖》「大靜及馬羅島」(濟州島南部 9號, 1918)》.

カムサンパッ(감상밧) 제주특별자치도 제주시 외도2동에 있었던 '감상밧'을 일본어 가나로 쓴 것.

濟州邑外都里月台洞……カムサンパッ 12斗落《朝鮮半島の農法と農民》(高橋昇, 1939)「濟州島紀行」》.

カムスードン(감수동) 제주특별자치도 제주시 삼양2동 바닷가 '가물개(가물개)' 일대에 형성되었던 '감수동'을 일본어 가나로 쓴 것 가운데 하나. ⇒ 甘水洞(감수동).

甘水洞 カムスードン《朝鮮五萬分一地形圖》「濟州」(濟州島北部 7號, 1918)》.

カムナムコル(감남골) 제주특별자치도 서귀포시 남원읍 위미2리 '감남골'을 일본어 가나로 쓴 것 가운데 하나. ⇒ 柿木洞(시목동).

柿木洞 カムナムコル《朝鮮五萬分一地形圖》「西歸浦」(濟州島南部 5號, 1918)》.

カムパレー(감바래) 제주특별자치도 제주시 조천읍 교래리 동쪽, 부소오롬 남동쪽에 있었던 '감발래'를 일본어 가나로 쓴 것 가운데 하나. ⇒甘發來(감발래).

甘發來 カムパレー 《朝鮮五萬分一地形圖』「漢拏山』(濟州島北部 8號, 1918)》.

カムンドン(가문동) 제주특별자치도 제주시 애월읍 하귀리 '可文洞(가문동)'의 한자음을 일본어 가나로 쓴 것. ⇒ 可文洞(가문동).

可文洞 カムンドン 《朝鮮五萬分一地形圖』「翰林』(濟州島北部 12號, 1918)》.

カリンネワッ(가린내왓) 제주특별자치도 제주시 한림읍 수원리 '가린내왓'을 일본어 가나로 쓴 것.

翰林面洙源里洙源洞……カリンネワッ 15000坪 1夜味 《朝鮮半島の農法と農民』(高橋昇, 1939) 「濟州島紀行』》.

カルオルム(갈오롬) 제주특별자치도 서귀포시 상효동 동상효 서북쪽에 있는 '칠오롬'의 한자 차용 표기 葛岳(갈악)을 '칠오롬'으로 읽고 일본어 가나로 쓴 것 가운데 하나. ⇒ 葛岳²(갈악).

葛岳 カルオルム 271米 《朝鮮五萬分一地形圖』「西歸浦』(濟州島南部 5號, 1918)》.

カンヂョンニー(강정니) 제주특별자치도 서귀포시 강정동의 옛 이름 '강정리'의 현실음 '강정니'를 일본어 가나로 쓴 것. ⇒江汀里(강정리).

江汀里 カンヂョンニー 《朝鮮五萬分一地形圖』「大靜及馬羅島』(濟州島南部 9號, 1918)》.

カンドンイ(간돈이) 제주특별자치도 서귀포시 고성리 '간돈이'를 일본어 가나로 쓴 것.

城山面古城里……カンドンイ 2.5斗落(1斗落200坪) 小作 《朝鮮半島の農法と農民』(高橋昇, 1939) 「濟州島紀行』》.

カンハトン(강하동) 제주특별자치도 서귀포시 표선면 세화3리 '강왓디' 일대에 형성된 강하동을 일본어 가나로 쓴 것. ⇒江河洞(강하동).

江河洞 カンハトン 《朝鮮五萬分一地形圖』「表善』(濟州島南部 1號, 1918)》.

カンピリ(강피리) 제주특별자치도 제주시 화북동 '강필이[강피리]'를 일본어 가나로 쓴 것.

済州邑禾北里……カンピリ 6斗落(1斗落150坪) 1夜味 《『朝鮮半島の農法と農民』(高橋昇, 1939)

「済州島紀行』》.

カンヲルニー(간월니) 제주특별자치도 제주시 아라2동 간월동의 옛 이름 '간월
리'의 현실음 '간월니'를 일본어 가나로 쓴 것 가운데 하나. ⇒ **看月里(간월리).**

看月里 カンヲルニー 《『朝鮮五萬分一地形圖』「漢拏山」(済州島北部 8號, 1918)》.

きいしうたう(키이시우타우) 제주도(済州島)를 일본어 식으로 쓴 것.

済州島(きいしうたう)の三姓穴(-せいけつ) 《『朝鮮童話集』(中村亮平, 1926)》.

キウウメン(규우멘) 일제강점기 제주도(濟州島)의 한 면인 '구우면(舊右面)'의 일본어 한자음 '규우멘'을 일본어 가나로 쓴 것 가운데 하나. ⇒ **舊右面(구우면)**.

舊右面 キウウメン 《『地方行政區域名稱一覽』(朝鮮總督府 內務局, 1935)》.

キウサメン(규사멘) 일제강점기 제주도(濟州島)의 한 면인 '舊左面(구좌면)'의 일본어 한자음 '규사멘'을 일본어 가나로 쓴 것 가운데 하나. ⇒ **舊左面(구좌면)**.

舊左面 キウサメン 《『地方行政區域名稱一覽』(朝鮮總督府 內務局, 1935)》.

ギシーアクトン(기시악동) 제주특별자치도 서귀포시 표선면 의귀리 '넉시오름' 동남쪽 일대에 형성되어 있던 동네인 魏時岳洞(위시악동)의 일본어 한자음 '기시악동'을 일본어 가나로 쓴 것 가운데 하나. ⇒ **魏時岳洞(위시악동)**.

衣貴里 ウイクイリー, 東衣里 トンウイリー, 魏時岳洞 ギシーアクトン 《『朝鮮五萬分一地形圖』「西歸浦」(濟州嶋南部 5號, 1918)》.

キゼンムリ(기젠무리) 제주특별자치도 서귀포시 상효동 산간 '기전ᄆᆞ르(기정ᄆᆞ르)'를 일본어 가나로 쓴 것.

シングニョリ漢羅山ヲ望. 前嶽, 御嶽, 長峯山, シングニー, キゼンムリ 《『濟州嶋旅行日誌』(1909)》.

ギッファル島(깃하루도) 일제강점기 「대정군지도」(1914)에 당시 모슬(摹瑟) 앞 바다 섬에 ギッファル島(깃하루도)라고 표기하였음. '마라도(馬羅島)'를 이 른 것으로 보이는데, 소리가 아주 다름.

ギッファル島 《大靜郡地圖』(1914)》.

キムニョン(김녕) 제주특별자치도 제주시 구좌읍 金寧(김녕)의 한자음을 일 본어 가나로 쓴 것. ⇒ 金寧(김녕).

金寧 キムニョン 《朝鮮五萬分一地形圖』「濟州』(濟州島北部 7號, 1918)》.

キモクトン(기목동) 제주특별자치도 서귀포시 강정동 북쪽 산간 틀남밧(-람밭, 고근산 서북쪽)에 있었던 '틀남밧동네'의 한자 차용 표기 機木洞(기목동)의 한 자음을 일본어 가나로 쓴 것 가운데 하나. ⇒ 機木洞(기목동).

機木洞 キモクトン 《朝鮮五萬分一地形圖』「西歸浦」(濟州島南部 5號, 1918)》.

キョレーリー ハードン(교래리 하동) 제주특별자치도 제주시 조천읍 '교래리 하동'을 일본어 가나로 쓴 것 가운데 하나. ⇒ 橋來里下洞(교래리 하동).

橋來里 キョレーリー, 上洞 サントン, 橋來里下洞 キョレーリー ハードン 《朝鮮五萬分一地 形圖』「漢拏山」(濟州島北部 8號, 1918)》.

キョレーリー(교래리) 제주특별자치도 제주시 조천읍 '교래리'를 일본어 가나 로 쓴 것 가운데 하나. ⇒ 橋來里(교래리).

橋來里 キョレーリー, 上洞 サントン, 橋來里下洞 キョレーリー ハードン 《朝鮮五萬分一地 形圖』「漢拏山」(濟州島北部 8號, 1918)》.

キルセワッ田(길새왓) 제주특별자치도 제주시 화북동 '길새왓'을 일본어 가나 와 한자를 빌려 쓴 것.

濟州島濟州邑禾北里……キルセワッ田 《朝鮮半島の農法と農民』(高橋昇, 1939)「濟州島紀行』》.

キルヨントン(길영동) 제주특별자치도 제주시 조천읍 교래리 '늡서리오롬' 서 남쪽에 있었던 길영동을 일본어 가나로 쓴 것. ⇒ 吉永洞(길영동).

吉永洞 キルヨントン 《朝鮮五萬分一地形圖』「漢拏山」(濟州島北部 8號, 1918)》.

クアクムンリー(곽문리) 제주특별자치도 제주시 애월읍 곽지리를 이르는 '곽문리'를 일본어 가나로 쓴 것 가운데 하나. ⇒ **郭文里**(곽문리).

郭文里(곽문리 クアクムンリー) 《韓國水産誌》제3집(1911)「濟州島」濟州郡 新右面〉.

クイドクニー(귀덕리) 제주특별자치도 제주시 애월읍 歸德里(귀덕리)의 한자음을 일본어 가나로 쓴 것. ⇒ **歸德里**(귀덕리).

歸德里 クイドクニー 《朝鮮五萬分一地形圖》「翰林」(濟州島北部 12號, 1918)〉.

クインダンレ(깅이돌레/겡이돌레) 제주특별자치도 서귀포시 보목동 '겡이돌레(깅이돌레)'를 일본어 가나로 쓴 것.

西歸面甫木里……クインダンレ 12斗落 2夜味 《朝鮮半島の農法と農民》(高橋昇, 1939)「濟州島紀行」〉.

クイントンサン(궨동산) 제주특별자치도 제주시 한림읍 명월리에 있는 '궨동산'을 일본어 가나로 쓴 것.

翰林面明月里……クイントンサン 400步, 4斗落, 2夜味, 自作(中)《朝鮮半島の農法と農民》(高橋昇, 1939)「濟州島紀行」〉.

クウートクリー(귀덕리) 제주특별자치도 제주시 애월읍 '귀덕리'를 일본어 가

나로 쓴 것 가운데 하나. ⇒ **歸德里(귀덕리)**.

歸德里(귀덕리 クウートクリー)〈《韓國水産誌》제3집(1911)「濟州島」濟州郡 舊右面〉.

クーウミョン(구우면) 제주특별자치도 제주시 한림읍과 한경면 일대를, 조선 후기와 일제강점기 중반까지 이르던 면 이름인 舊右面(구우면)을 일본어 가나로 쓴 것. ⇒ **舊右面(구우면)**.

舊右面 クーウミョン〈《朝鮮五萬分一地形圖》(濟州島南部 13號「摹瑟浦」(1918)〉. 舊右面 クーウミョン〈《朝鮮五萬分一地形圖》「大靜及馬羅島」(濟州島南部 9號, 1918)〉.

クーオムニー(구엄리) 제주특별자치도 제주시 애월읍 舊嚴里(구엄리)의 한자음을 일본어 가나로 쓴 것. ⇒ **舊嚴里(구엄리)**.

舊嚴里 クーオムニー〈《朝鮮五萬分一地形圖》「翰林」(濟州島北部 12號, 1918)〉.

クーオムリー(구엄리) 제주특별자치도 제주시 애월읍 舊嚴里(구엄리)를 일본어 가나로 쓴 것. ⇒ **舊嚴里(구엄리)**.

舊嚴里(구엄리 クーオムリー)〈《韓國水産誌》제3집(1911)「濟州島」濟州郡 新右面〉.

クゥクオルム(곽오롬) 제주특별자치도 제주시 애월읍 곽지리 '곽오롬'을 일본어 가나로 쓴 것. ⇒ **郭岳(곽악)**.

郭岳 クゥクオルム〈《朝鮮五萬分一地形圖》「翰林」(濟州島北部 12號, 1918)〉.

クゥクチリ(곽지리) 제주특별자치도 제주시 애월읍 郭支里(곽지리)의 한자음을 일본어 가나로 쓴 것. ⇒ **郭支里(곽지리)**.

郭支里 クゥクチリ〈《朝鮮五萬分一地形圖》「翰林」(濟州島北部 12號, 1918)〉.

クーチャミョン(구좌면) 舊左面(구좌면)의 한자음을 일본어 가나로 쓴 것. ⇒ **舊左面(구좌면)**.

舊左面 クーチャミョン〈《朝鮮五萬分一地形圖》「濟州」((濟州島北部 7號, 1918)〉.

クートリワッ(굇도리왓) 제주특별자치도 서귀포시 보목동 '굇도리왓(국드르왓/국들왓)'을 일본어 가나로 쓴 것.

西歸面甫木里⋯⋯クートリワッ 12斗落 2夜味〈《朝鮮半島の農法と農民》(高橋昇, 1939)「濟州島紀行」〉.

クーハートー(가파도) 가파도(加波島)의 한자음을 일본어 가나로 쓴 것 가운데 하나. ⇒ 加波島(가파도).

加波島 クッパトウ (가하도 クーハートー)《韓國水産誌』제3집(1911)「濟州島」大靜郡 右面〉.

クーリョントン(구룡동) 제주특별자치도 서귀포시 표선면 성읍2리의 중심 동네인 '구룡동'을 일본어로 나타낸 것임. ⇒ 九龍洞(구룡동).

九龍洞 クーリョントン《朝鮮五萬分一地形圖』(濟州嶋北部 4號「城山浦」(1918)〉.

クェオルム(궤오롬) 제주특별자치도 제주시 애월읍 봉성리 '궤오롬'을 일본어 가나로 쓴 것. ⇒ 猫岳(묘악).

猫岳 クェオルム《朝鮮五萬分一地形圖』「翰林」(濟州島北部 12號, 1918)〉.

クェスプルトン(궤수풀동) 제주특별자치도 제주시 한림읍 명월리 상동 '궤수 풀동'을 일본어 가나로 쓴 것. ⇒ 古林洞(고림동).

古林洞 クェスプルトン《朝鮮五萬分一地形圖』「翰林」(濟州島北部 12號, 1918)〉.

クエワ(궤왓) 제주특별자치도 제주시 한림읍 명월리에 있는 '궤왓'을 일본어 가나로 쓴 것.

明月里……クエワ 900步(チゲ2回休) 10斗落, 2夜味, 自作.《朝鮮半島の農法と農民』(高橋昇, 1939)「濟州島紀行』〉.

クオクリー(구억리) 제주특별자치도 서귀포시 대정읍 안성리 북쪽에 있는 '구억리'를 일본어 가나로 쓴 것. ⇒ 九億里(구억리).

九億里 クオクリー《朝鮮五萬分一地形圖』「大靜及馬羅島」(濟州島南部 9號, 1918)〉.

クオリワ(구오리왓) 제주특별자치도 제주시 한림읍 명월리에 있는 '구오리왓'을 일본어 가나로 쓴 것.

明月里……クオリワ 2700步(チゲ5回) 7斗落, 1夜味, 自作.《朝鮮半島の農法と農民』(高橋昇, 1939)「濟州島紀行』〉.

ククヂャン(곡장) 제주특별자치도 제주시 조천읍 선흘리 알바메기오롬과 웃 바메기오롬 사이에 있던 '곡장'을 일본어 가나로 쓴 것. ⇒ 曲墻(곡장).

曲墻 ククヂャン 《朝鮮五萬分一地形圖』「漢拏山」(濟州島北部 8號, 1918)》.

ククワンヂョント(관전동) 제주특별자치도 서귀포시 안덕면 광해악 바로 서북쪽 기슭에 형성되었던 '관전동'을 일본어 가나로 쓴 것. ⇒ 官田洞(관전동).

西廣里 ソークワンニー 官田洞 ククワンヂョント 《朝鮮五萬分一地形圖』「大靜及馬羅島」(濟州島南部 9號, 1918)》.

クチェキパ(구제기밧) 제주특별자치도 제주시 아라1동에 있었던 '구제기밧(구제기왓)'을 일본어 가나로 쓴 것.

我羅里……クチェキパ 2町(東), 4斗5斗落 1夜味, 自作. 《朝鮮半島の農法と農民』(高橋昇, 1939)「濟州島紀行」》.

クツーサン(구두산) 제주특별자치도 서귀포시 표선면 가시리 산간에 있는 '구두리오롬'의 한자 차용 표기 狗頭山(구두산)의 한자음을 일본어 가나로 쓴 것 가운데 하나. ⇒ 狗頭山(구두산).

狗頭山 クツーサン 526米 《朝鮮五萬分一地形圖』「漢拏山」(濟州島北部 8號, 1918)》.

クッパトウ(구파토오/쿳파토오) 가파도(加波島)의 한자음을 일본어 가나로 쓴 것 가운데 하나. ⇒ 加波島(가파도).

加波島 クッパトウ (가하도 クーハートー) 《韓國水産誌』 제3집(1911)「濟州島」大靜郡 右面》.

クナムドン(구남동) 제주특별자치도 제주시 도남동 '구남동'의 한자 표기 九男洞(구남동)의 한자음을 일본어 가나로 쓴 것 가운데 하나. ⇒ 九男洞(구남동).

九南洞 クナムドン 《朝鮮五萬分一地形圖』「漢拏山」(濟州島北部 8號, 1918)》.

クマクニー(금악리) 제주특별자치도 제주시 한림읍 今岳里(금악리)의 한자음을 일본어 가나로 쓴 것. ⇒ 今岳里(금악리).

今岳里 クマクニー 《朝鮮五萬分一地形圖』「翰林」(濟州島北部 12號, 1918)》.

クムイッ畓(가밋논) 제주특별자치도 서귀포시 보목동 '가밋논(개밋논)'을 일본어 가나와 한자를 빌려 쓴 것.

濟州島西歸面甫木里……李杜文の農業經營規模……クムイッ畓 《朝鮮半島の農法と農民』(高橋

昇, 1939)「濟州島紀行」〉.

クムオルム(금오롬) 제주특별자치도 제주시 한림읍 금악리 '금오롬'을 일본어 가나로 쓴 것. ⇒ 今岳(금악).

今岳 クムオルム 〈『朝鮮五萬分一地形圖』「翰林」(濟州島北部 12號, 1918)〉.

クムソンニー(금성리) 제주특별자치도 제주시 애월읍 錦城里(금성리)의 한자음을 일본어 가나로 쓴 것. ⇒ 錦城里(금성리).

錦城里 クムソンニー 〈『朝鮮五萬分一地形圖』「翰林」(濟州島北部 12號, 1918)〉.

クムツンリー(금등리) 제주특별자치도 제주시 한림읍 金藤里(금등리)의 한자음을 일본어 가나로 쓴 것. ⇒ 今滕里(금등리).

今滕里 クムツンリー 〈『朝鮮五萬分一地形圖』「濟州島北部 16號「飛揚島」1918)〉.

クムトクリ(금덕리) 제주특별자치도 제주시 애월읍 今德里(금덕리)의 한자음을 일본어 가나로 쓴 것. ⇒ 今德里(금덕리).

今德里 クムトクリ 〈『朝鮮五萬分一地形圖』「翰林」(濟州島北部 12號, 1918)〉.

クムヌンリー(금능리) 제주특별자치도 제주시 한림읍 金陵里(금능리)의 한자음을 일본어 가나로 쓴 것. ⇒ 金陵里(금능리).

金陵里 クムヌンリー 〈『朝鮮五萬分一地形圖』(濟州島北部 16號「飛揚島」1918)〉.

クムリヨンイー(금령리) 제주특별자치도 제주시 구좌읍 '김녕리'의 한자 표기 '金寧里(김녕리)'를 '금령리'로 잘못 읽은 것을 일본어 가나로 쓴 것 가운데 하나. ⇒ 金寧里(김녕리).

金寧里(금령리 クムリヨンイー) 〈『韓國水産誌』제3집(1911)「濟州島」濟州郡 舊左面〉.

クモルメートン(구몰메동) 제주특별자치도 제주시 애월읍 봉성리 龜沒伊洞(구몰이동)의 한자음을 일본어 가나로 쓴 것. ⇒ 龜沒伊洞(구몰이동).

龜沒伊洞 クモルメートン 〈『朝鮮五萬分一地形圖』「翰林」(濟州島北部 12號, 1918)〉.

クモンソム(구멍섬) 제주특별자치도 제주시 추자면 하추자도 예초리 북쪽 '검은가리' 동북쪽 바다에 있는 섬인 '구멍섬'을 일본어 가나로 쓴 것의 하나. ⇒ 穴島(혈도).

穴島 クモンソム 《朝鮮五萬分一地形圖(濟州嶋北部 9號,「楸子群島」(1918)〉.

クァンヤンドン(광양동) 제주특별자치도 제주시 광양 일대에 형성되었던 광양동을 일본어 가나로 쓴 것. ⇒ 光陽洞(광양동).

光陽洞 クァンヤンドン 《朝鮮五萬分一地形圖』「漢拏山」(濟州島北部 8號, 1918)〉.

クァンヤンドン(광양동) 제주특별자치도 제주시 이도1동 삼성혈 서남쪽 지역에 있는 동네인 '광양동'을 일본어 가나로 쓴 것 가운데 하나. ⇒ 光陽洞(광양동).

光陽洞 クァンヤンドン 《朝鮮五萬分一地形圖』「漢拏山」(濟州島北部 8號, 1918)〉.

クルソ(굴서) 제주특별자치도 제주시 구좌읍 종달리 신전동 동쪽 바다에 있는 '굴여'의 한자 차용 표기. ⇒ 屈嶼(굴서).

屈嶼 クルソ 《朝鮮五萬分一地形圖』(濟州島北部 4號)「城山浦」(1918)〉.

クルチパ(굴칫밧) 제주특별자치도 제주시 이도동에 있었던 '굴칫밧'을 일본어 가나로 나타낸 것.

クルチパ 牧草地 又は草刈地とす, 距離1里半, 一昨年購入せり 《朝鮮半島の農法と農民』(高橋昇, 1939)「濟州島紀行」〉.

クルヂョンドン(굴전동) 제주특별자치도 서귀포시 남원읍 하례1리 '굴왓동네'의 한자 차용 표기 窟田洞(굴전동)의 한자음을 일본어 가나로 쓴 것 가운데 하나. ⇒ 窟田洞(굴전동).

窟田洞 クルヂョンドン 《朝鮮五萬分一地形圖』「西歸浦」(濟州島南部 5號, 1918)〉.

クルムパッ(구름밧) 제주특별자치도 제주시 한림읍 수원리 '구릉밧'을 '구름밧'으로 이해하여 일본어 가나로 쓴 것.

翰林面洙源里洙源洞……クルムパッ 3斗5升落 1夜味《朝鮮半島の農法と農民』(高橋昇, 1939)「濟州島紀行」〉.

クルワットン(굴왓동) 제주특별자치도 제주시 한림읍 금악리 '굴왓동'을 일본어 가나로 쓴 것. ⇒ 窟田洞(굴전동).

窟田洞 クルワットン 《朝鮮五萬分一地形圖』「翰林」(濟州島北部 12號, 1918)〉.

クルンリー(금능리) 제주특별자치도 제주시 한림읍 金陵里(금능리)의 한자음을 일본어 가나로 쓴 것.

金陵里(금릉리 クルンリー) 《韓國水産誌』제3집(1911) 「濟州島」濟州郡 舊右面〉.

クヮンウムサー(관음사) 제주특별자치도 제주시 아라1동 산간에 있는 관음사를 일본어 가나로 쓴 것. ⇒ 觀音寺(관음사).

觀音寺 クヮンウムサー 《朝鮮五萬分一地形圖』「漢拏山」(濟州島北部 8號, 1918)〉.

クヮンヂョン(광전) 제주특별자치도 서귀포시 한경면 고산1리 수월봉 동남쪽 일대의 '한장·한장밧'을 한자를 빌려 쓴 廣田(광전)을 일본어 가나로 쓴 것 가운데 하나. ⇒ 廣田(광전).

廣田 クヮンヂョン 《朝鮮五萬分一地形圖』(濟州島南部 13號 「摹瑟浦」(1918)〉.

クヮンドン(광동) 제주특별자치도 제주시 애월읍 광령3리 光洞(광동)의 한자음을 일본어 가나로 쓴 것. ⇒ 光洞(광동).

光洞 クヮンドン 《朝鮮五萬分一地形圖』「翰林」(濟州島北部 12號, 1918)〉.

クヮンピョンニー(광평니) 제주특별자치도 서귀포시 안덕면 용와리오롬 서쪽에 있는 '광평리'의 현실음 '광평니'를 일본어 가나로 쓴 것. ⇒ 廣坪里(광평리).

廣坪里 クヮンピョンニー 《朝鮮五萬分一地形圖』「大靜及馬羅島」(濟州島南部 9號, 1918)〉.

クヮンヘーアク(광해악) 제주특별자치도 서귀포시 안덕면 서광서리와 서광동리 사이에 있는 '광해악'을 일본어 가나로 쓴 것. ⇒ 廣蟹岳(광해악).

廣蟹岳 クヮンヘーアク 246.5米 《朝鮮五萬分一地形圖』「大靜及馬羅島」(濟州島南部 9號, 1918)〉.

クヮンヨンニー(광령리) 제주특별자치도 제주시 애월읍 光令里(광령리)의 한자음을 일본어 가나로 쓴 것. ⇒ 光令里(광령리).

光令里 クヮンヨンニー 《朝鮮五萬分一地形圖』「翰林」(濟州島北部 12號, 1918)〉.

クエサンアク(궤산악) 제주특별자치도 제주시 구좌읍 김녕리 '궤살미오롬'의 한자 차용 표기 가운데 하나인 猫山岳(묘산악)을 '궤산악'으로 읽고 그것을

441

일본어 가나로 쓴 것 가운데 하나. ⇒ 猫山岳(묘산악).

猫山岳 クエサンアク 116.3米 《朝鮮五萬分一地形圖》「濟州」《濟州島北部 7號, 1918)》.

クンサン(군산) 제주특별자치도 서귀포시 예례동과 안덕면 창천리, 안덕면 대평리 경계에 있는 '군산'을 일본어 가나로 쓴 것. ⇒ 軍山(군산).

軍山 クンサン 334.3米 《朝鮮五萬分一地形圖》「大靜及馬羅島」《濟州島南部 9號, 1918)》.

クンサン(궁산) 제주특별자치도 서귀포시 강정동 중산간에 있는 '궁산'을 일본어 가나로 쓴 것. ⇒ 弓山(궁산).

弓山 クンサン 181米 《朝鮮五萬分一地形圖》「大靜及馬羅島」《濟州島南部 9號, 1918)》.

クンサントン(궁산동) 제주특별자치도 서귀포시 강정동 중산간에 있는 '활오롬' 뒤쪽에 있었던 '궁산동'을 일본어 가나로 쓴 것. ⇒ 弓山洞(궁산동).

弓山洞 クンサントン 《朝鮮五萬分一地形圖》「大靜及馬羅島」《濟州島南部 9號, 1918)》.

クンチャムリ(군자물) 제주특별자치도 서귀포시 보목동 '군자물(군자지물/군자리물)'을 일본어 가나로 쓴 것.

西歸面甫木里……クンチャムリ 4斗落 1夜味 《朝鮮半島の農法と農民》《高橋昇, 1939)「濟州島紀行」》.

クンテエーリー(강대리) 제주특별자치도 서귀포시 강정동의 옛 이름 江汀里(강정리)를 '강대리'로 읽고 일본어 가나로 쓴 것.

江汀里(장덧리 クンテエーリー) 《韓國水産誌》제3집(1911)「濟州島」大靜郡 左面)》.

クントルリミオルム(큰도리미오롬) 제주특별자치도 제주시 구좌읍 송당리에 있는 '큰돌리미오롬'을 일본어 가나로 쓴 것. ⇒ 大石額岳(대석액악).

大石額岳 クントルリミオルム 290米 《朝鮮五萬分一地形圖》《濟州島北部 4號)「城山浦」(1918)》. 大石額岳(クントルリオルム)及小石額岳(チヤクントルリオルム) 《濟州島の地質學的觀察」(1928, 川崎繁太郎)》.

クンナンドン(군랑동) 제주특별자치도 제주시 애월읍 하귀리 君朗洞(군랑동)의 한자음을 일본어 가나로 쓴 것. ⇒ 君朗洞(군랑동).

君朗洞 クンナンドン 《朝鮮五萬分一地形圖》「翰林」《濟州島北部 12號, 1918)》.

クンムルトン(큰물동) 제주특별자치도 제주시 조천읍 선흘1리 알바메기오름 동쪽 '큰물' 일대에 형성되었던 '큰물동'을 일본어 가나로 쓴 것 가운데 하나. ⇒ 大水洞(대수동).

大水洞 クンムルトン 《『朝鮮五萬分一地形圖』「漢拏山」(濟州島北部 8號, 1918)》.

クンモンパ(큰먼밧) 제주특별자치도 제주시 아라1동 산천단에 있었던 '큰먼밧(큰민밧의 변음인 듯함.)'을 일본어 가나로 쓴 것.

我羅里……クンモンパ 山川壇9町, 10斗落2夜味, 自作, 地味下 《『朝鮮半島の農法と農民』(高橋昇, 1939)「濟州島紀行」》.

クンリャンソ(군량서) 제주특별자치도 서귀포시 성산읍 시흥리 동쪽 바다에 있는 '군랭이여'의 한자 차용 표기 君良嶼(군량서)의 한자음을 일본어 가나로 쓴 것 가운데 하나. ⇒ 君良嶼(군량서).

君良嶼 クンリャンソ 《『朝鮮五萬分一地形圖』(濟州島北部 4號)「城山浦」(1918)》.

ケアミモク(개아미목) 제주특별자치도 제주시 오라2동 남쪽 탐라계곡 일대에 있는 '개아미목'을 일본어 가나로 쓴 것. ⇒ **蟻項(의항)**.

蟻項 ケアミモク 《『朝鮮五萬分一地形圖』「漢拏山」(濟州島北部 8號, 1918)》.

ケーコリオルム(개꼬리오롬) 제주특별자치도 제주시 한림읍 명월리 상동 '개꼬리오롬'을 일본어 가나로 쓴 것. ⇒ **狗尾岳(구미악)**.

狗尾岳 ケーコリオルム 《『朝鮮五萬分一地形圖』「翰林」(濟州島北部 12號, 1918)》.

ケースードン(개수동) 제주특별자치도 제주시 애월읍 하귀리 盖水洞(개수동)의 한자음을 일본어 가나로 쓴 것. ⇒ **盖水洞(개수동)**.

盖水洞 ケースードン 《『朝鮮五萬分一地形圖』「翰林」(濟州島北部 12號, 1918)》.

ケートン(개동) 제주특별자치도 제주시 아라2동 '開東(개동)'의 한자음을 일본어 가나로 쓴 것.

開東 ケートン 《『朝鮮五萬分一地形圖』「漢拏山」(濟州島北部 8號, 1918)》.

ケーナムパッ(개남밧) 제주특별자치도 서귀포시 표선면 성읍2리 '개오롬' 북쪽 일대에 있는 밭 이름인 '개남밧'의 일본어 가나 표기임. ⇒ **蓋南田(개남전)**.

蓋南田 ケーナムパッ 《『朝鮮五萬分一地形圖』(濟州嶋北部 4號 「城山浦」(1918))〉.

ケーミオルム(개미오롬) 제주특별자치도 서귀포시 표선면 성읍2리 북쪽에 있는 '개미오롬'을 한자로 나타낸 것임. 오늘날은 주로 '개오롬〉개오름'이라 하고 있음.

狗岳 ケーミオルム 353 《『朝鮮五萬分一地形圖』(濟州嶋北部 4號 「城山浦」(1918))〉. 狗岳(ケーミオルム: 蟻岳ならざるか)〈『濟州島の地質學的觀察』(1928, 川崎繁太郎)〉.

ケマミモク(개미목) 제주특별자치도 제주시 오라2동 산간, 한라산 등반로에 있는 '개미목'을 일본어 가나로 쓴 것 가운데 하나. ⇒ **蟻項**(의항).

蟻項 ケマミモク 《『朝鮮五萬分一地形圖』「漢拏山」(濟州島北部 8號, 1918))〉.

ケワットン(케왓동) 제주특별자치도 제주시 한림읍 동명리 '케왓동'의 일본어 가나 표기. ⇒ **巨田洞**(거전동).

巨田洞 ケワットン 《『朝鮮五萬分一地形圖』「翰林」(濟州島北部 12號, 1918))〉.

コイアク(고이악) 제주특별자치도 서귀포시 남원읍 한남리 서북쪽 산간에 있는 '고이오롬(고리오롬)'의 한자 차용 표기 高伊岳(고이악)의 한자음을 일본어 가나로 쓴 것 가운데 하나. ⇒ 高伊岳(고이악).

高伊岳 コイアク 325米 《朝鮮五萬分一地形圖》「西歸浦」(濟州島南部 5號, 1918)〉.

コーサクパッ(고삭밧) 제주특별자치도 제주시 한림읍 수원리 '고삭밧'을 일본어 가나로 쓴 것.

翰林面洙源里洙源洞······コーサクパッ 5斗落 1夜味 《朝鮮半島の農法と農民》(高橋昇, 1939)「濟州島紀行》.

コーサンリー(고산리) 제주특별자치도 제주시 한경면 高山里(고산리)의 한자음을 일본어 가나로 쓴 것. ⇒ 高山里(고산리).

高山里(고산리 コーサンリー) 《韓國水産誌》 제3집(1911)「濟州島」 濟州郡 舊右面〉.

コースー(고수) 제주특별자치도 제주시 우도면 오봉리의 한 자연마을인 '고수동'의 '고수'를 일본어 가나로 쓴 것. ⇒ 古水(고수).

古古水 コースー 《朝鮮五萬分一地形圖》「金寧」(濟州嶋北部 三號, 1918)〉.

コーネーボン(고내봉) 제주특별자치도 제주시 애월읍 고내리 高內峰(고내봉)
의 한자음을 일본어 가나로 쓴 것. ⇒ 高內峰(고내봉).

高內峰 コーネーボン 《朝鮮五萬分一地形圖』「翰林』(濟州島北部 12號, 1918)》.

コーネーリー(고내리) 제주특별자치도 제주시 애월읍 高內里(고내리)의 한자
음을 일본어 가나로 쓴 것. ⇒ 高內里(고내리).

高內里 コーネーリー 《朝鮮五萬分一地形圖』「翰林』(濟州島北部 12號, 1918)》.

コクンサン(고근산) 제주특별자치도 서귀포시 서호동 북서쪽에 있는 '고근산'
의 한자음을 일본어 가나로 쓴 것 가운데 하나. ⇒ 孤根山(고근산).

孤根山 コクンサン 396米 《朝鮮五萬分一地形圖』「西歸浦』(濟州島南部 5號, 1918)》.

コサンアク(고산악) 제주특별자치도 제주시 한경면 고산1리 고산 포구 가까
이에 있는 '고산악(高山岳)'의 한자음을 일본어 가나로 쓴 것 가운데 하나.
⇒ 高山岳(고산악).

高山岳 コサンアク 148米 《朝鮮五萬分一地形圖』(濟州島南部 13號「摹瑟浦』(1918)》.

コサンニー(고산니) 제주특별자치도 제주시 한경면 '고산리(高山里)'의 현실
한자음 '고산니'를 일본어 가나로 쓴 것 가운데 하나. ⇒ 高山里(고산리).

高山里 コサンニー 《朝鮮五萬分一地形圖』(濟州島南部 13號「摹瑟浦』(1918)》.

コシイタン(코싯당) 제주특별자치도 서귀포시 보목동에 있는 '코싯당'을 일본
어 가나로 쓴 것.

西歸面甫木里……コシイタン 《朝鮮半島の農法と農民』(高橋昇, 1939)「濟州島紀行』》.

コソントン(고송동) 제주특별자치도 서귀포시 대정읍 영락리의 한 자연마을
인 '웨소남동네'의 한자 차용 표기 孤松洞(고송동)을 일본어 가나로 쓴 것
가운데 하나. ⇒ 孤松洞(고송동).

孤松洞 コソントン 《朝鮮五萬分一地形圖』(濟州島南部 13號「摹瑟浦』(1918)》.

コソンニー(고성리) 제주특별자치도 제주시 애월읍 古城里(고성리)의 한자음
을 일본어 가나로 쓴 것. ⇒ 古城里(고성리).

古城里 コソンニー 《朝鮮五萬分一地形圖』「翰林」(濟州島北部 12號, 1918)》.

コソンリー(고성리) 제주특별자치도 서귀포시 성산읍 '古城里(고성리)'의 일제 강점기 일본어 가나 표기임. ⇒ **古城里(고성리)**.

古城里 コソンリー 《朝鮮五萬分一地形圖』(濟州嶋北部 4號「城山浦」(1918)》.

コヂトン(고지동) 제주특별자치도 서귀포시 도순동 도순2교 서남쪽 천운사 일대에 있었던 '고지동'을 일본어 가나로 쓴 것. ⇒ **古旨洞(고지동)**.

トースンリー 古旨洞 コヂトン 《朝鮮五萬分一地形圖』「大靜及馬羅島」(濟州島南部 9號, 1918)》.

コチョンポン(고촌봉) 제주특별자치도 서귀포시 남원읍 하례리 바닷가에 있는 '狐村峰(호촌봉)'의 한자음을 일본어 가나로 쓴 것 가운데 하나. ⇒ **狐村峰(호촌봉)**.

狐村峰 コチョンポン 76米 《朝鮮五萬分一地形圖』「西歸浦」(濟州島南部 5號, 1918)》.

コツン(고둔) 제주특별자치도 서귀포시 강정동 중산간에 있는 '고둔'을 일본어 가나로 쓴 것. ⇒ **羔屯(고둔)**.

羔屯 コツン 《朝鮮五萬分一地形圖』「大靜及馬羅島」(濟州島南部 9號, 1918)》.

コナエーリー(고내리) 제주특별자치도 제주시 애월읍 高內里(고내리) 한자음을 일본어 가나로 쓴 것. ⇒ **高內里(고내리)**.

高內里(고닉리 コナエーリー) 《韓國水産誌』第3집(1911)「濟州島」濟州郡 新右面》.

コハントン(고한동) 제주특별자치도 제주시 한림읍 상대리 古漢洞(고한동)의 한자음을 일본어 가나로 쓴 것. ⇒ **古漢洞(고한동)**.

古漢洞 コハントン 《朝鮮五萬分一地形圖』「翰林」(濟州島北部 12號, 1918)》.

コピョントン(고평동) 제주특별자치도 제주시 조천읍 대흘2리 '궷드르' 일대에 형성된 고평동을 일본어 가나로 쓴 것. ⇒ **古坪洞(고평동)**.

古坪洞 コピョントン 《朝鮮五萬分一地形圖』「漢拏山」(濟州島北部 8號, 1918)》.

コプンチャ(곱은자) 제주특별자치도 제주시 이도동에 있었던 '곱은자(---왓)'를 일본어 가나로 쓴 것.

二徒里……コブンチャ(垈田)900坪 小作 上 一夜味 〈『朝鮮半島の農法と農民』(高橋昇, 1939)「濟州島紀行」〉.

コブンパッ(곱은밧) 제주특별자치도 서귀포시 서홍동에 있는 '곱은밧(곱은왓)'을 일본어 가나로 쓴 것.

西歸面西煤里……コブンパッ 100間, 6斗落, 1夜味, 小作. 〈『朝鮮半島の農法と農民』(高橋昇, 1939)「濟州島紀行」〉.

コポ(고포) 제주특별자치도 제주시 조천읍 '신흥리'의 옛 이름 가운데 하나인 '옛개'를 한자 차용 표기로 古浦(고포)를 일본어 가나로 쓴 것 가운데 하나. ⇒ **新興里¹(신흥리).**

古浦(고포 コポ) 〈『韓國水産誌』제3집(1911)「濟州島」濟州郡 新左面〉.

コマドン(거마동) 제주특별자치도 제주시 아라2동 '巨馬洞(거마동)'의 한자음을 일본어 가나로 쓴 것. ⇒ **巨馬洞(거마동).**

巨馬洞 コマドン 〈『朝鮮五萬分一地形圖』「漢拏山」(濟州島北部 8號, 1918)〉.

コミサンアク(고산악) 제주특별자치도 제주시 한경면 고산1리 高山岳(고산악)을 '고미산악'으로 이해하고 일본어 가나로 쓴 것. ⇒ **高山岳(고산악).**

敏岳山(ミアクサン) 高山岳(コミサンアク)及發伊岳(パルミオルム: 翰林圖にり濟州の西南四里半なり 耽羅事實に鉢山在州西南四十五里とあり鉢山はバルミなるべし) 〈『濟州島の地質學的觀察』(1928, 川崎繁太郎)〉.

コムアク(거문악) 제주특별자치도 제주시 조천읍 교래리 산간에 있는 '물찻오롬'을 '검은오롬'으로 잘못 인식하고, 그것을 일본어 가나로 쓴 것 가운데 하나. ⇒ **巨文岳(거문악).**

巨文岳 コムアク 736米 〈『朝鮮五萬分一地形圖』「漢拏山」(濟州島北部 8號, 1918)〉.

コムオルム(금오롬) 제주특별자치도 제주시 연동 남쪽에 있는 '검은오롬'의 변음 '금오롬'의 일본어 가나 표기. ⇒ **琴岳(금악).**

琴岳 コムオルム 〈『朝鮮五萬分一地形圖』「翰林」(濟州島北部 12號, 1918)〉.

コムソンリー(금성리) 제주특별자치도 제주시 애월읍 錦城里(금성리)의 한자음을 일본어 가나로 쓴 것. ⇒ 錦城里(금성리).

錦城里(검성리 コムソンリー)《韓國水産誌》제3집(1911)「濟州島」濟州郡 新右面〉.

コムトンヨ(검등여) 제주특별자치도 제주시 추자면 상추자도 대서리 북동쪽 바다에 있는 '검등여'의 한자 차용 표기인 劍騰嶼(검등서)의 劍騰(검등)에 고유어 '여'가 덧붙은 혼종어를 일본어 가나로 나타낸 것 가운데 하나. ⇒ 劍騰嶼(검등서).

劍騰嶼 コムトンヨ《朝鮮五萬分一地形圖》(濟州嶋北部 9號,「楸子群島」(1918)〉.

コムルトン(거멀골) 제주특별자치도 제주시 구좌읍 덕천리의 한 자연마을인 '거멀골(거멀동네)'을 일본어로 나타낸 것임. ⇒ 劍月洞(검월동).

劍月洞 コムルトン《朝鮮五萬分一地形圖》「金寧」(濟州嶋北部 三號, 1918)〉.

コムンアク(거문악) 제주특별자치도 제주시 조천읍 교래리와 서귀포시 남원읍 수망리, 표선면 가시리 경계에 있는 '물찻오롬'을 잘못 쓴 巨文岳(거문악)을 일본어 가나로 쓴 것. ⇒ 拒文岳(거문악).

拒文岳 コムンアク 736米《朝鮮五萬分一地形圖》「漢拏山」(濟州島北部 8號, 1918)〉.

コムンオルム(거문오롬) 제주특별자치도 제주시 조천읍 선흘2리와 구좌읍 덕천리 경계에 있는 '검은오롬'을 일본어 가나로 쓴 것 가운데 하나. ⇒ 巨文岳(거문악).

巨文岳 コムンオルム 459米《朝鮮五萬分一地形圖》「漢拏山」(濟州島北部 8號, 1918)〉.

コモンジリ(검은지리) 제주특별자치도 서귀포시 안덕면 사계리(沙溪里)의 옛 이름 '검은질'을 일본어 가나로 쓴 것. ⇒ 沙溪里(사계리).

沙溪里 コモンジリ (사계리 サケ―リー)《韓國水産誌》제3집(1911)「濟州島」大靜郡 中面〉.

コヨントン(고영동) 제주특별자치도 제주시 조천읍 교래리 늡서리오롬 서북쪽, 바능오롬 남쪽에 있었던 '고영잇동네·궤영잇동네'의 한자 차용 표기 '古永洞(고영동)'의 한자음을 일본어 가나로 쓴 것 가운데 하나. ⇒ 古永洞(고영동).

古永洞 コヨントン 교래리 늡서리오름 서북쪽, 바눙오름 남쪽 《朝鮮五萬分一地形圖』「漢拏山」
(濟州島北部 8號, 1918)》.

コラン田(고랑밧) '고랑밧'을 일본어 가나와 한자를 빌려 쓴 것.

(安昌燮)企業狀態 中間地帶……コラン田 《朝鮮半島の農法と農民》(高橋昇, 1939)「濟州島紀行』》.

コリンネワッ(거린내왓) 제주특별자치도 서귀포시 보목동 '거린내왓'을 일본
어 가나로 쓴 것.

西歸面甫木里……コリンネワッ 6斗落 1夜味 《朝鮮半島の農法と農民》(高橋昇, 1939)「濟州島紀行』》.

コルソーオルム(걸서악) 제주특별자치도 서귀포시 남원읍 하례리 장성동 북
서쪽에 있는 '걸세오롬'의 한자 차용 표기 傑瑞岳(걸서악)의 한자음을 일본
어 가나로 쓴 것 가운데 하나. ⇒ 傑瑞岳(걸서악).

桀瑞岳 コルソーオルム 155米 《朝鮮五萬分一地形圖』「西歸浦」(濟州島南部 5號, 1918)》.

コルマフル(걸머흘) 제주특별자치도 서귀포시 상천리 상천2교 동쪽 일대에
있었던 '걸머흘>걸마흘' 동네을 일본어 가나로 쓴 것. ⇒ 巨馬屹(거마흘).

上川里 サンンチョンニー, 巨馬屹 コルマフル 《朝鮮五萬分一地形圖』「大靜及馬羅島」(濟州島南部
9號, 1918)》.

コロドン(거로동) 제주특별자치도 제주시 화북2동 '거로마을'의 한자 표기 巨老
洞(거로동)의 한자음을 일본어 가나로 쓴 것 가운데 하나. ⇒ 巨老洞(거로동).

巨老洞 コロドン 《朝鮮五萬分一地形圖』「濟州」(濟州島北部 7號, 1918)》.

コヱソントン(궤선동) 제주특별자치도 제주시 조천읍 대흘2리 '궤우선야게
(곱은다리 남동쪽)'에 들어섰던 동네를 '궤선동'이라 하고 일본어 가나로 쓴
것 가운데 하나. ⇒ 鵝立洞(아립동).

鵝立洞 コヱソントン 《朝鮮五萬分一地形圖』「濟州」(濟州島北部 7號, 1918)》.

コンイブニー(건입니) 제주특별자치도 제주시 건입동의 옛 이름 '건입리'의
현실음 '건입니'를 일본어 가나로 쓴 것 가운데 하나. ⇒ 健入里(건입리).

健入里 コンイブニー 《朝鮮五萬分一地形圖』「濟州」(濟州島北部 7號, 1918)》.

コンコントン(건곤동) 제주특별자치도 서귀포시 안덕면 서광리 광해악 동쪽에 있는 '건곤동'을 일본어 가나로 쓴 것. ⇒ **乾坤洞(건곤동)**.

西廣里 ソークヮンニー 乾坤洞 コンコントン 《『朝鮮五萬分一地形圖』「大靜及馬羅島」(濟州島南部 9號, 1918)》.

コンムニョノン(거문여왓) 제주특별자치도 서귀포시 보목동 '거문여왓'을 일본어 가나로 쓴 것.

西歸面甫木里……コンムニョノン 1斗落 3夜味 小作 《朝鮮半島の農法と農民』(高橋昇, 1939)「濟州島紀行』》.

コンヲ(공여) 제주특별자치도 제주시 추자면 상추자도 북쪽 바다, 추포도 서북쪽 바다에 있는 '공여'를 일본어 가나로 쓴 것의 하나. ⇒ **空嶼(공서)**.

空嶼 コンヲ 《『朝鮮五萬分一地形圖』(濟州嶋北部 9號, 「楸子群島」(1918)》.

さいしうとう(사이시투) 일제강점기 제주도(濟州島)의 한자음 '사이시투'를 일본어 가나로 쓴 것 가운데 하나. ⇒ **濟州島(제주도).**

濟州島 さいしうとう 《『島めぐり』(1931)「濟州島」》.

サイシウノン(사이슈멘) 일제강점기 제주도(濟州島)의 한 면인 '제주면(濟州面)'의 일본어 한자음 '사이슈멘'을 일본어 가나로 쓴 것 가운데 하나. ⇒ **濟州面(제주면).**

濟州面 サイシウノン 《地方行政區域名稱一覽(朝鮮總督府 內務局, 1935)》.

サクサンポ(석산포) 제주특별자치도 서귀포시 성산읍 성산리에 있는 '성산포(城山浦)'를 '석산포'로 이해하고 그것을 일본어 가나로 쓴 것 가운데 하나. ⇒ **城山浦(성산포).**

城山浦 サクサンポ (성산포 ソンサンポ) 《『韓國水産誌』제3집(1911)「濟州島」旌義郡 左面》.

サクジーリー(석두리) 제주특별자치도 제주시 추자면 하추자도 진작지 남쪽 '석지머리'의 한자 차용 표기인 石頭里(석두리)를 일본어 가나로 쓴 것의 하나. 오늘날 지형도에는 '석지머리'로 쓰여 있음. ⇒ **石頭里(석두리).**

新陽里 シンヤンリー, 新上里 シンサンニー, 新下里 シンハーリー, 長作只 チャンヂャクヂー, 石頭里 ソクヅーリー 〈『朝鮮五萬分一地形圖』(濟州嶋北部 9號,「楸子群島」(1918)〉.

サケエーリー(사계리) 사계리(沙溪里)의 한자음을 일본어 가나로 쓴 것 가운데 하나. ⇒沙溪里(사계리).

沙溪里 コモンジリ (사계리 サケエーリー) 〈『韓國水産誌』제3집(1911)「濟州島」大靜郡 中面〉.

サスードン(사수동) 제주특별자치도 제주시 용담3동 沙水洞(사수동)의 한자음을 일본어 가나로 쓴 것. ⇒沙水洞(사수동).

沙水洞 サスードン 〈『朝鮮五萬分一地形圖』「翰林」(濟州島北部 12號, 1918)〉.

サチーリー(사계리) 제주특별자치도 서귀포시 안덕면 산방산 서남쪽 바닷가 일대에 형성되어 있는 '사계리'를 일본어 가나로 쓴 것 가운데 하나. ⇒沙溪里(사계리).

沙溪里 サチーリー 〈『朝鮮五萬分一地形圖』「大靜及馬羅島」(濟州島南部 9號, 1918)〉.

サニムルラムパ(사니물난밧) 제주특별자치도 서귀포시 서홍동 '산지물난밧'의 변음을 일본어 가나로 쓴 것.

西歸面西煤里……サニムルラムパ 垈の裏, 5斗落(一斗落=150坪), 自作, 上 〈『朝鮮半島の農法と農民』(高橋昇, 1939)「濟州島紀行」〉.

サブチ(섭지) 제주특별자치도 제주시 한림읍 '협재리'의 옛 이름 '섭지'를 일본어 가나로 쓴 것 가운데 하나. ⇒狹才里(협재리).

狹才里 サブチ(협우리 ヒョプウーリー) 〈『韓國水産誌』제3집(1911)「濟州島」濟州郡 舊右面〉.

サマラング島(사마란구도) 일제강점기「대정군지도」(1914)에 당시 모슬(摹瑟) 앞 바다 섬에 サマラング島(사마란구도)라고 표기하였음. '홀에미여[寡婦灘]'를 이른 것으로 보이는데, 소리가 아주 다름. サマラング(사마랑구)는 1845년에 제주에 상륙한 영국 군함 '사마랑(Samarang)' 호의 이름을 지칭한 듯함.

サマラング島 〈『大靜郡地圖』(1914)〉.

サミョンパ(세미영밧/세명밧) 제주특별자치도 제주시 아라1동 산천단 서쪽 아래에 있었던 '세미영밧/세명밧'을 일본어 가나로 쓴 것.

我羅里……サミョンパ 山川壇西の下, 距離18町, 面積4斗落一夜味 自作.《朝鮮半島の農法と農民』(高橋昇, 1939)「濟州島紀行』).

サムアギ(세메기/사매기/사마기) 제주특별자치도 제주시 외도동에 있었던 '사마기/새매기/싸마기'를 일본어 가나로 쓴 것.

濟州邑外都里月台洞……サムアギ7斗落4夜味《朝鮮半島の農法と農民』(高橋昇, 1939)「濟州島紀行』).

サムイエン田(사미영밧) '사미영밧'을 일본어 가나와 한자를 빌려 쓴 것.

サムイエン田《朝鮮半島の農法と農民』(高橋昇, 1939)「濟州島紀行』).

サムサンオルム(삼산오롬) 제주특별자치도 제주시 애월읍 고성리 산간에 있는 '산세미오롬〉산세미오름'의 변음 '삼산오롬'을 일본어 가나로 나타낸 것.

三山岳 サムサンオルム 660米《朝鮮五萬分一地形圖』(濟州島北部 12號)「翰林」(1918)).

サムソンヒョル(삼성혈) 제주특별자치도 제주시 이도1동에 있는 '삼성혈'을 일본어 가나로 쓴 것 가운데 하나. ⇒ 三姓穴(삼성혈).

三姓穴 サムソンヒョル《朝鮮五萬分一地形圖』「濟州」((濟州島北部 7號, 1918)).

サムメーポン(삼매봉) 제주특별자치도 서귀포시 바닷가 가까운 곳에서 호근동과 서홍동 경계에 있는 '삼매봉'을 일본어 가나로 쓴 것 가운데 하나.⇒三梅峰(삼매봉).

三梅峰 サムメーポン 165米《朝鮮五萬分一地形圖』「西歸浦」(濟州島南部 5號, 1918)).

サムヤン(삼양) 제주특별자치도 제주시 우도면 오봉리의 자연마을 가운데 하나인 '삼양동'의 '삼양'을 일본어 나타낸 것임. ⇒ 三陽(삼양).

三陽 サムヤン《朝鮮五萬分一地形圖』「金寧」(濟州嶋北部 三號, 1918)).

サムヤンニー(삼양니) 제주특별자치도 제주시 삼양동의 옛 이름 '삼양리'의 현실음 '삼양니'를 일본어 가나로 쓴 것 가운데 하나. ⇒ 三陽里(삼양리).

三陽里 サムヤンニー 《『朝鮮五萬分一地形圖』「濟州」(濟州島北部 7號, 1918)》.

サメン(사멘) 일제강점기 제주도(濟州島)의 한 면인 '좌면(左面)'의 일본어 한자음 '사멘'을 일본어 가나로 쓴 것 가운데 하나. ⇒ **左面(좌면)**.

左面 サメン 《『地方行政區域名稱一覽』(朝鮮總督府 內務局, 1935)》.

サラオルム(사라오롬) 제주특별자치도 서귀포시 남원읍 신례리 산간에 있는 '사라오롬'을 일본어 가나로 쓴 것. ⇒ **紗羅岳(사라악)**.

沙羅岳 サラオルム 1,338米 《『朝鮮五萬分一地形圖』「漢拏山」(濟州島北部 8號, 1918)》.

サラドン(사라동) 제주특별자치도 제주시 애월읍 도평동 紗羅洞(사라동)의 한 자음을 일본어 가나로 쓴 것. ⇒ **紗羅洞(사라동)**.

紗羅洞 サラドン 《『朝鮮五萬分一地形圖』「翰林」(濟州島北部 12號, 1918)》.

サラボン(사라봉) 제주특별자치도 제주시 건입동에 있는 '사라봉'을 일본어 가나로 쓴 것 가운데 하나. ⇒ **紗羅峰(사라봉)**.

紗羅峰 サラボン 148.2米 《『朝鮮五萬分一地形圖』「濟州」(濟州島北部 7號, 1918)》.

サリトン(사이동) 제주특별자치도 서귀포시 상예동 '더데오롬' 남쪽에 있었던 '사이동'을 일본어 가나로 쓴 것. ⇒ **蛇移洞(사이동)**.

上倉里 サンチャンニー 蛇移洞 サリトン 《『朝鮮五萬分一地形圖』「大靜及馬羅島」(濟州島南部 9號, 1918)》.

サルオルム(솔오롬) 제주특별자치도 서귀포시 동홍동 중산간에 있는 '솔오롬'을 일본어 가나로 쓴 것 가운데 하나. ⇒ **米岳(미악)**.

米岳 サルオルム 563米 《『朝鮮五萬分一地形圖』「西歸浦」(濟州島南部 5號, 1918)》. 米岳(ミンオルム)と米岳(サルオルム: 前者は漢拏山圖幅後者は西歸浦圖幅にあり米は音미ミなり訓サル쌀なり故に前者は宛字として不適當なり) 《『濟州島の地質學的觀察』(1928, 川崎繁太郎)》. 漢拏山の北側の蟻項の谿谷や三義讓岳の南側, 米岳(サルオルム)どで之を見ることが出來る 《『地球』 12권 1호(1929)「濟州島遊記(一)」(原口九萬)》.

サルビ田(살피왓) 제주특별자치도 서귀포시 보목동 '살피왓'을 일본어 가나와 한자를 빌려 쓴 것.

濟州島西歸面甫木里……李杜文の農業經營規模……サルビ田 《朝鮮半島の農法と農民』(高橋昇, 1939)「濟州島紀行』).

サンイエントラン田(산이영도랑밧) '산이영도랑밧'을 일본어 가나와 한자를 빌려 쓴 것. '산이영'은 '사미영'의 변음을 쓴 것인 듯함.

(安昌燮)企業狀態 中間地帶……サンイエントラン田 《朝鮮半島の農法と農民』(高橋昇, 1939)「濟州島紀行』).

サンウイリー(상의리) 제주특별자치도 서귀포시 남원읍 한남리 서북쪽에 있었던 '상의리'를 일본어 가나로 쓴 것 가운데 하나. ⇒ 上衣里(상의리).

上衣里 サンウイリー 《朝鮮五萬分一地形圖』「西歸浦』(濟州島南部 5號, 1918)》.

サンカリ(상가리) 제주특별자치도 제주시 애월읍 上加里(상가리)의 한자음을 일본어 가나로 쓴 것. ⇒ 上加里(상가리).

上加里 サンカリ 《朝鮮五萬分一地形圖』「翰林』(濟州島北部 12號, 1918)》.

サンキリ(상귀리) 제주특별자치도 제주시 애월읍 上貴里(상귀리)의 한자음을 일본어 가나로 쓴 것. ⇒ 上貴里(상귀리).

上貴里 サンキリ 《朝鮮五萬分一地形圖』「翰林』(濟州島北部 12號, 1918)》.

サンソム(상섬) 제주특별자치도 제주시 추자면 하추자도 예초리 북쪽 '검은 가리' 동북쪽 바다에 있는 섬인 '상섬'을 일본어 가나로 쓴 것의 하나. ⇒ 床島(상도).

床島 サンソム 《朝鮮五萬分一地形圖』(濟州嶋北部 9號, 「楸子群島』(1918)》.

サンチー(산지) 제주특별자치도 제주시 건입동에 있는 '산지'를 일본어 가나로 쓴 것 가운데 하나. ⇒ 山地(산지).

山地 サンチー 《朝鮮五萬分一地形圖』「濟州』(濟州島北部 7號, 1918)》.

サンチチョン(산지천) 제주특별자치도 제주시 건입동을 흘러서 바다로 들어가는 '산짓내'의 한자 차용 표기 '山地川(산지천)'의 한자음을 일본어 가나로 쓴 것 가운데 하나. ⇒ 山地川(산지천).

山地川 サンチチョン 《朝鮮五萬分一地形圖』「濟州』(濟州島北部 7號, 1918)》.

サンチャンニー(상창니) 제주특별자치도 서귀포시 안덕면 '상창리'의 현실음 '상창니'를 일본어 가나로 쓴 것. ⇒ 上倉里(상창리).

上倉里 サンチャンニー 《朝鮮五萬分一地形圖』「大靜及馬羅島』(濟州島南部 9號, 1918)》.

サンチュヂャートー(상추자도) 제주특별자치도 제주시 추자면 上楸子島(상추자도)를 일본어 가나로 쓴 것의 하나. ⇒ 上楸子島(상추자도).

上楸子島 サンチュヂャートー 《朝鮮五萬分一地形圖』(濟州嶋北部 9號, 「楸子群島』(1918)》.

サンチヨポ(산천포) 제주특별자치도 제주시 제주항 안쪽에 있었던 '산젓개'의 한자 표기 山底浦(산저포)의 한자음을 일본어 가나로 쓴 것. ⇒ 山底浦(산저포).

山底浦(산져포 サンチヨポ)《韓國水産誌』제3집(1911)「濟州島』, 濟州郡 中面》.

サンデニー(상대리) 제주특별자치도 제주시 한림읍 上大里(상대리)의 한자음을 일본어 가나로 쓴 것. ⇒ 上大里(상대리).

上大里 サンデニー 《朝鮮五萬分一地形圖』「翰林』(濟州島北部 12號, 1918)》.

サントリ(삼도리) 일제강점기 제주도(濟州島) 제주면(濟州面)에 속한 '삼도리(三徒里)'의 일본어 한자음 '산도리'를 일본어 가나로 쓴 것 가운데 하나. ⇒ 三徒里(삼도리).

三徒里 サントリ 《地方行政區域名稱一覽』(朝鮮總督府 內務局, 1935)》.

サントリー(상도리) 제주특별자치도 제주시 구좌읍 '상도리'를 일본어로 나타낸 것임. ⇒ 上道里(상도리).

上道里 サントリー 《朝鮮五萬分一地形圖』「金寧』(濟州嶋北部 三號, 1918)》.

サントン(상동) 1.제주특별자치도 제주시 조천읍 교래리 '상동'을 일본어 가나로 쓴 것 가운데 하나.

橋來里 キョレーリー, 上洞 サントン, 橋來里下洞 キョレーリー ハードン 《朝鮮五萬分一地形圖』「漢拏山』(濟州島北部 8號, 1918)》.

2.제주특별자치도 제주시 조천읍 와흘리 '웃동네'의 한자 차용 표기 上洞

(상동)을 일본어 가나로 쓴 것 가운데 하나. ⇒ 上洞(상동).

上洞 サントン 《朝鮮五萬分一地形圖》「漢拏山」(濟州島北部 8號, 1918)》.

サンパムアク(상밤악) 제주특별자치도 제주시 조천읍 선흘2리 '웃바메기오 롬'의 한자 차용 표기 上栗岳(상율악)을 '상밤악'으로 읽고, 그것을 일본어 가나로 쓴 것 가운데 하나. ⇒ 上栗岳(상율악).

上栗岳 サンパムアク 424米 《朝鮮五萬分一地形圖》「漢拏山」(濟州島北部 8號, 1918)》.

サンパンサン(산방산) 제주특별자치도 서귀포시 안덕면 사계리 용머리 북쪽 에 있는 '산방산'을 일본어 가나로 쓴 것. ⇒ 山房山(산방산).

山房山 サンパンサン 395米 《朝鮮五萬分一地形圖》「大靜及馬羅島」(濟州島南部 9號, 1918)》.

サンパントン(산방동) 제주특별자치도 서귀포시 안덕면 산방산 산방굴사 서 남쪽 일대에 형성되어 '산방동'을 일본어 가나로 쓴 것. ⇒ 山房洞(산방동).

山房洞 サンパントン 《朝鮮五萬分一地形圖》「大靜及馬羅島」(濟州島南部 9號, 1918)》.

サンピヂー(상비지) 제주특별자치도 제주시 남원읍 가시리 산간 '상빗무르(상빗 무를)'의 한자 차용 표기 上榧旨(상비지)의 한자음을 일본어 가나로 쓴 것. ⇒ 上 榧旨(상비지).

上榧旨 サンピヂー 《朝鮮五萬分一地形圖》「漢拏山」(濟州島北部 8號, 1918)》.

サンヒョリ(상효리) 제주특별자치도 서귀포시 영천동 상효동의 옛 이름 '상효 리'를 일본어 가나로 쓴 것 가운데 하나. ⇒ 上孝里(상효리).

上孝里 サンヒョリ 《朝鮮五萬分一地形圖》「西歸浦」(濟州島南部 5號, 1918)》.

サンミョンニー(상명리) 제주특별자치도 제주시 한림읍 上明里(상명리)의 한 자음을 일본어 가나로 쓴 것. ⇒ 上明里(상명리).

上明里 サンミョンニー 《朝鮮五萬分一地形圖》「翰林」(濟州島北部 12號, 1918).

サンムントン(상문동) 제주특별자치도 서귀포시 대포동 산간에 있는 '녹하지 오롬' 북쪽에 있었던 '상문동'을 일본어 가나로 쓴 것. ⇒ 上文洞(상문동).

上文洞 サンムントン 《朝鮮五萬分一地形圖》「大靜及馬羅島」(濟州島南部 9號, 1918)》.

サンモリー(상모리) 제주특별자치도 서귀포시 대정읍 하모리 모슬포항 위쪽에 형성된 마을인 '상모리'를 일본어 가나로 쓴 것. ⇒ 上摹里(상모리).

上摹里 サンモリー 《『朝鮮五萬分一地形圖』「大靜及馬羅島」(濟州島南部 9號, 1918)》.

サンヤンリー(산양리) 제주특별자치도 제주시 삼양동의 옛 이름 三陽里(삼양리)의 한자음을 일본어 가나로 쓴 것. ⇒ 三陽里(삼양리).

三陽里(삼양리 サンヤンリー) 《『韓國水産誌』 제3집(1911) 「濟州島」濟州郡 中面》.

サンヨエリー(상예리) 제주특별자치도 서귀포시 상예동의 옛 이름인 '상예리'를 일본어 가나로 쓴 것. ⇒ 上猊里(상예리).

上猊里 サンヨエリー 《『朝鮮五萬分一地形圖』「大靜及馬羅島」(濟州島南部 9號, 1918)》.

サンンチョンニー(상천니) 제주특별자치도 서귀포시 안덕면 '상천리'의 현실음 '상천니'를 일본어 가나로 쓴 것. ⇒ 上川里(상천리).

上川里 サンンチョンニー 《『朝鮮五萬分一地形圖』「大靜及馬羅島」(濟州島南部 9號, 1918)》.

シーフンリー(신흥리) 제주특별자치도 서귀포시 성산읍 始興里(시흥리)의 한
자음을 일본어 가나로 쓴 것. ⇒ 始興里(시흥리).

始興里(시흥리 シーフンリー) 《『韓國水産誌』제3집(1911) 「濟州島」旌義郡 左面》.

シエーソム(쉐섬) 제주특별자치도 제주시 우도면의 본섬인 '쉐섬(쇠섬)'을 일
본어 가나로 쓴 것 가운데 하나.

城山か北に海上一里餘を隔て牛島(シエーソム)がある 《濟州火山島雜記,『地球』4권 4호, 1925,
中村新太郎)》.

シサンドン(신산동) 제주특별자치도 제주시 내도동 新山洞(신산동)의 한자음
을 일본어 가나로 쓴 것.

新山洞 シサンドン 《『朝鮮五萬分一地形圖』「翰林」(濟州島北部 12號, 1918)》. ⇒ 新山洞(신산동).

シヘーポン(자배봉) 제주특별자치도 서귀포시 남원읍 위미2리 대성동 북쪽에
있는 'ᄌᆞ배봉'의 한자 표기 紫盃峰(자배봉)의 일본어 한자음을 일본어 가나
로 쓴 것 가운데 하나. ⇒ 紫盃峰(자배봉).

資輩峰 シヘーポン 211.2米 《『朝鮮五萬分一地形圖』「西歸浦」(濟州島南部 5號, 1918)》.

じやぅざんほ(지아산호) 城山浦(성산포)의 한자음을 일본어 가나로 쓴 것.

城山浦 じやぅざんほ 《島めぐり』(1931)「濟州島』》. ⇒ 城山浦(성산포).

シャキトン(사기동) 제주특별자치도 서귀포시 대정읍 무릉2리 '사기숫동네〉 사기숫동네'의 한자 차용 표기 舍基洞(사기동)의 한자음을 일본어 가나로 쓴 것 가운데 하나. ⇒ 舍基洞(사기동).

舍基洞 シャキトン 《朝鮮五萬分一地形圖』(濟州島南部 13號「摹瑟浦』(1918)》.

シュウシメン(슈시멘) 일제강점기 제주도(濟州島)의 한 면인 '楸子面(추자면)' 의 일본어 한자음 '슈시멘'을 일본어 가나로 쓴 것 가운데 하나. ⇒ 楸子面 (추자면).

楸子面 シュウシメン 《地方行政區域名稱一覽』(朝鮮總督府 內務局, 1935)》.

ジョノク田(조노기왓) 제주특별자치도 서귀포시 보목동 '조노기왓'을 일본어 가나와 한자를 빌려 쓴 것.

濟州島西歸面甫木里……李杜文の農業經營規模……ジョノク田 《朝鮮半島の農法と農民』(高橋 昇, 1939)「濟州島紀行』》.

シラウトンパッ(시리웃통밧) 제주특별자치도 제주시 한림읍 수원리 '시라웃통 밧'을 일본어 가나로 쓴 것.

翰林面洙源里洙源洞……シラウトンパッ 1100坪 《朝鮮半島の農法と農民』(高橋昇, 1939)「濟州島 紀行』》.

シルニョ(시룻녀) 제주특별자치도 제주시 추자면에 속한 유인도 가운데 하나 인 '횡간도' 동남쪽 바다에 있는 '시룻여'의 현실음 '시룬녀'를 일본어 가나 로 쓴 것의 하나. ⇒ 甑嶼(증서).

甑嶼 シルニョ 《朝鮮五萬分一地形圖』(濟州嶋北部 9號,「楸子群島』(1918)》.

シンアントン(신안동) 제주특별자치도 제주시 조천읍 조천리 중산간에 있는 '신안동'을 일본어 가나로 쓴 것 가운데 하나. ⇒ 新安洞(신안동).

新安洞 シンアントン 《朝鮮五萬分一地形圖』「濟州』(濟州島北部 7號, 1918)》.

シンウミョン(신우면) 新右面(신우면)을 일본어 가나로 쓴 것 가운데 하나.⇒新右面(신우면).

新右面 シンウミョン 《朝鮮五萬分一地形圖』「漢拏山」(濟州島北部 8號, 1918)》. 新右面 シンウミョン 《朝鮮五萬分一地形圖』「翰林」(濟州島北部 12號, 1918)》. 新右面 シンウミョン 《朝鮮五萬分一地形圖』「漢拏山」(濟州島北部 8號, 1918)》.

シンウメン(신우멘) 일제강점기 제주도(濟州島)의 한 면인 '제주면(濟州面)'의 일본어 한자음 '신우멘'을 일본어 가나로 쓴 것 가운데 하나.⇒新右面(신우면).

新右面 シンウメン 《地方行政區域名稱一覽』(朝鮮總督府 內務局, 1935)》.

シンオムニー(신엄리) 제주특별자치도 제주시 애월읍 新嚴里(신엄리)의 한자음을 일본어 가나로 쓴 것.⇒新嚴里(신엄리).

新嚴里 シンオムニー 《朝鮮五萬分一地形圖』「翰林」(濟州島北部 12號, 1918)》.

シンオムリー(신엄리) 제주특별자치도 제주시 애월읍 新嚴里(신엄리)의 한자음을 일본어 가나로 쓴 것.⇒新嚴里(신엄리).

新嚴里(신엄리 シンオムリー) 《韓國水産誌』 제3집(1911) 「濟州島」 濟州郡 新右面》.

シングニー(신구니) 제주특별자치도 서귀포시 상효동 산간 '신근이(싱그니)'를 일본어 가나로 쓴 것.

シングニーョリ漢羅山ヲ望. 前嶽, 御嶽, 長峯山, シングニー, キゼンムリ 《濟州嶋旅行日誌』(1909)》.

シンサメン(신사멘) 일제강점기 제주도(濟州島)의 한 면인 '新左面(신좌면)'의 일본어 한자음 '신사멘'을 일본어 가나로 쓴 것 가운데 하나.⇒新左面(신좌면).

新左面 シンサメン 《地方行政區域名稱一覽』(朝鮮總督府 內務局, 1935)》.

シンサンニー(신상니) 제주특별자치도 제주시 추자면 하추자도 신양리의 '新上里(신상리)'의 현실음 '신상니'를 일본어 가나로 쓴 것의 하나.⇒新上里(신상리).

新陽里 シンヤンリー, 新上里 シンサンニー, 新下里 シンハーリー, 長作只 チャンヂャクヂー, 石頭里 ソクヅーリー 《朝鮮五萬分一地形圖』(濟州嶋北部 9號, 「楸子群島」(1918)》.

シンサンマル(신산ᄆ를) 제주특별자치도 제주시 이도동에 있었던 '신산ᄆ를'을 일본어 가나로 나타낸 것.

シンサンマル 距離18町 10坪〈『朝鮮半島の農法と農民』(高橋昇, 1939)「濟州島紀行」〉.

シンサンリー(신산리) 제주특별자치도 서귀포시 성산읍 新山里(신산리)의 한자음을 일본어 가나로 쓴 것. ⇒新山里(신산리).

新山里(신산리 シンサンリー)《韓國水産誌》제3집(1911)「濟州島」旌義郡 左面〉.

シンスートン(신수동) 제주특별자치도 제주시 한경면 고산2리 '새물동네'의 한자 차용 표기 新水洞(신수동)의 한자음을 일본어 가나로 쓴 것 가운데 하나. ⇒新水洞(신수동).

新水洞 シンスートン《朝鮮五萬分一地形圖』「濟州島南部 13號「摹瑟浦」(1918)〉.

シンソトン(신서동) 제주특별자치도 제주시 한림읍 귀덕1리 新西洞(신서동)의 한자음을 일본어 가나로 쓴 것. ⇒新西洞(신서동).

新西洞 シンソトン《朝鮮五萬分一地形圖』「翰林」(濟州島北部 12號, 1918)〉.

シンソネ(신사례) 제주특별자치도 서귀포시 표선면 표선리에 있는 곳 가운데 하나.

新曾根(シンソネ)ハ表善浦ノ南角ナル白沙嘴ノ103度1.85浬ニ在リ.《朝鮮沿岸水路誌 第1卷』(1933) 朝鮮南岸「濟州島」〉.

シンチオンリー(신천리) 제주특별자치도 제주시 조천읍 新村里(신촌리)의 한자음을 일본어 가나로 쓴 것. ⇒新村里(신촌리).

新村里(신촌리 シンチオンリー)《韓國水産誌》제3집(1911)「濟州島」濟州郡 新左面〉.

シンチャミョン(신좌면) 新左面(신좌면)의 한자음을 일본어 가나로 쓴 것. ⇒新左面(신좌면).

新左面 シンチャミョン《朝鮮五萬分一地形圖』「濟州」(濟州島北部 7號, 1918)〉. 新左面 シンチャミョン《朝鮮五萬分一地形圖』「漢拏山」(濟州島北部 8號, 1918)〉.

シンチャンリー(신창리) 제주특별자치도 제주시 한경면 新昌里(신창리)의 한

자음을 일본어 가나로 쓴 것. ⇒ 新昌里(신창리).

新昌里 シンチャンリー《朝鮮五萬分一地形圖』(濟州島北部 16號 「飛揚島」1918)》.

シンチョン(신천) 제주특별자치도 제주시 일도2동 '새냇곳(새내끗)' 일대 동네의 한자 표기 신천을 일본어 가나로 쓴 것. ⇒ 新川(신천).

新川 シンチョン《朝鮮五萬分一地形圖』「漢拏山」(濟州島北部 8號, 1918)》.

シンヂョンドン(신전동) 제주특별자치도 제주시 구좌읍 한동리 '신전동'을 일본어로 나타낸 것임. ⇒ 新田洞(신전동).

新田洞 シンヂョンドン《朝鮮五萬分一地形圖』「金寧」(濟州嶋北部 三號, 1918)》.

シンチョンニー(신촌니) 제주특별자치도 제주시 조천읍 '신촌리'의 현실음 '신촌니'를 일본어 가나로 쓴 것 가운데 하나. ⇒ 新村里(신촌리).

新村里 シンチョンニー《朝鮮五萬分一地形圖』「濟州」(濟州島北部 7號, 1918)》.

シントーリー(신도리) 제주특별자치도 서귀포시 대정읍 신도리의 한자 표기 新桃里(신도리)의 한자음을 일본어 가나로 쓴 것 가운데 하나. ⇒ 新桃里(신도리).

新桃里 シントーリー《朝鮮五萬分一地形圖』(濟州島南部 13號 「摹瑟浦」(1918)》.

シントン(신동) 제주특별자치도 제주시 한경면 고산1리 '새동네'의 한자 차용 표기 新洞(신동)의 한자음을 일본어 가나로 쓴 것 가운데 하나. ⇒ 新洞(신동).

高山里 コサンニー, 新洞 シントン《朝鮮五萬分一地形圖』(濟州島南部 13號 「摹瑟浦」(1918)》.

シンハーリー(신하리) 제주특별자치도 제주시 추자면 하추자도 신양리의 '신하리'를 일본어 가나로 쓴 것의 하나. ⇒ 新下里(신하리).

新陽里 シンヤンリー, 新上里 シンサンニー, 新下里 シンハーリー, 長作只 チャンヂャクヂー, 石頭里 ソクヅーリー《朝鮮五萬分一地形圖』(濟州嶋北部 9號, 「楸子群島」(1918)》.

シンピヂートン(신비지동) 제주특별자치도 서귀포시 남원읍 가시리 산간 '신빗무르(신빗무를)'에 형성되었던 동네의 한자 표기 新榧旨洞(신비지동)의 한자음을 일본어 가나로 쓴 것. ⇒ 新榧旨洞(신비지동).

新榧旨洞 シンピヂートン《朝鮮五萬分一地形圖』「漢拏山」(濟州島北部 8號, 1918)》.

シンピョンニー(신평니) 제주특별자치도 서귀포시 대정읍 모슬봉 북쪽에 형성되어 있는 '신평리'의 현실음 '신평니'를 일본어 가나로 쓴 것. ⇒ 新坪里(신평리).

新坪里 シンピョンニー 《朝鮮五萬分一地形圖》「大靜及馬羅島」(濟州島南部 9號, 1918)〉.

シンヒリー(신효리) 제주특별자치도 서귀포시 신효동의 옛 이름 '신효리'를 일본어 가나로 쓴 것 가운데 하나. ⇒ 新孝里(신효리).

新孝里 シンヒリー 《朝鮮五萬分一地形圖》「西歸浦」(濟州島南部 5號, 1918)〉.

シンフンニー(신흥니) 제주특별자치도 제주시 조천읍 '신흥리'의 현실음 '신흥니'를 일본어 가나로 쓴 것 가운데 하나. ⇒ 新興里[1](신흥리).

新興里 シンフンニー 《朝鮮五萬分一地形圖》「濟州」(濟州島北部 7號, 1918)〉.

シンフンリー(신흥리) 제주특별자치도 서귀포시 남원읍 '신흥리'를 일본어 가나로 쓴 것 가운데 하나. ⇒ 新興里[2](신흥리).

新興里 シンフンリー 《朝鮮五萬分一地形圖》「西歸浦」(濟州島南部 5號, 1918)〉.

シンモサルパ(신보살밧) 제주특별자치도 제주시 아라1동 산간 '굴치'에 있었던 '신보살밧(신보살왓)'을 일본어 가나로 쓴 것.

我羅里窟池……シンモサルパ 距離8町, 1夜味, 10斗落, 小作, 折半. 《朝鮮半島の農法と農民》(高橋昇, 1939)「濟州島紀行」〉.

シンヤンリー(신양리) 제주특별자치도 제주시 추자면 하추자도 新陽里(신양리)를 일본어 가나로 쓴 것의 하나. ⇒ 新陽里(신양리).

新陽里 シンヤンリー, 新上里 シンサンニー, 新下里 シンハーリー, 長作只 チャンヂャクヂー, 石頭里 ソクヅーリー 《朝鮮五萬分一地形圖》(濟州嶋北部 9號, 「楸子群島」(1918)〉.

シンレーリー(신례리) 제주특별자치도 서귀포시 남원읍 '신례리'를 일본어 가나로 쓴 것 가운데 하나. ⇒ 新禮里(신례리).

新禮里 シンレーリー 《朝鮮五萬分一地形圖》「西歸浦」(濟州島南部 5號, 1918)〉.

スーキトン(수기동) 제주특별자치도 제주시 조천읍 와흘리 기시내오롬 남동쪽에 형성되었던 '물터동네'의 한자 차용 표기 水基洞(수기동)의 한자음을 일본어 가나로 쓴 것. ⇒ 水基洞(수기동).

水基洞 スーキトン 《朝鮮五萬分一地形圖』「漢拏山」(濟州島北部 8號, 1918)〉.

スーサンボン(수산봉) 제주특별자치도 제주시 애월읍 수산리 水山峰(수산봉)의 한자음을 일본어 가나로 쓴 것. ⇒ 水山峰(수산봉).

水山峰 スーサンボン 《朝鮮五萬分一地形圖』「翰林」(濟州島北部 12號, 1918)〉. .

スーサンリ(수산리) 제주특별자치도 제주시 애월읍 水山里(수산리)의 한자음을 일본어 가나로 쓴 것. ⇒ 水山里(수산리).

水山里 スーサンリ 《朝鮮五萬分一地形圖』「翰林」(濟州島北部 12號, 1918)〉.

スートンドン(수돈동) 제주특별자치도 서귀포시 표선면 가시리 산간 '물도뒌밧' 일대에 형성되었던 '수돈동'을 일본어 가나로 쓴 것 가운데 하나. ⇒ 水道洞(수도동).

水道洞 スートンドン 《朝鮮五萬分一地形圖』「漢拏山」(濟州島北部 8號, 1918)〉.

スーマンリー(수망리) 제주특별자치도 서귀포시 남원읍 '수망리'를 일본어 가

나로 쓴 것 가운데 하나. ⇒ **水望里(수망리)**.

水望里 スーマンリー 〈《朝鮮五萬分一地形圖》「西歸浦」(濟州島南部 5號, 1918)〉.

スーヨン(수룡) 제주특별자치도 제주시 한경면 청수리 남서쪽 '수룡이'의 한자 차용 표기 水龍(수룡)의 한자음을 일본어 가나로 쓴 것 가운데 하나. ⇒ **水龍(수룡)**.

水龍 スーヨン 〈《朝鮮五萬分一地形圖》(濟州島南部 13號 「摹瑟浦」(1918)〉.

スーロドン(수로동) 제주특별자치도 제주시 구좌읍 세화리 '수로동'을 일본어로 나타낸 것 가운데 하나. ⇒ **水路洞(수로동)**.

水路洞 スーロドン 〈《朝鮮五萬分一地形圖》「金寧」(濟州嶋北部 三號, 1918)〉.

スグンドン(수근동) 제주특별자치도 제주시 용담동 修根洞(수근동)의 한자음을 일본어 가나로 쓴 것. ⇒ **修根洞(수근동)**.

修根洞 スグンドン 〈《朝鮮五萬分一地形圖》「翰林」(濟州島北部 12號, 1918)〉.

スコッオルム(숫것오롬) 제주특별자치도 제주시 서호동 북쪽 산간에 있는 '쉬오롬'을 '수것오롬'으로 이해하고 일본어 가나로 쓴 것. ⇒ **雄岳¹(웅악)**.

雄岳(ウンアク) 雄岳(スコッオルム: 共は五萬分一西歸浦圖幅にあり 雄の音は웅ウン訓は 숫컷, スツコットなり) 〈《濟州島の地質學的觀察》(1928, 川崎繁太郎)〉.

スダンムルマル(수당ᄆᆞ룻골) 제주특별자치도 서귀포시 보목동 '서당ᄆᆞ룻골'을 일본어 가나로 쓴 것.

西歸面甫木里……スダンムルマル 4斗落 1夜味 〈《朝鮮半島の農法と農民》(高橋昇, 1939)「濟州島紀行」〉.

スチャン(수장) 제주특별자치도 제주시 한경면 금등리 水長(수장)의 한자음을 일본어 가나로 쓴 것. ⇒ **水長(수장)**.

水長 スチャン 〈《朝鮮五萬分一地形圖》(濟州島北部 16號 「飛揚島」1918)〉.

スッコッオルム(숫것오롬) 제주특별자치도 서귀포시 서호동 산간에 있는 '쉬오롬〉시오롬'을 '숫것오롬'으로 이해하고 그것을 일본어 가나로 쓴 것 가운데 하나. ⇒ **雄岳(웅악)**.

雄岳 スッコッオルム 749米 〈《朝鮮五萬分一地形圖》「西歸浦」(濟州島南部 5號, 1918)〉.

ストクソム(수덕섬) 제주특별자치도 제주시 추자면 하추자도 석지머리 남동쪽 바다에 있는 '수덕섬'을 일본어 가나로 쓴 것의 하나. ⇒ **水德島(수덕도)**.

水德島 ストクソム 127米 《朝鮮五萬分一地形圖》(濟州嶋北部 9號,「楸子群島」(1918)〉.

ストン(수동) 제주특별자치도 제주시 한경면 조수1리 '수동(水洞)'의 일본어 가나 표기. ⇒ **水洞(수동)**.

水洞 ストン 《朝鮮五萬分一地形圖》(濟州島北部 16號「飛揚島」1918)〉.

スリョンサム(수령섬) 제주특별자치도 제주시 추자면 상추자도 북쪽 바다에 있는 섬인 '수령여'의 한자 차용 표기인 水嶺島(수령도)를 일본어 가나로 쓴 것의 하나. ⇒ **水嶺島(수령도)**.

水嶺島 スリョンソム 95米 《朝鮮五萬分一地形圖》(濟州嶋北部 9號,「楸子群島」(1918)〉.

スリョンヨ(수영여) 제주특별자치도 제주시 추자면 하추자도 묵리 바다에 있는 '수영여'를 일본어 가나로 쓴 것의 하나. ⇒ **水營嶼(수영서)**.

水營嶼 スリョンヨ 《朝鮮五萬分一地形圖》(濟州嶋北部 9號,「楸子群島」(1918)〉.

スヲルポン(수월봉) 제주특별자치도 제주시 한경면 고산1리 바닷가에 있는 '수월봉'의 한자 표기. ⇒ **水月峯(수월봉)**.

水月峯 スヲルポン 77米 《朝鮮五萬分一地形圖》(濟州島南部 13號「摹瑟浦」(1918)〉.

スヲンニー(수원리) 제주특별자치도 제주시 한림읍 洙源里(수원리)의 한자음을 일본어 가나로 쓴 것. ⇒ **洙源里(수원리)**.

洙源里 スヲンニー 《朝鮮五萬分一地形圖》「翰林」(濟州島北部 12號, 1918)〉.

スンオルム(눈오롬) 제주특별자치도 제주시 한림읍 금악리에 있는 '눈오롬'을 일본어 가나로 쓴 것.

雪岳 スンオルム 412米 《朝鮮五萬分一地形圖》(濟州島北部 十二號「翰林」(1918)〉. 濟州島に於ては陸地(島にては朝鮮本土を斯く 云ふ)に於けるが如く 山名に山(サン)峯(ポン)及岳(アク)を附くろも多くは何何オルムと呼び……雪岳(スンオルム) 飛雉山(ビチメー) 乭山(トルミ) 月郎峯(タランジ)〈濟州島の地質學的觀察」(1928, 川崎繁太郎)〉.

セイキメン(세이기멘) 일제강점기 제주도(濟州島)의 한 면인 '旌義面(정의면)'의 일본어 한자음 '세이기멘'을 일본어 가나로 쓴 것 가운데 하나. ⇒ 旌義面(정의면).

旌義面 セイキメン 《地方行政區域名稱一覽』(朝鮮總督府 內務局, 1935)》.

セイチウメン(사이쥬멘) 일제강점기 제주도(濟州島)의 한 면인 '서중면(西中面)'의 일본어 한자음 '사이쥬멘'을 일본어 가나로 쓴 것 가운데 하나. ⇒ 西中面(서중면).

西中面 セイチウメン 《地方行政區域名稱一覽』(朝鮮總督府 內務局, 1935)》.

セエーホアーリー(세화리) 제주특별자치도 서귀포시 표선면 細花里(세화리)의 한자음을 일본어 가나로 쓴 것. ⇒ 細花里(세화리).

細花里(셰화리 セエーホアーリー) 《韓國水産誌』 제3집(1911) 「濟州島」 旌義郡 東中面》.

セエーホアリー(세화리) 제주특별자치도 제주시 구좌읍 '세화리(細花里)'의 우리 한자음 '세화리'를 일본어 가나로 쓴 것 가운데 하나. ⇒ 細花里[1](세화리).

細花里(셰화리 セエーホアリー) 《韓國水産誌』 제3집(1911) 「濟州島」 濟州郡 舊左面》.

セーコ(쇠코) 제주특별자치도 제주시 추자면 하추자도 예초리 동쪽 바다에

있는 '쇠코'을 일본어 가나로 쓴 것의 하나. ⇒ 牛鼻(우비).

牛鼻 セーコ 《朝鮮五萬分一地形圖》《濟州嶋北部 9號, 「楸子群島」(1918)》.

セーソム(새섬) 제주특별자치도 서귀포시 송산동 바다에 있던 '새섬'을 일본어 가나로 쓴 것 가운데 하나. ⇒ 鳥島(조도). 茅島(모도).

鳥島 セーソム 18米, 茅島 セーソム 18米 《朝鮮五萬分一地形圖》「西歸浦」(濟州島南部 5號, 1918)》.

セーミオルム(새미오롬) 제주특별자치도 서귀포시 표선면 성읍2리 백약이오롬을 '세미오롬'으로 잘못 이해하여 일본어 가나로 쓴 것. ⇒ 百藥岳(백약악).

百藥岳 セーミオルム 360米 《朝鮮五萬分一地形圖》(濟州島北部 4號「城山」(1918)》.

セーミコル(세밋골) 제주특별자치도 제주시 봉개동 회천동의 한 동네인 '세밋골'을 일본어 가나로 쓴 것 가운데 하나. ⇒ 細味洞(세미동).

細味洞 セーミコル 《朝鮮五萬分一地形圖》「濟州」(濟州島北部 7號, 1918)》.

セーモリ(쇠머리) 제주특별자치도 추자면 하추자도 예초리 동북쪽 바다에 있는 '쇠머리'를 일본어 가나로 나타낸 것 가운데 하나. 오늘날 지형도에는 '쇠머리'로 쓰여 있음. ⇒ 牛頭(우두).

牛頭 セーモリ 63.8米 U-DO GYŪTŌ 〈1대 5만 미군지도 「CH'UJA-KUNDO」(1945) A.M.S 6415 Ⅰ〉.

セカレンウーヨン(섯가름우영) 제주특별자치도 서귀포시 보목동 '섯가름우영'(서카름우영)을 일본어 가나로 쓴 것.

西歸面甫木里……セカレンウーヨン 2斗5升落 1夜味 《朝鮮半島の農法と農民》(高橋昇, 1939)「濟州島紀行」》.

セクタリー(색달리) 제주특별자치도 서귀포시 색달동의 옛 이름인 '색달리'를 일본어 가나로 쓴 것. ⇒ 穡達里(색달리).

穡達里 セクタリー 《朝鮮五萬分一地形圖》「大靜及馬羅島」(濟州島南部 9號, 1918)》.

セダンモロ(서당ᄆᆞ르) 제주특별자치도 서귀포시 보목동에 있는 '서당ᄆᆞ르〉서당ᄆᆞ르'를 일본어 가나로 쓴 것.

西歸面甫木里……セダンモロ 《朝鮮半島の農法と農民》(高橋昇, 1939)「濟州島紀行」》.

セチョチ(세초지) 제주특별자치도 서귀포시 강정동 산간, 고근산 서북쪽 '세초무르'에 형성되었던 동네의 한자 차용 표기 '細草旨(세초지)'의 한자음을 일본어 가나로 쓴 것 가운데 하나. ⇒ 細草旨(세초지).

細草旨 セチョチ 《『朝鮮五萬分一地形圖』「西歸浦」(濟州島南部 5號, 1918)》.

セパ(새밧) 제주특별자치도 제주시 아라1동 산간 '굴치'에 있었던 '새밧(새왓)'을 일본어 가나로 쓴 것.

我羅里窟池……セパ 1夜味, 小作, 7斗落 《朝鮮半島の農法と農民』(高橋昇, 1939)「濟州島紀行』》.

セパテ(새밧디) 제주특별자치도 제주시 아라1동 산천단 있었던 '새밧디(새왓디)'를 일본어 가나로 쓴 것.

セパテ(喧畑) 3斗落, 自作 《朝鮮半島の農法と農民』(高橋昇, 1939)「濟州島紀行』》.

セピルオルム(새별오롬) 제주특별자치도 제주시 애월읍 봉성리 '새별오롬'을 일본어 가나로 쓴 것. ⇒ 新星岳(신성악).

新星岳 セピルオルム 《『朝鮮五萬分一地形圖』「翰林」(濟州島北部 12號, 1918)》.

セフヮーリー(세화리) 제주특별자치도 서귀포시 표선면 세화리를 일본어 가나로 쓴 것. ⇒ 細花里(세화리).

細花里 セフヮーリー 《『朝鮮五萬分一地形圖』「表善」(濟州島南部 1號, 1918)》.

セベ串(세베곳) 제주특별자치도 제주시 우도면 오봉리의 전흘동 북쪽 바닷가에 있는 곳을 이름. '세베'는 '새우[蝦]'의 제주 방언으로, '세비'로도 말해짐. 곧 '세베(세비/새우/蝦)+곳(곳/串)'의 구성으로 이루어진 것으로, 이곳 지형이 새우의 등과 같이 생긴 곳이라는 데서 그렇게 붙인 것임. 1960년대 1:25,000 지형도에는 '세배곳'으로 쓰여 있으나, 1980년대 오늘날 1:25,000 지형도에는 '세베곳'으로 쓰여 있고, '세배곳'으로 쓰여 있음. 이곳에 망루등대가 세워져 있음.

セベ串 《『朝鮮五萬分一地形圖』「金寧」(濟州嶋北部 三號, 1918)》.

セミアク(세미악) 제주특별자치도 제주시 조천읍 와산리 산간에 있는 '세미오

롬'을 '세미악'으로 인식하고 그것을 일본어 가나로 쓴 것 가운데 하나. 1960년도 지형도부터 '샘이오름'으로 쓰여 있고, 2000년대 지형도에는 '샘미오름'으로 쓰여 있고, 2015년 지형도까지 '세미오름'으로 쓰여 있음. 표고 421.3m. ⇒ 泉味岳(천미악).

泉味岳 セミアク 432米 《朝鮮五萬分一地形圖』「漢拏山」(濟州島北部 8號, 1918)〉.

センイムル(사니물) 제주특별자치도 제주시 한림읍 명월리에 있는 '사니물(산이물)'을 일본어 가나로 쓴 것.

明月里……センイムル 300町, 8斗落, 自作, 一夜味. 《朝鮮半島の農法と農民』(高橋昇, 1939)「濟州島紀行』.

センギルアク(생길악) 제주특별자치도 서귀포시 남원읍 신례1리 '생기리오름'의 한자 차용 표기 生吉岳(생길악)의 한자음을 일본어 가나로 쓴 것 가운데 하나. ⇒ 生吉岳(생길악).

生吉岳 センギルアク 258米 《朝鮮五萬分一地形圖』「西歸浦」(濟州島南部 5號, 1918)〉.

センムルドン(생물골) 제주특별자치도 서귀포시 서홍리 솔오롬(미악) 서쪽, 검은오롬 남쪽에 있었던 '생물골'을 일본어 가나로 쓴 것 가운데 하나. ⇒ 生水洞(생수동).

生水洞 センムルドン 《朝鮮五萬分一地形圖』「西歸浦」(濟州島南部 5號, 1918)〉.

ソイシウトウ(사이슈토우) 제주특별자치도 본섬인 '제주도(濟州島)'의 일본어
　한자음 '사이슈토우'을 일본어 가나로 쓴 것 가운데 하나. ⇒ **濟州島**(제주도).

　濟州島 ソイシウトウ 《『地方行政區域名稱一覽』(朝鮮總督府 內務局, 1935)》.

ソウイリー(서의리) 제주특별자치도 서귀포시 표선면 '남원2리'의 옛 이름 '서
　옷귀ᄆᆞ을'의 한자 차용 표기의 하나인 '西衣里(서의리)'를 일본어 가나로 쓴
　것 가운데 하나.

　南元里 ナムヲンリー, 西衣里 ソウイリー, 濟山浦 チユーサンケー, 光池 ヌッモ 《『朝鮮五萬
　分一地形圖』「西歸浦」(濟州嶋南部 5號, 1918)》.

ソーキムニョンニー(서김녕니) 제주특별자치도 제주시 구좌읍 김녕리의 옛
　마을 가운데 하나인 '서김녕리'의 현실음 '서김녕니'를 일본어 가나로 쓴
　것 가운데 하나. ⇒ **西金寧里**(서김녕리).

　西金寧里 ソーキムニョンニー 《『朝鮮五萬分一地形圖』「濟州」((濟州島北部 7號, 1918)》.

ソーキリー(서귀리) 제주특별자치도 서귀포시 서귀동의 옛 이름 '서귀리'를
　일본어 가나로 쓴 것 가운데 하나. ⇒ **西歸里**(서귀리).

西歸里 ソーキリー 《朝鮮五萬分一地形圖』「西歸浦」(濟州島南部 5號, 1918)〉.

ソークイーポ(서귀포) 제주특별자치도 西歸浦(서귀포)의 한자음을 일본어 가나로 쓴 것. ⇒ **西歸浦(서귀포)**.

西歸浦(서귀포 ソークイーポ) 《韓國水産誌』 제3집(1911) 「濟州島」 旌義郡 左面〉.

ソークヮンニー(서광니) 제주특별자치도 서귀포시 안덕면 광해악 서쪽과 동쪽 일대에 형성된 '서광리'의 현실음 '서광니'를 일본어 가나로 쓴 것. ⇒ **西廣里(서광리)**.

西廣里 ソークヮンニー 《朝鮮五萬分一地形圖』「大靜及馬羅島」(濟州島南部 9號, 1918)〉.

ソートン(서동) 제주특별자치도 서귀포시 안덕면 화순리 '서동'을 일본어 가나로 쓴 것. ⇒ **西洞(서동)**.

和順里 フヮスンニー 西洞 ソートン 《朝鮮五萬分一地形圖』「大靜及馬羅島」(濟州島南部 9號, 1918)〉.

ソーヒョリ(서효리) 제주특별자치도 서귀포시 영천동 상효1동의 옛 이름 '서상효리'를 줄인 '서효리'를 일본어 가나로 쓴 것. ⇒ **西孝里(서효리)**.

西孝里 ソーヒョリ 《朝鮮五萬分一地形圖』「西歸浦」(濟州島南部 5號, 1918)〉.

ソーポーリ(서호리) 제주특별자치도 서귀포시 서호동의 옛 이름 '서호리'를 일본어 가나로 쓴 것 가운데 하나. ⇒ **西好里(서호리)**.

西好里 ソーポーリ 《朝鮮五萬分一地形圖』「西歸浦」(濟州島南部 5號, 1918)〉.

ソーホンニー(서홍니) 제주특별자치도 서귀포시 서홍동의 옛 이름 '서홍리'의 현실음 '서홍니'를 일본어 가나로 쓴 것 가운데 하나. ⇒ **西烘里(서홍리)**.

西烘里 ソーホンニー 《朝鮮五萬分一地形圖』「西歸浦」(濟州島南部 5號, 1918)〉.

ソキミョン(서귀면) 1935년 4월 1일부터 당시 제주군 우면(右面)을 서귀면(西歸面)으로 바꿨는데, 그것을 일본어 가나로 쓴 것 가운데 하나. ⇒ **西歸面(서귀면)**.

西歸面 ソキミョン 《朝鮮五萬分一地形圖』(濟州嶋北部 8號 「漢拏山」(1943)〉.

ソキリ(소길리) 제주특별자치도 제주시 애월읍 召吉里(소길리)의 한자음을 일

본어 가나로 쓴 것. ⇒ 召吉里(소길리).

召吉里 ソキリ 〈『朝鮮五萬分一地形圖』「翰林」(濟州島北部 12號, 1918)〉.

ソクヅーリー(석두리) 제주특별자치도 제주시 추자면 신양리 석지머리에 있던 '石頭里(석두리)'의 한자음을 일본어 가나로 쓴 것. ⇒ 石頭里(석두리).

新陽里 シンヤンリー, 新上里 シンサンニー, 新下里 シンハーリー, 長作只 チャンヂャクヂー, 石頭里 ソクヅーリー 〈『朝鮮五萬分一地形圖』(濟州嶋北部 9號,「楸子群島」(1918)〉.

ソサンアク(서산악) 제주특별자치도 제주시 조천읍 함덕리 함덕해수욕장 동쪽 바닷가에 있는 '서모오롬'의 한자 차용 표기 가운데 하나인 犀山岳(서산악)의 한자음을 일본어 가나로 쓴 것 가운데 하나. ⇒ 犀山岳(서산악).

犀山岳 ソサンアク 111.3米 〈『朝鮮五萬分一地形圖』「濟州」(濟州島北部 7號, 1918)〉.

ソタンモル(서당몰/서당ᄆ를) 제주특별자치도 서귀포시 보목동 '서당몰(서당ᄆ를)'을 일본어 가나로 쓴 것.

濟州島西歸面甫木里……李杜文の農業經營規模……ソタンモル 〈『朝鮮半島の農法と農民』(高橋昇, 1939)「濟州島紀行」〉.

ソチュンミョン(서중면) 일제강점기에 제주군 '西中面(서중면)'의 한자음을 일본어 가나로 쓴 것 가운데 하나. ⇒ 西中面(서중면).

西中面 ソチュンミョン 〈『朝鮮五萬分一地形圖』「漢拏山」(濟州島北部 8號, 1918)〉. 西中面 ソチュンミョン 〈『朝鮮五萬分一地形圖』「西歸浦」(濟州島南部 5號, 1918)〉.

ソチュンミョンチ(서중면지) '서중면지(西中面地)'를 일본어 가나로 쓴 것 가운데 하나. ⇒ 西中面地(서중면지).

西中面地 ソチュンミョンチ 〈『朝鮮五萬分一地形圖』「西歸浦」(濟州島南部 5號, 1918)〉.

ソッパー(속파) 제주특별자치도 제주시 조천읍 교래리 산간, 어후오롬 남서쪽, 성널오롬 서북쪽 일대에 있는 '속밧'을 '숫파'로 인식하여 일본어 가나로 쓴 것 가운데 하나. ⇒ 石坡(석파).

石坡 ソッパー 〈『朝鮮五萬分一地形圖』「漢拏山」(濟州島北部 8號, 1918)〉.

ソッペンデパ(섯벵디밧) 제주특별자치도 제주시 아라1동에 있었던 '섯벵디밧(섯벵디왓)'을 일본어 가나로 쓴 것.

我羅里⋯⋯ソッペンデパ 15町(西), 10斗落 2夜味, 自作.《朝鮮半島の農法と農民》(高橋昇, 1939)「濟州島紀行》.

ソドン(서동) 제주특별자치도 제주시 도련1동의 '섯동네'의 한자 차용 표기 西洞(서동)의 한자음을 일본어 가나로 쓴 것 가운데 하나. ⇒ 西洞(서동).

西洞 ソドン《朝鮮五萬分一地形圖》「濟州」(濟州島北部 7號, 1918)》.

ソヌルリー(서늘리) 제주특별자치도 제주시 구좌읍 '선흘리'의 현실음 '서늘리'를 일본어 가나로 쓴 것 가운데 하나. ⇒ 善屹里(선흘리).

善屹里 ソヌルリー《朝鮮五萬分一地形圖》「濟州」(濟州島北部 7號, 1918)》.

ソピヨ(서비여) 제주특별자치도 제주시 한경면 고산1리 수월봉 북서쪽 바다에 있는 '서비여'의 한자 차용 표기 西飛嶼(서비서)의 한자음을 일본어 가나로 쓴 것 가운데 하나. ⇒ 西飛嶼(서비서).

西飛嶼 ソピヨ《朝鮮五萬分一地形圖》(濟州島南部 13號「摹瑟浦」(1918)》.

ソプソム(삼도) 제주특별자치도 서귀포시 보목동 바다에 있는 '섶섬'의 한자 차용 표기 森島(삼도)의 한자음을 일본어 가나로 쓴 것 가운데 하나. ⇒ 森島(삼도).

森島 ソプソム 155米《朝鮮五萬分一地形圖》「西歸浦」(濟州島南部 5號, 1918)》.

ソフワリー(서화리·세화리) 제주특별자치도 제주시 구좌읍 '세화리'를 일본어로 나타낸 것임. ⇒ 細花里(세화리).

細花里 ソフワリー《朝鮮五萬分一地形圖》「金寧」(濟州嶋北部 三號, 1918)》.

ソムソム(섬섬) 제주특별자치도 제주시 추자면 하추자도 묵리 남쪽 바다에 있는 '섬생이'의 다른 말인 '섬섬'을 일본어 가나로 쓴 것의 하나. 오늘날 지형도에는 '섬생이'로 쓰여 있음. ⇒ 蟾島(섬도).

蟾島 ソムソム《朝鮮五萬分一地形圖》(濟州嶋北部 9號,「楸子群島」(1918)》.

ソワンドン(소왕동) 제주특별자치도 제주시 애월읍 昭王洞(소왕동)의 한자음을 일본어 가나로 쓴 것. ⇒昭王洞(소왕동).

昭王洞 ソワンドン《朝鮮五萬分一地形圖』「翰林」(濟州島北部 12號, 1918)》.

ソンアク(송악) 제주특별자치도 서귀포시 대정읍 상모리 바닷가에 있는 오롬인 '松岳(송악)'의 한자음을 일본어 가나로 쓴 것.

濟州島に於ては陸地(島にては朝鮮本土を斯く云ふ)に於けるが如く山名に山(サン)峯(ボン)及岳(アク)を附くろも多くは何何オルムと呼び……악 松岳(ソンアク) 봉 卵峯(ランボン)《濟州島の地質學的觀察』(1928, 川崎繁太郎)》.

ソンアクサン(송악산) 제주특별자치도 서귀포시 대정읍 상모리 바닷가에 있는 오롬인 '松岳山(송악산)'의 한자음을 일본어 가나로 쓴 것. ⇒松岳山(송악산).

松岳山 ソンアクサン《朝鮮五萬分一地形圖』「大靜及馬羅島」(濟州島南部 9號, 1918)》.

ソンイントン(선인동) 제주특별자치도 제주시 조천읍 선흘2리에 있는 선인동을 일본어 가나로 쓴 것. ⇒善仁洞(선인동).

善仁洞 ソンイントン《朝鮮五萬分一地形圖』「漢拏山」(濟州島北部 8號, 1918)》.

ソンクル(성꿀) 제주특별자치도 제주시 한경면 신창리 신흥동에 있는 '성꿀'을 일본어 가나로 쓴 것. ⇒成屈(성굴).

成屈 ソンクル《朝鮮五萬分一地形圖』「濟州島北部 16號「飛揚島」1918)》.

ソンサンポ(성산포) 제주특별자치도 서귀포시 성산읍 성산리의 '성산포(城山浦)'의 한자음을 일본어 가나로 쓴 것 가운데 하나. ⇒城山浦(성산포).

城山浦 サクサンポ(성산포 ソンサンポ)《韓國水産誌』제3집(1911)「濟州島」旌義郡 左面》.

ソンサンモク(성산목) 제주특별자치도 서귀포시 고성리 '성산목'을 일본어 가나로 쓴 것.

城山面古城里……ソンサンモク 2斗落 1夜味 小作《朝鮮半島の農法と農民』(高橋昇, 1939)「濟州島紀行』》.

ソンチョン(송천) 제주특별자치도 서귀포시 남원읍 태흥리와 표선면 가시리

경계를 이루며 흘러가는 내인 '솔내'의 한자 차용 표기인 '松川(송천)'의 일
본어 가나 표기임. ⇒ 松川(송천).

松川 ソンチョン 《朝鮮五萬分一地形圖》(濟州嶋北部 4號「城山浦」(1918)〉. 松川 ソンチヨン 〈朝鮮

五萬分一地形圖』「漢拏山」(濟州島北部 8號, 1918)〉.

ソントイパッ(손디밧) 제주특별자치도 서귀포시 고성리 '손디밧(손디왓: 살쏜디
왓)'을 일본어 가나로 쓴 것.

城山面古城里……ソントイパッ 1.5斗落 1夜味 小作 《朝鮮半島の農法と農民》(高橋昇, 1939)「濟

州島紀行》.

ソンナン(송낭) 제주특별자치도 제주시 애월읍 용흥리 松浪(송랑)의 한자음
을 일본어 가나로 쓴 것. ⇒ 松浪(송랑).

松浪 ソンナン 《朝鮮五萬分一地形圖』「翰林」(濟州島北部 12號, 1918)〉.

ソンノルオルム(성널오롬) 제주특별자치도 제주시 조천읍 교래리 산간과 서
귀포시 남원읍 신례리 산간 경계에 있는 '성널오롬'을 일본어 가나로 쓴
것 가운데 하나. ⇒ 城板岳(성판악).

城板岳 ソンノルオルム 1215.2米 《朝鮮五萬分一地形圖』「漢拏山」(濟州島北部 8號, 1918)〉.

ソンノルオルム(성널오롬) 제주특별자치도 제주시 조천읍 교래리와 서귀포시
남원읍 신례리 산간 경계에 있는 '성널오롬'을 일본어 가나로 쓴 것. ⇒ 城
板岳(성판악).

城板岳 ソンノルオルム 1215.2米 《朝鮮五萬分一地形圖』「漢拏山」(濟州島北部 8號, 1918)〉.

ソンハモン田(성하몬밧) '성하몬밧(성하문밧)'을 일본어 가나와 한자를 빌려 쓴 것.

(安昌蘷)企業狀態 中間地帶……ソンハモン田 《朝鮮半島の農法と農民》(高橋昇, 1939)「濟州島紀行」〉.

ソンハン(송항) 제주특별자치도 서귀포시 안덕면 대평리 포구 '송항'을 일본
어 가나로 쓴 것. ⇒ 松港(송항).

松港 ソンハン 《朝鮮五萬分一地形圖』「大靜及馬羅島」(濟州島南部 9號, 1918)〉.

ソンバンドル(선반돌) 1.제주특별자치도 제주시 외도동에 있었던 '선반돌'을

일본어 가나로 쓴 것.

濟州邑外都里月台洞……ソンバンドル 9斗落, 自作, 距離1町 《『朝鮮半島の農法と農民』(高橋昇, 1939)「濟州島紀行」》.

2. 제주특별자치도 제주시 이도동에 있었던 '선반돌'을 일본어 가나로 쓴 것.

濟州邑二徒里……ソンバンドル 7升落, 自作, 距離1町. 《『朝鮮半島の農法と農民』(高橋昇, 1939)「濟州島紀行」》.

タアソム田(대섬밧) 제주특별자치도 서귀포시 보목동 '대섬밧(대선밧)'을 일본어 가나와 한자를 빌려 쓴 것.

濟州島西歸面甫木里……李杜文の農業經營規模……タアソム田《朝鮮半島の農法と農民》(高橋昇, 1939)「濟州島紀行」.

タイセイメン(다이세이멘) 일제강점기 제주도(濟州島)의 한 면인 '대정면(大靜面)'의 일본어 한자음 '규우멘'을 일본어 가나로 쓴 것 가운데 하나. ⇒**大靜面(대정면)**.

大靜面 タイセイメン《地方行政區域名稱一覽》(朝鮮總督府 內務局, 1935)》.

タエピョンワッ(대병밧) 제주특별자치도 서귀포시 보목동 '대병밧'을 일본어 가나로 쓴 것.

西歸面甫木里……西歸面甫木里……タエピョンワッ 5斗落 1夜味《朝鮮半島の農法と農民》(高橋昇, 1939)「濟州島紀行」.

タニカルレ(다니갈레) 제주특별자치도 서귀포시 서홍동 '다니갈레'를 일본어 가나로 쓴 것.

西歸面西煤里……タニカルレ 400間(二回休) 自作, 8斗落, 中の下 《『朝鮮半島の農法と農民』(高橋昇, 1939)「濟州島紀行」》.

タビョンパ(대병밧) 제주특별자치도 서귀포시 보목동에 있는 '대병밧'을 일본어 가나로 쓴 것.

西歸面甫木里……タビョンパ《『朝鮮半島の農法と農民』(高橋昇, 1939)「濟州島紀行」》.

タホードン(다호동) 제주특별자치도 제주시 多好洞(다호동)의 한자음을 일본어 가나로 쓴 것. ⇒ 多好洞(다호동).

多好洞 タホードン 《『朝鮮五萬分一地形圖』「翰林」(濟州島北部 12號, 1918)》.

タムネミ(다무래미) 제주특별자치도 제주시 추자면 상추자도 대서리 서북쪽 바다에 있는 '다무래미'을 일본어 가나로 쓴 것의 하나. ⇒ 多務來味(다무래미).

多務來味 タムネミ 《『朝鮮五萬分一地形圖』(濟州嶋北部 9號, 「楸子群島」(1918)》.

タランジ(월랑봉) 제주특별자치도 제주시 구좌읍 세화리 산간에 있는 月郎峯(월랑봉)의 한자음을 일본어 가나로 쓴 것.

濟州島に於ては陸地(島にては朝鮮本土を斯く云ふ)に於けるが如く山名に山(サン)峯(ポン)及岳(アク)を附くろも多くは何何オルムと呼び……雪岳(スンオルム) 飛雉山(ヒチメー) 乭山(トルミ) 月郎峯(タランジ)《『濟州島の地質學的觀察』(1928, 川崎繁太郎)》.

タランドン(드랑동) 제주특별자치도 제주시 노형동의 月郎洞(월랑동)을 '드랑동(다랑동)'으로 이해하고 그것을 일본어 가나로 쓴 것. ⇒ 月郎洞(월랑동)

月郎洞 タランドン 《『朝鮮五萬分一地形圖』「翰林」(濟州島北部 12號, 1918)》..

タリワ(다리왓/드리왓) 제주특별자치도 제주시 한림읍 명월리에 있는 '다리왓(드리왓)'을 일본어 가나로 쓴 것.

明月里……タリワ 18町(チゲにて10回休む) 8斗5升落, 自作.《『朝鮮半島の農法と農民』(高橋昇, 1939)「濟州島紀行」》.

タルカクイ(돌깍이) 제주특별자치도 제주시 한림읍 상대리 '돌까기'의 일본어 가나 표기. ⇒ 月角伊(월각이).

月角伊 タルカクイ 《『朝鮮五萬分一地形圖』「翰林」(濟州島北部 12號, 1918)》.

タルカクドン(돌깍동) 제주특별자치도 제주시 애월읍 어음리 '돌까기동네(돌
까기동네)'의 한자 차용 표기인 月角洞(월각동)을 '돌각동(달각동)'으로 이해
하고 그것을 일본어 가나로 쓴 것. ⇒ **月角洞(월각동)**.

月角洞 タルカクドン 《『朝鮮五萬分一地形圖』「翰林」(濟州島北部 12號, 1918)》.

タルヂョントン(탈전동) 제주특별자치도 제주시 구좌읍 평대리 '탈전동'을 일
본어로 나타낸 것임. ⇒ **脫田洞(탈전동)**.

坪岱里 脫田洞 ピョンダリー タルヂョントン 《『朝鮮五萬分一地形圖』「金寧」(濟州嶋北部 三號,
1918)》.

タレ(다려) 제주특별자치도 제주시 조천읍 북촌리 '다려섬(다려도)'의 '다려'를
일본어 가나로 쓴 것 가운데 하나. ⇒ **獺嶼(달서)**.

獺嶼 タレ 《『朝鮮五萬分一地形圖』「濟州」((濟州島北部 7號, 1918)》. 北村里及咸德里……獺
嶼(タレ, 達嶼)ト稱ス.《『朝鮮沿岸水路誌 第1卷』(1933) 朝鮮南岸「濟州島」》.

タレオルム(ᄃ레오롬) 제주특별자치도 제주시 애월읍 어음리 산간에 있는 'ᄃ
레오롬'을 일본어 가나로 쓴 것. ⇒ **多栗岳(다율악)**.

多栗岳 タレオルム 《『朝鮮五萬分一地形圖』「翰林」(濟州島北部 12號, 1918)》.

タンアク(당악) 제주특별자치도 서귀포시 안덕면 동광리 동광육거리 서북쪽,
'원물오롬' 서북쪽에 있는 '당오롬'을 일본어 가나로 쓴 것. ⇒ **堂岳(당악)**.

堂岳 タンアク 476米 《『朝鮮五萬分一地形圖』「大靜及馬羅島」(濟州島南部 9號, 1918)》.

タンアクトン(당악동) 제주특별자치도 제주시 조천읍 와산리 동남쪽, '당오
롬' 북동쪽에 있었던 '당오롬동네'의 한자 차용 표기 堂岳洞(당악동)이 한
자음을 일본어 가나로 쓴 것 가운데 하나. ⇒ **堂岳洞(당악동)**.

堂岳洞 タンアクトン 《『朝鮮五萬分一地形圖』「漢拏山」(濟州島北部 8號, 1918)》.

タングリタン(당구리당) 제주특별자치도 서귀포시 보목동에 있는 '당구리당'
을 일본어 가나로 쓴 것.

西歸面甫木里……タングリタン 〈『朝鮮半島の農法と農民』(高橋昇, 1939)「濟州島紀行」〉.

タンコリ(당커리) 제주특별자치도 제주시 한경면 고산1리 '당커리'를 일본어 가나로 쓴 것 가운데 하나. ⇒ **堂街**(당가).

堂街 タンコリ 〈『朝鮮五萬分一地形圖』(濟州島南部 13號「摹瑟浦」(1918)〉.

タンサン(단산) 제주특별자치도 서귀포시 대정읍 인성리와 안덕면 사계리 경계 일대에 형성되어 있는 '단산'을 일본어 가나로 쓴 것. ⇒ **簞山**(단산).

簞山 タンサン 161米 〈『朝鮮五萬分一地形圖』「大靜及馬羅島」(濟州島南部 9號, 1918)〉.

チェーサンケー(제산포) 제주특별자치도 서귀포시 남원읍 남원1리 바닷가 '재산잇개'의 한자 차용 표기 濟山浦(제산포)를 일본어 가나로 쓴 것 가운데 하나. ⇒ 濟山浦(제산포).

濟山浦 チェーサンケー 《『朝鮮五萬分一地形圖』「西歸浦」(濟州島南部 5號, 1918)》.

チエージューウプ(제주읍) 제주특별자치도 제주시에 있는 제주성 일대에 형성되었던 濟州邑(제주읍)의 한자음을 일본어 가나로 쓴 것 가운데 하나.⇒ 濟州邑(제주읍).

濟州邑(제쥬읍 チェージューウプ) 《「韓國水産誌」 제3집(1911) 「濟州島」 濟州郡 中面》.

チェオルム(체오롬) 제주특별자치도 제주시 구좌읍 송당리 산간에 있는 '체오롬'을 일본어 가나로 쓴 것 가운데 하나. ⇒ 體岳(체악).

體岳 チェオルム 《『朝鮮五萬分一地形圖』「漢拏山」(濟州島北部 8號, 1918)》.

チェミクル(제밋골/제밋굴) 제주특별자치도 제주시 아라1동에 있었던 '제밋골(제밋굴)'을 일본어 가나로 쓴 것.

我羅里……チェミクル 3町(下方), 2斗落1夜味, 自作, 地味中. 《『朝鮮半島の農法と農民』(高橋昇,

1939) 「濟州島紀行」〉.

チキトー島(지귀도) 제주특별자치도 서귀포시 남원읍 위미리 바다에 있는 '지귀도'를 일본어 가나로 쓴 것 가운데 하나. ⇒ 地歸島(지귀도).

知歸島 チキトー 〈『朝鮮五萬分一地形圖』「西歸浦」(濟州島南部 5號, 1918)〉.

チクサドン(직사동) 제주특별자치도 서귀포시 남원읍 하례2리 '직새'에 형성되었던 '직새동'을 일본어 가나로 쓴 것 가운데 하나. ⇒ 直舍洞(직사동).

直舍洞 チクサドン 〈『朝鮮五萬分一地形圖』「西歸浦」(濟州島南部 5號, 1918)〉.

チコブル(지거흘) 제주특별자치도 제주시 한경면 산양리 가마오롬(가메오롬) 남쪽, 새신오롬 동쪽 일대에 형성되었던 '지거흘'을 일본어 가나로 쓴 것. ⇒ 之去屹(지거흘).

之去屹 チコブル 〈『朝鮮五萬分一地形圖』「大靜及馬羅島」(濟州島南部 9號, 1918)〉.

チッアッパッ(집앞밧) 제주특별자치도 제주시 아라1동 산천단 있었던 '집앞밧'을 일본어 가나로 쓴 것.

我羅里山川壇……チッアッパッ 3斗落, 自作 〈『朝鮮半島の農法と農民』(高橋昇, 1939) 「濟州島紀行」〉.

ヂノセ(지노세) 제주특별자치도 제주시 추자면 '절멩이' 동북쪽에 있는 여를 일본어 가나로 쓴 것 가운데 하나. ⇒ 地ノ瀨(지노뢰)

地ノ瀨(ヂノセ.)及中ノ瀨(ナカノセ) 絶明嶼ヲリ128度7鏈ニ水深10.9米ノ礁アリ地ノ瀨ト稱シ周圍急深ニシテ1鏈以上ヲ隔ツレバ36米以上ナリ 〈『朝鮮沿岸水路誌 第1卷』(1933) 朝鮮南岸「楸子群島」〉.

チミポン(지미봉) 제주특별자치도 제주시 구좌읍 종달리에 있는 '池尾峯(지미봉)'의 한자음을 일본어 가나로 쓴 것.

池尾峯(チミポン: 耽羅志には池尾山, 文獻備考には指尾山とあり) 〈『濟州島の地質學的觀察』(1928, 川崎繁太郞)〉.

チャイヂョン(자이전) 제주특별자치도 제주시 애월읍 봉성리 者伊田(자이전)의 한자음을 일본어 가나로 쓴 것. ⇒ 者伊田(자이전).

者伊田 チャイヂョン 《朝鮮五萬分一地形圖》「翰林」(濟州島北部 12號, 1918)〉.

チャウンダン(자운당) 제주특별자치도 제주시 화북동 '자운당'을 일본어 가나로 쓴 것.

チャウンダン 《朝鮮半島の農法と農民》(高橋昇, 1939)「濟州島紀行」〉.

チャキトー(차귀도) 제주특별자치도 제주시 한경면 고산1리 당산봉 동쪽 바다에 있는 '차귀도'의 한자 표기 遮歸島(차귀도)의 한자음을 일본어 가나로 쓴 것 가운데 하나. ⇒ **遮歸島**(차귀도).

遮歸島 チャキトー 〈《朝鮮五萬分一地形圖》「摹瑟浦」(濟州島南部 13號 (1918)〉.

チヤクントルリオルム(작은돌리미오롬) 제주특별자치도 제주시 구좌읍 송당리에 있는 '족은돌리미오롬'을 일본어 가나로 쓴 것. ⇒ **小石額岳**(소석액악).

小石額岳 チャクントルリミオルム 《朝鮮五萬分一地形圖》(濟州島北部 4號)「城山浦」(1918). 大石額岳(クントルリオルム)及小石額岳(チヤクントルリオルム)《濟州島の地質學的觀察》(1928, 川崎繁太郎)〉.

チャミョン(좌면) 1.일제강점기 초에 정의군(旌義郡)에 속한 '좌면(左面)'의 일본어 가나 표기. 2.1914년 3월 1일 이후 정의군 좌면(左面)을 제주군(濟州郡) 정의면(旌義面)이라 함. 1935년 4월 1일부터 제주군 정의면을 제주군 성산면(城山面)이라 함. 오늘날 성산읍(城山邑)의 전신임.

左面 チャミョン 《朝鮮五萬分一地形圖》「西歸浦」(濟州島南部 5號, 1918)〉.

チャンオトン(창오동) 제주특별자치도 제주시 내도동 蒼梧洞(창오동)의 한자음을 일본어 가나로 쓴 것. ⇒ **蒼梧洞**(창오동).

蒼梧洞 チャンオトン 《朝鮮五萬分一地形圖》「翰林」(濟州島北部 12號, 1918)〉.

チャンクドン(장구동) 제주특별자치도 제주시 아라1동 '장구왓' 일대에 형성된 '장구왓동네'의 한자 차용 표기 '長久洞(장구동)'의 한자음을 일본어 가나로 쓴 것 가운데 하나. ⇒ **長久洞**(장구동).

長久洞 チャンクドン 《朝鮮五萬分一地形圖》「漢拏山」(濟州島北部 8號, 1918)〉.

チャンコチョン(창고천) 제주특별자치도 서귀포시 안덕면 창천리와 감산리를 거쳐 화순리로 흘러가는 '창고천'을 일본어 가나로 쓴 것. ⇒ **倉庫川(창고천)**.

倉庫川 チャンコチョン 《朝鮮五萬分一地形圖』「大靜及馬羅島」(濟州島南部 9號, 1918)》.

チャンコル(잔골/존골) 제주특별자치도 서귀포시 월평동 월평교회 동북쪽에 있는 '잔골'을 일본어 가나로 쓴 것. ⇒ **潺洞(잔동)**.

月坪里 ヲルピョンニー 潺洞 チャンコル 《朝鮮五萬分一地形圖』「大靜及馬羅島」(濟州島南部 9號, 1918)》.

チャンサントン(장산동) 제주특별자치도 제주시 조천읍 선흘1리 동남쪽 '장산이빌레' 일대에 형성되었던 '장산동'을 일본어 가나로 쓴 것 가운데 하나. ⇒ **長山洞(장산동)**.

長山洞 チャンサントン 《朝鮮五萬分一地形圖』「濟州」(濟州島北部 7號, 1918)》.

チャンスンマルトル(장수무르들) 제주특별자치도 제주시 한림읍 수원리 '장수무르들'을 일본어 가나로 쓴 것.

翰林面洙源里洙源洞……チャンスンマルトル 2000坪 2夜味 《朝鮮半島の農法と農民』(高橋昇, 1939)「濟州島紀行」》.

チャンチョンニー(창천니) 제주특별자치도 서귀포시 안덕면 '창천리'의 현실음 '창천니'를 일본어 가나로 쓴 것. ⇒ **倉川里(창천리)**.

倉川里 チャンチョンニー 《朝鮮五萬分一地形圖』「大靜及馬羅島」(濟州島南部 9號, 1918)》.

チャンヂョンリ(장전리) 제주특별자치도 제주시 애월읍 長田里(장전리)의 한 자음을 일본어 가나로 쓴 것. ⇒ **長田里(장전리)**.

長田里 チャンヂョンリ 《朝鮮五萬分一地形圖』「翰林」(濟州島北部 12號, 1918)》.

チャンヂンクヂー(장작지) 제주특별자치도 제주시 추자면 하추자도 신양리의 '진작지'의 한자 차용 표기인 長作只(장작지)을 일본어 가나로 쓴 것의 하나. ⇒ **長作只(장작지)**.

新陽里 シンヤンリー, 新上里 シンサンニー, 新下里 シンハーリー, 長作只 チャンヂャク

ヂー, 石頭里 ソクヅーリー《朝鮮五萬分一地形圖》(濟州嶋北部 9號, 「楸子群島」(1918)》.

チャント(장또) 제주특별자치도 제주시 조천읍 송당리 대천동(大川洞) 동쪽 '장터'를 '장도[-또]'로 이해하고 그것을 일본어 가나로 쓴 것 가운데 하나. ⇒ **長基**(장기).

長基 チャント《朝鮮五萬分一地形圖》「漢拏山」(濟州島北部 8號, 1918)》.

チャンロミドン(창느미동) 제주특별자치도 제주시 봉개동 '붉은오롬' 바로 북쪽에 있었던 '倉廩洞(창늠동)'의 한자음을 일본어 가나로 쓴 것 가운데 하나. ⇒ **倉廩洞**(창늠동).

倉廩洞 チャンロミドン《朝鮮五萬分一地形圖》「漢拏山」(濟州島北部 8號, 1918)》.

チュークントン(주근동) 제주특별자치도 제주시 한경면 용수리 법기동 북쪽, 용당리 중심마을 서북쪽에 형성되어 있는 동네의 한자 표기 周近洞(주근동)의 한자음을 일본어 가나로 쓴 것 가운데 하나. ⇒ **周近洞**(주근동).

周近洞 チュークントン《朝鮮五萬分一地形圖》(濟州島南部 13號「摹瑟浦」(1918)》.

チューヂュー(제주) 제주(濟州)의 한자음을 일본어 가나로 쓴 것 가운데 하나. ⇒ **濟州**(제주).

濟州 チューヂュー《朝鮮五萬分一地形圖》(濟州島南部 13號「摹瑟浦」(1918)》. 濟州 チューヂュー《朝鮮五萬分一地形圖》「橫干島」(1918)》. 濟州 チューヂュー《朝鮮五萬分一地形圖》「濟州」(濟州島北部 7號, 1918)》.

チューヂューミョン(제주면) 제주특별자치도 제주시 동 지역의 일제강점기 면 이름인 제주면을 일본어 가나로 쓴 것 가운데 하나. ⇒ **濟州面**(제주면).

濟州面 チューヂューミョン《朝鮮五萬分一地形圖》「濟州」(濟州島北部 7號, 1918)》. 濟州面 チューヂューミョン《朝鮮五萬分一地形圖》「翰林」(濟州島北部 12號, 1918)》.

チュク(지꾸) 제주특별자치도 제주시 추자면 상추자도 서북쪽 바다에 있는 섬 '지꾸'를 일본어 가나로 쓴 것의 하나. ⇒ **直龜**(직구).

直龜 チュク 111.8米《朝鮮五萬分一地形圖》(濟州嶋北部 9號, 「楸子群島」(1918)》.

チュクソンドン(죽성동) 제주특별자치도 제주시 오등동 남쪽 '죽성마을'의 한

자 차용 표기인 '竹城洞(죽성동)'을 일본어 가나로 쓴 것 가운데 하나.
⇒ 竹城洞(죽성동).

竹城洞 チュクソンドン《朝鮮五萬分一地形圖』「漢拏山」(濟州島北部 8號, 1918)》.

チュクトー(죽도) 제주특별자치도 제주시 한경면 고산1리 당산봉 동쪽 바다에 있는 '차귀도'의 별칭인 '대섬'의 한자 차용 표기 竹島(죽도)의 한자음을 일본어 가나로 쓴 것 가운데 하나. ⇒ 竹島(죽도).

竹島 チュクトー 68米《朝鮮五萬分一地形圖』(濟州島南部 13號「摹瑟浦」(1918)》.

チュチアトー(추자도) 제주특별자치도 제주시 추자면의 본섬 '추자도(楸子島)'의 한자음을 일본어 가나로 쓴 것 가운데 하나. ⇒ 楸子島(추자도).

楸子島(츄쟈도 チュチアトー)《韓國水産誌』 제3집(1911) 全羅南道 莞島郡 楸子面》.

チュチニトン(주지동) 제주특별자치도 제주시 한경면 조수리 '붉은못동네〉붉으못동네'의 한자 차용 표기 朱池洞(주지동)의 한자음을 일본어 가나로 쓴 것 가운데 하나. ⇒ 朱池洞(주지동).

朱池洞 チュチニトン《朝鮮五萬分一地形圖』(濟州島南部 13號「摹瑟浦」(1918)》.

チュヂャー(추자--) 제주특별자치도 제주시 추자면의 '추자'를 일본어 가나로 쓴 것 가운데 하나. ⇒ 楸子(추자).

楸子群島 チュヂャー《朝鮮五萬分一地形圖』(濟州嶋北部 9號,「楸子群島」(1918)》.

チュヂャーハン(추자항) 제주특별자치도 제주시 추자면 상추자도 대서리에 있는 楸子港(추자항)을 일본어 가나로 쓴 것의 하나. ⇒ 楸子港(추자항).

楸子港 チュヂャーハン《朝鮮五萬分一地形圖』(濟州嶋北部 9號,「楸子群島」(1918)》.

チュヂャーミョン(추자면) 제주특별자치도 제주시 楸子面(추자면)을 일본어 가나로 쓴 것의 하나. ⇒ 楸子面(추자면).

楸子面 チュヂャーミョン《朝鮮五萬分一地形圖』「橫干島」(1918)》.《朝鮮五萬分一地形圖』(濟州嶋北部 9號,「楸子群島」(1918)》. 楸子面 チュヂャーミョン《朝鮮五万分一地形圖』(珍島 12號,「橫干島」(1918)》.

チュフン(주흥) 제주특별자치도 제주시 우도면 오봉리의 자연마을 가운데 하

나인 '주흥개[--깨]〉중개[--깨]' 일대에 형성된 동네엔 '주흥동'의 '주흥'을 일본어로 나타낸 것임. ⇒ 周興(주흥).

周興 チュフン 《朝鮮五萬分一地形圖』「金寧」(濟州嶋北部 三號, 1918)》.

チュポトー(추포도) 제주특별자치도 제주시 추자면 상추자도 북동쪽 바다에 있는 섬인 추가리(추포도)의 한자 차용 표기인 秋浦島(추포도)를 일본어 가나로 쓴 것의 하나. ⇒ 秋浦島(추포도).

秋浦島 チュポトー 112.9米 《朝鮮五萬分一地形圖』(濟州嶋北部 9號,「楸子群島」(1918)》.

チュルピョンドン(출평동) 제주특별자치도 서귀포시 상예동 남서쪽 '난드르' 일대에 있었던 '출평동'을 일본어 가나로 쓴 것. ⇒ 出坪洞(출평동).

出坪洞 チュルピョンドン 《朝鮮五萬分一地形圖』「大靜及馬羅島」(濟州島南部 9號, 1918)》.

チュンタブ(중답) 제주특별자치도 제주시 외도동에 있었던 '중답(중논)'을 일본어 가나로 쓴 것.

濟州邑外都里月台洞……チュンタブ 1斗落, 3夜味, 自作, 距離4.5町 《朝鮮半島の農法と農民』(高橋昇, 1939)「濟州島紀行」》. 濟州邑外都里月台洞……チュンタブ 4斗落(1斗落 170坪) 2夜味 《朝鮮半島の農法と農民』(高橋昇, 1939)「濟州島紀行」》.

チュンドルパッ(중ᄃ르밧) 제주특별자치도 제주시 외도동에 있었던 '중ᄃ르밧(중ᄃ르왓)'을 일본어 가나로 쓴 것.

濟州邑外都里月台洞……チュンドルパッ 10斗落(1斗落 150坪) 自作, 距離1町, 二層田. 《朝鮮半島の農法と農民』(高橋昇, 1939)「濟州島紀行」》.

チュンミョン(중면) 제주특별자치도 서귀포시 안덕면과 대정읍을 아울렀던 일제강점기 '中面(중면)'을 일본어 가나로 쓴 것. ⇒ 中面(중면).

中面 チュンミョン 《朝鮮五萬分一地形圖』「大靜及馬羅島」(濟州島南部 9號, 1918)》.

チュンムンミョン(중문면) 1935년 4월 1일부터 당시 제주군 中面(중면)을 中文面(중문면)으로 바꿨는데, 그것을 일본어 가나로 쓴 것 가운데 하나. ⇒ 中文面(중문면).

中文面 チュンムンミョン 《朝鮮五萬分一地形圖》(濟州嶋北部 8號「漢拏山」(1943)).

チユンムンリー(중문리) 제주특별자치도 서귀포시 중문동의 옛 이름 '중문리(中文里)'를 일본어 가나로 쓴 것 가운데 하나. ⇒ 中文里(중문리).

中文里(중문리 チユンムンリー) 《韓國水産誌》제3집(1911)「濟州島」大靜郡 左面). 中文里 チュンムンリー 《朝鮮五萬分一地形圖》「大靜及馬羅島」(濟州島南部 9號, 1918)).

チユンメン(쥰멘) 일제강점기 제주도(濟州島)의 한 면인 '중면(中面)'의 일본어 한자음 '쥰멘'을 일본어 가나로 쓴 것 가운데 하나. ⇒ 中面(중면).

中面 チュンメン 《地方行政區域名稱一覽》(朝鮮總督府 內務局, 1935)).

チョースーアク(조소악) 제주특별자치도 제주시 한경면 산양리에 있는 '새신오롬'의 변음 '새소오롬'의 한자 차용 표기 鳥巢岳(조소악)의 한자음을 일본어 가나로 쓴 것 가운데 하나. ⇒ 鳥巢岳(조소악).

鳥巢岳 チョースーアク 141.6米 《朝鮮五萬分一地形圖》(濟州島南部 13號「摹瑟浦」(1918)).

チョーヂアク(저지악) 제주특별자치도 제주시 한경면 저지리 중동과 남동 서쪽에 있는 '저지악'을 일본어 가나로 쓴 것. ⇒ 楮旨岳(저지악).

楮旨岳 チョーヂアク 《朝鮮五萬分一地形圖》「大靜及馬羅島」(濟州島南部 9號, 1918)).

チョーヂリー(저지리) 제주특별자치도 제주시 한경면 저지오롬 동쪽 일대에 형성되어 있는 '저지리'를 일본어 가나로 쓴 것. ⇒ 楮旨里(저지리).

楮旨里 チョーヂリー 《朝鮮五萬分一地形圖》「大靜及馬羅島」(濟州島南部 9號, 1918)).

チョカトン(조가동) 제주특별자치도 서귀포시 안덕면 광평리 영아리오롬 북서쪽 기슭에 있었던 '조가동'을 일본어 가나로 쓴 것. ⇒ 趙哥洞(조가동).

廣坪里 クヮンピョンニー 趙哥洞 チョカトン 《朝鮮五萬分一地形圖》「大靜及馬羅島」(濟州島南部 9號, 1918)).

チョクアクポン(적악봉) 제주특별자치도 서귀포시 남원읍 가시리 산간에 있는 '붉은오롬'의 한자 차용 표기 가운데 하나인 '赤岳峰(적악봉)'의 한자음을 일본어 가나로 쓴 것 가운데 하나.

赤岳峰 チョクアクポン 59米 《『朝鮮五萬分一地形圖』「漢拏山」(濟州島北部 8號, 1918)》.

チョクチートン(적지동) 제주특별자치도 제주시 구좌읍 평대리 '적지동'을 일본어로 나타낸 것임. ⇒ 赤池洞(적지동).

赤池洞 チョクチートン 《『朝鮮五萬分一地形圖』「金寧」(濟州嶋北部 三號, 1918)》.

チョクンシリ(족은시리) 제주특별자치도 제주시 한림읍 상대리의 옛 이름 '존귀술'의 변음 '족은시리'를 일본어 가나로 쓴 것. ⇒ 小貴里(소귀리).

小貴里 チョクンシリ 《『朝鮮五萬分一地形圖』「翰林」(濟州島北部 12號, 1918)》.

チョクンテーピアク(족은데비오롬) 제주특별자치도 서귀포시 안덕면 광평리 광평 입구 사거리 서북쪽에 있는 '족은데비오롬'을 일본어 가나로 쓴 것. ⇒ 朝近大妣岳(조근대비악).

朝近大妣岳 チョクンテーピアク 543米 《『朝鮮五萬分一地形圖』「大靜及馬羅島」(濟州島南部 9號, 1918)》.

チョスークエトン(조숙궤동) 제주특별자치도 서귀포시 안덕면 동광리 동광육거리 북동쪽, '원물오롬' 동쪽에 있었던 '조숙궤동'을 일본어 가나로 쓴 것. ⇒ 鳥宿橫洞(조숙궤동).

廣坪里 クワンピョンニー 鳥宿橫洞 チョスークエトン 《『朝鮮五萬分一地形圖』「大靜及馬羅島」(濟州島南部 9號, 1918)》.

チョスリー(조수리) 제주특별자치도 제주시 한경면 조수리를 일본어 가나로 쓴 것. ⇒ 造水里(조수리).

造水里 チョスリー 《『朝鮮五萬分一地形圖』(濟州島北部 16號「飛揚島」1918)》.

チョチョンニー(조천니) 제주특별자치도 제주시 조천읍 '조천리'의 현실음 '조천니'를 일본어 가나로 쓴 것 가운데 하나. ⇒ 朝天里(조천리).

朝天里 チョチョンニー 《『朝鮮五萬分一地形圖』「濟州」(濟州島北部 7號, 1918)》.

チョチョンミョン(조천면) 1935년 4월 1일부터 당시 제주군 신좌면(新左面)을 조천면(朝天面)으로 바꿨는데, 그것을 일본어 가나로 쓴 것 가운데 하나. ⇒ 朝天面(조천면).

朝天面 チョチョンミョン《朝鮮五萬分一地形圖』(濟州嶋北部 8號「漢拏山」(1943)〉.

チョヂヨンリー(조천리) 제주특별자치도 제주시 조천읍 '조천리'를 일본어 가나로 쓴 것 가운데 하나. ⇒ 朝天里(조천리).

朝天里(죠젼리 チョヂヨンリー)《韓國水産誌』 제3집(1911)「濟州島」濟州郡 新左面〉.

チョプドン(조부동) 제주특별자치도 제주시 애월읍 하귀리 藻腐洞(조부동)의 한자음을 일본어 가나로 쓴 것. ⇒ 藻腐洞(조부동).

藻腐洞 チョプドン《朝鮮五萬分一地形圖』「翰林」(濟州島北部 12號, 1918)〉.

チョフムル(조후물) 제주특별자치도 제주시 한림읍 명월리에 있는 '조후물(ᄌ 베나물/ᄌ베나묵)'을 일본어 가나로 쓴 것.

明月里……畓, チョフムル 300步, 9升落, 1夜味, 自作.《朝鮮半島の農法と農民』(高橋昇, 1939)「濟州島紀行』.

チョルアク(절악) 제주특별자치도 서귀포시 대포동 산간에 있는 '절악'을 일본어 가나로 쓴 것. ⇒ 折岳(절악).

折岳 チョルアク 743米《朝鮮五萬分一地形圖』「大靜及馬羅島」(濟州島南部 9號, 1918)〉.

チョルオルム(절오롬) 제주특별자치도 서귀포시 보목동 포구 북동쪽에 있는 '제지기오롬(저지기오롬)'을 '절지기오롬'으로 인식하여 '절오롬'으로 줄이고 일본어 가나로 쓴 것 가운데 하나. ⇒ 寺岳(사악).

寺岳 チョルオルム 32米《朝鮮五萬分一地形圖』「西歸浦」(濟州島南部 5號, 1918)〉.

チョルトイパッ(절디밧) 제주특별자치도 제주시 외도동에 있었던 '절디밧/절덧밧'을 일본어 가나로 쓴 것.

濟州邑外都里月台洞……チョルトイパッ 7斗落……2斗落《朝鮮半島の農法と農民』(高橋昇, 1939)「濟州島紀行』.

チョルパットン(절밧동) 제주특별자치도 서귀포시 남원읍 하례1리 예촌망 북서쪽에 있었던 '절왓동네'의 한자 차용 표기 寺田洞(사전동)을 '절밧동'으로

읽고 그것을 일본어 가나로 쓴 것 가운데 하나. ⇒ 寺田洞(사전동).

寺田洞 チョルパットン《朝鮮五萬分一地形圖』「西歸浦』(濟州島南部 5號, 1918)》.

チョルムルノン(절물논) 제주특별자치도 제주시 외도동에 있었던 '절물논'을 일본어 가나로 쓴 것.

濟州邑外都里月台洞……チョルムルノン 1斗落(150坪) 距離1町.《朝鮮半島の農法と農民』(高橋昇, 1939)「濟州島紀行』》.

チョルメー(조르메) 제주특별자치도 제주시 추자면 하추자도 석지머리 남서쪽 바다에 있는 작은 섬 '절멩이(《절명이)'을 일본어 가나로 쓴 것의 하나. 1960년대 1대 2만5천 지형도부터 1990년대 지형도까지 '절명이'로만 쓰여 있었으나, 2000년도 지형도부터 '절명이'와 '큰과탈', '작은과탈' 등 3개 지명이 쓰여 있음. 그러나 '절명이' 지역에 '큰과탈'과 '작은과탈'을 표기한 것은 잘못임. '큰과탈'과 '작은과탈'은 이 섬 서쪽 바다에 있는 것으로, 일제강점기부터 지금까지 '華島(화도)'와 '海岩嶼(해암서)'로 쓰여 있음.

チョルメー《朝鮮五萬分一地形圖』(濟州嶋北部 9號,「楸子群島」(1918)》.

チョロゲワッ(조로궤왓) 제주특별자치도 서귀포시 보목동 '조로궤왓(조노궤왓)'을 일본어 가나로 쓴 것.

西歸面甫木里……チョロゲワッ 3斗落 1夜味《朝鮮半島の農法と農民』(高橋昇, 1939)「濟州島紀行』》.

チョンアオルムトン(천아오롬동) 제주특별자치도 제주시 한림읍 상대리 천아오롬동을 일본어 가나로 쓴 것. ⇒ 天娥岳洞(천아악동).

天娥岳洞 チョンアオルムトン《朝鮮五萬分一地形圖』「翰林」(濟州島北部 12號, 1918)》.

チョンオルム(정오롬) 제주특별자치도 제주시 조천읍 교래리에 있는 '돔베오롬'의 한자 차용 표기 가운데 하나인 丁岳(정악)을 '정오롬'으로 읽고 그것을 일본어 가나로 쓴 것 가운데 하나. ⇒ 丁岳(정악).

丁岳 チョンオルム《朝鮮五萬分一地形圖』「漢拏山」(濟州島北部 8號, 1918)》.

チョンクーモツコル(장구못골) 제주특별자치도 서귀포시 남원읍 수망리 민

오롬 북쪽 '장고못〉장구못' 일대에 형성되었던 '장고못골〉장구못골'을 일본어 가나로 쓴 것 가운데 하나. ⇒ 長鼓洞(장고동).

長鼓洞 チョンクーモヮコル 《朝鮮五萬分一地形圖》「西歸浦」(濟州島南部 5號, 1918)〉.

チョンシードン(종시동) 제주특별자치도 제주시 조천읍 신촌리 '종시ᄆ르' 일대에 형성되었던 '종시동'을 일본어 가나로 쓴 것 가운데 하나. ⇒ 種時洞(종시동).

種時洞 チョンシードン 《朝鮮五萬分一地形圖》「濟州」(濟州島北部 7號, 1918)〉.

チョンシルドン(정실동) 제주특별자치도 제주시 오라동 '정실마을'인 '정실동'을 일본어 가나로 쓴 것 가운데 하나. ⇒ 井實洞(정실동).

井實洞 チョンシルドン 《朝鮮五萬分一地形圖》「漢拏山」(濟州島北部 8號, 1918)〉.

チョンスーリー(청수리) 제주특별자치도 제주시 한경면 청수리의 한자 표기 淸水里(청수리)의 한자음을 일본어 가나로 쓴 것 가운데 하나. ⇒ 淸水里(청수리).

淸水里 チョンスーリー 《朝鮮五萬分一地形圖》(濟州島南部 13號「摹瑟浦」(1918)〉.

チョンソトン(천서동) 제주특별자치도 서귀포시 안덕면 상천리 동북쪽에 있었던 '천서동'을 일본어 가나로 쓴 것. ⇒ 川西洞(천서동).

稽達里 セクタリー 川西洞 チョンソトン 《朝鮮五萬分一地形圖》「大靜及馬羅島」(濟州島南部 9號, 1918)〉.

チョンタリー(종다리) 제주특별자치도 제주시 구좌면에 있는 한 법정마을인 終達里(종달리)의 현실음 '종다리'를 일본어 가나로 쓴 것 가운데 하나. ⇒ 終達里(종달리).

終達里(종달리 チョンタリー) 《韓國水産誌》제3집(1911)「濟州島」濟州郡 舊左面〉.

チョンチョンドン(정종동) 제주특별자치도 제주시 노형동 正宗洞(정종동)의 한자음을 일본어 가나로 쓴 것. ⇒ 正宗洞(정종동).

正宗洞 チョンチョンドン 《朝鮮五萬分一地形圖》「翰林」(濟州島北部 12號, 1918)〉.

チョンチヨンポク(천지연폭) 제주특별자치도 서귀포시 송산동 바닷가 가까이

에서 흘러내리는 '천지연폭포'를 줄인 '천지연폭'을 일본어 가나로 쓴 것 가운데 하나. ⇒ 天池淵瀑(천지연폭).

天池淵瀑 チョンチョンポク《朝鮮五萬分一地形圖』「西歸浦」(濟州島南部 5號, 1918)》.

チョンヂンドン(천진동) 제주특별자치도 제주시 우도면 '천진리(天津里)'의 옛 자연마을 이름인 '천진동'을 일본어로 나타낸 것임. ⇒ 天津洞(천진동).

天津洞 チョンヂンドン《朝鮮五萬分一地形圖』(濟州嶋北部 4號 「城山浦」(1918)》.

チョントー(청도) 제주특별자치도 제주시 추자면 하추자도 석지머리 남쪽 바다에 있는 '푸랭이'의 한자 차용 표기인 靑島(청도)을 일본어 가나로 쓴 것의 하나. ⇒ 靑島(청도).

靑島 チョントー [プレンイ] 116米《朝鮮五萬分一地形圖』(濟州嶋北部 9號, 「楸子群島」(1918)》.

チョンナムコル(종남골) 제주특별자치도 서귀포시 남원읍 위미1리 북쪽 '종남골(종남굴)'에 형성되었던 '종남골동네(종남굴동네)'의 한자 차용 표기 宗南洞(종남동)을 일본어 가나로 쓴 것 가운데 하나. ⇒ 宗南洞(종남동).

宗南洞 チョンナムコル《朝鮮五萬分一地形圖』「西歸浦」(濟州島南部 5號, 1918)》.

チョンナムチョン(종남전) 제주특별자치도 제주시 조천읍 와산리 '당오롬' 남쪽에 있는 '종남밧(족남밧의 변음)'을 일본어 가나로 쓴 것 가운데 하나. ⇒ 宗南田(종남전).

宗南田 チョンナムチョン《朝鮮五萬分一地形圖』「漢拏山」(濟州島北部 8號, 1918)》.

チョンパンポク(정방폭) 제주특별자치도 서귀포시 송산동 바닷가에 있는 '정방폭포'를 이른 '正房瀑(정방폭)'의 한자음을 일본어 가나로 쓴 것 가운데 하나. ⇒ 正房瀑(정방폭).

正方瀑 チョンパンポク《朝鮮五萬分一地形圖』「西歸浦」(濟州島南部 5號, 1918)》.

チョンピョンドン(정평동) 제주특별자치도 제주시 용담동 淨坪洞(정평동)의 한자음을 일본어 가나로 쓴 것. ⇒ 淨坪洞(정평동).

淨坪洞 チョンピョンドン《朝鮮五萬分一地形圖』「翰林」(濟州島北部 12號, 1918)》.

チョンマントン(천망동) 제주특별자치도 서귀포시 상천리 동북쪽, '모라리오름' 북서쪽 '쳇망에움' 일대에 있었던 '천망동'을 일본어 가나로 쓴 것. ⇒ 川望洞(천망동).

上川里 サンンチョンニー 川望洞 チョンマントン 《朝鮮五萬分一地形圖』「大靜及馬羅島』(濟州島南部 9號, 1918)》.

チョンミトン(천미동) 제주특별자치도 서귀포시 대정읍 동일2리 '세밋동네'의 한자 차용 표기 泉味洞(천미동)의 한자음을 일본어 가나로 쓴 것 가운데 하나. ⇒ 泉味洞(천미동).

泉味洞 チョンミトン 《朝鮮五萬分一地形圖』(濟州島南部 13號「摹瑟浦』(1918)》.

チョンムシ(정무시) 제주특별자치도 서귀포시 보목동 서쪽 '정무시'를 일본어 가나로 쓴 것.

西歸面甫木里……チョンムシ 4斗落(1斗落 150坪) 2夜味《朝鮮半島の農法と農民』(高橋昇, 1939)「濟州島紀行』》.

チョンムルオルム(정물오름) 제주특별자치도 제주시 한림읍 금악리 정물오름을 일본어 가나로 쓴 것. ⇒ 汀水岳(정수악).

汀水岳 チョンムルオルム 《朝鮮五萬分一地形圖』「翰林』(濟州島北部 12號, 1918)》.

チョンヲルアク(정월악) 제주특별자치도 제주시 한림읍 금능리 正月岳(정월악)의 한자음을 일본어 가나로 쓴 것. ⇒ 正月岳(정월악).

正月岳 チョンヲルアク 《朝鮮五萬分一地形圖』「翰林』(濟州島北部 12號, 1918)》.

チルオルム(칠오름) 제주특별자치도 제주시 구좌읍 송당리 남서쪽에 있는 '칠오름'의 일본어 가나 표기임. ⇒ 葛岳(갈악).

葛岳 チルオルム 313米 《朝鮮五萬分一地形圖』(濟州嶋北部 4號「城山浦』(1918)》.

チルヂョン(칠전) 제주특별자치도 제주시 한경면 고산2리 '일곱ᄃ로'의 한자 차용 표기 漆田(칠전)의 한자음을 일본어 가나로 쓴 것 가운데 하나. ⇒ 漆田(칠전).

七田 チルヂョン 《朝鮮五萬分一地形圖』(濟州島南部 13號 「摹瑟浦」(1918)》.

チユーサンケー(제산개) 제주특별자치도 서귀포시 표선면 남원1리의 개인 '제산잇개'를 '재산개'로 이해하고 그것을 일본어 가나로 쓴 것. ⇒ 濟山浦 (제산포).

南元里 ナムヲンリー, 西衣里 ソウイリー, 濟山浦 チユーサンケー, 光池 ヌッモ 《朝鮮五萬 分一地形圖』「西歸浦」(濟州嶋南部 5號, 1918)》.

チンアク(침악) 제주특별자치도 제주시 조천읍 교래리 제주돌문화공원 북서 쪽에 있는 '바농오롬'의 한자 차용 표기 針岳(침악)의 한자음을 '친악'으로 이해하여 일본어 가나로 쓴 것 가운데 하나. ⇒ 針岳(침악).

針岳 チンアク 552.1米 《朝鮮五萬分一地形圖』「漢拏山」(濟州島北部 8號, 1918)》.

チングントン(진근동) 제주특별자치도 제주시한림읍 동명리 鎭近洞(진근동) 의 한자음을 일본어 가나로 쓴 것. ⇒ 鎭近洞(진근동).

鎭近洞 チングントン 《朝鮮五萬分一地形圖』「翰林」(濟州島北部 12號, 1918)》.

チントン(진동) 제주특별자치도 제주시 한경면 조수1리 하동 '진동산' 일대에 형성되었던 陳洞(진동)의 한자음을 일본어 가나로 쓴 것 가운데 하나.
⇒ 陳洞(진동).

陳洞 チントン 《朝鮮五萬分一地形圖』(濟州州南部 13號 「摹瑟浦」(1918)》.

チンポトン(진평동) 제주특별자치도 서귀포시 표선면 가시리 영아리오롬 북동쪽 '진펭이굴' 일대에 있었던 陳坪洞(진평동)의 한자음을 일본어 가나 로 나타낸 것. ⇒ 陳坪洞(진평동).

陳坪洞 チンポントン 《朝鮮五萬分一地形圖』「漢拏山」(濟州島北部 8號, 1918)》.

ツーモリー(두모리) 제주특별자치도 제주시한경면 頭毛里(두모리)의 한자음을 일본어 가나로 쓴 것. ⇒ 頭毛里(두모리).

頭毛里 ツーモリー《朝鮮五萬分一地形圖』(濟州島北部 16號「飛揚島」,1918)》.

ツムンデルパッ(두문델밧) 제주특별자치도 제주시 이도동에 있었던 '두문델밧'을 일본어 가나로 쓴 것.

濟州邑二徒里……ツムンデルパッ 2.5斗落, 自作 距離1町.《朝鮮半島の農法と農民』(高橋昇, 1939)「濟州島紀行』.

ツルセンコル(드르셍골) 제주특별자치도 제주시 봉개동 회천동의 '드르세밋골'의 변음 '드르셍골'을 일본어 가나로 쓴 것. ⇒ 野生洞(야생동).

野生洞 ツルセンコル《朝鮮五萬分一地形圖』「漢挐山」(濟州島北部 8號, 1918)》.

ツルンヨ(두령여) 제주특별자치도 제주시 추자면 하추자도 예초리 북쪽 '검은가리' 북동쪽 바다에 있는 섬인 '두령여'를 일본어 가나로 쓴 것의 하나. ⇒斗嶺嶼(두령서).

斗嶺嶼 ツルンヨ《朝鮮五萬分一地形圖』(濟州嶋北部 9號,「楸子群島」(1918)》.

ツンチマル(둔지몰/둔지물) 제주특별자치도 제주시 구좌읍 김녕리 김녕곶, 덕

천리 김녕곶 경계 일대의 '둔지ᄆᆞ를〉둔지몰'을 일본어 가나로 쓴 것 가운데 하나. ⇒ 屯地洞(둔지동).

屯地洞 ツンチマル 〈『朝鮮五萬分一地形圖』「濟州」((濟州島北部 7號, 1918)〉.

テェーチョンミョン(대정면) 제주특별자치도 서귀포시 대정읍의 일제강점기 때 행정구역 이름인 '大靜面(대정면)'의 한자음을 일본어 가나로 쓴 것. ⇒ 大靜面(대정면).

大靜面 テェーチョンミョン 《朝鮮五萬分一地形圖』「大靜及馬羅島』(濟州島南部 9號, 1918)〉.

テエーピヨンリー(듸평리) 제주특별자치도 제주시 안덕면 大坪里(대평리)의 옛 한자음 '듸평리'를 일본어 가나로 쓴 것 가운데 하나. ⇒ 大坪里(대평리).

大坪里(듸평리 テエーピヨンリー) 《韓國水産誌』 제3집(1911)「濟州島」大靜郡 中面〉.

テースリワ(데수리왓) 제주특별자치도 제주시 한림읍 명월리에 있는 '데수리왓(대수리왓)'을 일본어 가나로 쓴 것.

翰林面明月里……テースリワ 距離12町, 面積14斗落, 2夜味. 《朝鮮半島の農法と農民』(高橋昇, 1939)「濟州島紀行」〉.

テーソリー(대서리) 제주특별자치도 제주시 추자면 상추자도에 있는 大西里(대서리)의 한자음을 일본어 가나로 쓴 것의 하나. ⇒ 大西里(대서리).

大西里 テーソリー 《朝鮮五萬分一地形圖』(濟州嶋北部 9號, 「楸子群島』(1918))〉.

テータプ(대답) 제주특별자치도 서귀포시 호근동과 서홍동 경계에 있는 '한논〉하논'의 한자 차용 표기 大畓(대답)의 한자음을 일본어 가나로 쓴 것 가운데 하나. ⇒ 大畓(대답).

大畓 テータプ 《朝鮮五萬分一地形圖』「西歸浦」(濟州島南部 5號, 1918)〉.

テーチョントン(대천동) 제주특별자치도 제주시 구좌읍 송당리 '큰내' 일대에 형성되었던 대천동을 일본어 가나로 쓴 것. ⇒ 大川洞(대천동).

大川洞 テーチョントン 《朝鮮五萬分一地形圖』「漢拏山」(濟州島北部 8號, 1918)〉.

テーチョンミョン(대정면) 제주특별자치도 서귀포시 대정읍의 일제강점기 면 이름인 大靜面(대정면)을 일본어 가나로 쓴 것 가운데 하나. ⇒ 大靜面(대정면).

大靜面 テーチョンミョン 《朝鮮五萬分一地形圖』(濟州島南部 13號「摹瑟浦」(1918)〉.

テートン(대동) 제주특별자치도 제주시 한경면 청수리 '큰동네'의 한자 차용 표기 大洞(대동)을 일본어 가나로 쓴 것 가운데 하나. ⇒ 大洞(대동).

淸水里 チョンスーリー, 大洞 テートン 《朝鮮五萬分一地形圖』(濟州島南部 13號「摹瑟浦」(1918)〉.

テーピョン(대평) 제주특별자치도 서귀포시 안덕면 대평리 '대평'을 일본어 가나로 쓴 것. ⇒ 大坪(대평).

倉川里 チャンチョンニー 大坪 テーピョン 《朝鮮五萬分一地形圖』「大靜及馬羅島」(濟州島南部 9號, 1918)〉.

テーフンリ(태흥리) 제주특별자치도 서귀포시 남원읍 '태흥리'를 일본어 가나로 쓴 것 가운데 하나. ⇒ 太興里(태흥리).

泰興里 テーフンリ 《朝鮮五萬分一地形圖』「西歸浦」(濟州島南部 5號, 1918)〉.

テーポリー(대포리) 제주특별자치도 서귀포시 대포동의 옛 이름인 '대포리'를 일본어 가나로 쓴 것. ⇒ 大浦里(대포리).

大浦里 テーポリー 《朝鮮五萬分一地形圖』「大靜及馬羅島」(濟州島南部 9號, 1918)〉.

テーランリー(태흥리) 제주특별자치도 서귀포시 표선면 '태흥리(太興里)'를 일

본어 가나로 쓴 것 가운데 하나. ⇒ 太興里(태흥리).

太興里 テーランリー, 保閑里 ポハンリー, 東保閑 プルケー 《朝鮮五萬分一地形圖』「西歸浦」(濟州嶋南部 5號, 1918)》.

テーロクポン(대록봉) 제주특별자치도 서귀포시 표선면 가시리 산간에 있는 '큰사스미오롬'의 한자 차용 표기 가운데 하나인 大鹿山(대록산)의 한자음을 일본어 가나로 쓴 것 가운데 하나. ⇒ 大鹿峰(대록봉).

大鹿峰 テーロクポン 474.6米 《朝鮮五萬分一地形圖』「漢拏山」(濟州島北部 8號, 1918)》.

テョッコリアチンパ(도꼬리아진밧) 제주특별자치도 제주시 이도동에 있었던 '도꼬리아진밧'을 일본어 가나로 나타낸 것. '도꼬리'는 '찔레'의 제주 방언 가운데 하나.

テョッコリアチンパ 小作, 1500坪 《朝鮮半島の農法と農民』(高橋昇, 1939)「濟州島紀行」》.

テリムニー(대림리) 제주특별자치도 제주시 한림읍 大林里(대림리)의 한자음을 일본어 가나로 쓴 것. ⇒ 大林里(대림리).

大林里 テリムニー 《朝鮮五萬分一地形圖』「翰林」(濟州島北部 12號, 1918)》.

トイチトン(도이지동) 제주특별자치도 서귀포시 안덕면 덕수리 북쪽 '도리못
(도로못)' 일대에 형성되었던 '도이지동'을 일본어 가나로 쓴 것. ⇒ 道伊池洞
(도이지동).

德修里 トクスーリー 道伊池洞 トイチトン《朝鮮五萬分一地形圖』「大靜及馬羅島」(濟州島南部 9號, 1918)》.

トウチラメン(도우쥬멘) 일제강점기 제주도(濟州島)의 한 면인 '동중면(東中面)'
의 일본어 한자음 '도우쥬멘'을 일본어 가나로 쓴 것 가운데 하나. ⇒ 東中
面(동중면).

東中面 トウチラメン《地方行政區域名稱一覽』(朝鮮總督府 內務局, 1935)》.

トウモリー(두모리) 제주특별자치도 제주시 한경면 頭毛里(두모리)의 한자음
을 일본어 가나로 쓴 것 가운데 하나. ⇒ 頭毛里(두모리).

頭毛里(두모리 トウモリー)《韓國水産誌』 제3집(1911)「濟州島」濟州郡 舊右面》.

トウルアク(도을악) 제주특별자치도 제주시 한림읍 금악리와 서귀포시 안덕면
동광리 경계에 있는 '도을악'을 일본어 가나로 쓴 것. ⇒ 道乙岳(도을악).

道乙岳 トウルアク 439.6米《朝鮮五萬分一地形圖』「大靜及馬羅島」(濟州島南部 9號, 1918)》.

トウルトン(도을동) 제주특별자치도 서귀포시 안덕면 동광리 '돌오롬' 서남쪽에 있었던 '도을동'을 일본어 가나로 쓴 것. ⇒ 道乙洞(도을동).

東廣里 トンクワンニー 道乙洞 トウルトン 《朝鮮五萬分一地形圖》「大靜及馬羅島」(濟州島南部 9號, 1918)》.

トーウオンリー(도원리) 제주특별자치도 서귀포시 대정읍 '도원리'를 일본어 가나로 쓴 것 가운데 하나. ⇒ 桃源里(도원리).

桃源里(도원리 トーウオンリー) 《韓國水産誌》 제3집(1911)「濟州島」大靜郡 右面》.

トーシユンリー(도순리) 제주특별자치도 서귀포시 도순동의 옛 이름 '도순리'를 일본어 가나로 쓴 것 가운데 하나. ⇒ 道順里(도순리).

道順里(도순리 トーシユンリー) 《韓國水産誌》 제3집(1911)「濟州島」大靜郡 左面》.

トースンリー(도순리) 제주특별자치도 서귀포시 도순동의 옛 이름 '도순리'를 일본어 가나로 쓴 것. ⇒ 道順里(도순리).

道順里 トースンリー 《朝鮮五萬分一地形圖》「大靜及馬羅島」(濟州島南部 9號, 1918)》.

トートウリー(도두리) 제주특별자치도 제주시 도두동의 옛 이름 '도두리'를 일본어 가나로 쓴 것 가운데 하나. ⇒ 道頭里(도두리).

道頭里(도두리 トートウリー) 《韓國水産誌》 제3집(1911)「濟州島」濟州郡 中面》.

ドーナムリー(도남리) 제주특별자치도 제주시 이도2동 '도남동'의 옛 이름 '도남리'를 일본어 가나로 쓴 것 가운데 하나. ⇒ 道南里(도남리).

道南里 ドーナムリー 《朝鮮五萬分一地形圖》「漢拏山」(濟州島北部 8號, 1918)》.

トキトン(토기동) 제주특별자치도 서귀포시 안덕면 사계리 사계항 일대에 형성되어 '토기동'을 일본어 가나로 쓴 것. ⇒ 土基洞(토기동).

土基洞 トキトン 《朝鮮五萬分一地形圖》「大靜及馬羅島」(濟州島南部 9號, 1918)》.

トクスーリー(덕수리) 제주특별자치도 서귀포시 안덕면 산방산 북서쪽에 형성되어 있는 '덕수리'를 일본어 가나로 쓴 것. ⇒ 德修里(덕수리).

德修里 トクスーリー 《朝鮮五萬分一地形圖》「大靜及馬羅島」(濟州島南部 9號, 1918)》.

トクチンゲー(독진개) 제주특별자치도 제주시 우도면 오봉리의 한 자연마을

인 '하고수동' 바닷가에 있는 '독진개'의 일제강점기 일본어 가나 표기임.
⇒ 獨津浦(독진포).

獨津浦 トクチンゲー 《朝鮮五萬分一地形圖』「金寧」(濟州嶋北部 三號, 1918)》.

トクチンコッ(독진곶) 제주특별자치도 제주시 우도면 오봉리의 한 자연마을
인 '하고수동' 바닷가에 있는 '독진곶'의 일본어 가나 표기임.

獨津串 トクチンコッ 《朝鮮五萬分一地形圖』「金寧」(濟州嶋北部 三號, 1918)》. ⇒ 獨津串(독진곶).

トクネー(도근내) 제주특별자치도 제주시 외도동 도근내를 일본어 가나로 쓴 것.

都近川 トクネー 《朝鮮五萬分一地形圖』「翰林」(濟州島北部 12號, 1918)》. ⇒ 都近川(도근천).

トクリツムワッ(도꾸릿물왓) 제주특별자치도 서귀포시 보목동 '도꾸릿물왓(도
꾸릿샘왓)'을 일본어 가나로 쓴 것.

西歸面甫木里……トクリツムワッ 1升5斗落 2夜味 《朝鮮半島の農法と農民』(高橋昇, 1939)「濟州
島紀行』).

トサンポン(토산봉) 제주특별자치도 서귀포시 표선면 토산리에 있는 토산봉
을 일본어 가나로 쓴 것. ⇒ 兎山峰(토산봉).

兎山峰 トサンポン 176.6米 《朝鮮五萬分一地形圖』「表善」(濟州島南部 1號, 1918)》.

トサンリー(토산리) 제주특별자치도 서귀포시 표선면 토산리를 일본어 가나
로 쓴 것. ⇒ 兎山里(토산리).

兎山里 トサンリー 《朝鮮五萬分一地形圖』「表善」(濟州島南部 1號, 1918)》.

トスートン(두수동) 제주특별자치도 제주시 한경면 고산2리 '두먼이물·두문
이물' 일대에 형성되었던 '두먼이물동네·두문이물동네'의 한자 차용 표기
斗水洞(두수동)을 일본어 가나로 쓴 것 가운데 하나. ⇒ 斗水洞(두수동).

斗水洞 トスートン 《朝鮮五萬分一地形圖』(濟州島南部 13號「摹瑟浦」, 1918)》.

トツーボン(도두봉) 제주특별자치도 제주시 도두동의 道頭峰(도두봉)의 한자
음을 일본어 가나로 쓴 것. ⇒ 道頭峰(도두봉).

道頭峰 トツーボン 《朝鮮五萬分一地形圖』「翰林」(濟州島北部 12號, 1918)》.

トツーリ(도두리) 제주특별자치도 제주시 도두동의 옛 이름 道頭里(도두리)의 한자음을 일본어 가나로 쓴 것. ⇒ 道頭里(도두리).

道頭里 トツーリ 《『朝鮮五萬分一地形圖』「翰林」(濟州島北部 12號, 1918)》.

トックリソム田(돗구리섬밧/돗구리셈밧) 제주특별자치도 서귀포시 보목동 '돗구리섬밧(도꾸리섬밧/도꾸리셈밧)'을 일본어 가나와 한자를 빌려 쓴 것.

濟州島西歸面甫木里……李杜文の農業經營規模……トックリソム田 《『朝鮮半島の農法と農民』(高橋昇, 1939)「濟州島紀行」》.

トックリ田(돗구리왓) 제주특별자치도 서귀포시 보목동 '돗구리왓(도꾸리왓)'을 일본어 가나와 한자를 빌려 쓴 것.

濟州島西歸面甫木里……李杜文の農業經營規模……トックリ田 《『朝鮮半島の農法と農民』(高橋昇, 1939)「濟州島紀行」》.

トックエトン(돗궤동) 제주특별자치도 서귀포시 대정읍 보성리 상동의 옛 이름 '돗귀동'을 일본어 가나로 쓴 것. ⇒ 猪耳洞(저이동).

猪耳洞 トックエトン 《『朝鮮五萬分一地形圖』「大靜及馬羅島」(濟州島南部 9號, 1918)》.

トッゲニョ(독갯녀) 제주특별자치도 서귀포시 대정읍 가파리의 본섬 가파도 동쪽 바다에 있는 '독갯여[도갠녀]'를 일본어 가나로 쓴 것. ⇒ 甕浦灘(옹포탄).

甕浦灘 トッゲニョ 《『朝鮮五萬分一地形圖』「大靜及馬羅島」(濟州島南部 9號, 1918)》.

トピョンニー(토평니) 제주특별자치도 서귀포시 토평동의 옛 이름 '토평리'의 현실음 '토평니'를 일본어 가나로 쓴 것 가운데 하나. ⇒ 吐坪里(토평리).

吐坪里 トピョンニー 《『朝鮮五萬分一地形圖』「西歸浦」(濟州島南部 5號, 1918)》.

トピンニー(도평리) 제주특별자치도 제주시 도평동의 옛 이름 都坪里(도평리)의 한자음을 일본어 가나로 쓴 것. ⇒ 都坪里(도평리).

都坪里 トピンニー 《『朝鮮五萬分一地形圖』「翰林」(濟州島北部 12號, 1918)》.

トモクトン(도목동) 제주특별자치도 서귀포시 대정읍 보성리 '돗귀눈동네'의 한자 차용 표기 猪目洞(저목동)의 한자음을 일본어 가나로 쓴 것 가운데 하나. ⇒ 猪目洞(저목동).

猪目洞 トモクトン 〈『朝鮮五萬分一地形圖』(濟州島南部 13號 「摹瑟浦」(1918)〉.

ドヨンニー(도련니) 제주특별자치도 제주시 도련동의 옛 이름 '도련리'의 현실음 '도련니'를 일본어 가나로 쓴 것 가운데 하나. ⇒ 道連里(도련리).

道連里 ドヨンニー 〈『朝鮮五萬分一地形圖』「濟州」(〈濟州島北部 7號, 1918)〉.

ドルオルム(돌오롬) 제주특별자치도 제주시 월평동 산간과 조천읍 교래리 산간 경계에 있는 '돌오롬'을 일본어 가나로 쓴 것 가운데 하나. ⇒ 石岳(석악).

石岳 ドルオルム 〈『朝鮮五萬分一地形圖』「漢拏山」(濟州島北部 8號, 1918)〉.

トルソム(돌섬) 제주특별자치도 제주시 추자면 하추자도 예초리 북쪽 '검은가리' 동북쪽 바다에 있는 섬인 '돌섬'을 일본어 가나로 쓴 것의 하나. ⇒ 乭島(돌도).

乭島 トルソム 〈『朝鮮五萬分一地形圖』(濟州嶋北部 9號, 「楸子群島」(1918)〉.

トルミ(돌미) 제주특별자치도 서귀포시 성산읍 수산2리에 있는 '돌리미'의 변음 '돌미'를 일본어 가나로 쓴 것.

濟州島に於ては陸地(島にては朝鮮本土を斯く云ふ)に於けるが如く山名に山(サン)峯(ポン)及岳(アク)を附くろも多くは何何オルムと呼び……雪岳(スンオルム) 飛雉山(ヒチメー) 乭山(トルミ) 月郎峯(タランジ) 〈濟州島の地質學的觀察(1928, 川崎繁太郎)〉.

トルンドル(들은돌/들온돌) 제주특별자치도 제주시 삼양동 '들은돌동네(들온돌동네)'의 '들은돌(들온돌)'을 일본어 가나로 쓴 것 가운데 하나. ⇒ 擧石(거석).

擧石 トルンドル 〈『朝鮮五萬分一地形圖』「濟州」(〈濟州島北部 7號, 1918)〉.

トロオルム(돌오롬) 제주특별자치도 서귀포시 안덕면 상천리 돌오롬을 일본어 가나로 쓴 것.

石岳 トロオルム 〈『朝鮮五萬分一地形圖』「翰林」(濟州島北部 12號, 1918)〉.

トロンニョ(도롱녀) 제주특별자치도 서귀포시 대정읍 가파도 바다에 있는 '도롱잇여'의 줄임말인 '도롱녀'를 일본어 가나로 쓴 것. ⇒ 道濃灘(도농탄).

道濃灘 トロンニョ 《朝鮮五萬分一地形圖》「大靜及馬羅島」(濟州島南部 9號, 1918)》.

トンイルリー(동일리) 제주특별자치도 서귀포시 대정읍 '동일리(東日里)'의 한 자음을 일본어 가나로 쓴 것 가운데 하나. ⇒ 東日里(동일리).

東日里 トンイルリー 《朝鮮五萬分一地形圖》(濟州島南部 13號 「摹瑟浦」(1918)》.

トンキー角(돈끼가꾸) 제주특별자치도 제주시 화북동 바닷가의 한 지명을 일 본어 가나로 나타낸 것 가운데 하나.

トンキー角 《濟州郡地圖》(1914)》.

トンクトン(동구동) 제주특별자치도 서귀포시 남원읍 위미2리 대원하동 일대 에 있었던 '동구동'을 일본어 가나로 쓴 것 가운데 하나. ⇒ 東求洞(동구동).

東求洞 トンクトン 《朝鮮五萬分一地形圖》「西歸浦」(濟州島南部 5號, 1918)》.

トンクヮンニー(동광니) 제주특별자치도 서귀포시 안덕면 '동광리'의 현실음 '동광니'를 일본어 가나로 쓴 것. ⇒ 東廣里(동광리).

東廣里 トンクヮンニー 道乙洞 トウルトン 《朝鮮五萬分一地形圖》「大靜及馬羅島」(濟州島南部 9 號, 1918)》.

トンコル(동골) 제주특별자치도 제주시 한림읍 금악리에 있는 '동골'의 일본 어 가나 표기. ⇒ 東洞(동동).

東洞 トンコル 《朝鮮五萬分一地形圖》「翰林」(濟州島北部 12號, 1918)》.

トンジェウン(동제원) 제주특별자치도 제주시 화북동 '동제원〉동주원'을 일 본어 가나로 쓴 것.

濟州邑禾北里……トンジェウン 8斗落 1夜味 《朝鮮半島の農法と農民》(高橋昇, 1939)「濟州島紀行」》.

トンストン(동수동) 제주특별자치도 서귀포시 안덕면 화순리 '통수동'을 일본 어 가나로 쓴 것. ⇒ 洞水洞(동수동).

和順里 フヮスンニー 洞水洞 トンストン 《朝鮮五萬分一地形圖》「大靜及馬羅島」(濟州島南部 9號, 1918)》.

トンチュウエン田(동주원밧) 제주특별자치도 제주시 화북동 '동주원밧'을 일 본어 가나와 한자를 빌려 쓴 것.

濟州島濟州邑禾北里……トンチュウエン田〈『朝鮮半島の農法と農民』(高橋昇, 1939)「濟州島紀行」〉.

トンチュンミョン(동중면) 東中面(동중면)의 한자음을 일본어 가나로 쓴 것.
⇒ 東中面(동중면).

東中面 トンチュンミョン〈『朝鮮五萬分一地形圖』「漢拏山」(濟州島北部 8號, 1918)〉.

トンチョクノン(동쪽논) 제주특별자치도 제주시 아라1동 산천단에 있었던
'동쪽논'을 일본어 가나로 쓴 것.

我羅里山川壇……トンチョクノン(畓) 距離1町, 2斗5斗落, 5夜味, 自作.〈『朝鮮半島の農法と
農民』(高橋昇, 1939)「濟州島紀行」〉.

トントーアク(돈도악) 제주특별자치도 서귀포시 대정읍 영락리 내논동(냇논동
네) 남쪽에 있는 '돈돌미오롬'의 한자 차용 표기 가운데 하나인 敦道岳(돈도
악)의 한자음을 일본어 가나로 쓴 것. ⇒ 敦道岳(돈도악).

敦道岳 トントーアク 41米〈『朝鮮五萬分一地形圖』(濟州島南部 13號「摹瑟浦」(1918)〉.

トントン(동동) 제주특별자치도 서귀포시 안덕면 덕수리 동쪽에 형성되어 있
는 '동동'을 일본어 가나로 쓴 것. ⇒ 東洞(동동).

德修里 トクスーリー 東洞 トントン〈『朝鮮五萬分一地形圖』「大靜及馬羅島」(濟州島南部 9號, 1918)〉.

トンバンナンパ(동박남밧) 제주특별자치도 제주시 외도동에 있었던 '동박남
밧'을 일본어 가나로 쓴 것.

濟州邑外都里月台洞……トンバンナンパ 4斗落, 3層田, 自作.〈『朝鮮半島の農法と農民』(高橋昇,
1939)「濟州島紀行」〉.

トンフル(돈흘) 제주특별자치도 제주시 우도면 오봉리의 자연마을 가운데 하
나인 '돈흘개동네'의 '돈흘'을 일본어로 나타낸 것임. ⇒ 錢屹(전흘).

錢屹 トンフル〈『朝鮮五萬分一地形圖』「金寧」(濟州嶋北部 三號, 1918)〉.

トンヘースー(동회수) 1.제주특별자치도 서귀포시 회수동 동쪽 회수교 일대
에서 솟아나는 '동회수'을 일본어 가나로 쓴 것. 2.제주특별자치도 서귀포
시 회수동 동쪽 회수교 일대에서 솟아나는 물 일대에 형성되었던 동네인

'동회수'을 일본어 가나로 쓴 것. ⇒ 東廻水(동회수).

廻水里 ヘースーリー 東廻水 トンヘースー 《朝鮮五萬分一地形圖』「大靜及馬羅島』(濟州島南部 9號, 1918)》.

トンペンデ(동벵디) 제주특별자치도 제주시 아라1동에 있었던 '동벵디'를 일본어 가나로 쓴 것.

我羅里……山林 トンペンデ 5町 面積5斗落. 《朝鮮半島の農法と農民』(高橋昇, 1939) 「濟州島紀行』》.

トンポクイー(동북리) 제주특별자치도 제주시 구좌 '동복리(東福里)'를 '동북리'로 이해하여 일본어 가나로 쓴 것 가운데 하나. ⇒ 東福里(동복리).

東福里(동북리 トンポクイー) 《韓國水産誌』 제3집(1911) 「濟州島』 濟州郡 舊左面》.

トンポクニー(동복니) 제주특별자치도 제주시 구좌읍 '동복리'의 현실음 '동복니'를 일본어 가나로 쓴 것 가운데 하나. ⇒ 東福里(동복리).

東福里 トンポクニー 《朝鮮五萬分一地形圖』「濟州』((濟州島北部 7號, 1918)》.

トンホンニー(동홍니) 제주특별자치도 서귀포시 동홍동의 옛 이름 '동홍리'의 현실음 '동홍니'를 일본어 가나로 쓴 것 가운데 하나. ⇒ 東烘里(동홍리).

東烘里 トンホンニー 《朝鮮五萬分一地形圖』「西歸浦』(濟州島南部 5號, 1918)》.

トンミョンニー(동명리) 제주특별자치도 제주시 한림읍 동명리를 일본어 가나로 쓴 것. ⇒ 東明里(동명리).

東明里 トンミョンニー 《朝鮮五萬分一地形圖』「翰林』(濟州島北部 12號, 1918)》.

トンムルソッパ(통물솟밧) 제주특별자치도 제주시 외도동에 있었던 '통물솟밧'을 일본어 가나로 쓴 것.

濟州邑外都里月台洞……トンムルソッパ 14斗落, 2夜味. 《朝鮮半島の農法と農民』(高橋昇, 1939) 「濟州島紀行』》.

トンムルパッ(통물밧) 제주특별자치도 제주시 외도동에 있었던 '통물밧'을 일본어 가나로 쓴 것.

濟州邑外都里月台洞……トンムルパッ 3斗落 《朝鮮半島の農法と農民』(高橋昇, 1939) 「濟州島紀行』》.

ナウブリー(납읍리) 제주특별자치도 제주시 애월읍 납읍리를 일본어 가나로 쓴 것. ⇒ 納邑里(납읍리).

納邑里 ナウブリー 《『朝鮮五萬分一地形圖』「翰林」(濟州島北部 12號, 1918)》.

ナカノセ(나카노세) 楸子島(추자도) 남쪽 바다 '절멩이' 가까이에 있는 여 가운데 하나. ⇒ 中ノ瀨(중노뢰).

地ノ瀨(ヂノセ)及中ノ瀨(ナカノセ) 絶明嶼ヲリ128度7鏈ニ水深10.9米ノ礁アリ地ノ瀨ト稱シ周圍急深ニシテ1鏈以上ヲ隔ツレバ36米以上ナリ 《『朝鮮沿岸水路誌 第1巻』(1933) 朝鮮南岸「楸子群島」》.

ナクチョンニー(낙천니) 제주특별자치도 제주시 한경면 '낙천리(樂泉里)'의 현실음 '낙천니'를 일본어 가나로 쓴 것 가운데 하나. ⇒ 樂泉里(낙천리).

樂泉里 ナクチョンニー 《『朝鮮五萬分一地形圖』(濟州島南部 13號「摹瑟浦」(1918)》.

ナシンドン(나신동) 제주특별자치도 제주시 한림읍 귀덕2리 '나신동'을 일본어 가나로 쓴 것. ⇒ 羅新洞(나신동).

羅新洞 ナシンドン 《『朝鮮五萬分一地形圖』「翰林」(濟州島北部 12號, 1918)》.

ナプトクソム(납덕섬) 제주특별자치도 제주시 추자면 하추자도 예초리 북쪽 '검은가리' 북동쪽 바다에 있는 섬인 '납덕이섬'의 한자 차용 표기인 納德島(납덕도)를 일본어 가나로 쓴 것의 하나. ⇒ **納德島(납덕도)**.

納德島 ナプトクソム 《朝鮮五萬分一地形圖』(濟州嶋北部 9號,「楸子群島」(1918)〉.

ナムオンミョン(남원면) 1935년 4월 1일부터 당시 제주군 서중면(西中面)을 남원면(南元面)으로 바꿨는데, 그것을 일본어 가나로 쓴 것 가운데 하나. ⇒ **南元面(남원면)**.

南元面 ナムオンミョン 《朝鮮五萬分一地形圖』(濟州嶋北部 8號「漢拏山」(1943)〉.

ナムソンアク(남송악) 제주특별자치도 서귀포시 안덕면 서광서리 북쪽에 있는 '남송악'을 일본어 가나로 쓴 것. ⇒ **南松岳(남송악)**.

南松岳 ナムソンアク 341米 《朝鮮五萬分一地形圖』「大靜及馬羅島」(濟州島南部 9號, 1918)〉.

ナムタントン(남당동) 제주특별자치도 서귀포시 안덕면 감산리 '남당' 일대에 형성되었던 '남당동'을 일본어 가나로 쓴 것. ⇒ **南堂洞(남당동)**.

倉川里 チャンチョンニー 南堂洞 ナムタントン 《朝鮮五萬分一地形圖』「大靜及馬羅島」(濟州島南部 9號, 1918)〉.

ナムトサン(남도산) 제주특별자치도 서귀포시 표선면 토산2리 '南兎山(남토산)'의 한자음을 일본어 가나로 쓴 것. ⇒ **南兎山(남토산)**.

南兎山(남도산 ナムトサン) 《韓國水産誌』 제3집(1911)「濟州島」旌義郡 東中面〉. 南兎山 ナムトサン 《朝鮮五萬分一地形圖』「表善」(濟州島南部 1號, 1918)〉.

ナムミルオルム(남밀오롬) 제주특별자치도 제주시 연동 남밀오롬을 일본어 가나로 쓴 것. ⇒ **木密岳(목밀악)**.

木密岳 ナムミルオルム 《朝鮮五萬分一地形圖』「翰林」(濟州島北部 12號, 1918)〉.

ナムムントン(남문동) 제주특별자치도 제주시 한림읍 명월리 남문동을 일본어 가나로 쓴 것. ⇒ **南門洞(남문동)**.

南門洞 ナムムントン 《朝鮮五萬分一地形圖』「翰林」(濟州島北部 12號, 1918)〉.

ナムヲンリー(남원리) 제주특별자치도 서귀포시 남원읍 '남원리' 일본어 가나로 쓴 것 가운데 하나. ⇒ **南元里(남원리)**.

南元里 ナムヲンリー, 西衣里 ソウイリー, 濟山浦 チエーサンケー, 光池 ヌッモ 〈『朝鮮五萬分一地形圖』「西歸浦」(濟州嶋南部 5號, 1918)〉.

ナントダン(난도탄) 제주특별자치도 제주시 구좌읍 하도리 동쪽 바다에 있는 '난도여'의 한자 표기 難渡灘(난도탄)을 일본어 가나로 쓴 것. ⇒ **難渡灘(난도탄)**.

牛島水道西側……此ノ嘴ノ北方ニ難渡灘(ナントダン), 東方ニ磧多灘(ハンタダン)ト稱スル離岩アリ……. 〈『朝鮮沿岸水路誌 第1卷』(1933) 朝鮮南岸「濟州島」〉.

ョンピョンニー(영평리) 제주특별자치도 제주시 영평동의 옛 이름 '영평리'의
현실음 '영평니'를 일본어 가나로 쓴 것 가운데 하나. ⇒ 寧坪里(영평리).

寧坪里 ニョンピョンニー 〈『朝鮮五萬分一地形圖』「漢拏山」(濟州島北部 8號, 1918)〉.

ヌジリオルム(느지리오롬) 제주특별자치도 제주시 한림읍 상명리 晩早岳(만조악)의 한자음을 일본어 가나로 쓴 것. ⇒ 晩早岳(만조악).

晩早岳 ヌジリオルム 《『朝鮮五萬分一地形圖』「翰林」(濟州島北部 12號, 1918).

ヌジリトン(느지리동) 제주특별자치도 제주시 한림읍 상명리의 느지리동을 일본어 가나로 쓴 것. ⇒ 晩早洞(만조동).

晩早洞 ヌジリトン 《『朝鮮五萬分一地形圖』「翰林」(濟州島北部 12號, 1918).

ヌッモ(넛못·늣못) 제주특별자치도 서귀포시 표선면 남원1리 광지동에 있는 '넙은못〉넙못'의 변음 '넛모·늣모'를 일본어 가나로 쓴 것 가운데 하나. ⇒ 光池(광지).

南元里 ナムヲンリー, 西衣里 ソウイリー, 濟山浦 チエーサンケー, 光池 ヌッモ 《『朝鮮五萬分一地形圖』「西歸浦」(濟州嶋南部 5號, 1918)〉.

ヌルポッ(눌밧) 제주특별자치도 서귀포시 서홍동 북서쪽에 있었던 '눌밧(눌왓/눌왓동산 일대)'을 일본어 가나로 쓴 것 가운데 하나. ⇒ 菌田(균전).

菌田 ヌルポッ 《『朝鮮五萬分一地形圖』「西歸浦」(濟州島南部 5號, 1918)〉.

ヌンオルム(눈오름) 제주특별자치도 제주시 한림읍 금악리 눈오롬을 일본어 가나로 쓴 것. ⇒雪岳(설악).

雪岳 ヌンオルム 〈『朝鮮五萬分一地形圖』「翰林」(濟州島北部 12號, 1918)〉.

ネーカンヂョン(내강정) 제주특별자치도 서귀포시 강정동 강정 포구 서쪽 바닷가에 있는 '내강정'을 일본어 가나로 쓴 것. ⇒ 內江汀(내강정).

江汀里 カンヂョンニー 內江汀 ネーカンヂョン 《朝鮮五萬分一地形圖』「大靜及馬羅島」(濟州島南部 9號, 1918)〉.

ネーソントン(내셍동) 제주특별자치도 제주시 조천읍 와산리 당오롬 북동쪽에 형성되었던 '내셍이' 일대의 동네인 '내셍동'을 일본어 가나로 쓴 것. ⇒ 川成洞(천성동).

川成洞 ネーソントン 《朝鮮五萬分一地形圖』「漢拏山」(濟州島北部 8號, 1918)〉.

ネコルパ(냇골밧) 제주특별자치도 제주시 한림읍 명월리에 있는 '냇골밧(냇골왓)'을 일본어 가나로 쓴 것.

明月里……ネコルパ 距離200步, 4斗落, 自作, 一夜味. 《朝鮮半島の農法と農民』(高橋昇, 1939)「濟州島紀行』〉.

ネックルパ(냇굴밧) 제주특별자치도 제주시 화북1동 '냇굴밧(냇굴왓)'을 일본어 가나로 쓴 것.

濟州邑禾北里……ネックルパ 一回休, 10斗落, 自作, 中, 1夜味. 《朝鮮半島の農法と農民』(高橋昇, 1939)「濟州島紀行』〉.

ノクコメ(녹고메) 제주특별자치도 제주시 애월읍 유수암리 산간에 있는 '노꼬메'를 '녹고메'로 이해하고 일본어 가나로 쓴 것. ⇒ 鹿古岳(녹고악).

鹿古岳(ノクコメオルム: ノクコメにて充分なるべし) 〈濟州島の地質學的觀察』(1928, 川崎繁太郎)〉.

ノクコメオルム(녹고메오름) 제주특별자치도 제주시 애월읍 유수암리 산간에 있는 '노꼬메오롬'을 '녹고메오름'으로 이해하고 일본어 가나로 쓴 것. ⇒ 鹿古岳(녹고악).

鹿古岳 ノクコメオルム 841米 〈朝鮮五萬分一地形圖』「翰林』(濟州島北部 12號, 1918)〉. 鹿古岳(ノクコメオルム: ノクコメにて充分なるべし) 〈濟州島の地質學的觀察』(1928, 川崎繁太郎)〉.

ノクソム(녹섬) 제주특별자치도 서귀포시 '문섬'의 별칭 '녹섬'을 일본어 가나로 쓴 것 가운데 하나. 민간에서 '녹섬'이라는 말을 확인할 수 없음. ⇒ 鹿島(녹도).

鹿島 ノクソム 85.7米, 蚊島 ムンソム 85.7米 〈朝鮮五萬分一地形圖』「西歸浦』(濟州島南部 5號, 1918)〉.

ノッケニョ(넉갯녀) 제주특별자치도 서귀포시 대정읍 가파리의 본섬 가파도 동쪽 바다에 있는 '넙갯여(넙개여)'의 변음 '넉갯녀[너갠녀]'를 일본어 가나로 쓴 것. ⇒ 廣浦灘(광포탄).

廣浦灘 ノッケニョ 〈朝鮮五萬分一地形圖』「大靜及馬羅島』(濟州島南部 9號, 1918)〉.

ノップルオルム(노풀오롬) 제주특별자치도 제주시 구좌읍 송당리에 있는 '노풀오롬'의 일본어 가나 표기임. 오늘날은 '높은오롬〉높은오름'이라 하고 있음. ⇒ 高岳(고악).

高岳 ノップルオルム 405.3 《『朝鮮五萬分一地形圖』「濟州嶋北部 4號「城山浦」(1918)》.

ノハアク(녹하악) 제주특별자치도 서귀포시 중문동 산간에 있는 '녹하악'을 일본어 가나로 쓴 것. ⇒ 鹿下岳(녹하악).

鹿下岳 ノハアク 624米 《『朝鮮五萬分一地形圖』「大靜及馬羅島」(濟州島南部 9號, 1918)》.

ノハーヂ(녹하지) 제주특별자치도 서귀포시 중문동 산간에 있는 '녹하지오롬' 남동쪽에 있었던 동네인 '녹하지'를 일본어 가나로 쓴 것. ⇒ 鹿下旨(녹하지).

鹿旨 ノハーヂ 《『朝鮮五萬分一地形圖』「大靜及馬羅島」(濟州島南部 9號, 1918)》.

ノヒョンリ(노형리) 제주특별자치도 제주시 노형동의 옛 이름 '老衡里(노형리)'의 일본어 가나 표기. ⇒ 老衡里(노형리).

老衡里 ノヒョンリ 《『朝鮮五萬分一地形圖』「翰林」(濟州島北部 12號, 1918)》.

ノリオルム(노리오롬) 제주특별자치도 제주시 연동 남쪽에 있는 '노리오롬(민간에서는 '노리손이'의 변음으로 말해지고 있음.)'의 일본어 가나 표기 가운데 하나. ⇒ 獐岳(장악).

獐岳 ノリオルム 《『朝鮮五萬分一地形圖』「翰林」(濟州島北部 12號, 1918)》. 獐岳 ノリオルム 615米 《『朝鮮五萬分一地形圖』(濟州島北部 12號)「翰林」(1918)》. 老路岳(ノロオルム)と獐岳(ノリオルム) 《濟州島の地質學的觀察」(1928, 川崎繁太郎)》.

ノルブンケー(널분개) 제주특별자치도 서귀포시 표선면 토산2리 바닷가 '넓은개'의 현실음 '널분개'를 일본어 가나로 쓴 것. ⇒ 廣浦(광포).

廣浦 ノルブンケー 《『朝鮮五萬分一地形圖』「表善」(濟州島南部 1號, 1918)》.

ノルンニョ(노른여) 제주특별자치도 제주시 추자면에 속한 유인도 가운데 하나인 '횡간도' 서쪽 바다에 있는 '노는여'의 현실음 '노른녀'를 일본어 가나로 쓴 것의 하나. ⇒ 鹿嶼(녹서).

鹿嶼 ノルンニョ 《『朝鮮五万分一地形圖』(珍島 12號, 「橫干島」(1918)〉.

ノロオルム(노로오롬) '노로오롬〉노로오름'을 일본어 가나로 나타낸 것. ⇒ 老路岳(노로악).

老路岳 ノロオルム 1069.9米 《『朝鮮五萬分一地形圖』(濟州島北部 12號) 「翰林」(1918)〉. 老路岳(ノロオルム)と獐岳(ノリオルム) 〈濟州島の地質學的觀察』(1928, 川崎繁太郞)〉.

ノンカクトン(농각동) 제주특별자치도 서귀포시 대정읍 영락리 마을회관 서남쪽, 돈두미오롬 서북쪽에 형성되어 있는 자연마을 이름인 '논깍동네'를 '농깍동네'로 인식한 한자 표기 '農角洞(농각동)'을 일본어 가나로 쓴 것 가운데 하나. ⇒ **農角洞(농각동)**.

農角洞 ノンカクトン 《『朝鮮五萬分一地形圖』(濟州島南部 13號 「摹瑟浦」(1918)〉.

ノンセミパッ(논세밋밧) 제주특별자치도 제주시 한림읍 수원리 '논세밋밧(논세미왓)'을 일본어 가나로 쓴 것.

翰林面洙源里洙源洞……ノンセミパッ 1000坪 1夜味 《『朝鮮半島の農法と農民』(高橋昇, 1939) 「濟州島紀行」〉.

ノンナムポン(농남동) 제주특별자치도 서귀포시 대정읍 신도1리 동북쪽에 있는 '녹남오롬·녹낭오롬'을 '농남오롬·농낭오롬'으로 인식한 한자 차용 표기 農南峯(농남봉)의 한자음을 일본어 가나로 쓴 것 가운데 하나. ⇒ **農南峯(농남봉)**.

農南峯 ノンナムポン 《『朝鮮五萬分一地形圖』(濟州島南部 13號 「摹瑟浦」(1918)〉.

ノンロオルム(논고오롬) 제주특별자치도 제주시 서귀포시 남원읍 신례리 산간에 있는 '논고오롬'을 일본어 가나로 쓴 것. ⇒ **論古岳(논고악)**.

論古岳 ノンロオルム 858米 《『朝鮮五萬分一地形圖』「漢拏山」(濟州島北部 8號, 1918)〉.

ノンンモリパ(논머릿밧) 제주특별자치도 제주시 아라1동 산천단 있었던 '논머릿밧'을 일본어 가나로 쓴 것.

我羅里山川壇……ノンンモリパ 4斗落, 3夜味, 小作せり 《『朝鮮半島の農法と農民』(高橋昇, 1939) 「濟州島紀行」〉.

ハードン(하동) 제주특별자치도 제주시 구좌읍 한동리 '하동'을 일본어로 나타낸 것 가운데 하나. ⇒ 下洞(하동).

下洞 ハードン 《『朝鮮五萬分一地形圖』「金寧」(濟州嶋北部 三號, 1918)》.

ハーオンチョン(하온천) 제주특별자치도 서귀포시 남원읍 신흥1리의 옛 이름 하온천을 일본어 가나로 쓴 것. ⇒ 下溫川(하온천).

下溫川 ハーオンチョン 《『朝鮮五萬分一地形圖』「表善」(濟州島南部 1號, 1918)》.

ハーガリー(하가리) 제주특별자치도 제주시 애월읍 하가리를 일본어 가나로 쓴 것. ⇒ 下加里(하가리).

下加里 ハーガリー 《『朝鮮五萬分一地形圖』「翰林」(濟州島北部 12號, 1918)》.

ハーキリ(하귀리) 제주특별자치도 제주시 애월읍 하귀리를 일본어 가나로 쓴 것. ⇒ 下貴里(하귀리).

下貴里 ハーキリ 《『朝鮮五萬分一地形圖』「翰林」(濟州島北部 12號, 1918)》.

ハークイーリー(하귀리) 제주특별자치도 제주시 애월읍 下貴里(하귀리)의 한자음을 일본어 가나로 쓴 것 가운데 하나. ⇒ 下貴里(하귀리).

下貴里(하귀리 ハークイーリー) 《『韓國水産誌』제3집(1911) 「濟州島」, 濟州郡 新右面〉.

ハーソヌル(하서늘) 제주특별자치도 제주시 조천읍 선흘리 '알선흘'의 현실음 '알써늘'을 일본어 가나로 쓴 것 가운데 하나. ⇒ 下善屹(하선흘).

下善屹 ハーソヌル 《『朝鮮五萬分一地形圖』「濟州」((濟州島北部 7號, 1918)〉.

ハーチュヂャートー(하추자도) 제주특별자치도 제주시 추자면 下楸子島(하추 자도)를 일본어 가나로 쓴 것의 하나. ⇒ 下楸子島(하추자도).

下楸子島 ハーチュヂャートー 《『朝鮮五萬分一地形圖』「濟州嶋北部 9號,「楸子群島」(1918)〉.

ハーチヨンミリー(하천미리) 제주특별자치도 서귀포시 표선면 하천리의 옛 이름 '알내깍모을〉알내끼모을'의 한자 차용 표기 下川美里(하천미리)의 한 자음을 일본어 가나로 쓴 것 가운데 하나. ⇒ 下川美里(하천미리).

下川美里(하천미리 ハーチヨンミリー) 《『韓國水産誌』제3집(1911) 「濟州島」, 旌義郡 左面〉.

ハートン(하동) 제주특별자치도 서귀포시 안덕면 화순리 '하동'을 일본어 가 나로 쓴 것. ⇒ 下洞(하동).

和順里 フワスンニー 下洞 ハートン 《『朝鮮五萬分一地形圖』「大靜及馬羅島」(濟州島南部 9號, 1918)〉.

ハーバムアク(하밤악) 제주특별자치도 제주시 조천읍 선흘리에 있는 '알마베 기오롬'의 불완전한 한자 차용 표기인 下栗岳(하율악)을 '하밤악'으로 읽고 그것을 일본어 가나로 쓴 것 가운데 하나. 1960년도 지형도부터 2015년 지형도까지 '알밤오름'으로 쓰여 있으나, 이것은 '알바메기오롬'의 잘못임. 표고 392.2m. ⇒ 下栗岳(하율악).

下栗岳 ハーバムアク 393.6米 《『朝鮮五萬分一地形圖』「漢拏山」(濟州島北部 8號, 1918)〉.

ハーバンクー(하방구) 제주특별자치도 서귀포시 남원읍 신흥2리 하방구를 일 본어 가나로 쓴 것. ⇒ 下房求(하방구).

下房求 ハーバンクー 《『朝鮮五萬分一地形圖』「表善」(濟州島南部 1號, 1918)〉.

ハーヒョリ(하효리) 제주특별자치도 서귀포시 하효동의 옛 이름 '하효리'를

일본어 가나로 쓴 것 가운데 하나. ⇒ 下孝里(하효리).

下孝里 ハーヒョリ《朝鮮五萬分一地形圖》「西歸浦」(濟州島南部 5號, 1918)〉.

ハームドン(하무동) 제주특별자치도 제주시 영평하동의 옛 이름 '알무드내'의 불완전한 한자 차용 표기인 下武洞(하무동)의 한자음을 일본어 가나로 쓴 것 가운데 하나. ⇒ 下武洞(하무동).

下武洞 ハームドン《朝鮮五萬分一地形圖》「漢拏山」(濟州島北部 8號, 1918)〉.

ハーモリー(하모리) 제주특별자치도 서귀포시 대정읍 하모리의 한자 표기 下摹里(하모리)의 한자음을 일본어 가나로 쓴 것 가운데 하나. ⇒ 下摹里(하모리).

下摹里 ハーモリー《朝鮮五萬分一地形圖》(濟州島南部 13號「摹瑟浦」(1918)〉.

ハーヨエリー(하예리) 제주특별자치도 서귀포시 하예동의 옛 이름인 '하예리'를 일본어 가나로 쓴 것. ⇒ 下猊里(하예리).

下猊里 ハーヨエリー《朝鮮五萬分一地形圖》「大靜及馬羅島」(濟州島南部 9號, 1918)〉.

ハーレーリー(하례리) 제주특별자치도 서귀포시 남원읍 '하례리'를 일본어 가나로 쓴 것 가운데 하나. ⇒ 下禮里(하례리).

下禮里 ハーレーリー《朝鮮五萬分一地形圖》「西歸浦」(濟州島南部 5號, 1918)〉.

ハーヲンニー(하원니) 제주특별자치도 서귀포시 하원동의 옛 이름 '하원리'의 현실음 '하원니'를 일본어 가나로 쓴 것. ⇒ 河源里(하원리).

河源里 ハーヲンニー《朝鮮五萬分一地形圖》「大靜及馬羅島」(濟州島南部 9號, 1918)〉.

バクノクタム(백녹담) 제주특별자치도 서귀포시 토평동 산간의 한라산 꼭대기에 있는 '백록담'을 일본어 가나로 쓴 것 가운데 하나. ⇒ 白鹿潭(백록담).

白鹿潭 バクノクタム《朝鮮五萬分一地形圖》「漢拏山」(濟州島北部 8號, 1918)〉.

パクンボン(파군봉) 제주특별자치도 제주시 애월읍 하귀리 파군봉을 일본어 가나로 쓴 것. ⇒ 破軍峰(파군봉).

破軍峰 パクンボン《朝鮮五萬分一地形圖》「翰林」(濟州島北部 12號, 1918)〉.

パッミョクソム(밧미역섬) 제주특별자치도 제주시 추자면 하추자도 석지머

리 남서쪽 바다에 있는 '밖미역섬'을 일본어 가나로 쓴 것의 하나.

外藿島 パッミョクソム 39米 《朝鮮五萬分─地形圖》(濟州嶋北部 9號,「楸子群島」(1918)〉.

パデンパッ(밧뒌밧) 제주특별자치도 제주시 이도동에 있었던 '밧뒌밧'을 일본어 가나로 쓴 것.

濟州邑二徒里……パデンパッ 6斗落(1斗落 150坪) 自作, 거리7町, 下田, 3層田. 《朝鮮半島の農法と農民》(高橋昇, 1939)「濟州島紀行」〉.

バヒネツト島(바히넷토도) 제주도(濟州島) 우면(右面) 앞 바다의 杏島(행도) 서쪽에 バヒネツト島(바히넷토도)로 표기되어 있는데, 오늘날의 '범섬'을 이른 것으로 추정됨.

バヒネツト島 《六拾萬分之壹 全羅南道』(1918)〉.

はまをもと(하마오모토/하마모토) 제주특별자치도 제주시 구좌읍 하도리 동쪽 바다에 있는 兎島(토도)에 대한 일본어 가나 표기. ⇒ 兎島(토도).

兎島(はまをもと) 《濟州島勢要覽』(1935) 第14 島一周案内〉.

ハムチョドン(함처동) 제주특별자치도 제주시 한림읍 금악리 함처동을 일본어 가나로 쓴 것. ⇒ 含處洞(함처동).

含處洞 ハムチョドン 《朝鮮五萬分─地形圖』「翰林」(濟州島北部 12號, 1918)〉.

ハムトクニー(함덕니) 제주특별자치도 제주시 조천읍 '함덕리'의 현실음 '함덕니'를 일본어 가나로 쓴 것 가운데 하나. ⇒ 咸德里(함덕리).

咸德里 ハムトクニー 《朝鮮五萬分─地形圖』「濟州」(濟州島北部 7號, 1918)〉.

ハルネツト島(하루넷토도) 일제강점기 「정의군지도」(1914)에 당시 서귀동 앞 바다 섬에 ハルネツト島(하루넷토도)라고 표기하였음. '문섬[文島]'을 이른 것으로 보이는데, 소리가 아주 다름.

ハルネツト島 《旌義郡地圖』(1914)〉.

バルミ(바리미) 제주특별자치도 제주시 애월읍 어음리 산간에 있는 '바리메'를 '바리미'로 이해하고 일본어 가나로 쓴 것. ⇒ 發味岳(발미악).

發味岳(パルミ オルム: バルミ にて 充分 なる べし)〈『濟州島の地質學的觀察』(1928, 川崎繁太郎)〉.

敏岳山(ミ アク サン)高山岳(コ ミ サン アク)及 發伊岳(パルミ オルム: 翰林圖 にり 濟州 の 西南四里半 なり 耽羅事實 に 鉢山在州西南四十五里 とあり 鉢山 は バルミ なる べし)〈『濟州島の地質學的觀察』(1928, 川崎繁太郎)〉.

パルミ オルム(바리미오름) 제주특별자치도 제주시 애월읍 어음리 산간에 있는 '바리메', '바리미'로 이해하고 일본어 가나로 쓴 것. ⇒ 發伊岳(발이악). 發味岳(발미악).

發伊岳 パルミ オルム 〈『朝鮮五萬分一地形圖』「翰林」(濟州島北部 12號, 1918)〉. 發味岳(パルミ オル ム: バルミ にて 充分 なる べし)〈『濟州島の地質學的觀察』(1928, 川崎繁太郎)〉. 敏岳山(ミ アク サ ン)高山岳(コ ミ サン アク)及 發伊岳(パルミ オルム: 翰林圖 にり 濟州 の 西南四里半 なり 耽 羅事實 に 鉢山在州西南四十五里 とあり 鉢山 は バルミ なる べし)〈『濟州島の地質學的觀察』 (1928, 川崎繁太郎)〉.

ハルラサン(할라산) 제주도 漢拏山(한라산)을 '할라산'으로 읽고 일본어 가나로 쓴 것 가운데 하나.

濟州島の主山は其の中央に聳つ漢拏山(ハルラサン)である〈『濟州火山島雜記』(『地球』4권 4호, 1925, 中村新太郎)〉. 濟州島に於ては陸地(島にては朝鮮本土を斯く云ふ)に於けるが如く山 名に山(サン)峯(ポン)及岳(アク)を附くろも多くは何何オルムと呼び……산 漢拏山(ハ ルラサン)又は漢羅山 水路部及土地調査舊圖〈『濟州島の地質學的觀察』(1928, 川崎繁太郎)〉.

バルロー島(바루로도/벌로도) 일제강점기 「대정군지도」(1914)에 당시 모슬(摹瑟) 앞 바다 섬에 バルロー島(바루로도/벌로도)라고 표기하였음. '가파도(加波島)'를 이른 것으로 보이는데, 소리가 아주 다름.

バルロー島〈『大靜郡地圖』(1914)〉.

パンクートン(방구동) 제주특별자치도 서귀포시 남원읍 신흥2리 방구동을 일본어 가나로 쓴 것. ⇒ 房求洞(방구동).

房求洞 パンクートン〈『朝鮮五萬分一地形圖』「表善」(濟州島南部 1號, 1918)〉.

ハンシンダル(한신도르) 제주특별자치도 서귀포시 서홍동에 있는 '한세미ᄃ르'의 변음 '한셍이도르'를 일본어 가나로 쓴 것.

西歸面西煤里……ハンシンダル 垈內350坪, 借地, 下田.《朝鮮半島の農法と農民》(高橋昇, 1939)「濟州島紀行」.

ハンソントン(한선동) 제주특별자치도 제주시 한림읍 상대리에 있었던 한성동을 일본어 가나로 쓴 것. ⇒ **漢仙洞(한선동)**.

漢仙洞 ハンソントン 《朝鮮五萬分一地形圖》「翰林」(濟州島北部 12號, 1918)》.

パンソンムン(방선문) 제주특별자치도 제주시 오라동 남쪽 '한내'에 있는 '들렁궤(들렁귀)'를 미사(美辭)로 표현한 '訪仙門(방선문)'의 한자음을 일본어 가나로 쓴 것 가운데 하나. ⇒ **訪仙門(방선문)**.

訪仙門 パンソンムン 《朝鮮五萬分一地形圖》「漢拏山」(濟州島北部 8號, 1918)》.

ハンタダン(반다탄) 제주특별자치도 제주시 우도면 바다에 있는 磻多灘(반다탄: 반대여)의 한자음을 일본어 가나로 쓴 것. ⇒ **磻多灘(반다탄)**.

牛島水道西側……此ノ嘴ノ北方ニ難渡灘(ナントダン), 東方ニ磻多灘(ハンタダン)ト稱スル離岩アリ……《朝鮮沿岸水路誌 第1卷》(1933) 朝鮮南岸「濟州島」》.

ハンダリ(한ᄃ리) 제주특별자치도 제주시 한림읍 귀덕3리 '한ᄃ리'의 일본어 가나 표기. ⇒ **多橋(다교)**.

多橋 ハンダリ 《朝鮮五萬分一地形圖》「翰林」(濟州島北部 12號, 1918)》.

ハンデオルム(한데오롬) 제주특별자치도 제주시 애월읍 '한데오롬'의 일본어 가나 표기. ⇒ **漢大岳(한대악)**.

漢大岳 ハンデオルム 《朝鮮五萬分一地形圖》「翰林」(濟州島北部 12號, 1918)》.

パントーポ(방두포) 제주특별자치도 서귀포시 성산읍 신양리 바닷가 '방덧개'의 한자표기인 方頭浦(방두포)의 한자음을 일본어 가나로 쓴 것. ⇒ **方頭浦(방두포)**.

方頭浦(방두포 パントーポ) 《韓國水産誌》 제3집(1911)「濟州島」旌義郡 左面》.

ハントクリー(한덕리) 제주특별자치도 제주시 조천읍 '함덕리(咸德里)'의 '한
덕리'로 이해하고 일본어 가나로 쓴 것 가운데 하나.

咸德里(한덕리 ハントクリー) 《韓國水産誌》 제3집(1911) 「濟州島」 濟州郡 新左面〉.

パントン(반동) 제주특별자치도 제주시 한경면 한원리의 옛 이름인 '서린눈
동네·서리눈동네'의 한자 차용 표기인 盤洞(반동)을 일본어 가나로 쓴 것
가운데 하나. ⇒ **盤洞(반동)**.

盤洞 パントン 《朝鮮五萬分一地形圖》《濟州島南部 13號 「摹瑟浦」(1918)〉.

ハントンニー(한동니) 제주특별자치도 제주시 구좌읍 '한동리'의 현실음 '한
동니'를 일본어 가나로 나타낸 것임. ⇒ **漢東里(한동리)**.

漢東里 ハントンニー 《朝鮮五萬分一地形圖》 「金寧」《濟州嶋北部 三號, 1918)〉.

ハントンリー(한동리) 제주특별자치도 제주시 구좌읍 '한동리(漢東里)'의 우리
한자음 '한동리'를 일본어 가나로 쓴 것 가운데 하나. ⇒ **漢東里(한동리)**.

漢東里(한동리 ハントンリー) 《韓國水産誌》 제3집(1911) 「濟州島」 濟州郡 舊左面〉.

ハンナサン(한라산) 제주특별자치도 서귀포시 토평동 산간에 있는 '한라산'을
'한나산'으로 이해하고 그것을 일본어 가나로 쓴 것 가운데 하나. ⇒ **漢拏山
(한라산)**.

漢拏山 ハンナサン 1,950米 《朝鮮五萬分一地形圖》 「漢拏山」《濟州島北部 8號, 1918)〉.

ハンナムリー(한남리) 제주특별자치도 서귀포시 남원읍 '한남리'를 일본어 가
나로 쓴 것 가운데 하나. ⇒ **漢南里(한남리)**.

漢南里 ハンナムリー 《朝鮮五萬分一地形圖》 「西歸浦」《濟州島南部 5號, 1918)〉.

パンポアク(판포악) 제주특별자치도 제주시 한경면 판포리에 있는 '판포악'을
일본어 가나로 쓴 것. ⇒ **板浦岳(판포악)**.

板浦岳 パンポアク 《朝鮮五萬分一地形圖》《濟州島北部 16號 「飛揚島」1918)〉.

パンポリー(판포리) 제주특별자치도 제주시 한경면 板浦里(판포리)의 한자음
을 일본어 가나로 쓴 것. ⇒ **板浦里(판포리)**.

板浦里(판포리 パンポリー)《『韓國水産誌』제3집(1911)「濟州島」濟州郡 舊右面》. 板浦里 パンポ
リー《『朝鮮五萬分一地形圖』(濟州島北部 16號「飛揚島」1918)》.

ハンリムニー(한림리) 제주특별자치도 제주시 한림읍 翰林里(한림리)를 일본
어 가나로 쓴 것. ⇒ **翰林里**(한림리).

翰林里 ハンリムニー《『朝鮮五萬分一地形圖』「翰林」(濟州島北部 12號, 1918)》.

ハンリムミョン(한림면) 1935년 4월 1일부터 당시 제주군 구우면(舊右面)을
한림면(翰林面)으로 바꿨는데, 그것을 일본어 가나로 쓴 것 가운데 하나.
⇒ **翰林面**(한림면).

翰林面 ハンリムミョン《『朝鮮五萬分一地形圖』(濟州嶋北部 12號「翰林」(1943)》.

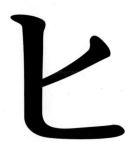

ピーヤン(비양) 제주특별자치도 제주시 우도면 오봉리의 한 자연마을인 '비양동'의 '비양'의 일본어 가나 표기임. ⇒ 飛揚(비양).

飛揚 ピーヤン 《『朝鮮五萬分一地形圖』「金寧」(濟州嶋北部 三號, 1918)》.

ピーヤントー(비양도) 제주특별자치도 제주시 우도면 조일리 바닷가에 있는 '비양섬'을, 한자를 빌려 쓴 飛揚島(비양도)의 일본어 가나 표기임. ⇒ **飛揚島**(비양도).

飛揚島(비양도 ピーヤントー) 《『韓國水産誌』 제3집(1911) 「濟州島」 濟州郡 舊右面》. 飛揚島 ピーヤントー 《『朝鮮五萬分一地形圖』「金寧」(濟州嶋北部 三號, 1918)》.

ビチメー(비치메) 제주특별자치도 제주시 구좌읍 송당리에 있는 '비치메'를 일본어 가나로 쓴 것.

濟州島に於ては陸地(島にては朝鮮本土を斯く云ふ)に於けるが如く山名に山(サン)峯(ポン)及岳(アク)を附くろも多くは何何オルムと呼び……雪岳(スンオルム) 飛雉山(ヒチメー) 乭山(トルミ) 月郞峯(タランジ) 《濟州島の地質學的觀察』(1928, 川崎繁太郎)》.

ピチャートン(비자동) 제주특별자치도 서귀포시 대정읍 신도3리의 옛 이름

'비주남동네〉비지남동네'의 한자 차용 표기 枇子洞(비자동)의 한자음을 일본어 가나로 쓴 것 가운데 하나. ⇒ 枇子洞(비자동).

枇子洞 ピチャートン 《朝鮮五萬分一地形圖』『濟州島南部 13號「摹瑟浦(1918)》.

ヒャンウオンリー(향원리) 제주특별자치도 제주시 구좌읍 '행원리(杏源里)'의 옛 한자음 '향원리'를 일본어 가나로 쓴 것 가운데 하나. ⇒ 杏源里(행원리).

杏源里(향원리 ヒャンウオンリー) 《韓國水産誌』 제3집(1911) 「濟州島」 濟州郡 舊左面》.

ピヤントー(비양도) 제주특별자치도 제주시 한림읍 비양리 비양도를 일본어 가나로 쓴 것. ⇒ 飛揚島(비양도).

飛揚島 ピヤントー 《朝鮮五萬分一地形圖』『翰林(濟州島北部 12號, 1918)》.

ピョシヨンリー(표선리) 제주특별자치도 서귀포시 표선면 表善里(표선리)의 한자음을 일본어 가나로 쓴 것. ⇒ 表善里(표선리).

表善里(표선리 ピョシヨンリー) 《韓國水産誌』 제3집(1911) 「濟州島」 旌義郡 東中面》.

ピョソンハン(표선항) 제주특별자치도 서귀포시 표선면 표선리에 있는 표선항을 일본어 가나로 쓴 것. ⇒ 表善港(표선항).

表善港 ピョソンハン 《朝鮮五萬分一地形圖』『表善(濟州島南部 1號, 1918)》.

ピョソンミョン(표선면) 1935년 4월 1일부터 당시 제주군 동중면(東中面)을 표선면(表善面)으로 바꿨는데, 그것을 일본어 가나로 쓴 것 가운데 하나.

⇒ 표선면(表善面).

表善面 ピョソンミョン 《朝鮮五萬分一地形圖』(濟州嶋北部 8號 「漢拏山(1943)》.

ピョソンリー(표선리) 제주특별자치도 서귀포시 표선면 표선리를 일본어 가나로 쓴 것. ⇒ 表善里(표선리).

表善里 ピョソンリー 《朝鮮五萬分一地形圖』『表善(濟州島南部 1號, 1918)》.

ヒョトンネー(효돈내) 제주특별자치도 서귀포시 효돈동과 남원읍 하례리 경계를 흐르는 '효돈내'의 한자 차용 표기 孝敦川(효돈천)의 한자음을 일본어 가나로 쓴 것 가운데 하나. ⇒ 孝敦川(효돈천).

孝敦川 ヒョトンネー 《朝鮮五萬分一地形圖』「西歸浦」(濟州島南部 5號, 1918)》.

ヒヨトンリー(효동리) 제주특별자치도 서귀포시 효돈동의 옛 이름 '효돈리(孝敦里)'를 '효동리(孝洞里)'로 이해하고 그것을 일본어 가나로 쓴 것 가운데 하나. ⇒ **孝洞里(효동리)**.

孝洞里(호동리 ヒョトンリー)《韓國水産誌』제3집(1911)「濟州島」旌義郡 左面》.

ヒヨプウーリー(협우리) 제주특별자치도 제주시 한림읍 '협재리(狹才里)'를 '협우리'로 읽고 그것을 일본어 가나로 쓴 것 가운데 하나. ⇒ **狹才里(협재리)**.

狹才里 サブチ(협우리 ヒョプウーリー)《韓國水産誌』제3집(1911)「濟州島」濟州郡 舊右面》.

ヒヨプチセーリー(협재리) 제주특별자치도 제주시 한림읍 협재리를 일본어 가나로 쓴 것. ⇒ **狹才里(협재리)**.

狹才里 ヒョプチセーリー 《朝鮮五萬分一地形圖』(濟州島北部 16號「飛揚島」1918)》.

ピョムンチョン(병문천) 제주특별자치도 제주시 삼도동을 흐르는 屛門川(병문천)의 한자음을 일본어 가나로 쓴 것. ⇒ **屛門川(병문천)**.

屛門川 ピョムンチョン 《朝鮮五萬分一地形圖』「漢拏山」(濟州島北部 8號, 1918)》.

ピョムンチョン(병문천) 제주특별자치도 제주시 한라체육과 동쪽을 지나 용두암 동쪽 바닷가로 흘러드는 '병문내'의 한자 차용 표기 '屛門川(병문천)'을 일본어 가나로 쓴 것 가운데 하나. ⇒ **屛門川(병문천)**.

屛門川 ピョムンチョン 《朝鮮五萬分一地形圖』「漢拏山」(濟州島北部 8號, 1918)》.

ピョルトー(별도) 제주특별자치도 제주시 화북1동의 옛 이름 가운데 하나인 '별도'을 일본어 가나로 쓴 것 가운데 하나. ⇒ **別刀(별도)**.

別刀 ピョルトー 《朝鮮五萬分一地形圖』「濟州」((濟州島北部 7號, 1918)》.

ピョルトーボン(별도봉) 제주특별자치도 제주시 화북1동에 있는 '별도봉'을 일본어 가나로 쓴 것 가운데 하나. ⇒ **別刀峰(별도봉)**.

別刀峰 ピョルトーボン 136米 《朝鮮五萬分一地形圖』「濟州」((濟州島北部 7號, 1918)》.

ピョルパン(별방) 제주특별자치도 제주시 구좌읍 '별방리'의 '별방'을 일본어로 나타낸 것임. ⇒ 別訪(별방).

別訪 ピョルパン 《朝鮮五萬分一地形圖』「金寧」(濟州嶋北部 三號, 1918)〉.

ピョルポンリー(별방리) 제주특별자치도 제주시 구좌읍 하도리(下道里)의 옛 이름 가운데 하나인 '별방리(別防里)'의 우리 한자음 '별방리'를 일본어 가나로 쓴 것 가운데 하나. ⇒ 別防里(별방리).

別防里(별방리 ピョルポンリー) 《韓國水産誌』 제3집(1911) 「濟州島」 濟州郡 舊左面〉.

ピョンダリー(평대리) 제주특별자치도 제주시 구좌읍 '평대리'를 일본어로 나타낸 것임. ⇒ 坪岱里(평대리).

坪岱里 ピョンダリー 《朝鮮五萬分一地形圖』「金寧」(濟州嶋北部 三號, 1918)〉.

ヒョンチエアム(형제암) 제주특별자치도 서귀포시 안덕면 사계리 바다에 있는 '성제섬'의 한자 표기 가운데 하나인 '형제암'을 일본어 가나로 쓴 것. ⇒ 兄弟岩(형제암).

兄弟岩 ヒョンチエアム 《朝鮮五萬分一地形圖』「大靜及馬羅島」(濟州島南部 9號, 1918)〉.

ピョンテェーリー(평대리) 제주특별자치도 제주시 구좌읍 '평대리(坪岱里)'의 우리 한자음 '평대리'를 일본어 가나로 쓴 것 가운데 하나. ⇒ 坪岱里(평대리).

坪岱里(평디리 ピョンテェーリー) 《韓國水産誌』 제3집(1911) 「濟州島」 濟州郡 舊左面〉.

ピョンデチンパッ(평대친밧) 제주특별자치도 서귀포시 남원읍 하례리 '물오롬' 서쪽 '벵디친밧'의 한자 차용 표기 坪岱陳田(평대진전)을 일본어 가나로 쓴 것 가운데 하나. ⇒ 坪岱陳田(평대진전).

坪岱陳田 ピョンデチンパッ 《朝鮮五萬分一地形圖』「西歸浦」(濟州島南部 5號, 1918)〉.

ピョンナムパッ(폭남밧) 제주특별자치도 서귀포시 토평동 서쪽 '폭남밧'을 일본어 가나로 쓴 것 가운데 하나. ⇒ 枰木田(평목전).

枰木田 ピョンナムパッ 《朝鮮五萬分一地形圖』「西歸浦」(濟州島南部 5號, 1918)〉.

ビョンムンチョン(병문천) 제주특별자치도 제주시 서문로터리 밑을 흘러서 바다로 흘러드는 '병문내'를 일본어 가나로 쓴 것 가운데 하나. ⇒ 屛門川(병문천).

屛門川 ビョンムンチョン 〈『朝鮮五萬分一地形圖』「濟州」(〈濟州島北部 7號, 1918〉〉.

ピンアク(병악) 제주특별자치도 서귀포시 상천리 서쪽에 있는 두 개의 오롬인 '병악'을 일본어 가나로 쓴 것. ⇒ **並岳(병악)**.

並岳 ピンアク 492.9米 〈『朝鮮五萬分一地形圖』「大靜及馬羅島」(〈濟州島南部 9號, 1918〉〉.

フアンクントー(횡간도) 제주특별자치도 제주시 추자면 橫看島(횡간도)의 일본어 한자음을 일본어 가나로 쓴 것 가운데 하나. ⇒ **橫看島(횡간도).**

橫看島(횡간도 フアンクントー) 《『韓國水産誌』제3집(1911) 全羅南道 莞島郡 甫吉面》.

プーアク(부악) 제주특별자치도 제주시 한경면 청수리 수룡동 동쪽에 있는 '가마오롬(가메오롬)'의 한자 차용 표기 釜岳(부악)의 한자음을 일본어 가나로 쓴 것 가운데 하나. ⇒ **釜岳(부악).**

釜岳 プーアク 145米 《『朝鮮五萬分一地形圖』(濟州島南部 13號 「摹瑟浦」(1918)》.

フーパー島(후퍼도) 일제강점기 「정의군지도」(1914)에 당시 서귀동 앞 바다 섬에 フーパー島라고 표기하였음. '새섬[草島/茅島]'을 이른 것으로 보이는데, 소리가 아주 다름.

フーパー島 《『旌義郡地圖』(1914)》.

フーヘートン(후해동) 제주특별자치도 제주시 우도면 조일리의 한 자연마을인 '뒷바당동네'를, 한자를 빌려 쓴 後海洞(후해동)의 일제강점기 일본어 가나 표기임. ⇒ **後海洞(후해동).**

後海洞 フーヘートン 〈『朝鮮五萬分一地形圖』『濟州嶋北部 4號』「城山浦」(1918)〉.

フェンチャントン(횡장동) 제주특별자치도 서귀포시 표선면 가시리 산간, 읍
은영아리오름(오늘날 지형도에는 영아리오름으로 쓰여 있음.). 북동쪽에 있었던
'횡장동'을 일본어 가나로 쓴 것 가운데 하나. ⇒ **橫墻洞(횡장동)**.

橫墻洞(フェンチャントン)〈『朝鮮五萬分一地形圖』「漢拏山」(濟州島北部 8號, 1918)〉.

プクオルム(북오름) 제주특별자치도 제주시 구좌읍 덕천리 상덕천 서쪽에 있
는 '북오름'을 일본어 가나로 쓴 것 가운데 하나. ⇒ **鼓岳(고악)**.

鼓岳 プクオルム 309米〈『朝鮮五萬分一地形圖』「漢拏山」(濟州島北部 8號, 1918)〉.

フクコムソム(흑검섬) 제주특별자치도 제주시 추자면 하추자도 예초리 북쪽
'검은가리'의 한자 차용 표기 가운데 하나인 黑劍島(흑검도)의 黑劍(흑검)과
고유어 '섬'이 덧붙은 혼종어를 일본어 가나로 나타낸 것 가운데 하나.
⇒ **黑劍島(흑검도)**.

黑劍島 フクコムソム〈『朝鮮五萬分一地形圖』(濟州嶋北部 9號, 「楸子群島」(1918)〉.

プクチョンニー(북촌니) 제주특별자치도 제주시 조천읍 '북촌리'의 현실음 '북
촌니'를 일본어 가나로 쓴 것 가운데 하나. ⇒ **北村里(북촌리)**.

北村里 プクチョンニー〈『朝鮮五萬分一地形圖』「濟州」(濟州島北部 7號, 1918)〉.

プクチョンリー(북천리) 제주특별자치도 제주시 조천읍 '북촌리(北村里)'를
'북종리'로 이해하고 일본어 가나로 쓴 것 가운데 하나. ⇒ **北村里(북촌리)**.

北村里(북종리 プクチョンリー)〈『韓國水産誌』제3집(1911)「濟州島」濟州郡 新左面〉.

プクトサン(북토산) 제주특별자치도 서귀포시 표선면 토산1리 옛 이름 북토
산을 일본어 가나로 쓴 것. ⇒ **北兎山(북토산)**.

北兎山 プクトサン〈『朝鮮五萬分一地形圖』「表善」(濟州島南部 1號, 1918)〉.

プソーアク(부소악) 제주특별자치도 제주시 조천읍 선흘2리에 있는 '부소오름'
의 한자 차용 표기 扶小岳(부소악)의 한자음을 일본어 가나로 쓴 것. ⇒ **扶小
岳(부소악)**.

扶小岳 プソーアク 《朝鮮五萬分一地形圖》「漢拏山」(濟州島北部 8號, 1918)〉.

プテーアク(부대악) 제주특별자치도 제주시 조천읍 선흘2리에 있는 '부대오롬'의 한자 차용 표기 '夫大岳(부대악)'을 일본어 가나로 쓴 것 가운데 하나. ⇒ 夫大岳(부대악).

扶大岳 プテーアク 470米 《朝鮮五萬分一地形圖》「漢拏山」(濟州島北部 8號, 1918)〉.

フプルクンオルム(흑붉은오롬) 제주특별자치도 제주시 아라1동 산간과 조천읍 교래리 산간에서 경계를 이루고 있는 '흑붉은오롬'을 일본어 가나로 쓴 것 가운데 하나. ⇒ 土赤岳(토적악).

土赤岳 フプルクンオルム 1402米 《朝鮮五萬分一地形圖》「漢拏山」(濟州島北部 8號, 1918)〉.

プミョンドン(부면동) 제주특별자치도 제주시 애월읍 어음1리 부면동을 일본어 가나로 쓴 것. ⇒ 夫面洞(부면동).

夫面洞 プミョンドン 《朝鮮五萬分一地形圖》「翰林」(濟州島北部 12號, 1918)〉.

プルクンオルム(붉은오롬·붉은오롬) 제주특별자치도 제주시 애월읍 광령리 산간에 있는 붉은오롬을 일본어 가나로 쓴 것. ⇒ 赤岳(적악).

赤岳 プルクンオルム 《朝鮮五萬分一地形圖》「翰林」(濟州島北部 12號, 1918)〉.

プルケー(펄개)〔-깨〕 제주특별자치도 서귀포시 표선면 태흥2리 포구인 '펄개'[-깨]를 일본어 가나로 쓴 것 가운데 하나. ⇒ 東保閑(동보한).

太興里 テーランリー, 保閑里 ポハンリー, 東保閑 プルケー 《朝鮮五萬分一地形圖》「西歸浦」(濟州嶋南部 5號, 1918)〉.

プルツンケー(불등개) 제주특별자치도 서귀포시 남원읍 한남리의 옛 이름 '불등개'를 일본어 가나로 쓴 것. ⇒ 火等里(화등리).

火等里 プルツンケー 《朝鮮五萬分一地形圖》「西歸浦」(濟州島南部 5號, 1918)〉.

ブルボントン(난봉동) 제주특별자치도 서귀포시 대정읍 상모리 섯알오롬 북쪽에 있었던 '알오롬동네'의 한자 표기인 '卵峯洞(난봉동)'의 한자음을 일본어 가나로 쓴 것 가운데 하나. ⇒ 卵峯洞(난봉동).

卵峯洞 ブルボントン 《『朝鮮五萬分一地形圖』「大靜及馬羅島」(濟州島南部 9號, 1918)》.

プレンイ(푸렝이) 제주특별자치도 제주시 추자면 하추자도 석지머리 남쪽 바다에 있는 '푸렝이'을 일본어 가나로 쓴 것의 하나. 1960년대 1대5만 지형도 이후에 '푸렝이'로 쓰여 있음. ⇒ **青島(청도)**.

青島 チョントー [プレンイ] 116米 《『朝鮮五萬分一地形圖』(濟州嶋北部 9號,「楸子群島」(1918)》.

プロクトン(부록동) 제주특별자치도 제주시 화북2동 '부록마을'의 한자 차용 표기 富錄洞(부록동)의 한자음을 일본어 가나로 쓴 것 가운데 하나. ⇒ **富錄洞(부록동)**.

富錄洞 プロクトン 《『朝鮮五萬分一地形圖』「濟州」((濟州島北部 7號, 1918)》.

フヮスンニー(화순니) 제주특별자치도 서귀포시 안덕면 '화순리'의 현실음 '화순니'를 일본어 가나로 쓴 것. ⇒ **和順里(화순리)**.

和順里 フヮスンニー 《『朝鮮五萬分一地形圖』「大靜及馬羅島」(濟州島南部 9號, 1918)》.

フヮプクチョン(화북천) 제주특별자치도 제주시 화북동으로 흘러내리는 '禾北川(화북천)'의 한자음을 일본어 가나로 쓴 것 가운데 하나. ⇒ **禾北川(화북천)**.

禾北川 フヮプクチョン 《『朝鮮五萬分一地形圖』「濟州」((濟州島北部 7號, 1918)》. 禾北川 フヮプクチョン 《『朝鮮五萬分一地形圖』「漢拏山」(濟州島北部 8號, 1918)》.

フヮプクニー(화북니) 제주특별자치도 제주시 화북동의 옛 이름 '화북리'의 현실음 '화북니'를 일본어 가나로 쓴 것 가운데 하나. ⇒ **禾北里(화북리)**.

禾北里 フヮプクニー 《『朝鮮五萬分一地形圖』「濟州」((濟州島北部 7號, 1918)》.

フヮンケーモル(황계물/황계몰) 제주특별자치도 제주시 조천읍 대흘리 '황계모르(황계모를)'의 준말 '황계물/황계몰'을 일본어 가나로 쓴 것 가운데 하나.

黃鷄旨 フヮンケーモル 《『朝鮮五萬分一地形圖』「濟州」((濟州島北部 7號, 1918)》.

フヮンサピョン(황사평) 제주특별자치도 제주시 화북2동 '황새왓드르'의 한자 차용 표기 黃莎坪(황사평)의 한자음을 일본어 가나로 쓴 것 가운데 하나. ⇒ **黃莎坪(황사평)**.

黃莎坪 フヮンサピョン 《朝鮮五萬分一地形圖』「漢拏山』(濟州島北部 8號, 1918)》.

フエンガントー(횡간도) 제주특별자치도 제주시 추자면 橫干島(횡간도)의 한자음을 일본어 가나로 쓴 것. 섬 이름으로도 쓰이고, 마을 이름으로도 쓰임.
⇒ **橫干島(횡간도)**.

橫干島 フエンガントー (橫干島) フエンガントー 130.0米〈朝鮮五萬分一地形圖』「橫干島」(1918)〉.

フエンチャントン(횡장동) 제주특별자치도 서귀포시 표선면 가시리 산간, 물영아리오롬 바로 북동쪽에 있었던 '횡장동'을 일본어 가나로 쓴 것. ⇒ **橫墻洞(횡장동)**.

橫墻洞 フエンチャントン 《朝鮮五萬分一地形圖』「漢拏山」(濟州島北部 8號, 1918)〉.

ヘーアンリ(해안리) 제주특별자치도 제주시 해안동의 옛 이름 해안리를 일본어 가나로 쓴 것. ⇒ 海安里(해안리).

海安里 ヘーアンリ《『朝鮮五萬分一地形圖』「翰林」(濟州島北部 12號, 1918)》.

ヘーコル(해동) 제주특별자치도 제주시 조천읍 북촌리 '해뎅이' 일대에 형성된 '햇골'을 일본어 가나로 쓴 것 가운데 하나. ⇒ 海洞(해동).

海洞 ヘーコル《『朝鮮五萬分一地形圖』「濟州」(濟州島北部 7號, 1918)》.

ヘースーリー(회수리) 제주특별자치도 서귀포시 회수동의 옛 이름 '회수리'를 일본어 가나로 쓴 것. ⇒ 廻水里(회수리).

廻水里 ヘースーリー《『朝鮮五萬分一地形圖』「大靜及馬羅島」(濟州島南部 9號, 1918)》.

ペーンタドン(병다동) 제주특별자치도 제주시 아라동의 'ᄆ다싯동네'의 한자 차용 표기인 並多洞(병다동)의 한자음을 일본어 가나로 쓴 것. ⇒ 並多洞(병다동).

並多洞 ペーンタドン《『朝鮮五萬分一地形圖』「漢拏山」(濟州島北部 8號, 1918)》.

ペクケートン(벡케동) 제주특별자치도 제주시 조천읍 선흘2리 '검은오롬(서검은이오롬)' 북쪽 기슭에 형성되었던 '벡케동'을 일본어 가나로 쓴 것 가운데 하나. ⇒ 碧花洞(벽화동).

碧花洞 ペクケートン 《朝鮮五萬分一地形圖』「漢拏山」(濟州島北部 8號, 1918)》.

ベツェトンサン田(부체동산밧) 제주특별자치도 서귀포시 보목동 '부체동산밧' 을 일본어 가나와 한자를 빌려 쓴 것.

濟州島西歸面甫木里……李斗文の農業經營規模……ベツェトンサン田《朝鮮半島の農法と農民』
(高橋昇, 1939)「濟州島紀行』).

ヘトーリー(하도리) 제주특별자치도 제주시 구좌읍 하도리를 일본어로 나타 낸 것임. ⇒ 下道里(하도리).

下道里 ヘトーリー 《朝鮮五萬分一地形圖』「金寧」(濟州嶋北部 三號, 1918)》.

ペハニタブ(배하니답) 제주특별자치도 제주시 외도동에 있었던 '배하니답(배하 니논)'을 일본어 가나로 쓴 것.

濟州邑外都里月台洞……ペハニタブ 1斗5升落, 4夜味, 自作, 距離0.7里.《朝鮮半島の農法と農 民』(高橋昇, 1939)「濟州島紀行』).

ペルトボン(벨도봉) 제주특별자치도 제주시 화북1동 '벨도봉(별도봉)'을 일본 어 가나로 쓴 것.

濟州邑禾北里……ペルトボン 1回休み, 800坪, 自作, 中.《朝鮮半島の農法と農民』(高橋昇, 1939) 「濟州島紀行』).

ペルロー島(뻬루로도) 제주도(濟州島) 대정면(大靜面) 앞 바다 섬에 'ペルロー島 (뻬루로도)'로 표기했는데, 오늘날 가파도(加波島)를 이른 것으로 추정됨.

ペルロー島 《六拾萬分之壹 全羅南道』(1918)》.

ペンドチンバ(펜도친바) 제주특별자치도 서귀포시 상효동 산간 '벵디친밧'을 일본어 가나로 쓴 것.

ペンドチンバ 《濟州嶋旅行日誌』(1909)》.

ヘンヲンニー(행원니) 제주특별자치도 제주시 구좌읍 '행원리'의 현실음 '행원 니'를 일본어로 나타낸 것임. ⇒ 杏源里(행원리).

杏源里 ヘンヲンニー 《朝鮮五萬分一地形圖』「金寧」(濟州嶋北部 三號, 1918)》.

ホアプクリー(화북리) 제주특별자치도 제주시 화북동의 옛 이름 '화북리'를 일본어 가나로 쓴 것 가운데 하나. ⇒ 禾北里(화북리).

　禾北里(화북리 ホアプクリー) 《韓國水産誌』 제3집(1911) 「濟州島」 濟州郡 中面〉.

ボアン(보안) 제주특별자치도 서귀포시 법환동의 '法還(법환)'의 일본 한자음을 일본어 가나로 쓴 것 가운데 하나. ⇒ 法還里(법환리).

　法還里 ボアン(봅환리 ポブアンリー) 《韓國水産誌』 제3집(1911) 「濟州島」 旌義郡 右面〉.

ホェチョンニー(회천니) 제주특별자치도 제주시 봉개동 '회천동'의 옛 이름 '회천리'의 현실음 '회천니'를 일본어 가나로 쓴 것 가운데 하나. ⇒ 回泉里(회천리).

　回泉里 ホェチョンニー 《朝鮮五萬分一地形圖』 「濟州」 〈濟州島北部 7號, 1918〉〉.

ホークンリー(호근리) 제주특별자치도 서귀포시 호근동의 옛 이름 '호근리'를 일본어 가나로 쓴 것 가운데 하나. ⇒ 好近里(호근리).

　好近里 ホークンリー 《朝鮮五萬分一地形圖』 「西歸浦」 〈濟州島南部 5號, 1918〉〉.

ポーソンニー(보성니) 제주특별자치도 서귀포시 대정읍 대정현성 서문과 서문

서북쪽 일대에 형성되어 '보성리'의 현실음 '보성니'를 일본어 가나로 쓴 것.
⇒ 保城里(보성리).

保城里 ポーソンニー 《『朝鮮五萬分一地形圖』「大靜及馬羅島」(濟州島南部 9號, 1918)》.

ボタン山(보탄산) 산방산(山房山)을 잘못 이해하여 쓴 일본어 가나 표기 가운데 하나.

漢拏山の噴火の際モスリッポに其の頭が飛んで三房山(ボタン山)が生じたと土民は云ろ 《『朝鮮半島の農法と農民』(高橋昇, 1939)「濟州島紀行」》.

ポツウナンパ(버드낭왓) 제주특별자치도 제주시 이도동에 있었던 '버드낭왓(버디낭밧)'을 일본어 가나로 쓴 것. '버드낭/버디낭'은 '버드나무'의 제주 방언.

二徒里……ポッウナンパ 距離3町, 450坪 自作 中等 三夜味(三パニ)《『朝鮮半島の農法と農民』(高橋昇, 1939)「濟州島紀行」》.

ポッキルトン(법기동) 제주특별자치도 제주시 한경면 용수리 앞동네(전동) 동북쪽, 용당리 중심동네(본동) 서북쪽에 있는 자연마을인 '법기동(法基洞)'을 일본어 가나로 쓴 것 가운데 하나. ⇒ **法基洞(법기동).**

法基洞 ポッキルトン 《『朝鮮五萬分一地形圖』(濟州島南部 13號「摹瑟浦」(1918)》.

ポツナンウッパ(버드낭웃밧) 제주특별자치도 제주시 이도동에 있었던 '버드낭웃밧(버디낭웃밧)'을 일본어 가나로 나타낸 것.

二徒里……ポツナンウッパ 距離三町, 自作 450坪, 中, 3パニ《『朝鮮半島の農法と農民』(高橋昇, 1939)「濟州島紀行」》.

ポハンリー(보한리) 제주특별자치도 서귀포시 표선면 태흥1리의 옛 이름인 '보한리(保閑里)'를 일본어 가나로 쓴 것 가운데 하나. ⇒ **保閑里(보한리).**

保閑里(보한리 ポハンリー) 《『韓國水産誌』제3집(1911)「濟州島」旌義郡 西中面》. 太興里 テーランリー, 保閑里 ポハンリー, 東保閑 プルケー《『朝鮮五萬分一地形圖』「西歸浦」(濟州嶋南部 5號, 1918)》.

ポプアンリー(봅환리) 제주특별자치도 서귀포시 법환동의 옛 이름 '법환리'를

일본어 가나로 쓴 것 가운데 하나. ⇒ 法還里(법환리).

法還里 ボアン(봅환리 ポブアンリー) 《『韓國水産誌』第3집(1911)「濟州島」旌義郡 右面〉.

ポプチョンアク(법정악) 제주특별자치도 서귀포시 하원동 산간에 있는 '법정 악'을 일본어 가나로 쓴 것. ⇒ 法井岳(법정악).

法井岳 ポプチョンアク 760米, 881米 《朝鮮五萬分一地形圖』「大靜及馬羅島」(濟州島南部 9號, 1918)〉.

ポププチョント(법정동) 제주특별자치도 서귀포시 하원동 산간 '법정동'을 일 본어 가나로 쓴 것. ⇒ 法井洞(법정동).

法井洞 ポププチョント 《朝鮮五萬分一地形圖』「大靜及馬羅島」(濟州島南部 9號, 1918)〉.

ポプフヮンリー(법환리) 제주특별자치도 서귀포시 법환동의 옛 이름 '법환리' 의 한자음을 일본어 가나로 쓴 것 가운데 하나. ⇒ 法還里(법환리).

法還里 ポプフヮンリー 《朝鮮五萬分一地形圖』「西歸浦」(濟州島南部 5號, 1918)〉.

ボムソム(범섬) 제주특별자치도 서귀포시 법환리 앞 바다에 있는 '범섬'을 일 본어 가나로 쓴 것 가운데 하나. ⇒ 虎島(호도).

虎島 ボムソム 37.2米 《朝鮮五萬分一地形圖』「西歸浦」(濟州島南部 5號, 1918)〉.

ボモクリ(보목리) 제주특별자치도 서귀포시 보목동의 옛 이름 '보목리(甫木里)'를 일본어 가나로 쓴 것 가운데 하나. ⇒ 甫木里(보목리).

甫木里(포목리 ボモクリー) 《『韓國水産誌』第3집(1911)「濟州島」旌義郡 左面〉. 甫木里 ボモクリ 《朝鮮五萬分一地形圖』「西歸浦」(濟州島南部 5號, 1918)〉.

ホュチョンニー(회천리) 제주특별자치도 제주시 회천동의 옛 이름 '회천리'의 현실음 '회천니'를 일본어 가나로 쓴 것 가운데 하나. ⇒ 回泉里(회천리).

回泉里 ホュチョンニー 《朝鮮五萬分一地形圖』「漢拏山」(濟州島北部 8號, 1918)〉.

ポルテードン(벌대동) 제주특별자치도 제주시 아라1동 '인다라' 북쪽 '버로대 (버잿물)' 일대에 형성되었던 벌대동을 일본어 가나로 쓴 것. ⇒ 伐大洞(벌대동).

伐大洞 ポルテードン 《朝鮮五萬分一地形圖』「漢拏山」(濟州島北部 8號, 1918)〉.

ポルナンドン(벌낭동) 제주특별자치도 제주시 삼양3동 바닷가 '버렁' 일대에

형성된 '버렁동네'의 한자 차용 표기 伐浪洞(벌랑동)의 현심음 '벌낭동'을 일본어 가나로 쓴 것 가운데 하나. ⇒ **伐浪洞(벌랑동)**.

伐浪洞 ポルナンドン 《『朝鮮五萬分一地形圖』「濟州」((濟州島北部 7號, 1918)》.

ポルンソム(보른섬) 제주특별자치도 제주시 추자면 하추자도 예초리 북쪽 '검은가리' 동북쪽 바다에 있는 섬인 '보롬섬(보름섬)'을 '보론섬·보른섬'으로 인식하고 쓴 일본어 가나 표기. 오늘날 지형도에는 '보론섬'으로 쓰여 있음. ⇒ **望島(망도)**.

望島 ポルンソム 《『朝鮮五萬分一地形圖』(濟州嶋北部 9號, 「楸子群島」(1918)》.

ホレミニョ(호레미여) 제주특별자치도 서귀포시 대정읍 가파리 가파도 바다에 있는 '홀에미여'를 일본어 가나로 쓴 것. ⇒ **寡婦灘(과부탄)**.

寡婦灘 ホレミニョ 《『朝鮮五萬分一地形圖』(濟州島南部 13號「摹瑟浦」(1918)》.

マゲンヂャン(막은창) 제주특별자치도 제주시 외도동에 있었던 '막은창'을 일본어 가나로 쓴 것.

濟州邑外都里月台洞……マゲンヂャン5斗落 自作《『朝鮮半島の農法と農民』(高橋昇, 1939)「濟州島紀行』》.

マスムムル田(머슴물밧) 제주특별자치도 서귀포시 보목동 '머슴물밧(머신물밧)'을 일본어 가나와 한자를 빌려 쓴 것.

濟州島西歸面甫木里……李杜文の農業經營規模……マスムムル田《『朝鮮半島の農法と農民』(高橋昇, 1939)「濟州島紀行』》.

マスンムル(마순머르) 제주특별자치도 서귀포시 보목동 '머신물' 또는 '무신므르(무선므르)'를 일본어 가나로 쓴 것.

西歸面甫木里……マスンムル 8斗落 1夜味《『朝鮮半島の農法と農民』(高橋昇, 1939)「濟州島紀行』》.

マヂュートン(마체동) 제주특별자치도 서귀포시 한남리 산간 '머체왓' 일대에 형성되었던 '머체왓동네'의 한자 차용 표기 馬軆洞(마체동)의 한자음을 일본어 가나로 쓴 것 가운데 하나. ⇒馬軆洞(마체동).

馬體洞 マヂュートン 《『朝鮮五萬分一地形圖』「西歸浦」(濟州島南部 5號, 1918)》.

マチュンアク(마중악) 제주특별자치도 제주시 한경면 저지리 중동 동쪽에 있는 '마중오롬/머중오롬'을 일본어 가나로 쓴 것.

馬中岳 マチュンアク 181米 《『朝鮮五萬分一地形圖』「大靜及馬羅島」(濟州島南部 9號, 1918)》. ⇒ 馬中岳(마중악).

マヂョントン(마전동) 제주특별자치도 서귀포시 안덕면 동광리 동광육거리 서쪽 '삼밧구석' 일대에 있었던 '마전동'을 일본어 가나로 쓴 것. ⇒ 麻田洞(마전동).

東廣里 トンクヮンニー 麻田洞 マヂョントン 《『朝鮮五萬分一地形圖』「大靜及馬羅島」(濟州島南部 9號, 1918)》.

マツントン(마통동) 제주특별자치도 서귀포시 안덕면 광평리 통나무힐스 일대에 있었던 '마통동'을 일본어 가나로 쓴 것. ⇒ 馬桶洞(마통동).

廣坪里 クヮンピョンニー 馬桶洞 マツントン 《『朝鮮五萬分一地形圖』「大靜及馬羅島」(濟州島南部 9號, 1918)》.

マトンヂョン(마통전) 제주특별자치도 제주시 조천읍 대흘리 '물통밧'의 한자 차용 표기 馬桶田(마통전)의 한자음을 일본어 가나로 쓴 것 가운데 하나. ⇒ 馬桶田(마통전).

馬桶田 マトンヂョン 《『朝鮮五萬分一地形圖』「濟州」(濟州島北部 7號, 1918)》.

マホン島(마혼도) 일제강점기 「정의군지도」(1914)에 당시 보목동 앞 바다 섬에 マホン島라고 표기하였음. 지금의 '섶섬[森島]'을 이른 것으로 보이는데, 소리가 아주 다름.

マホン島 《旌義郡地圖」(1914)》.

マラト(마라도) 제주특별자치도 서귀포시 대정읍 가파리 가파도 남쪽에 있는 '마라도(麻羅島)'의 한자음을 일본어 가나로 쓴 것 가운데 하나. ⇒ 麻羅島(마라도).

麻羅島(마라도 マラト)《『韓國水産誌』제3집(1911)「濟州島」大靜郡 右面》.

マラトー(마라도) 제주특별자치도 서귀포시 대정읍 가파리 가파도 남쪽 바다에 있는 '마라도(馬羅島)'의 한자음을 일본어 가나로 쓴 것 가운데 하나.

⇒ 馬羅島(마라도).

馬羅島 マラトー《『朝鮮五萬分一地形圖』「大靜及馬羅島」(濟州島南部 9號, 1918)》.

マル(ᄆᆞ루) "등성이를 이루는 산이나 동산 따위의 꼭대기"를 이루는 제주 방언 'ᄆᆞ르〉ᄆᆞ루'를 일본어 가나로 쓴 것.

濟州島では圓錐山卽ち獨立した山を岳(オルム)と云ふ. 平地から秀立した小丘を旨(マル)とも云ふ. 惑は峯を岳の代りに用ふることもある.《濟州島火山島雜記』(1925, 中村新太郎)》.

マルエット島(마루엣토도) 일제강점기 「대정군지도」(1914)에 당시 대정(大靜) 앞 바다 섬에 マルエット島(마루엣토도)라고 표기하였음. '성제섬[兄弟島]'을 이른 것으로 보이는데, 소리가 아주 다름.

マルエット島《「大靜郡地圖」(1914)》.

マルガレウョンパッ(ᄆᆞᆯᄀᆞ레우영밧) 제주특별자치도 제주시 이도동에 있었던 'ᄆᆞᆯᄀᆞ레우영밧(ᄆᆞᆯᄀᆞ레우영팟)'을 일본어 가나로 쓴 것.

濟州邑二徒里……マルガレウョンパッ 4斗落, 1夜味, 小作, 距離20步, 中田.《『朝鮮半島の農法と農民』(高橋昇, 1939)「濟州島紀行」》.

マルチョクパッ(말축밧) 제주특별자치도 서귀포시 신효동 신효교 동남쪽 '말축밧(---동네)'을 일본어 가나로 쓴 것 가운데 하나. ⇒ 馬足田(마족전).

馬足田 マルチョクパッ《『朝鮮五萬分一地形圖』「西歸浦」(濟州島南部 5號, 1918)》.

マンオリパッ(망오릿왓) 제주특별자치도 제주시 한림읍 수원리 '망오릿밧(망밧/망오리왓)'을 일본어 가나로 쓴 것.

翰林面洙源里洙源洞……マンオリパッ 8斗落(1斗落 120坪) 2夜味《『朝鮮半島の農法と農民』(高橋昇, 1939)「濟州島紀行」》.

ミアクサン(미악산) 敏岳山(민악산)을 '미악산'으로 이해하고 일본어 가나로 쓴 것. ⇒ 敏岳山(민악산).

敏岳山(ミアクサン) 高山岳(コミサンアク)及發伊岳(パルミオルム: 翰林圖にり濟州の 西南四里半なり 耽羅事實に鉢山在州西南四十五里とあり鉢山はバルミなるべし) 《濟州 島の地質學的觀察》(1928, 川崎繁太郎)〉.

ミオルム(미오롬) 제주특별자치도 제주시 구좌읍 송당리 '미오롬(민오롬)'을 일 본어 가나로 쓴 것. ⇒ 民岳(민악).

民岳 ミオルム 374米 《朝鮮五萬分一地形圖》(濟州島北部 4號) 「城山浦」(1918)〉.

ミスードン(미수동) 제주특별자치도 제주시 애월읍 하귀리 미수동을 일본어 가나로 쓴 것. ⇒ 味水洞(미수동).

味水洞 ミスードン 《朝鮮五萬分一地形圖》 「翰林」(濟州島北部 12號, 1918)〉.

ミョクソム(미역섬) 제주특별자치도 제주시 추자면에 속한 유인도 가운데 하 나인 '횡간도' 동쪽 바다에 있는 '미역섬'을 일본어 가나로 쓴 것의 하나. ⇒ 藿島(곽도).

藿島 ミョクソム《朝鮮五万分一地形圖』(珍島 12號,「橫干島」(1918)〉.

ミョルチー(멜캐) 1.제주특별자치도 서귀포시 대정읍 하모리 운진항 동쪽 하모해수욕장 일대 '멜캐'를 일본어 가나로 쓴 것. ⇒ 鰡浦(약포).

2.제주특별자치도 서귀포시 대정읍 하모리 운진항 동쪽의 '멜캐' 안쪽 뭍에 형성되어 있는 동네 '멜캐'를 일본어 가나로 쓴 것.

鰡浦 ミョルチー《朝鮮五萬分一地形圖』「大靜及馬羅島」(濟州島南部 9號, 1918)〉.

ミョンイトン(명이동) 제주특별자치도 제주시 한경면 저지리 '마중오름' 남쪽에 있는 '명이동'을 일본어 가나로 쓴 것. ⇒ 明伊洞(명이동).

明伊洞 ミョンイトン《朝鮮五萬分一地形圖』「大靜及馬羅島」(濟州島南部 9號, 1918)〉.

ミョンタルトン(명달동) 제주특별자치도 서귀포시 대정읍 일과2리의 옛 이름 'ㅂ끈다리동네'를 '붉은다리동네'로 이해하여 쓴 한자 차용 표기 明達洞(명달동)의 한자음을 일본어 가나로 쓴 것 가운데 하나. ⇒ 明達洞(명달동).

明達洞 ミョンタルトン《朝鮮五萬分一地形圖』(濟州島南部 13號,「摹瑟浦」(1918)〉.

ミョンドアム(명도암) 제주특별자치도 제주시 봉개동 '명도암'을 일본어 가나로 쓴 것 가운데 하나. ⇒ 明道岩(명도암).

明道岩 ミョンドアム《朝鮮五萬分一地形圖』「漢拏山」(濟州島北部 8號, 1918)〉.

ミョンヲルニー(명월리) 제주특별자치도 제주시 한림읍 명월리를 일본어 가나로 쓴 것.

明月里 ミョンヲルニー《朝鮮五萬分一地形圖』「翰林」(濟州島北部 12號, 1918)〉.

ミンアクサン(민악산) 제주특별자치도 서귀포시 남원읍 수망리 산간에 있는 '물영아리오름'을 민악산으로 잘못 이해하고 일본어 가나로 쓴 것. ⇒ 敏岳山(민악산).

敏岳山 ミンアクサン 511米《朝鮮五萬分一地形圖』「漢拏山」(濟州島北部 8號, 1918)〉.

ミンオルム(민오름) 1.제주특별자치도 제주시 조천읍 선흘리 산간에 있는 '민오름'을 일본어 가나로 쓴 것. ⇒ 敏岳(민악).

敏岳 ミンオルム 523米 《『朝鮮五萬分一地形圖』「漢拏山」(濟州島北部 8號, 1918)》. 民岳(ミンオルム), 米岳(ミンオルム)と敏岳山(前者は城山浦圖幅第二及第三は漢拏山圖幅になり)《濟州島の地質學的觀察」(1928, 川崎繁太郎)》.

2.제주특별자치도 제주시 오라2동에 있는 '민오롬'을 일본어 가나로 쓴 것 가운데 하나. 표고 250.2m. ⇒ 米岳(미악).

米岳 ミンオルム 254.7米 《『朝鮮五萬分一地形圖』「漢拏山」(濟州島北部 8號, 1918)》. 米岳(ミンオルム)と米岳(サルオルム: 前者は漢拏山圖幅後者は西歸浦圖幅にあり米は音미ミなり訓サル쌀なり故に前者は宛字として不適當なり)《濟州島の地質學的觀察」(1928, 川崎繁太郎)》.

3.제주특별자치도 제주시 구좌읍 송당리에 있는 '민오롬'을 일본어 가나로 쓴 것. ⇒ **民岳(민악)**.

民岳(ミンオルム), 米岳(ミンオルム)と敏岳山(前者は城山浦圖幅第二及第三は漢拏山圖幅になり)《濟州島の地質學的觀察」(1928, 川崎繁太郎)》.

ミンパ(믠밧〉민밧) 제주특별자치도 제주시 아라1동 산천단 있었던 '믠밧〉민밧'을 일본어 가나로 쓴 것.

我羅里山川壇……ミンパ 10斗落余, 2夜味 4町 小作. 《朝鮮半島の農法と農民』(高橋昇, 1939)「濟州島紀行』.

ムーアク(무악) 제주특별자치도 서귀포시 동광리와 상천리 경계에 있는 '무악'을 일본어 가나로 쓴 것. ⇒ 戊岳(무악).

戊岳 ムーアク 500米 《朝鮮五萬分一地形圖』「大靜及馬羅島」(濟州島南部 9號, 1918)》.

ムクリー(묵리) 제주특별자치도 제주시 추자면 하추자도에 있는 '묵리'를 일본어 가나로 쓴 것의 하나. ⇒ 默里(묵리).

默里 ムクリー 《朝鮮五萬分一地形圖』(濟州嶋北部 9號,「楸子群島」(1918)》.

ムトントン(무동동) 제주특별자치도 서귀포시 안덕면 동광리 동광육거리 동쪽에 있었던 '무동동'을 일본어 가나로 쓴 것. ⇒ 舞童洞(무동동).

東廣里 トンクヮンニー 舞童洞 ムトントン 《朝鮮五萬分一地形圖』「大靜及馬羅島」(濟州島南部 9號, 1918)》.

ムヌンリー(무능리) 제주특별자치도 서귀포시 대정읍 '무릉리'를 '무능리'로 이해하여 일본어 가나로 쓴 것 가운데 하나. ⇒ 武陵里(무릉리).

武陵里 ムヌンリー 《朝鮮五萬分一地形圖』(濟州島南部 13號,「摹瑟浦」(1918)》.

ムリオルム(무리오롬) 제주특별자치도 서귀포시 남원읍 하례2리 '물오롬'을

'무리오롬'으로 이해하고 이것을 일본어 가나로 쓴 것 가운데 하나. ⇒ 水岳(수악).

水岳 ムリオルム 449米 《『朝鮮五萬分一地形圖』「西歸浦」(濟州島南部 5號, 1918)》.

ムリモリパッ(물머리밧) 제주특별자치도 제주시 한림읍 수원리 '물머릿밧(물머리왓)'을 일본어 가나로 쓴 것.

翰林面洙源里洙源洞……ムリモリパッ 2斗5升落 1夜味 《『朝鮮半島の農法と農民』(高橋昇, 1939) 「濟州島紀行」》.

ムルアクコル(물악골) 제주특별자치도 서귀포시 남원읍 한남리 넙거리오롬 서남쪽, 위미리 물오롬 동쪽에 있었던 '수악동'을 '물악골'이라 하고 그것을 일본어 가나로 쓴 것 가운데 하나. ⇒ 水岳洞(수악동).

水岳洞 ムルアクコル 《『朝鮮五萬分一地形圖』「西歸浦」(濟州島南部 5號, 1918)》.

ムルコル(물골) 제주특별자치도 제주시 한경면 저지리 '수동(水洞)'의 옛 이름 '물골〉물굴'의 일본어 가나 표기. 이 지형도에는 저지리 북쪽, '저지오롬[楮旨岳]' 북동쪽에 '水洞/ムルコル'로 표기되어 있으나, 이것은 '저지오롬[楮旨岳]' 북서쪽에 표기되어야 하는 것인데, 엉뚱한 위치에 표기되어 있음. '水洞/ムルコル'로 표기되어 있는 곳은 원래 '츠남밧' 일대에 형성된 '성전동(成田洞)' 지역임. ⇒ 水洞(수동).

水洞 ムルコル 《『朝鮮五萬分一地形圖』「翰林」(濟州島北部 12號, 1918)》.

ムルチルパ(물질밧) 제주특별자치도 제주시 아라1동 산간 '굴치'에 있었던 '물질밧'을 일본어 가나로 쓴 것.

我羅里窟池……ムルチルパ(垈前) 2夜味, 小作, 5斗落(一斗落120坪) 《『朝鮮半島の農法と農民』(高橋昇, 1939) 「濟州島紀行」》.

ムルチンパッ(물진밧) 제주특별자치도 서귀포시 신효동 신효교 동쪽, '두라미(월라봉)' 남서쪽 '물진밧(---동네)'을 일본어 가나로 쓴 것 가운데 하나. ⇒ 水陳田(수진전).

水陳田 ムルチンパッ《朝鮮五萬分一地形圖』「西歸浦」(濟州島南部 5號, 1918)》.

ムルトンパ(물통밧) 제주특별자치도 제주시 아라1동에 있었던 '물통밧'을 일본어 가나로 쓴 것.

我羅里……ムルトンパ 住宅よりの距離1町, 2斗5升落 1夜味, 自作.《朝鮮半島の農法と農民』

(高橋昇, 1939)「濟州島紀行」》.

ムンスムルトン(문수물동) 제주특별자치도 제주시 한림읍 동명리 문수물동을 일본어 가나로 쓴 것. ⇒ 汶水洞(문수동).

汶水洞 ムンスムルトン《朝鮮五萬分一地形圖』「翰林」(濟州島北部 12號, 1918)》.

ムンソム(문섬) 제주특별자치도 서귀포시 '문섬'을 일본어 가나로 쓴 것 가운데 하나. ⇒ 蚊島(문도).

鹿島 ノクソム 85.7米, 蚊島 ムンソム 85.7米《朝鮮五萬分一地形圖』「西歸浦」(濟州島南部 5號, 1918)》.

ムントククエ(문덕궤) 1.제주특별자치도 서귀포시 안덕면 상천리 북쪽에 있었던 '문덕궤'를 일본어 가나로 쓴 것. ⇒ 文德橫(문덕궤).
2.제주특별자치도 서귀포시 안덕면 상천리 북쪽에 있었던 동네인 '문덕궤'를 일본어 가나로 쓴 것.

上川里 サンンチョンニー 文德橫 ムントククエ《朝鮮五萬分一地形圖』「大靜及馬羅島」(濟州島南部 9號, 1918)》.

ムントチアク(문도지악) 제주특별자치도 제주시 한경면 저지리 명이동 동북쪽에 있는 '문도지악'을 일본어 가나로 쓴 것. ⇒ 文道之岳(문도지악).

文道之岳 ムントチアク 265米《朝鮮五萬分一地形圖』「大靜及馬羅島」(濟州島南部 9號, 1918)》.

ムンニョ(문녀) 제주특별자치도 제주시 추자면에 속한 유인도 가운데 하나인 '횡간도' 바로 서쪽 바다에 있는 '문여'의 현실음 '문녀'를 일본어 가나로 쓴 것의 하나. ⇒ 門嶼(문서).

門嶼 ムンニョ《朝鮮五万分一地形圖』(珍島 12號,「橫干島」(1918)》.

メーチョン(매촌) 제주특별자치도 제주시 도련2동 '맨돈지'의 한자 차용 표기 가운데 하나인 '梅村(매촌)'의 한자음을 일본어 가나로 쓴 것 가운데 하나. 1960년대 지형도부터 2015년 지형도까지 '맨돈지'로 쓰여 있음.⇒梅村(매촌).

梅村 メーチョン 《『朝鮮五萬分一地形圖』「濟州」((濟州島北部 7號, 1918)》.

メーポン(메봉) 제주특별자치도 서귀포시 표선면 세화리에 있는 '메오롬'을 '메봉'을 이해하고 일본어 가나로 쓴 것.⇒鷹峰(응봉).

鷹峰 メーポン 136.7米 《『朝鮮五萬分一地形圖』「表善」(濟州島南部 1號, 1918)》.

モーゲル(모굴) 제주특별자치도 제주시 외도동에 있었던 '모굴'을 일본어 가
나로 쓴 것.

濟州邑外都里月台洞……モーゲル 3斗落 《朝鮮半島の農法と農民》(高橋昇, 1939)「濟州島紀行」》.

モーサルノン(모살논) 제주특별자치도 제주시 외도동에 있었던 '모살논'을 일
본어 가나로 쓴 것.

濟州邑外都里月台洞……モーサルノン 4斗落(1斗落 170坪) 2夜味. 《朝鮮半島の農法と農民》

(高橋昇, 1939)「濟州島紀行」》.

モースンムリ(무순물) 제주특별자치도 서귀포시 보목동 '무순물(머신물)'을 일
본어 가나로 쓴 것.

西歸面甫木里……《朝鮮半島の農法と農民》(高橋昇, 1939)「濟州島紀行」》.

モーヨ(모여) 제주특별자치도 제주시 추자면 하추자도 석지머리 동남쪽 바다
에 있는 '모여'를 일본어 가나로 쓴 것의 하나. ⇒ **方嶼(방서)**.

方嶼 モーヨ 《朝鮮五萬分一地形圖》(濟州嶋北部 9號, 「楸子群島」(1918)》.

モールワッ(머흘왓) 제주특별자치도 제주시 한림읍 귀덕3리 '머흘왓'을 일본

어 가나로 쓴 것. ⇒ 馬屹洞(마흘동).

馬屹洞 モールワッ《朝鮮五萬分一地形圖》「翰林」(濟州島北部 12號, 1918)〉.

モシルヂ(모실개·모슬개) 제주특별자치도 제주시 애월읍 금성리 '모실개'를 일본어 가나로 쓴 것. ⇒ 沙浦(사포).

沙浦 モシルヂ《朝鮮五萬分一地形圖』「翰林」(濟州島北部 12號, 1918)〉.

モシルポ(모슬포) 1.제주특별자치도 서귀포시 대정읍 하모리 모슬포항 일대의 개인 '모슬포'를 일본어 가나로 쓴 것.

2.제주특별자치도 서귀포시 대정읍 하모리 모슬포항 일대의 '모슬개' 일대에 형성된 동네인 '모슬포'를 일본어 가나로 쓴 것. ⇒ 摹瑟浦(모슬포).

摹瑟浦 モシルポ《朝鮮五萬分一地形圖》「大靜及馬羅島」(濟州島南部 9號, 1918)〉.《朝鮮五萬分一地形圖』(濟州島南部 13號「摹瑟浦」(1918)〉.

モシルボン(모슬봉) 제주특별자치도 서귀포시 대정읍 상모리와 하모리, 보성리와 동일리 경계에 있는 오롬인 '모슬봉'을 일본어 가나로 쓴 것. ⇒ 摹瑟峯(모슬봉).

摹瑟峯 モシルボン 186.8米《朝鮮五萬分一地形圖》「大靜及馬羅島」(濟州島南部 9號, 1918)〉.

モスリツポ(모스릿포) 제주특별자치도 서귀포시 대정읍 하모리 '모슬포(摹瑟浦)의 일본 한자음을 일본어 가나로 쓴 것 가운데 하나. ⇒ 摹瑟浦(모슬포).

毛瑟浦 モスリツポ (모슬포 モスルポ)《韓國水産誌》제3집(1911)「濟州島」大靜郡 右面〉.

モスルポ(모슬포) 제주특별자치도 서귀포시 대정읍 하모리 '모슬포(摹瑟浦)의 한자음을 일본어 가나로 쓴 것 가운데 하나. ⇒ 摹瑟浦(모슬포).

毛瑟浦 モスリツポ (모슬포 モスルポ)《韓國水産誌》제3집(1911)「濟州島」大靜郡 右面〉.

モッコリトン(못거리동) 제주특별자치도 제주시 한림읍 동명리 못거리동을 일본어 가나로 쓴 것. ⇒ 池港洞(지항동).

池港洞 モッコリトン《朝鮮五萬分一地形圖》「翰林」(濟州島北部 12號, 1918)〉.

モトンヂャン(모동장) 제주특별자치도 서귀포시 대정읍 영락리와 무릉리, 한

경면 고산리에 걸쳐 있었던 목장 이름. 모동장을 일본어 가나로 쓴 것.

我羅里山川壇……官牧場は森林地帯にして觀音寺より上の部分とす, これ山馬場と云い 其の下を元場(モトンヂャン)と稱したり. 《朝鮮半島の農法と農民》(高橋昇, 1939)「濟州島紀行》.

モラリアク(모라리악) 제주특별자치도 서귀포시 색달동 산간에 있는 '모라리악'을 일본어 가나로 쓴 것. ⇒ **帽羅伊岳**(모라이악).

帽羅伊岳 モラリアク 510米 《朝鮮五萬分一地形圖》「大靜及馬羅島」(濟州島南部 9號, 1918)》.

モルガレパッ(몰ᄀ레밧) 제주특별자치도 제주시 외도동에 있었던 '몰ᄀ레밧'을 일본어 가나로 쓴 것.

濟州邑外都里月台洞……モルガレパッ 7斗落 《朝鮮半島の農法と農民》(高橋昇, 1939)「濟州島紀行》.

モンムウル(먹물) 제주특별자치도 서귀포시 남원읍 수망리 민오롬 북쪽에 있었던 '먹ᄆ르〉먹믈'을 '먹물'로 이해하고 일본어 가나로 쓴 것 가운데 하나. ⇒ **墨旨**(묵지).

墨旨 モンムウル 《朝鮮五萬分一地形圖》「漢拏山」(濟州島北部 8號, 1918)》.

ヤングニ(양그니) 제주특별자치도 서귀포시 상효동 산간 '양그니'를 일본어 가나로 쓴 것.

ヤングニ《濟州嶋旅行日誌』(1909)》. 上黑岳同ヲリ漢羅山及事業地ヲ望. 前岳, 御岳, 長峯山, カモシノロ, ウッベナト, ヤングニ《濟州嶋旅行日誌』(1909)》.

ヤンテートン(양대동) 제주특별자치도 제주시 조천읍 조천리 중산간 '양대못' 일대에 형성된 '양대동'을 일본어 가나로 쓴 것 가운데 하나. ⇒ 良大洞(양대동).

良大洞 ヤンテートン《朝鮮五萬分一地形圖』「濟州」((濟州島北部 7號, 1918)》.

ユーシンドン(유신동) 제주특별자치도 제주시 애월읍 광령2리 유신동을 일본어 가나로 쓴 것. ⇒ **有信洞(유신동)**.

有信洞 ユーシンドン 《朝鮮五萬分一地形圖』「翰林」(濟州島北部 12號, 1918)》.

ユースードン(유수동) 제주특별자치도 제주시 애월읍 유수암리 유수동을 일본어 가나로 쓴 것. ⇒ **流水洞(유수동)**.

流水洞 ユースードン 《朝鮮五萬分一地形圖』「翰林」(濟州島北部 12號, 1918)》.

ヨムソム(염섬) 제주특별자치도 제주시 추자면 상추자도 대서리 북동쪽 바다에 있는 '염섬'을 일본어 가나로 쓴 것의 하나. ⇒ **廉島(염도)**.

廉島 ヨムソム 《『朝鮮五萬分一地形圖』(濟州嶋北部 9號,「楸子群島」(1918)》.

ヨルリョパッ(열녀밧) 제주특별자치도 제주시 외도동에 있었던 '열녀밧'을 일본어 가나로 쓴 것.

濟州邑外都里月台洞……ヨルリョパッ 2.5斗落《朝鮮半島の農法と農民』(高橋昇, 1939)「濟州島紀行」》.

ヨルルパッ(열루밧) 제주특별자치도 제주시 이도동에 있었던 '열루밧(열루왓)'을 일본어 가나로 쓴 것.

濟州邑二徒里……コルルパッ 4斗落, 1夜味, 自作 距離200步, 中田.《『朝鮮半島の農法と農民』(高橋昇, 1939)「濟州島紀行」》.

ヨンアアク(영아악) 제주특별자치도 서귀포시 표선면 가시리 산간 영아리오름(읍은영아리오름)의 한자 차용 표기 靈峨岳(영아악)의 한자음을 일본어 가나로 쓴 것. ⇒ **靈峨岳(영아악)**.

靈峨岳 ヨンアアク 495米《『朝鮮五萬分一地形圖』「漢拏山」(濟州島北部 8號, 1918)》.

ヨンアトン(영아동) 제주특별자치도 서귀포시 표선면 가시리 산간에 있었던 '영아릿동네(물영아리오롬 북쪽, 옴은영아리오롬 남쪽)'를 쓴 '영아동'을 일본어 가나로 쓴 것 가운데 하나. ⇒ 靈娥洞(영아동).

靈峨洞 ヨンアトン 《『朝鮮五萬分一地形圖』「漢拏山」(濟州島北部 8號, 1918)》.

ヨンオチョン(연외천) 제주특별자치도 서귀포시 호근동을 거쳐서 천지연폭포로 흘러가는 '숯밧내'의 한자 차용 표기 淵外川(연외천)의 한자음을 일본어 가나로 쓴 것 가운데 하나. ⇒ 淵外川(연외천).

淵外川 ヨンオチョン 《『朝鮮五萬分一地形圖』「西歸浦」(濟州島南部 5號, 1918)》.

ヨンガリオルム(영아리오롬) 제주특별자치도 서귀포시 안덕면 광평리 복지회관 동쪽에 있는 '영아리오롬'을 일본어 가나로 쓴 것. ⇒ 靈阿伊岳(영아이악).

靈阿伊岳 ヨンガリオルム 681米 《『朝鮮五萬分一地形圖』「大靜及馬羅島」(濟州島南部 9號, 1918)》.

ヨンガンニー(용강리) 제주특별자치도 제주시 용강동의 옛 이름 '용강리'의 현실음 '용강니'를 일본어 가나로 쓴 것 가운데 하나. ⇒ 龍崗里(용강리).

龍崗里 ヨンガンニー 《『朝鮮五萬分一地形圖』「漢拏山」(濟州島北部 8號, 1918)》.

ヨンジミ(연지미) 제주특별자치도 서귀포시 보목동에 있는 '연디밋'의 변음 '연지미'를 일본어 가나로 쓴 것.

西歸面甫木里…… 《『朝鮮半島の農法と農民』(高橋昇, 1939)「濟州島紀行」》.

ヨンスーリー(용수리) 제주특별자치도 제주시 한경면 용수리의 한자 표기 龍水里(용수리)의 한자음을 일본어 가나로 쓴 것 가운데 하나. ⇒ 龍水里(용수리).

龍水里 ヨンスーリー 《『朝鮮五萬分一地形圖』(濟州島南部 13號「摹瑟浦」(1918)》.

ヨンチ(연지) 제주특별자치도 제주시 애월읍 하가리 연지를 일본어 가나로 쓴 것. ⇒ 蓮池(연지).

蓮池 ヨンチ 《『朝鮮五萬分一地形圖』「翰林」(濟州島北部 12號, 1918)》.

ヨンヂ(영지) 제주특별자치도 서귀포시 표선면 성읍1리에 있는 瀛洲山(영

주산) 또는 瀛州山(영주산)의 속명 瀛旨(영지)의 한자음을 일본어 가나로 쓴 것.

瀛州山(勝覽には俗名瀛旨とありヨンヂと讀むべしヨンと云ふ山なり州旨音相似たろを以て三神山の一たろ美名瀛州山を探りしものなるべし)〈濟州島の地質學的觀察』(1928, 川崎繁太郎)〉. 旌義面瀛州山〈濟州島ノ地質』(朝鮮地質調査要報 제10권 1호, 原口九萬, 1931)〉.

ヨンチャードン(연자동) 제주특별자치도 서귀포시 서홍동 '솔오롬(미악)' 서쪽에 있었던 '연잿골'의 한자 차용 표기 鷰子洞(연자동)의 한자음을 일본어 가나로 쓴 것 가운데 하나. ⇒ **鷰子洞(연자동)**.

鷰子洞 ヨンチャードン〈朝鮮五萬分一地形圖』「西歸浦」(濟州島南部 5號, 1918)〉.

ヨンチューサン(영주산) 제주특별자치도 서귀포시 표선면 성읍1리에 있는 瀛洲山(영주산)의 한자음을 일본어 가나로 쓴 것. ⇒ **瀛洲山(영주산)**.

瀛洲山(城邑里)〈朝鮮地誌資料』(1911) 全羅南道 旌義郡 左面, 山谷名〉. 瀛洲山 ヨンチューサン 325.6 〈朝鮮五萬分一地形圖』(濟州島北部 4號)「城山浦」(1918)〉. 原名을 '하늘山'이라 부르던 이 漢拏山의 一名을 또 圓山이라 하기도 하고 瀛洲山이라 하기도 하였다〈耽羅紀行: 漢拏山』(李殷相, 1937)〉.

ヨンチョンオルム(영천오롬) 제주특별자치도 서귀포시 영천동에 있는 '영천오롬'을 일본어 가나로 쓴 것 가운데 하나. ⇒ **瀛川岳(영천악)**.

瀛川岳 ヨンチョンオルム〈朝鮮五萬分一地形圖』「西歸浦」(濟州島南部 5號, 1918)〉.

ヨンヂョンドン(연전동) 제주특별자치도 제주시 아라2동 베리왓 일대에 있던 硯田洞(연전동)의 한자음을 일본어 가나로 쓴 것. ⇒ **硯田洞(연전동)**.

硯田洞 ヨンヂョンドン〈朝鮮五萬分一地形圖』「漢拏山」(濟州島北部 8號, 1918)〉.

ヨンテーコル(연댓골) 제주특별자치도 서귀포시 남원읍 위미3리 '연댓골'을 일본어 가나로 쓴 것 가운데 하나. ⇒ **煙臺洞(연대동)**.

煙臺洞 ヨンテーコル〈朝鮮五萬分一地形圖』「西歸浦」(濟州島南部 5號, 1918)〉.

ヨントン(용동) 제주특별자치도 제주시 대흘2리 '용의자리' 일대에 형성되었던 '용동'을 일본어 가나로 쓴 것 가운데 하나. ⇒ **龍洞(용동)**.

龍洞 ヨントン 《『朝鮮五萬分一地形圖』「濟州」(濟州島北部 7號, 1918)》.

ヨンドンニー(연동리) 제주특별자치도 제주시 연동의 옛 이름을 연동리를 일본어 가나로 쓴 것. ⇒ 蓮洞里(연동리).

蓮洞里 ヨンドンニー 《『朝鮮五萬分一地形圖』「翰林」(濟州島北部 12號, 1918)》.

ヨンナクリー(영락리) 제주특별자치도 서귀포시 대정읍 '영락리(永樂里)'를 일본어 가나로 쓴 것 가운데 하나. ⇒ 永樂里(영락리).

永樂里(영락리 ヨンナクリー) 《『韓國水産誌』제3집(1911) 「濟州島」大靜郡 右面》.

ヨンナムリ(영남리) 제주특별자치도 서귀포시 강정동 위쪽 산간에 있었던 '영남리'를 일본어 가나로 쓴 것 가운데 하나. ⇒ 瀛南里(영남리).

瀛南里 ヨンナムリ 細草旨 セチョチ 《『朝鮮五萬分一地形圖』「西歸浦」(濟州島南部 5號, 1918)》.

ヨンナムリー(영남리) 제주특별자치도 서귀포시 강정동 위쪽 산간에 있었던 '영남리'를 일본어 가나로 쓴 것 가운데 하나. ⇒ 瀛南里(영남리).

瀛南里 ヨンナムリー 《『朝鮮五萬分一地形圖』「大靜及馬羅島」(濟州島南部 9號, 1918)》.

ヨンピョンリー(연평리) 제주특별자치도 제주시 우도면의 옛 마을 이름인 연평리(演坪里)의 일본어 가나 표기임. ⇒ 演坪里(연평리).

演坪里 ヨンビョンリー 《『朝鮮五萬分一地形圖』「金寧」(濟州嶋北部 三號, 1918)》.

ヨンフヮートン(연화동) 제주특별자치도 제주시 한경면 산양리 '여뀌못동네'의 한자 차용 표기 蓮花洞(연화동)의 한자음을 일본어 가나로 쓴 것 가운데 하나. ⇒ 蓮花洞(연화동).

蓮花洞 ヨンフヮートン 《『朝鮮五萬分一地形圖』(濟州島南部 13號 「摹瑟浦」(1918)》.

ヨンフンリー(영흥리) 제주특별자치도 제주시 추자면 상추자도에 있는 永興里(영흥리)를 일본어 가나로 쓴 것의 하나. ⇒ 永興里(영흥리).

永興里 ヨンフンリー 《『朝鮮五萬分一地形圖』(濟州嶋北部 9號, 「楸子群島」(1918)》.

ヨンミドン(연미동) 제주특별자치도 제주시 오라동 '연미동'을 일본어 가나로 쓴 것 가운데 하나. ⇒ 淵味洞(연미동).

淵味洞 ヨンミドン《『朝鮮五萬分一地形圖』「漢拏山」(濟州島北部 8號, 1918)》.

ヨンヨンドン(용연동) 제주특별자치도 제주시 용담1동 '용소(용연)' 일대에 형성된 '용연동'을 일본어 가나로 쓴 것 가운데 하나. ⇒ **龍淵洞(용연동)**.

龍淵洞 ヨンヨンドン『朝鮮五萬分一地形圖』「濟州」((濟州島北部 7號, 1918)》.

ヨンラクニー(영락니) 제주특별자치도 서귀포시 대정읍 '영락리'의 현실음 '영락니'를 일본어 가나로 쓴 것 가운데 하나. ⇒ **永樂里(영락리)**.

永樂里 ヨンラクニー《『朝鮮五萬分一地形圖』(濟州島南部 13號「摹瑟浦」(1918)》.

ランポン(난봉) 제주특별자치도 서귀포시 표선면 토산1리 토산망 동쪽에 있는 알오롬으 한자 표기 卵峰(난봉)의 한자음을 일본어 가나로 쓴 것. ⇒ **卵峰(난봉).**

卵峰 ランポン 207米 《『朝鮮五萬分一地形圖』「表善」(濟州島南部 1號, 1918)》. 濟州島に於ては陸地(島にては朝鮮本土を斯く云ふ)に於けるが如く山名に山(サン)峯(ポン)及岳(アク)を附くろも多くは何何オルムと呼び……악 松岳(ソンアク) 봉 卵峯(ランポン) 《濟州島の地質學的觀察」(1928, 川崎繁太郎)》.

リチヤーツ角(리지야쯔가꾸) 제주특별자치도 제주시 용담동 바닷가의 한 지명
을 일본어 가나로 나타낸 것 가운데 하나.

リチヤーツ角 《濟州郡地圖』(1914)》.

リチヤートリン島(이지야트린도) 일제강점기 「정의군지도」(1914)에 당시 서귀
포 앞 바다 섬에 リチヤートリン島라고 표기하였음. '범섬[虎島]'을 이른
것으로 보이는데, 소리가 아주 다름.

リチヤートリン島 《旌義郡地圖』(1914)》.

リョアク(료악) 제주특별자치도 서귀포시 안덕면 동광리 복지회관 서남쪽에
있는 '거린오롬의 한자 표기 丫岳(아악)을 잘못 표기한 '了岳(요악)'의 한자
음을 일본어 가나로 표기한 것. ⇒ 了岳(요악).

了岳 リョアク 312米 《朝鮮五萬分一地形圖』「大靜及馬羅島」(濟州島南部 9號, 1918)》.

リヨンスリー(룡수리) 제주특별자치도 제주시 한경면 '용수리(龍水里)'를 일본
어 가나로 쓴 것 가운데 하나. ⇒ 龍水里(영수리).

龍水里(룡수리 リヨンスリー) 《韓國水産誌』 제3집(1911) 「濟州島」 濟州郡 舊右面》.

リヨンタムリー(룡담리) 제주특별자치도 제주시 용담동의 옛 이름 '용담리(龍

潭里)'를 일본어 가나로 쓴 것 가운데 하나. ⇒ **龍潭里(용담리)**.

龍潭里(룡담리 リヨンタムリー)《『韓國水産誌』제3집(1911)「濟州島」濟州郡 中面〉.

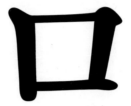

ロベルトン角(로베루돈가꾸) 제주특별자치도 제주시 애월읍 바닷가의 한 지명을 일본어 가나로 나타낸 것 가운데 하나.

ロベルトン角 《「濟州郡地圖」(1914)》.

ワーサンニー(와산리) 제주특별자치도 제주시 조천읍 '와산리'의 현실음 '와산니'를 일본어 가나로 쓴 것 가운데 하나. ⇒ 臥山里(와산리).

臥山里 ワーサンニー《『朝鮮五萬分一地形圖』「漢挐山」(濟州島北部 8號, 1918)》.

ワーフルリー(와흘리) 제주특별자치도 제주시 조천읍 '와흘리'를 일본어 가나로 쓴 것 가운데 하나. ⇒ 臥屹里(와흘리).

臥屹里 ワーフルリー《『朝鮮五萬分一地形圖』「濟州」(濟州島北部 7號, 1918)》.

ワーポ(와포) 제주특별자치도 제주시 한경면 용수리 포구인 '지셋개'의 한자 차용 표기 가운데 하나인 瓦浦(와포)의 한자음을 일본어 가나로 쓴 것 가운데 하나. ⇒ 瓦浦(와포).

瓦浦 ワーポ《『朝鮮五萬分一地形圖』(濟州島南部 13號「摹瑟浦」(1918)》.

ワイメオルム(왕이메오롬) 제주특별자치도 서귀포시 안덕면 광평리 '왕이메오롬'을 일본어 가나로 쓴 것. ⇒ 臥伊岳(와이악).

臥伊岳 ワイメオルム《『朝鮮五萬分一地形圖』「翰林」(濟州島北部 12號, 1918)》.

ワトー(와도) 제주특별자치도 제주시 한경면 고산1리 당산봉 서쪽 바다에 있

는 '눈섬'의 한자 차용 표기 臥島(와도)의 한자음을 일본어 가나로 쓴 것 가운데 하나. ⇒ 臥島(와도).

臥島 ワトー 《朝鮮五萬分一地形圖』(濟州島南部 13號「摹瑟浦」(1918)〉.

ワマク(와막) 제주특별자치도 제주시 조천읍 함덕리 '와막' 일본어 가나로 쓴 것 가운데 하나. ⇒ 瓦幕(와막).

瓦幕 ワマク《朝鮮五萬分一地形圖』「濟州」((濟州島北部 7號, 1918)〉.

ワンサアムル(완사물) 제주특별자치도 서귀포시 고성리에 있던 '완사물'을 일본어 가나로 쓴 것.

城山面古城里……ワンサアムル 1.53斗落(1斗落200坪) 小作《朝鮮半島の農法と農民』(高橋昇, 1939)「濟州島紀行』〉.

ワンヅュルトゥル(왕줄드르) 제주특별자치도 제주시 외도동에 있었던 '왕줄드르'를 일본어 가나로 쓴 것.

濟州邑外都里月台洞……ワンヅュルトゥル 1斗5升落, 1夜味, 自作, 距離0.4里.《朝鮮半島の農法と農民』(高橋昇, 1939)「濟州島紀行』〉.

ユーチョンリー(예촌리) 제주특별자치도 서귀포시 남원읍 신례리의 옛 이름 '예촌리'를 일본어 가나로 쓴 것 가운데 하나. ⇒ **禮村里**(예촌리).

禮村里 ユーチョンリー 『朝鮮五萬分一地形圖』「西歸浦」(濟州島南部 5號, 1918)〉.

ヲルサントン(월산동) 제주특별자치도 서귀포시 강정동 중산간에 있는 '월산동'을 일본어 가나로 쓴 것. ⇒ 月山洞(월산동).

月山洞 ヲルサントン 《『朝鮮五萬分一地形圖』「大靜及馬羅島」(濟州島南部 9號, 1918)》.

ヲルサンドン(월산동) 제주특별자치도 제주시 노형동의 월산동을 일본어 가나로 쓴 것. ⇒ 月山洞(월산동).

月山洞 ヲルサンドン 《『朝鮮五萬分一地形圖』「翰林」(濟州島北部 12號, 1918)》.

ヲルチートン(월지동) 제주특별자치도 서귀포시 토산1리 월지동을 일본어 가나로 쓴 것. ⇒ 月旨洞(월지동).

月旨洞 ヲルチートン 《『朝鮮五萬分一地形圖』「表善」(濟州島南部 1號, 1918)》.

ヲルヂョンニー(월정니) 제주특별자치도 제주시 구좌읍 '월정리'의 현실음 '월정니'를 일본어 가나로 쓴 것. ⇒ 月汀里(월정리).

月汀里 ヲルヂョンニー 《『朝鮮五萬分一地形圖』「金寧」(濟州嶋北部 三號, 1918)》.

ヲルピョンニー(월평니) 1.제주특별자치도 제주시 월평동의 옛 이름 '월평리'의 현실음 '월평니'를 일본어 가나로 쓴 것 가운데 하나. ⇒ 月坪里(월평리).

月坪里 ヲルピョンニー 《朝鮮五萬分一地形圖》「漢拏山」(濟州島北部 8號, 1918)〉.

2.제주특별자치도 서귀포시 월평동의 옛 이름 '월평리'의 현실음 '월평니'를 일본어 가나로 쓴 것. ⇒ 月坪里(월평리).

月坪里 ヲルピョンニー 《朝鮮五萬分一地形圖》「大靜及馬羅島」(濟州島南部 9號, 1918)〉.

ヲルラポン(월라봉) 제주특별자치도 서귀포시 안덕면 감산리 안덕계곡 남쪽에 있는 '월라봉'을 일본어 가나로 쓴 것. ⇒ 月羅峯(월라봉).

月羅峯 ヲルラポン 202米 《朝鮮五萬分一地形圖》「大靜及馬羅島」(濟州島南部 9號, 1918)〉.

ヲルリョンリー(월령리) 제주특별자치도 제주시 한림읍 월령리를 일본어 가나로 쓴 것. ⇒ 月令里(월령리).

月令里 ヲルリョンリー 《朝鮮五萬分一地形圖》(濟州島北部 16號「飛揚島」1918)〉.

ヲン(원) 제주특별자치도 제주시 애월읍 상가리 원을 일본어 가나로 쓴 것.⇒院(원).

院 ヲン 《朝鮮五萬分一地形圖》「翰林」(濟州島北部 12號, 1918)〉.

ヲンスアク(원수악) 제주특별자치도 서귀포시 안덕면 동광리 동광육거리 북쪽에 있는 '원수악'을 일본어 가나로 쓴 것. ⇒ 院水岳(원수악).

院水岳 ヲンスアク 《朝鮮五萬分一地形圖》「大靜及馬羅島」(濟州島南部 9號, 1918)〉.

ヲンダンコル(원당동) 제주특별자치도 제주시 조천읍 신촌리, '원당오롬'의 '망오롬' 동쪽에 형성되었던 '원당골'을 일본어 가나로 쓴 것 가운데 하나. ⇒元堂洞(원당동).

元堂洞 ヲンダンコル 《朝鮮五萬分一地形圖》「濟州」(濟州島北部 7號, 1918)〉.

ヲンダンボン(원당봉) 제주특별자치도 제주시 삼양1동과 조천읍 신촌리 경계에 있는 '원당오롬'의 한자 차용 표기 元堂峰(원당봉)의 한자음을 일본어 가나로 쓴 것 가운데 하나. ⇒ 元堂峰(원당봉).

元堂峰 ヲンダンボン 170.7米 《朝鮮五萬分一地形圖》「濟州」(濟州島北部 7號, 1918)〉.

ヲンチェパッ(원제왓) 제주특별자치도 서귀포시 호근동 각시바위 남동쪽에 있는 '원제왓'을 일본어 가나로 쓴 것 가운데 하나. ⇒ 元齊田(원제전).

　　元齊田 ヲンチェパッ 《『朝鮮五萬分一地形圖』「西歸浦」(濟州島南部 5號, 1918)》.

ヲントン(원동) 제주특별자치도 제주시 조천읍 와산리 '것구리오롬' 북쪽에 있었던 '원동'을 일본어 가나로 쓴 것 가운데 하나. ⇒ **院洞(원동).**

　　院洞 ヲントン 《『朝鮮五萬分一地形圖』「漢拏山」(濟州島北部 8號, 1918)》.

일제강점기
제주 지명 문화 사전

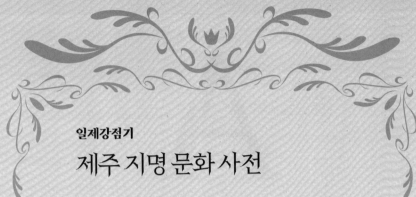

로마자
표기

로마자/알파벳순

AKUSEII(아쿠세이) 제주특별자치도 제주시 추자면 상추자도 대서리 북쪽 바다에 있는 樂生伊(낙생이)의 일본어 한자음 '아쿠세이'를 로마자로 나타낸 것 가운데 하나. 오늘날 지형도에는 '낙생이'로 쓰여 있음. ⇒ 樂生伊 (악생이).

樂生伊 アクセンイ NAKSAENGI RAKUSEII(ISLAND) 〈1대 5만 미군지도 「CH'UJA-KUNDO」 (1945) A.M.S 6415 Ⅰ〉.

BetutôHô(베투토호) 제주특별자치도 제주시 화북동에 있는 별도봉(別刀峯)의 일본어 한자음을 로마자로 쓴 것 가운데 하나. ⇒ **別刀峯(별도봉).**

BetutôHô 別刀峯 《朝鮮沿岸水路誌 第1卷》(1933) 「地名索引」.

BôTô(보토) 제주특별자치도 제주시 추자면 하추자도 예초리 바다에 있는 망 도(望島)의 일본어 한자음을 로마자로 쓴 것 가운데 하나. ⇒ **望島(망도).**

BôTô 望島 《朝鮮沿岸水路誌 第1卷》(1933) 「地名索引」.

BŌ-TŌ(보토) 제주특별자치도 제주시 추자면 하추자도 예초리 북동쪽 바다 에 있는 '보롬섬(보론섬)'의 한자 차용 표기 望島(망도)의 일본어 한자음 '보오도오'를 로마자로 나타낸 것 가운데 하나. 오늘날 지형도에는 '보론 섬'으로 쓰여 있음. ⇒ **望島(망도).**

望島 ポルンソム MANG-DO BŌ-TŌ 〈1대 5만 미군지도 「CH'UJA-KUNDO」(1945) A.M.S 6415 Ⅰ〉.

BôtôHantô(보토한토) 제주특별자치도 서귀포시 성산읍 신양리 방두반도(防頭 半島)의 일본어 한자음을 로마자로 쓴 것 가운데 하나. ⇒ **防頭半島(방두반도).**

BôtôHantô 防頭半島 《朝鮮沿岸水路誌 第1卷》(1933) 「地名索引」.

BôtôHô(보토호) 제주특별자치도 서귀포시 성산읍 신양리 방두포(防頭浦)의 일본어 한자음을 로마자로 쓴 것 가운데 하나. ⇒ **防頭浦(방두포)**.

BôtôHô 防頭浦 《朝鮮沿岸水路誌 第1卷》(1933)「地名索引」》.

BôtôKan(보토칸) 제주특별자치도 서귀포시 성산읍 신양리 방두곶(防頭串)의 일본어 한자음을 로마자로 쓴 것 가운데 하나. ⇒ **防頭串(방두곶)**.

BôtôKan 防頭串 《朝鮮沿岸水路誌 第1卷》(1933)「地名索引」》.

BunTô(분토) 제주특별자치도 서귀포시 서귀동 바다에 있는 문도(文島)의 일본어 한자음을 로마자로 쓴 것 가운데 하나. ⇒ **文島(문도)**.

BunTô 文島 《朝鮮沿岸水路誌 第1卷》(1933)「地名索引」》.

CH'ŎNG-DO(청도) 제주특별자치도 제주시 추자면 하추자도 신양리 남쪽 바다에 있는 '푸렝이(푸랭이)'의 한자 차용 표기 '青島(청도)'의 우리 한자 음을 로마자로 나타낸 것 가운데 하나. 오늘날 지형도에는 '푸랭이'로 쓰여 있음. ⇒ 青島(청도).

青島 チョントー プレンンイ 116米 CH'ŎNG-DO SEI-TŌ PURENI 〈1대 5만 미군지도 「CH'UJA-KUNDO」(1945) A.M.S 6415 Ⅰ〉.

Ch'uja-hang(추자항) 제주특별자치도 제주시 추자면 상추자도 추자항(楸子港)의 로마자 표기 가운데 하나. ⇒ 楸子港(추자항).

楸子港 チュヂャーハン Ch'uja-hang Shūshi-kō 〈1대 5만 미군지도 「CH'UJA-KUNDO」(1945) A.M.S 6415 Ⅰ〉.

CH'UJA-KUNDO(추자군도) 제주특별자치도 제주시 추자면 '추자군도(楸子群島)'의 로마자 표기 가운데 하나. ⇒ 楸子群島(추자군도).

楸子群島 チュヂャー―― CH'UJA―KUNDO SHŪSHI―GUNTŌ(ISLAND GROUP) 〈1대 5만 미군지도 「CH'UJA-KUNDO」(1945) A.M.S 6415 Ⅰ〉.

CH'UJA-MYŎN(추자면) 제주특별자치도 제주시 추자면(楸子面)의 우리 한 자음을 미군정기 로자마로 쓴 것 가운데 하나. ⇒ 楸子面(추자면).

楸子面 チュヂャミョン CH'UJA-MYŎN SHŪSHI-MEN 〈1대 5만 미군지도「HOENGGAN-DO」 (1945) A.M.S 6416 Ⅱ〉. 楸子面 チュヂャーミョン CH'UJA-MYŎN SHŪSHI-MEN 〈1대 5만 미 군지도「CH'UJA-KUNDO」(1945) A.M.S 6415 Ⅰ〉.

CH'UP'O-DO(추포도) 제주특별자치도 제주시 추자면 하추자도 예초리 북 쪽 바다에 있는 '추가리'의 한자 차용 표기 秋浦島(추포도)의 우리 한자음 '추포도'를 로마자로 나타낸 것 가운데 하나. 오늘날 지형도에는 '추포도' 로 쓰여 있음. ⇒ 秋浦島(추포도).

秋浦島 チュポトー 112.9米 CH'UP'O-DO SHŪHO-TŌ 〈1대 5만 미군지도「CH'UJA-KUNDO」 (1945) A.M.S 6415 Ⅰ〉.

Changjakchi(장작지) 제주특별자치도 제주시 추자면 하추자도 신양리 '긴 작지'의 한자 차용 표기 長作只(장작지)의 우리 한자음은 '장작지'를 로마 자로 나타낸 것 가운데 하나. 오늘날 지형도에는 '긴작지'로 쓰여 있음. ⇒ 長作只(장작지).

新陽里 シンンヤンリー SINYANG-N1 SHINYŌ-RI(AREA NAME), 新上里 シンゾン ニー Sinsang-ni Shinjō-ri, 新下里 シンハーリー Sinha-ri Shinka-ri, 長作只 チャンヂ ャクヂー Changjakchi Chōsakushi, 石頭里 ソクヅーリー Sŏktu-ri Sekito-ri 〈1대 5만 미군 지도「CH'UJA-KUNDO」(1945) A.M.S 6415 Ⅰ〉.

CHANGSU-DO(장수도) 제주특별자치도 제주시 추자면의 한 섬인 '사수도' 의 별칭인 '獐水島(장수도)'의 우리 한자음을 미군정기 로자마로 쓴 것 가 운데 하나. 현대 지형도에는 '사수도'로 쓰여 있음. ⇒ 獐水島(장수도).

獐水島 CHANGSU-DO SHŌSUI-TŌ 〈1대 5만 미군지도「SOAN-DO」(1945) A.M.S 6516 Ⅲ〉.

Cheiju(제주) 제주(濟州)의 일본 한자음의 로마자 표기 가운데 하나. ⇒ 濟州(제주).

濟州島 Saishu-To(Cheiju) 〈朝鮮在留歐米人並領事館員名簿」(朝鮮總督府, 1935)〉.

CHEJU-HAEHYŎP(추자해협) 제주특별자치도 제주시 북쪽 바다의 해협
인 '濟州海峽(제주해협)'의 우리 한자음을 로마자로 쓴 것 가운데 하나.
⇒ **濟州海峽(제주해협)**.

CHEJU-HAEHYŎP(SAISHŪ-KAIKYŌ) (STRAIT) 〈1대 5만 미군지도 「CH'UJA-KUNDO」(1945)
A.M.S 6415 Ⅰ〉. CHEJU-HAEHYŎP(SAISHŪ-KAIKYŌ) 〈1대 5만 미군지도 「HOENGGAN-DO」
(1945) A.M.S 6416 Ⅱ〉.

CHIKKWI(직귀) 제주특별자치도 제주시 추자면 상추자도 대서리 북서쪽
바다에 있는 '지꾸'의 한자 차용 표기 直龜(직구)의 우리 한자음 '직귀'
를 로마자로 나타낸 것 가운데 하나. 오늘날 지형도에는 '직구'로 쓰여
있음. ⇒ **直龜(직구)**.

直龜 111.8米 チュク CHIKKWI CHOKKI(ISLAND) 〈1대 5만 미군지도 「CH'UJA-KUNDO」(1945)
A.M.S 6415 Ⅰ〉.

CHOKKI(쵸끼) 제주특별자치도 제주시 추자면 상추자도 대서리 북서쪽
바다에 있는 '지꾸'의 한자 차용 표기 直龜(직구)의 일본어 한자음 '쵸끼'
를 로마자로 나타낸 것 가운데 하나. 오늘날 지형도에는 '직구'로 쓰여
있음. ⇒ **直龜(직구)**.

直龜 111.8米 チュク CHIKKWI CHOKKI(ISLAND) 〈1대 5만 미군지도 「CH'UJA-KUNDO」(1945)
A.M.S 6415 Ⅰ〉.

Chorumei(쵸루메이) 제주특별자치도 제주시 추자면 하추자도 신양리 남쪽
바다에 있는 '절멩이·절명이'를 로마자로 나타낸 것 가운데 하나. 오늘날
지형도에는 '절명이'로 쓰여 있음.

チョルメー Chorumei(Reef) 〈1대 5만 미군지도 「CH'UJA-KUNDO」(1945) A.M.S 6415 Ⅰ〉.

Chōsakushi(쵸사쿠시) 제주특별자치도 제주시 추자면 하추자도 신양리 '긴
작지'의 한자 차용 표기 長作只(장작지)의 일본어 한자음은 '쵸사쿠시'를
로마자로 나타낸 것 가운데 하나. 오늘날 지형도에는 '긴작지'로 쓰여

있음. ⇒ 長作只(장작지).

新陽里 シンンヤンリー SINYANG−N1 SHINYŌ−RI(AREA NAME), 新上里 シンゾン
ニー Sinsang−ni Shinjō−ri, 新下里 シンハーリー Sinha−ri Shinka−ri, 長作只 チャンヂ
ャクヂー Changjakchi Chōsakushi, 石頭里 ソクヅーリー Sŏktu−ri Sekito−ri〈1대 5만 미군
지도「CH'UJA-KUNDO」(1945) A.M.S 6415 Ⅰ〉.

Chŭng-sŏ(증서) 제주특별자치도 제주시 추자면 상추자도 영흥리 동북쪽 바
다에 있는 '시릿여·시룻여'의 한자 차용 표기 甑嶼(증서)의 우리 한자음
'증서'를 로마자로 나타낸 것 가운데 하나. 오늘날 지형도에는 '시루여'로
쓰여 있음. ⇒ 甑嶼(증서).

甑嶼 シルニョ Chŭng-sŏ Sō-sho〈1대 5만 미군지도「CH'UJA-KUNDO」(1945) A.M.S 6415 Ⅰ〉.

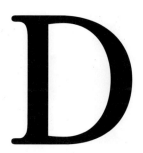

Daisei(다이세이) 제주특별자치도 서귀포시 대정(大靜)의 일본어 한자음을 로마자로 쓴 것 가운데 하나. ⇒ 大靜(대정).

Daisei 大靜 《朝鮮沿岸水路誌 第1卷》(1933) 「地名索引」》.

DokusinHo(도쿠신호) 제주특별자치도 제주시 우도면 우도에 있는 獨津浦(독진포)의 일본어 한자음을 로마자로 쓴 것 가운데 하나. ⇒ 獨津浦(독진포).

DokusinHo 獨津浦 《朝鮮沿岸水路誌 第1卷》(1933) 「地名索引」》.

DôtôHô(도토호) 제주특별자치도 제주시 도두동에 있는 도두봉(道頭峯)의 일본어 한자음을 로마자로 쓴 것 가운데 하나. ⇒ 道頭峯(도두봉).

DôtôHô 道頭峯 《朝鮮沿岸水路誌 第1卷》(1933) 「地名索引」》.

Dôtôri(도토리) 제주특별자치도 제주시 도두동의 옛 이름 도두리(道頭里)의 일본어 한자음을 로마자로 쓴 것 가운데 하나. ⇒ 道頭里(도두리).

Dôtôri 道頭里 《朝鮮沿岸水路誌 第1卷》(1933) 「地名索引」》.

Eikō-ri(에이코리) 제주특별자치도 제주시 추자면 상추자도 '영흥리(永興里)' 의 일본어 한자음 '에이코리'를 로마자로 나타낸 것 가운데 하나. ⇒ 永興里 (영흥리).

永興里 ヨンフンリー Yonghŭng-ni Eikō-ri 〈1대 5만 미군지도 「CH'UJA-KUNDO」(1945) A.M.S 6415 Ⅰ〉.

Enheiri(엔헤이리) 제주특별자치도 제주시 우도면 우도에 있는 연평리(演坪里) 의 일본어 한자음을 로마자로 쓴 것 가운데 하나. ⇒ 演坪里(연평리).

Enheiri 演坪里 〈『朝鮮沿岸水路誌 第1卷』(1933) 「地名索引」〉.

GaigetuKan(가이게투칸) 제주특별자치도 제주시 애월읍 애월리 바닷가에 있는 涯月串(애월곶)의 일본어 한자음을 로마자로 쓴 것 가운데 하나. ⇒ 涯月串(애월곶).

GaigetuKan 涯月串 《朝鮮沿岸水路誌 第1卷》(1933) 「地名索引」〉.

Gaigeturi(가이게투리) 제주특별자치도 제주시 애월읍 涯月里(애월리)의 일본어 한자음을 로마자로 쓴 것 가운데 하나. ⇒ 涯月里(애월리).

Gaigeturi 涯月里 《朝鮮沿岸水路誌 第1卷》(1933) 「地名索引」〉.

GAIKAKU-TŌ(가이가쿠토) 제주특별자치도 제주시 추자면 하추자도 신양리 남서쪽 바다에 있는 '밖미역섬'의 한자 차용 표기 外藿島(외곽도)의 일본어 한자음 '가이가쿠도'를 로마자로 나타낸 것 가운데 하나. 오늘날 지형도에는 '밖미역섬'으로 쓰여 있음. ⇒ 外藿島(외곽도).

外藿島 パッミョクソム 39米 OEGWAK-TO GAIKAKU-TŌ 〈1대 5만 미군지도 「CH'UJA-KUNDO」(1945) A.M.S 6415 ㅣ〉.

Gatô(가토) 제주특별자치도 제주시 한경면 고산1리 바다에 있는 臥島(와도)

의 일본어 한자음을 로마자로 쓴 것 가운데 하나. ⇒ 臥島(와도).

Gatô 臥島 《朝鮮沿岸水路誌 第1卷』(1933)「地名索引」》.

GendôHô(겐도호) 제주특별자치도 제주시 삼양동에 있는 원당봉(元堂峯)의 일본어 한자음을 로마자로 쓴 것 가운데 하나. ⇒ 元堂峯(원당봉).

GendôHô 元堂峯 《朝鮮沿岸水路誌 第1卷』(1933)「地名索引」》.

Ge-SyûsiTô(게슈시토) 제주특별자치도 제주시 추자면 하추자도(下楸子島)의 일본어 한자음을 로마자로 쓴 것 가운데 하나. ⇒ 下楸子島(하추자도).

Ge-SyûsiTô 下楸子島 《朝鮮沿岸水路誌 第1卷』(1933)「地名索引」》.

GeturôHô(게투로호) 제주특별자치도 제주시 구좌읍 '다랑쉬오롬'의 한자 차용 표기 가운데 하나인 月郎峯(월랑봉)의 일본어 한자음을 로마자로 쓴 것 가운데 하나. ⇒ 月郎峯(월랑봉).

GeturôHô 月郎峯 《朝鮮沿岸水路誌 第1卷』(1933)「地名索引」》.

Godō-sho(고도쇼) 제주특별자치도 제주시 추자면 하추자도 예초리 북쪽 바다에 있는 '오동여'의 한자 차용 표기 梧洞嶼(오동서)의 일본어 한자음 '고도오쇼'를 로마자로 나타낸 것 가운데 하나. 오늘날 지형도에는 '오동여'로 쓰여 있음. ⇒ 梧洞嶼(오동서).

梧洞嶼 オドンヨ Odong-sŏ Godō-sho 〈1대 5만 미군지도「CH'UJA-KUNDO」(1945) A.M.S 6415 Ⅰ〉.

GosyôriHo(고쇼리호) 제주특별자치도 서귀포시 성산읍 오조리 바닷가에 있는 오조리포(吾照里浦)의 일본어 한자음을 로마자로 쓴 것 가운데 하나. ⇒ 吾照里浦(오조리포).

GosyôriHo 吾照里浦 《朝鮮沿岸水路誌 第1卷』(1933)「地名索引」》.

GozyûseiGaku(고쥬세이가쿠) 제주특별자치도 제주시 노형동 남쪽 산간에 있는 어승생악(御乘生岳)의 일본어 한자음을 로마자로 쓴 것 가운데 하나. ⇒ 御乘生岳(어승생악).

GozyûseiGaku 御乘生岳 《朝鮮沿岸水路誌 第1卷』(1933)「地名索引」》.

Gunsan(군산) 제주특별자치도 서귀포시 안덕면 창천리에 있는 군산(軍山)의 일본어 한자음을 로마자로 쓴 것 가운데 하나. ⇒ 軍山(군산).

Gunsan 軍山 《朝鮮沿岸水路誌 第1卷》(1933) 「地名索引」〉.

Gyūbi(규우비) 제주특별자치도 제주시 추자면 하추자도 예초리 동쪽 바다에 있는 '쇠코'의 한자 차용 표기 牛鼻(우비)의 일본어 한자음 '규우비'를 로마자로 나타낸 것 가운데 하나. 오늘날 지형도에는 '쇠코'로 쓰여 있음. ⇒ 牛鼻(우비).

牛鼻 セーコ Ubi Gyūbi(Rock) 〈1대 5만 미군지도 「CH'UJA-KUNDO」(1945) A.M.S 6415 Ⅰ〉.

GyûbiGan(규비간) 제주특별자치도 제주시 추자면 하추자도 바다에 있는 우비암(牛鼻岩: 쇠코·쇠코바우-)의 일본어 한자음을 로마자로 쓴 것 가운데 하나. ⇒ 牛鼻岩(우비암).

GyûbiGan 牛鼻岩 《朝鮮沿岸水路誌 第1卷》(1933) 「地名索引」〉.

GyûsyûGSan(규슈간) 제주특별자치도 제주시 우도면 우도에 있는 우취암 (牛臭岩)의 일본어 한자음을 로마자로 쓴 것 가운데 하나. ⇒ 牛臭岩(우취암).

GyûsyûGan 牛臭岩 《朝鮮沿岸水路誌 第1卷》(1933) 「地名索引」〉.

GyûTô(규토) 제주특별자치도 제주시 우도면 우도(牛島)의 일본어 한자음을 로마자로 쓴 것 가운데 하나. ⇒ 牛島(우도).

GyûTô 牛島 《朝鮮沿岸水路誌 第1卷》(1933) 「地名索引」〉.

GYŪTŌ(규토) 제주특별자치도 제주시 추자면 하추자도 예초리 동북쪽 바다에 있는 '쇠머리'의 한자 차용 표기인 牛頭(우두)의 일본어 한자음 '규우토'를 로마자로 나타낸 것 가운데 하나. 오늘날 지형도에는 '쇠머리'로 쓰여 있음. ⇒ 牛頭(우두).

牛頭 セーモリ 63.8米 U-DO GYŪTŌ 〈1대 5만 미군지도 「CH'UJA-KUNDO」(1945) A.M.S 6415 Ⅰ〉.

GyûtôKan(규토칸) 제주특별자치도 제주시 우도면 우도(牛島)의 일본어 한자음을 로마자로 쓴 것 가운데 하나. ⇒ 牛島(우도).

GyûtôKan 牛頭串 《朝鮮沿岸水路誌 第1卷』(1933)「地名索引」》.

GyûtôSan(규토산) 제주특별자치도 제주시 우도면 우도에 있는 牛頭山(우두산)의 일본어 한자음을 로마자로 쓴 것 가운데 하나. ⇒ 牛頭山(우두산).

GyûtôSan 牛頭山 《朝鮮沿岸水路誌 第1卷』(1933)「地名索引」》.

Gyûtôsuidô(규토슈도) 제주특별자치도 제주시 우도면 우도와 성산읍 성산리 사이에 있는 바닷길 우도수도(牛島水道)의 일본어 한자음을 로마자로 쓴 것 가운데 하나. ⇒ 牛島水道(우도수도).

GyûtôKan 牛頭串 《朝鮮沿岸水路誌 第1卷』(1933)「地名索引」》.

HACH'UJA-DO(하추자도) 제주특별자치도 제주시 추자면 '하추자도'를 로마자로 나타낸 것 가운데 하나. ⇒ 下楸子島(하추자도).

下楸子島 ハーチヂャート― HACH'UJA-DO KA-SHŪSHI-TŌ 〈1대 5만 미군지도 「CH'UJA-KUNDO」(1945) A.M.S 6415 Ⅰ〉.

HAEAM-SŎ(해암서) 제주특별자치도 제주시 추자면 하추자도 묵리 남서쪽 바다에 있는 '海岩嶼(해암서)'의 우리 한자음 '해암서'를 로마자로 나타낸 것 가운데 하나. 오늘날 지형도에는 '작은과탈'로 쓰여 있음. ⇒ 海岩嶼(해암서).

海岩嶼 HAEAM-SŎ KAIGAN-SHO 〈1대 5만 미군지도 「CH'UJA-KUNDO」(1945) A.M.S 6415 Ⅰ〉.

HagunHô(하군호) 제주특별자치도 제주시 애월읍 하귀리에 있는 破軍峯(파군봉)의 일본어 한자음을 로마자로 쓴 것 가운데 하나. ⇒ 破軍峯(파군봉).

HagunHô 破軍峯 《『朝鮮沿岸水路誌 第1卷』(1933)「地名索引」》.

HakurokuTan(하쿠로쿠탄) 제주특별자치도 서귀포시 토평동 산간에 있는 한라산 白鹿潭(백록담)의 일본어 한자음을 로마자로 쓴 것 가운데 하나. ⇒ 白鹿潭(백록담).

HakurokuTan 白鹿潭《朝鮮沿岸水路誌 第1卷》(1933)「地名索引」》.

han-nɛ(한내) 제주특별자치도 제주시 용담동을 흘러내리는 '한내'를 로마자 발음기호로 나타낸 것. ⇒ 大川(대천).

川(1)[nɛ] ……[全南]濟州(郡內の山底川·別刀川·大川を夫夫[san-ʥi-nɛ], [pe-rin-nɛ], [han-nɛ]といふ)·西歸·大靜(郡內の甘山川を[kam-san-nɛ]といふ)《朝鮮語方言の研究 上》(小倉進平, 1944:41)》.

Hantadan(한타단) 제주특별자치도 제주시 우도면 우도수도 서쪽에 있는 磻多 灘(반다탄)의 일본어 한자음을 로마자로 쓴 것 가운데 하나. ⇒ 磻多灘(반다탄).

Hantadan 磻多灘《朝鮮沿岸水路誌 第1卷》(1933)「地名索引」》.

HeimonSen(헤이몬센) 제주특별자치도 제주시 삼도동을 흐르는 屛門川(병문 천)의 일본어 한자음을 로마자로 쓴 것 가운데 하나. ⇒ 屛門川(병문천).

HeimonSen 屛門川《朝鮮沿岸水路誌 第1卷》(1933)「地名索引」》.

Heitairi(헤이타이리) 제주특별자치도 제주시 구좌읍 坪岱里(평대리)의 일본어 한자음을 로마자로 쓴 것 가운데 하나. ⇒ 坪岱里(평대리).

Heitairi 坪岱里《朝鮮沿岸水路誌 第1卷》(1933)「地名索引」》.

HirôTô(히로토) 제주특별자치도 제주시 한림읍 飛楊島(비양도)와 제주시 우도 면 飛楊島(비양도)의 일본어 한자음을 로마자로 쓴 것 가운데 하나. ⇒ 飛 楊島(비양도)

HirôTô 飛楊島(濟州島東岸牛島), HirôTô 飛楊島(濟州島西岸)《朝鮮沿岸水路誌 第1卷》 (1933)「地名索引」》.

Hiyô(히로) 제주특별자치도 제주시 한림읍 飛楊島(비양도)와 제주시 우도면 飛楊島(비양도) 등 飛楊(비양)의 일본어 한자음을 로마자로 쓴 것 가운데 하나. ⇒ 飛楊(비양).

Hiyô 飛楊《朝鮮沿岸水路誌 第1卷》(1933)「地名索引」》.

HOENGGANDO(횡간도) 제주특별자치도 제주시 추자면 대서리에 딸린 '橫

干島(횡간도)'의 우리 한자음을 미군정기 로자마로 쓴 것 가운데 하나.

横干島 HOENGGANDO Hoenggando ŌKAN-TŌ 〈1대 5만 미군지도 「HOENGGAN-DO」
(1945) A.M.S 6416 Ⅱ〉.

Hoenggando(횡간도) 제주특별자치도 제주시 추자면 대서리에 딸린 '横干島
(횡간도)'의 우리 한자음을 미군정기 로자마로 쓴 것 가운데 하나.

横干島 フェグント― HOENGGANDO Hoenggando ŌKAN-TŌ 〈1대 5만 미군지도
「HOENGGAN-DO」(1945) A.M.S 6416 Ⅱ〉.

Hokanri(호칸리) 제주특별자치도 서귀포시 남원읍 태흥리의 옛 이름 가운데
하나인 保閑里(보한리)의 일본어 한자음을 로마자로 쓴 것 가운데 하나.
⇒ **保閑里(보한리)**.

Hokanri 保閑里 《朝鮮沿岸水路誌 第1卷》(1933) 「地名索引」〉.

Hokusonri(호쿠손리) 제주특별자치도 제주시 조천읍 北村里(북촌리)의 일본
어 한자음을 로마자로 쓴 것 가운데 하나. ⇒ **北村里(북촌리)**.

Hokusonri 北村里 《朝鮮沿岸水路誌 第1卷》(1933) 「地名索引」〉.

Hō-sho(호오쇼) 제주특별자치도 제주시 추자면 하추자도 신양리 동남쪽 바
다에 있는 '모여'의 한자 차용 표기 方嶼(방서)의 일본어 한자음 '호오쇼'
를 로마자로 나타낸 것 가운데 하나. 오늘날 지형도에는 '모여'로 쓰여 있
음. ⇒ **方嶼(방서)**.

方嶼 モ―ョ Pang-sŏ Hō-sho 〈1대 5만 미군지도 「CH'UJA-KUNDO」(1945) A.M.S 6415 Ⅰ〉.

HôSyo(후쇼) 제주특별자치도 제주시 추자면 하추자도 신양리 동남쪽 바다
에 있는 '모여'의 한자 차용 표기 方嶼(방서)의 일본어 한자음 '호오쇼'를
로마자로 나타낸 것 가운데 하나. ⇒ **方嶼(방서)**.

HôSyo 方嶼 《朝鮮沿岸水路誌 第1卷》(1933) 「地名索引」〉.

HŬKKŎM-DO(흑검도) 제주특별자치도 제주시 추자면 상추자도(上楸子島)
대서리 동북쪽 바다에 있는 '검은가리'의 한자 차용 표기 黑劍島(흑검도)

의 우리 한자음 '흑검도'를 로마자로 나타낸 것 가운데 하나. 오늘날 지형도에는 '검은가리'로 쓰여 있음. ⇒ 黑劍島(흑검도).

黑劍島 フクコムソム 115.2米 HŬKKŎM-DO KOKUKEN-TŌ 〈1대 5만 미군지도 「CH'UJA-KUNDO」(1945) A.M.S 6415 Ⅰ〉.

HWA-DO(화도) 제주특별자치도 제주시 추자면 하추자도 묵리 남서쪽 바다에 있는 '華島(화도)'의 우리 한자음 '화도'를 로마자로 나타낸 것 가운데 하나. 오늘날 지형도에는 '큰과탈'로 쓰여 있음. ⇒ 華島(화도).

華島 HWA-DO KA-TŌ 〈1대 5만 미군지도 「CH'UJA-KUNDO」(1945) A.M.S 6415 Ⅰ〉.

HYŎL-TO(혈도) 제주특별자치도 제주시 추자면 하추자도 예초리 북동쪽 바다에 있는 '구멍섬'의 한자 차용 표기 穴島(혈도)의 우리 한자음 '혈도'를 로마자로 나타낸 것 가운데 하나. 오늘날 지형도에는 '구멍섬'으로 쓰여 있음. ⇒ 穴島(혈도).

穴島 クモンソム HYŎL-TO KETS-TŌ 〈1대 5만 미군지도 「CH'UJA-KUNDO」(1945) A.M.S 6415 Ⅰ〉.

HyôzenHo(효젠호) 제주특별자치도 서귀포시 표선리 表善浦(표선포)의 일본어 한자음을 로마자로 쓴 것 가운데 하나. ⇒ 表善浦(표선포).

HyôzenHo 表善浦 〈『朝鮮沿岸水路誌 第1卷』(1933) 「地名索引」〉.

Imiri(이미리) 제주특별자치도 서귀포시 남원읍 爲美里(위미리)의 일본어 한
자음을 로마자로 쓴 것 가운데 하나. ⇒ **爲美里(위미리)**.

Imiri 爲美里 《『朝鮮沿岸水路誌 第1卷』(1933)「地名索引」》.

IriHana(이리하나) 제주특별자치도 제주시 우도면 우도에 있는 入鼻(입비)의
일본어 한자음을 로마자로 쓴 것 가운데 하나. ⇒ **入鼻(입비)**.

IriHana 入鼻 《『朝鮮沿岸水路誌 第1卷』(1933)「地名索引」》.

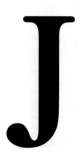

JŌSHŪSHI-TŌ(조슈시토) 제주특별자치도 제주시 추자면 ‘상추자도(上楸子島)’의 일본어 한자음 ‘조오슈스이토’를 로마자로 나타낸 것 가운데 하나. ⇒ 上楸子島(상추자도).

上楸子島 ソンチュチャートー SANGCH'UJA-DO JŌSHŪSHI-TŌ〈1대 5만 미군지도 「CH'UJA-KUNDO」(1945) A.M.S 6415 Ⅰ〉.

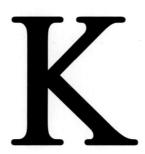

kʻún-gɛ(큰개) 제주특별자치도 서귀포시 대포동 바닷가에 있는 '큰개'를 로마자 발음기호로 나타낸 것. ⇒ 大浦(대포).

　浦(1)[kɛ] ……[全南] 濟州(郡內瓮浦を[tok-kɛ]大浦を[kʻún-gɛ]板浦を[nol-gɛ]といふ)
　《朝鮮語方言の研究 上》(小倉進平, 1944:42)》.

Kahokuri(가호쿠리) 제주특별자치도 제주시 화북동의 옛 이름 禾北里(화북리)의 일본어 한자음을 로마자로 쓴 것 가운데 하나. ⇒ 禾北里(화북리).

　Kahokuri 禾北里 《朝鮮沿岸水路誌 第1卷》(1933)「地名索引」》.

Kahudan(가후탄) 제주특별자치도 서귀포시 대정읍 가파도 바다에 있는 寡婦灘(과부탄)의 일본어 한자음을 로마자로 쓴 것 가운데 하나. ⇒ 寡婦灘(과부탄).

　Kahudan 寡婦灘 《朝鮮沿岸水路誌 第1卷》(1933)「地名索引」》.

KahuTô(가후터) 제주특별자치도 서귀포시 대정읍 가파도 바다에 있는 寡婦島(과부도)의 일본어 한자음을 로마자로 쓴 것 가운데 하나. ⇒ 寡婦島(과부도).

　KahuTô 寡婦島 《朝鮮沿岸水路誌 第1卷》(1933)「地名索引」》.

KAIGAN-SHO(가이간쇼) 제주특별자치도 제주시 추자면 하추자도 묵리 남서쪽 바다에 있는 '海岩嶼(해암서)'의 일본어 한자음 '가이간쇼'를 로마자로 나타낸 것 가운데 하나. 오늘날 지형도에는 '작은과탈'로 쓰여 있음. ⇒ 海岩嶼(해암서).

海岩嶼 HAEAM-SŎ KAIGAN-SHO 〈1대 5만 미군지도「CH'UJA-KUNDO」(1945) A.M.S 6415 Ⅰ〉.

Kain-sŏ(가인서) 제주특별자치도 제주시 추자면 상추자도 영흥리 동북쪽 바다에 있는 '가린여·개린여'의 한자 차용 표기 加仁嶼(가인서)의 우리 한자음 '가인서'를 로마자로 나타낸 것 가운데 하나. 오늘날 지형도에는 '개인여'로 쓰여 있음. ⇒ 加仁嶼(가인서).

加仁嶼 カインヨ Kain-sŏ Kajin-sho 〈1대 5만 미군지도「CH'UJA-KUNDO」(1945) A.M.S 6415 Ⅰ〉.

KaiSyo(가이쇼) 海嶼(해서)의 일본어 한자음을 로마자로 쓴 것 가운데 하나. ⇒ 海嶼(해서).

KaiSyo 海嶼 〈『朝鮮沿岸水路誌 第1卷』(1933)「地名索引」〉.

Kajin-sho(가진쇼) 제주특별자치도 제주시 추자면 상추자도 영흥리 동북쪽 바다에 있는 '가린여·개린여'의 한자 차용 표기 加仁嶼(가인서)의 일본어 한자음 '가진쇼'를 로마자로 나타낸 것 가운데 하나. 오늘날 지형도에는 '개인여'로 쓰여 있음. ⇒ 加仁嶼(가인서).

加仁嶼 カインヨ Kain-sŏ Kajin-sho 〈1대 5만 미군지도「CH'UJA-KUNDO」(1945) A.M.S 6415 Ⅰ〉.

Kakiri(가키리) 제주특별자치도 제주시 애월읍 下貴里(하귀리)의 일본어 한자음을 로마자로 쓴 것 가운데 하나. ⇒ 下貴里(하귀리).

Kakiri 下貴里 〈『朝鮮沿岸水路誌 第1卷』(1933)「地名索引」〉.

Kakusiri(가쿠시리) 제주특별자치도 제주시 애월읍 郭支里(곽지리)의 일본어 한자음을 로마자로 쓴 것 가운데 하나. ⇒ 郭支里(곽지리).

Kakusiri 郭支里 〈『朝鮮沿岸水路誌 第1卷』(1933)「地名索引」〉.

KakuTô(가쿠토) 제주특별자치도 제주시 추자면 횡간도 바다에 있는 藿島(곽도)의 일본어 한자음을 로마자로 쓴 것 가운데 하나. ⇒ 藿島(곽도).

KakuTô 藿島(橫干島)《朝鮮沿岸水路誌 第1卷》(1933)「地名索引」》.

KAKU-TŌ(가쿠토·가꾸토) 제주특별자치도 제주시 추자면 대서리 횡간도 동쪽에 있는 '미역섬'의 한자 차용 표기 藿島(곽도)의 일본어 한자음 '가끄도오·가꾸도오'를 미군정기 로자마로 쓴 것 가운데 하나. 현대 지형도에는 '큰미역섬'과 '작은미역섬'으로 쓰여 있음.

藿島 ミョクソム KWAK-TO KAKU-TŌ 〈1대 5만 미군지도「HOENGGAN-DO」(1945) A.M.S 6416Ⅱ〉.

kam-san-nε(감산내) 제주특별자치도 서귀포시 감산리를 흘러내리는 '감산내'를 로마자로 나타낸 것. ⇒ 甘山川(감산천).

川(1)[nε] ……[全南] 濟州(郡内の山底川·別刀川·大川を夫夫〔san-ʤi-nε〕,〔pe-rin-nε〕, 〔han-nε〕といふ)·西歸·大靜(郡内の甘山川を〔kam-san-nε〕といふ)《朝鮮語方言の研究 上》(小倉進平, 1944:41)〉.

KandaSan(간다산) 漢拏山(한라산)의 일본어 한자음을 로마자로 쓴 것 가운데 하나. ⇒ 漢拏山(한라산).

KandaSan 漢拏山《朝鮮沿岸水路誌 第1卷》(1933)「地名索引」》.

KanraSan(간라산) 漢羅山(한라산)의 일본어 한자음을 로마자로 쓴 것 가운데 하나. ⇒ 漢羅山(한라산).

KanraSan 漢羅山《朝鮮沿岸水路誌 第1卷》(1933)「地名索引」》.

Kanrinri(간린리) 제주특별자치도 제주시 한림읍 翰林里(한림리)의 일본어 한자음을 로마자로 쓴 것 가운데 하나. ⇒ 翰林里(한림리).

Kanrinri 翰林里《朝鮮沿岸水路誌 第1卷》(1933)「地名索引」》.

Kantokuri(간토쿠리) 제주특별자치도 제주시 조천읍 咸德里(함덕리)의 일본어 한자음을 로마자로 쓴 것 가운데 하나. ⇒ 咸德里(함덕리).

Kantokuri 咸德里《朝鮮沿岸水路誌 第1卷》(1933)「地名索引」》.

KapaTô(가파터) 제주특별자치도 서귀포시 대정읍 가파리의 본섬 加波島(가파도)의 일본어 한자음을 로마자로 쓴 것 가운데 하나. ⇒ 加波島(가파도).

KapaTô 加波島 《朝鮮沿岸水路誌 第1巻》(1933)「地名索引」》.

KA-SHŪSHI-TŌ(가슈시토) 제주특별자치도 제주시 추자면 하추자도(下楸子島)의 일본어 한자음 '가슈우시토'를 로마자로 나타낸 것 가운데 하나. ⇒ 下楸子島(하추자도).

下楸子島 ハーチヂャートー HACH'UJA-DO KA-SHŪSHI-TŌ 〈1대 5만 미군지도「CH'UJA-KUNDO」(1945) A.M.S 6415 Ⅰ〉.

KatituGaku(카티투가쿠) 제주특별자치도 제주시 조천읍 선흘리에 있는 下栗岳(하율악)의 일본어 한자음을 로마자로 쓴 것 가운데 하나. ⇒ 下栗岳(하율악).

KatituGaku 下栗岳 《朝鮮沿岸水路誌 第1巻》(1933)「地名索引」》.

KaTô(가토) 제주특별자치도 제주시 추자면과 애월면 사이 바다에 있는 華島(화도)의 일본어 한자음을 로마자로 쓴 것 가운데 하나. ⇒ 華島(화도).

KaTô 華島(楸子群島) 《朝鮮沿岸水路誌 第1巻》(1933)「地名索引」》.

KA-TŌ(가토) 제주특별자치도 제주시 추자면 하추자도 묵리 남서쪽 바다에 있는 '海岩嶼(해암서)'의 일본어 한자음 '가도'를 로마자로 나타낸 것 가운데 하나. 오늘날 지형도에는 '큰과탈'로 쓰여 있음. ⇒ 華島(화도).

華島 HWA-DO KA-TŌ 〈1대 5만 미군지도「CH'UJA-KUNDO」(1945) A.M.S 6415 Ⅰ〉.

KeiteiTô(게이테이토) 제주특별자치도 서귀포시 안덕면 사계리 바다에 있는 兄弟島(형제도)의 일본어 한자음을 로마자로 쓴 것 가운데 하나. ⇒ 兄弟島(형제도).

KeiteiTô 兄弟島 《朝鮮沿岸水路誌 第1巻》(1933)「地名索引」》.

Kentō-sho(겐토쇼) 제주특별자치도 제주시 추자면 상추자도(上楸子島) 대서리 동북쪽 바다에 있는 '검둥여·검등여'의 한자 차용 표기 劒騰嶼(검등서)의 일본어 한자음 '겐토쇼'를 로마자로 나타낸 것 가운데 하나. 오늘날 지형도에는 '검둥여'로 쓰여 있음. ⇒ 劒騰嶼(검등서).

劍騰嶼 コントンヨ Kŏmdŭng-sŏ Kentō-sho 〈1대 5만 미군지도 「CH'UJA-KUNDO」(1945) A.M.S 6415 Ⅰ〉.

KETS-TŌ(게츠토) 제주특별자치도 제주시 추자면 하추자도 예초리 북동쪽 바다에 있는 '구멍섬'의 한자 차용 표기 穴島(혈도)의 일본어 한자음 '게 츠토'를 로마자로 나타낸 것 가운데 하나. 오늘날 지형도에는 '구멍섬'으 로 쓰여 있음. ⇒ 穴島(혈도).

穴島 クモンソム HYŎL-TO KETS-TŌ 〈1대 5만 미군지도 「CH'UJA-KUNDO」(1945) A.M.S 6415 Ⅰ〉.

kɛ(개) 강이나 내의 하류, 바닷가 따위에서 바닷물이 드나드는 곳을 이르는 '개(浦)'의 로마자 발음기호 표기. ⇒ 浦(포).

浦(1) [kɛ] …… [全南] 濟州(郡內瓮浦를 [tok-kɛ] 大浦를 [k'ŭn-gɛ] 板浦를 [nol-gɛ] といふ) 《朝鮮語方言の研究 上》(小倉進平, 1944:42)》.

Kinryôri(긴뇨리) 제주특별자치도 제주시 한림읍 금능리(金陵里)의 일본어 한 자음을 로마자로 쓴 것 가운데 하나. ⇒ 金陵里(금능리).

Kinryôri 金陵里 《朝鮮沿岸水路誌 第1卷》(1933) 「地名索引」》.

KoGaku(고가쿠) 제주특별자치도 제주시 구좌읍 높은옴의 한자 표기 高岳 (고악)의 일본어 한자음을 로마자로 쓴 것 가운데 하나. ⇒ 高岳(고악).

KoGaku 高岳 《朝鮮沿岸水路誌 第1卷》(1933) 「地名索引」》.

Kôhodan(고호단) 제주특별자치도 서귀포시 대정읍 가파도 바다에 있는 廣 浦灘(광포탄)의 일본어 한자음을 로마자로 쓴 것 가운데 하나. ⇒ 廣浦灘(광 포탄).

Kôhodan 廣浦灘 《朝鮮沿岸水路誌 第1卷》(1933) 「地名索引」》.

KoKonSan(고콘산) 제주특별자치도 서귀포시 서호동에 있는 孤根山(고근산) 의 일본어 한자음을 로마자로 쓴 것 가운데 하나. ⇒ 孤根山(고근산).

KoKonSan 孤根山 《朝鮮沿岸水路誌 第1卷》(1933) 「地名索引」》.

KOKUKEN-TŌ(고쿠겐도) 제주특별자치도 제주시 추자면 상추자도(上楸子

島) 대서리 동북쪽 바다에 있는 '검은가리'의 한자 차용 표기 黑劍島(흑검도)의 일본어 한자음 을 로마자로 나타낸 것 가운데 하나. 오늘날 지형도에는 '검은가리'로 쓰여 있음. ⇒ 黑劍島(흑검도).

黑劍島 フクコムソム 115.2米 HŬKKŎM-DO KOKUKEN-TŌ 〈1대 5만 미군지도 「CH'UJA-KUNDO」(1945) A.M.S 6415 Ⅰ〉.

Kôkûsan(고쿠산) 제주특별자치도 서귀포시 서호동 高空山(고공산)의 일본어 한자음을 로마자로 쓴 것 가운데 하나. ⇒ 高空山(고공산).

Kôkûsan 高空山 〈『朝鮮沿岸水路誌 第1卷』(1933)「地名索引」〉.

Kŏmdŭng-sŏ(검등서) 제주특별자치도 제주시 추자면 상추자도(上楸子島) 대서리 동북쪽 바다에 있는 '검둥여·검등여'의 한자 차용 표기 劍騰嶼(검등서)의 우리 한자음 '검등서'를 로마자로 나타낸 것 가운데 하나. 오늘날 지형도에는 '검둥여'로 쓰여 있음. ⇒ 劍騰嶼(검등서).

劍騰嶼 コントンヨ Kŏmdŭng-sŏ Kentō-sho 〈1대 5만 미군지도 「CH'UJA-KUNDO」(1945) A.M.S 6415 Ⅰ〉.

KônaiHô(고나이호) 제주특별자치도 제주시 애월읍 高內峰(고내봉)의 일본어 한자음을 로마자로 쓴 것 가운데 하나.

KônaiHô 高內峯 〈『朝鮮沿岸水路誌 第1卷』(1933)「地名索引」〉.

Kônairi(고나이리) 제주특별자치도 제주시 애월읍 高內里(고내리)의 일본어 한자음을 로마자로 쓴 것 가운데 하나.

Kônairi 高內里 〈『朝鮮沿岸水路誌 第1卷』(1933)「地名索引」〉.

Kong-sŏ(공서) 제주특별자치도 제주시 추자면 상추자도 대서리 북쪽 바다에 있는 '공여'의 한자 차용 표기 空嶼(공서)의 우리 한자음 '공서'를 로마자로 나타낸 것 가운데 하나. 오늘날 지형도에는 '공여'로 쓰여 있음. ⇒ 空嶼(공서).

空嶼 コンヨ Kong-sŏ Kū-sho 〈1대 5만 미군지도 「CH'UJA-KUNDO」(1945) A.M.S 6415 Ⅰ〉.

KôsanGaku(고산가쿠) 제주특별자치도 제주시 애월읍 고내리에 있는 高內岳(고내악)의 일본어 한자음을 로마자로 쓴 것 가운데 하나.

KôsanGaku 高內岳 《朝鮮沿岸水路誌 第1卷』(1933)「地名索引』.

KôsanHô(고산호) 제주특별자치도 제주시 애월읍 고내리 高內峰(고내봉)의 일본어 한자음을 로마자로 쓴 것 가운데 하나.

KôsanHô 高內峯 《朝鮮沿岸水路誌 第1卷』(1933)「地名索引』.

Kôsanri(고산리) 제주특별자치도 제주시 한경면 고산1리 高山里(고산리)의 일본어 한자음을 로마자로 쓴 것 가운데 하나.

Kôsanri 高山里 《朝鮮沿岸水路誌 第1卷』(1933)「地名索引』.

KosonHô(고손호) 제주특별자치도 서귀포시 하례리 狐村峯(호촌봉)의 일본어 한자음을 로마자로 쓴 것 가운데 하나.

KosonHô 狐村峯 《朝鮮沿岸水路誌 第1卷』(1933)「地名索引』.

KoTô(고토) 제주특별자치도 서귀포시 법환동 바다에 있는 虎島(호도)의 일본어 한자음을 로마자로 쓴 것 가운데 하나. ⇒ **虎島(호도)**.

KoTô 虎島(濟州島南岸) 《朝鮮沿岸水路誌 第1卷』(1933)「地名索引』.

KôtyôSi(고토시) 廣鳥嘴(광조취)의 일본어 한자음을 로마자로 쓴 것 가운데 하나. ⇒ **廣鳥嘴(광조취)**.

KôtyôSi 廣鳥嘴 《朝鮮沿岸水路誌 第1卷』(1933)「地名索引』.

KôzanGaku(고잔가쿠) 제주특별자치도 제주시 한경면 고산1리에 있는 高山峯(고산봉)의 일본어 한자음을 로마자로 쓴 것 가운데 하나.⇒ **高山峯(고산봉)**.

KôzanGaku 高山峯 《朝鮮沿岸水路誌 第1卷』(1933)「地名索引』.

KôzanHô(고잔호) 제주특별자치도 제주시 한경면 고산1리에 있는 高山峯(고산봉)의 일본어 한자음을 로마자로 쓴 것 가운데 하나. ⇒ **高山峯(고산봉)**.

KôzanHô 高山峯 《朝鮮沿岸水路誌 第1卷』(1933)「地名索引』.

Kôzanri(고잔리) 제주특별자치도 제주시 한경면 高山里(고산리)의 일본어 한

자음을 로마자로 쓴 것 가운데 하나. ⇒ 高山里(고산리).

Kôzanri 高山里 《朝鮮沿岸水路誌 第1卷》(1933) 「地名索引」》.

KunryôSyo(군령서) 제주특별자치도 서귀포시 성산읍 시흥리 동쪽 바다에 있는 君良嶼(군량서)의 일본어 한자음을 로마자로 쓴 것 가운데 하나.

KunryôSyo 君良嶼 《朝鮮沿岸水路誌 第1卷》(1933) 「地名索引」》.

KunSan(군산) 제주특별자치도 서귀포시 안덕면 창천리에 있는 君山(군산)의 일본어 한자음을 로마자로 쓴 것 가운데 하나. ⇒ 君山(군산).

KunSan 君山 《朝鮮沿岸水路誌 第1卷》(1933) 「地名索引」》.

Kū-sho(구쇼) 제주특별자치도 제주시 추자면 상추자도 대서리 북쪽 바다에 있는 '공여'의 한자 차용 표기 空嶼(공서)의 일본어 한자음 '구쇼'를 로마자로 나타낸 것 가운데 하나. 오늘날 지형도에는 '공여'로 쓰여 있음.

⇒ 空嶼(공서).

空嶼 コンョ Kong-sŏ Kū-sho 〈1대 5만 미군지도 「CH'UJA-KUNDO」(1945) A.M.S 6415 I〉.

KutuSyo(구투쇼) 제주특별자치도 제주시 종달리 동쪽 바다에 있는 屈嶼(굴서)의 일본어 한자음을 로마자로 쓴 것 가운데 하나. ⇒ 屈嶼(굴서).

KutuSyo 屈嶼 《朝鮮沿岸水路誌 第1卷》(1933) 「地名索引」》.

KWAK-TO(곽도) 제주특별자치도 제주시 추자면 대서리 횡간도 동쪽에 있는 '미역섬'의 한자 차용 표기 藿島(곽도)의 우리 한자음 '곽도'를 미군정기 로자마로 쓴 것 가운데 하나. 현대 지형도에는 '큰미역섬'과 '작은미역섬'으로 쓰여 있음.

藿島 ミョクソム KWAK-TO KAKU-TŌ 〈1대 5만 미군지도 「HOENGGAN-DO」(1945) A.M.S 6416 II〉.

Kyôgenri(교젠리) 제주특별자치도 제주시 구좌읍 杏源里(행원리)의 일본어 한자음을 로마자로 쓴 것 가운데 하나. ⇒ 杏源里(행원리).

Kyôgenri 杏源里 《朝鮮沿岸水路誌 第1卷》(1933) 「地名索引」》.

Kyôsairi(교사이리) 제주특별자치도 제주시 한림읍 狹才里(협재리)의 일본어 한자음을 로마자로 쓴 것 가운데 하나. ⇒ 狹才里(협재리).

Kyôsairi 狹才里 《『朝鮮沿岸水路誌 第1卷』(1933)「地名索引」》.

KyôtôGan(교토간) 제주특별자치도 제주시 우도면 우도에 있는 擧頭岩(거두암)의 일본어 한자음을 로마자로 쓴 것 가운데 하나.

KyôtôGan 擧頭岩 《『朝鮮沿岸水路誌 第1卷』(1933)「地名索引」》.

MANG-DO(망도) 제주특별자치도 제주시 추자면 하추자도 예초리 북동쪽 바다에 있는 '보롬섬(보론섬)'의 한자 차용 표기 望島(망도)의 우리 한자음 '망도'를 로마자로 나타낸 것 가운데 하나. 오늘날 지형도에는 '보론섬'으로 쓰여 있음. ⇒ 望島(망도).

望島 ポルンソム MANG-DO BŌ-TŌ 〈1대 5만 미군지도 「CHʻUJA-KUNDO」(1945) A.M.S 6415 Ⅰ〉.

MaraTô(마라토) 제주특별자치도 서귀포시 대정읍 가파도 남서쪽에 있는 馬羅島(마라도)의 일본어 한자음을 로마자로 쓴 것 가운데 하나. ⇒ **馬羅島(마라도)**.

MaraTô 馬羅島, MaraTô 摩蘿島 《朝鮮沿岸水路誌 第1巻》(1933) 「地名索引」》.

MokumituGaku(모쿠미투가쿠) 제주특별자치도 제주시 연동에 있는 木密岳(목밀악)의 일본어 한자음을 로마자로 쓴 것 가운데 하나.

MokumituGaku 木密岳 《朝鮮沿岸水路誌 第1巻》(1933) 「地名索引」》. ⇒ **木密岳(목밀악)**.

Moku-ri(모꾸리) 제주특별자치도 제주시 추자면 하추자도 '묵리(黙里)'의 일본어 한자를 '모꾸리'를 로마자로 나타낸 것 가운데 하나. ⇒ **黙里(묵리)**.

黙里 ムクリー Mung-ni Moku-ri 〈1대 5만 미군지도 「CH'UJA-KUNDO」(1945) A.M.S 6415 Ⅰ〉.

Mon-sho(몬쇼) 제주특별자치도 제주시 추자면 대서리 횡간도 서쪽에 있는 '문여'의 한자 차용 표기 門嶼(문서)의 일본어 한자음 '몬쇼'를 미군정기 로자마로 쓴 것 가운데 하나. 현대 지형도에는 '문여'로 쓰여 있음.

門嶼 ムンニョ Mun-sŏ Mon-sho 〈1대 5만 미군지도 「HOENGGAN-DO」(1945) A.M.S 6416 Ⅱ〉.

mö-pa-ui o-rom(미바위오롬) 제주특별자치도 서귀포시 표선면 세화리에 있는 '매오롬'의 본래 이름 '메바위오롬'의 변음을 로마자 발음기호로 쓴 것. ⇒ 應巖山(응암산).

岳〔o-rom〕【「耽羅志」以岳爲兀音】〔全南〕濟州(郡内「葛岳」を〔tʃ'uk o-rom〕「板乙浦岳」を〔núl-gö o-rom〕といふ)·城山·西歸·大靜(舊旌義郡内の「達山」を〔toŋ o-rom〕水岳を〔mul o-rom〕應巖山を〔mö-pa-ui o-rom〕といふ)《朝鮮語方言の硏究 上》(小倉進平, 1944:34).

MoSen(모센) 제주특별자치도 서귀포시 송산동 '정방폭포'로 흘러드는 藻川(조천)의 일본어 한자음을 로마자로 쓴 것 가운데 하나. ⇒ 藻川(조천).

MoSen 藻川 《朝鮮沿岸水路誌 第1卷》(1933) 「地名索引」〉.

MosiruHô(모시루호) 제주특별자치도 서귀포시 대정읍 상모리 摹瑟峯(모슬봉)의 일본어 한자음을 로마자로 쓴 것 가운데 하나. ⇒ 摹瑟峯(모슬봉).

MosiruHô 摹瑟峯 《朝鮮沿岸水路誌 第1卷》(1933) 「地名索引」〉.

MosirupoKô(모시루포코) 제주특별자치도 서귀포시 대정읍 상모리 摹瑟浦港(모슬포항)의 일본어 한자음을 로마자로 쓴 것 가운데 하나. ⇒ 摹瑟浦港(모슬포항).

MosirupoKô 摹瑟浦港 《朝鮮沿岸水路誌 第1卷》(1933) 「地名索引」〉.

mul o-rom(물오롬) 제주특별자치도 서귀포시 남원읍 하례리에 있는 '물오롬'을 로마자 발음기호로 나타낸 것. ⇒ 水岳(수악).

岳〔o-rom〕【「耽羅志」以岳爲兀音】〔全南〕濟州(郡内「葛岳」を〔tʃ'uk o-rom〕「板乙浦岳」を〔núl-gö o-rom〕といふ)·城山·西歸·大靜(舊旌義郡内の「達山」を〔toŋ o-rom〕水岳を〔mul o-rom)應巖山を[mö-pa-ui o-rom]といふ)《朝鮮語方言の研究 上』(小倉進平, 1944:34)》.

Mung-ni(묵리) 제주특별자치도 제주시 추자면 하추자도 '묵리(黙里)'의 현실음 '뭉니'를 로마자로 나타낸 것 가운데 하나. ⇒ **黙里(묵리)**.

黙里 ムクリー Mung-ni Moku-ri 〈1대 5만 미군지도 「CH'UJA-KUNDO」(1945) A.M.S 6415 Ⅰ〉.

Mun-sŏ(문서) 제주특별자치도 제주시 추자면 대서리 횡간도 서쪽에 있는 '문여'의 한자 차용 표기 門嶼(문서)의 우리 한자음 '문서'를 미군정기 로자마로 쓴 것 가운데 하나. 현대 지형도에는 '문여'로 쓰여 있음. ⇒ **門嶼 (문서)**.

門嶼 ムンニョ Mun-sŏ Mon-sho 〈1대 5만 미군지도 「HOENGGAN-DO」(1945) A.M.S 6416 Ⅱ〉.

MyokuSomu(묘큐소무) 제주특별자치도 제주시 추자면 바다에 있는 藿島(곽도)의 일본어 한자음을 로마자로 쓴 것 가운데 하나. ⇒ **藿島(곽도)**.

MyokuSomu 藿島 《朝鮮沿岸水路誌 第1卷』(1933) 「地名索引」〉.

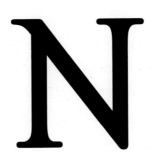

Naka-noSe(나카노세) 제주특별자치도 제주시 추자면 바다에 中ノ灘(중노탄) 의 일본어 한자음을 로마자로 쓴 것 가운데 하나. ⇒ 中ノ灘(중노탄).

Naka-noSe 中ノ灘 《朝鮮沿岸水路誌 第1卷》(1933)「地名索引」.

NAKSAENGI(낙생이) 제주특별자치도 제주시 추자면 상추자도 대서리 북 쪽 바다에 있는 '낙생이'의 한자 차용 표기 樂生伊(낙생이)의 우리 한자음 '낙생이'를 로마자로 나타낸 것 가운데 하나. 오늘날 지형도에는 '낙생이' 로 쓰여 있음. ⇒ 樂生伊(악생이).

樂生伊 アクセンイ NAKSAENGI RAKUSEII(ISLAND) 〈1대 5만 미군지도「CH'UJA-KUNDO」 (1945) A.M.S 6415 Ⅰ〉.

NansanHô(난산호) 제주특별자치도 서귀포시 표선면 성읍1리에 있는 南山峯 (남산봉)의 일본어 한자음을 로마자로 쓴 것 가운데 하나. ⇒ 南山峯(남산봉).

NansanHô 南山峯 《朝鮮沿岸水路誌 第1卷》(1933)「地名索引」.

Nan-yôSyô(난요쇼) 南洋礁(남양초)의 일본어 한자음을 로마자로 쓴 것 가운 데 하나. ⇒ 南洋礁(남양초).

Nan-yôSyô 南洋礁《『朝鮮沿岸水路誌 第1卷』(1933)「地名索引」》.

NAPTŎK-TO(납덕도) 제주특별자치도 제주시 추자면 상추자도 영흥리 동북쪽 바다에 있는 '납덕이·납덕이여'의 한자 차용 표기 納德島(납덕도)의 우리 한자음 '납덕도'를 로마자로 나타낸 것 가운데 하나. 오늘날 지형도에는 '납덕이'로 쓰여 있음. ⇒ **納德島(납덕도)**.

納德島 ナプトクソム NAPTŎK-TO NŌTOKU-TŌ 〈1대 5만 미군지도 「CH'UJA-KUNDO」(1945) A.M.S 6415 Ⅰ〉.

nɛ(내) 시내보다는 크지만 강보다는 작은 물줄기. 또는 그 물줄기가 흘러가는 곳을 이르는 '내[川]'의 로마자 발음기호 표기. ⇒ **川(천)**.

川(1)[nɛ] ……[全南]濟州(郡內の山底川·別刀川·大川を夫夫〔san-ʤi-nɛ〕,〔pe-rin-nɛ〕,〔han-nɛ〕といふ)·西歸·大靜(郡內の甘山川を〔kam-san-nɛ〕といふ)《朝鮮語方言の研究 上』(小倉進平, 1944:41)》.

Nok-sǒ(녹서) 제주특별자치도 제주시 추자면 대서리 횡간도 서쪽에 있는 '노린여'의 한자 차용 표기 鹿嶼(녹서)의 우리 한자음을 미군정기 로자마로 쓴 것 가운데 하나. 현대 지형도에는 '노른여'로 쓰여 있음. ⇒ **鹿嶼(녹서)**.

鹿嶼 ノルンニョ Nok-sǒ Roku-sho 〈1대 5만 미군지도 「HOENGGAN-DO」(1945) A.M.S 6416 Ⅱ〉.

nol-gɛ(놀개) 제주특별자치도 제주시 한경면 판포리 바닷가에 있는 '널개'의 변음을 로마자 발음기호로 나타낸 것. ⇒ **板浦(판포)**.

浦(1)[kɛ] ……[全南]濟州(郡內瓮浦を〔tok-kɛ〕大浦を〔kʼŭn-gɛ〕板浦を〔nol-gɛ〕といふ)《朝鮮語方言の研究 上』(小倉進平, 1944:42)》.

NŌTOKU-TŌ(노도쿠도) 제주특별자치도 제주시 추자면 상추자도 영흥리 동북쪽 바다에 있는 '납덕이·납덕이여'의 한자 차용 표기 納德島(납덕도)의 일본어 한자음 '노도쿠도'를 로마자로 나타낸 것 가운데 하나. 오늘날 지형도에는 '납덕이'로 쓰여 있음. ⇒ **納德島(납덕도)**.

納德島 ナプトクソム NAPTŎK-TO NŌTOKU-TŌ 〈1대 5만 미군지도 「CH'UJA-KUNDO」(1945)

A.M.S 6415 Ⅰ〉.

nûl-gö o-rom(늘기오롬) 제주특별자치도 제주시 한경면 판포리에 있는 ’널개오롬‘의 변음을 로마자 발음기호로 나타낸 것. ⇒ **板乙浦岳(판을포악).**

岳〔o-rom〕【「耽羅志」以岳爲兀音】〔全南〕濟州(郡內「葛岳」을〔tʃʻuk o-rom〕「板乙浦岳」을 〔nûl-gö o-rom〕といふ)·城山·西歸·大靜(舊旌義郡內の「達山」을〔toŋ o-rom〕水岳을〔mul o-rom〕應巖山을〔mö-pa-ui o-rom〕といふ)《朝鮮語方言の硏究 上』(小倉進平, 1944:34)〉.

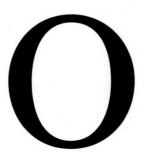

Odong-sŏ(오동서) 제주특별자치도 제주시 추자면 하추자도 예초리 북쪽 바다에 있는 '오동여'의 한자 차용 표기 梧洞嶼(오동서)의 우리 한자음 '오동서'를 로마자로 나타낸 것 가운데 하나. 오늘날 지형도에는 '오동여'로 쓰여 있음. ⇒ **梧洞嶼(오동서).**

梧洞嶼 オドンヨ Odong-sŏ Godō-sho 〈1대 5만 미군지도 「CH'UJA-KUNDO」(1945) A.M.S 6415 Ⅰ〉.

OEGWAK-TO(외곽도) 제주특별자치도 제주시 추자면 하추자도 신양리 남서쪽 바다에 있는 '밖미역섬'의 한자 차용 표기 外藿島(외곽도)의 우리 한자음 '외곽도'를 로마자로 나타낸 것 가운데 하나. 오늘날 지형도에는 '밖미역섬'으로 쓰여 있음. ⇒ **外藿島(외곽도).**

外藿島 パッミョクソム 39米 OEGWAK-TO GAIKAKU-TŌ 〈1대 5만 미군지도 「CH'UJA-KUNDO」(1945) A.M.S 6415 Ⅰ〉.

ÔhoDan(오호탄) 제주특별자치도 서귀포시 대정읍 가파도 바다에 있는 甕浦灘(옹포탄)의 일본어 한자음을 로마자로 쓴 것 가운데 하나. ⇒ **甕浦灘(옹포탄).**

ÔhoDan 甕浦灘 〈『朝鮮沿岸水路誌 第1卷』(1933) 「地名索引」〉.

Ôhori(오호리) 제주특별자치도 제주시 한림읍 瓮浦里(옹포리)의 일본어 한자 음을 로마자로 쓴 것 가운데 하나. ⇒ **瓮浦里(옹포리)**.

Ôhori 瓮浦里 《朝鮮沿岸水路誌 第1卷》(1933)「地名索引」》.

ÔkanTô(오칸토) 제주특별자치도 제주시 추자면 橫干島(횡간도)의 일본어 한 자음을 로마자로 쓴 것 가운데 하나. ⇒ **橫干島(횡간도)**.

ÔkanTô 橫干島(楸子群島), ÔkanTô 橫看島(楸子群島) 《朝鮮沿岸水路誌 第1卷》(1933)「地名 索引」》.

ŌKAN-TŌ(오칸토) 제주특별자치도 제주시 추자면 대서리에 딸린 '橫干島 (횡간도)'의 일본어 한자음을 미군정기 로자마로 쓴 것 가운데 하나.

橫干島 HOENGGANDO Hoenggando ŌKAN-TŌ 〈1대 5만 미군지도「HOENGGAN-DO」(1945) A.M.S 6416 Ⅱ〉.

ormit tóipat(오름밑에밧) '오름 밑의 밭'을 당시 로마자를 빌려 쓴 것.

安昌燮企業の狀態……오르밋테밧(ormit tóipat)《朝鮮半島の農法と農民》(高橋昇, 1939)「濟州 島紀行」》.

o-rom(오롬) 산(山)이나 봉우리를 뜻하는 제주 방언을 로마자 발음기호로 쓴 것. ⇒ **岳(악)**.

岳[o-rom]【耽羅志」以岳爲兀音][全南] 濟州(郡內「葛岳」를 [tʃʼuk o-rom]「板乙浦岳」를 [núl-gö o-rom]といふ)·城山·西歸·大靜(舊旌義郡內の「達山」를 [toŋ o-rom]水岳를 [mul o-rom]應巖山를 [mö-pa-ui o-rom]といふ)《朝鮮語方言の硏究 上》(小倉進平, 1944:34)》.

Pang-sŏ(방서) 제주특별자치도 제주시 추자면 하추자도 신양리 동남쪽 바다
에 있는 '모여'의 한자 차용 표기 方嶼(방서)의 우리 한자음 '방서'를 로마자로
나타낸 것 가운데 하나. 오늘날 지형도에는 '모여'로 쓰여 있음. ⇒ 方嶼(방서).

  方嶼 モーヨ Pang-sŏ Hō-sho 〈1대 5만 미군지도 「CH'UJA-KUNDO」 (1945) A.M.S 6415 I 〉.

pe-rin-nɛ(베린내) 제주특별자치도 제주시 화북동을 흘러내니는 '베릿내(지금
의 화북천)'의 현실음을 로마자 발음기호로 나타낸 것. ⇒ 別刀川(별도천).

  川(1) [nɛ] ……[全南] 濟州(郡內の川山底川・別刀川・大川を夫夫〔san-ʤi-nɛ〕, 〔pe-rin-
  nɛ〕, 〔han-nɛ〕といふ)・西歸・大靜(郡內の甘山川を〔kam-san-nɛ〕といふ) 《朝鮮語方言の硏
  究 上》 (小倉進平, 1944:41)〉.

PURENI(푸레니) 제주특별자치도 추자면 하추자도 신양리 남쪽 바다에 있
는 '푸렝이(푸랭이)'의 변음 '푸렌이[푸레니]'를 로마자로 나타낸 것 가운데 하
나. 오늘날 지형도에는 '푸랭이'로 쓰여 있음. ⇒ 靑島(청도).

  靑島 チョントー プレンイ 116米 CH'ŎNG-DO SEI-TŌ PURENI 〈1대 5만 미군지도
  「CH'UJA-KUNDO」 (1945) A.M.S 6415 I 〉.

Reisō-ri(레이소리) 제주특별자치도 제주시 추자면 하추자도 '예초리(禮草里)' 의 일본어 한자음 '레이소리'를 로마자로 나타낸 것 가운데 하나. 오늘날 지형도에는 '예초리'로 쓰여 있음. ⇒ 禮草里(예초리).

禮草里 イコチョリー Yech'o-ri Reisō-ri 〈1대 5만 미군지도 「CH'UJA-KUNDO」(1945) A.M.S 6415 Ⅰ〉.

ReiSyo(레이쇼) 여서도(麗嶼島) 麗嶼(여서)의 일본어 한자음을 로마자로 쓴 것 가운데 하나. ⇒ 麗嶼(여서).

ReiSyo 麗嶼 《朝鮮沿岸水路誌 第1卷』(1933) 「地名索引」》.

REI-TŌ(레이토) 제주특별자치도 제주시 추자면 상추자도(上楸子島) 대서리 동북쪽 바다에 있는 '예섬〉이섬'의 한자 차용 표기 禮島(예도)의 일본어 한자음 '레이토'를 로마자로 나타낸 것 가운데 하나. 오늘날 지형도에는 '이섬'으로 쓰여 있음. ⇒ 禮島(예도).

禮島 イユーソム YE-DO REI-TŌ 〈1대 5만 미군지도 「CH'UJA-KUNDO」(1945) A.M.S 6415 Ⅰ〉.

RenmatuHô(렌마투호) 連末峰(연말봉)의 일본어 한자음을 로마자로 쓴 것 가운데 하나. ⇒ 連末峰(연말봉).

RenmatuHô 連末峰《朝鮮沿岸水路誌 第1卷』(1933)「地名索引」》.

REN-TŌ(렌토) 제주특별자치도 제주시 추자면 상추자도(上楸子島) 대서리 동북쪽 바다에 있는 '염섬'의 한자 차용 표기 廉島(염도)의 일본어 한자음을 로마자로 나타낸 것 가운데 하나. 오늘날 지형도에는 '염섬'으로 쓰여 있음. ⇒ **廉島(염도)**.

廉島 ヨムソム YŎM-DO REN-TŌ 〈1대 5만 미군지도「CH'UJA-KUNDO」(1945) A.M.S 6415 Ⅰ〉.

RituGan(리투간) 제주특별자치도 서귀포시 성산읍 신양리 섭지코지 앞 바다에 있는 立岩(입암)의 일본어 한자음을 로마자로 쓴 것 가운데 하나. ⇒立岩(입암).

RituGan 立岩(防頭半島)《朝鮮沿岸水路誌 第1卷』(1933)「地名索引」》.

RituSan(리투산) 제주특별자치도 제주시 구좌읍 김녕리에 있는 笠山(입산)의 일본어 한자음을 로마자로 쓴 것 가운데 하나. ⇒ 笠山(입산).

RituSan 笠山《朝鮮沿岸水路誌 第1卷』(1933)「地名索引」》.

Roku-sho(로끄쇼·로꾸쇼) 제주특별자치도 제주시 추자면 대서리 횡간도 서쪽에 있는 '노린여'의 한자 차용 표기 鹿嶼(녹서)의 일본어 한자음 '로끄쇼·로쿠쇼'를 미군정기 로자마로 쓴 것 가운데 하나. 현대 지형도에는 '노른여'로 쓰여 있음. ⇒ 鹿嶼(녹서).

鹿嶼 ノルンニョ Nok-sŏ Roku-sho 〈1대 5만 미군지도「HOENGGAN-DO」(1945) A.M.S 6416 Ⅱ〉.

RokuTô(로쿠토) 제주특별자치도 서귀포시 서귀동 앞 바다에 있는 鹿島(녹도)의 일본어 한자음을 로마자로 쓴 것 가운데 하나. ⇒ 鹿島(녹도).

RokuTô 鹿島《朝鮮沿岸水路誌 第1卷』(1933)「地名索引」》.

RyûtanSen(류탄센) 제주특별자치도 제주시 용담동을 흐르는 龍潭川(용담천)의 일본어 한자음을 로마자로 쓴 것 가운데 하나. ⇒ 龍潭川(용담천).

RyûtanSen 龍潭川《朝鮮沿岸水路誌 第1卷』(1933)「地名索引」》.

Saikari(사이카리) 細花里(세화리)의 일본어 한자음을 로마자로 쓴 것 가운데 하나. ⇒ 細花里(세화리).

Saikari 細花里 《『朝鮮沿岸水路誌 第1巻』(1933) 「地名索引」》.

SaikyûHô(사이큐호) 제주특별자치도 제주시 조천읍 함덕리 바닷가에 있는 犀牛峯(서우봉)의 일본어 한자음을 로마자로 쓴 것 가운데 하나. ⇒ 犀牛峯(서우봉).

SaikyûHô 犀牛峯 《『朝鮮沿岸水路誌 第1巻』(1933) 「地名索引」》.

SaisanGaku(사이산가쿠) 제주특별자치도 제주시 조천읍 함덕리 바닷가에 있는 犀山岳(서산악)의 일본어 한자음을 로마자로 쓴 것 가운데 하나. ⇒ 犀山岳(서산악).

SaisanGaku 犀山岳 《『朝鮮沿岸水路誌 第1巻』(1933) 「地名索引」》.

SAISHŪ-KAIKYŌ(샤슈까이쿄) 제주특별자치도 제주시 북쪽 바다의 해협인 '濟州海峽(제주해협)'의 일본어 한자음을 로마자 쓴 것 가운데 하나.

CHEJU−HAEHYŎP(SAISHŪ-KAIKYŌ) (STRAIT) 〈1대 5만 미군지도 「CH'UJA-KUNDO」(1945) A.M.S 6415 I 〉. CHEJU−HAEHYŎP(SAISHŪ-KAIKYŌ) 〈1대 5만 미군지도 「HOENGGAN-DO」(1945) A.M.S 6416 II 〉.

Saishu-To(사이슈토) 제주도(濟州島)의 일본 한자음의 로마자 표기 가운데 하나.
⇒ **濟州島(제주도)**.

濟州島 Saishu-To(Cheiju) 《朝鮮在留欧米人並領事館員名簿』(朝鮮總督府, 1935)》.

SaisyûKô(사이슈코) 제주특별자치도 제주시 건입동에 있는 濟州港(제주항)의
일본어 한자음을 로마자로 쓴 것 가운데 하나. ⇒ **濟州港(제주항)**.

SaisyûKô 濟州港 《朝鮮沿岸水路誌 第1卷』(1933)「地名索引」》.

SaisyûTô(사이슈토) 濟州島(제주도)의 일본어 한자음을 로마자로 쓴 것 가운데
하나. ⇒ **濟州島(제주도)**.

SaisyûTô 濟州島 《朝鮮沿岸水路誌 第1卷』(1933)「地名索引」》.

SaisyûYû(사이슈유) 濟州邑(제주읍)의 일본어 한자음을 로마자로 쓴 것 가운데
하나. ⇒ **濟州邑(제주읍)**.

SaisyûYû 濟州邑 《朝鮮沿岸水路誌 第1卷』(1933)「地名索引」》.

SanbaiHô(산바이호) 三梅峯(삼매봉)의 일본어 한자음을 로마자로 쓴 것 가운데
하나. ⇒ **三梅峯(삼매봉)**.

SanbaiHô 三梅峯 《朝鮮沿岸水路誌 第1卷』(1933)「地名索引」》.

SanbôSan(산보산) 山房山(산방산)의 일본어 한자음을 로마자로 쓴 것 가운데
하나. ⇒ **山房山(산방산)**.

SanbôSan 山房山 《朝鮮沿岸水路誌 第1卷』(1933)「地名索引」》.

san-ʤi-nɛ(산지내) 제주특별자치도 제주시 건입동을 흘러내리는 '산짓내'를
로마자 발음기호로 나타낸 것. ⇒ **山底川(산저천)**.

川(1)[nɛ]······[全南]濟州(郡內の山底川·別刀川·大川を夫夫〔san-ʤi-nɛ〕, 〔pe-rin-nɛ〕,
〔han-nɛ〕といふ)·西歸·大靜(郡內の甘山川を〔kam-san-nɛ〕といふ) 《朝鮮語方言の研究 上』
《小倉進平, 1944:41》.

SANGCH'UJA-DO(상추자도) 제주특별자치도 제주시 추자면 '상추자도(上
楸子島)'를 로마자로 나타낸 것 가운데 하나. ⇒ **上楸子島(상추자도)**.

上楸子島 ソンチュチャートー SANGCH'UJA-DO JŌSHŪSHI-TŌ〈1대 5만 미군지도 「CH'UJA-KUNDO」(1945) A.M.S 6415 Ⅰ〉.

SANG-DO(상도) 제주특별자치도 제주시 추자면 하추자도 예초리 북동쪽 바다에 있는 '상섬'의 한자 차용 표기 床島(상도)의 우리 한자음 '상도'를 로마자로 나타낸 것 가운데 하나. 오늘날 지형도에는 '상섬'으로 쓰여 있음. ⇒ 床島(상도).

床島 サンソム SANG-DO SHŌ-TŌ〈1대 5만 미군지도 「CH'UJA-KUNDO」(1945) A.M.S 6415 Ⅰ〉.

SantiKô(산티코) 山地港(산지항)의 일본어 한자음을 로마자로 쓴 것 가운데 하나. ⇒ 山地港(산지항).

SantiKô 山地港《『朝鮮沿岸水路誌 第1卷』(1933)「地名索引」》.

Santi(산티) 山地(산지)의 일본어 한자음을 로마자로 쓴 것 가운데 하나. ⇒ 山地(산지).

Santi 山地《『朝鮮沿岸水路誌 第1卷』(1933)「地名索引」》.

SantiSen(산티센) 山地川(산지천)의 일본어 한자음을 로마자로 쓴 것 가운데 하나. ⇒ 山地川(산지천).

SantiSen 山地川《『朝鮮沿岸水路誌 第1卷』(1933)「地名索引」》.

San-yôri(산요리) 三陽里(삼양리)의 일본어 한자음을 로마자로 쓴 것 가운데 하나. ⇒ 三陽里(삼양리).

San-yôri 三陽里《『朝鮮沿岸水路誌 第1卷』(1933)「地名索引」》.

SaraHô(사라호) 紗羅峯(사라봉)의 일본어 한자음을 로마자로 쓴 것 가운데 하나. ⇒ 紗羅峯(사라봉).

SaraHô 紗羅峯《『朝鮮沿岸水路誌 第1卷』(1933)「地名索引」》.

SeihiSyo(세이히쇼) 西飛嶼(서비서)의 일본어 한자음을 로마자로 쓴 것 가운데 하나. ⇒ 西飛嶼(서비서).

SeihiSyo 西飛嶼(飛楊島), SeihiSyo 西飛嶼(高山岳南西方)《『朝鮮沿岸水路誌 第1卷』(1933)「地名索引」》.

SeihôBaku(세이호바쿠) 正房瀑(정방폭)의 일본어 한자음을 로마자로 쓴 것 가운데 하나. ⇒ 正房瀑(정방폭).

SeihôBaku 正房瀑 《朝鮮沿岸水路誌 第1卷》(1933)「地名索引」.

SeikihoKô(세이키코) 제주특별자치도 서귀포시 西歸浦港(서귀포항)의 일본어 한자음을 로마자로 쓴 것 가운데 하나. ⇒ 西歸浦港(서귀포항).

SeikihoKô 西歸浦港 《朝鮮沿岸水路誌 第1卷》(1933)「地名索引」.

Seikinri(세이킨리) 西歸里(서귀리)의 일본어 한자음을 로마자로 쓴 것 가운데 하나. ⇒ 西歸里(서귀리).

Seikinri 西歸里 《朝鮮沿岸水路誌 第1卷》(1933)「地名索引」.

SeisakiKan(세이사키칸) 成砂己串(성사기곶)의 일본어 한자음을 로마자로 쓴 것 가운데 하나. ⇒ 成砂己串(성사기곶).

SeisakiKan 成砂己串 《朝鮮沿岸水路誌 第1卷》(1933)「地名索引」.

SeiTô(세이토) 靑島(청도)의 일본어 한자음을 로마자로 쓴 것 가운데 하나. ⇒ 靑島(청도).

SeiTô 靑島 《朝鮮沿岸水路誌 第1卷》(1933)「地名索引」.

SEI-TŌ(세이토) 제주특별자치도 제주시 추자면 하추자도 신양리 남쪽 바다에 있는 '푸렝이(푸랭이)'의 한자 차용 표기 靑島(청도)의 일본어 한자음 '세이토'를 로마자로 나타낸 것 가운데 하나. 오늘날 지형도에는 '푸랭이'로 쓰여 있음. ⇒ 靑島(청도).

靑島 チョントープレンンイ 116米 CH'ŎNG-DO SEI-TŌ PURENI 〈1대 5만 미군지도「CH'UJA-KUNDO」(1945) A.M.S 6415 Ⅰ〉.

SekikuGan(세이키쿠간) 石狗岩(석구암)의 일본어 한자음을 로마자로 쓴 것 가운데 하나. ⇒ 石狗岩(석구암).

SekikuGan 石狗岩 《朝鮮沿岸水路誌 第1卷》(1933)「地名索引」.

Sekito-ri(세키토리) 제주특별자치도 제주시 추자면 하추자도 신양리 '긴작지'

의 한자 차용 표기 石頭里(석두리)의 일본어 한자음은 '세키토리'를 로마
자로 나타낸 것 가운데 하나. 오늘날 지형도에는 '긴작지'로 쓰여 있음.
⇒ 石頭里(석두리).

新陽里 シンンヤンリー SINYANG-N1 SHINYŌ-RI(AREA NAME), 新上里 シンゾンニ
ー Sinsang-ni Shinjō-ri, 新下里 シンハーリー Sinha-ri Shinka-ri, 長作只 チャンヂャクヂ
ー Changjakchi Chōsakushi, 石頭里 ソクヅーリー Sŏktu-ri Sekito-ri 〈1대 5만 미군지도 「CH'UJA-
KUNDO」(1945) A.M.S 6415 Ⅰ〉.

SEN-TŌ(센토) 제주특별자치도 제주시 추자면 하추자도 신양리 '긴작지' 서
쪽 바다에 있는 '섬생이'의 한자 차용 표기 蟾島(섬도)의 일본어 한자음
'센토'를 로마자로 나타낸 것 가운데 하나. 오늘날 지형도에는 '섬생이'로
쓰여 있음. ⇒ 蟾島(섬도).

蟾島 ソムソム SŎM-DO SEN-TŌ 〈1대 5만 미군지도 「CH'UJA-KUNDO」(1945) A.M.S 6415 Ⅰ〉.

SeSyo(세쇼) 獺嶼(달서)의 일본어 한자음을 로마자로 쓴 것 가운데 하나. ⇒ 獺
嶼(달서).

SeSyo 獺嶼 《朝鮮沿岸水路誌 第1巻》(1933) 「地名索引」〉.

Shinjō-ri(신조리) 제주특별자치도 제주시 추자면 하추자도 신상리(新上里)의
일본어 한자음은 '신조리'를 로마자로 나타낸 것 가운데 하나. 오늘날 지
형도에는 쓰여 있지 않음. ⇒ 新上里(신상리).

新陽里 シンンヤンリー SINYANG-N1 SHINYŌ-RI(AREA NAME), 新上里 シンゾンニ
ー Sinsang-ni Shinjō-ri, 新下里 シンハーリー Sinha-ri Shinka-ri, 長作只 チャンヂャク
ヂー Changjakchi Chōsakushi, 石頭里 ソクヅーリー Sŏktu-ri Sekito-ri 〈1대 5만 미군지도
「CH'UJA-KUNDO」(1945) A.M.S 6415 Ⅰ〉.

Shinka-ri(신가리) 제주특별자치도 제주시 추자면 하추자도 신하리(新下里)
의 일본어 한자음은 '신가리'를 로마자로 나타낸 것 가운데 하나. 오늘날
지형도에는 쓰여 있지 않음. ⇒ 新下里(신하리).

新陽里 シンンヤンリー SINYANG-N1 SHINYŌ-RI(AREA NAME), 新上里 シンゾンニ
ー Sinsang-ni Shinjō-ri, 新下里 シンハーリー Sinha-ri Shinka-ri, 長作只 チャンヂャク
ヂー Changjakchi Chōsakushi, 石頭里 ソクヅーリー Sŏktu-ri Sekito-ri 〈1대 5만 미군지도
「CHʻUJA-KUNDO」(1945) A.M.S 6415 Ⅰ〉.

SHINYŌ-RI(신요리) 제주특별자치도 제주시 추자면 하추자도 新陽里(신양
리)의 일본어 한자음 '신요리[시뇨리]'를 로마자로 나타낸 것 가운데 하나.
오늘날 지형도에는 '신양리'로 쓰여 있음. ⇒ 新陽里(신양리).

新陽里 シンンヤンリー SINYANG-N1 SHINYŌ-RI(AREA NAME), 新上里 シンゾンニ
ー Sinsang-ni Shinjō-ri, 新下里 シンハーリー Sinha-ri Shinka-ri, 長作只 チャンヂャク
ヂー Changjakchi Chōsakushi, 石頭里 ソクヅーリー Sŏktu-ri Sekito-ri 〈1대 5만 미군지도
「CHʻUJA-KUNDO」(1945) A.M.S 6415 Ⅰ〉.

SHŌSUI-TŌ(쇼스이도) 제주특별자치도 제주시 추자면의 한 섬인 '사수도'의
별칭인 '獐水島(장수도)'의 일본어 한자음 '쇼스이도오'을 미군정기 로자마로
쓴 것 가운데 하나. 현대 지형도에는 '사수도'로 쓰여 있음. ⇒ 獐水島(장수도).

獐水島 CHANGSU-DO SHŌSUI-TŌ 〈1대 5만 미군지도 「SOAN-DO」(1945) A.M.S 6516 Ⅲ〉.

SHŌ-TŌ(쇼오도) 제주특별자치도 제주시 추자면 하추자도 예초리 북동쪽
바다에 있는 '상섬'의 한자 차용 표기 床島(상도)의 일본어 한자음 '쇼오
도'를 로마자로 나타낸 것 가운데 하나. 오늘날 지형도에는 '상섬'으로 쓰
여 있음. ⇒ 床島(상도).

床島 サンソム SANG-DO SHŌ-TŌ 〈1대 5만 미군지도 「CHʻUJA-KUNDO」(1945) A.M.S 6415 Ⅰ〉.

SHŪHO-TŌ(슈호도) 제주특별자치도 제주시 추자면 하추자도 예초리 북쪽
바다에 있는 '추가리'의 한자 차용 표기 秋浦島(추포도)의 일본어 한자음
'슈호도'를 로마자로 나타낸 것 가운데 하나. 오늘날 지형도에는 '추포도'
로 쓰여 있음. ⇒ 秋浦島(추포도).

秋浦島 チュポトー 112.9米 CHʻUPʻO-DO SHŪHO-TŌ 〈1대 5만 미군지도 「CHʻUJA-KUNDO」

(1945) A.M.S 6415 Ⅰ).

SHŪSHI-GUNTŌ(슈시군토) 제주특별자치도 제주시 추자면 추자군도의 일본어 한자음을 로마자로 나타낸 것. ⇒ 楸子群島(추자군도).

楸子群島 チュヂャーーー CH'UJA-KUNDO SHŪSHI-GUNTŌ(ISLAND GROUP) 〈1대 5만 미군지도 「CH'UJA-KUNDO」(1945) A.M.S 6415 Ⅰ〉.

Shūshi-kō(슈시꼬) 제주특별자치도 제주시 추자면 상추자도 '추자항(楸子港)'의 일본어 한자음 '슈시꼬'를 로마자로 나타낸 것 가운데 하나. ⇒ 楸子港(추자항).

楸子港 チュヂャーハン Ch'uja-hang Shūshi-kō 〈1대 5만 미군지도 「CH'UJA-KUNDO」(1945) A.M.S 6415 Ⅰ〉.

SHŪSHI-MEN(슈우시멘) 제주특별자치도 제주시 '楸子面(추자면)'의 일본어 한자음 '슈우시멘'을 미군정기 로자마로 쓴 것 가운데 하나. ⇒ 楸子面(추자면).

楸子面 チュヂャミョン CH'UJA-MYŎN SHŪSHI-MEN 〈1대 5만 미군지도 「HOENGGAN-DO」(1945) A.M.S 6416 Ⅱ〉. 楸子面 チュヂャーミョン CH'UJA-MYŎN SHŪSHI-MEN 〈1대 5만 미군지도 「CH'UJA-KUNDO」(1945) A.M.S 6415 Ⅰ〉.

SihaiHô(시하이호) 資輩峯(자배봉)의 일본어 한자음을 로마자로 쓴 것 가운데 하나. ⇒ 資輩峯(자배봉).

SihaiHô 資輩峯 《朝鮮沿岸水路誌 第1卷》(1933) 「地名索引」〉.

Singanri(신간리) 新嚴里(신엄리)의 일본어 한자음을 로마자로 쓴 것 가운데 하나. ⇒ 新嚴里(신엄리).

Singanri 新嚴里 《朝鮮沿岸水路誌 第1卷》(1933) 「地名索引」〉.

Sinha-ri(신하리) 제주특별자치도 제주시 추자면 하추자도 신하리(新下里)의 우리 한자음은 '신하리'를 로마자로 나타낸 것 가운데 하나. 오늘날 지형도에는 쓰여 있지 않음. ⇒ 新下里(신하리).

新陽里 シンンヤンリー SINYANG-N1 SHINYŌ-RI(AREA NAME), 新上里 シンゾンニ

― Sinsang-ni Shinjō-ri, 新下里 シンハーリー Sinha-ri Shinka-ri, 長作只 チャンヂャク
ヂー Changjakchi Chōsakushi, 石頭里 ソクヅーリー Sŏktu-ri Sekito-ri 〈1대 5만 미군지도
「CH'UJA-KUNDO」(1945) A.M.S 6415 Ⅰ〉.

Sinsang-ni(신상니) 제주특별자치도 제주시 추자면 하추자도 신상리(新上里)
의 우리 한자음은 '신상리'를 로마자로 나타낸 것 가운데 하나. 오늘날 지
형도에는 쓰여 있지 않음. ⇒ **新上里(신상리)**.

新陽里 シンンヤンリー SINYANG-N1 SHINYŌ-RI(AREA NAME), 新上里 シンゾンニ
― Sinsang-ni Shinjō-ri, 新下里 シンハーリー Sinha-ri Shinka-ri, 長作只 チャンヂャク
ヂー Changjakchi Chōsakushi, 石頭里 ソクヅーリー Sŏktu-ri Sekito-ri 〈1대 5만 미군지도
「CH'UJA-KUNDO」(1945) A.M.S 6415 Ⅰ〉.

SinTô(신토) 森島(삼도)의 일본어 한자음을 로마자로 쓴 것 가운데 하나. ⇒ **森
島(삼도)**.

SinTô 森島 《朝鮮沿岸水路誌 第1卷》(1933)「地名索引」〉.

SINYANG-N1(신양니) 제주특별자치도 제주시 추자면 하추자도 '신양리(新
陽里)'의 우리 한자음 '신양리'의 현실음 '시냥니'를 로마자로 나타낸 것 가
운데 하나. 오늘날 지형도에는 '신양리'로 쓰여 있음. ⇒ **新陽里(신양리)**.

新陽里 シンンヤンリー SIN YANG-N1 SHINYŌ-RI(AREA NAME), 新上里 シンゾン
ニー Sinsang-ni Shinjō-ri, 新下里 シンハーリー Sinha-ri Shinka-ri, 長作只 チャンヂャ
クヂー Changjakchi Chōsakushi, 石頭里 ソクヅーリー Sŏktu-ri Sekito-ri 〈1대 5만 미군지도
「CH'UJA-KUNDO」(1945) A.M.S 6415 Ⅰ〉.

SitokuTô(시토쿠토) 水德島(수덕도)의 일본어 한자음을 로마자로 쓴 것 가운데
하나. ⇒ **水德島(수덕도)**.

SitokuTô 水德島 《朝鮮沿岸水路誌 第1卷》(1933)「地名索引」〉.

SôgenTô(소젠토) 宗嚴頭(종엄두)의 일본어 한자음을 로마자로 쓴 것 가운데
하나. ⇒ **宗嚴頭(종엄두)**.

SôgenTô 宗嚴頭 《朝鮮沿岸水路誌 第1巻》(1933) 「地名索引」.

Sŏktu-ri(석두리) 제주특별자치도 제주시 추자면 하추자도 신양리 '석지머리' 의 한자 차용 표기 石頭里(석두리)의 우리 한자음은 '석두리'를 로마자로 나타낸 것 가운데 하나. 오늘날 지형도에는 '석지머리'로 쓰여 있음. ⇒ 石 頭里(석두리).

新陽里 シンンヤンリー SINYANG-N1 SHINYŌ-RI(AREA NAME), 新上里 シンゾンニ ー Sinsang-ni Shinjō-ri, 新下里 シンハーリー Sinha-ri Shinka-ri, 長作只 チャンヂャク ヂー Changjakchi Chōsakushi, 石頭里 ソクヅーリー Sŏktu-ri Sekito-ri 〈1대 5만 미군지도 「CH'UJA-KUNDO」(1945) A.M.S 6415 Ⅰ〉.

SŎM-DO(섬도) 제주특별자치도 제주시 추자면 하추자도 신양리 '긴작지' 서쪽 바다에 있는 '섬생이'의 한자 차용 표기 蟾島(섬도)의 우리 한자음 '섬도'를 로마자로 나타낸 것 가운데 하나. 오늘날 지형도에는 '섬생이'로 쓰여 있음. ⇒ 蟾島(섬도).

蟾島 ソムソム SŎM-DO SEN-TŌ 〈1대 5만 미군지도 「CH'UJA-KUNDO」(1945) A.M.S 6415 Ⅰ〉.

Sō-sho(소쇼) 제주특별자치도 제주시 추자면 상추자도 영흥리 동북쪽 바다 에 있는 '시릿여·시룻여'의 한자 차용 표기 甑嶼(증서)의 일본어 한자음 '소 쇼'를 로마자로 나타낸 것 가운데 하나. 오늘날 지형도에는 '시루여'로 쓰 여 있음. ⇒ 甑嶼(증서).

甑嶼 シルニョ Chŭng-sŏ Sō-sho 〈1대 5만 미군지도 「CH'UJA-KUNDO」(1945) A.M.S 6415 Ⅰ〉.

SUDŎK-TO(수덕도) 제주특별자치도 제주시 추자면 하추자도 신양리 남동 쪽 바다에 있는 '수덕이섬·수덕섬'의 한자 차용 표기 水德島(수덕도)의 우 리 한자음 '수덕도'를 로마자로 나타낸 것 가운데 하나. 오늘날 지형도에 는 '수덕이'로 쓰여 있음. ⇒ 水德島(수덕도).

水德島 ストクソム 127米 SUDŎK-TO SUITOKU-TŌ 〈1대 5만 미군지도 「CH'UJA-KUNDO」 (1945) A.M.S 6415 Ⅰ〉.

Suiei-sho(수이에이쇼) 제주특별자치도 제주시 추자면 하추자도 묵리(黙里) 포구 서남쪽 바다에 있는 '수령여·수영여'의 한자 차용 표기 수영서(水營嶼)의 일본어 한자음을 로마자로 나타낸 것 가운데 하나. 오늘날 지형도에는 '수영여'로 쓰여 있음. ⇒ 水營嶼(수영서).

水營嶼 スリョンヲ Suyŏng-sŏ Suiei-sho 〈1대 5만 미군지도 「CHʻUJA-KUNDO」(1945) A.M.S 6415 Ⅰ〉.

SUIREI-TŌ(수이레이도) 제주특별자치도 제주시 추자면 상추자도 대서리 북쪽 바다에 있는 '수령여'의 한자 차용 표기 水嶺島(수령도)의 일본어 한자음을 로마자로 나타낸 것 가운데 하나. 오늘날 지형도에는 '수령여'로 쓰여 있음. ⇒ 水嶺島(수령도).

水嶺島 スリョンソム 95米 SURYŎNG-DO SUIREI-TŌ 〈1대 5만 미군지도 「CHʻUJA-KUNDO」 (1945) A.M.S 6415 Ⅰ〉.

SUITOKU-TŌ(수이토쿠도) 제주특별자치도 제주시 추자면 하추자도 신양리 남동쪽 바다에 있는 '수덕이섬·수덕섬'의 한자 차용 표기 水德島(수덕도)의 일본어 한자음을 로마자로 나타낸 것 가운데 하나. 오늘날 지형도에는 '수덕이'로 쓰여 있음. ⇒ 水德島(수덕도).

水德島 ストクソム 127米 SUDŎK-TO SUITOKU-TŌ 〈1대 5만 미군지도 「CHʻUJA-KUNDO」 (1945) A.M.S 6415 Ⅰ〉.

SuizanHô(수이잔호) 水山峯(수산봉)의 일본어 한자음을 로마자로 쓴 것 가운데 하나. ⇒ 水山峯(수산봉).

SuizanHô 水山峯(濟州島東岸), SuizanHô 水山峯(濟州島南岸) 〈朝鮮沿岸水路誌 第1卷」(1933) 「地名索引」〉.

SURYŎNG-DO(수령도) 제주특별자치도 제주시 추자면 상추자도 대서리 북쪽 바다에 있는 '수령여'의 한자 차용 표기 水嶺島(수령도)의 우리 한자음 '수령도'를 로마자로 나타낸 것 가운데 하나. 오늘날 지형도에는 '수령여'로 쓰여 있음. ⇒ 水嶺島(수령도).

水嶺島 スリョンソム 95米 SURYŎNG-DO SUIREI-TŌ 〈1대 5만 미군지도 「CH'UJA-KUNDO」 (1945) A.M.S 6415 Ⅰ〉.

Suyŏng-sŏ(수영서) 제주특별자치도 제주시 추자면 하추자도 묵리(黙里) 포구 서남쪽 바다에 있는 '수령여·수영여'의 한자 차용 표기 수영서(水營嶼)의 우리 한자음 '수영여'를 로마자로 나타낸 것 가운데 하나. 오늘날 지형도 에는 '수영여'로 쓰여 있음. ⇒ **水營嶼(수영서)**.

水營嶼 スリョンヨ Suyŏng-sŏ Suiei-sho 〈1대 5만 미군지도 「CH'UJA-KUNDO」(1945) A.M.S 6415 Ⅰ〉.

SyakiTô(샤키토) 遮歸島(차귀도)의 일본어 한자음을 로마자로 쓴 것 가운데 하나. ⇒ **遮歸島(차귀도)**.

SyakiTô 遮歸島 《朝鮮沿岸水路誌 第1卷』(1933) 「地名索引』》.

SyokusanHô(쇼쿠산호) 食山峯(식산봉)의 일본어 한자음을 로마자로 쓴 것 가 운데 하나. ⇒ **食山峯(식산봉)**.

SyokusanHô 食山峯 《朝鮮沿岸水路誌 第1卷』(1933) 「地名索引』》.

SyôSan(쇼산) 松山(송산)의 일본어 한자음을 로마자로 쓴 것 가운데 하나. ⇒ **松山(송산)**.

SyôSan 松山(濟州島) 《朝鮮沿岸水路誌 第1卷』(1933) 「地名索引』》.

SyôsuiTô(쇼수이토) 獐水島(장수도)의 일본어 한자음을 로마자로 쓴 것 가운데 하나. ⇒ **獐水島(장수도)**.

SyôsuiTô 獐水島 《朝鮮沿岸水路誌 第1卷』(1933) 「地名索引』》.

SyûboHô(슈보호) 周武峯(주무봉)의 일본어 한자음을 로마자로 쓴 것 가운데 하나. ⇒ **周武峯(주무봉)**.

SyûboHô 周武峯 《朝鮮沿岸水路誌 第1卷』(1933) 「地名索引』》.

SyûdatuHantô(슈다투한토) 終達半島(종달반도)의 일본어 한자음을 로마자로 쓴 것 가운데 하나. ⇒ **終達半島(종달반도)**.

SyûdatuHantô 終達半島 《朝鮮沿岸水路誌 第1卷』(1933) 「地名索引』》.

SyûdaturiHo(슈다투리호) 終達里浦(종달리포)의 일본어 한자음을 로마자로 쓴 것 가운데 하나. ⇒ 終達里浦(종달리포).

SyûdaturiHo 終達里浦 《朝鮮沿岸水路誌 第1卷》(1933)「地名索引」.

Syugenri(슈젠리) 洙源里(수원리)의 일본어 한자음을 로마자로 쓴 것 가운데 하나. ⇒ 洙源里(수원리).

Syugenri 洙源里《朝鮮沿岸水路誌 第1卷》(1933)「地名索引」.

Syûgontô(슈곤토) 宗嚴頭(종엄두)의 일본어 한자음을 로마자로 쓴 것 가운데 하나. ⇒ 宗嚴頭(종엄두).

Syûgontô 宗嚴頭《朝鮮沿岸水路誌 第1卷》(1933)「地名索引」.

SyûsiGuntô(슈시군토) 楸子群島(추자군도)의 일본어 한자음을 로마자로 쓴 것 가운데 하나. ⇒ 楸子群島(추자군도).

SyûsiGuntô 楸子群島《朝鮮沿岸水路誌 第1卷》(1933)「地名索引」.

SyûsiKô(슈시코) 楸子港(추자항)의 일본어 한자음을 로마자로 쓴 것 가운데 하나. ⇒ 楸子港(추자항).

SyûsiKô 楸子港《朝鮮沿岸水路誌 第1卷》(1933)「地名索引」.

SyûsiTô(슈시토) 楸子島(추자도)의 일본어 한자음을 로마자로 쓴 것 가운데 하나. ⇒ 楸子島(추자도).

SyûsiTô 楸子島《朝鮮沿岸水路誌 第1卷》(1933)「地名索引」.

Syûtokusin(슈토쿠신) 修德森(수덕삼)의 일본어 한자음을 로마자로 쓴 것 가운데 하나. ⇒ 修德森(수덕삼).

Syûtokusin 修德森《朝鮮沿岸水路誌 第1卷》(1933)「地名索引」.

SyûtokuTô(슈토쿠토) 水德島(수덕도)의 일본어 한자음을 로마자로 쓴 것 가운데 하나. ⇒ 水德島(수덕도).

SyûtokuTô 愁德島《朝鮮沿岸水路誌 第1卷》(1933)「地名索引」.

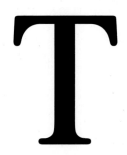

Taesŏ-ri(대서리) 제주특별자치도 제주시 추자면 상추자도 '대서리(大西里)'의 우리 한자음 '대서리'를 로마자로 나타낸 것 가운데 하나. ⇒ **大西里(대서리)**.

大西里 テーソリー Taesŏ-ri Taisei-ri 〈1대 5만 미군지도 「CH'UJA-KUNDO」(1945) A.M.S 6415 Ⅰ〉.

Taisei-ri(다이세이리) 제주특별자치도 제주시 추자면 상추자도 '대서리(大西 里)'의 일본어 한자음 '다이세이리'를 로마자로 나타낸 것 가운데 하나. ⇒ **大西里(대서리)**.

大西里 テーソリー Taesŏ-ri Taisei-ri 〈1대 5만 미군지도 「CH'UJA-KUNDO」(1945) A.M.S 6415 Ⅰ〉.

TAMUNAMI(다무내미) 제주특별자치도 제주시 추자면 상추자도(上楸子島) 대서리 북서쪽 바닷가에 있는 '다무네미'의 한자 차용 표기 多務來味(다무내미)의 우리 한자음을 로마자로 나타낸 것 가운데 하나. ⇒ **多務來味(다무래미)**.

多務來味 タムネミ TAMUNAMI TAMURAIMI(ISLAND) 〈1대 5만 미군지도 「CH'UJA-KUNDO」(1945) A.M.S 6415 Ⅰ〉.

TAMURAIMI(다무라이미) 제주특별자치도 제주시 추자면 상추자도(上楸子

島) 대서리 북서쪽 바닷가에 있는 '다무네미'의 한자 차용 표기 多務來味 (다무래미)의 일본어 한자음 '다무라이미'를 로마자로 나타낸 것 가운데 하나. ⇒ 多務來味(다무래미).

多務來味 タムネミ TAMUNAMI TAMURAIMI(ISLAND) 〈1대 5만 미군지도 「CH'UJA-KUNDO」 (1945) A.M.S 6415 Ⅰ〉.

TareSyo(다레쇼) 獺嶼(달서)의 일본어 한자음을 로마자로 쓴 것 가운데 하나. ⇒ 獺嶼(달서).

TareSyo 獺嶼 《朝鮮沿岸水路誌 第1卷』(1933) 「地名索引」》.

TatusabHô(다투삽호) 達山峯(달산봉)의 일본어 한자음을 로마자로 쓴 것 가운데 하나. ⇒ 達山峯(달산봉).

TatusabHô 達山峯 《朝鮮沿岸水路誌 第1卷』(1933) 「地名索引」》.

TentienBaku(텐티엔바쿠) 天地淵瀑(천지연폭)의 일본어 한자음을 로마자로 쓴 것 가운데 하나. ⇒ 天地淵瀑(천지연폭).

TentienBaku 天地淵瀑 《朝鮮沿岸水路誌 第1卷』(1933) 「地名索引」》.

TibiHô(티비호) 池尾峯(지미봉)의 일본어 한자음을 로마자로 쓴 것 가운데 하나. ⇒ 池尾峯(지미봉).

TibiHô 池尾峯 《朝鮮沿岸水路誌 第1卷』(1933) 「地名索引」》.

TikiTô(티키토) 地歸島(지귀도)의 일본어 한자음을 로마자로 쓴 것 가운데 하나. ⇒ 地歸島(지귀도).

TikiTô 地歸島 《朝鮮沿岸水路誌 第1卷』(1933) 「地名索引」》.

TikuTô(티쿠토) 竹島(죽도)의 일본어 한자음을 로마자로 쓴 것 가운데 하나. ⇒ 竹島(죽도).

TikuTô 竹島(濟州島西岸) 《朝鮮沿岸水路誌 第1卷』(1933) 「地名索引」》.

tok-kɛ(독개) 제주특별자치도 제주시 한림읍 옹포리 바닷가의 '독개'를 로마자로 나타낸 것. ⇒ 甕浦(옹포).

浦(1)[kɛ] ……[全南] 濟州(郡內瓮浦を[tok-kɛ]大浦を[k'ŭn-gɛ]板浦を[nol-gɛ]といふ)
《朝鮮語方言の研究 上》(小倉進平, 1944:42)》.

TOL-TO(돌도) 제주특별자치도 제주시 추자면 하추자도 예초리 북동쪽 바
다에 있는 '돌섬(덜섬)'의 한자 차용 표기 乭島(돌도)의 우리 한자음 '돌도'
를 로마자로 나타낸 것 가운데 하나. 오늘날 지형도에는 '덜섬'으로 쓰여
있음. ⇒乭島(돌도).

乭島 トルソム TOL-TO TORU-TŌ 〈1대 5만 미군지도「CH'UJA-KUNDO」(1945) A.M.S 6415 Ⅰ〉.

toŋ o-rom(통오롬) 제주특별자치도 서귀포시 성산읍 난산리에 있는 '통오롬'
을 로마자 발음기호로 쓴 것. 예문을 보면 達山(달산)에 대응하는 것으로
되어 있으나, 이는 '탈산오롬'임.

岳[o-rom]【「耽羅志」以岳爲兀音】[全南] 濟州(郡內「葛岳」を[tʃ'uk o-rom]「板乙浦岳」を
[nŭl-gö o-rom]といふ)·城山·西歸·大靜(舊旌義郡內の「達山」を[toŋ o-rom] 水岳を[mul
o-rom]應巖山を[mö-pa-ui o-rom]といふ)《朝鮮語方言の研究 上》(小倉進平, 1944:34)》.

Torei-sho(도레이쇼) 제주특별자치도 제주시 추자면 상추자도 영흥리 동북쪽
바다에 있는 '두령여'의 한자 차용 표기 斗嶺嶼(두령서)의 일본어 한자음
'도레이쇼'를 로마자로 나타낸 것 가운데 하나. 오늘날 지형도에는 '두령
여'으로 쓰여 있음. ⇒斗嶺嶼(두령서).

斗嶺嶼 ツルンヨ Turyŏng—sŏ Torei-sho 〈1대 5만 미군지도「CH'UJA-KUNDO」(1945) A.M.S 6415 Ⅰ〉.

TORU-TŌ(도루도) 제주특별자치도 제주시 추자면 하추자도 예초리 북동쪽
바다에 있는 '돌섬(덜섬)'의 한자 차용 표기 乭島(돌도)의 일본어 한자음
'도루도'를 로마자로 나타낸 것 가운데 하나. 오늘날 지형도에는 '덜섬'
으로 쓰여 있음. ⇒乭島(돌도).

乭島 トルソム TOL-TO TORU-TŌ 〈1대 5만 미군지도「CH'UJA-KUNDO」(1945) A.M.S 6415 Ⅰ〉.

TôsanHô(도산호) 唐山峯(당산봉)의 일본어 한자음을 로마자로 쓴 것 가운데
하나. ⇒唐山峯(당산봉).

TôsanHô 唐山峯 《朝鮮沿岸水路誌 第1卷》(1933) 「地名索引」》.

TosanHô(도산호) 兎山峯(토산봉) 또는 斗山峯(두산봉)의 일본어 한자음을 로마자로 쓴 것 가운데 하나. ⇒ 兎山峯(토산봉). 斗山峯(두산봉).

TosanHô 兎山峯, TosanHô 斗山峯 《朝鮮沿岸水路誌 第1卷》(1933) 「地名索引」》.

tʃʻuk o-rom(축오롬) 제주특별자치도 제주시 봉개동 명도암에 있는 '칠오롬'의 다른 이름 '칙오롬'의 변음 '축오롬'을 로마자 발음기호로 나타낸 것.
⇒ 葛岳(갈악).

岳[o-rom]【「耽羅志」以岳爲兀音】[全南] 濟州(郡內「葛岳」を[tʃʻuk o-rom]「板乙浦岳」を〔nûl-gö o-rom〕といふ)・城山・西歸・大靜(舊旌義郡內の「達山」を〔toŋ o-rom〕水岳を〔mul o-rom〕應巖山を〔mö-pa-ui o-rom〕といふ)《朝鮮語方言の研究 上》(小倉進平, 1944:34)》.

Turyŏng-sŏ(두령서) 제주특별자치도 제주시 추자면 상추자도 영흥리 동북쪽 바다에 있는 '두령여'의 한자 차용 표기 斗嶺嶼(두령서)의 우리 한자음 '두령서'를 로마자로 나타낸 것 가운데 하나. 오늘날 지형도에는 '두령여'으로 쓰여 있음. ⇒ 斗嶺嶼(두령서).

斗嶺嶼 ツルンヨ Turyŏng—sŏ Torei-sho 〈1대 5만 미군지도「CHʻUJA-KUNDO」(1945) A.M.S 6415 Ⅰ〉.

Tyôrodô(토오로도오) 제주특별자치도 제주시 한림읍 귀덕리 長路洞(장로동)의 일본어 한자음을 로마자로 쓴 것 가운데 하나. ⇒ 長路洞(장로동).

Tyôrodô 長路洞 《朝鮮沿岸水路誌 第1卷》(1933) 「地名索引」》.

Tyôtenri(툐오텐리) 제주특별자치도 제주시 조천읍 朝天里(조천리)의 일본어 한자음을 로마자로 쓴 것 가운데 하나. ⇒ 朝天里(조천리).

Tyôtenri 朝天里 《朝鮮沿岸水路誌 第1卷》(1933) 「地名索引」》.

TyôTô(툐토) 제주특별자치도 서귀포시 서귀동 앞 바다에 있는 鳥島(조도)의 일본어 한자음을 로마자로 쓴 것 가운데 하나. ⇒ 鳥島(조도).

TyôTô 鳥島(西歸浦附近) 《朝鮮沿岸水路誌 第1卷》(1933) 「地名索引」》.

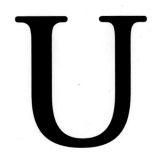

Ubi(우비) 제주특별자치도 제주시 추자면 하추자도 예초리 동쪽 바다에 있는 '쇠코'의 한자 차용 표기 牛鼻(우비)의 우리 한자음 '우비'를 로마자로 나타낸 것 가운데 하나. 오늘날 지형도에는 '쇠코'로 쓰여 있음. ⇒ 牛鼻(우비).

牛鼻 セーコ Ubi Gyūbi(Rock) ⟨1대 5만 미군지도 「CH'UJA-KUNDO」(1945) A.M.S 6415 Ⅰ⟩.

UnryûKan(운려엉칸) 제주특별자치도 제주시 한림읍 월령리에 있는 雲龍串(운룡곶)의 일본어 한자음을 로마자로 쓴 것 가운데 하나. ⇒ 雲龍串(운룡곶).

UnryûKan 雲龍串 ⟨『朝鮮沿岸水路誌 第1卷』(1933) 「地名索引」⟩.

Yech'o-ri(예초리) 제주특별자치도 제주시 추자면 하추자도 '예초리(禮草里)' 의 우리 한자음 '예초리'를 로마자로 나타낸 것 가운데 하나. 오늘날 지형 도에는 '예초리'로 쓰여 있음. ⇒ 禮草里(예초리).

禮草里 イ그チョ リ― Yech'o-ri Reisō-ri 〈1대 5만 미군지도 「CH'UJA-KUNDO」(1945) A.M.S 6415 Ⅰ〉.

YE-DO(예도) 제주특별자치도 제주시 추자면 상추자도(上楸子島) 대서리 동 북쪽 바다에 있는 '예섬'. 이섬'의 한자 차용 표기 禮島(예도)의 우리 한자 음 '예도'를 로마자로 나타낸 것 가운데 하나. 오늘날 지형도에는 '이섬' 으로 쓰여 있음. ⇒ 禮島(예도).

禮島 イ그―ソム YE-DO REI-TŌ 〈1대 5만 미군지도 「CH'UJA-KUNDO」(1945) A.M.S 6415 Ⅰ〉.

YôHô(요호) 제주특별자치도 서귀포시 표선면 세화리에 있는 鷹峯(응봉)의 일본어 한자음을 로마자로 쓴 것 가운데 하나. ⇒ 鷹峯(응봉).

YôHô 鷹峯(濟州島) 《朝鮮沿岸水路誌 第1巻》(1933) 「地名索引」〉.

Yôhodan(요호단) 제주특별자치도 서귀포시 대정읍 가파도 바다에 있는 甕浦 灘(옹포탄)의 일본어 한자음을 로마자로 쓴 것 가운데 하나. ⇒ 甕浦灘(옹포탄).

Yôhodan 甕浦灘 《『朝鮮沿岸水路誌 第1卷』(1933)「地名索引」》.

YŎM-DO(염도) 제주특별자치도 제주시 추자면 상추자도(上楸子島) 대서리 동북쪽 바다에 있는 '염섬'의 한자 차용 표기 廉島(염도)의 우리 한자음 '염도'를 로마자로 나타낸 것 가운데 하나. 오늘날 지형도에는 '염섬'으로 쓰여 있음. ⇒ **廉島(염도)**.

廉島 ヨムソム YŎM-DO REN-TŌ 〈1대 5만 미군지도 「CH'UJA-KUNDO」(1945) A.M.S 6415 Ⅰ〉.

Yonghŭng-ni(영흥니) 제주특별자치도 제주시 추자면 상추자도 '영흥리(永興里)'의 현실음 '영흥니'를 로마자로 나타낸 것 가운데 하나. ⇒ **永興里(영흥리)**.

永興里 ヨンフンリー Yonghŭng-ni Eikō-ri 〈1대 5만 미군지도 「CH'UJA-KUNDO」(1945) A.M.S 6415 Ⅰ〉.

ZinoSe(지노세) 地ノ灘(지노탄)의 일본어 한자음을 로마자로 쓴 것 가운데 하나.
⇒ 地ノ灘(지노탄).

ZinoSe 地ノ灘 《朝鮮沿岸水路誌 第1巻』(1933)「地名索引」》.

ZyôSan(죠오산) 제주특별자치도 서귀포시 성산읍 성산리에 있는 城山(성산)
의 일본어 한자음을 로마자로 쓴 것 가운데 하나. ⇒ 城山(성산).

ZyôSan 城山 《朝鮮沿岸水路誌 第1巻』(1933)「地名索引」》.

ZyôsanHantô(죠산한토) 제주특별자치도 서귀포시 성산읍 성산리에 있는 城
山半島(성산반도)의 일본어 한자음을 로마자로 쓴 것 가운데 하나. ⇒ 城山
半島(성산반도).

ZyôsanHa ntô 城山半島 《朝鮮沿岸水路誌 第1巻』(1933)「地名索引」》.

ZyôsanpoKô(죠산포코) 제주특별자치도 서귀포시 성산읍 성산리에 있는 城
山浦港(성산포항)의 일본어 한자음을 로마자로 쓴 것 가운데 하나.

Zyôsanpo Kô 城山浦港 《朝鮮沿岸水路誌 第1巻』(1933)「地名索引」》.

Zyôsanri(죠산리) 제주특별자치도 서귀포시 성산읍 城山里(성산리)의 일본어 한자음을 로마자로 쓴 것 가운데 하나. ⇒ 城山里(성산리).

Zyôsanri 城山里《朝鮮沿岸水路誌 第1卷》(1933)「地名索引》.

ZyôsanTô(죠산토) 제주특별자치도 서귀포시 성산읍 성산리에 있는 城山頭 (성산두)의 일본어 한자음을 로마자로 쓴 것 가운데 하나. ⇒ 城山頭(성산두).

ZyôsanTô 城山頭《朝鮮沿岸水路誌 第1卷》(1933)「地名索引》.

Zyô-SyûsiTô(죠슈시토) 제주특별자치도 제주시 추자면에 있는 上楸子島(상 추자도)의 일본어 한자음을 로마자로 쓴 것 가운데 하나. ⇒ 上楸子島(상추 자도).

Zyô-SyûsiTô 上楸子島《朝鮮沿岸水路誌 第1卷》(1933)「地名索引》.

일제강점기

제주 지명 문화 사전

인용 자료
소개

인용
자료

『朝鮮地誌資料(조선지지자료)』(1911)

　『朝鮮地誌資料(조선지지자료)』는 현재 국립중앙도서관에 유일하게 소장(古2703-1)되어 있는 54책의 필사본 지지(地誌) 자료이다. 1910년 무렵 조선총독부에서 우리나라 전국 지명 조사 결과를 모아 필사하여 정리한 자료로 추정된다. 1910년대 초(1911)의 우리나라 전국 지명을 조사하여 한 곳에 수록한 것이므로, 당시 지명을 확인할 수 있는 결정적 자료 가운데 하나이다.

　이 자료 가운데 제주도 편은 全羅南道(전라남도) 편 권17~권23 가운데, 권17에 濟州郡(제주군), 大靜郡(대정군), 旌義郡(정의군) 순서로 기록되어 있다. 수록 내용[種別]은 山名(산명), 山谷名(산곡명), 川溪名(천계명), 溪川名(계천명), 川名(천명), 野坪名(야평명), 關防名(관방명), 院名(원명), 站名(참명), 浦口名(포구명), 市場名(시장명), 津渡名(진도명), 酒幕名(주막명), 池澤名(지택명), 川池名(천지명), 池名(지명), 古碑名(고비명), 峙名(치명), 峴名(현명), 洑名(보명), 古蹟

名所名(고적명소명), 土産名(토산명), 城堡名(성보명) 등이다.

다른 지역의 경우는 특별히 面命(면명)과 洞名(동명), 里名(이명), 村名(촌명), 寺刹名(사찰명) 등도 기록되어 있으나, 제주도 편에는 다른 전라도 편과 마찬가지로 面命(면명)과 洞名(동명), 里名(이명), 村名(촌명) 등은 따로 기록되지 않고, 각 종별 명칭을 기록한 뒤에 어느 마을에 있는 것인지를 종종 기록했기 때문에, 이곳에서 당시 里名(이명) 일부를 확인할 수 있을 뿐이다.

이들 種別(종별) 아래로는 地名(지명), 諺文(언문), 備考(비고) 등을 두어 기록했는데, 地名(지명)에는 한자 또는 한자 차용 표기를 기록하고, 諺文(언문)에는 한글로 기록하고, 備考(비고)에는 해당 지명과 언문이 어디에 있는 것인지를 기록하였다.

예를 들면,『朝鮮地誌資料(조선지지자료)』의 지명을 '山名: 梧鳳岳·으드승으름(梧登里), 戌岳·키으름(吾羅里)' 등과 같이 표기하였다. '山名(산명)'과 '山

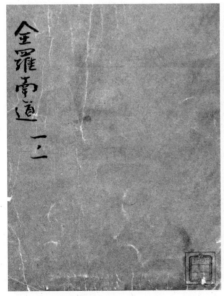

『朝鮮地誌資料(조선지지자료)』(1911)
전라남도 편 표제지

『朝鮮地誌資料(조선지지자료)』(1911)
전라남도 제주군 구좌면의 첫째 면

谷名(산곡명)' 따위는 지명의 '種別(종별)'을 나타낸 것이고, '梧鳳岳(오봉악)'과 '戌岳(술악)'은 한자 차용 표기로 쓴 '地名(지명)'을 나타낸 것이다. '으드승으름'과 '기으름'은 우리말 고유 지명으로써 당시 '諺文(언문: 한글)'으로 쓴 지명을 나타낸 것이고, '梧登里(오등리)'와 '吾羅里(오라리)'는 당시 지명이 속한 마을 이름을 나타낸 것이다.

『地方行政區域一覽(지방행정구역일람)』(1912, 1914, 1924, 1925, 1929, 1932, 1935)

『地方行政區域一覽(지방행정구역일람)』은 일제강점기에 조선총독부에서 1912년(明治/메이지 45년), 1914년, 1924년(大正/다이쇼 13년), 1925년(大正/다이쇼 14년), 1929년(昭和/쇼와 4년), 1932년(昭和/쇼와 7년), 1935년(昭和/쇼와 10년) 등 여러 차례 만들어졌다.

1912년 『지방행정구역일람(地方行政區域一覽)』에는 제주군(濟州郡) 5면(面) 80동리(洞里), 정의군(旌義郡) 4면(面) 44동리(洞里), 대정군(大靜郡) 3면(面) 35동리(洞里) 등 12면(面) 159동리(洞里)가 기록되어 있다.

1914년에는 제주군(濟州郡) 13면(面) 167동리(洞里)가 기록되어 있다.[1]

1924년 『지방행정구역일람(地方行政區域一覽)』, 1924년 『지방행정구역일람(地方行政區域一覽)』, 1929년 『지방행정구역일람(地方行政區域一覽)』 등에는 제주군(濟州郡)이 제주도(濟州島)로 바뀐 것 외에 행정구역 변화가 없었으니 제주도(濟州島) 13면(面) 167동리(洞里)가 기록되어 있다.

1932년 『지방행정구역일람(地方行政區域一覽)』에는 제주도(濟州島) 1읍(邑) 12면(面) 167동리(洞里)가 기록되어 있다. 이때는 제주면(濟州面)이 제주읍(濟州邑)으로 바뀐 때이다.

---

1) 이 내용은 『新舊對照 朝鮮全道府郡面里洞名稱一覽』(1917)에 들어 있다.

1912

濟州郡（五面八十八洞里）中面三徒里、

中面

面名	中面
洞名（里名）	一徒里 二徒里 三徒里 龍潭里 道頭里 海安里 老衡里 梧登里 月坪里 內都里 我羅里 吾羅里 蓮洞里 龍崗里 道南里 道前里 禾北里 三陽里 回泉里 外都里 都坪里 健入里（一四）

新右面	歸德里 清水里 嚴水里 於音里 上加里 光令里 禾令里 內里 上貴里 下貴里 今德里 長田里 召吉里 上明里 龍水里 錦城里 高內里 古城里 涯月里 水山里 舊嚴里 下加里 納邑里（一九）
舊右面	歸德里 金陵里 清水里 上大里 新昌里 於晋里 郭支里 大林里 高山里 東明里 翰林里 明月里 挾才里 挾月里 今岳里 透水里 遊水里 頭毛里 今滕里 楮旨里（二二）

1914(1917)

濟州郡（面數三、里數六七）濟州面西三徒里

濟州面 (三)

面名	濟州面
一徒里	同 濟州邑内面
二徒里	同
三徒里	同（三陽里、本村里各一部）
龍潭里	同
道源里	同
道頭里	同
老衡里	同
梧登里	同
月坪里	同
外都里	同
我羅里	同
蓮洞里	同
健入里	同

舊左面 (四)

東金寧里	同
西金寧里	同
月汀里	同
德泉里	同
松堂里	同
細花里	同
漢東里	同

1924

○濟州島 島廳所在地 濟州面三徒里 十三面、百六十七洞里

濟州面

面名	濟州面
洞名（里名）	一徒里 二徒里 三徒里 龍潭里 道源里 道頭里 海安里 老衡里 梧登里 月坪里 我羅里 內都里 禾北里 三陽里 回泉里 外都里 都坪里 健入里（二五）

新右面	歸德里 清水里 嚴水里 於音里 上加里 光令里 禾令里 龍崗里 上貴里 下貴里 今德里 長田里 召吉里 上明里 龍水里 錦城里 高內里 古城里 涯月里 水山里 舊嚴里 下加里 納邑里（一九）
舊右面	歸德里 金陵里 清水里 上大里 新昌里 於晋里 郭支里 大林里 高山里 東明里 翰林里 明月里 挾才里 挾月里 今岳里 透水里 遊水里 頭毛里 今滕里 楮旨里（二二）

1935

朝鮮總督府官報　第二四八〇號　昭和十年四月二十二日（第三種郵便物認可）

朝鮮總督府全羅南道令第七號

濟州島管内面ノ名稱ヲ左ノ通改ム昭和十年四月一日ヨリ之ヲ施行ス

昭和十年三月十五日　朝鮮總督府全羅南道知事　近藤　常尚

改稱面名	現稱面名
涯月	右
翰林	右
安德	中
中文	中
西歸	左
西	元
南	善
表	山
城	天

新稱面名		舊稱面名	
新庭			
東		右	
西		右	
右		中	
左		中	
		義	中

1935년『지방행정구역일람(地方行政區域一覽)』에는 제주도(濟州島) 1읍(邑) 12면(面) 167동리(洞里)가 기록되어 있다. 이때는 제주면(濟州面)이 제주읍(濟州邑)으로 바뀐 때이다.

일제강점기 우리나라 지방행정구역은 몇 번의 부침이 있었다. 우선 제주도와 관련된 것만 언급하면, 1910년(명치 43년) 조선총독부령(朝鮮總督府令) 제6호「도(道)의 위치와 관할구역」, 제7호「부군(府郡)의 명칭과 관할구역」, 1913년(大正 2년) 조선총독부령 제111호(12월 29일 공포/1914년 3월 1일부터 시행)「도(道)의 위치와 관할구역, 부군(府郡)의 명칭과 위치, 관할구역」(조선총독부 관보 2013년 12월 29일자 호외),「도(島)의 명칭, 위치, 관할구역 개정」(조선총독부령 제44호), 1935년 제주도 관내 면 명칭 개정(「濟州島管內面ノ名稱ヲ左ノ通改メ昭和10年4月1日ヨリ之ヲ施行ス(朝鮮總督府全羅南道令第7號)」) 등이 있다.

이 과정에서 조선 후기에 시행되던 면 제도가 1914년을 기점으로 하여 제주면(濟州面), 정의면(旌義面)을 쓰는 등 조금 바뀌고, 완도군에 편입되었던 추자면과 횡간도가 제주군 추자면으로 옮겨지고, 1915년에는 도제(島制) 시행으로 제주도(濟州島)라 하고, 1931년에는 제주면(濟州面)이 제주읍(濟州邑)으로 바뀌고, 1935년 4월 1일부터는 상당 수의 면 이름이 면소재지 이름으로 바뀌는 과정을 거쳤다.

『朝鮮地誌資料(조선지지자료)』(1919)

『朝鮮地誌資料(조선지지자료)』(1919)는 대정 7년(1919) 11월에 조선총독부 臨時土地調査局(임시토지조사국)에서 편찬한 것으로, 토지 조사의 성과에 따라 현지 조사를 하여 집록한 것이다. 당시 임시토지조사국에서는『朝鮮土地調査事業報告書(조선토지조사사업보고서)』를 냈는데, 이 책의 別冊(별책)으로 『朝鮮地誌資料(조선지지자료)』(1919)를 냈다.

山岳ノ名稱所在及眞高 （續）							
所在地		名 稱			眞 高		
府郡島	面	山岳	嶺	嶺(岬)	二千米以上	一千米以上	五百米以上	五百米以下
珍島郡	古義面	尖察山			—	—	485
濟州島	右面	漢拏山	漢拏山		—	1,950	—
〃	右面		御後岳		—	1,025	—
〃	左州		土赤岳		—	1,402	—
〃	新西		沙羅岳		—	1,338	—
〃	左中		城板岳		—	1,215	—
〃	〃		御乘生岳		—	1,176	—
〃	濟州		赤岳		—	1,061	—
〃	新		老路岳		—	1,070	—
〃	右		水長兀		—	—	962
〃	濟州		朝近大岳		—	—	543
〃	中		戌岳		—	—	500
〃	〃		敵岳		—	—	523
〃	新西中		庯古岳		—	—	858
〃	新左		針岳		—	—	552
〃	濟州		大月岳		—	—	750
〃	〃		三義讓岳		—	—	575
〃	〃		悅安止岳		—	—	585
〃	新右		寬古岳		—	—	841
〃	〃		發伊岳		—	—	765
〃	〃		多羅岳		—	—	693
〃	〃		石岳		—	—	869
〃	濟州		牒岳		—	—	615
〃	新右		新星岳		—	—	524

『朝鮮地誌資料(조선지지자료)』(1919) 표제지

『朝鮮地誌資料(조선지지자료)』(1919) 제주도 산악명 기록면

이 책에는 우리나라의 大勢(대세), 行政區域(행정구역), 河川(하천), 湖池(호지), 山岳(산악), 海岸線(해안선), 島嶼(도서), 經濟(경제) 등의 내용이 수록되어 있는데, 山岳(산악) 편과 島嶼(도서) 편 등에서 당시 제주도 지명을 한자로 기록한 것을 확인할 수 있다.

『朝鮮五萬分一地形圖(조선5만분1지형도)』(1918~1919)

조선총독부 육지측량부에서 1911년부터 우리나라 전역을 측량하고, 1915~1919년 사이에 1:50,000 지형도 722매를 발행하였다. 그리고 당시 이 지도들을 『朝鮮五萬分一地形圖(조선오만분일지형도)』라고 하였다. 이 지형도 는 편의상 '일제강점기 1대 5만 지형도'로 소개하기도 한다.

이 지도의 컬러판 1종은 우리나라 종로도서관에서 소장하고 있고, 종로 도서관 홈페이지와 국사편찬위원회 한국사데이터베이스를 통해 '한국근대 지도자료'라고 하여 온라인으로 서비스하고 있다. 다른 1종은 국토지리정보 원 홈페이지에서 서비스하고 있고, 또 다른 1종은 국립중앙박물관 홈페이지 에서 서비스하고 있다.

이상의 3종은 모두 다이쇼[大正] 7년(1918)에 측도(測圖)하여, 같은 해에 제판(製版)하여. 다이쇼[大正] 7년(1918) 12월 25일에 인쇄하고, 12월 28일에 발행한 것과 다이쇼 8년(1919) 2월 25일 인쇄하고, 같은 해(1919) 2월 28일에 발행한 것이다. 이것들은 황색 바탕에 바닷가 부분이나 물이 고여 있는 곳, 물이 흐르는 내 등을 푸른색을 입히고, 등고선과 건물 부분, 글자 부분을 검 은색을 입혀 2도로 인쇄한 것이 있다. 또한 황색 바탕에 바닷가 부분이나 물 이 고여 있는 곳, 물이 흐르는 내 등을 푸른색을 입히고, 등고선과 건물 부분, 글자 부분을 검은색을 입혀서 인쇄했을 뿐만 아니라, 도로나 길 따위에 붉은 색을 입혀서 3도로 인쇄한 것도 있다.

또 다른 1종은 미국 스탠포드대학교 도서관의 온라인에서 서비스하고 있다. 이것의 대부분은 다이쇼[大正] 7년(1918)에 측도(測圖)하여, 다이쇼 7년 12월에 발행한 것과 다이쇼 8년 2월에 발행한 것에, 쇼와[昭和] 18년(1943)에 제1회 수정 측도한 것을 바탕으로 발행한 것이 있다.

이들의 기본 판형은 동일한데, 인쇄 과정에서 흑백으로 발행했느냐, 2도 컬러 인쇄를 했느냐, 3도 컬러 인쇄를 했느냐 하는 것이 조금씩 다르다. 그리고 수정판 지도에는 1940년대 초반 상황이 반영되어 있는 것이 그 이전 것과 조금 다르다.

　『朝鮮五萬分一地形圖(조선오만분일지형도)』의 각 지도의 도곽 외부에는, 위쪽 중앙에 도엽 명칭, 오른쪽 끝에 지형도에 포함된 행정구역, 왼쪽에 인접 도엽 색인도가 적혀 있다. 도엽 왼쪽에는 관청, 불우, 도로, 철도, 답, 습지 등 각종 부호와 측도·제판 연도·인쇄일·발행일·발행자를, 도엽 아래쪽에는 축척을, 도엽 오른쪽에는 도엽 번호를 제시하고 있다. 도곽 내부에는 현재의 지형도와 마찬가지로, 등고선으로 표현한 산지, 하천의 유로 등 자연 정보를 수록하고, 인문 정보로는 행정구역 경계, 한자 지명[일본어인 가타가나 병기], 도로, 시가지, 토지 이용 등을 자세히 기재해 놓았다.

　『朝鮮五萬分一地形圖(조선오만분일지형도)』의 제주도 부분은 1918년에 발행되었는데, 濟州嶋北部(제주도북부) 편으로 金寧(김녕), 城山浦(성산포), 濟州(제주), 漢挐山(한라산), 楸子群島(추자군도), 翰林(한림), 飛揚島(비양도) 등 7매, 濟州島南部(제주도남부) 편으로 表善(표선), 西歸浦(서귀포), 大靜及馬羅島(대정급마라도), 摹瑟浦(모슬포) 등 4매 등 모두 11매로 구성되었다. 그러나 추자면의 「橫干島(횡간도)」 지도가 전라남도 珍島(진도) 편의 하나인 「橫干島(횡간도)」로 구성되고, 추자면의 사수도인 장수도가 珍島(진도) 편의 하나인 「所安島(소안도)」 지도에 들어 있으니, 오늘날 제주도 부분은 모두 13매로 구성되었다고 할 수 있다.

　　　濟州島北部 3號 「金寧」(대정 6년 측도, 동 7년 제판)

　　　濟州島北部 4號 「城山浦」(대정 7년 측도, 동 7년 제판)

　　　濟州島北部 7號 「濟州」(대정 6년 측도, 동 7년 제판)

　　　濟州島北部 8號 「漢挐山」(대정 7년 측도, 동 7년 제판)

　　　濟州島北部 9號 「楸子群島」(대정 6년 측도, 동 7년 제판)

　　　濟州島北部 12號 「翰林」(대정 6년 측도, 동 7년 제판)

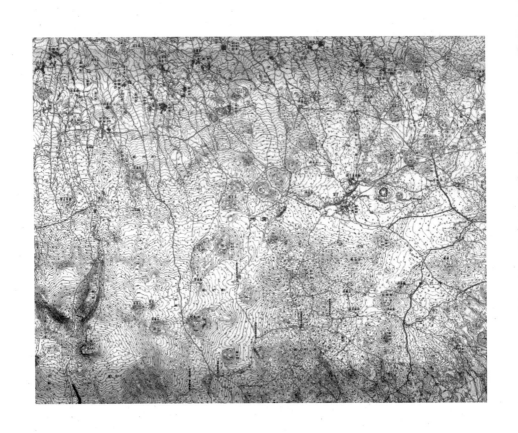

국토지리정보원 온라인판 / 濟州島北部8號「漢拏山」부분 / 2도 인쇄

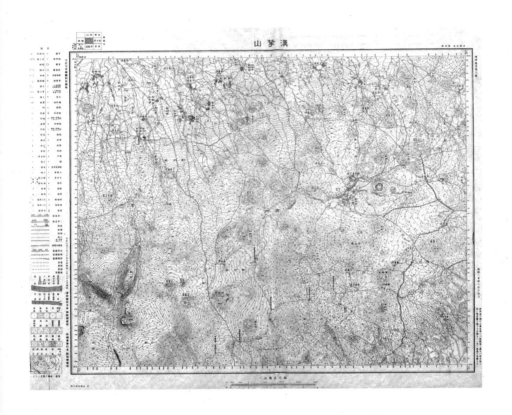

山挙漢

종로도서관·국사편찬위원회 온라인판 / 濟州島北部8號「漢挐山」부분 / 2도 인쇄

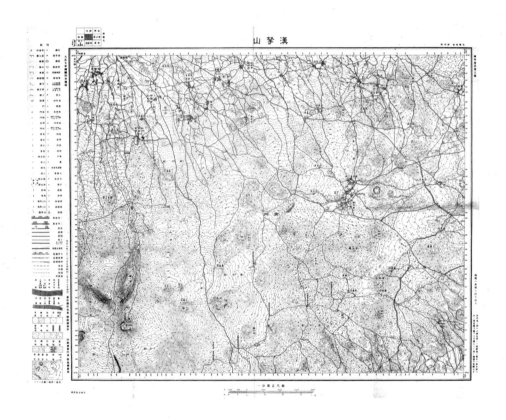

국립중앙박물관 온라인판 / 濟州島北部8號「漢拏山」부분 / 3도 인쇄

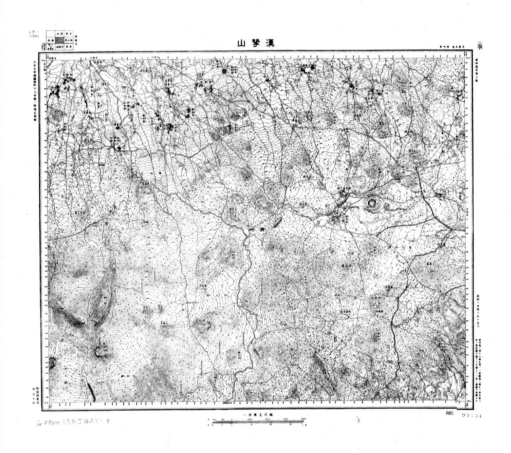

미국 스탠포드대학교 도서관 온라인판 / 濟州島北部8號「漢挐山」부분 / 흑백판

651

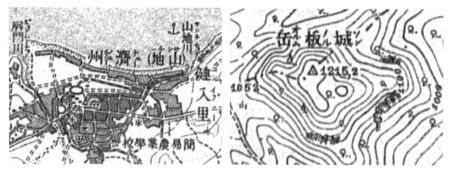

『朝鮮五萬分一地形圖(조선오만분일지형도)』의 지명 표기의 예

濟州島北部 16號「飛揚島」(대정 6년 측도, 동 7년 제판)

濟州島南部 1號「表善」(대정 6년 측도, 동 7년 제판)

濟州島南部 5號「西歸浦」(대정 6년 측도, 동 7년 제판)

濟州島南部 9號「大靜及馬羅島」(대정 7년 측도, 동 7년 제판)

濟州島南部 13號「摹瑟浦」(대정 6년 측도, 동 7년 제판)

珍島 8號「所安島」(대정 6년 측도, 동 7년 제판)[2]

珍島 12號「橫干島」(대정 6년 측도, 동 7년 제판)

　지명의 경우는 한자 또는 한자 차용 표기를 먼저 쓰고, 그 아래나 그 옆에
당시 발음 또는 당시 현지 말을 일본어 가나로 표기해 놓았다. 가령 법정마
을은 '健コン 入イブ 里ニー', '禾フソ 北ブク 里ニー'와 같이 한자 표기 '健入里', '禾北
里' 등을 앞세우고 일본어 가나 표기를 각 한자의 오른쪽 또는 위쪽에 표기
해 놓았다. 법정마을에 속한 자연마을은 '(山サン 地チー)', '(別ビョル 刀トー)' 등

---

2) '사수도'의 별칭인 獐水島(장수도)가 들어 있다.

과 같이 자연마을 이름인 '山地', '別刀' 등을 괄호 안에 한자로 쓰고 각 한자의 오른쪽 또는 위쪽에 일본어 가나 표기를 해 놓았다.

이렇게 표기한 것을 이 사전에서는 '城板岳(성판악)' 또는 'ソンノルオルム(성널오롬)'과 같이 옮겨놓았다. 제주시 조천읍 교래리 산간과 서귀포시 남원읍 신례리 산간 경계에 있는 '성널오롬'은 예로부터 '성널오롬'이라 부르고 한자를 빌려 城板岳(성판악)으로 써 왔다. 그래서 이 지형도에는 한자로 城板岳(성판악)이라 쓰고, 일본어 가나로 ソンノルオルム으로 표기해 놓았다. 그러니까 城板岳(성판악)은 '성널오롬〉성널오름'의 한자 차용 표기이고, 일본어 가나 표기인 ソンノルオルム은 '성널오롬'을 표기한 것이다. 한자 차용 표기 城板岳(성판악)은 관습적으로 써 온 한자 표기 가운데 하나를 나타낸 것이고, 일본어 가나 표기인 ソンノルオルム은 민간에서 '성판악'이라는 말보다 '성널오롬〉성널오름'이라 부른다는 것을 보여주는 것이다. 이와 같이 이 지형도에는 당시 현지인의 말을 비교적 온전하게 반영한 것도 있지만, 그렇지 못한 것도 있다.

가령 제주특별자치도 서귀포시 남원읍 수망리 중산간에 '물영아리오롬'(오늘날 지도에는 '물영아리'로 쓰여 있다.)이 있다. 이 오롬은 예로부터 '물영아리오롬'이라 불러왔는데, 음절이 길어서 '오롬'을 생략하여 줄여서 흔히 '물영아리'라고도 불러왔다. 이것을 한자로 쓸 때는 勿永我里岳(물영아리

『朝鮮五萬分一地形圖(조선오만분일지형도)』의 제주도 편 구성도

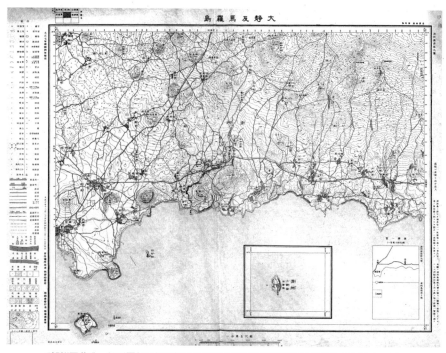

『朝鮮五萬分一地形圖(조선오만분일지형도)』의「大靜及馬羅島(대정급마라도)」(1918)

악) 또는 水靈岳(수령악) 등으로 써왔다. 그런데 일제강점기 1대 5만 지형도
에는 이 오롬(당시 표고 511米로 표기됨. 오늘날 지형도에는 506m로 표기됨./)에 '敏ミン
岳アク山サン'으로 표기해 놓았다. 敏岳山(민악산)이라는 표기는 실제 '물영아
리' 서남쪽에 있는 '민오롬〉민오름(당시 표고는 456米로 표기되고, 오늘날 지형도에
는 447m로 표기됨.)'을 나타낸 것이다. 그러니까 당시 지형도에 敏岳山(민악산)
을 엉뚱한 위치에 표기해놓은 것이라 할 수 있다.

『朝鮮五萬分一地形圖(조선5만분1지형도)』(1943)

이 지형도는『朝鮮五萬分一地形圖(조선5만분1지형도)』(1918~1919)를 수정한 판본으로, 소화 18년(1943)에 측도하여 제작, 발행한 것이다. 현재「漢拏山(한라산)」지도와「翰林(한림)」지도 등 2종만 수정 측도한 것으로 알려지고 있다. 이 지도의 흑백판 1종은 미국 스탠포드대학교 도서관에서 소장하고 있고, Japanese military maps(Japanese Imperial Maps/Japanese military and imperial maps)에서「South Korea 1:50,000」이라 하여 온라인으로 서비스하고 있다.

濟州島北部 8號「漢拏山」(대정 7년 측도, 소화 18년 제1회 수정 측도)
濟州島北部 12號「翰林」(대정 6년 측도, 소화 18년 제1회 수정 측도)

『朝鮮五萬分一地形圖(조선5만분1지형도)』(1918~1919)와『朝鮮五萬分一地形圖(조선5만분1지형도)』(1943)를 비교해 보면, 지명은 거의 달라진 것이 없다.

다만『朝鮮五萬分一地形圖(조선5만분1지형도)』(1918~1919)를 제작할 때 제주도(濟州島)의 면 체계는 다음과 같이 되어 있었다.

濟州面(제주면: 오늘날의 제주시 동 지역)
新左面(신좌면: 오늘날의 조천읍)
舊左面(구좌면: 오늘날의 구좌읍)
新右面(신우면: 오늘날의 애월읍)
舊右面(구우면: 오늘날의 한림읍과 한경면)
東中面(동중면: 오늘날의 표선면)
西中面(서중면: 오늘날의 남원읍).

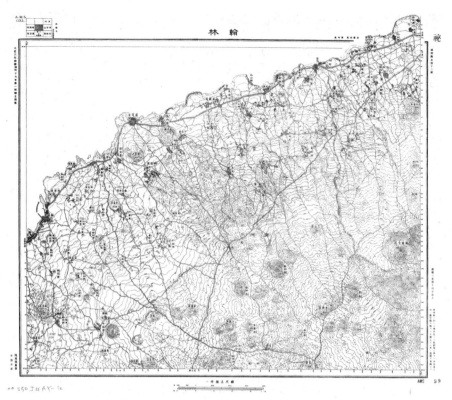

濟州島北部 12號「翰林」(대정 6년 측도, 소화 18년 제1회 수정 측도

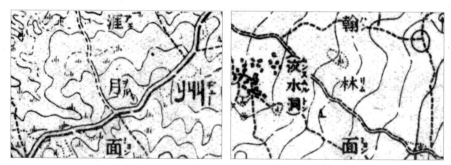

수정 지도에 반영된 '涯月面(애월면)'과 '翰林面(한림면)'

中面(중면: 오늘날의 안덕면)

左面(좌면: 옛 중문면)

右面(우면: 오늘날의 서귀포시 동 지역)

旌義面(정의면: 오늘날의 성산읍)

그런데 『朝鮮五萬分一地形圖(조선5만분1지형도)』(1943)에는 1930년에서 1935년 사이에 바뀐 면 명칭이 반영되어 쓰여 있다.

濟州邑(제주면: 오늘날의 제주시 동 지역)

朝天面(신좌면: 오늘날의 조천읍)

涯月面(신우면: 오늘날의 애월읍)

翰林面(구우면: 오늘날의 한림읍과 한경면)

表善面(동중면: 오늘날의 표선면)

南元面(서중면: 오늘날의 남원읍).

安德面(중면: 오늘날의 안덕면)

中文面(좌면: 옛 중문면)

西歸面(우면: 오늘날의 서귀포시 동 지역)

城山面(정의면: 오늘날의 성산읍)

이외에 鹿山牧場(녹산목장)과 바뀐 표고버섯 재배장 여러 곳이 쓰여 있다.

『韓國水産誌(한국수산지)』

『韓國水産誌(한국수산지)』는 1908년부터 1911년에 걸쳐 농상공부 수산국과 조선총독부 농상공부에서 우리나라 연안의 도서 및 하천 등의 수산(水産)의 실상을 조사하여 기록한 책이다. 4권 4책 총 3,500면으로 되어 있는데, 이 책의 제3권은 1910년 12월에 간행한 것으로, 전라남도, 전라북도, 충청남도 등의 수산 실상에 대해 광범위하게 기록되어 있다.

이 책은 당시의 수산 사정을 이해하고 우리나라 수산사를 연구하는 데 좋은 참고가 된다. 제주도 편에서는 제주도 지명을 한자 또는 일본어 가나로 기록하고 있어서, 당시 제주 지명을 연구하는 자료로도 활용되고 있다.

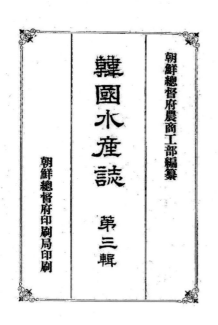

『韓國水産誌(한국수산지)』제3집 속 표지

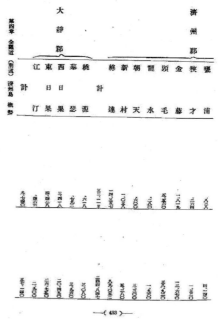

『韓國水産誌(한국수산지)』제3집 속 내용

『朝鮮港湾要覽(조선항만요람)』

　『朝鮮港灣要覽(조선항만요람)』은 1931년에 조선총독부(朝鮮總督) 내무국(府內務局) 토목과(土木課)에서 간행한 책으로, 당시 우리나라의 항만(港灣)의 수축(修築) 연혁(沿革)과 현황(現況), 각 항만의 상황(狀況) 등을 정리한 것이다.

　당시 지방항(地方港)으로 제주항(濟州港)(산지항(山地港)), 성산포항(城山浦港), 서귀포항(西歸浦港) 등을 간략하게 언급하고, 평면도면을 첨부하였다.

『韓國水産誌(한국수산지)』제3집 속 표지　　　　『韓國水産誌(한국수산지)』제3집 속 내용

『朝鮮沿岸水路誌(조선연안수로지)』제1권

『朝鮮沿岸水路誌(조선연안수로지)』제1권은 소화 8년(1933) 1월에 일본 해군 수로부(水路部)에서 작성하여 동경(東京)에서 간행한 것이다. 우리나라 동해안과 남해안, 그리고 제주도 주변의 연안 수로에 대해서 비교적 자세하게 설명하고 있다.

이 책에는 당시 제주도 연안의 포구와 섬 이름은 물론, 마을 이름, 산악 이름 등이 언급되어 있어서, 일제강점기에 일본인의 제주 지명을 어떻게 인식했는가를 보여주는, 중요한 자료 가운데 하나이다.

당시 제주 지명을 한자를 이용하여 썼는데, 일부는 조선시대부터 써 온 한자를 혼용하기도 하고, 전혀 엉뚱한 이름으로 혼용하기도 했다.

가령 서귀포항(西歸浦港)을 설명하면서 '연외천(淵外川)'과 '홍로천(洪爐川)'을 언급했는데, '淵外川(연외천)'은 일제강점기에 민간에서 전하는 '솟밧내'를 한자를 빌려 나타낸 것이고, '洪爐川(홍로천)'은 조선시대의 고문헌과 고지도 등에서 이 내를 언급할 때 쓰였던 것이다.

한편 서귀리(西歸里) 동쪽에 藻川(조천)이 있다고 했는데, 이 내는 조선시대부터 오늘날까지 '애이릿내'로 일컫는 내를 이른다.

書誌第6號 A

朝 鮮 沿 岸 水 路 誌

第 1 卷

總 記, 航 路 記
朝 鮮 東 岸 及 南 岸

昭 和 8 年 1 月 刊 行

水 路 部

『朝鮮沿岸水路誌(조선연안수로지)』제1권 속표지

海岸　　大鳳顏串ヨリ海岸西走スルコト 4・3 浬ニシテ爲美里（又美里）アリ、海岸少シク彎入スレドモ防波堤ノ設備ナキヲ以テ半潮以上ニハ舟艇濱岸ニ著スレドモ低潮時ニ在リテハ大部分干出ス、特ニ南風ノ際低潮時ニ入港セントスルトキハ最モ危險ナリ⊙朝鮮郵船株式會社ノ釜山濟州島線ノ定期汽船ハ臨時爲美里ニ寄港ス（第 17 頁參照）。

爲美里ノ西方 1・8 浬、海ニ瀕シテ孤村峯アリ高サ 71 米、山頂ニ舊烽火臺ノ積石アリ好目標ト爲ル又同里ノ北東方 1・8 浬ニ資輦峯アリ、其ノ最高部ハ噴火口ノ北側ニシテ高サ 208 米、火口南ニ開キ其ノ東側ニ叢樹アリ、樹頂 181 米、其ノ外觀孰レモ顯著ナリ。

地歸島及森島　　孤村峯ノ南南東方距離約 2 浬ニ 1 低小島アリ地歸島ト謂フ、高サ 11 米、長サ幅各 2 鏈、全島殆ド耕耘セラレ北岸少許ノ樹木ノ間ニ朝鮮人家屋 2 アリ、南岸ニ接シテ二、三ノ水上岩及干出岩アリ、北西岸ヨリ淺水擴延シテ其ノ 20 米等深線ハ距岸約 1 浬ニ在リ。

森島ハ地歸島ヲ距ル西方約 3 浬ニ在ル尖頂島ニシテ高サ 154 米、南岸ハ岩壁屹立シ北岸ニハ少許ノ雜木アリ、東西ノ長サ 3 鏈、此ノ島ト濟州島トノ間ハ距離僅ニ 2 鏈ニシテ北岸附近ニ數多ノ水上岩及干出岩散在シ南側ニ接シテ僅ニ舟艇ノ通路ヲ存スルノミ、此ノ島ハ東西ヨリ視ルトキハ顯著ナリ。

西歸浦港　　森島ノ西北西方殆ド 2 浬ニ淵外川（洪爐川）ロアリ、此ノ川ノ東側丘上ニ在ル村ヲ 西歸里トス、此ノ村ノ東側ニ 1 川アリ藻川ト謂フ川口ニ正方瀑ノ瀑布アリ⊙淵外川口ニ鳥島ト稱スル嶼アリ、平頂ニシテ高サ 16 米、此ノ嶼ノ北西側ト川口ノ西側トハ干出礁濱ヲ以テ相接續シ此處ニ長サ 216 米餘ノ防波堤ヲ築造シ以テ南西方ヨリ來ル波浪ヲ遮斷シ又西歸里ノ南端ヨリ干出岩陂海中ニ約 1 鏈延出シテ東方ヨリ來ル波浪ヲ遮斷シ其ノ內ハ舟艇ニ對スル最好避泊地ヲ成ス、其ノ水深 2・4 乃至 7・3 米、底質沙、水深入口約 10 米アリ、200 噸級位迄ノ船舶出入可能ナリ、之ヲ西歸浦港トス、當港ハ漁業ノ根據地トシテ且又避難港トシテ利用セラル。

暴風警報信號所　　西歸里ニ暴風警報信號所アリ、第 1 種信號ヲ揭グ。

麗嶼及鹿島　　西歸里ノ南端ヨリ延出セル岩陂ノ東側約 1 鏈ニ 1 干出險礁ア

『朝鮮沿岸水路誌(조선연안수로지)』제1권 西歸浦港(서귀포항) 일대 설명 부분

또한 서귀리 앞 바다에 麗嶼(여서)와 鹿島(녹도)가 있다고 했는데, 鹿島(녹도)는 예로부터 오늘날까지 '문섬'이라는 섬을 이르고, 麗嶼(여서)는 '문섬' 바로 북쪽 바다에 있는 자그마한 바위섬을 이른다.

「濟州島紀行(제주도기행)」(1939)

「濟州島紀行(제주도기행)」은 일제강점기 일본인 농업 학자인 다카하시 노보루(高橋昇)가 1939년에 제주도에 와서 제주도 농가(農家) 여러 곳을 답사하고 남긴 기록인 『朝鮮半島の農法と農民(조선반도의 농법과 농민)』의 '전라도(全羅道)' 부분의 부록에 들어있는 것으로, 제주도 농업(農業)과 농민(農民)에 대한 기록이다. 「濟州島紀行(제주도기행)」으로 된 부분도 있고, 「濟州島視察記(제주도시찰기)」 부분, 「濟州事情(제주사정)」 부분도 있는데, 이 사전에서는 통틀어 「濟州島紀行(제주도기행)」이라 했다.

이 기록 속에 당시 농사를 짓던 제주 지역의 지명을 일본어 가나로 기록한 것이 있다.

『A.M.S. L751(Korea 1:50,000)』(1945)

『A.M.S. L751』은 『A.M.S. L751 Topographic Maps』로 소개되기도 하고, 『Korea 1:50,000 Series L751』로 소개되기도 하고, 『Korea AMS Topographic Maps』로 소개되기도 하고, 『Korea 1:50,000 (AMS L751) maps』로 소개되기도 하는, 미 육군 지도(U.S. Army Map)이다.

이 지도는 1945년부터 1950년 사이에 만들어졌는데, 일제강점기에 만든 1대 5만 지형도를 근간으로 하여 만들었다. 일제강점기 1대 5만 지형도의

済州島紀行

〔この「済州島紀行」と題する記録の表紙には，高橋昇の他，野田志朗，朴錦東の名が記されている。編者〕

昭和14年5月20日　於光州

守谷氏の案内にて光州邑玄俊鎬氏を訪う。

玄家は朝鮮の名家にして本貫は慶北星州にて高麗時代には玄姓は多く高官になりたり。初め寧辺（平北）より開城に来りしものにして15代前に霊巌に居住することとなり11代の際に文録の役に遭遇し，当時の李舜臣と往復の書簡ありと。現在10代間の書簡類150冊を有す。

これ，「新安世宝」と称するものにして慶北星州を新安と呼びたるより新安世宝と呼べり。星州玄家の代々の宝と云う意なりと云う。

納むる処，書簡の他に書画等李朝400年間の名臣学者の筆墨を網羅せるの観あり。垂涎置くあたわざるもの多し。農学者例えば丁栄山，徐斉年その他の筆墨等あり。栗谷先生の母堂の画等殆ど枚挙すること困難なり。

別に支那三皇五帝神農民より朝鮮の偉人の画像あり，珍とすべし。霊巌には鳩林（王仁博士の出生地，道銑国師の出生地として有名なり）あり，其の最初の郡守となりたるは玄氏の祖先玄允明なり，京城の尹は玄氏の外孫なりと云う。

玄俊鎬氏の話にては光州府会議員尹燁氏は山林経済を蔵すと。

全南和順郡同福の邑内に英宗時代（150年前）の儒者河百源の子孫あり。河百源は河石城と云わる，これ忠南石城の郡守なりしためなり。其の子孫は現在山林主事なりと。同氏宅には河石城の発明にかかる風車の図等ありと云う。河石城は又時計を発明したりと云う。

1. 書籍のノリとシミ防ぎ

　玄俊鎬氏の蔵書にはノリにソッテ（櫨の木に類す。横尾氏）（にがい木）숯딕나무，赤い実のなる灌木の木をせんじて其の汁にてノリを作って之にてノリ張りせりと。ためにいずれの書籍も全くシミの被害を見ず。

2. 焼大豆の粉と緑豆のウドン

　朝鮮では昔より焼大豆の粉を蕎麦に入れると云う。又緑豆にてウドンを製造すと云う。

3. 蕎麦のだしに大豆の汁を入れること。

　大豆を水につけて膨らして蒸してから臼にてひきて之を袋にてシボル，之に水を加減し食塩にて味をつけ卵の白味等をまぜて蕎麦のだしとす，味よしと。

4. 全南特有の料理に，年鶏竹筍湯と云うものあり。之は其の年に生まれたる雛と竹筍とを一緒に煮たるものにて之は全南の名物と云う。

5. 児猪蒸（エヂョソチム）

「濟州島紀行(제주도기행)」첫째면

る為かかる小作人契約を取れり。

　陸地部の小作契約とは著しく相違せり，かかる慣行は本島として甚だ多しと云う。土地多くして小作人少なき為なるべし。

　作付方式

	一昨年	昨年	本年
	大麦跡粟（大豆混）ー	大麦（粟大混）ー	裸麦跡陸稲
	大麦跡粟（大豆混）ー	大麦跡（粟大混）ー	大麦跡（粟粳，白大豆混）

$$\frac{4}{2}式$$

　　　　　　　　　　　　　　　　　周囲に蜀黍を作る。

　収量　昨年大豆6石，粟6石，混作大豆2斗5升，

(2)　ボツウナンバ　距離3町，450坪，自作中等，三夜味（三バニ）父より相続せり，時価70円位。

作付	一昨年	昨年	本年	本年	明年
	甘藷	冬休	陸稲 周囲荏	大麦跡甘藷	冬休

陸稲 $\frac{5}{4}$式

甘藷は10年前より栽培せり

甘藷の収量　最高20石，最低10石（30チゲ）普通15石

　　　　　　5年前　　　│　　3年前

　　　　普通　15石　蔓（乾燥）10チゲ

大麦　最高4石，最低1石，普通3石，藁稈15チゲ

陸稲　最高3石，最低1石，普通2石，藁稈4チゲ（200束）

(3)　ボツナンウッパ　距離三町，自作450坪，中，3バニ，父より相続せり，時価70円，

一昨年	昨年	本年		明年	
小豆	冬休　陸稲	冬休　陸稲	大麦跡粟（混作大豆）1/3		
小豆	冬休　陸稲	冬休　大豆	大麦跡粟（混大）1/3		
小豆	冬休　陸稲	冬休　小豆	大麦跡粟（混作大豆）1/3		

$\frac{5}{4}$式

大豆は生育の如何によって子実用として或は青刈大豆とす，収量　本年度予想　大豆15斗，小豆10斗，陸稲15斗，

　昨年度収量　陸稲3石，藁4チゲ（250束）

　一昨年，小豆1石8斗，茎稈4チゲ

(4)　テョッコリアチンバ　小作，1500坪，時価300円中，1バニ，地主は城内の個人，小作料は折半（畑にて子実と稈とを各折半とす，即ち収穫物は一切折半とす）但し青刈大豆の場合には小作人が子実を出して其の畑に鋤き込む，2ケ年に一回青刈大豆を耕作することに契約せり。

大麦，陸稲の場合には其種子は地主と小作人とにて各1/2を負担するものとす。

「濟州事情(제주사정)」의 濟州邑(제주읍) 二徒里(이도리) 부분

664

한국 지도 원판은 미 육군으로 넘어가고, 미 육군은 이 지형도를 바탕으로 하여 우리나라 1대 5만 지형도를 제작하였다. 이 지도가 L751로 소개되는 'Korea 1:50,000'이다.

이 지도는 처음에 일제강점기 지형도의 지명 표기를 그대로 따르고, 그 것을 바탕으로 하여 지명을 로마자 표기로 나타냈는데, 당시 로마자 표기는 매큔-라이샤워 표기법(McCune-Reischauer Romanization/McCune-Reischauer Romanization System)을 이용하였다. 거기에 더하여 한자 지명을 일본어 한자 독법으로도 나타냈다. 그러니까 이 지형도의 1판 지명은 한자 표기, 일본어 가나 표기, 지명의 로마자 표기, 한자 지명의 일본어 독음 표기 등 4가지 방식을 모두 반영했는데, 판이 바뀌면서(수정판?) 일본어 가나 표기를 빼거나, 그 대신 한글 표기를 넣거나 하고, 한자 지명의 일본어 독음 표기도 빼고 우리나라 한자 음을 표기하는 방식으로 바뀌기도 하였다. 그래서 나중 판본의 지도에는 매큔-라이샤워 표기를 중심으로 하고, 일부에는 한자 표기를 혼용하기도 했다.

이 지형도의 지명 표기의 예를 살펴보면, 1945년 초판에는 일제강점기

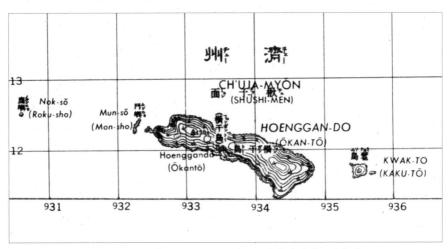

『A.M.S. L751』의 「HOENGGAN-DO」(1945년판)의 지명 표기의 예

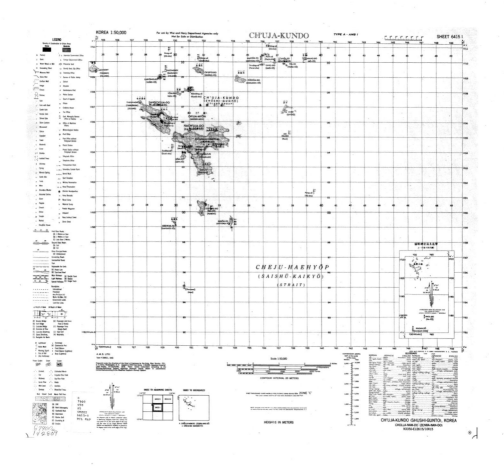

『A.M.S. L751(Korea 1:50,000)』(1945) CH'UJA-KUNDO

지형도의 지명 표기와 같이 '한자 표기 / 일본어 가나 표기'를 하고, 거기에 당시 우리나라 한자음을 로마자로 쓰고, 다시 일본 한자음을 로마자로 표기하는 형식을 띠었다. 그러니까 하나의 지명에 '한자 표기 / 일본어 가나 표기 / 한국 한자음의 로마자 표기 / 일본 한자음의 로마자 표기' 등으로 되어 있다.

예를 들면, 제주특별자치도 제주시 추자면 대서리 '횡간도' 일대를 나타낸 지형도를 보면, '楸子面 チュヂャーミョン CH'UJA-MYŎN GHŪSHI-MEN, 横干島 フェングントー HOENGGAN-DO ŌKAN-TŌ, 藿島 ミョクソム KWAK-TO KAKU-TŌ' 등으로 쓰여 있다. 한자 표기로는 藿島(곽도)로 쓰고, 일본어 가나 표기로는 ミョクソム(미역섬)으로 표기했으니, 당시 민간에서 부르는 이름과 한자음이 다르다는 것을 알 수 있다. 곧 고유어 지명은 '미역섬'인데, 이것을 한자를 빌려 쓸 때는 藿島(곽도)로 썼다는 것을 보여준다. 그리고 이 藿島(곽도)의 한국 한자음이 '곽도'이기 때문에 한국 한자음을 반영한 영어 로마자 표기는 KWAK-TO로 나타내고, '곽도'의 일본어 한자음이 '가ㄲ도(가꾸도)'이기 때문에 일본 한자음을 반영한 영어 로마자 표기는 KAKU-TŌ로 나타냈다.

「제주군지도(1914)」, 「대정군지도(1914)」, 「정의군지도(1914)」

1914년 3월 1일부터 우리나라 면(面)과 동리(洞里)를 대대적으로 통폐합했는데, 이때 제주도 면과 동리를 많이 통폐합했다. 이때 구역도(區域圖) 성격의 「제주군지도(濟州郡地圖)」(1914), 「대정군지도(大靜郡地圖)」(1914), 「정의군지도(旌義郡地圖)」(1914) 등을 만들었는데, 이 지도들에도 몇 개 지명의 한자 표기와 로마자 표기를 확인할 수 있다.

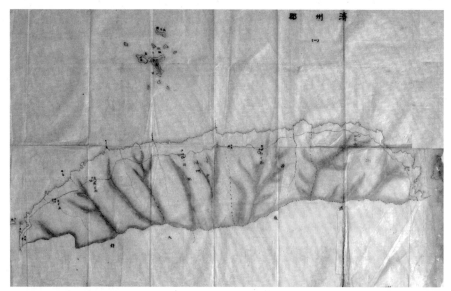

「제주군지도」(1914)

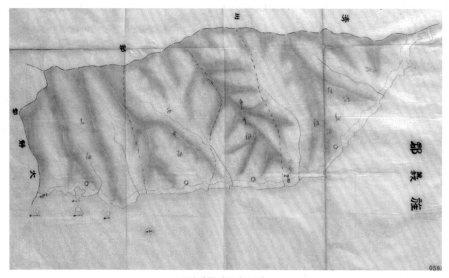

「정의군지도」(1914)

668

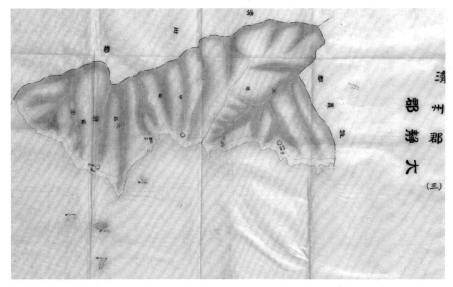

「대정군지도」(1914)

기타

「濟州島方言(제주도방언)」(1913, 小倉進平)

이 글은 일본인 국어학자인 오구라 신페이[小倉進平]가 메이지 44년(1910) 겨울에 제주도에 들어와서 제주도 방언과 지명을 조사한 결과를 다이쇼 2년(1912)에 『朝鮮及滿洲(조선과 만주)』68호(3월), 69호(4월), 70호(5월)에 연달아 발표한 것이다. 이 글 말미, 곧『朝鮮及滿洲(조선과 만주)』70호에 '葛岳(축오롬)(濟州), 水山岳(물미오롬)(濟州), 水山-물미(濟州), 月坪里-다락굿(濟州), 衣貴里-옷쇠(旌義)' 등과 같이 대응시켜 50여 개의 제주도 지명을 보여주고 있어, 당시 지명 연구에 귀중한 자료로 이용되고 있다. 특히 이 글의 한글 표기는 국어학자의 조사에 의한 한글 표기라는 데 의의가 있다. 이 외에도 오구

라 신페이[小倉進平]가 쓴 「朝鮮語の歷史的硏究上より見たる濟州島方言の價値」(1924, 『朝鮮』), 「濟州島方言」(1931, 『青丘學叢』5호), 『朝鮮語方言の硏究 上』(1944), 『朝鮮語方言の硏究 下』(1944) 등에서도 제주도 지명의 편린을 확인할 수 있다.

「濟州島火山島雜記(제주도화산도잡기)」(1925, 中村新太郎)

이 글은 일본인 지질학자인 나카무라 신타로[中村新太郎]가 당시 조선총독부 농상공부 지질조사소 기사로 있으면서 제주도를 조사한 뒤 1925년에 『地球(지구)』4권 4호에 발표한 글이다. 당시 일제가 만든 1대 5만 지형도에서 확인한 圓錐山(원추산)의 수가 330여 개라 하고, 제주에서는 독립된 산, 곧 圓錐山(원추산)을 岳(악: オルム/오롬·오름)이라 하고, 높이 솟아 있는 작은 언덕을 '旨(지: マル/무루)'라 한다고 했다. 이 글에는 제주도 여러 화산이 언급되었는데, 어디를 이르는지 확실하지 않은 臼山, 窟山, 丹霞峯 등도 언급되어 있다. 이것들은 당시 지형도에 표기되지 않은 것이다. 臼山은 '방에오롬', 窟山은 '굿산망', 丹霞峯은 '다나오롬(절물오롬)'으로 추정된다.

「濟州島の地質學的觀察(제주도의지질학적관찰)」(1928, 川崎繁太郎)

이 글은 일본인 지질학자인 가와자키 시게타로[川崎繁太郎]가 당시 조선총독부 농상공부 지질조사소 기사로 있으면서 제주도를 조사한 뒤 1928년 제주도하계대학강좌에서 썼던 것이다. 松岳(송악), 山房山(산방산), 西歸浦(서귀포), 城山(성산), 長沙(장사), 蛇穴(사혈) 등의 지질학적 특징을 언급했음은 물론 제주도 山名(산명)에 대해서도 언급한 글이다.

「濟州島遊記(제주도유기)」(1929, 原口九萬), 「濟州火山島(제주화산도)」(1930, 原口九萬), 「濟州島ノ地質(제주도의 지질)」(1931, 原口九萬)

일본인 지질학자 하라구치 쿠만[原口九萬]은 1920년대 말부터 「済州島ア
ルカリ岩石(豫報其一)」(1928), 「済州島火山岩中の斑晶及び第三紀化石」(1928),
「済州島のアルカリ岩石(豫報其二: 1929)」, 「済州島の火山岩に就いて(1929)」,
「済州島アルカリ岩石(豫報其三: 1929)」, 「済州島火山岩(豫報其四: 1929)」, 「濟州
島遊記(1)」(1929), 「濟州火山島」(1930), 「濟州島ノ地質」(1931) 등 제주도 화산
관련 일련의 글을 왕성하게 발표하여 주목을 끌었다. 하라구치 쿠만의 글에
제주도 오롬뿐만 아니라 용암동굴에 대해서도 여럿 언급하였다. 이들 글에
서는 여러 곳에서 棚岳(봉악), 成屹峰(성흘봉), 開聞岳(개문악), 鵝窟(아굴) 등이
언급되어 있는데, 이것들은 오늘날 어디를 이르는지 단정하기 어렵다.

『승지연혁(勝地沿革) 濟州島實記(제주도실기)』(1934, 金斗奉)

이 책은 1934년에 김두봉이 편찬한 것으로, '승지연혁(勝地沿革)'이라는
머리 제목과 같이, 당시 동영(東瀛)잡조(雜調) 탐라지(耽羅誌) 등을 재간(再刊)
하면서 먼저 승지(勝地) 연혁(沿革)에 대해 정리한 것이다. 이 책에서 몇 개의
제주 지명이 언급되었다.

『耽羅紀行: 漢拏山(탐라기행:한라산)』(1937, 이은상)

이 책은 조선일보 산악 순례 사업의 하나로, 노산 이은상이 제주도에 왔
다가 기록한 것을 1937년에 간행한 것이다. 당시 제주도 여러 지명을 기록
해 놓았는데, 제주도 지명을 지나치게 천착(穿鑿)해 놓아서 많은 혼란을 주
는 책 가운데 하나로 남아 있다.